AF377608

Klaus Maier

Die Abrechnung

... mit der Energiewende

Der Energiewende-Check

© 2020 Klaus Maier

1. Auflage

Autor: Klaus Maier

Umschlaggestaltung, Illustrationen: Klaus Maier

Lektorat, Korrektorat: Dr. Hermann Eisele

Verlag & Druck: tredition GmbH, Halenreie 40-44, 22359 Hamburg

Hardcover: ISBN 978-3-347-06790-5 als Paperback: ISBN 978-3-347-06789-9

Das Werk, einschließlich seiner Teile, ist urheberrechtlich geschützt. Jede Verwertung ist ohne Zustimmung des Verlages und des Autors unzulässig. Dies gilt insbesondere für die elektronische oder sonstige Vervielfältigung, Übersetzung, Verbreitung und öffentliche Zugänglichmachung.

Bibliografische Information der Deutschen Nationalbibliothek:

Die Deutsche Nationalbibliothek verzeichnet diese Publikation in der Deutschen Nationalbibliografie; detaillierte bibliografische Daten sind im Internet über http://dnb.d-nb.de abrufbar.

Geleitwort

Vor dem Beginn der industriellen Revolution erfolgte die Energieversorgung des Landes nach heutigem Verständnis in vollem Umfang durch sogenannte „erneuerbare Energien". Für die Produktionsprozesse etwa in Schmieden und Mühlen waren Wind- und Wasserkraft die tragenden Säulen, für die Wärmeversorgung spielte der nachwachsende Rohstoff Holz die entscheidende Rolle. Erst die Nutzung von fossilen Energieträgern für Wärmekraftmaschinen, Verkehr, Elektrizität und Wärme hat in den vergangenen 250 Jahren einen in der Menschheitsgeschichte einmaligen und beispiellosen Wohlstandsschub und Fortschritt überall in der Welt bewirkt.

Doch ist das der richtige Weg gewesen? Wurde dieser Wohlstand nicht mit einem unmäßigen Raubbau an der Natur und an den beschränkten Ressourcen des Planeten viel zu teuer erkauft? Sind nicht die menschengemachte Erhöhung des Kohlendioxidgehalts unserer Atmosphäre und der Anstieg der Erdtemperaturen die Strafe der Natur für diese ungezügelte Ressourcenverschwendung?

Seien wir ehrlich: Die Nutzung natürlicher und nachhaltiger Energiequellen zur Energieversorgung ist ein sehr überzeugendes Konzept, ein geradezu weltbewegender Gedanke. Keine rauchenden Schlote, kein gigantischer Kohletagebau, kein radioaktiver Abfall, keine Endlager, keine stinkenden Auspuffgase aus unseren Autos und Lkws. Qualitativ ist die Energiewende eine phänomenale und zukunftsweisende Strategie. Wer wollte sich ihr ernstlich entziehen, oder, schlimmer noch, gegen sie argumentieren oder gar opponieren? Sollte es nicht möglich sein, unsere modernen und fortgeschrittenen Technologien erfolgreich für eine nachhaltige Energieversorgung zu nutzen?

Aus alter Gewohnheit betrachten Naturwissenschaftler und Ingenieure technische Probleme und Aufgabenstellungen in Zahlen, Daten und Fakten. Sie beleuchten die Konzepte quantitativ in Bezug auf physikalische Gesetzmäßigkeiten und den dadurch verursachten technischen und wirtschaftlichen Aufwand. Als der amerikanische Präsident Kennedy 1962 mit seinem berühmten Satz „Ich glaube, dass diese Nation sich dazu verpflichten sollte, noch vor dem Ende dieses Jahrzehnts das Ziel zu erreichen, einen Menschen auf dem Mond landen zu lassen und ihn dann sicher wieder zur Erde zurückzubringen" das größte technische Großprojekt der Menschheitsgeschichte angekündigt hatte, haben Ingenieure und Physiker die Stirn in Falten gelegt: Dem Präsidenten schien nicht klar zu sein, dass man ein knapp 3000 Tonnen schweres, hochexplosives Tanklager in den Himmel schießen musste um Menschen zum Mond und wieder zurück zu bringen. Der durchschlagende Erfolg des Mondlandeprogramms binnen weniger Jahre und der dadurch bewirkte gigantische Fortschritt, insbesondere auch in den Informationstechnologien sind heute praktisch allgegenwärtig.

Bei der Energiewende und der allerorten diskutierten „Dekarbonisierung" liegen die Dinge genauso wie bei der Ankündigung des Mondlandeprogramms, nur die Zahlen sind anders. Wenn ein Ingenieur bei einer physikalischen Größe die Vorsilbe „Tera", etwa bei der Energie-Einheit Terawattstunden (TWh), nur liest, wird er hellhörig. Er weiß sofort, es geht um gigantische Beträge, die so groß sind, dass er sie sich in Analogien versinnbildlichen muss: Unser jährlicher Stromverbrauch liegt bei 600 TWh. Mit diesem Energiebetrag könnte man den ganzen Bodensee mit seinen 48 Kubikkilometern Inhalt in 4600 Meter Höhe buchstäblich in den Himmel pumpen. Unser gesamter jährlicher sogenannter Primärenergieverbrauch für die Sektoren Strom, Verkehr, Heizung, Prozesswärme liegt bei 3600 TWh, also nochmal um den Faktor 6 über unserem Stromverbrauch. Und dieser gigantische Energiebetrag wird fast vollständig durch fossile Energieträger bereitgestellt. Mit 600 TWh kann man den ganzen Chiemsee zum Kochen bringen und zu einem guten Drittel verdampfen. Damit stehen die Größenordnungen des Projekts fest und zu ihrer Ermittlung braucht es weder anspruchsvolle Mathematik noch komplizierte physikalische Modelle. Für die „Berechnung" reichen Grundrechenarten und ein Blatt Papier. Diese quantitative Seite der Energiewende stand von Anfang an unabänderlich fest. Die Energiewende ist ein gigantisches Megaprojekt, gegen das der Berliner Flughafen unter der Rubrik Jugend forscht abgelegt werden kann. Dass unsere Jugend dagegen Spitzenleistungen abliefert, wenn sie bei Jugend forscht dabei ist, ist eine andere Angelegenheit.

Um diese rein zahlenmäßige Analyse drückt sich die Wissenschaft und noch mehr die Politik seit Jahren herum und ergeht sich in wolkigen Allgemeinplätzen.

Ein Buch, das diese quantitative Seite der Energiewende im Detail betrachtet und beleuchtet, war lange überfällig. Es ist eine gewissenhafte und detaillierte Analyse der Technologien und des Aufwands einer „Energiewende", die sich am Ende als Illusion erweisen wird. Diese Energiewende ist schon lange gescheitert: an den Gesetzen der Physik, an den Gesetzen der mathematischen Statistik und an den Gesetzen der Ökonomie.

Dr.-Ing. Detlef Ahlborn im Juni 2020

Bevor wir einsteigen ...

... sollten Sie sich kurz die Zeit nehmen, die folgenden Hinweise und die Einleitung zu lesen. Sie erfahren wie das Buch aufgebaut ist und auf welcher Grundlage es entstanden ist.

Vorwort

Gestatten Sie mir, einige einführende Worte an Sie, den Leser bzw. die Leserin, zu richten. Ich glaube, dass Sie das Buch besser verstehen und nutzen können, wenn Sie die folgenden Erläuterungen kennen.

Motivation

Nachdem ich mich über 6 Jahre praktisch täglich intensiv mit dem Thema *Energiewende* beschäftigt und viele tausend Stunden investiert hatte, stellte sich die Frage: War's das? Bin ich nicht angesichts der Bedeutung meiner Erkenntnisse verpflichtet diese weiterzugeben?

Qualität oder Quantität?

Ist Ihnen schon mal aufgefallen, dass es immer wieder Meldungen gibt, die eine hoffungsvolle Zukunft im Konjunktiv beschreiben?

So wird von zu erwartenden Innovationen gesprochen, die *helfen werden, dass die Energiewende zum Erfolg wird*. Sicher gibt es *„Möglichkeiten"*, dass die Nachfrage dem Angebot (im Smart Grid[A]) besser angepasst werden kann. Sicher *„helfen"* die Batterien, die die Häuslebauer an ihre Photovoltaikanlagen anschalten, die Volatilität des Sonnenstroms zu glätten, und sicher *„könnte"* man durch Einbeziehung der Batterien der Elektromobile diese nutzbringend in das Smart Grid integrieren. Und sicher stimmt es auch, dass Ihr Sohn mit seinem Taschengeld *helfen könnte,* die Schulden, die Sie für Ihren Hausbau gemacht haben, zu verringern. Wer würde dem widersprechen? Sie widersprechen doch? Ja, dann haben Sie es verstanden: Es geht nicht um *qualitativ* richtige Aussagen, sondern um eine *quantitative* Bewertung, *wie viel* etwas hilft. Erst die ermittelten Quantitäten bilden die Grundlage, um zu beurteilen, ob ein Konzept trägt. Auf diese Quantitäten habe ich meinen Fokus gerichtet. Diese Zahlen führen zu meiner vernichtenden Beurteilung und damit zur titelgebenden „Abrechnung".

[A] E·ON: „Das Smart Grid ist ein intelligentes Stromnetz. Ein Netz wird dann intelligent, wenn innerhalb des Netzes ein Informationsaustausch erfolgt, mit dessen Hilfe die Stromerzeugung, der Verbrauch und die Speicherung dynamisch gesteuert werden können."

Wirksamer Informationsfluss

Ich habe viele Vorträge gehalten und meine Arbeitspapiere wurden gelesen, aber viel bewegt habe ich damit nicht. Zudem kommt man gegen die Wirkung der (Mainstream-)Medien so nicht an. Die Erkenntnisse, die sich aus der Beschäftigung mit den Implikationen der Energiewende ergaben, waren aber so gravierender Natur, dass es aus meiner Sicht verantwortungslos erschien, diese weitgehend für mich zu behalten.

Aber welche Möglichkeiten gab es und gibt es, diese Erkenntnisse, die sich zum Teil dramatisch von den Inhalten der TV-Sendungen und Artikel unterscheiden, zu verbreiten? Angesichts der geringen Teilnehmerzahlen meiner Vorträge – trotz öffentlicher Bewerbung – ist das offenbar kein geeigneter Weg. Es bedeutet zudem jedes Mal die Anfahrt gegebenenfalls mit Übernachtung und die damit verbundene Zeit und Kosten. Vorträge kann man über vieles halten, aber möglichst nicht über 45 Minuten, wie es heißt. Bei diesem komplexen und notwendigerweise technischen Thema kann man die Zuhörer in kurzer Zeit nicht leicht überzeugen.

Da die fachliche Seite bereits erarbeitet war, entschied ich mich, das in einem Buch zusammenzufassen.

Haben Sie sich über den Titel gewundert? Warum „Abrechnung"? Wer hat da eine Rechnung mit wem offen, mögen Sie sich gefragt haben. Ich will mit dem Narrativ der notwendigen Energiewende abrechnen. In Abrechnen steckt auch der Teil rechnen, und das passt auch, weil meine Arbeit mit vielen Berechnungen verbunden war.

Sie alle hören es immer wieder und überall, dass die Energiewende ein notwendiges Generationsprojekt sei. Kritische Stimmen, die zwar vermehrt, aber immer noch zu wenig zu hören sind, kritisieren verschiedene Aspekte und Auswirkungen der Energiewende. Hier lautet fast ausnahmslos der Tenor, dass die Energiewende natürlich nötig, aber eben schlecht gemacht sei.

Wenn meine Abrechnung in diesem Buch weitergeht und darlegt, dass die Energiewende, mit dem Schwerpunkt der CO_2-Vermeidung, weder nötig noch machbar ist, ist das Fundamentalkritik. Diese hat nur eine Chance zu bestehen, wenn sie sorgfältig begründet und mit Zahlen belegt wird. Genau das ist der Anspruch dieses Buchs.

Konzept des Buchs

Es ist allgemein bekannt, dass jede Information für die entsprechende Zielgruppe angepasst sein muss, um die gewünschte Wirkung zu erzielen. So kann man mit einer hochwissenschaftlichen Abhandlung keinen Grundschüler und mit einer simplifizierten Darstellung keinen Wissenschaftler fesseln. Wenn nun das Buch gleichermaßen den am Thema interessierten Durchschnittsbürger wie auch den Wirtschafts- oder Wissenschaftsjournalisten erreichen will, muss man sich über das Darstellungskonzept Gedanken machen.

Um diesen gordischen Knoten zu durchschlagen, wurde das Buch in drei Teile und den Anhang aufgeteilt.

1. Was Sie wissen sollten

Der **1. Teil** beschreibt, „Was Sie wissen sollten", und verzichtet dabei so weit wie möglich auf wissenschaftliche Abhandlungen, auf komplizierte Grafiken und Zahlen. Die Kapitel dieses Teils sollten fortlaufend gelesen werden, weil sie aufeinander aufbauen. Für jeden, der sich etwas für das Thema interessiert, sind sie allgemeinverständlich und erfordern keine besonderen Vorkenntnisse. Das hat aber zur Folge, dass Aussagen gemacht werden, für die der eine oder andere Leser vielleicht eine Begründung haben will. Viele sind bereit, Aussagen einfach zu akzeptieren und wollen im Text fortfahren, um den Anschluss an den Gedanken nicht zu verlieren. Anderen fällt es schwer, die Behauptungen zu glauben und fordern vom Autor Beweise oder sie interessieren sich für mehr Details. Um dem gerecht zu werden, werden an den entsprechenden Stellen Verweise gemacht, die in der Regel in den 2. Teil des Buchs führen. Der 1. Teil braucht für die gesamte Breite der Energiewendekritik keinen weiteren Teil des Buchs, sofern man sich mit der Abhandlungstiefe zufriedengibt.

2. Wer es genauer wissen will

Im **2. Teil** *„Wer es genauer wissen will"* finden Sie eine Reihe von Kapiteln, die jeweils einen Aspekt der Energiewende mehr im Detail abhandeln. Die Kapitel sind weitgehend in sich geschlossen, so dass man diesen Teil des Buchs eher wie ein Lexikon zum Nachschlagen verstehen sollte. Hier wird der Leser aber schon mehr mit Zahlen und anspruchsvollen Grafiken konfrontiert. Der 2. Teil erwartet an verschiedenen Stellen gewisse ökonomische, technische und physikalische Grundkenntnisse.

3. Details und viele Zahlen

Im **3. Teil** wird anhand eines ausgesuchten Szenarios der Energiewende für das Jahr 2050 detailliert dargestellt, wie bei den Berechnungen vorgegangen wurde. Es werden die Methodik und die Parameter beschrieben und begründet. Die Berechnung dieses Szenarios wird ausführlich dokumentiert. Dieser Teil soll zeigen, dass die quantitativen Aussagen in diesem Buch unter erheblichem Aufwand ermittelt wurden.

Im **Anhang** schließlich finden Sie spezielle Grafiken, Literaturverweise und Erläuterungen sowie ein Glossar, ein Abbildungs- und ein Stichwortverzeichnis.

Mit diesem Konzept möchte ich die Erwartungen einer breiten Leserschaft erfüllen.

Zum Inhalt

Sie werden einiges über die Gründe finden, warum es die Energiewende gibt und wie wir mit Mitteln der Angst und Moral gefügig gemacht werden, diese zu unterstützen. Diese *psychologischen Aspekte* sind bedeutsam und müssen verstanden werden.

Der umstrittene *Klimawandel* wird angesprochen, aber er wird weder physikalisch widerlegt noch eine Gegenthese aufgestellt. Trotzdem ist im 2. Teil ein Kapitel, in dem erklärt wird, warum der Klimawandel aus meiner Sicht nicht maßgeblich durch den Menschen verursacht ist.

Sie werden einiges über die Bedeutung der Energieversorgung erfahren und über die wichtigen Merkmale des *Stromversorgungssystems*. Wir werden die Mittel der Energiewende ansprechen, die zu der geplanten, weitreichenden CO_2-Reduktion führen sollen.

Schließlich wird die *Sektorkopplung* als propagiertes Lösungselement der Energiewende behandelt. Über die Sektorkopplung kann die Energiewende quantifiziert beschrieben werden; d.h., man kann berechnen, welchen technischen Aufwand es bedeutet und welche Kosten damit verbunden sind. Auf dieser Basis wird dann die „Abrechnung" vorgenommen.

Bei so viel Kritik ist die Forderung berechtigt, ein *Gegenkonzept* zur Energiewende zu verlangen. Das werde ich natürlich auch beschreiben.

Viele Kritiker der Energiewende meinen, dass sie einfach besser gemacht werden müsse. Da werden dann die Gesetzeslage mit all ihren Folgen auf die Vergütungssätze, die Kostenverteilung, die Genehmigungsverfahren, fehlende Förderungen, die Verbesserung der Akzeptanz bei den Bürgern und anderes als Grund angeführt.

Da ich in diesem Buch den belegten Standpunkt vertrete, dass die technischen und ökonomischen Probleme unüberwindlich sind, brauchte ich über die Ausgestaltung der Energiewende und die Verteilung der Kosten nicht zu fabulieren. Daher werden diese Aspekte auch nur am Rande erwähnt.

Quellen und Hinweise

Damit der Text von störenden, erläuternden Einschüben entlastet wird, sind *Fußnoten* verwendet worden. Sie sind mit Großbuchstaben (A, B ...) gekennzeichnet und jeweils unten auf der Seite, so dass Sie nicht blättern müssen. Für weniger wichtige Informationen, insbesondere für Quellenangaben, meist als Internetlinks, werden *Quellen und Hinweise* benutzt, die Sie im Anhang des Buchs finden. Diese sind als Endnoten mit Nummern (1, 2 ...) dargestellt, so dass Sie Fuß- und Endnoten klar unterscheiden können.

Verweise erfolgen mit dem Pfeil nach rechts, gefolgt von der *K*apitelnummer oder der *S*eitenzahl. Beispiele: →*K18* oder →*S138*. Darüber hinaus gibt es eine feste Darstellungsform für eine zusammenfassende Information oder einen Merksatz:

Hier steht eine **Information**, die am Rande gegeben wird, aber in diesem Zusammenhang von Bedeutung ist.

Hier steht ein **Merksatz** als Erkenntniszusammenfassung.

In der PDF-Version des Buchs sind dies Hyperlinks, die mit Mausklick ans Ziel führen. Sehr hilfreich sind auch die Lesezeichen, die in der PDF-Datei enthalten sind. Mit diesem Inhaltsverzeichnis haben Sie Direktzugriff auf das gewünschte Kapitel.

Im Downloadbereich

https://www.magentacloud.de/share/ad8hd2e2oa

finden Sie zusätzliche Informationen, die ich schrittweise erweitern werde.

Ich sage Danke ...

Das Schreiben von Büchern hat sich in den letzten 30 Jahren mächtig gewandelt. Wer gut mit einem Computer umgehen kann, braucht „nur noch die richtigen Worte" zu finden. Na ja, das ist wohl stark vereinfacht, aber es trifft den Kern der Sache. Dank meiner Berufstätigkeit in der Entwicklung und Forschung habe ich schon in den 1980er Jahren den Umgang mit PC-Programmen gelernt und technische und wissenschaftliche Dokumente erstellt.

Es macht allerdings einen großen Unterschied, ob man nur einen Artikel oder ein ganzes Buch schreiben will. Sachbücher, insbesondere solche, die ins Wissenschaftliche gehen, erfordern Grafiken, Tabellen und Ähnliches. Dank meiner langjährigen Kenntnisse und Erfahrungen konnte ich diesen Teil problemlos selbst bewältigen. Aber es blieben bohrende Fragen.

Wer ist die Zielgruppe und wie erreiche ich sie? Wie kann man die eigenen Argumente glaubhafter machen? Ist das Buchkonzept das richtige? Und dann zum Inhalt: Ist die Gliederung sinnvoll? Wie sieht es mit der Verständlichkeit der nicht einfachen Zusammenhänge aus? Ist etwas Wichtiges vergessen worden, was zum Verständnis nötig ist? Was kann oder muss man voraussetzen? Welche Sätze kann man vereinfachen?

Selbst steht man sich zu nah – es fehlt der Abstand zur Selbstkritik. Ist das Manuskript fast fertig, braucht man Hilfe von außen. Der erste Testleser war meine Frau. Sie hat mir sehr geholfen, Formulierungen zu verbessern und an der einen oder anderen Stelle Polemik zu entfernen. In ähnlicher Art haben Freunde und Verwandte, wie z.B. Gerald oder Gunnar, die Mühen auf sich genommen und viele Stunden gelesen, kommentiert und Änderungsvorschläge gemacht. Danke!

Besonderer Dank gebührt den Fachkollegen, die spezielle Kapitel geprüft haben: Prof. Erich Albrecht (Stromnetz), Dipl.-Ing. Helmut Gradic (Kernenergie), Dipl.-Physiker Christoph Barthe (Klima, Kernenergie), Prof. Dr. Horst-Joachim Lüdecke (Klima), auch wenn ich nicht jeden ihrer Vorschläge übernommen habe. Ich sage danke denen, die *alles* gelesen und hilfreiche Anregungen gegeben haben: Dr.-Ing. Andreas Geisenheiner, Dipl.-Physiker Peter Würdig und Dipl.-Ing. Marc Kublun.

Viel Glück hatte ich, dass ich auch kritische Leser fand, die ihr ganzes Berufsleben in der Energietechnik in verantwortlicher Position verbracht haben und das gesamte Buch durchgearbeitet haben. Hier ist zunächst Dipl.-Ing. (FH) Karl-Werner Bluhm zu nennen, der mich in meiner Arbeit, auch schon vorher, unterstützt und ermuntert hat.

Aber besonders möchte ich meinen Bruder Wolfgang erwähnen, mit dem ich so endlos viele wertvolle Gespräche geführt habe. Seine jahrzehntelange Erfahrung mit konventionellen Kraftwerken war eine wichtige Informationsquelle. Auch er hat sich trotz seiner vielen Gartenarbeit die Zeit genommen alles gründlich durchzugehen und mir schon zu Beginn konzeptionelle Anregungen gegeben.

Last but not least muss ich meinem Lektor danken, Herrn Dr. Eisele, der so viele wertvolle Hinweise gegeben hat und den Kommateufel erfolgreich bekämpfte.

So ist auch dieses Buch auf seine besondere Art ein Gemeinschaftswerk. Danke!

Inhaltsverzeichnis

1. Teil

2. Teil

3. Teil

1   Einleitung

Ab dem Jahre 2000, als das Erneuerbare-Energien-Gesetz (EEG) beschlossen wurde, trat die Energiewende verstärkt in die öffentliche Wahrnehmung und damit auch in den Diskurs. Das EEG enthielt zwei wesentliche Elemente, die den Bau von Anlagen zur Erzeugung von sogenanntem Ökostrom fördern sollten:

- die *Vorrangeinspeisung* und

- die *garantierte Vergütung* über 20 Jahre.

Auf dieser Grundlage entwickelte sich der lukrative Bau von Windenergie-, Photovoltaik- und Biomasseanlagen. Zweifellos lukrativ für die Investoren, die finanzierenden Banken, die Betreiber und die Verpächter von Flächen. Auch wenn der Strom an der Strombörse gehandelt wird, herrscht hier keine Marktwirtschaft, eben weil sich das Produkt Strom aus den oben genannten Gründen nicht der Konkurrenz auf gleicher Grundlage stellen muss. Sobald das Wetter *Ökostrom*[A] ermöglicht, wird dieser mit den hohen Vergütungen in das Stromnetz eingespeist und die anderen Stromerzeuger müssen ihre Kraftwerke drosseln, damit die Strombilanz stimmt.

Das hat zur Folge, dass wir in Deutschland die höchsten Strompreise in Europa bezahlen. Nur noch Dänemark hat ähnlich hohe Strompreise, weil auch die Dänen konsequent auf EE-Strom setzen.

Energiewende-Image verblasst

In der Marktwirtschaft sind Gewinne keine unmoralischen Erwartungen. Beim Strom jedoch, haben wir keine Marktwirtschaft mehr. Der teurere Strom wird von Gesetzes wegen verordnet und jeder Stromkunde muss dieses Mehr bezahlen. Das trifft besonders die Menschen mit einem schmalen Geldbeutel. Es ist eine groß angelegte Umverteilung von unten nach oben, von fleißig nach reich. Die ursprünglich von Trittin propagierte „Eiskugel pro Monat", die die Energiewende für einen Haushalt kosten würde, ist zur wiederholten Lachnummer geworden.

Die Energiewende muss sich an dem messen lassen, was mit ihr versprochen wurde:

- massive CO_2-Einsparung (für den Klimaschutz)

- Umweltschutz

[A] Wenn in diesem Buch von Ökostrom die Rede ist, so verwende ich diesen Begriff nur, weil er so verbreitet ist. Man könnte auch EE-Strom oder Grünstrom sagen. Dass der EE-Strom nicht viel mit „Öko" zu tun hat, wird noch erläutert.

- bezahlbare Energie (insbesondere Strom)
- Versorgungssicherheit
- technisch realisierbar
- breite gesellschaftliche Akzeptanz

In diesem Buch wird dezidiert erklärt und anhand umfangreicher Berechnungen belegt, dass diese Ziele mit der beschlossenen Energiewende nicht erreichbar sind.

Preisgünstige Energie ist Wohlstand

Dieser Punkt ist wichtiger, als es vielleicht scheint. Es wird noch deutlich werden, dass diese Energiewende zwangsläufig die Energie erheblich verteuert und damit gewissermaßen das „Blut" der Wirtschaft und der Gesellschaft knapp und teuer macht. Energie ist die Basis aller Produkte. Es bedeutet, dass die Grundlage für den Wohlstand der entwickelten Länder – wobei es mir hier vorrangig um Deutschland geht – im Kern getroffen wird. Der Preis für Energie bestimmt letztlich die Preise von Waren und Dienstleistungen, weil für alle Produkte und Vorprodukte Energie notwendig ist. Die Verteuerung wird daher tiefgreifende Folgen nach sich ziehen, weil sie in eine selbstverstärkende Abwärtsspirale mündet:

Produkte werden teurer …

- → Wirtschaft verliert an Konkurrenzfähigkeit
- → Firmen verlagern ihre Produktion ins Ausland
- → Arbeitsplatzverluste
- → weniger Steuereinnahmen
- → mehr Sozialausgaben
- → weniger Konsum
- → Abbau staatlicher Institutionen und Leistungen (z.B. massive Sparmaßnahmen im Bildungssystem, Gesundheitswesen, bei Polizei, Feuerwehr, Militär)
- → Zerfall gesellschaftlichen Zusammenhalts (z.B. mehr Kriminalität, Armenviertel, Gewalt im Alltag etc.)

Ich werde die Bedeutung von Energie noch ausführlicher behandeln.

Zunächst aber müssen wir uns der kommunizierten „Bedrohungslage" zuwenden. Es gelte die Gefahren des Klimawandels, der zur Katastrophe werden soll, abzuwenden.

Was Sie wissen sollten

In diesem Teil erfahren Sie in leicht verständlicher Form – ohne komplizierte Technik, Physik und vielen Zahlen –, über welche Argumente ich meine

„Abrechnung mit der Energiewende"

vornehme.

2   Wir haben nur eine Erde!

Sie haben sicher auch schon davon gelesen oder gehört, dass unser Fußabdruck auf unserer Erde schon heute viel zu groß sei. Es geht um den sogenannten *ökologischen Fußabdruck*. Was ist das?

> „Der ökologische *Fußabdruck eines Menschen gibt Auskunft darüber, wie viel Land- und Wasserfläche eine Person benötigt, um ihren Bedarf an Ressourcen zu decken und ihre Abfälle zu neutralisieren. Zurzeit ist der ökologische Fußabdruck der Menschheit so groß, dass wir flächenmäßig 1,7 Erden benötigen.“*[1]

Vielleicht sind Sie alt genug, um sich zu erinnern, wie es damals in den 1960-er Jahren hieß: Die Weltbevölkerung wachse zu schnell und werde sich in wenigen Jahrzehnten von 3 auf 6 Milliarden Menschen verdoppeln. Bereits damals gab es viele Millionen Menschen, die hungerten und an Unterernährung sowie an einfach zu beherrschenden Krankheiten starben. Man fragte sich bei 3 Milliarden Menschen, wie bei dem bestehenden Lebensmittelmangel doppelt so viele Menschen ernährt werden sollen. Es schien unmöglich. Besonders schlimm war die Tatsache, dass gerade die Armen so viele Kinder bekamen, die eine perspektivlose Zukunft vor sich hatten.

Der vorhergesagte Zuwachs an Weltbevölkerung fand statt, aber die Versorgungslage verbesserte sich trotzdem. Was war der Grund? Die armen Länder entwickelten sich – wenn auch langsam – mit der Unterstützung der entwickelten Länder unter Verwendung verbesserter Technik, Maschinen, mehr Bildung, mehr Wissen über Ackerbau, gute Düngung, geeignete Bewässerung, bessere Schädlingsbekämpfung und vor allem den Einsatz von günstiger Energie. So wurden dann vielfach höhere Erträge pro Fläche erzielt.

Heute, wo wir fast zweieinhalb Mal so viel Menschen auf der Erde ernähren müssen, ist die Ernährungslage besser als je zuvor – entgegen den Vorhersagen und entgegen der allgemeinen Meinung.

Natürlich ist es wichtig, Probleme frühzeitig zu erkennen, damit man sie sorgsam analysieren und Lösungen entwickeln kann. Aber es gibt bei Vorgängen, die sich langsam vollziehen, keinen Grund in Panik und in Aktionismus zu verfallen. Das zeigt uns dieses Beispiel, und es gibt viele andere. Erinnern wir uns an die Bedrohungen: Waldsterben, Ozonloch, Acrylamid, Asbest …

Unser alltägliches Leben ist mit Gefahren nur so gepflastert, wenn wir auf die Sensationspresse hören. →K4 Wir sind auch fast täglich umgeben von dramatisch ausgemalten Zukunftsszenarien, deren Bewältigung angeblich *sofortiges Handeln* verlangt.

Es ist – zumindest im Durchschnitt – eben nicht so, dass es auf der Welt immer schlimmer wird. Ein ungebremstes Bevölkerungswachstum würde tatsächlich irgendwann zu unüberwindlichen Problemen führen, weil auf der Erde eben nicht z.B. 100 Milliarden Menschen leben könnten. Man weiß heute aus empirischer Forschung, dass die Weltbevölkerung nicht endlos weiter so wachsen wird wie bisher:

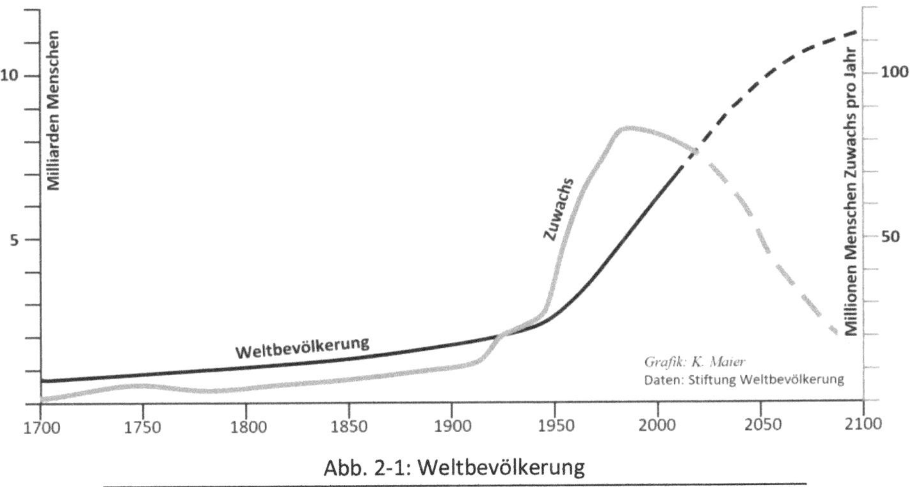

Abb. 2-1: Weltbevölkerung

Dass wir ein falsches Bild von den Entwicklungen auf der Erde und den Lebensverhältnissen der Menschen haben, hat Hans Rosling mit seinem Buch „Factfulness" eindrucksvoll belegt.[2] So zeigt _Abb. 2-1_, dass der _Zuwachs_ der Weltbevölkerung seit etwa 1975 zurückgeht. Das hat zur Folge, dass die Weltbevölkerung langsamer wächst. Nach der Prognose (gestrichelt) wird die Zahl der Menschen voraussichtlich mit 12 Milliarden ihr Maximum erreichen.

Es ist einfach falsch, in einer Panikstimmung Entscheidungen zu treffen, ohne zunächst die Dringlichkeit des Handelns ermittelt zu haben.

Zudem offenbaren etliche Entscheidungen nach einigen Jahren unerwartete Nebeneffekte, die die wohlgemeinte Absicht konterkarieren. Ein gutes Beispiel ist das Thema Biokraftstoff. _→K8.5_, _→K36_

Auch bei gut überlegten Entscheidungen muss man den Verlauf kritisch verfolgen, um falsche Entwicklungen rechtzeitig zu erkennen. Ein dogmatisches Festhalten an einer Entscheidung kann grundfalsch sein. Gerade in komplexen Systemen, wie in einer Gesellschaft oder in der Weltwirtschaft, sind die Nebeneffekte und Verstärkungsmechanismen nur schwer zu durchschauen und zu berechnen.

Was wurde alles schon aus der aktuellen Situation oder durch Extrapolation vorhergesagt? Um 1850 prognostizierten Stadtplaner, dass die Straßen New Yorks wegen der Zunahme an Kutschen bis zum Jahr 1910 in meterhohem Pferdemist ersticken würden. In den 1960er Jahren haben Computer Millionen gekostet und in wenigen Stunden so viel Strom verbraucht wie heute eine vierköpfige Familie das ganze Jahr. Wer vorhergesagt hätte, dass es in Zukunft für jeden Haushalt einen Computer geben werde oder dass wir im Jahre 2020 Computer so groß wie eine Zigarettenschachtel haben werden, die millionenfach leistungsfähiger sind als 1965, den hätte man auf seinen Geisteszustand untersuchen lassen.

Was will ich mit alldem sagen? Der menschliche Erfindungsgeist beschäftigt sich mit Problemen, wenn sie schwerwiegend sind, und findet Lösungen, die man nicht vorhersagen kann. Auf der einen Seite kann sich in 30 oder 50 Jahren unheimlich viel ändern, auf der anderen Seite sind manche technischen Entwicklungen auch extrem langsam oder einfach in eine Sackgasse geraten.

Es gibt keinen Grund sich unnötig Sorgen zu machen, dass die Welt zum hundertsten Mal untergehen wird. Und einige, wenige, selbst wenn sie sich Experten nennen, werden nicht die richtige Lösung parat haben für ein Problem, das nach der Vorhersage in 50 Jahren eintreten wird.

Natürlich sind die Ressourcen der Erde endlich. Alles ist endlich, auch die Sonne wird nicht ewig scheinen. Nach den Vorhersagen gäbe es heute auch kein Öl und keine Kohle mehr. *→K6.2*, *→K35.2*

Vertrauen wir mehr auf die Lösungskraft des Menschen!

3 Klimawende und Klimakatastrophe

Vom Weltklimarat, dem IPCC[A], wird seit Jahrzehnten der politische Kampf gegen das Spurengas CO_2 (Kohlenstoffdioxid) geführt, das für die gefährliche Aufheizung der Erde mit *katastrophalen Folgen* verantwortlich sein soll. Der Mensch hat zweifelsohne einen erheblichen Anteil am Anstieg der CO_2-Konzentration in der Luft von ca. 280 ppm auf nunmehr über 400 ppm[B]. Es wird behauptet, dass der gleichzeitige Anstieg der mittleren Lufttemperatur der Erde seit der Industrialisierung um etwa 0,9 °C auf den anthropogenen (menschengemachten) CO_2-Anstieg zurückzuführen sei. →*K21* Daher sei es dringend nötig, den CO_2-Ausstoß, der durch Verbrennung von fossilen Energieträgern (Gas, Öl, Kohle) verursacht wird, bis zum Jahre 2050 annähernd auf null zu reduzieren. Man nennt das Klimapolitik zur Begrenzung des „Klimawandels" und letztendlich die Verhinderung der *„Klimakatastrophe"*. →*K20*

> Das IPCC ist keine wissenschaftliche Einrichtung. Das Gremium wurde 1988 als Teil der Vereinten Nationen gegründet, das den Auftrag hat, den menschengemachten Klimawandel und seine Folgen zu beobachten und zu belegen. Dazu werden Wissenschaftler beauftragt.[3]

Warum Klimakatastrophe? Nun, man argumentiert, dass mit steigender Durchschnittstemperatur der Erde die Häufigkeit und die Stärke der Wetterextreme zunehmen und damit die Schäden immer größer werden. Durch die Erwärmung würde das Eis der Gletscher und der Polkappen schmelzen und so den Meeresspiegel dramatisch ansteigen lassen. Es wird behauptet, dass die Kosten zur Begrenzung der Weltdurchschnittstemperatur deutlich niedriger wären als die Kosten, die die Schäden verursachen würden.

Projekt Dekarbonisierung

Nach der AGW[C]-Theorie müssen die Treibhausgase[D], vor allem der Ausstoß von CO_2, bis zum Jahr 2050 praktisch auf möglichst null reduziert werden, um den globalen

---

[A] Der Intergovernmental Panel on Climate Change (IPCC) ist eine Institution der Vereinten Nationen. In Deutschland wird er als Weltklimarat bezeichnet.

[B] ppm = parts per million = millionstel

[C] Anthropogenic Global Warming = menschengemachte globale Erwärmung

[D] Neben CO_2 gibt es weitere Treibhausgase: Methan (CH_4), Lachgas (N_2O) und Fluorkohlenwasserstoffe (FKW)

Temperaturanstieg aufzuhalten.[4] Das nennt man ***Dekarbonisierung***.

CO_2 entsteht bei jeglicher Verbrennung fossiler Energieträger, folglich

- in der Öl- oder Gasheizung

- im Verbrennungsmotor (egal ob Benzin, Diesel oder Erdgas)

- bei Flug- und Schiffsreisen

- in der Schwerindustrie, z.B. in den Hochöfen zur Erzeugung von Eisen und Stahl (Koks-Verbrennung), und

- vor allem bei der konventionellen Stromerzeugung über Öl, Gas und Kohle.

Daraus ergibt sich ein weiteres Argument: Die *fossilen Energieträger* seien zu schade, um sie zu verbrennen, denn sie seien endlich. Außerdem würde man sich so unabhängiger von Importen und dem zu erwartenden dramatischen Preisanstieg machen.

Wahrscheinlich haben Sie es schon gemerkt, CO_2 steckt praktisch heute in fast jeder Form von Energie.

 Verfügbare und preisgünstige Energie macht unser Leben leichter und ermöglichte erst unseren Wohlstand.

Die Vermeidung von CO_2 bedeutet den Verzicht auf diese günstige Energienutzung. Wenn man es nicht schaffen sollte, mit der Energiewende einen vollwertigen, bezahlbaren und umweltverträglichen Ersatz zu schaffen, so bedeutet das vor allem Verzicht. Verzicht auf Flugreisen, Individualverkehr, Produkte, die einen langen Lieferweg haben, Klimaanlagen, angenehm warme Wohnungen und Vergleichbares mehr.

Wenn man dies alles als Argumente für die unabwendbar nötige Energiewende zugrunde legt, so muss man die Klimawende *→K19*, *→K20*, die Klimakatastrophe und die Wirksamkeit der Maßnahmen *→K20.8*, die mit großen Kosten *→K38* und Einschränkungen verbunden sind, hinterfragen.

Greta und andere

Seit 2019 gibt es den Greta[A]-Hype, der die Klimapolitik weiter befeuert.[B] Mit der Parole *„Ich will, dass ihr in Panik geratet"* hat sie großen Erfolg. Es ist schwer vorstellbar, dass die medienwirksamen Aktionen von Greta Thunberg in so kurzer Zeit allein von einem 16-jährigen Mädchen (mit Asperger- Syndrom[5]) und seinen Eltern ohne massive Hilfe von NGOs, politischen Organisationen und von anderen Geldgebern[6] durchzuführen waren.[C] Der grünen Politik kommt diese Unterstützung gerade recht. Die Grünen schwimmen, nicht zuletzt durch Greta, auf einem Zustimmungshoch.

Man sagt Greta nach, dass sie relativ viel über den Klimawandel wisse. Was sie weiß, hat sie sich aus den dramatisierenden Darstellungen des IPCC, der NGOs und der Medien angelesen. Was sie erkennbar nicht weiß, ist, was das bedeutet, wenn man so, wie sie fordert, schnell aus der Verbrennung fossiler Energieträger aussteigt. Und hierzu braucht man ökonomisches, technisches und physikalisches Verständnis der Zusammenhänge sowie die nötigen Zahlen dazu. Sie argumentiert im Gegensatz dazu auf rein emotionaler Ebene.

Die Klimaforscher, die üppig mit Mitteln vom Staat für ihre Ergebnisse bezahlt werden, arbeiten vor allem mit sogenannten Klimamodellen. Hiermit will man die Klimazukunft mit Supercomputern und komplexen Formeln berechnen, was nicht gelingen will, vergleicht man Vorhersagen mit der heutigen Realität. Diese Modelle werden als „Beweis" für die AGW-Theorie angeführt, obwohl sie versagen. Darauf wird im 2. Teil noch näher eingegangen. *→K19, →K20, →K21*

> **Es gibt keinen Beweis, dass der Mensch den Anstieg der globalen Temperatur wesentlich verschuldet hat.**

Die Photosynthese

Das Arbeitsprinzip der Pflanzen ist die Photosynthese. Dabei wird mit Hilfe von Wasser, Lichtenergie und CO_2 der Luft sowie Zusatzstoffen Pflanzenmasse hergestellt. Mit den Pflanzen beginnt die Nahrungskette, die bis zum Menschen reicht.

[A] Greta Thunberg ist eine schwedische Klimaschutzaktivistin.

[B] Die von ihr initiierten „Schulstreiks für das Klima" sind inzwischen zur globalen Bewegung „Fridays for Future" (FFF) gewachsen. Durch die Berichte in den Medien, entstand ein großer Druck auf die Politik.

[C] UN-Klimakonferenz in Katowice; 49. Jahrestreffen des Weltwirtschaftsforums in Davos; Europäischen Wirtschafts- und Sozialausschuss in Brüssel; Papstaudienz; Rede vor dem britischen Parlament

Gäbe es keine Pflanzen, gäbe es keine Tiere und auch keine Menschen. Das Hauptnahrungsmittel der Pflanzen ist das CO_2. Pflanzen wachsen besser, je mehr CO_2 sie bekommen. Daher wird zur Wachstumsförderung in Treibhäusern CO_2 eingesetzt. Man sagt, dass die CO_2-Konzentration der Luft, die die Pflanzen mindestens benötigen, um zu überleben, nur wenig geringer sein darf als zum Ende der Eiszeit. Ein Zuviel gibt es zwar, aber dieser Wert ist noch lange nicht erreicht.

> Für unsere Pflanzen, unsere Lebensgrundlage,
> darf es viel mehr CO_2 in der Luft sein.

Durch den gestiegenen CO_2-Gehalt der Luft hat das Pflanzenwachstum auf der Erde zugenommen, wie es die folgende Grafik zeigt.

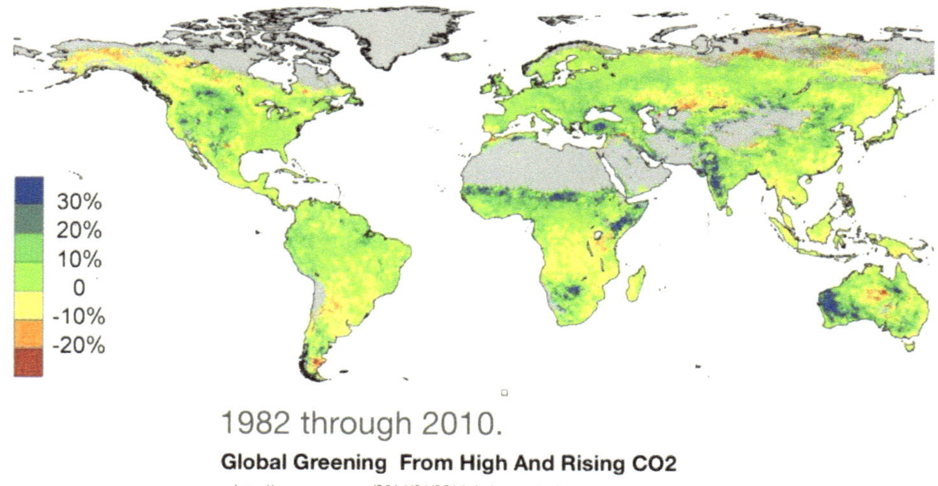

Abb. 3-1: Die Welt ergrünt

Überall dort, wo die Flächen grün sind, hat das Pflanzenwachstum deutlich zugenommen. Wir sollten uns daher über die CO_2-Zunahme freuen.

Es gibt keinen Grund in Panik zu verfallen.

4 Risikowahrnehmung

In diesem Kapitel werden wir einen notwendigen Exkurs machen. Da mit der sogenannten Klimakatastrophe gedroht wird, müssen wir uns kurz mit der Risikowahrnehmung beschäftigen.

Jeder hat seine ganz persönliche Einstellung zu den Gefahren des Lebens. Manche leben nach der Devise „No risk no fun", andere wollen eher jedes Risiko vermeiden. Aber: Ein Leben ohne Gefahren und ohne jedes Risiko gibt es nicht. Man könnte es überspitzt ausdrücken:

Das Leben ist hochgefährlich – es endet immer mit dem Tod!

Es ist unschwer zu erkennen, dass die Risiken, die eingegangen werden, auch etwas Positives zu bieten haben: Der Extremkletterer und der Rekordbrecher werden fasziniert von dem Erfolgsgefühl berichten, der Autofahrer wird nicht auf seine Mobilität verzichten wollen oder können. Dafür geht er jeden Tag das Risiko ein, am Jahresende einer unter den Tausenden Verkehrstoten zu sein.

Im Leben geht es darum, zwischen Risiko und Nutzen/Chancen eine persönliche Abwägung vorzunehmen.

Das gilt für die vielen Dinge, die das Leben in einer modernen Gesellschaft bietet oder erfordert.

Die Neigung, eher risikobereit (waghalsig) oder eher vorsichtig (ängstlich) zu sein, resultiert aus drei Komponenten:

- der *genetischen Komponente*, die von Anbeginn erkennbar ist

- der *Erziehungskomponente*, mit der die Eltern die Grundhaltung beeinflussen können, und

- der *Erlebniskomponente*, die die Einstellung zum Risiko im Erwachsenenalter verändern oder verstärken kann.

Da Risiko offenbar eine persönliche und eine sehr subjektive Einschätzung ist, wäre es doch interessant zu wissen, was da in unserem Kopf passiert. *→K17*

4.1   Falsche Entscheidungen

Eine falsche Risikoeinschätzung führt auch zu kontraproduktivem Verhalten:

Der Terroranschlag am 11. September 2001 auf das World Trade Center in New York führte zu einer absurden Umverteilung des Risikos: Aus Angst, in ein Flugzeug zu steigen, setzten sich Tausende Amerikaner lieber in ihr eigenes Auto. Wie in einer Studie nachgewiesen wurde, haben in den zwölf Monaten nach dem Anschlag etwa 1.500 Amerikaner, indem sie das Fliegen vermieden, ihr Leben gelassen. Sie starben bei Autounfällen.[7]

Rauchen ist ein freiwilliges Risiko, welches von Rauchern typischerweise unterschätzt wird, wohingegen Passivrauchen unfreiwillig ist und deshalb selten toleriert wird.

Lebensmittelzusätze und Konservierungsstoffe sind künstlich, folglich, so nimmt man an, müssen sie gefährlich sein. Gleichzeitig wird die Wahrscheinlichkeit, an verdorbenen, aber natürlichen Lebensmitteln zu erkranken, stark unterschätzt.

Wenn wir die falschen Risiken fürchten und tatsächliche Risiken verharmlosen, treffen wir falsche Entscheidungen.

Der Risikoforscher Peter Sandman hat diese Ergebnisse einmal so zusammengefasst:

> *„Das Risiko, das uns umbringt, ist nicht unbedingt das Risiko, das uns ängstigt".[7]*

4.2   Eigene Risikoeinschätzung

Persönliche Einschätzungen sind meist über lange Zeit durch gewisse Grundhaltungen und Informationsquellen entstanden. Vereinfachungen finden statt, wie „künstlich" gleich gefährlich, „natürlich" gleich ungefährlich oder gar gesund.

Die Möglichkeit, die Meinung und Grundhaltungen eines erwachsenen Menschen zu ändern, sind nicht sehr groß. Zudem erfordert es einen hohen Aufwand, da solche Meinungen oft schon verfestigt sind und als wichtige Bausteine zu den Lebensgrundeinstellungen gehören.

Bei der Risikowahrnehmung geht es um die subjektive Einschätzung einer Gefahr.

Ein passionierter Motorradfahrer misst seinem Fahren kein großes Risiko bei, weil er es „selbst unter Kontrolle" hat und weil er sich „abgesichert" hat (Lederanzug, Helm).

Objektiv hat aber Motorradfahren ein deutlich höheres Risiko als Autofahren (gleiche Strecke). Ebenso stellt Rauchen ein objektiv großes Risiko dar (statistisch belegt). Trotzdem gehen die Raucher dieses Risiko ein, während sie ein verschwindend geringes Risiko, wie das Wohnen in 500 Meter Entfernung von einer Hochspannungsleitung, gegebenenfalls entschieden ablehnen.

Es ist bekannt, dass die *Freiwilligkeit*, die *Natürlichkeit*, die *Kontrollierbarkeit* oder auch die *Vertrautheit* eines Risikos wichtige Einflussgrößen für die Risikowahrnehmung sind.

Es gibt eine lange Liste von Kriterien, die die Risikowahrnehmung bestimmen. Zwei Faktoren wurden für eine hohe Risikoeinschätzung als zentral identifiziert:[8]

Unbekanntheit

korreliert mit Nichtbeobachtbarkeit, Neuheit, unbewusstem Ausgesetztsein, Mangel an Expertenwissen und verzögerten Konsequenzen.

Furcht

korreliert mit einem Mangel an Kontrolle, gefürchteten Auswirkungen, Katastrophenpotenzial, ungleicher Verteilung, Zunahme des Risikos über die Zeit und tödlichen Konsequenzen.

Die Risikowahrnehmung hängt zusätzlich von vielen unterschiedlichen Faktoren ab, wie z.B. Alter, Geschlecht, Konstitution, vorhandenem Wissen und Angst vor einer Erkrankung.

Oftmals schätzt man Risiken falsch ein:

Von den ca. 3.200 Verkehrstoten 2017 starben bei Unfällen auf Autobahnen weniger als 300 Menschen (215 Pkw-Fahrer, 39 Kraftrad-Fahrer und 29 Fußgänger), die restlichen 2.900 auf tempolimitierten Land- und Innerorts-Straßen.[A]

Was müsste verboten werden, um viele Tote zu vermeiden?

Das Arbeiten müsste man z.B. verbieten, dabei starben 2017 immerhin 451 Menschen. Und überhaupt verbietungswürdig sind in jedem Fall die Aktivitäten in unserer Freizeit und die Hausarbeit, denn hier kamen 2015 immerhin 9.815 Menschen zu Tode, Tendenz steigend.

[A] Statistisches Bundesamt 2017

Die Einschätzung des Risikos hängt unter anderem von folgenden Umständen ab[A]:

- Habe ich die Gefahrensituation selbst gewählt?
  (Motorradfahren, Bergsteigen)

- Bin ich geübt, habe ich die Kontrolle darüber?
  (ich bestimme die Geschwindigkeit)

- Bin ich darauf angewiesen?
  (Fahrt zum Arbeitsplatz)

- Wann droht die Gefahr?
  (Rauchen: Entscheidung jetzt über eine Gefahr in ferner Zukunft)

- Lebenserfahrung

- Betroffenheit über einen Unfallbericht
  (Generalisierung eines Einzelfalls)

Viele Gefahren, von denen Sie in den Medien lesen und hören, bedrohen Sie nicht tatsächlich.[9] Orientieren Sie sich an den statistischen Risiken und nicht an Schlagzeilen.

Anmerkung: Gefahr gleich Risiko? Oftmals werden diese beiden Begriffe leichtfertig synonym verwendet. Eine Unterscheidung macht aber Sinn, weil man damit für mehr Klarheit sorgen kann. Oftmals werden die Begriffe auch „gezielt für eigene Botschaften genutzt, um somit ein Risiko eher als geringfügig oder bedeutsam zu klassifizieren."[10]

*Unter **Gefahr** wird die prinzipielle Möglichkeit einer negativen Wirkung ausgedrückt. Sie ist eine <u>qualitative</u> Aussage, dass etwas „an sich" gefährlich ist oder sein kann. Daraus geht in der Regel nicht hervor unter welchen Bedingungen etwas in welchem Umfange gefährlich ist. Negative Ereignisse, die aus Gefahren resultieren, sind aber an gewisse Umstände gebunden und hängen meist zusätzlich vom Zufall ab.*

*Ein **Risiko** ist eine <u>quantitative</u> Aussage, dass unter bestimmten Bedingungen ein bestimmtes negatives Ereignis eintreten kann. Man drückt das Risiko meist als Wahrscheinlichkeit im Zahlenbereich 0 (unmöglich) bis 1 (sicher) aus. Damit besteht die Möglichkeit komplexe Risikosituationen mathematisch aus Einzelrisiken zu berechnen und ihre Eintrittswahrscheinlichkeiten zu bestimmen.*

[A] Sehr gutes Video vom SWR (4 Min.): https://tinyurl.com/yckph7ql

5   Qualitativ und quantitativ

Bei einer *qualitativen* Aussage geht es um eine grundsätzliche Äußerung wie etwa: „Wer mit der Bahn zum Arbeitsplatz fährt, geht ein geringeres Risiko ein als jemand, der mit dem Auto fährt."

Das scheint eine richtige Aussage zu sein, aber sie sagt nichts darüber aus, um wie viel ich mein Risiko, im Verkehr zu sterben, dadurch verringern kann. Es kommt daher auf eine *quantitative* Aussage an.

Die Statistik sagt: Bei der Bahn sterben 0,04 und beim Pkw 2,12 Menschen pro 1 Milliarde Personenkilometer.[11] Damit ist die Fahrt mit dem Pkw 53-fach gefährlicher. Damit könnte man zufrieden sein.

Was wir aber nicht wissen, ist, ob bei der Bahnalternative auch Fußwege oder Fahrradstrecken enthalten sind. Hier kommt ein nicht vernachlässigbares Zusatzrisiko hinzu, das es beim Pkw nicht gibt. Für die Frage nach der Risikoverminderung durch Umstieg auf die Bahn kann das aber von Bedeutung sein.

Wichtig wäre zu wissen, wie lang die Strecke zum Arbeitsplatz ist. Nehmen wir an, dass die einfache Entfernung 50 km sei und keine Zusatzrisiken bei der Bahn hinzukommen.

Dann beträgt die Wahrscheinlichkeit, dass man in einem Jahr getötet wird:

$$\text{bei Bahnfahrt: } 0{,}04 \cdot 10^{-9} \text{ km} \cdot 2 \cdot 50 \text{ km/Tag} \cdot 250 \text{ Tage/Jahr} = 1 \cdot 10^{-6}/\text{Jahr}$$

$$\text{bei Pkw-Fahrt: } 2{,}12 \cdot 10^{-9} \text{ km} \cdot 2 \cdot 50 \text{ km/Tag} \cdot 250 \text{ Tage/Jahr} = 53 \cdot 10^{-6}/\text{Jahr}$$

Das heißt: Bei einer Berufszeit von 40 Jahren ist die Wahrscheinlichkeit auf der Fahrt zur Arbeit zu sterben, bei der Bahn 0,004 % und beim Pkw 0,212 %. Bei Pkw-Fahrern stirbt so jeder 500ste vor der Rente und bei Bahnfahrern jeder 2.500ste.

Haben wir damit das Risiko ausreichend beschrieben? Nein, wir müssen es ins Verhältnis zu den anderen Risiken setzen, dem unser Leben ausgesetzt ist. Wenn man weiß, dass rund 20 % der Menschen vor dem 65. Lebensjahr sterben, so muss dies anderen Unfällen und Krankheiten zugeschrieben werden. Unterstellt man, dass diese Gründe nicht oder kaum beeinflussbar sind, so muss man für unser Beispiel die oben ermittelten Wahrscheinlichkeiten für Bahn und Pkw als Anteil an diesen 20 % zuordnen.

Jetzt ergibt es ein aussagekräftiges Bild: Die Bahn ist zwar deutlich ungefährlicher als der Pkw, aber die Wahrscheinlichkeit, vor dem 65. Lebensjahr als Bahnfahrer zu sterben, ist 19,996 % und als Pkw-Fahrer 19,8 %. Bedenkt man noch, dass die 20 % kein genauer Wert ist (etwa 18 bis 22%), verschwindet der Unterschied von 0,2% im Ungenauigkeitsbereich.

Qualitative Aussagen müssen hinterfragt werden.

Quantitative Angaben werden erst aussagekräftig,
wenn sie relativ zu einer geeigneten Bezugsgröße stehen.

6   Energie – was ist das?

Zunächst muss der Begriff *Erneuerbare Energien* kritisiert werden. Energie ist nicht erneuerbar. Energie kann auch nicht geschaffen, sondern nur zwischen verschiedenen Formen umgewandelt werden. Dabei bleibt die Summe der beteiligten Energien konstant. Das ist keine neue Erkenntnis, sondern ein schon länger bekanntes physikalisches Gesetz.[A] Trotzdem verwende ich folgend den Begriff *Erneuerbare Energie* (abgekürzt mit *EE*), weil er eingeführt ist und jeder weiß, was damit gemeint ist. Außerdem werden Sie später noch den Begriff *Volatile Erneuerbare Energien* (*VEE*) und *Planbare EE (PEE)* kennenlernen. Dem wollen wir aber hier nicht vorgreifen.

Die ständige Verfügbarkeit von günstiger Energie ist in unserer Gesellschaft so selbstverständlich, dass wir uns dieses Umstands nicht mehr bewusst sind. Da gibt es die ganz kleinen Energiemengen, wie z.B. in der Batterie der Armbanduhr von 0,01 Wh (Wh = Wattstunde), die mindestens für 1 Jahr reicht, oder in der Stahlindustrie, die jährlich etwa 200.000.000.000.000 Wh an Energie benötigt.

Es ist zwischen der *Leistung* **P** und der *Energie* **W** zu unterscheiden.
Die Energie ist die Leistung über eine bestimmte Zeit **t** (W = P · t).

Beispiel: Eine Energie von 1.000 Wh entspricht 1.000 Watt über 1 Stunde oder 50 Watt über 20 Stunden oder 10 Watt über 100 Stunden …

Zunächst fällt einem bei Energie der Strom ein, den wir in Form von Batterien oder Netzstrom benötigen. Aber das ist nicht die einzige Form von Energie. Es gibt:

- *Mechanische Energie* (damit Maschinen, Autos funktionieren)

- *Wärmeenergie* (Heizung, Warmwasser, Industrieprozesse)

- *Strahlungsenergie*[B] (Sonne, Kaminfeuer, Funkwellen)

- *Elektrische Energie* (Strom)

- *chemische Energie* (Batterie, Kraftstoff, Erdgas) und

- *Kernenergie* (Kernkraftwerke)

[A] Energieerhaltungssatz: „In einem abgeschlossenen System ist die Summe aller Energien konstant."

[B] Elektromagnetische Strahlung: elektrische/magnetische Felder, über Radiowellen, Infrarot bis sichtbares Licht; daran schließt sich die ionisierende Strahlung an (UV, Röntgen- und Gammastrahlung)

Sobald es ein physischer Stoff ist, spricht man von einem *Energieträger*. Seinen Energiegehalt kann man als Energie freisetzen und so nutzen. Das wird z.B. mit Kraftstoff im Motor gemacht (in mechanische Energie gewandelt) und mit Erdgas in der Heizung, als Wärmeenergie.

Das waren zwei Beispiele, wie man chemische Energie in andere Energieformen wandeln kann. Grundsätzlich kann man jede Energieform in eine andere Energieform wandeln, aber leider nur mit mehr oder weniger großen Verlusten.[12]

Letztlich wandelt auch der Mensch die chemische Energie der Nahrung in die Energieformen Wärme (des Körpers) und mechanische Energie (Arbeit[A]). Der Mensch kann rund 100 kWh (Kilowattstunden) an Arbeit pro Jahr leisten. Dazu benötigt er Nahrung mit rund 1.400 kWh an Energiegehalt.[13] Der Mensch ist folglich ein schlechter Energiewandler. Nur etwa 7 % der aufgenommenen Energie ist als Arbeit nutzbar. Da sind die Verbrennungsmotoren schon erheblich besser. Sie wandeln etwa 30 bis 40 % der im Kraftstoff enthaltenen chemischen Energie in mechanische Arbeit um. Noch besser sind Elektromotoren, die einen Wirkungsgrad von über 90 % erreichen können.

Was heute Energie kostet und was man damit machen kann, zeigen folgende Beispiele:

Ein Liter Kraftstoff enthält eine Energie von rund 10 kWh und kann zu 3 bis 4 kWh mechanische Arbeit gewandelt werden. Er kostet rund 1,40 € (ohne Steuer nur 0,45 €). Die Arbeitsleistung eines Menschen eines ganzen Jahres, die wir durch einen Verbrennungsmotor gedanklich ersetzen wollen, kostet so nur rund 40 € (inkl. Steuer).

Ein Mann kann mit einem Pferd in einer Stunde rund 900 m² Acker pflügen, während man mit einem Traktor in einer Stunde mit Kraftstoffkosten von 20 € etwa 25.000 m² in einer gleichmäßigen Qualität pflügen kann. Während der erste Arbeiter körperliche Höchstleistung vollbrachte, hat der zweite bei der Arbeit für die 28-Fache Fläche entspannt gesessen.

> Die Verfügbarkeit von preisgünstiger Energie[B] ist die Grundlage unseres heutigen Wohlstands und der gestiegenen Lebenserwartung.

[A] Die mechanische Energieform wird auch als *Arbeit* bezeichnet. Da die elektrische Energie gut in mechanische wandelbar ist, verwendet man bei der elektrischen auch oft den Begriff *Arbeit*.

[B] Natürlich in Verbindung mit der entsprechenden Technik

6.1 Bedeutung von Energie

Die Herausbildung von Hochkulturen in der Menschheitsgeschichte war schon früh an die leichte Verfügbarkeit von Energiequellen gebunden. Gute Beispiele sind das frühe Ägypten, das Zweistromland und das südliche China. An all diesen Orten standen große Wassermengen, relativ gleichbleibende, warme Temperaturen und vergleichsweise große, natürliche Nahrungsquellen (als Energieträger) zur Verfügung. So mussten die Menschen weniger Zeit für den alltäglichen Kampf ums Überleben aufwenden.

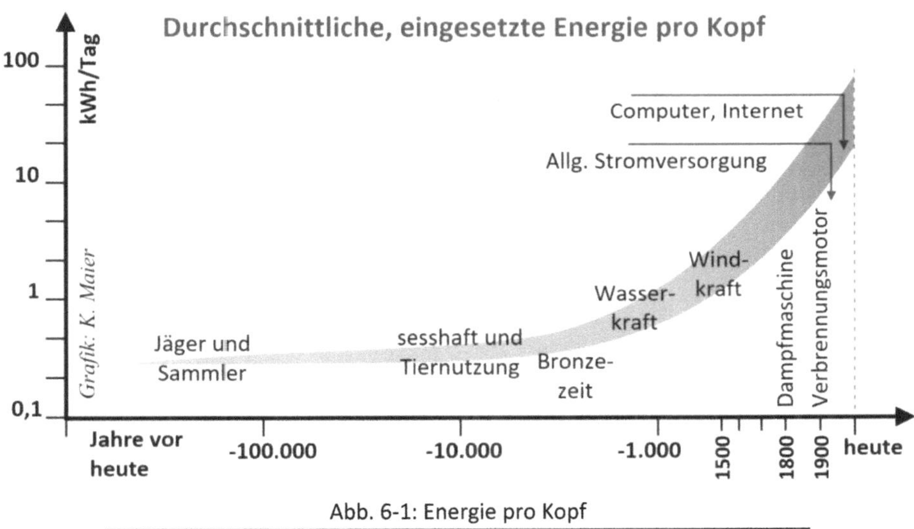

Abb. 6-1: Energie pro Kopf

Energie ist nicht nur für das nötig, was wir heute haben und verbrauchen, sondern war auch der Keim, aus dem sich der heutige Wohlstand entwickelte. Genauso wie das Wissen immer auf dem aufbaut, was vorher erarbeitete wurde, gibt es auch eine Kette von Vorprodukten und Werkzeugen (ebenfalls mit Vorprodukten), die Voraussetzungen für das betrachtete Objekt sind.

Ein Jedes braucht Energie (und Know-how), um geschaffen zu werden. Aber nicht nur die Güter haben Energie als Voraussetzung, nein, praktisch alles basiert auf Energie. So können alle uns selbstverständlichen Einrichtungen, Dienstleistungen und immateriellen Werte unserer Gesellschaft, wie Bildung, Kunst, Gesundheitspflege, Sport, Wissenschaft, Religion nicht ohne ständigen Einsatz von Energie existieren.[14] *Abb. 6-1* zeigt, dass jeder Fortschritt die Grundlage des nächsten Schrittes war und immer stand die Energie im Fokus.

„Je billiger, gemessen am Durchschnittseinkommen, die verfügbare Energie ist, desto höher ist der Wohlstand, desto mehr kann auch für immaterielle, geistige Güter aufgewendet werden, eine Voraussetzung für wirkliche Lebensqualität."[15]

Oder umgekehrt: Je teurer Energie wird, umso teurer werden die Produkte und Dienstleistungen, umso eher gehen die Firmen dorthin, wo billige Energie ist. Wenn die Produkte teurer werden, müssen Arbeitsplätze abgebaut werden, weil die Konkurrenzfähigkeit geschwächt wird. Dies wiederum führt zu mehr Sozialkosten und gleichzeitig weniger Steuereinnahmen. Sie merken es, es ist eine Abwärtsspirale. Neben dem Wettbewerb der Innovationskraft zwischen den Staaten gibt es auch noch den Wettbewerb für billige, gesicherte Energie.

Die künstliche Verteuerung der Energie ist ein Angriff
auf den Wohlstand der Gesellschaft.

6.2 Peak Oil

Ein Großteil der Energie, die wir nutzen, entstammt aus den fossilen Energieträgern Öl, Gas und Kohle. Wie Sie sicher schon gehört haben, sind die fossilen Energieträger „endlich", und deshalb müsse man von ihnen loskommen und die Wirtschaft und Gesellschaft auf andere Energiekonzepte umstellen. →*K35*

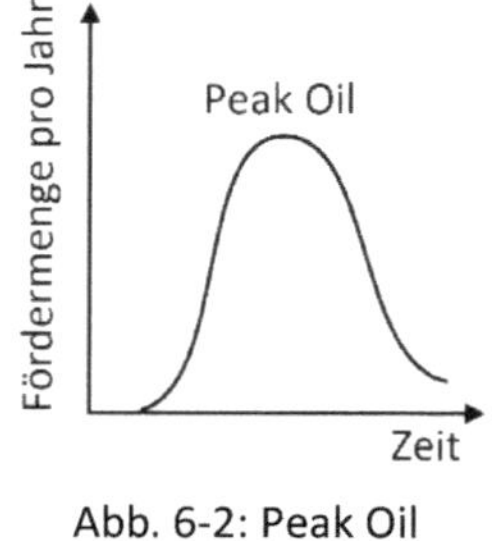

Abb. 6-2: Peak Oil

Alle paar Jahrzehnte wird erneut der „Peak Oil" für in 20 Jahren vorhergesagt. →*K23.4* Immer hat man sich getäuscht. Mit **Peak Oil** wird der Zeitpunkt bezeichnet, zu dem die maximale Menge an Öl gefördert wird (*Abb. 6-2*). Danach nimmt die Förderung ab, weil es immer schwieriger und kostspieliger wird, Öl zu fördern. Mit steigendem Preis sinkt auch der Verbrauch. Der entscheidende Grund sind aber die abnehmenden Reserven, die man noch fördern kann.

Nun sollten wir zunächst feststellen, dass alles endlich ist! Auch die Sonne wird nicht ewig scheinen. Noch vor einigen Jahren habe ich gelesen, dass die Sonne noch 500 Millionen Jahre scheinen wird, heute heißt es, dass sie womöglich noch 5 Milliarden Jahre scheint. Es muss uns aber nicht kümmern, stellen wir die eine oder die andere

Zahl zum Lebenshorizont der Menschen oder zur Innovationsgeschwindigkeit in Relation.[16]

Seit den letzten 30 Jahren ist der Verbrauch von Öl kontinuierlich um 50 % gestiegen. Trotz des gestiegenen Verbrauchs sind die Reserven ebenfalls gestiegen, von 1.126 (1995) auf 1.697 Milliarden Barrels (2015).[17] Wie kann das sein? Ganz einfach, weil immer neue Vorkommen, aufgrund von ständig verbesserten Explorationsmethoden, entdeckt werden. Mit weiter entwickelten Techniken sind nun Vorkommen wirtschaftlich nutzbar, die man früher nicht gefördert hätte.

Die *Bundesanstalt für Geowissenschaften und Rohstoffe* (BGR) gibt regelmäßig Berichte über die Entwicklung der globalen Energieversorgung heraus.[18]

	Öl [Gt]	Gas [Bill. m³]	Kohle [Gt]
Reserven	243	199	1.055
Ressourcen	448	628	22.132
Verbrauch pro Jahr	4,4	3,8	7,5
Reichweite in Jahren	157	217	3.091

Tabelle 6-1: Reserven und Ressourcen

Aus den Zahlen wird deutlich, dass unter der Annahme eines weiterhin konstanten Verbrauchs und der heute bekannten **Reserven** und **Ressourcen**[19] die fossilen Energieträger noch lange reichen, wie _Tabelle 6-1_ zeigt.

Und wie ist es mit den Preisen? Die Ölpreise sind tatsächlich erheblich gestiegen, in den letzten 20 Jahren um das 2,5-Fache. Aber das muss man in Relation mit der Einkommensentwicklung sehen. Diese stieg in Deutschland in den letzten 20 Jahren um rund 45 % an[20], bei dem Bruttosozialprodukt (Volkseinkommen) sogar um 75 %. Bedenkt man noch die Energieeinsparung beim Heizen und bei den Fahrzeugen, ist der Kostenanstieg nicht mehr so dramatisch, wie er zunächst erschien.

Es kann angesichts der Erfahrungen aus der Vergangenheit davon ausgegangen werden, dass weit vor dem Versiegen dieser Energieträger die Energiefrage anders und besser gelöst sein wird.[21]

Es gibt keine Not, aus Angst vor Knappheit überstürzt einen Ersatz für fossile Energieträger haben zu müssen.

6.3   Blackout

Die Energieform Strom ist unter den Energiearten die „edelste", da man sie leicht in alle anderen Energieformen wandeln und problemlos zum Einsatzort transportieren kann (per Leitung).

Sind wir uns wirklich bewusst, wo überall Strom zum Einsatz kommt und was alles nicht mehr funktionieren würde, wenn plötzlich der Strom großflächig und anhaltend ausfiele? Alle Lebensbereiche wären betroffen!

Bei einem Blackout über mehrere Tage wäre betroffen:

- Licht (privat, öffentlicher Bereich)

- Kochen (elektrische Herde, Wasserkocher, keine warmen Malzeiten)

- Aufzüge, Automatiktüren,

- Kühlung (Kühltruhe, große Kühllager)

- Heizung (Brenner, Steuerung, Umwälzpumpen)

- Wasserver- und -entsorgung (Duschen, Waschen, Toilettenspülung …)

- Lebensmittelversorgung
  (keine Lieferungen wegen Kraftstoffmangel und Verkehrschaos)

- Tankstellen (Treibstoffpumpen fallen aus)

- Ärzte, Apotheken (keine Medikamentennachlieferung)

- Geldautomat, Kassen

- Kommunikation (Festnetz- und Mobiltelefon, Radio, TV)

- Bahnen (bleiben irgendwo stehen)

- Krankenhäuser, Dialysezentren, Intensivstation

- Rettungsdienste, Polizei, Gefängnisse (kein Notruf möglich)

- Verkehrsampeln (führt zu Unfällen und Verkehrschaos)

- Computer (alle! Internet, Verkehrsleitsysteme, Flugsicherung …)

- Landwirtschaft (z.B. Melkmaschine, Kühe verenden qualvoll)

- Wirtschaft, Industrie (Stillstand, bis zur Zerstörung der Produktionsanlagen)

Für besonders wichtige Einrichtungen gibt es Notstromaggregate. Der notwendige Dieselvorrat ist aber in der Regel nur für wenige Stunden oder Tage ausgelegt.

Mehr über die technischen Zusammenhänge beim Blackout erfahren Sie im 2. Teil des Buchs.

Was ein großflächiger, anhaltender Blackout zur Folge hat, wird eindrucksvoll in dem gut recherchierten Roman „BLACKOUT – Morgen ist es zu spät" beschrieben. Wir kommen ganz schnell zu bürgerkriegsähnlichen Zuständen, wenn es um die blanke Existenz geht und wenn es keine funktionierende Lebensmittel-, Krankenversorgung und Polizei mehr gibt.

Wie die Energiewende mit dem massiven Umbau der Energieversorgungsstruktur auf volatile Energieerzeugungsanlagen (Windenergie- und Photovoltaikanlagen) die Gefahren eines Blackouts dramatisch erhöht, wird noch besprochen werden. *→K25.7, →K15.9*

Alle Entscheidungen, die das Risiko für einen Blackout erhöhen, müssen unbedingt unterlassen werden. Leider steuern wir mit der Energiewende auf einen gefährlichen Blackout zu.

7 Arbeitsplätze

Teilweise waren Zahlen von fast 400.000 Beschäftigte im Bereich der Erneuerbaren Energien in den Medien zu lesen. Neuere Zahlen sind kaum zu bekommen.

Abb. 7-1 zeigt nach 2012 eine kontinuierliche Abnahme.

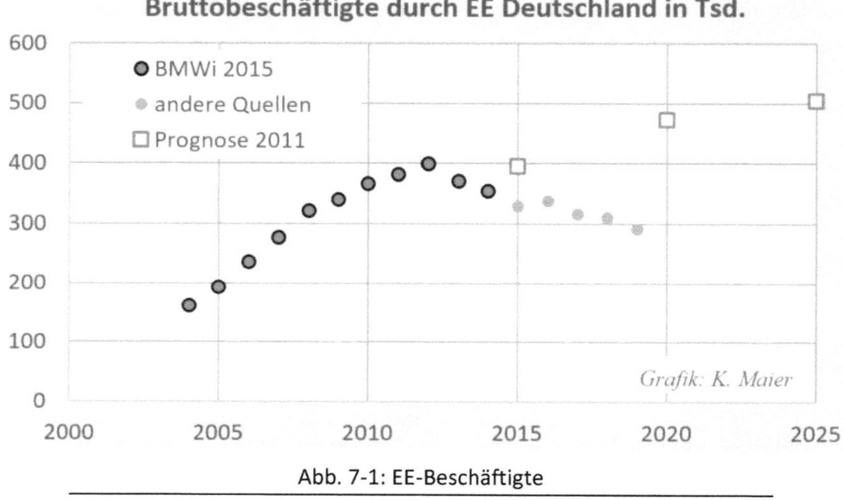

Abb. 7-1: EE-Beschäftigte

Die rechteckigen Werte sind aus einer Studie[22] aus dem Jahre 2011, die eine Zukunftsprognose aufstellte. Wie so oft lassen sich die *Experten* von optimistischen Einschätzungen leiten. Aktuell (2019) wird ein massiver Abbau an Arbeitsplätzen in der Windindustrie kritisiert.[23]

Betont werden muss, dass es sich um Bruttobeschäftigte[24] handelt, also die Summe aus direkt und indirekt Beschäftigten. Außerdem bedeutet eine Subvention von Beschäftigung in neue Arbeitsplätze, dass in alten, konkurrierenden Geschäftsfeldern Arbeitsplätze wegfallen. Zu Beginn der Energiewende, im Jahre 2000, hatte die Braun- und Steinkohlewirtschaft rund 85.000 Beschäftigte.[25] Hinzu kommen die Beschäftigten in den konventionellen Kraftwerken und den Kernkraftwerken. Das ist der Bereich Kraftwerksbetrieb. Es fallen aber auch jede Menge Arbeitsplätze in den Firmen weg, die für die Entwicklung und den Bau von Kraftwerken bisher tätig waren. Hier sprechen wir nicht von Bruttobeschäftigten, sondern direkten Vollzeitarbeitsplätzen. Mit der Energiewende wurden somit rund 100.000 Arbeitsplätze seit Beginn des EEG wegsubventioniert.

Dem kann man die 300.000 Bruttoarbeitsplätze (heute) entgegenhalten, die durch das EEG entstanden sind. Vielleicht bleiben 250.000 Vollzeitarbeitsplätze netto davon, die mit mehr als 25 Mrd. € pro Jahr[26] subventioniert werden.[A] Einfach gerechnet sind das 100.000 € pro Arbeitsplatz, jedes Jahr. Davon könnte man einen Ingenieur bezahlen, ohne dass er für seine Firma etwas erwirtschaften muss.

Ziehen wir Bilanz:

Rund 250.000 geschaffenen Netto-EE-Vollzeitarbeitsplätzen stehen gegenüber:

- etwa 100.000 verlorene Arbeitsplätze in den ersetzten Industriezweigen

- wenigstens 80.000[27] verlorene Arbeitsplätze, die aufgrund der hohen Energiekosten wegrationalisiert oder ins Ausland verlagert wurden

Den Kosten für die EE-Arbeitsplätze müssen noch die durch die Energiewende erhöhten Kosten für das Stromnetz hinzugerechnet werden, die von den Stromkunden zu tragen sind und nicht Bestandteil der EEG-Umlage sind. Aus volkswirtschaftlicher Sicht sind daher die geschaffenen Arbeitsplätze als eine irreführende Halbwahrheit zu bezeichnen.

Angesichts der großen Fülle und Komplexität von Gesetzen und Verordnungen[28] haben sich allerdings viele Arbeitsplätze für die Verwaltung und die Organisation dieses Marktes ergeben. Noch bevor eine einzige Anlage produziert ist oder gar Strom einspeist, sind Arbeitsplätze nötig und fallen Kosten an:

- für die vielen Institute und Thinktanks, die immer neue Vorschläge für Subventionen, Gesetze und Geschäftsmodelle entwerfen

- für die Beratung zur Subventionsabschöpfung

- für das Marketing der Produkte

- für die Rechtsberatung

- für die Finanzbranche, die die Kredite bereitstellt

- für die Projektbearbeitung

- für die Genehmigungsbearbeitung durch die Behörden

Aber auch die Maßnahmen zum Klimaschutz erzeugen jede Menge unproduktive Arbeitsplätze in den Behörden und in der Industrie für das Berichtswesen.[29] Man braucht

---

[A] Jeder durch das EEG umverteilte Euro muss an anderer Stelle verdient werden, was eindeutig zu Lasten von Wertschöpfung und Beschäftigung in den nicht geförderten Branchen geht.

mittlerweile spezielle Beauftragte in den Firmen, die sich ausschließlich mit den ständig ändernden Gesetzen und Verordnungen beschäftigen müssen. Nur so glauben sich die Unternehmen vor Strafzahlungen wegen Verletzung der Gesetze schützen zu können.

Arbeitsplätze, die nur durch Subventionen geschaffen und gehalten werden können oder die durch Bürokratie entstehen, sind volkswirtschaftlich schädlich.

Volkswirtschaftlich unsinnige Ausgaben reduzieren letztlich den Lebensstandard der breiten Masse.

8 Umweltschutz und Nachhaltigkeit

Ziele wie *Umweltschutz*[A] und *Nachhaltigkeit*[B] sind gute Ziele, die es gilt, mit Augenmaß und mit Weitsicht zu verfolgen. Dabei ist es aber wichtig, dass man die Maßnahmen an dem Ergebnis und nicht an der erklärten Absicht misst.

Leider tritt in vielen Fällen *Ideologie* und *Haltung* an die Stelle des nötigen „gesunden Menschenverstands".

8.1 Gegen die Natur

Die Windenergieanlagen, die meist auch Windräder genannt werden, sind schlicht Industrieanlagen. Industrieanlagen deshalb, weil sie heutzutage mit über 200 Metern gewaltige Dimensionen annehmen.[30] Außerdem wird dort eine Ware produziert, die verkauft werden und Gewinn abwerfen muss.

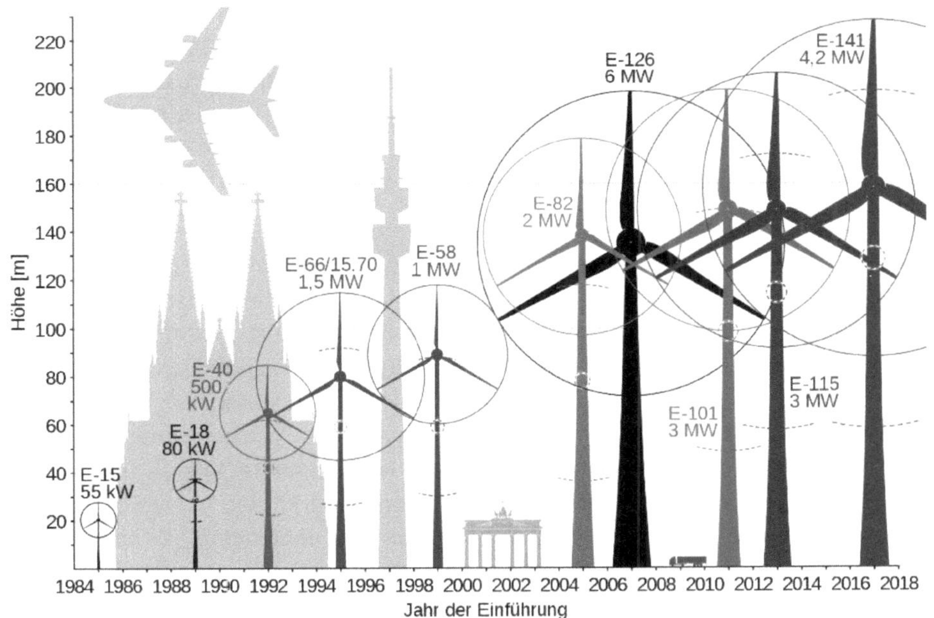

Abb. 8-1: Größenvergleich Windräder

[A] Umweltschutz darf nicht mit Klimaschutz gleichgesetzt werden. Was für Klimaschutz gut sein soll (Windräder zur CO_2-freien Energieerzeugung), ist für die Umwelt schädlich.

[B] Diese Themen werden hier nur kurz angeschnitten, da das Buch einen anderen Schwerpunkt hat.

Wenn man solche Giganten zu Tausenden in die Natur baut, kann das kein praktizierter Naturschutz sein und wenn man noch so edle Motive anführt. Diese Industriebauten werden sogar in schützenswerte Wald- und Naturschutzgebiete gebaut. Es ist zu ergänzen, dass solche Giganten breite, besonders befestigte Zufahrtswege erfordern, die mit sehr schweren Spezialfahrzeugen (bis 100 Tonnen) befahrbar sein müssen. Außerdem wird ein über 3.000 Tonnen schweres Stahlbetonfundament benötigt. Überdies vernichten sie geschützte Vogelarten, Fledermäuse und Tausende Tonnen von Insekten jedes Jahr. Aber das können Sie in vielen Publikationen und auf den Internetseiten der Bürgerinitiativen ganz ausführlich nachlesen.[31]

Rückbau, Renaturierung

Nach 20 Jahren gesetzlich geregelter Subventionsabschöpfung stellt sich die Frage, ob die Anlage ersetzt (*Repowering*) oder rückgebaut werden muss. Interessant ist auch, dass die Anlagen auf rund 20 Jahren Nutzungsdauer ausgelegt sind, d.h., nach 20 Jahren steigen die Betriebskosten oft deutlich durch häufige Reparaturen und Wartungen. Betriebsgenehmigungen sind abgelaufen und müssen neu beantragt werden (Kosten, unklares Ergebnis).[32] Viele Anlagen werden unwirtschaftlich. Damit wird das EEG eine Dauersubventionierung und nicht, wie anfangs versprochen, eine Anschubsubventionierung. Es wundert somit nicht, dass bei gefallenen Marktpreisen erneut eine Unterstützung der aus der EEG-Förderung gefallenen Anlagen gefordert wird.[33]

Die Recyclingfrage stellt sich, egal ob ersetzt wird oder ersatzloser Rückbau stattfindet. Der vollständige Rückbau der Industriegiganten ist auch alles andere als gesichert. Zwar sind finanzielle Sicherheiten beim Bau für den Rückbau zu hinterlegen, aber die dürften zu gering sein. Ein besonderes Problem sind die faserverstärkten Rotorblätter, die als Sondermüll zu bezeichnen sind, da eine Trennung der Materialien nicht möglich ist.[34] In den nächsten Jahren ist nach Prognose des Umweltbundesamtes (UBA) mit rund 70.000 Tonnen pro Jahr zu rechnen.[35] Die Recyclingwirtschaft ist darauf nicht eingestellt. Daneben fallen große Mengen an Beton, Stahl, Kupfer, Aluminium und andere Stoffe an. Schwer vorstellbar ist der Rückbau der Fundamente.[A] Es handelt sich pro Anlage um bis zu 3.500 Tonnen[36] Stahlbeton, vergleichbar mit einer Bunkeranlage. Falls ein Rückbau mit Sortentrennung erfolgt, wird das richtig teuer. Wenn ab 2020 die ersten kleineren Fundamente von Windenergieanlagen zu entsorgen sind, wird man entsprechende Erfahrungen machen. *→K28.5*

[A] Der Rückbau wird auch erforderlich, wenn an gleicher Stelle eine neue, größere WK-Anlage entstehen soll. Das alte Fundament trägt nicht mehr, da es zu klein ist.

8.2   Gegen den Menschen

Die meisten, die sich mit dem Thema beschäftigt haben oder die direkt betroffen sind, kennen die Stichworte *Infraschall, Blink-Befeuerung, Schattenwurf*. Hier wird stillschweigend erwartet, dass die Menschen, die zufällig dort wohnen, wo Windräder genehmigt wurden, dies aushalten. Viele macht es richtig krank und das Ausgeliefertsein kann Wut und Depressionen hervorrufen. Auch hierüber gibt es im Internet jede Menge Informationen.[31]

Eine weitere bittere Konsequenz ist der stark fallende Wert einer Immobilie, die die Eigentümer entschädigungslos hinzunehmen haben.

8.3   Gegen die Nachhaltigkeit

Den Vergleich der Nachhaltigkeit bei Stromerzeugungsanlagen macht man sinnvollerweise über den Materialeinsatz, der für die Anlagen benötigt wird, bezogen auf die erzeugte Energie. Beispiel Windenergie:

Eine Windenergieanlage (E126 mit 7,58 MW)[37] benötigt für eine Jahresproduktion in Deutschland von 13 Gigawattstunden rund 6.000 Tonnen Beton, etwa 650 Tonnen Stahl sowie 210 Tonnen Verbundwerkstoffe für die Rotoren und andere Materialien. Im Gegensatz dazu braucht ein Kohlekraftwerk bei Beton nur 1 bis 3 % und bei Stahl 3 bis 6 % der Rohstoffe für die gleiche Menge an erzeugter Energie.[38] Der Mehraufwand für den Anschluss der Windenergieanlagen an das Netz und den eigentlich zugehörigen Speicher sind darin noch nicht enthalten. Nicht angesprochen sind hier besonders wertvolle Rohstoffe (seltene Erden), die unter problematischen Umweltbedingungen gewonnen werden, und das Thema des Rückbaus der Rotorblätter.[39] Für ein konventionelles Kraftwerk müssen rund 700 der größten Windenergieanlagen mit anteiligem Speicher[40] gebaut werden, um ein Kraftwerk zu ersetzen. Wo ist da Nachhaltigkeit und Ressourcenschonung?

Gerade Beton und Stahl gehören zu den Baustoffen mit besonders hohem Energiebedarf (Strom und fossile Brennstoffe) in der Herstellung. So erfordert 1 Tonne Stahl rund 5.600 kWh und 1 Tonne Zement (für Beton) etwa 3.600 kWh Energie. Siehe auch →K28.5

8.4 Gegen Flächenschonung

Bei Biogas (Mais), Photovoltaik (Freiflächen) und konventionellen Kraftwerken (z.B. Kohlekraftwerk) ist klar, welche Fläche benötigt wird. Bei Windenergieanlagen (WEA) muss man differenzieren. Eine einzelne Anlage auf einem Feld könnte man mit der Grundfläche des Fundaments ansetzen. Handelt es sich um einen Windpark mit z.B. 20 Windrädern, so muss man die Gesamtfläche, auch die zwischen den Windrädern als nötige Fläche ansetzen. Aber auch ein einzelnes Windrad, das nahe an einer Siedlung steht, wird wohl kaum nur mit der Grundfläche seines Fundaments wahrgenommen. Daher ist es allgemein üblich, bei Windrädern die Windparkbetrachtung für den Flächenbedarf zu verwenden.

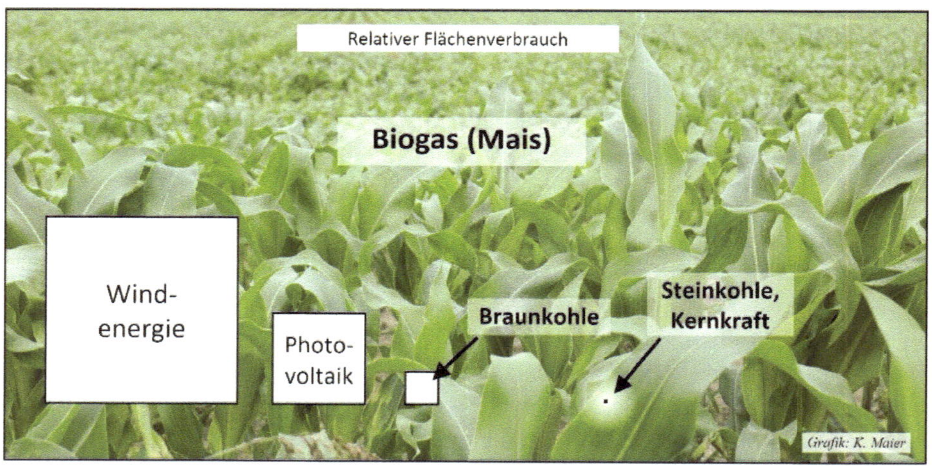

Abb. 8-2: Flächenverbrauch verschiedener Energieerzeugungsanlagen

Der relative Flächenbedarf für eine gemittelte Jahresleistung für die unterschiedlichen Stromerzeuger kann durch *Abb. 8-2* verdeutlicht werden.[41] Die relativ größte Fläche benötigt die Stromerzeugung aus Mais, was durch die Gesamtfläche der Grafik repräsentiert wird. Entsprechend geringer im Flächenverbrauch sind die Quadrate für Windenergie bis zum Braunkohlekraftwerk. Für Steinkohle- und Kernkraftwerke bleibt nur noch der kleine schwarze Punkt als vergleichbare, relative Fläche. Der schlechte Wirkungsgrad der Photosynthese ist der entscheidende Grund für den immensen Flächenverbrauch bei Biogas.

Seit vielen Jahren gilt der Naturschutz und der möglichst geringe Flächenverbrauch bei Bauprojekten aller Art als Leitgedanke für viele politische Entscheidungen. Das Baurecht hat über Jahrzehnte hinweg erfolgreich die Zersiedelung der Landschaft verhindert. Wenn es aber um die Energiewende und die Windräder geht, hat das alles keine Bedeutung mehr. Um den Bau von Windrädern auch in Wäldern und in Schutzgebieten zu ermöglichen, hat die Politik eine planungs- und baurechtliche Bevorzugung vorgesehen.[A] Noch vor nicht allzu langer Zeit haben sich Aktivisten an einen einzelnen Baum gekettet, um zu verhindern, dass er gefällt wird – heute dürfen es problemlos Hunderte sein.

8.5   Teller oder Tank?

Umweltbundesamt:

> *„Die energetische Nutzung von Biomasse wird zunehmend kontrovers diskutiert. Denn Bioenergie hat teilweise zwar eine bessere Treibhausgasbilanz als fossile Energie. Jedoch kann der Anbau von Biomasse mit vielfältigen negativen Wirkungen auf Mensch und Umwelt verbunden sein.“*[B]

Wie oben schon gezeigt, erfordert Biomasse (Mais, Raps), die speziell angebaut werden muss, den mit Abstand höchsten Flächenverbrauch, bezogen auf die Energie, die im Produkt (Strom) steckt. Das trifft natürlich auch auf die Verwendung als Kraftstoffbeimischung (E10) oder als Biodiesel zu. Durch die gesetzlichen Regelungen (Subventionierung) sind die Gewinne für diese Bauern deutlich höher als für die Produktion von Lebensmitteln. Daher werden bevorzugt Agrarflächen für Energiepflanzen verwendet. Das gilt natürlich auch für die aufstrebenden Länder, die auf Exporte angewiesen sind und deren Bauern nach den besten Verdienstmöglichkeiten suchen. Wer kann das nicht verstehen?

Die Pachtpreise von Agrarflächen werden durch die erzielbaren Gewinne bei unterschiedlicher Nutzung bestimmt. Ackerland für Nahrungsmittel verknappen sich.[42] Diese Konkurrenz treibt letztlich die Preise für die Lebensmittelproduktion in die Höhe. Darunter leiden besonders auch die Menschen in den ärmeren Ländern, die Lebensmittel kaufen müssen. Die profitable Nutzung von Ackerland durch Energiepflanzen verknappt die Anbauflächen für Lebensmittel. Das ist auch ein Grund für die kritisierten Brandrodungen.

Diese Problematik wurde vor einigen Jahren erkannt.

[A] Die als "Privilegierung der Windkraft" bekannte Vorschrift, erlaubt der Windindustrie außerhalb geschlossener Ortschafter zu bauen.

[B] So steht es einleitend auf: https://www.umweltbundesamt.de/themen/klima-energie/erneuerbare-energien/bioenergie#textpart-1

Als konsequente Folge hat die EU mit der Richtlinie 2015/1513/EU die Reduktion und am Ende (2030) den Auslauf der Verwendung von Biokraftstoffen wie Palmölmethylester (Biodiesel) und hydriertes Pflanzenöl aus Palmöl (HVO) vorgesehen.[43] Tatsächlich beträgt der Anteil von biogenen Kraftstoffen am Verkehrssektor im Jahr 2017 5,1 %.[44] Das entspricht einer CO_2-Einsparung von weniger als 1 % am CO_2-Ausstoß Deutschlands.

Was viele nicht wissen, ist, dass der Ersatz von 1 Liter fossilen Kraftstoff durch 1 Liter biogenen Kraftstoff nicht das CO_2 des fossilen einspart, sondern nur etwa die Hälfte, wenn man die gesamte Wertschöpfungskette berücksichtigt.[45]

8.6   Ökonomische Schäden

Die Schäden sind vielfältiger Natur. Unternehmen des Gaststätten- und Übernachtungsgewerbes sowie Anbieter von touristischen Dienstleistungen aller Art gründen ihre wirtschaftliche Existenz auf den Erholungs- und Erlebniswert der jeweiligen Landschaften. Ganz offensichtlich wird der Tourismus in den Gebieten mit Windrädern geschädigt. Im Tourismus werden in Deutschland fast 3 Mill. Menschen[46] beschäftigt, was fast 7 % aller Beschäftigen ausmacht. Das sind rund zehn Mal so viele wie die Industrie der Erneuerbaren Energien an Arbeitsplätzen aufweist. →*K7* Das ist die anonyme Sicht der Statistik. Aber es bedeutet auch konkrete persönliche Schicksale. Man stelle sich vor, jemand baut ein Haus mit Ferienwohnungen auf dem Lande und verschuldet sich dazu erheblich. Die Familie sieht das als die einzige Möglichkeit, hier zu einer dauerhaften Existenz zu kommen. Das ist alles nur zu schaffen, wenn die ganze Familie beim Bau und bei dem Betrieb mithilft. Dann werden drei Windräder in der Nähe genehmigt ... Das kann dieser Familie wirtschaftlich das Genick brechen. Es gibt auch keine Entschädigung oder die Rückabwicklung des Projekts. Mit viel Glück können sie vielleicht die Ferienwohnungen noch zu einem deutlich geringeren Preis vermieten.

Und was bedeutet das für das ältere Ehepaar, das ihr Häuschen im Grünen als Altersversorgung gebaut hatte? Es ist nur noch einen Bruchteil dessen Wert, was das Ehepaar für seine Altersversorgung braucht.

Die Verdoppelung des Strompreises seit Einführung des EEG bedeutet auch, dass den Menschen weniger Geld für die anderen Notwendigkeiten des Lebens bleibt (*Abb. 42-3*, →*S471*). An diesen Dingen und Dienstleistungen hängen auch wieder Arbeitsplätze.

8.7 Akzeptanz

Viele *Gutwollende* in den Städten können leicht die Akzeptanz für Windenergie der Landbevölkerung fordern, sind sie doch nicht von den Windrädern direkt betroffen.

Abb. 8-3: Frankfurt mit Windenergieanlage

Man stelle sich nur mal vor, mit welcher „Begeisterung" die Frankfurter reagieren würden, wenn ein solches Ungetüm vor den Römer gestellt würde, und das wäre nur ein Windrad. In der Fotomontage (*Abb. 8-3*) ist ein Windrad mit einer Narbenhöhe von rund 80 Metern dargestellt. Es ist nicht einmal halb so hoch wie die derzeit größten mit über 200 Metern.

Angesichts der geschilderten Nachteile ist es schwer vorstellbar, dass die betroffenen Bürger einem weiteren, verstärkten Ausbau der Windenergieanlagen verständnisvoll zuschauen werden.

Es gibt rund 1000 Bürgerinitiativen gegen Windkraft in Deutschland. Auch juristische Mittel werden ausgeschöpft. So hat der Verwaltungsgerichtshof in Baden-Württemberg die seit langem betriebene Genehmigungspraxis als rechtswidrig bezeichnet.

> *„Dieses neue Urteil des VGH könnte das Aus für die Windkraft in Baden-Württemberg bedeuten."*[47]

Wie ich noch erläutern werde, müsste die Windenergie noch um mehr als das 10-Fache von heute ausgebaut werden, um die Ziele der Energiewende rechnerisch erreichen zu können. Angesichts immer größerer Widerstände ist allein eine Verdopplung schon schwer vorstellbar.

9   Technik und Ideenreichtum

Wie ich eingangs schon versucht habe darzustellen: Wenn sich ein Problem für die Menschen – regional oder global – auftut, so gibt es in aller Regel Lösungen. Es besteht daher kein Grund, gleich in Panik und Aktionismus zu verfallen. Das Gegenteil, den Kopf in den Sand zu stecken, ist natürlich auch keine ernsthafte Alternative. Es gilt die Gefahren nüchtern und sorgsam zu analysieren und dann geeignete Maßnahmen zu ergreifen.

9.1   Gefahren durch neue Techniken?

Wir dürfen Technik und Veränderungen nicht reflexartig als Gefahr einstufen. Es gilt immer Vor- und Nachteile gegeneinander abzuwägen. Selten gibt es nur die Alternative dem zuzustimmen oder es kategorisch abzulehnen. Nehmen wir als Beispiel unser geliebtes Auto.

Die Gesellschaft ist ohne große Diskussion bereit, über 3.000 Tote im Straßenverkehr[48] für den Vorteil der persönlichen, fast uneingeschränkten Mobilität und für den wachsenden Warenverkehr zu akzeptieren. Nur wenige sind sich bewusst, dass wir 1970 über 20.000 Tote zu beklagen hatten. Dabei waren 1970 nur 15 Mill. und sind heute 47 Mill. Kfz auf den Straßen unterwegs. Das bedeutet, dass pro 1 Mill. zugelassener Kfz 1970 rund 1.300 und 2017 nur noch etwa 64 Tote pro Jahr zu beklagen waren. Das ist eine signifikante Verbesserung. Wie kann das sein? Nun, es ist das Ergebnis eines kontinuierlichen Verbesserungsprozesses der Verkehrsregeln, der Beschilderung, der Straßen, der Ausbildung, aber vor allem der Technik im Fahrzeug.

Oder nehmen wir die Luftverschmutzung. Trotz des gestiegenen Energiebedarfs und des Verkehrs ist die Luft so sauber wie noch nie in den letzten 50 Jahren. Es ist auch hier das Ergebnis eines Problembewusstseins, das zu einer kontinuierlichen, unaufgeregten Verbesserung geführt hat.

 Technik und Innovationen sind nicht die Gefahren unserer Zeit, sondern Lösungen für viele Problemfelder. Nicht Verbote, sondern innovative Anstrengungen sind die geeignete Antwort.

9.2   Nicht jede Idee wird zur Lösung

Manches braucht viel Zeit, bis es marktreif ist. Vieles scheitert daran, dass der überzeugende Nutzen fehlt oder dass es zu teuer ist, um sich breit durchsetzen zu können. Oft aber ist die Technik einfach noch nicht so weit oder die Handhabung ist praxisfern.

Dabei klingt so manche Idee überzeugend. Eine griffige Schlagzeile ist schnell gefunden und einige qualitative Argumente sind auch dabei. Oftmals wird aber zu kurz gedacht oder die Zusammenhänge und Konsequenzen sind nicht offensichtlich.

Kraftstoffe, die aus nachwachsenden Rohstoffen hergestellt werden können, sind doch eine überzeugende Idee. Das klingt doch gut. Kann man sich etwas Nachhaltigeres vorstellen? Genauso wurde argumentiert …

Weil die Preise auf dem Markt der fossilen Energieträger niedrig waren und sind, mussten Subventionen und regulatorische Maßnahmen her, damit ein steigender Einsatz von biogenen Kraftstoffen ermöglicht wurde. Damit wurde der Anbau von Energiepflanzen für die Bauern lukrativer und die Lebensmittelproduktion verteuerte sich.[A] Das ist besonders schlimm für ärmere Länder. Dieses Geschäftsfeld erlaubt gute Gewinne, so dass viele Länder die Möglichkeit gesehen haben, hiermit Devisen zu erwirtschaften. Eine Folge war auch, dass vermehrt Brandrodung stattfand und so wertvolle Urwälder dezimiert wurden. Hätte man sich früher klargemacht, dass schnelle planwirtschaftliche Lösungen meist nicht zielführend sind, wäre die EU nicht so konsequent politisch in diese Richtung gegangen. Deshalb wird mittlerweile wieder zurückgerudert. Nun drohen die Palmöl exportierenden Länder der EU mit Konsequenzen – verständlich, nimmt man ihnen doch die Gewinne aus dem Export.[B]

Neue Ideen müssen ganzheitlich und quantitativ analysiert werden – qualitativ und oberflächlich betrachtet klingt vieles gut.

Eingriffe des Staates (in guter Absicht) sind schon oft schiefgegangen.

9.3 Rasante Innovation

Bei der Energiewende, die nicht gründlich durchdacht wurde, obwohl das von der technisch-physikalischen Seite sehr wohl möglich gewesen wäre[C], setzte man bei Kritik auf die *rasante Innovation*. Innovationen haben schon so vieles ermöglicht, was man sich noch vor wenigen Jahren nicht hätte vorstellen können.

[A] Pachtpreise stiegen, das Angebot ging zurück.

[B] „Palmölproduzenten drohen der Europäischen Union", FAZ vom 12.4.2019

[C] Der Hauptvorwurf, den man den Verantwortlichen hier machen muss, ist, dass keine Machbarkeitsanalyse des Gesamtprojekts *Energiewende* erstellt wurde, wie das in der Wirtschaft bei komplexen Projekten selbstverständlich ist.

Bei der Kritik an z.B. den Brennstoffzellen, den Batterien in den E-Mobilen oder an den fehlenden Stromspeichern zum Ausgleich der Volatilen Erneuerbaren Energien (VEE) aus Wind und Sonne wurde gerne auf die unglaublichen Fortschritte in der Elektronik verwiesen. Man unterstellte, nein, man hoffte, dass ähnliche Innovationen die Problemfelder der Energiewende in wenigen Jahren lösen werden. Warum also die Energiewende stoppen, nur weil die letzten Lösungen noch nicht vorhanden sind? Die Technikwunder werden schon rechtzeitig kommen, dachte man. Aber es gibt Grenzen für Wunder, und in der Technik werden diese durch die Physik gesetzt. Die physikalischen Gesetze sind durch politische leider nicht außer Kraft zu setzen.

Das Elektrofahrzeug, eine geniale Entwicklung der heutigen Zeit? Weit gefehlt!

Abb. 9-1: E-Mobil von 1902

Lohner-Porsche-Rennwagen, 1902. Am Steuer des Wagens: E. W. Hart aus Luton, England. Daneben: Ferdinand Porsche. Das Fahrzeug hat vier Radnabenmotoren mit einer Leistung von je 1500 W. Der elektrische Strom wird in Akkumulatoren mit einer Gesamtmasse von 1800 kg gespeichert.[49]

Der erste Elektro-Porsche fuhr bereits 1900, und das mit dem innovativen Antrieb über Radmotoren (*Abb. 9-1*).

Ebenso sind die Brennstoffzelle und der Lithium-Ionen-Akkumulator auch keine Erfindung der letzten Jahre.[A]

Zweifellos hat die Elektronik, speziell bei den Computern und Smartphones, eine unglaubliche Entwicklung durchlaufen. Zwischen 1970 und 2010 hat sich die Rechenleistung pro Dollar auf das 100-Millionen-Fache gesteigert. Wollte man diesen Maßstab für die Entwicklung der Pkws (im Rückblick) zugrunde legen, so müsste heute ein Auto einen Bruchteil eines Eurocents kosten. Es gibt keine Innovation bei allen möglichen Produkten unseres heutigen Lebens, die mit der Entwicklung der Elektronik auch nur annähernd vergleichbar wäre.

Man sollte demnach vorsichtig sein, wenn wieder einmal der nächste „Durchbruch" mit dicken Lettern verkündet wird.

Bei der Fortschrittserwartung darf man nicht die Elektronik
als Maßstab nehmen.

Fortschritt kann man nicht planen und anordnen,
die Zeit muss reif sein und die Naturgesetze müssen es zulassen.

[A] Das Prinzip der Brennstoffzelle wurde 1838 von Christian Friedrich Schönbein entdeckt. Bereits in den 1970er Jahren wurde das grundlegende Funktionsprinzip der Lithium-Akkus erforscht und veröffentlicht. Seine Marktreife erlangte es erst 1991.

10 Das Stromversorgungssystem

Wie einfach ist das doch: Man steckt den Stecker in die Steckdose und ab geht die Post – die Bohrmaschine läuft, das Radio spielt, der Computer lässt die neusten Nachrichten erscheinen und so fort. Daher stammt wohl auch der Spruch:

„Was brauche ich Atomkraftwerke,
bei mir kommt der Strom aus der Steckdose."

Aber mal ehrlich, wer weiß schon, wie der Strom in die Steckdose kommt? Was ist alles dazu nötig, dass wir praktisch zu jedem Zeitpunkt auf diese unverzichtbare Energie zurückgreifen können? Könnte man z.B. ein großes Windrad in den Garten stellen (sofern Sie einen Garten haben und die Genehmigung bekommen würden), an das Hausnetz anschließen und Sie hätten Ihren eigenen Strom und, wären autark? Oder geht das nur, wie es heißt, mit einer Photovoltaikanlage[A]?

Weder noch! Aber das wird noch erklärt. →*K31.3*

10.1   Ein kurzer Blick in die Geschichte der Stromversorgung

Sicher, es gab schon früh erste Berührungspunkte mit Elektrizität. So hat der Italiener *Volta* um 1800 einen Vorläufer unserer heutigen Batterie erfunden und gebaut, die *Volta´sche Säule*. Der entscheidende Durchbruch kam aber mit der industriellen Revolution, die gegen Ende des 19. Jahrhunderts Fahrt aufnahm. Anfangs wurde Strom hauptsächlich für die Beleuchtung verwendet. Die Kohlefadenlampe, war der Vorläufer der heutigen Glühlampe. Sie verbreitete nur ein schwaches, gelbliches Licht. Vor der allgemeinen Einführung des Stroms wurde Gaslicht im öffentlichen Bereich und in Häusern verwendet.

Die Stromerzeuger (Kraftwerke) mussten ihren Strom an die Kunden liefern. Dazu wurde ein Netz mit Leitungen geschaffen. Mit der Übertragung von Strom sind Energieverluste verbunden. Diese steigen mit der Stromstärke und der Länge des Kabels. Um die Verluste klein zu halten, kann man auch den Leiterquerschnitt erhöhen, was aber entsprechende Kosten verursacht.

Die zu übertragende Leistung ist das Produkt aus der Stromstärke (in Ampere) und der Spannung (in Volt). Will man den Leiterquerschnitt geringhalten, muss die Spannung hoch sein, damit die Stromstärke bei gleicher Leistung kleingehalten werden kann. Hohe Spannungen sind aber für den Menschen gefährlich. Daher benötigt man hohe

---

[A] Natürlich würden Sie einen ausgewiesenen Fachmann beauftragen.

Spannungen für die Übertragung über lange Strecken und geringe Spannungen für den Stromkunden an der Steckdose. Weit verbreitet ist heute daher die Festlegung auf 230 Volt für den Haushalt und mehr als 10.000 Volt für die Übertragung im Stromnetz. Der Wechselstrom hat den Vorteil, dass er mit Transformatoren auf beliebig hohe Spannungen herauf- und wieder heruntertransformiert werden kann. Das kann nahezu verlustfrei gemacht werden. Transformatoren funktionieren nicht mit Gleichstrom. Das ist der Grund, warum man heute überall Wechselstrom verwendet.

Das war aber keineswegs immer so. Bei der Einführung der Elektrizität, etwa ab 1880, gab es in den USA eine heftige Auseinandersetzung über die Frage Gleichstrom oder Wechselstrom. Diese ist als der „Stromkrieg" in die Geschichte eingegangen. Die führenden Köpfe waren Thomas Alva Edison auf der Seite des Gleichstroms und George Westinghouse auf der Seite des Wechselstroms. Edison vertrat das Prinzip, dass man die Kraftwerke in den Städten baut und dann nur noch über geringe Entfernungen die Verbraucher versorgen muss. Folglich wurden von seiner Firma viele Kraftwerke für die Lieferung von Gleichstrom in den Städten gebaut. Daher der Begriff: Stadtwerke.

Mit der Erfindung des Transformators und des Wechselstromgenerators sind die beiden zentralen Komponenten eines Wechselstromnetzes vorhanden. Mit der Möglichkeit Wechselstrom durch Transformatoren über lange Strecken transportieren zu können, konnten Kraftwerke, z.B. an Stauseen, also weitab von Städten, gebaut werden. Heute verwenden wir ein Dreiphasenwechselstromnetz, auch als Drehstromnetz bezeichnet. So besteht für den Verbraucher einerseits die Möglichkeit, mit Drehstrom robuste Motoren zu betreiben, andererseits auch den 230-Volt-Wechselstrom zu verwenden. Das Drehstromkonzept hat sich weltweit durchgesetzt.

10.2   Leistung, Energie und Arbeit

Immer dann, wenn ein Körper bewegt werden muss, bedeutet das Arbeit. Etwa so könnte das ein Bauarbeiter sagen. Physikalisch ist das auch richtig, denn die *Arbeit* wird aus Kraft mal Weg bestimmt.[A] Je schwerer ein Gegenstand ist (Kraft) und je weiter er bewegt werden muss (Weg), umso größer ist die geleistete Arbeit. Für die Bewegung muss *Energie* aufgewendet werden. Die Arbeit ist damit eine Art von Energie. Energie tritt in unterschiedlichen Erscheinungsformen auf, z.B. als Bewegungs- oder Lageenergie (Arbeit), als Wärme, als Strahlung (Licht, elektromagnetische Wellen), als elektrische Energie (Strom) und anderen. Es gibt daher Situationen, in denen man die Begriffe Arbeit und Energie gleichbedeutend verwendet.

[A] Es gibt auch noch die mechanische Arbeit, die für Verformung oder Beschleunigung benötigt wird.

Viele, selbst die, die sich in den Medien als kompetent verkaufen wollen, kennen oft nicht den Unterschied zwischen Leistung und Energie.[A] Leistung wird meist in Watt (W) oder Kilowatt (kW) angegeben. Das sind Werte, die auf vielen Geräten stehen. Ein größerer Wert bedeutet, dass das Gerät mehr Strom zieht, also mehr Leistung aus dem Netz aufnimmt. In der Regel ist das der Wert, mit dem das Stromnetz im ungünstigsten Falle belastet werden kann. Wenn Sie einen Heizlüfter haben, so hat er gegebenenfalls mehrere Leistungsstufen, vielleicht 500, 1000 und 2000 Watt. Die meisten haben auch ein Thermostat, das den Heizlüfter ein- und ausschaltet. Wenn der Heizlüfter eingeschaltet ist, erzeugt er Wärme aus z.B. 1000 Watt, ist er ausgeschaltet, nimmt er 0 Watt auf.

Die *Energie* (W) ist *Leistung* (P) mal Zeit (t). Also $W = P \cdot t$. Läuft der Heizlüfter 2 Stunden (Einheit h; v. lat. hora) mit konstant 1 kW, so hat er eine Energie verbraucht von 1 kW · 2 h = 2 kWh. Damit haben wir die Einheit der Energie: *kWh*. Man kann Leistung auch in kleineren (Watt oder Milliwatt) oder größeren Einheiten (Megawatt oder Gigawatt) angeben.

Während sich die Leistung auf einen Zeitpunkt bezieht, steht der Energiewert für den Durchschnitt über einen Zeitraum.

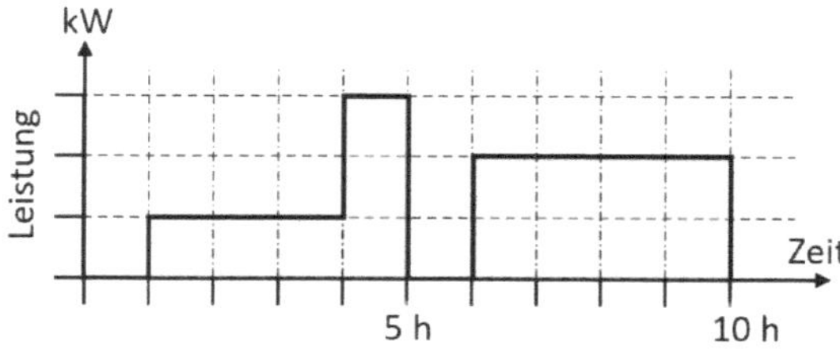

Abb. 10-1: Leistung und Energie

In diesem Beispiel wird in den gezeigten 10 Stunden unterschiedlich viel Leistung aufgenommen, von 0 bis 3 kW.

In der 1. Stunde ist die Leistung null und auch die verbrauchte Energie ist null. Dann fließt eine Leistung von 1 kW über 3 Stunden und in der 5. Stunde 3 kW. Die Energie ist Leistung mal Zeit und entspricht damit der Summe der Flächen, die man hier durch Abzählen der Quadrate ermitteln kann. 14 Quadrate entsprechen 14 kWh an Energie. Spricht jemand von 14 kWh in 10 Stunden, so sagt dies nichts über die geringste und die maximale Leistung aus. Wäre die Leistung konstant gewesen, wären es 14 kWh geteilt durch 10 h = 1,4 kW.

Leistung (kW) und Energie (kWh) hängen zwar zusammen, sind aber etwas Grundverschiedenes und dürfen nicht verwechselt werden.

[A] *Energie* wird oft auch als *Arbeit* bezeichnet.

Der Stromverbrauch schwankt nicht nur in diesem Beispiel, er schwankt auch für ganz Deutschland. Die Schwankungen bei den einzelnen Verbrauchern, d.h. in den Haushalten und der Industrie, gleichen sich nicht zu einem konstanten Stromfluss aus. Es ist auch klar, dass nachts nicht so viel Strom verbraucht wird wie tagsüber. Auch am Wochenende wird weniger Energie benötigt, was _Abb. 10-2_ deutlich zeigt.

Das sind aber nicht die einzigen Einflüsse. Im Winter wird mehr Strom benötigt als im Sommer und die Konjunktur der Wirtschaft wirkt sich ebenso aus. Entscheidend ist aber zu wissen, dass sich die Stromerzeuger an den Bedarf der Stromkunden anpassen müssen. Die Stromerzeuger können keinen Strom auf Vorrat erzeugen. Im Netz muss auf der Seite der Erzeuger sekundengenau stets die Leistung eingespeist werden, die auf der Seite der Verbraucher gerade abgenommen (angefordert) wird, weil das Netz keinen Strom speichern kann.

Vereinfachender Erklärungsversuch: Das Stromnetz ist vergleichbar mit einer langen Leitung. Nehmen Sie ein langes Verlängerungskabel. Ist es an die Steckdose angeschlossen, können Sie z.B. eine Glühbirne auf der anderen Seite zum Leuchten bringen. Nehmen Sie die Glühbirne weg und ziehen Sie dann das Kabel aus der Steckdose. Wenn Sie dann später die Glühbirne wieder anschalten, wird sie, auch nicht für einen Moment, aufleuchten, weil das Kabel keinen Strom gespeichert hat.

Schon geringe Abweichungen können die Stromversorgung zusammenbrechen lassen. Das kann zu einem gefährlichen Blackout werden. →K25.7

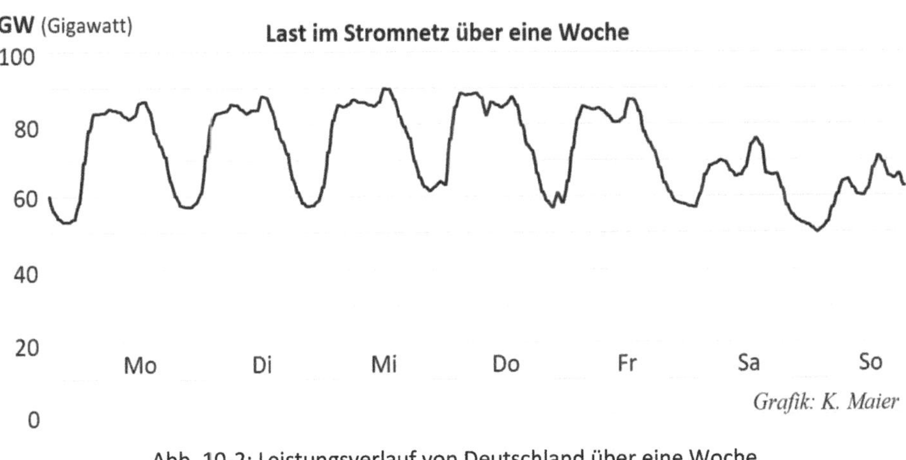

Abb. 10-2: Leistungsverlauf von Deutschland über eine Woche

Um solche gefährlichen Situationen auszuschließen, ist das Stromversorgungssystem nach dem ***Worst-Case-Prinzip*** zu dimensionieren.[A] Auf dieses Prinzip werden wir noch mehrfach zurückkommen.

> Für eine sichere Stromversorgung bedarf es einer Leistungsbereitstellung durch die Stromerzeuger, damit zu jedem Zeitpunkt, auch in seltenen, ungünstigen Situationen, die Nachfrage der Stromverbraucher befriedigt werden kann.

10.3 Das Stromnetz

Praktisch überall auf der Welt haben wir es mit einer Wechselstromversorgung zu tun. Es gibt Gebiete mit 50 Hertz und welche mit 60 Hertz Frequenz. Der Endverbraucher erhält meist 220, 230 oder 240 Volt an seiner Steckdose. Einige Länder haben niedrigere Spannungen. Für Deutschland ist 230 Volt mit 50 Hertz festgelegt.[B]

Abb. 10-3:
Transformator im
Mittelspannungsnetz

Die 50 Hertz finden sich an allen Teilen des Stromnetzes wieder, die Spannungen aber sind unterschiedlich. Um große Leistungen verlustarm über lange Strecken übertragen zu können, sind hohe Spannungen erforderlich, die teilweise das 1.000-Fache der Spannung in der Steckdose überschreiten. Damit ergibt sich die Notwendigkeit, in verschiedenen Netzabschnitten zwischen verschiedenen Spannungen zu wechseln. Dies kann man idealerweise mit Transformatoren machen. Transformatoren haben geringe Verluste. Das bedeutet, dass die ausgangsseitige Leistung fast genau der auf der Eingangsseite entspricht. Leistung ist Spannung mal Strom. Wenn also die Spannung von z.B. 23.000 Volt in 230 Volt heruntertransformiert wird, steht bei gleicher Leistung der hundertfache Strom zur Verfügung. *Abb. 10-3* zeigt einen Transformator mittlerer Größe.[50] Transformatoren kennen wir auch aus den Haushaltsgeräten und Netzteilen. Die Wirkungsweise ist immer die gleiche.

[A] Das ist die konzeptionelle und quantitative Zusammenstellung der Komponenten mit ihren Eigenschaften, damit für den ungünstigsten Betriebsfall alle Anforderungen erfüllt werden.

[B] Die Bahn hat ein eigenes Netz mit 16⅔ Hertz.

Auf dieser Grundlage gibt es verschiedene Netzebenen, die mit unterschiedlichen Spannungen betrieben werden, hohe Spannungen für große Leistungen und große Entfernungen, geringe Spannungen für kleine Leistungen und kurze Entfernungen. Daraus ergeben sich technisch vier Spannungsebenen des Netzes, wie das _Tabelle 10-1_ zeigt.

Dazu gehören die jeweiligen Schalt-, Steuer- und Überwachungseinrichtungen mit entsprechend großen Transformatoren.

Über die Leitungen hängen alle Teile einer Stromversorgung elektrisch zusammen, so dass sich lokale Störungen wichtiger Teile durchaus auf räumlich größere Netzteile auswirken können.

Bezeichnung	Spannung [Volt]	Länge [km]	Erläuterung
HGÜ (Hochspannungs-Gleichstrom-Übertragung)	bis ±520.000	2.600	Im Rahmen des Netzausbaus für die Energiewende sind mehrere HGÜ-Strecken mit 300-670 km geplant. Teilweise sollen Erdkabel eingesetzt werden.
Übertragungsnetz	220.000 und mehr	35.000	Höchstspannungsnetz. Dort speisen große Kraftwerke ein; Verbindung der Metropolen.
Verteilnetz	110.000	100.000	Hochspannung. Hier speisen mittelgroße Kraftwerke ein. Versorgung von großen Stromkunden.
Mittelspannungsnetz	Typisch 10.000 bis 30.000 (1... 50 kV)	500.000	Verteilt Energie regional und versorgt größere Stromkunden. Kleine Kraftwerke (Stadtwerke) speisen hier ein. Versorgung bis 100 km Entfernung.
Niederspannungsnetz	230 / 400 (bis 1.000)	1,2 Mill.	Über Erdkabel direkt in die Häuser als Drehstrom (400 V) über Entfernungen kleiner 1 km.

Tabelle 10-1: Netzebenen

 Nur durch eine gute Abstimmung aller Komponenten des Stromversorgungssystems und durch eine zeitgenaue Steuerung und Regelung der Stromerzeuger und der Netzkomponenten ist eine zuverlässige Stromversorgung zu erreichen.

Anfangs hatte jedes Land für seine Stromversorgung die alleinige Verantwortung. Der europäische Netzverbund wurde nach dem Zweiten Weltkrieg etabliert.[A] Er ermöglicht den Fluss von Leistungen über die nationalen Grenzen, je nachdem, ob im eigenen Land gerade ein Überschuss oder ein Mangel herrscht. Dazu gibt es zu den Nachbarländern Verbindungsstellen, die eine bestimmte Leistung übertragen können. Die übertragbare Leistung aus dem Ausland kann für das Netz eine Stütze sein. Das Gleiche gilt für die Netze der Nachbarländer. Unser Netz kann aber nicht komplett aus dem Ausland versorgt werden, genauso wenig, wie wir unsere Nachbarn komplett versorgen können.[51]

10.4 Beteiligte

Sie haben damit sicher schon ein Gefühl dafür bekommen, wie kompliziert eine Stromversorgung heute ist. Diese Komplexität steigt mit der Anzahl der Beteiligten und dem komplizierten ökonomischen und technischen Zusammenspiel der Komponenten und Akteure. Wir werden noch sehen, dass insbesondere die *Erneuerbaren Energien* erhebliche Probleme ins System bringen.

Am Anfang stehen die **Stromerzeuger**, die Energie in das Netz einspeisen. Welche Stromerzeuger wie viel einspeisen, wird durch Lieferverträge und durch den **Strommarkt** festgelegt. Es gibt Stromerzeuger, also Kraftwerke, die die sogenannte **Grundlast** basierend auf langfristigen Verträgen befriedigen. Sie laufen fast konstant durch. Dann gibt es Teilnehmer am Strommarkt, die für die **Mittellast** und welche, die für die **Spitzenlast** arbeiten. Wir erinnern uns an *Abb. 10-2*, wo der ständig wechselnde Leistungsbedarf gezeigt wird. Im Strommarkt werden teilweise sehr kurzfristig Energien gebucht. Ständig ist Technik und Personal damit beschäftigt, dass in jedem Moment genau so viel Leistung in das Netz eingespeist wird, wie gerade nachgefragt wird.

Dann gibt es die **Netzbetreiber**. In der obersten Netzebene werden sie **Übertragungsnetzbetreiber** genannt. Es gibt auch sehr viele lokale Netzbetreiber, wie z.B. Stadtwerke. Der Stromkunde bezieht den Strom von seinem **Energieversorger**, der regional angesiedelt ist oder überregional agiert.

[A] Seit 2009 haben wir das ENTSO-E, European Network of Transmission System Operators for Electricity

Dann haben wir noch die **Bundesnetzagentur** (BNetzA). Diese ist nicht nur für das Stromnetz, sondern auch für Gas, Telekommunikation, Post und den Eisenbahnverkehr zuständig. Sie ist eine *Aufsichtsbehörde* und berät die Bundesregierung. Letztlich gibt sie die Regeln vor, nach denen die Marktteilnehmer handeln dürfen, damit die Interessen der Verbraucher hinsichtlich Preis und Versorgungssicherheit gewahrt werden.

Schließlich muss noch **Regelenergie** bereitgestellt werden, damit die schnellen, unerwarteten Schwankungen ausgeglichen werden können und so das Netz vor einem Zusammenbruch geschützt wird.

Die für uns selbstverständliche und sichere Stromversorgung ist das komplexe Zusammenspiel vieler technischer Komponenten und Akteure, damit Sie als Stromkunde jederzeit so viel Energie aus Ihrer Steckdose entnehmen können, wie Sie gerade brauchen.

Die technischen Aspekte des Stromnetzes werden im 2. Teil behandelt. →K25

10.5   Stromerzeuger-Mix

Manch ein Leser hat vielleicht noch vor einigen Jahren gemeint, dass der Strom entweder aus Kohle- oder aus Atomkraftwerken[A] kommt. Vom Anteil an der erzeugten Energie war das auch gar nicht so falsch. Für die heutige Zeit stimmt das nicht mehr. Wenn jetzt in wenigen Jahren alle heute noch laufenden Kernkraftwerke (bis 2022) und Kohlekraftwerke (bis spätestens 2038) abgeschaltet werden, fallen knapp 50 % der grundlastfähigen Stromerzeuger weg.

Grundlastfähig heißt, dass der Stromerzeuger zuverlässig und auf Anforderung Strom erzeugt. Die Grundlast ist der Sockelbetrag des Stromverbrauchs. Dieser Strom ist besonders günstig, da die Kraftwerke unter optimalen Betriebsbedingungen arbeiten.[B] Solche Stromerzeuger können auch in gewissen Grenzen geregelt werden, also nicht nur gleichbleibenden Strom erzeugen.

Damit lässt sich elektrische Energie bereitstellen, die die Nachfrage punktgenau befriedigt. Also das, was wir in der Vergangenheit hatten und was so vermutlich in der Energiewendezukunft nicht mehr sein wird. Künftig soll der Stromverbrauch dem

---

[A] Ab jetzt wird nur noch von Kernkraftwerken gesprochen, weil Atomkraftwerk eine ungeeignete Assoziation verursacht.

[B] Die weitgehend konstante, durchlaufende Stromerzeugung ist die Betriebsform, die die Anlage schont und frühzeitigen Materialverschleiß verhindert.

Angebot folgen, so die Vorstellungen. Man will, salopp gesagt, erreichen, dass die Waschmaschine eben erst dann läuft, wenn der Wind kräftig weht. Die Ideen gehen so weit, dass die Produktion in der Industrie sich nach dem Wetter richten soll. Man nennt das *Demand Side Management.*[52]

Die sogenannten Volatilen Erneuerbaren Energien (VEE), also Strom aus Wind und Sonne, stehen nicht nach Bedarf zur Verfügung. *Abb. 10-2* zeigt den schwankenden Bedarf der Stromkunden. Dieser Leistungsbedarf kann durch VEE nicht gedeckt werden. Auch wenn der Ausbau weiter fortgeschritten ist, ist das nicht ohne Speicher oder Ersatzkraftwerke möglich, denn das Wetter verursacht mal zu viel, mal zu wenig Strom. Wir werden dieses zentrale Problem noch ausführlich behandeln.

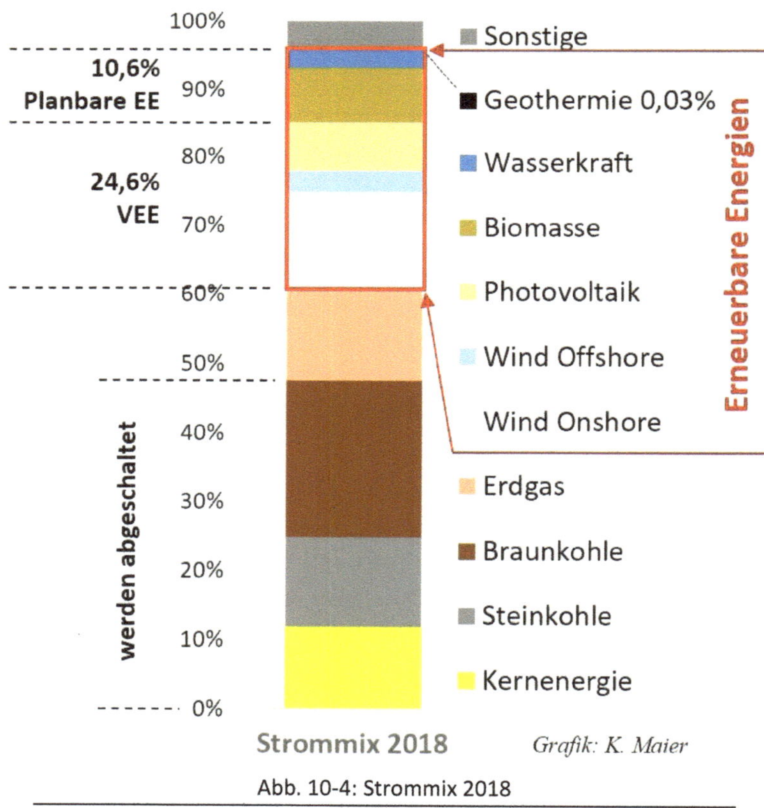

Abb. 10-4: Strommix 2018

35 % Anteil der Erneuerbaren Energien an der Stromproduktion (siehe *Abb. 10-4*) lässt den Schluss aufkommen, dass bereits ein Drittel der Umstellung auf Erneuerbare Energien geschafft sei. Das ist aber ein zentraler Irrtum.

Die Angabe von 35 % Anteil an der Stromversorgung bezieht sich auf die Energie, also die durchschnittliche Leistung über ein Jahr, nicht auf die zuverlässige, zeitgenaue Bereitstellung von Leistung.

Es reicht eben nicht, 90 % oder 100 % der Elektroenergie zu erzeugen, um damit die Kohle- und Kernkraftwerke abschalten zu können. Die Stromkunden erwarten, dass jederzeit genau so viel Strom aus der Steckdose kommt, wie sie gerade brauchen.

Das wäre etwa so, wenn Ihnen als Mieter eine *mittlere* Raumtemperatur von 20 °C zugesichert würde. Dann dürften Sie sich nicht beschweren, wenn es im Sommer bei ihnen 35 °C und im Winter 5 °C in der Wohnung sind. Genauso wenig reicht es, eine durchschnittliche Leistung zur Stromversorgung anzubieten.

10.6   Erneuerbare Energien

Zunächst muss man feststellen: Energie ist nicht erneuerbar, nur umwandelbar in andere Energieformen. Beispiel: Windenergie in elektrische Energie (Strom) und elektrische Energie in Bewegungsenergie (Motor) oder in Wärmeenergie (Heizung). Da der Begriff *Erneuerbare Energien* aber überall verwendet wird, wollen wir das beibehalten und abgekürzt mit *EE* bezeichnen.

Ein Teil der EE sind die *VEE*, die *Volatilen Erneuerbaren Energien*, die aus Wind und Sonne gewonnen werden und damit wetter- und tageszeitabhängig sind. Weiterhin gehört zu den EE noch die Stromerzeugung aus Wasserkraft, Biogas, Biomasse und Deponiegas. Der Rest ist völlig vernachlässigbar (Geothermie z.B. weniger als 0,1 %). Diesen Teil der EE nennen wir *Planbare EE (PEE)*, weil sie nicht wetterabhängig sind (*Abb. 10-4*).

Wasserkraft und biogene Energiequellen sind weitgehend ausgeschöpft. Wie dargestellt, ist der Trend für Energiepflanzen rückläufig, zumindest in Deutschland und EU. Damit bleiben nur die VEE als ausbaubar übrig.

Für die Energiewende stehen praktisch nur noch die VEE (Windenergie und Photovoltaik) als ausbaubare Energiequellen zur Verfügung.

Wenn wir uns die steigenden Widerstände der Bürgerinitiativen gegen die Windenergie vor Augen halten, so ist es schwer vorstellbar, dass man diese weiter stark ausbauen könnte, aber gerade das wird für die Umsetzung der Energiewende nötig sein. Ich werde das noch konkreter ausführen.

Die Mängel der VEE wurden schon zum Teil angesprochen. Hier nochmal eine Zusammenstellung:

- Aufgrund der geringen Leistungsdichte bei Wind und auch bei Sonnenstrahlung belegen die technischen Einrichtungen, die diese Naturenergie einsammeln, große Flächen (siehe *Abb. 8-2*).

- Auch der dafür notwendige Verbrauch an Ressourcen und Materialmengen ist ein Vielfaches größer als für konventionelle Kraftwerke. →*K8.3*

- Der produzierte Strom ist nicht nach Bedarf steuerbar. Es ist lediglich möglich, die Leistung, die aktuell zu viel erzeugt wird, in Speicher mit großer Kapazität, die wir nicht haben, zu speichern oder nicht zu verwenden.[A] Somit kann, mit VEE alleine, keine gesicherte Stromversorgung erreicht werden.

- Auch die Zusammenschaltung vieler VEE-Anlagen über eine große Fläche, z.B. deutschlandweit, führt nicht zu einer gesicherten Stromversorgung. Der Satz „irgendwo weht immer Wind" ist im Sinne einer zuverlässigen Stromproduktion falsch. Das gilt auch für eine europaweite Fläche, weil es Zeitpunkte gibt, wo in ganz Europa fast kein Wind weht, wie das *Abb. 31-10* eindrucksvoll zeigt. →*S321*

- Der *Nutzungsgrad* der VEE-Anlagen ist gering. Kohle- und Kernkraftwerke können auf Dauer mit ihrer *Nennleistung* gefahren werden und müssen nur zu Wartungszwecken abgeschaltet werden. Daraus ergibt sich ein möglicher Nutzungsgrad von 90 %. Onshore-Windenergieanlagen liegen bei 15 bis 20 %, Offshore-Anlagen bei 25 bis 40 % und Photovoltaikanlagen bei nur rund 10 %. Das heißt, der technische Aufwand führt nur in einem geringen Anteil des Jahres zur angegebenen Nennleistung. Dies wird auch mit dem *Volllaststunden*-Wert beschrieben.[53]

Erläuterung: Stromerzeuger wie Windenergieanlagen oder Photovoltaikanlagen haben eine **Nennleistung.** *Sie gibt an, welche Leistung die Anlage unter günstigen Bedingungen abgeben kann. Im Gegensatz zu Kraftwerken, deren Leistung einstellbar ist, geben die VEE-Anlagen eine wechselnde Leistung ab, die mit dem Wetter schwankt. Die durchschnittliche Leistung über das Jahr ist die Nennleistung mal dem* **Nutzungsgrad.** *So liegt der Nutzungsgrad bei Wind (Onshore) bei grob 0,2 und bei Photovoltaik (PV) bei 0,1. Das heißt, die PV-Anlage liefert im Durchschnitt nur 10 % ihrer Nennleistung.*

Anstelle des Nutzungsgrads kann man auch Volllaststunden verwenden.

[A] Man spricht von „Abregelung", d.h. dass die Leistung erzeugt werden könnte, aber durch gedrosselte Einspeisung ins Netz nicht genutzt wird.

Es gilt: Volllaststunden = Nutzungsgrad mal Jahresstunden. Beispiel: Onshore-Anlage: 0,2 mal 8760 Stunden/Jahr = 1752 Volllaststunden.

- Eine versorgungssichere Stromversorgung mit VEE benötigt für die Zeiten mit fehlender Leistung entweder Kraftwerke (sogenannte Ersatz- oder Backup-Kraftwerke) oder genügend große Stromspeicher, die solche Zeiten überbrücken können. Diese Speicher werden in Zeiten von VEE-Überproduktion aufgeladen.

- Wird der Mangel an Zeiten ohne genügend Leistung durch Ersatzkraftwerke gelöst[A], so müssen die Kraftwerke die gesamte Leistung[B] aller Verbraucher erbringen können, so wie heute. Das bedeutet, dass man eine doppelte Stromversorgung braucht. Der ersatzlose Abriss der heutigen Kraftwerke ist daher nicht möglich.

 Die aufgezählten Mängel der VEE sind nicht etwa nur vorübergehend, sondern inhärent, also nicht durch technischen Fortschritt zu beheben.

Aufgrund dieser Mängel sind die VEE nicht wettbewerbsfähig und müssten nach 20 Jahren immer noch subventioniert werden.[54]

10.7 Volatilität der Stromerzeuger

Die Stromerzeugung aus Wind und Sonne kann nicht konstant und planbar sein, weil der Wind nicht immer weht und die Sonne nicht immer scheint. Daher nennt man diese Energieerzeugung *Volatile Erneuerbare Energien* oder kurz *VEE*. Der Schwankungsumfang ist enorm. Bei der Photovoltaik (*PV*) fällt die Leistung nachts auf null und kann in einer PV-Anlage bei optimaler Sonneneinstrahlung die Nennleistung (peak) erreichen.

Ähnlich ist es bei der Stromerzeugung mit einer Windenergieanlage. Bei Flaute beträgt sie null und kann bei kräftigem Wind bis zur Nennleistung[C] anwachsen. Großflächig über Deutschland wird allerdings die Nennleistung praktisch nie erreicht. *Abb. 10-5* und *Abb. 10-6* zeigen dies.[55]

[A] Also nicht auf der Basis von Speichern

[B] Deshalb die <u>gesamte</u> Leistung, weil die VEE manchmal weniger als 1 % ihrer Nennleistung liefert und man (wegen der genannten Worst-Case-Regel) jederzeit die gesamte Nachfrage sicherstellen muss.

[C] Das ist die maximal mögliche Leistung, auf die die Anlage konstruiert wurde.

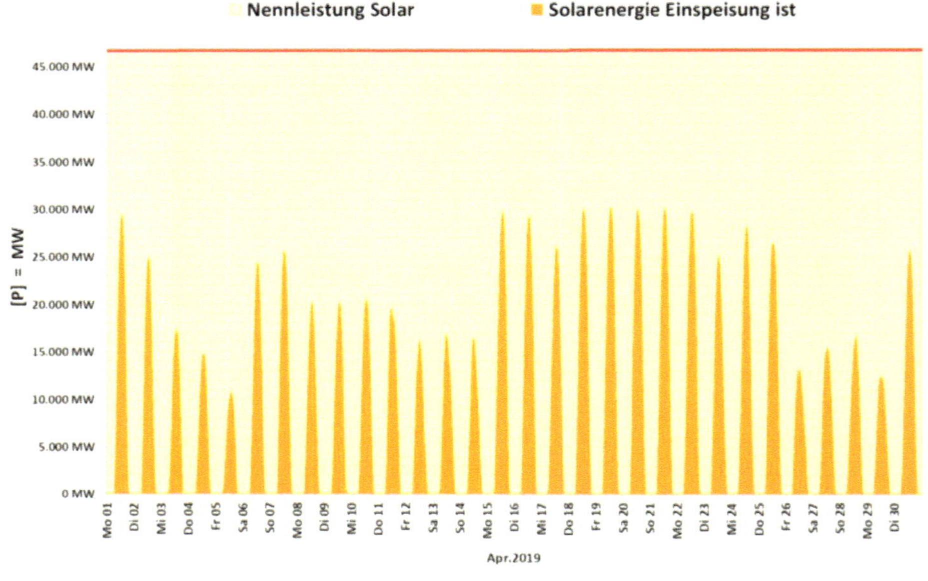

Abb. 10-5: orange: Leistungseinspeisung; hellgelb Nennleistung

Abb. 10-6: dunkelblau: Leistungseinspeisung; hellblau Nennleistung

Im Gegensatz zur Stromerzeugung mit konventionellen Kraftwerken, egal ob mit Kohle, Gas oder Öl befeuert, sind VEE nicht steuerbar, sondern vom Wetter bestimmt. Kraftwerke können, je nach Strombedarf, mit ihrer Erzeugungsleistung angepasst werden. So wie Sie über das Gaspedal die Motorleistung und damit die Geschwindigkeit ihres Pkw an die Situation anpassen, gibt es so etwas wie ein „Gaspedal" auch bei den Kraftwerken. Sie werden dynamisch an die Verbrauchslage angepasst. So werden die wichtigen, engen Grenzen der Netzfrequenz eingehalten, um die Netzstabilität sicherzustellen. →K25.5

10.8   Viele Stromerzeuger – ein Netz

Es hat schon immer viele Stromerzeuger gegeben, die sich ein Stromnetz teilten. So gab es vor der Jahrtausendwende wenige Hundert größere Stromerzeuger deutschlandweit. Mit Beginn der Energiewende kamen bis heute Zehntausende Windenergieanlagen (WEA) und über 1 Mill. Photovoltaikanlagen (PVA) hinzu. Diese haben sehr viel kleinere Nennleistungen als die konventionellen Kraftwerke.[A]

Einige Kraftwerke mit günstigen Strompreisen haben konstant eingespeist (Grundlast-Kraftwerke) und andere hatten ihr Marktsegment im Bereich der angepassten Einspeisung (Mittellast- und Spitzenlast-Kraftwerke). Dafür muss deren Strom teurer bezahlt werden. Diese Struktur war lange Zeit eine zuverlässige und planbare Angelegenheit. Das wurde mit der Liberalisierung des Strommarktes und den Gesetzen der Energiewende verändert.

Strom aus EE wird durch das *EEG* (Erneuerbare-Energien-Gesetz) vorrangig in das Netz eingespeist. Wenn gerade viel EE-Strom erzeugt wird, müssen die konventionellen Kraftwerke gedrosselt werden. Faktisch sind sie nur noch die Lückenfüller. Da die VEE wetterabhängig sind, sind sie „unberechenbar". Über die Wettervorhersage kann man sich schon etwas auf diesen Strom einstellen, es bleibt aber die Notwendigkeit, zum Teil sehr schnell und unerwartet mit den noch vorhandenen konventionellen Kraftwerken den Ausgleich durch Herauf- oder Herunterfahren herzustellen. Dass dies keine kostengünstige und anlagenschonende Betriebsweise ist, kann man leicht einsehen. Solange der Anteil der VEE noch vergleichsweise klein war, war das kein Problem.

[A] Typischerweise haben WEA 1 bis 6 MW (Megawatt), Dach-PVA 0,01 bis 0,1 MW und mittlere und große Kraftwerke 100 bis 2000 MW.

Aber bereits heute sind die Kosten für die Bewältigung dieser Volatilität enorm und gehen in die Milliarden Euro pro Jahr.[A]

Wie schon in →*K10.1* ausgeführt wurde, muss zu jeder Sekunde genau so viel Strom in das Netz eingespeist werden, wie gerade verbraucht wird, sonst bricht das Netz zusammen und der Strom ist weg. Daher muss auf die Ausregelung der eingespeisten Leistung aller Stromerzeuger penibel geachtet werden. So hat das oft die Konsequenz, dass durch starken Wind mehr VEE-Strom erzeugt wird, als in das Netz eingespeist werden darf. Um das besagte Gleichgewicht zwischen Erzeugung und Verbrauch einzuhalten, müssen einige VEE-Erzeuger abgeregelt werden. Alternativ wird dieser Strom auch in das Ausland geleitet. Unsere Nachbarn wollen aber solchen „Störstrom" in ihrem Stromnetz nicht, so dass sich manche mit technischen Einrichtungen davor schützen oder sich die Abnahme dieses VEE-Überschussstroms teuer bezahlen lassen. Das heißt, in manchen Fällen wird der Strom aus Deutschland verschenkt und manchmal bezahlen wir noch dafür, dass er abgenommen wird. Der ***Überschussstrom*** kostet also in jedem Falle, weil auch bei Abregelung (d.h. Anlagenabschaltung) der Strom an die VEE-Anlagenbetreiber bezahlt werden muss, der nicht eingespeist und nicht genutzt werden konnte.

Sogenannte ***VEE-Überschussenergie*** ist zwar nicht zu gebrauchen, kostet aber genauso viel wie die genutzte VEE-Energie.

Manchmal wird mehr VEE-Strom erzeugt, als von den Stromkunden verbraucht werden kann. Das wird mit weiterem VEE-Ausbau noch drastisch zunehmen.

Damit werden die konventionellen Kraftwerke, die weiterhin als Lückenfüller benötigt werden, vermehrt in einer Weise betrieben, die verschleißend und unökonomisch ist.

10.9 Stromkosten

Die meisten wissen sicher, dass das ***Erneuerbare-Energien-Gesetz*** (EEG) für mehr als eine Verdopplung des Strompreises in Deutschland seit Einführung des EEGs (2000) verantwortlich ist (*Abb. 10-7*).

[A] Dazu gehören die Kosten für das sogenannte Redispatch (2017: 1,4 Mrd. €) und die Kosten für die „Entsorgungsgebühren" des Überschussstroms ins Ausland (allein 2019 Q1: 364 Mill. €).

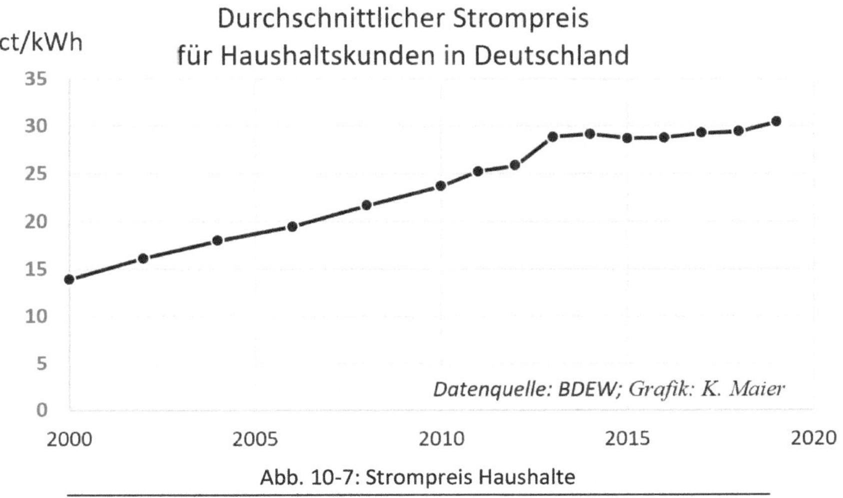

Abb. 10-7: Strompreis Haushalte

Abb. 10-8 zeigt die Zusammensetzung des Strompreises für Haushaltskunden.

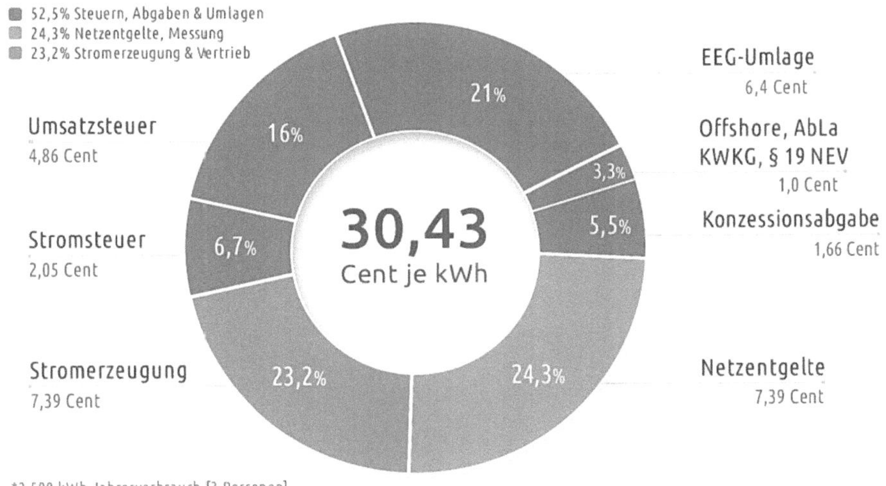

Abb. 10-8: Strompreiskomponenten

Einige Kostenanteile, die durch die EE verursacht werden, werden geschickterweise in die „Netzentgelte" verlagert, um den Verursacher zu verschleiern. Das hält die unliebsame EEG-Komponente klein, die der Repräsentant der Energiewende in der Grafik ist. Für den Endkunden liegt die EEG-Umlage bei 7,6 ct/kWh, da der Mehrwertsteueranteil für 6,4 ct/kWh natürlich auch bezahlt werden muss.

Alle Vorhersagen der „Experten" sind nicht eingetreten, weder die berühmte *Kugel Eis pro Monat* von Herrn Trittin noch die Begrenzung der EEG-Umlage auf 3,5 ct/kWh, die Frau Merkel vorhersagte.

Wir dürfen nicht vergessen, dass der Strompreis nicht nur für die Haushalte eine ärgerliche Angelegenheit ist, die Kaufkraft kostet, sondern auch die Produzenten von Gütern und Dienstleistungen, mit den daran hängenden Arbeitsplätzen, trifft. Damit wird eine Verteuerung von Waren aller Art verursacht. Das trifft besonders die stromintensive Industrie, deren Produkte verteuert werden und die damit einen Wettbewerbsnachteil, insbesondere für Exporte, hat.

Während die konventionellen Kraftwerke am Strommarkt die Kilowattstunde für 2 bis 5 Cent vergütet bekommen, wurden 2017 alle EE-Anlagen bei jeder Kilowattstunde durchschnittlich mit zusätzlichen 13,2 Cent bezuschusst.[56] Dieser Zuschuss muss natürlich von den Stromverbrauchern bezahlt werden (plus MwSt.).

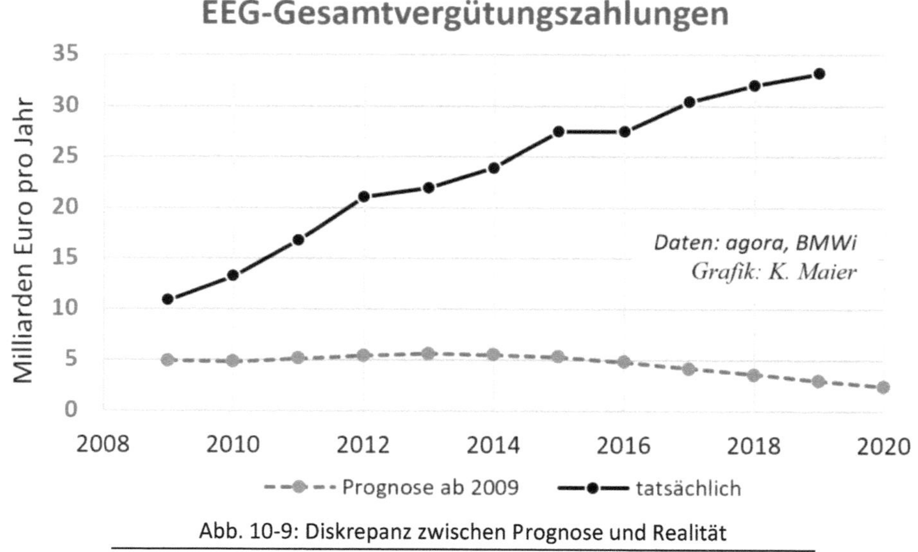

Abb. 10-9: Diskrepanz zwischen Prognose und Realität

Stromintensive Betriebe sind von hohen Stromkosten besonders betroffen und bekommen einen vergünstigten Preis. Diese Entlastung der Betriebe wird letztlich von den privaten Stromkunden bezahlt.

Immer wieder wird diskutiert, wer mit wie viel an welchen Kostenkomponenten aus Gründen der Fairness zu beteiligen ist. Das ist eine beliebte, aber im Grunde wenig relevante Diskussion. Letztlich sind die volkswirtschaftlichen Gesamtkosten bzw. die Mehrkosten durch die Energiewende von Bedeutung.

Abb. 10-9 zeigt Exemplarisch eine weitere Fehleinschätzung der „Experten".[57]

Alle hochkarätigen Institute, von Prognos über Fraunhofer und DLR bis hin zum Wuppertal Institut, hatten den zu erwartenden Beitrag für erneuerbare Energien völlig unterschätzt. Diese Fehleinschätzung, die volkswirtschaftlich gravierend ist, könnte kaum größer sein.

Gemessen an den Prognosen und der nun bekannten Realität haben die Experten jede Glaubwürdigkeit verloren.

Warum sollte man den neuen Versprechungen noch glauben?

10.10 Stromspeicher

Um die großen Unterschiede zwischen zu viel und zu wenig Stromerzeugung auszugleichen, werden Stromspeicher nötig. Wird zu viel VEE-Strom produziert, geht der Überschuss in den Speicher, fehlt bei „Dunkelflaute" die VEE-Energie, so soll der Speicher die *fehlende Energie*[A] liefern. Soweit das Prinzip und die Theorie.

Aber genügend Strom zu speichern, ist das ungelöste, zentrale Problem. Daher werden jede Menge Ideen dazu in die Diskussion geworfen (→*K29* „Speicherkonzepte"). Obwohl alle Konzepte prinzipiell funktionieren, mangelt es allen generell an der Realisierbarkeit.

Die hohe Speicherkapazität, die für den Ausgleich der Schwankungen über ein Jahr hinweg benötigt wird, ist mit keinem bekannten Konzept erfüllbar. Es scheitert an der hohen Anzahl solcher Speicher und an den Kosten. Als Beispiel kann die bewährte *Pumpspeichertechnik* genannt werden (*Abb. 10-10*).

[A] Als *fehlende Energie* bezeichne ich die Energie, die zu den EE noch nötig ist, um den Strombedarf zu decken.

Die heute verfügbare Kapazität müsste auf mehr als das 1.000-Fache[58] gesteigert werden. Allein die Investitionskosten würden rechnerisch mehrere Billionen Euro betragen.

Auch alle anderen heute bekannten Speicherkonzepte scheitern an dieser Kapazitäts- und Kostenfrage. Eine Ausnahme und Hoffnung ist nur das *Power-to-X*-Konzept. *Power-to-X* steht allgemein für die Umwandlung elektrischer Energie in einen Energieträger (z.B. Gas) oder eine andere Energieart (z.B. Wärme).

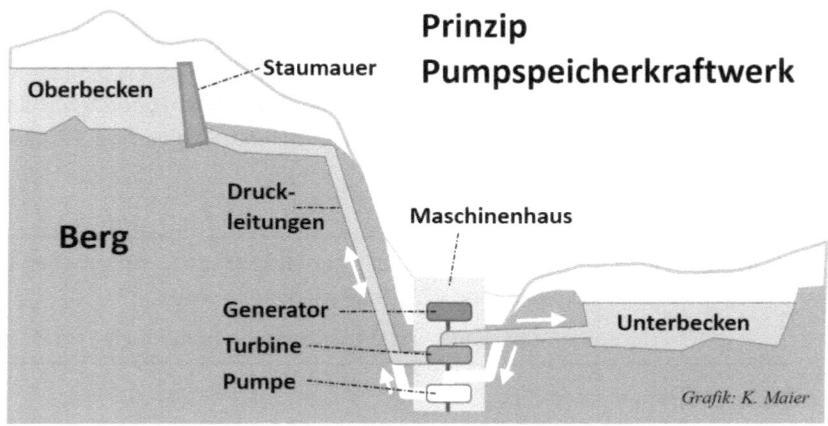

Abb. 10-10: Prinzip Pumpspeicherkraftwerk

Ein Pumpspeicherkraftwerk (PSKW) im Gebirge besteht aus einem Ober- und einem Unterbecken mit Wasser. Das Wasser läuft durch Rohre über eine Turbine in das Unterbecken, treibt einen Generator und erzeugt dadurch Strom. Soll Strom gespeichert werden, wird Wasser vom Unterbecken in das Oberbecken gepumpt. Bei Bedarf kann es wieder abgelassen werden und erzeugt wieder Strom. Das Ganze wirkt wie eine große Batterie.

So ist es möglich, aus Strom durch Elektrolyse[A] Wasserstoff zu gewinnen und in weiteren Schritten daraus mit CO_2 Methangas oder Kraftstoffe herzustellen. Die erste Technik nennt man *Power-to-Gas* (P2G), die zweite *Power-to-Liquid* (P2L). Damit wäre eine Energiewandlung in einen kohlenstoffbasierten Energieträger vorgenommen worden. Die Vorteile solcher Energieträger sind die damit erreichte Speicherbarkeit und die Transportmöglichkeit der Energie, aber vor allem die hohe *Energiedichte*, die den Betrieb von Schiffen und Flugzeugen erst möglich macht.

[A] Hier ist die Wasserelektrolyse gemeint, wo mit Hilfe von Strom Wasser in seine chemischen Bestandteile Wasserstoff H und Sauerstoff O zerlegt wird.

Mit Methan, das der Hauptbestandteil von Erdgas ist, könnte alles das gemacht werden, was man mit Erdgas machen kann, z.B. Heizungen, Verbrennungsmotoren oder Gasturbinen betreiben. Synthetisch hergestellte Kraftstoffe (P2L), sogenannte *E-Fuels*, sind wie Kraftstoffe aus fossilen Rohstoffen verwendbar. Damit kann man Triebwerke und Verbrennungsmotoren betreiben und die Infrastruktur (Tankstellen) weiterverwenden.

Die Wandlung von Strom in Methan und die Nutzung des Erdgasnetzes mit seinen Speicherkavernen[A] ermöglichen die erforderliche Kapazität für den im Stromversorgungssystem benötigten *Langzeitspeicher*. Es bedarf aber der Rückverstromung des Gases über Gaskraftwerke. Trotz des schlechten Wirkungsgrads ist die Power-to-Gas-to-Power-Technik (P2G2P) das einzig technisch mögliche Langzeitspeicherkonzept und wird deshalb in den von mir berechneten Szenarien verwendet →*K40*, obwohl es ineffizient ist (schlechter Wirkungsgrad) und zu erheblichen Mehrkosten führt.

[A] Das sind Hohlräume, die natürlichen Ursprungs sind oder durch Menschenhand entstanden sind (z.B. Bergbau). Hierin kann man große Mengen Erdgas zwischenspeichern.

11 Heizen und Dämmen bei Gebäuden

Im Rahmen der Energiewende stehen im *Energiesektor Wärme* zwei Dinge im Fokus:

1. geringer Energiebedarf und

2. weitgehende Vermeidung von fossilen Energieträgern.

Es soll möglichst wenig Energie aufgewendet werden, um die gewünschte Temperatur zu erzielen. Das kann durch zwei Maßnahmen erreicht werden:

- durch effiziente Heizungen und

- durch geringen Wärmeverlust.

Die Effizienz der Wärmeerzeugung für Heizungen ist mittlerweile bis an die Grenzen des technisch Möglichen gesteigert worden. Hierzu sind die Brennwertheizungen[59] zu nennen, die dem fossilen Brennstoff (Gas/Öl) praktisch die gesamte Energie des Brennstoffs entziehen. Damit möglichst wenig vom Brennstoff benötigt wird, werden die Häuser und andere wärmeführende Teile (Heiz- und Warmwasserleitungen) immer besser mit Dämmstoffen isoliert.

Wie fast überall in der Technik und im realen Leben ist eine Steigerung zum (theoretischen) Idealzustand nicht beliebig möglich, jedenfalls nicht ohne hohen Aufwand. Anfangs sind die Gewinne zur Optimierung noch mit verhältnismäßig geringem Aufwand möglich, aber mit fortschreitender Optimierung sind selbst mit hohem Aufwand nur noch geringe Verbesserungen zu erreichen. →*K13*

Nach einiger Zeit ist die Optimierbarkeit der verwendeten Technik ausgereizt. Wenn man dann noch mehr will, muss man sich überlegen, ob es andere Techniken gibt, die aufgrund eines anderen Prinzips neue Möglichkeiten eröffnen.

Außerdem muss man das Ganze im Auge behalten. Man muss prüfen, an welcher Komponente man mit wie viel Aufwand wie viel Effekt erreicht. Stellen wir uns vor, Sie seien Eigentümer eines Einfamilienhauses, das in die Jahre gekommen ist. Die Heizkosten sind Ihnen zu hoch. Daher haben Sie beschlossen, die Fenster erneuern zu lassen, weil Sie gelesen haben, dass es heute Fenster gibt, die eine doppelt so hohe Wärmedämmung haben wie Ihre. Die für manche naheliegende spontane Vermutung, dass sich damit die Heizkosten auf die Hälfte senken lassen, ist ein Trugschluss und damit falsch.

Die Oberfläche der Fenster, die Wärme nach außen verlieren, sind nicht die einzigen Flächen des warmen Hauses. Da gibt es noch den Kellerboden, die Fassade und das Dach. Je nach Haus hat die Fensterfläche nur einen Anteil von 3 bis 10 % an allen wärmetauschenden Flächen nach außen. Selbst wenn man die Wärmeverluste der Fenster auf die Hälfte reduzieren würde, wäre es nur die Hälfte des Fensteranteils aller Wärmeverluste der Gebäudehülle.[A]

Erst eine sorgfältige quantitative Analyse aller Verluste, verbunden mit den Sanierungskosten, führt zu einer sinnvollen Entscheidung. Wahrscheinlich wollen Sie mit möglichst geringem finanziellem Aufwand eine möglichst hohe Wirkung erzielen. Daneben sind noch technische Umstände zu beachten. Beispielsweise sollte man keine hochdichtenden Fenster einbauen lassen, wenn die Fassade noch im alten Zustand belassen wird. So könnten Wärmebrücken vorhanden sein, die bei dichten Fenstern[B] dazu führen, dass die Raumluft eine höhere Luftfeuchtigkeit annimmt und an den Wärmebrücken Schimmelbildung verursacht. Deshalb ist es Vorschrift, dass ein Lüftungskonzept bei Fenstern neuster Generation zu erstellen ist.

Ich möchte an diesem Beispiel die Gelegenheit nutzen, deutlich zu machen, dass man ein Energieeinsparprojekt bis zum Ende durchdenken und ganzheitlich betrachten muss, damit die gegenseitigen Abhängigkeiten einbezogen werden. Mit Schwung anzufangen, weil das, was man macht, „schon mal gut ist", muss am Ende unter Umständen als bittere Erfahrung verbucht werden.

Genau das muss ich an der staatlich verordneten Energiewende kritisieren – sie wurde nicht bis zum Ende durchdacht, sondern man legte mit der Intention etwas Gutes zu tun, einfach mal los.

Was den privaten Wärmesektor betrifft, also Raumwärme und Warmwassererzeugung, wurde in den letzten Jahren ständig verschärfend, über die *Energieeinsparverordnung (EnEV)* und das *Erneuerbare-Energien-Wärmegesetz (EEWärmeG)*, geregelt.

Die *EnEV* zielt darauf ab den Energiebedarf für den Betrieb eines Gebäudes möglichst gering zu halten (Motivation: Einsparung von fossilen Energieträgern, Schonung endlicher Ressourcen). Dies betrifft die Heizungseffizienz und die Reduktion von Wärmeverlusten (Dämmen).

Das *EEWärmeG* führt erstmals bundesweit eine Pflicht zur Verwendung von Erneuerbaren Energien beim Neubau von Gebäuden ein. Darin wird vorgeschrieben, mit welchem Mindestprozentsatz welche möglichen EE zu verwenden sind.[60]

[A] Beispiel: Die Fenster sind mit 8 % an den Wärmeverlusten des Hauses beteiligt. Die Halbierung der Fensterverluste bedeutet nur eine Reduktion um 4 % aller Hauswärmeverluste.

[B] Alte, undichte Fenster bewirkten eine Art „Dauerlüftung"

Einsparungen – durch welche Maßnahmen auch immer – sind sinnvoll, wenn die Aufwendungen dazu in einem vernünftigen Verhältnis stehen.

Beide Gesetze, und das ist nur ein Bruchteil der Bürokratie, greifen damit substanziell in die Eigentümerrechte der Bauherren ein.

Es liegt im elementaren Interesse der Bauherren, Kosten zu sparen. Wenn also hierzu sinnvolle Möglichkeiten bestehen, so wird er das tun, auch ohne gesetzliche Vorschriften.

Schlussfolgerung: Durch die Tatsache, dass der Gesetzgeber in Eigentumsrecht eingreift, wird deutlich, dass die von ihm festgelegen Maßnahmen (zumindest teilweise) wirtschaftlich fragwürdig sind. Es handelt sich um eine bürokratische Bevormundung des Bürgers, um die vorgegebenen Ziele der Energiewende auch bei den Bauherrn und Eigentümern konkret durchzusetzen.

Hinweis:
Bitte erwarten Sie in diesem Buch keine konkreten Empfehlungen, wie Sie zukunftssicher und preisgünstig die nötige Wärme erzeugen und mit welchen Materialien Sie an welchen Stellen Dämmungen vornehmen sollen. Die Lösungsmöglichkeiten in beiden Bereichen sind groß, die Situationen der Kunden sind vielfältig und daher sind die Argumente für das ein oder andere Konzept verschieden.

12 Die Mobilitätswende

Hinweis: Im 2. Teil gibt es das Kapitel →K37, das die Mobilitätsfrage vertieft. Hier finden Sie mehr Details und Begründungen, die die vielleicht noch offenen Fragen beantworten.

In der Mobilitätswende ist das meistverwendete Stichwort: Elektromobilität oder kurz: **E-Mobilität**.

Abb. 12-1: Bus mit Oberleitung

Darunter wird in aller Regel der batteriegestützte Antrieb mit Elektromotoren verstanden. Unter E-Mobilität müssen aber auch die Fahrzeuge gezählt werden, die die Elektroenergie direkt über Oberleitungen zugeführt bekommen. Hierzu zählen Busse mit Oberleitungen[61] und neuerdings auch Lkws mit Oberleitungen.

Lkws mit Oberleitungen sind aber erst in der Erprobungsphase. Der Kerngedanke dabei ist, dass die inakzeptablen langen Ladezeiten der Batterien entfallen. Außerdem würden die Batterien für Lkws, wegen der langen Fahrstrecken und des hohen Energiebedarfs für die schweren Lasten so groß und so schwer werden, dass dies die Nutzlast erheblich einschränken würde. Dem kann man mit Oberleitungen entgehen. Das Problem dabei ist, dass es die nötige Infrastruktur nicht gibt. Schließlich haben wir 13.000 km Autobahnen, und nimmt man die Bundes- und die übrigen Straßen hinzu, kommt man fast auf 400.000 km. Natürlich macht ein solches Konzept nur Sinn, wenn der Fernverkehr in ganz Europa Oberleitungen vorfindet. So kann es also nicht gehen. Daher konzipiert man die Lkws mit zusätzlichen (kleinen) Batterien. Diese sollen es ermöglichen, die restlichen Kilometer nach der Autobahn auf Bundes- und Landstraßen sowie in den Städten fortzusetzen. Auf der Autobahn würde also der Fahr- und der Ladestrom entnommen werden. Aber auch dieses Konzept würde erfordern, dass annähernd alle EU-Staaten diese Oberleitungsinfrastruktur auf Fernstraßen bereitstellen müssen, sonst wird kaum ein Spediteur diese teuren Lkws kaufen, die nur beschränkt einsetzbar sind. Damit offenbart sich eine politische und ökonomische Dimension, die einer generellen Einführung entgegensteht.

12.1 Wie viel CO$_2$-Einsparung?

Kommen wir wieder zurück auf die *Elektromobilität*, unter der man allgemein Pkws versteht, die ihre Elektromotoren mit Energie aus Batterien versorgen. Die Bundesregierung hat sich auf E-Mobilität als das Antriebssystem mit dem höchsten Zukunftspotenzial festgelegt und fördert diese Entwicklung. Die Förderung findet durch Subventionen verschiedenster Art und durch regulatorische Maßnahmen statt. Das wird getrieben durch die Energiewendeziele, die zur *Dekarbonisierung* führen sollen, was die weitgehende oder vollständige Vermeidung von Treibhausgasen, speziell von CO$_2$, bedeutet. Dabei ist die Bundesregierung nicht allein, da man in der EU bereits seit Jahren diese Agenda verfolgt und schrittweise umsetzt.

Tatsächlich stoßen die E-Pkw kein CO$_2$ beim Fahren aus, aber das ist zu kurz gedacht. Wenn man die Konsequenzen um den gesamten Lebenszyklus des Pkw berücksichtigt, fällt die Bilanz schlecht aus.

Laut einer schwedischen Studie[62] aus dem Jahr 2017 entstehen bei der Produktion von Lithium-Ionen-Batterien für Elektroautos zwischen 120 und 250 kg CO$_2$ je Kilowattstunde Batteriekapazität. Damit kommt der E-Neuwagen schon mit einem „CO$_2$-Rucksack" auf die Straße. Geht man z.B. von 150 kg/kWh und einer Batterie von 40 kWh aus, so sind das bereits 6 Tonnen CO$_2$, ohne dass auch nur ein Kilometer gefahren wurde. Vergleicht man das mit einem Pkw mit Verbrennungsmotor von z.B. 120 g/km, so entspricht das 50.000 km. Erst dann würde der E-Pkw einen Vorteil bei der CO$_2$-Bilanz haben, wenn da nicht der vergessene CO$_2$-Ausstoß bei der Stromproduktion zum Laden wäre. Praktisch überall wird die Stromerzeugung mit dem Strommix[A] berücksichtigt. Rechnet man mit dem Strommix, muss man für 2018 die erzeugte Kilowattstunde mit 670 Gramm ansetzen.[63] Mit rund 20 kWh auf 100 km verursacht der E-Pkw 134 Gramm CO$_2$ pro Kilometer. Damit ist der E-Pkw auch nach 50.000 km schlechter als ein Neuwagen mit Verbrennungsmotor.

Die Argumentation lautet dann, dass wir ja bald weitgehend CO$_2$-frei Strom erzeugen oder dass jemand seine eigene Photovoltaikanlage hat und damit CO$_2$-freien Strom verwendet. Auch hier liegt ein Denkfehler vor:

Solange die Stromerzeugung noch nicht vorwiegend aus EE besteht, muss jeder Zusatzverbrauch durch konventionelle KWs (Kohle oder Gas) erbracht werden. *→K37.4* Wegen eines zusätzlichen E-Fahrzeugs werden die EE nicht mehr Strom produzieren,

---

[A] Der Strom der ins Netz eingespeist wird, kommt aus vielen Erzeugungsquellen. Dazu gehören die Erneuerbaren Energien, die kein CO$_2$ erzeugen und die fossil betriebenen Kraftwerke, die je nach Energieträger (Kohle, Öl, Gas) unterschiedlich viel CO$_2$ pro erzeugter Kilowattstunde verursachen.

da sie sowieso die Vorrangeinspeisung genießen. Also muss der zusätzliche Strom aus einem Kraftwerk kommen, das bislang nicht ausgelastet ist. Der auf diese Weise durch einen E-Pkw erzeugte CO_2-Ausstoß liegt damit weit über den Anforderungen an die Verbrennungsmotoren.[A]

Natürlich sieht die CO_2-Bilanz gut aus, wenn man davon ausgeht, dass der Strom im Netz fast ausschließlich aus EE stammt. Von diesem Zustand sind wir aber noch weit entfernt. Ich bezweifle, dass wir das jemals erreichen.

Wird ein Elektroauto mit Strom aus einer eigenen Photovoltaikanlage geladen, bleibt die CO_2-Emission durch die Herstellung der PV-Anlage, die allerdings anteilig gering ist. Hinzu kommt der CO_2-Anteil durch die Batterieherstellung (s.o.). Dieselbe CO_2-Minderung wird allerdings auch erreicht, wenn der in der eigenen Photovoltaikanlage erzeugte Solarstrom ins öffentliche Stromnetz eingespeist wird, wo er fossil erzeugten Strom verdrängt.

Da die Einspeisung der Erneuerbaren Energien durch das EEG unabhängig von den Verbrauchern ist (Vorrangeinspeisung), muss ein Mehrverbrauch (über den produzierten EE-Strom hinaus) immer durch konventionelle Stromerzeuger bereitgestellt werden. So gesehen bekommt jedes Elektromobil, als *zusätzlicher Verbraucher*, den Strom <u>nur aus konventionellen Stromerzeugern</u>. *→K37.4*

Die CO_2-Einsparung wird durch spezielle Stromerzeuger, nicht aber durch spezielle Verbraucher erreicht.

12.2 Energie für die Elektrofahrzeuge

Würde man den gesamten Verkehr auf Elektroantriebe umstellen, was so einfach nicht geht, müsste die Stromerzeugung etwa um 50 % erhöht werden. Nur um den Energiebedarf für die Mobilität abzudecken, wären doppelt so viele Wind- und Photovoltaikanlagen nötig wie Ende 2018.[64]

Das ist die Sicht auf die nötige Energie. Wie sieht es aber mit der elektrischen Leistung aus? Während ein Auto mit Verbrennungsmotor gerade mal 5 Minuten die Tankstelle belegt und dabei eine Energie von 500 kWh[B] aufnimmt, belegt ein E-Auto den

---

[A] Ab 2020 gilt ein Flottengrenzwert von 95g CO_2/km für Neuzulassungen.

[B] Für eine Traktionsenergie von 150 bis 200 kWh, das sind rund 60 Liter Kraftstoff

Ladepunkt für rund eine Stunde und zieht eine Leistung von z.B. 50 kW aus dem Stromnetz.[A] Daraus resultiert, dass Autobahntankstellen wenigstens 50-mal[65] so viele Ladepunkte haben müssen wie heute Zapfstellen, um eine vergleichbare Menge an Kunden bedienen zu können. Es bedeutet weiterhin, dass eine Autobahntankstellen einen Anschluss an das Stromnetz benötigen, der einer mittelgroßen Stadt entspricht[B], und wenn man noch E-Busse und E-Lkw auf die gleiche Weise bedienen wollte, so verdoppelt sich der Anschlusswert nochmal. Eine solche Anlage lässt sich nicht einfach an das Niederspannungsnetz (so wie Ihr Haus) anschließen, es bedarf vielmehr eines Anschlusses an das Mittelspannungsnetz. Es bedeutet tiefe Eingriffe in das Stromnetz.

Sie ahnen es vielleicht schon, es stehen durchschnittlich an solchen Autobahntankstellen etwa 50-mal mehr Fahrzeuge. Spätestens die klassischen Tankstellen in den Städten haben einfach den Platz nicht, sich auf E-Mobilität umzustellen.

Da die Energie für E-Mobilität nicht gleichmäßig fließt, sondern Zeitbereiche bestehen, in denen verstärkt geladen wird, sind Spitzenleistungen durch das Netz zu leiten, die örtlich und zeitlich zu mehr als einer Verdopplung führen können. Das ist durch das vorhandene Netz nicht zu bewältigen. Anfangs ist das noch nicht spürbar, aber es gibt auch heute schon lokale Stromversorger, die mehrere Ladepunkte für Mehrfamilienhäuser ablehnen müssen, weil die vorhandenen Leitungen das nicht leisten können.

Da die Umstellung auf E-Mobilität viele Jahre benötigt – sofern die Verbrennungsmotoren überhaupt abzuschaffen sind –, ist eine doppelte Infrastruktur nötig (Laden und Tanken), die volkswirtschaftliche Mehrkosten bedeutet.

Große Tankstellenanlagen (z.B. Autobahntankstellen) benötigen Anschluss an das Mittelspannungsnetz.

Die weitgehende Umstellung auf E-Mobilität bedeutet tiefgreifende Einschnitte in die Stromnetzinfrastruktur und damit teure Investitionen.

Große Tankstellenanlagen müssten für eine längere Übergangszeit viele zusätzliche Stellplätze für E-Mobile anbieten, sofern der Platz überhaupt vorhanden ist.

[A] Für eine Traktionsenergie von rund 40 kWh

[B] Anschluss an das Mittelspannungsnetz mit Leistungstransformator und Schaltanlage

> Es gibt erhebliche Mehrkosten für die E-Mobilität, die durch teuren EE-Strom, Netzausbau, doppelte Infrastruktur, Subventionen/Steuervorteile, entfallende Steuereinnahmen (Kraftstoffe) volkswirtschaftlich zu tragen sind. Dabei ist es letztlich egal, wer welchen Anteil davon vordergründig bezahlt.

Mehr zum Thema E-Mobilität: →*K37* und →*K37.5*

12.3 Wasserstoff – das bessere Konzept?

Das Wasserstoffauto mit Brennstoffzelle hat einige Vorzüge gegenüber dem propagierten Elektroauto, wie z.B. eine kurze Tankzeit, eine höhere Reichweite und nicht zuletzt die schadstofffreie Verbrennung.[A] So weit, so richtig. Aber wie kommt der Wasserstoff in das Auto? Es bedarf einer neuen Infrastruktur, um den Wasserstoff an noch nicht vorhandene Wasserstoff-Tankstellen zu verteilen. Dabei ist der Transport sehr problematisch.[B] Weiter stellt sich die Frage: Wo kommt der Wasserstoff her?

Wasserstoff soll über Elektrolyse erzeugt werden. Dabei wird mit Strom Wasser in Wasserstoff und Sauerstoff zerlegt. Als Stromquelle will man den *Überschussstrom* verwenden, der heute ungenutzt bleibt, aber Kosten verursacht. Dieser Wasserstoff ist chemisch gespeicherte Energie. Der Haken an der Sache ist aber, dass durch diese Energiewandlung hohe Verluste entstehen, so dass nur ein Bruchteil der Ökoenergie (EE-Strom) bei einem mit Wasserstoff betriebenen Auto an den Rädern ankommt.[C] Der Wasserstoff, der heute in der Industrie verwendet wird, wird aus Erdgas gewonnen und ist so gesehen nicht gerade die präferierte Variante im Sinne der Energiewende. Dafür kostet dieser Wasserstoff nur einen Bruchteil der Variante über EE-Strom und Elektrolyse.

Zur Verwirklichung der Vision einer Wasserstoffmobilität waren im 6. Forschungsrahmenprogramm der EU rund 300 Mill. € vorgesehen. Allein in Deutschland flossen 2004 etwa 85 Mill. € von Bund, Ländern und der EU in die Wasserstoff- und Brennstoffzellenforschung.[66] Die propagierte Wasserstoffwirtschaft und der damit verbundene Durchbruch dieses Konzepts sind in der Versenkung verschwunden. Die Bundesregierung hat nun Anfang 2020 eine *„Nationale Wasserstoffstrategie"*[67] angekündigt, die

---

[A] Es bleibt nur Wasserdampf übrig.

[B] Wasserstoff muss entweder auf -253°C gekühlt als Flüssigkeit oder unter extrem hohem Druck als Gas transportiert werden. Beides kostet zusätzliche Energie, diesen transportablen Zustand herzustellen, und man braucht völlig neue, teure Fahrzeuge dazu.

[C] Rund vier Fünftel der ursprünglichen Überschussenergie gehen verloren.

den toten Gaul zu neuem Leben erwecken soll. So wohlklingend man das alles um-schreiben kann („Wasserstoff ist unerschöpflich vorhanden, er verbrennt zu Wasser ...") – es gibt einfach zu viele Probleme, die nicht akzeptabel zu lösen sind. →*K30.4* Bestenfalls spezielle Fälle werden wohl eine Anwendung finden können (Busse, Lkws). In der Hoffnung auf überzeugende Fortschritte wird weiterhin Geld in diesen Ansatz gesteckt.

12.4   Sind E-Fuels die Lösung?

Im Eckpunktepapier für das Klimaschutzprogramm 2030 (20.9.2019) der Bundesregie-rung heißt es:

> *„Es wird auch eine industriepolitische Initiative der Europäischen Union zum Aufbau einer leistungsfähigen **E-Fuel-Versorgung** auf den Weg gebracht."*

E-Fuels sind sogenannte **synthetische Kraftstoffe**. Über die Erzeugung von Wasser-stoff, über die Elektrolyse aus EE-Strom, kann man in weiteren Prozessschritten Kraft-stoffe (Benzin, Diesel, Kerosin) herstellen. Diese haben die gleichen guten Eigenschaf-ten wie die, die aus fossilen Energieträgern hergestellt werden. Heutige Fahrzeuge mit Verbrennungsmotoren würden damit CO_2-neutral fahren können. Die Autoindustrie müsste nicht disruptiv umgebaut werden. Vorteil ist auch, dass die bestehende Infra-struktur weiterverwendet werden kann. Soweit klingt das nach dem Königsweg und scheint viel besser als die E-Mobilität.

Aber auch hier lohnt es sich genauer hinzusehen. Der entscheidende Nachteil, der so-fort auffällt, ist, dass die Energieverluste vom Strom über E-Fuels bis zum Radantrieb bei rund 87 % liegen, d.h., es kommen vom erzeugten Strom energetisch nur noch 13 % an den Rädern an. Hier sieht es bei der E-Mobilität deutlich besser aus: Rund 70 % des erzeugten Stroms wird zur Antriebsenergie. Das bedeutet, dass bei verschie-denen Antriebsvarianten der dafür zu erzeugende EE-Strom gegenüber E-Mobilität unterschiedlich hoch ist:

Antriebskonzept	Wirkungsgrad	Strombedarf gegenüber E-Mobilität
Wasserstoffauto, Brennstoffzelle, E-Motor	≈ 23 %	3-fach
Wasserstoffauto, Wasserstoffmotor	≈ 15 %	4,7-fach
Verbrennungsmotor, E-Fuels	≈ 13 %	5,4-fach

Tabelle 12-1: Wirkungsgrad Mobilitätsalternativen

Wir haben oben schon erwähnt, dass die E-Mobilität ein Vielfaches an Windenergie- und Photovoltaikanlagen benötigt, bezogen auf das, was wir heute schon haben. Die drei dargestellten Alternativen würden diesen Bedarf nochmal um die angegebenen Faktoren erhöhen. Daher sind diese Alternativen für Deutschland völlig abwegig.

> Weder Wasserstoff noch E-Fuels sind aus energetischer Sicht eine Mobilitätsalternative.

Trotz dieser schlechten Aussichten tritt die Bundesregierung immer wieder optimistisch mit neuen Ideen auf. Aber was will sie nun eigentlich?

Will sie batteriegestützte E-Mobilität (mit entsprechender Ladeinfrastruktur), will sie Güterverkehr mit Oberleitung (zusätzliche Infrastruktur) oder will sie Wasserstofffahrzeuge mit eigener Tankinfrastruktur? Die nötigen Anlagen für die Erzeugung der Energie und der Energieträger (Wasserstoff, E-Fuels) braucht man natürlich auch.

Am besten alles gleichzeitig und für die Akzeptanz der Bürger am besten gleich EU-weit und parallel zur vorhandenen Kraftstoffinfrastruktur?

> Die sogenannte Mobilitätswende der Bundesregierung ist konzeptlos.

12.5 Verkehrskonzepte der Zukunft

Carsharing und Ridesharing

Studien zufolge besitzen *Carsharing*-Nutzer in Deutschland zumeist auch ein eigenes Auto, und lediglich rund 3 % schaffen ihren privaten Pkw tatsächlich ab. Nur 5 % der Deutschen sehen im Carsharing eine Alternative zum privaten Pkw. Selbst wenn die Nutzerzahlen rapide steigen, bleibt Carsharing vorerst in der Nische. Allerdings ersetzt Carsharing häufig eine Fahrt mit dem ÖPNV, dem Fahrrad oder einen Fußweg.[68]

In diesem Zusammenhang kann auch *Ridesharing* genannt werden. Ridesharing bezeichnet die gemeinsame Nutzung eines Fahrzeugs für den Transport von Personen von einem Ort zum anderen. Dazu zählt sowohl das klassische private Teilen einer Autofahrt mit Freunden, Bekannten oder Arbeitskollegen als auch das Buchen einer Mitfahrgelegenheit über eine professionelle Vermittlungsagentur.[69]

Die gerade zugelassenen E-Roller (E-Scooter), die einen gewissen Anteil am Pkw-Verkehr in den Städten ersetzen sollten, stehen schon in der Kritik.[70] Es geht nicht nur um die Fragen der Sicherheit oder dass ihre Batterien auch CO_2 bei der Herstellung verursachen, sondern darum, dass E-Roller oft unsanft behandelt werden und bald durch neue ersetzt werden müssen. Auch sollen sie keinen nennenswerten Beitrag zur

Verminderung des Pkw-Verkehrs leisten, da viele Wege, die heute mit E-Scootern gefahren werden, vorher mit Rad, Bus und zu Fuß zurückgelegt wurden.

Vieles, was auf den ersten Blick die Lösung zu sein scheint, offenbart in der Realität andere Probleme.

Digitalisierung

Völlig unabhängig von der Antriebstechnik stellen sich Fragen, wie die Mobilität der Zukunft aussehen könnte. Es geht um Fragen, inwieweit die Digitalisierung Einzug halten wird. Werden die Fahrzeuge direkt miteinander kommunizieren? Das ist insbesondere bei autonom fahrenden Bussen, Taxen oder Ähnlichem von Bedeutung. Die Großstädte ersticken im Verkehr (Staus) und gleichzeitig sieht man Busse fast leer fahren. Die Anbindung an die ländlichen Räume wird aus Kostengründen ausgedünnt. Durch die hohe Zahl von Fahrzeugen besteht fast überall Parkplatzmangel.

Durch autonom fahrende Pkws in den Städten, die intelligent gemanagt und von vielen genutzt werden können, wird der Verzicht auf den eigenen Pkw in der Stadt erleichtert. Das hilft die Parkplatznot zu lindern.

Gerade die Digitalisierung und die künstliche Intelligenz, in Verbindung mit autonom fahrenden Fahrzeugen, eröffnen eine Vielzahl von Möglichkeiten. Die Nutzung von Fahrzeugen kann verbessert werden und die individuellen Transportwünsche können besser befriedigt werden. Konzepte wie das *AnrufSammelTaxi*[71] zeigen, was heute möglich ist. **Smart City** ist das Schlagwort, das Utopia in greifbare Nähe rückt – für die einen eine Horrorvision, für die anderen die einzige Lösung, den Verkehrskollaps in den Megacitys zu verhindern.

Aber, wie gesagt, diese Problematik hat wenig mit der Energiewende oder mit den Antriebskonzepten der Fahrzeuge zu tun und wird daher hier nicht weiter behandelt.

12.6 Die Bahn

Um eine effizientere Vernetzung der Verkehrsarten zu erreichen, wird sicher auch die Bahn künftig noch mehr die Möglichkeiten der Digitalisierung nutzen. Das wird auch nötig sein, um mehr Personen für die Bahn zu gewinnen.

Derzeit verbraucht die Bahn nur rund 2 % des erzeugten Stroms. Die Verlegung des Gütertransports von der Straße auf die Gleise hört sich gut an, hat aber ihre Grenzen. Diese bestehen einerseits in der Kapazitätsgrenze der Schienenwege und andererseits in der Problematik, dass die Güter in der Regel nicht ohne Lkws zwischen dem Start-

und Endpunkt transportiert werden können. Daher ist die Bahn für die Spediteure nur für große Entfernungen interessant.

12.7 Luft- und Schiffsverkehr

Auch in den nächsten Jahren wird der globale Luftverkehr weiterwachsen. Im letzten Jahrzehnt expandierte er im Passagierverkehr um annähernd 7 % pro Jahr. Während unsere Binnenschifffahrt seit Jahren stagniert, ist im Containerverkehr eine rasante Entwicklung des Ladungsaufkommens zu beobachten. Seit 1990 wuchs dieses mit einem Jahresmittel von etwa 10 % jährlich, im Jahre 2017 um 6 %. Also weiteres, ungebremstes Wachstum im internationalen Personen- und Frachtaufkommen. Für diese Verkehre sind Kraftstoffe (Öl, Kerosin, Gas) die einzig sinnvolle Energiequelle. Aufgrund des oben geschilderten schlechten Wirkungsgrads sind synthetische Kraftstoffe keine Lösung. Unnötig zu erwähnen, dass Batterien im Luft- und Schiffsverkehr keine Chance haben.[A]

Bei der Schifffahrt wird vorwiegend Schweröl eingesetzt, das ein Abfallprodukt der Erdölraffinierung und dementsprechend günstig ist. Die rund 50.000 Schiffe verursachen weltweit 13 % der Emissionen an Schwefeloxiden.[72] Bei den Stickoxiden liegt dieser Wert sogar bei 15 %. Ab 2020 müssen die Schadstoffemissionen gesenkt werden. Eine Alternative ist die Verwendung von Flüssiggas (LNG).

Den Verzicht auf fossile Energieträger für den Verkehr halte ich für realitätsfern.

 Es besteht nicht im Geringsten Grund zur Annahme, dass die Nutzung von fossilen Kraftstoffen im Bereich Luft- und Schifffahrt in den nächsten Jahrzehnten gesenkt werden könnte, im Gegenteil!

[A] Große Schiffe haben Treibstofftanks von 100.000 Tonnen, große Containerschiffe teilweise über 250.000 Tonnen (https://tinyurl.com/y7lp5j8b). Wollte man ein Schiff statt mit 100.000 m³ Schweröl mit einer Batterie und E-Motor betreiben, hätte die Batterie 12-mal so viel Volumen wie der Kraftstofftank. Das entspricht dem Volumen von 250 einfachen Einfamilienhäusern.

13 Energiesparen

Grundsätzlich ist Sparsamkeit – auch bei Energie – eine gute Sache, wenn man es nicht übertreibt und es nicht zum Dogma erklärt. Das heißt, Energieeinsparung muss im Rahmen eines vernünftigen Aufwands (wirtschaftlich rentabel) und ohne sonstige Nachteile (inakzeptable Einschränkungen) erreichbar sein.

Der schon länger und immer wieder geforderte deutlich niedrigere Energieverbrauch ist unrealistisch, sofern man nicht substanzielle Einschränkungen an Lebensqualität fordert oder erzwingt. Besonders deutlich wird dies beim Verkehrssektor. Weltweit wird eine Verdopplung des Verkehrs in den nächsten 10 bis 15 Jahren prognostiziert. Die Zunahme der Verkehrsleistung der Vergangenheit in Deutschland zeigt _Abb. 42-2_ im Anhang. Innerhalb von 10 Jahren wird allein im Personenverkehr ein Plus von 10 % und bis 2040 um 18 % vorhergesagt.[73] Gleichzeitig soll künftig weniger Energie verbraucht werden. Das passt nicht zusammen.

13.1 Energieeffizienz

Mit technischen Fortschritten in den verschiedenen Bereichen der Wirtschaft ist in der Regel auch eine Steigerung des Wirkungsgrads bei der Energiewandlung verbunden. Diese finden zum Teil „nebenbei" statt und zum Teil wird gezielt danach geforscht. Allein der Anstieg der Energiepreise hat hier eine treibende Kraft zur Energieeffizienz freigesetzt. Dies hat zu einigen Erfolgen in den letzten 20 Jahren geführt (z.B. LEDs in der Lichttechnik mit Einsparungen von über 80 %). Die Wirkungsgrade sind aber nicht beliebig steigerbar. Die Effizienz geht mit überproportionalem Aufwand asymptotisch gegen den theoretischen oder praktischen Grenzwert.

Dieser Grenzwert (z.B. bei Elektromotoren) ist weitgehend erreicht. Weitere Steigerungen auf dem hohen Niveau von 2016 erfordern immer größere Anstrengungen (Kosten) mit immer weniger Effekt. So hat eine große Untersuchung im Jahre 2015 in einem energieintensiven Unternehmen[A] ein Resteinsparungspotenzial von 2 % Elektro- und 2,5 % thermischer Energie ergeben.

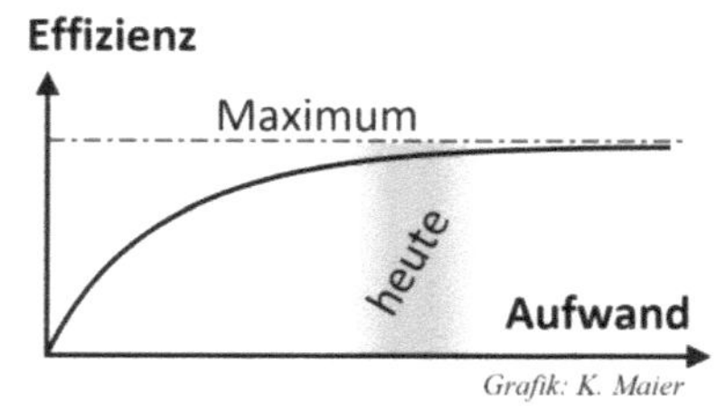

Abb. 13-1: Effizienzkurve

[A] Die Zementindustrie hat einen hohen Energiebedarf und ist an Kosteneinsparungen stark interessiert.

In anderen Industrien (Chemie, Glas, Alu, Stahl, Kupfer, Schmieden etc.) sieht es ähnlich aus.

Die plakatierten großen „möglichen" Einsparpotenziale beziehen sich z.B. in Haushalten auf Geräte, die mindestens 10 Jahre alt sind, oder auf eine Gebäudesubstanz vor 1980 mit entsprechend alten Heizungen und schwacher Wärmedämmung.

Industrielle Abwärme wird bereits heute so weit wie möglich in die bestehenden Prozesse integriert und reduziert damit den industriellen Energiebedarf. Je nach betrachteten Verfahren fallen jedoch große Wärmemengen auf Temperaturniveaus an, die für den industriellen Prozess oder die Nachbarprozesse nicht geeignet sind, wohl aber zur Versorgung von Raumwärme und Warmwasser genutzt werden könnten.
Das bedeutet:

> Je weiter man Restpotenziale ausschöpfen will, umso aufwendiger (Kosten) und umso komplizierter (Technik) wird es. Schnell wird die eingesparte Energie durch zusätzlichen Aufwand ökonomisch bedeutungslos.

13.2   Energiemehrverbrauch

Auf der anderen Seite führen gesteigerte Umweltanforderungen in der Industrie (z.B. Filteranlagen) zu Mehrverbrauch an Strom. Auch die Umstellung auf weitgehende Automatisierung (Roboter, autonome Fertigungsstraßen) führt zu neuen industriellen Anwendungsfeldern mit Verbrauch an zusätzlicher Elektroenergie. Ähnliches ist im Haushalt zu beobachten, in dem künftig noch mehr elektrisch betrieben wird. Man sieht es deutlich am Stromverbrauch der letzten 25 Jahre, der um ca. 15 % gestiegen ist.

Im Rahmen der Informationsgesellschaft (Durchdringung der Gesellschaft mit steigender Vernetzung: IoT[A], Auto-Kommunikation, Industrie 4.0 etc.) steigt überall der Strombedarf für Endgeräte und Server[B]. Dabei können die technologisch möglichen Einsparungen die wachsende Anzahl der Geräte und die Steigerung der Leistungsfähigkeit nicht kompensieren. Derzeit machen allein die Server rund 2 % des Stromverbrauchs aus. Hinzu kommt ca. 2 % für IT-Endgeräte, TVs etc.

[A] IoT = Internet of Things

[B] Große Computeranlagen

Der Zuwachs für IT wird mit gut 5-10 % pro Jahr geschätzt, was 1,2 bis 2,5 TWh[A] pro Jahr mehr bedeutet. 5G[B] wird diese Entwicklung weiter beschleunigen. Damit würde dieser Trend (als konstant vorausgesetzt) 35 bis 70 TWh zusätzlich bis 2050 verursachen. *„Aachener Wissenschaftler erwarten, dass 2030 drei bis dreizehn Prozent des globalen Elektrizitätsverbrauchs auf Rechenzentren entfallen werden."*[74] Bei 10 % würde das bereits bis 2030 für Deutschland rund 60 TWh Mehrerzeugung an Strom bedeuten.

Bei der Wärmeenergie soll auch kräftig gespart werden. Dazu werden die Vorschriften (EnEV) immer stringenter und nehmen groteske Züge an.[75] Hier ist sicher noch einiges zu erwarten. Auf der anderen Seite besteht der Trend zu immer mehr Wohnfläche pro Person, die beheizt werden muss. So hat sich die Wohnfläche pro Person im Zeitraum von 1970 bis 2015 verdoppelt.[76] Auch der Zuwachs der Bevölkerung fordert immer mehr Wohnfläche.

Im Verkehr sind die Verbrennungsmotoren von ihren Wirkungsgraden weitgehend ausgereizt. Hinzu kommt, dass die privaten Fahrzeuge immer stärker motorisiert und schwerer werden. Andere Wege der Einsparung (z.B. beim Luftwiderstand, Rollwiderstand) haben bestenfalls nur noch marginale Potenziale. Hinzu kommt der ständig steigende Personen- und Warenverkehr, so dass im Bereich Mobilität bestenfalls auf eine Stagnation des Energieverbrauchs gehofft werden kann.

Künftig soll auch die Kreislaufwirtschaft weiter intensiviert werden, die eine Wiedergewinnung der Ausgangsstoffe eines Produkts zum Ziel hat (Recycling). Man spart zweifellos damit Rohstoffressourcen. Aber wenn man das sehr weit betreibt, kann es, über alles gesehen, zu einem Mehrverbrauch an Energie führen.[77]

13.3 Bilanz

Im *Nationalen Energie- und Klimaplan*[78] wird als eine der zentralen Maßnahmen der Energiewende die Reduktion des Energiebedarfs um 50 % bis 2050 genannt. Angesichts der Entwicklung in der Vergangenheit, in der bereits durch Gesetze, Anreize, Energieberatungsangebote und hohe Energiepreise ein Einsparungsdruck für alle gegeben war, sind die leicht zu erreichenden Einsparungen in Deutschland weitgehend ausgeschöpft. Zusätzliche Einsparmöglichkeiten sind gering und gleichen den steigenden Energiebedarf bei weitem nicht aus. So lag der Endenergieverbrauch 2017 bei 2.591 TWh, das sind 19 % mehr als der geplante Wert von 2.182 TWh.[79]

[A] 1 TWh (Terawattstunde) = 1 Milliarde Kilowattstunden

[B] Der neue Mobilfunkstandard

Es zeichnet sich keine Trendwende ab, die die Halbierung bis 2050 auch nur annähernd erreichbar erscheinen lässt.

Während durch einen nationalen Kraftakt die Möglichkeit besteht, dass für Deutschland der Energieverbrauch als Summe über alle Sektoren leicht fallen könnte, wird der Weltenergieverbrauch gegenüber heute massiv steigen. Dieser wird vorrangig in den nächsten Jahrzehnten über fossile Energieträger und Kernenergie abgedeckt werden müssen.

Die hohen Energieeinsparziele der Bundesregierung sind nicht erreichbar. Bestenfalls kann der Gesamtendenergieverbrauch leicht fallen.

Wie sieht es global aus? Überall streben die Menschen nach mehr Wohlstand, was unausweichlich mit mehr Energie verbunden ist. Es besteht ein großer Nachholbedarf, so dass der Weltenergieverbrauch noch stark wachsen wird. Verstärkend kommt die steigende Weltbevölkerung hinzu. *→K22*

Auch dies macht die Anstrengungen Deutschlands zur Energie- und CO_2-Einsparung bedeutungslos.

Der Energiebedarf der Welt wird in den nächsten Jahrzehnten weiter steigen und ein großer Anteil aus fossilen Energieträgern befriedigt werden. Insbesondere Kohle ist für viele Länder die günstigste Quelle Strom zu erzeugen.

Im Kontext des weltweit wachsenden Energieverbrauchs und CO_2-Ausstoßes wird Deutschlands Beitrag zum „Klimaschutz" jegliche Bedeutung verlieren.

14 Die Energiewende mit Sektorkopplung

14.1 Was ist Sektorkopplung?

Unsere Gesellschaft braucht für drei Sektoren Energie:
für Strom rund 20 %, für Wärme rund 50 % und für Mobilität rund 30 %.

Grundsätzlich kann man jede Energieform in eine andere wandeln, wenn auch mit Verlusten. Die Idee besteht darin, Strom als universelle Energieform für alle Anwendungen durch Wandlung zu verwenden. Strom lässt sich – so das Konzept – CO_2-frei über die VEE erzeugen, sodass alle anderen Anwendungen (Heizung, Warmwasser, Prozesswärme, Maschinen, Pkw, Lkw usw.), die Energie brauchen, über Strom substituiert werden sollen. Wie so vieles ist das physikalisch seit 150 Jahren grundsätzlich bekannt.

In den von mir vorgenommenen Berechnungen zur *Sektorkopplung* war zu prüfen, inwieweit dies unter realistischen Szenarien umsetzbar ist. Der Umstand, dass

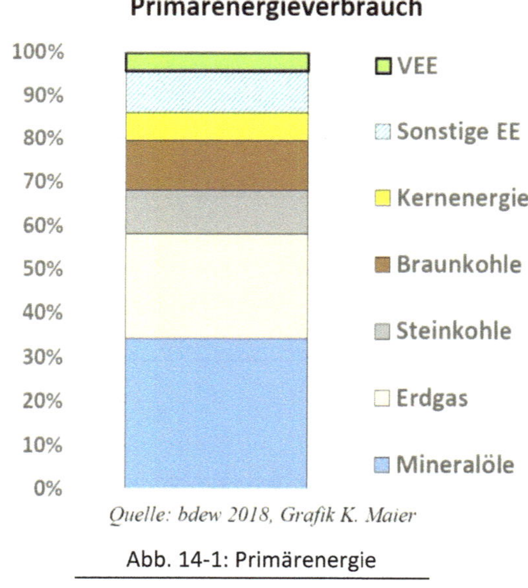

Quelle: bdew 2018, Grafik K. Maier

Abb. 14-1: Primärenergie

derzeit von der *Endenergie*[A], die Deutschland braucht, nur rund 20 % über Strom gedeckt werden, zeigt schon, dass die Stromerzeugung für dieses Konzept erheblich erhöht werden müsste.

Die *Primärenergie*, also der Energiegehalt von Rohöl, von Kohle oder Uran, ist der Startpunkt einer langen Kette von Verarbeitungsprozessen mit Verlusten, bis die Energie oder der Energieträger beim Endkunden ist (→*S372*). Diese *Endenergie* wird in einem letzten Prozess unter weiteren

---

[A] Als Endenergie bezeichnet man die nach Verlusten aus der Primärenergie übrig gebliebene Energiemenge, die beim Endnutzer ankommt, also Strom aus der Steckdose, Heizenergie des Heizöls oder die thermische Energie des Kraftstoffs.

Verlusten zur *Nutzenergie*, also z.B. durch den Dieselmotor im Auto oder den Elektromotor in der Bohrmaschine zur Antriebsenergie.

Wie *Abb. 14-1* zeigt, beträgt der Anteil der VEE 2018 nur 4,2 % am Primärenergieverbrauch. Wenn Kernenergie und alle fossilen Energieträger (86 %) ersetzt werden sollen, so müssten die VEE um den Faktor 20 ausgebaut werden. Das ist natürlich nur eine einfache Abschätzung per Dreisatz, zeigt aber die Größenordnung, um die es geht. Letztlich lautet die Frage, wie viel der benötigten Endenergien in den drei Sektoren *Strom*, *Wärme* und *Mobilität* durch VEE ersetzt werden müssen.

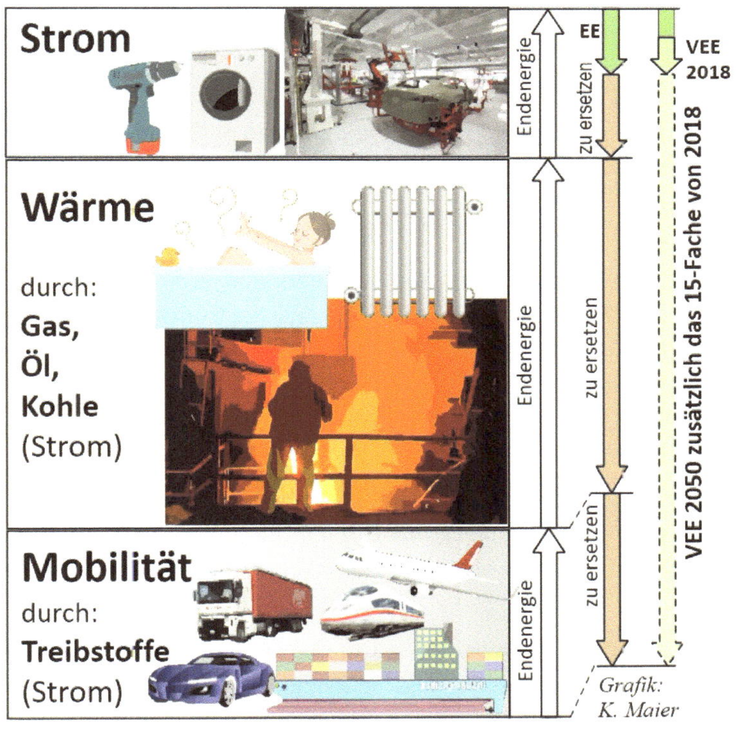

Abb. 14-2: Energien der drei Sektoren für die Sektorkopplung

Abb. 14-2 verdeutlicht die Verhältnisse. Die leeren Pfeile entsprechen den realen Verhältnissen der benötigten Endenergien für die drei Sektoren im Jahr 2050. Der Stapel der leeren Pfeile entspricht der Gesamtmenge an Endenergie. Wenn man die Stromversorgung komplett auf Erneuerbare Energien umstellen will und die beiden anderen Sektoren zu 90 %, so zeigt der zweite, braune Pfeilstapel die durch VEE zu ersetzenden Energiemengen.

In der dritten Spalte sieht man oben die in 2018 durch VEE erzeugte Energiemenge und der Pfeil darunter repräsentiert die für 2050 noch durch VEE zu erzeugende Energie. Diese ist rund 16-Fach so groß wie die von 2018. Es würde bedeuten, dass 16-mal so viel Windenergie- und 16-mal so viel Photovoltaikstrom zu erzeugen wäre, wie 2018 erzeugt wurde.

Auch diese Betrachtung ist eine Vereinfachung der komplexen Zusammenhänge, zeigt aber, um welche Dimensionen es geht. Es werden noch genauere Zahlen für verschiedene Szenarien, unter Angabe der Randbedingungen, im 3. Teil des Buchs besprochen werden.

14.2 Propagierte Konzepte

Folgend werden die wichtigsten Lösungskomponenten der angeblich schönen, ökologischen, sicheren und bezahlbaren Energieversorgung der Zukunft kurz angesprochen.

Abschaltung von Kohle- und Kernkraftwerken

Mittlerweile ist es beschlossen, dass das letzte Kernkraftwerk 2022, erste Kohlekraftwerke 2020 und das letzte spätestens 2038 (möglichst früher) abgeschaltet werden sollen.[80] Damit gehen rund 40 Gigawatt (GW) an gesicherter Versorgungsleistung verloren (siehe *Abb. 25-10*, →*S217*). Wie diese rechtzeitig ersetzt werden sollen, bleibt offen. Man kann es nicht glauben, wie verantwortungslos die Mitglieder der Kohlekommission entschieden haben:

> *„In der Kohlekommission gab es eine sehr hohe Übereinstimmung darin, dass die Abschaltung von Kohlekraftwerken nicht an der Frage scheitern darf, ob es gelingt, die nötigen Mengen an gesicherter Erzeugungskapazität vorzuhalten."*[81]

Mit anderen Worten: Schalten wir erstmal ab und schauen dann, ob wir einen Ersatz haben. Man muss klar feststellen, dass fehlende 40 GW (Gigawatt) eine so große Menge sind, die nicht durch Stromimport aus den Nachbarländern gedeckt werden kann. Vielleicht kann etwas davon durch den schnellen Bau und den verstärkten Einsatz großer Gaskraftwerke abgefangen werden. Das wird aber bei Weitem nicht ausreichen. Der Zubau der VEE jedenfalls wird uns dabei nicht retten, weil sie keine *gesicherte Leistung* erbringen.

Aus CO_2-Sicht ist das auch alles andere als sinnvoll. Da das „Weltklima" und CO_2 an keiner Grenze haltmachen, muss man schon sehen, was die anderen tun, während wir unsere Kohlekraftwerke abschalten. Während wir rund 45 GW an Kohlekraftwerken haben, die schlecht ausgelastet sind, werden die Chinesen ihre 1.000 GW auf vermutlich 1.400 GW bis 2035 ausbauen. In eineinhalb Jahren hat China mit seinem Kohlezubau das ausgeglichen, was wir durch Abschaltung aller Kohlekraftwerke eingespart haben. Es geht aber nicht nur um China. In 60 weiteren Ländern sind hunderte neue Kohlekraftwerke in Planung.[82]

Wenig beachtet wird die Müllverbrennung. Sie ist in Deutschland eine tragende Säule der Abfallentsorgung. Sie bietet die Möglichkeit, im Zuge der thermischen Behandlung der Abfälle auch Strom und Wärme zu gewinnen. So gehört auch Restmüll zu den Ersatzbrennstoffen, die in Kohlekraftwerken oder in Industrieanlagen, wie z.B. Zementwerken, mitverbrannt werden. In Deutschland sind etwa 30 sogenannte Ersatzbrennstoff-Kraftwerke in Betrieb. Ihre Jahreskapazität beträgt insgesamt ca. 4,7 Mill. Tonnen. Diese Anlagen sind speziell auf die Nutzung von Ersatzbrennstoffen ausgelegt.[83] Bundesweit werden jährlich mehr als 5 Mill. Tonnen Abfall und Produktionsrückstände in Kohlekraftwerken entsorgt.[84] Diese Verbrennung ist weiterhin nötig, setzt aber auch CO_2 frei. Die Mehrzahl der zu verbrennenden Stoffe wird als gefährlich eingestuft. Es stellt sich die Frage, wie dieser Entsorgungsweg ersetzt werden soll, wenn alle Kohlekraftwerke abgeschaltet werden.

Dezentralisierung

Mit dem Aufkommen der Photovoltaikanlagen (PV) auf den Hausdächern wurde verstärkt von der künftigen *Dezentralisierung* der Stromversorgung gesprochen. →*K26* Man spricht vom sogenannten *Prosumer*, ein Kunstwort aus Produzent und Konsument (von Strom). Gerne wird dazu noch eine Batterie zur Überbrückung der dunklen Nacht hinzukonstruiert, die den Kunden vom Stromversorger fast unabhängig macht. Aber eben nur *fast*. Das Problem ist, dass eine Batterie, und wenn sie 10-fach größer wäre, den saisonalen Ausgleich nicht schafft (siehe →*K29* „Speicherkonzepte"). Das heißt, dass ein mit PV und einer Batterie ausgestatteter Stromverbraucher nicht vom Stromversorger autark werden kann und schon gar nicht Nachbarn oder gar die Industrie versorgen könnte.[85] Immer schwingt der Gedanke mit, dass die eigenen Anlagen günstiger Strom produzieren könnten als die Kraftwerke. Es gilt in der Industrie die alte Erkenntnis, dass großtechnische Produktion immer preisgünstiger ist als mit kleinen Produktionseinheiten.

Um einen Stromkostenvergleich zu machen, müsste man die PV-Anlage mit Speicher ergänzen, damit eine halbwegs kontinuierliche Versorgung erreicht wird.[A]

[A] Während die Stromversorgung aus dem Netz immer gesichert ist, ist eine PV-Anlage ohne Netzanschluss nie versorgungssicher.

Allein die Erzeugung (ohne Speicher) einer Kilowattstunde kostet, je nach Lage, zwischen 7 und 12 Cent. Kommt der Speicher dazu, erreicht die erzeugte Kilowattstunde schnell den Bereich von 20 bis 30 Cent.[86] Bei diesen Kosten ist allerdings noch keine gesicherte Leistung erreicht.[A] Die reinen Stromerzeugungskosten der Kraftwerke liegen bei 3 bis 7 Cent pro Kilowattstunde.

Eine weitere Erzeugerkomponente sind die Windenergieanlagen. Diese stehen überwiegend im Norden Deutschlands, weil dort häufiger und stärker der Wind weht. Aber gerade im Süden liegen große Verbrauchsregionen. Daher sollen sogenannte Stromtrassen mit Hochspannungsleitungen den Windstrom über Hunderte von Kilometern in den Süden bringen. Dies kann man wohl schwerlich als eine „dezentrale Lösung" bezeichnen. Die klassische Stromversorgung aber schon eher, denn die Kraftwerke stehen nahe bei den Verbrauchsregionen und versorgen so die Stromkunden inklusive Industrie über Entfernungen von 50 Kilometern und weniger.

Flexibilisierung

Ein weiteres Lösungselement soll die sogenannte *Flexibilisierung* sein.

Das Prinzip der Marktwirtschaft ist, dass sich die Produktion der Nachfrage anpasst. Mittlerweile wissen Sie, dass die VEE-Stromerzeugung nicht mit der Nachfrage einhergeht, sondern wetterabhängig ist. Der Ansatz ist nun, dass man die Nachfrage dem Angebot anpassen sollte. Mit der Anpassung der Nachfrage an das Stromangebot ist gemeint, dass man z.B. die Waschmaschine nur dann laufen lässt, wenn das Stromangebot hoch und der Strompreis niedrig ist. Nun ist klar, dass man die gesamte Nachfrage (siehe _Abb. 10-2_) nicht an die extreme Volatilität der VEE-Erzeugung (siehe _Abb. 10-6_, _Abb. 10-5_) anpassen kann. Was bleibt, ist die Hoffnung, damit einen entscheidenden Beitrag zur Lösung des Volatilitätsproblems zu leisten. Dieser Hoffnung muss widersprochen werden. Die Wirkung ist marginal. _→K34_

Energieeffizienz

Zweifellos wäre es von Vorteil, wenn Deutschland weniger Energie bräuchte, um die Energiewende zu schaffen. Aber selbst wenn Einsparungen stattfinden, ist die Energiewende unter halbwegs realistischen Bedingungen nicht zu schaffen, was noch begründet wird. Bereits in _→K13_ wurde gezeigt, dass die Einsparziele nicht ansatzweise realistisch sind.

[A] Eine gesicherte Leistung liegt erst dann vor, wenn zu jeder Jahres- und Tageszeit die zugesagte Leistung geleifert werden kann.

Europäischer Netzverbund

Wenn die Frage gestellt wird, wo denn die fehlende Leistung während der Erzeugungs-lücken herkommen soll, so wird immer auf den europäischen Stromverbund verwie-sen. Nun muss man wissen, dass in der Vergangenheit Deutschland eine gute Sicher-heitsreserve an Kraftwerksleistung hatte, so dass es in der Regel seinen Nachbarn aus-half. Nun müsste es umgekehrt sein. Da aufgrund der EU-Richtlinien, die einen festen Plan zur CO_2-Einsparung vorgeben, auch unsere Nachbarn die Kohlekraftwerke mit ge-sicherter Leistung über die nächsten Jahre reduzieren müssen, dürften bei einer EU-weiten kalten Dunkelflaute[A] alle auf ihre Nachbarn hoffen und werden wohl ent-täuscht werden. Ein deutsches Sprichwort sagt: Wer sich auf andere verlässt, der ist verlassen.[87]

Elektromobilität

Wie es sich für eine *„gute Planwirtschaft"* gehört, wurde in der Frage der Mobilität der Zukunft die technische Lösung vorgegeben: Es ist die Elektromobilität. *→K37.3* Wie in *→K12* „Die Mobilitätswende" gezeigt wurde, erfüllt die Festlegung auf Elektro-mobilität nicht die damit verbundenen Erwartungen, sondern schafft jede Menge Probleme. Angesichts der ausbleibenden Planerfolge, wird in der breitwerdenden Rat-losigkeit erneut die „Wasserstoffidee" aus dem Hut gezaubert. *→K30.4*

Speicherkonzepte

Es wurde bereits in *→K10.10* erläutert, dass dies das zentrale Problem der Energie-wende ist und dass es dafür keine überzeugenden Konzepte gibt. Den Ausgleich zwi-schen einem Überangebot und einer Mangelsituation kann man für kurze Zeiträume realisieren, aber eben nicht über den Verlauf eines ganzen Jahres. Um lange Zeiträume zu überbrücken, kann man die Wandlung von elektrischer Energie in einen chemi-schen Energieträger vornehmen und diesen gut speichern. Dieses Verfahren nennt man *Power-to-Gas (P2G)* oder *Power-to-Liquid (P2L)*, wie es bereits in *→K12.4* am Beispiel P2L beschrieben wurde.

Synthetische Energieträger

Die Erzeugung von synthetischen Kraftstoffen mit dem *Power-to-Liquid*-Verfahren führt zu sehr teuren Kraftstoffen, wenn man die Überschussenergie in Deutschland

---

[A] Eine Dunkelflaute beschreibt den Zustand, dass für eine längere Zeit weder PV-Strom noch Windstrom erzeugt werden kann. Das kann mehrere Tage anhalten und sogar europaweit stattfinden. Besonders kritisch ist große Kälte, wenn viel Strom gebraucht wird.

dazu verwendet. Daher wird meist vorgeschlagen, dass man einen solchen CO_2-neutralen Kraftstoff aus Ländern importieren sollte, in denen der VEE-Strom preisgünstiger ist. Damit sind Länder gemeint, die mehr Sonneneinstrahlung oder mehr Wind aufweisen (Nordafrika, Küstenländer). Das ist grundsätzlich richtig. Leider ist der Preis dieser Kraftstoffe für den Betrieb von Kraftfahrzeugen mit üblichen Verbrennungsmotoren immer noch um ein Vielfaches höher als die Kraftstoffe heute. *→K23.6*

Geeignete Marktkonzepte

Dass wir im Strombereich keine normale Marktwirtschaft mehr haben, in der alle Anbieter unter gleichen Bedingungen die Produkte ihren Kunden (Stromverbrauchern) anbieten, müsste mittlerweile klar sein. Schließlich bekommen die einen Subventionen z.B. in Form von garantierten Preisen oder Absatzgarantieren (Vorrangeinspeisung) und die anderen bekommen das, was übrigbleibt (Lückenfüller) plus die Kostenaufschläge in Form von CO_2-Kosten (in welcher Form auch immer).

Entscheidend sind aus meiner Sicht aber die *volkswirtschaftlichen Kosten*. Hierbei ist es nicht relevant, wer für was bezahlen muss, sondern was das Ganze kostet, das irgendwie alle am Ende zu bezahlen haben. Würde eine funktionierende Marktwirtschaft bestehen, wäre dies auch innovationsfördernd. Das ist aber nicht so, weil die Politik mit massiven Eingriffen in diesen Markt die Lösungen (z.B. E-Mobilität) vorgibt. Garantierte Preise und Subventionen bieten aber keinen Anreiz zu technischen und ökonomischen Verbesserungen.

Die verschiedenen Lobbygruppen machen ihren Einfluss geltend, damit ihre Interessen durch Gesetze geschützt werden. Es geht um immer neue Geschäftsmodelle in diesem Markt. Und man hat ja gute Argumente, dass dies oder jenes gefördert oder mindestens nicht verhindert wird, weil es dem beschlossenen Generationenprojekt *Energiewende* hilft. Ein solches Geschäftsmodell ist die sogenannte **Regelenergie**. Das ist Kraftwerksleistung, die schnell und nur für kurze Zeit für die Stabilisierung des Netzes zur Verfügung gestellt wird. Da Einrichtungen für Regelenergie nur relativ selten benötigt wurden, waren auch schon früher die Preise um ein Vielfaches höher, als sie der normale Stromerzeuger bekam. Die viel zu teuren Batteriespeicher bieten nun Regelenergie an. Nur damit können Batteriespeicher wirtschaftlich werden. Bezeichnend ist, dass Batteriespeicher als die Lösung der zunehmend gefährdeten Stromversorgung propagiert werden, aber gerade die Energiewende der Grund für die Gefährdung ist.

 Es werden teure Lösungen für ein zentrales Problem der Energiewende vorgeschlagen, die ohne Energiewende gar nicht nötig wären.

14.3 Was sagen die Fachleute?

Die Fülle an Papieren und Internetseiten zu den Themen CO_2, Erneuerbare Energien und Energiewende ist übergroß. Das Besondere daran ist, dass solche Arbeiten von Wissenschaftlern, Universitäten, Thinktanks oder dergleichen erstellt wurden, die „pro Energiewende" und damit befangen sind. Sie leben gewissermaßen von der Fortführung des Transformationsprozesses. Oder anders ausgedrückt: Würde dieses Thema politisch sterben, müssten sie sich um einen neuen Job kümmern.

Daher sind Angaben und Ergebnisse aus solchen Quellen für Menschen, die objektiv an diese Themen herangehen wollen, mit großer Vorsicht zu genießen. Hinzu kommt, dass die Ergebnisse und Ansätze trotz allem sehr weit auseinanderliegen können. Die Befürworter sind sich also nur darin einig, dass die Energiewende weiterlaufen muss, aber nicht, wie sie konkret ausgestaltet werden soll und wie die inhärenten Probleme zu lösen sind. Man kann sich bei Auftragsarbeiten darauf verlassen, dass am Ende erläutert wird, dass eine Menge an Erkenntnissen gewonnen wurde, aber weitere Studien nötig sind.

Natürlich habe ich mir auch einige dieser Studien näher angesehen. →*K39* Das ist nötig, auch um sich selbst zu prüfen, damit man keine grundsätzlichen Fehler macht. Auch ist es interessant zu wissen, welche Annahmen, welche Parameter, welche Modelle, welche Einflussgrößen verwendet wurden. Damit ist es bis zu einem gewissen Grad möglich, zu erklären, warum so unterschiedliche Ergebnisse entstehen.

Dass sich Prognosen der mit der Materie befassten Wissenschaftler oft stark von der späteren Realität entfernen ist, ist bekannt.[88] So hat die berühmte *Kugel Eis pro Monat* (als Kosten pro Haushalt) Herr Trittin ja nicht selbst ausgerechnet, sondern stammt von sogenannten Fachleuten.

Es gibt keinen Grund, den Fachleuten immer aufs Neue bedenkenlos zu glauben, die so widersprüchliche Aussagen machen, in ihren Vorhersagen gewaltig danebenliegen (*Abb. 10-9*) und deren wissenschaftliche Lebensleistung und persönliche Existenz in der Fortführung der Energiewende liegt.

Hinzu kommt, dass das Fraunhofer-Institut (IWES) auch nachweisbar Falsches behauptet.[A] Auch werden oft nur *qualitative* Aussagen gemacht und der *quantitativ* belegte Nutzen eines Vorschlags fehlt.

[A] Die Volatilität der EE würden sich über große Flächen (Deutschland, mindestens Europa) ausgleichen.

14.4   Grundlagen eigener Berechnungen

Wie schon erwähnt, habe ich umfangreiche Berechnungen zur Sektorkopplung angestellt, bei denen große Datensätze und viele Parameter verwendet wurden. Wie bei allen Konzeptrechnungen sind die Annahmen und Methoden, die Anwendung finden, von zentraler Bedeutung für das Ergebnis.

Hierzu einige Anmerkungen (Details _→K40_):

Aufgrund der jahrelangen Beschäftigung mit dem Thema habe ich versucht, auf Basis der Trends und der Sachlage realistische Annahmen für die Zukunft zu verwenden. Ich gehe davon aus, dass die Gesellschaft und die Industrie bis zur Mitte des Jahrhunderts nicht, wie in der **Großen Transformation** angestrebt, durch extreme Enthaltsamkeit gekennzeichnet sein wird. So gibt es z.B. gute Gründe anzunehmen, dass der Energieverbrauch konstant bleibt und die geplanten starken Einsparungen nicht stattfinden werden. _→K13_, _→K31.5_

Im Sektor Wärme, der aus Niedertemperaturwärme (z.B. Heizen, Warmwasser) und aus Prozesswärme (z.B. Stahlindustrie) besteht, wurde eine Einsparung von 30 % über den gesamten Sektor Wärme zwischen 2015 und 2050 angenommen. Das entspricht rund 40 % Einsparung im Bereich aller Gebäude bezogen auf den Stand von 2015.

Für den Verkehr wird für die nächsten Jahre eine deutliche Steigerung der Personen- und Tonnenkilometer prognostiziert. Wenn ich also für diesen Sektor keine Steigerung des Energiebedarfs annehme, so ist das eher optimistisch.

Eine entscheidende und notwendige Annahme – und das machen viele Studien – ist, dass die in Deutschland verbrauchte Energie auch in Deutschland zu erzeugen ist. Allerdings wurde ergänzend auch in besonderen Fällen der Import von synthetischen Kraftstoffen erlaubt, weil ansonsten das Szenario technisch nicht umsetzbar oder ökonomisch noch schlimmer ausgefallen wäre.

Natürlich wurde das bereits genannte **Worst-Case-Prinzip**[A] für die Stromversorgung berücksichtigt. Das führt notwendigerweise zu Mehraufwendungen, die in anderen Studien unberücksichtigt bleiben.

Berechnet wurden nicht die verschiedenen Wege (z.B. durch Zwischenlösungen), wie man am Ende auf das erklärte Ziel kommt, sondern es wurde der Endzustand im Jahr 2050 errechnet und der Weg dorthin idealisiert, als linearer Verlauf unterstellt.

[A] Worst Case = ungünstigster Fall. Es bedeutet, dass das Stromversorgungssystem mit all seinen Komponenten so auszulegen ist, dass die Stromversorgung auch im ungünstigsten Fall sichergestellt ist.

Es wurde drei mögliche technologische Stufen in meinen 12 Szenarien berücksichtigt:[A]

1. Wie heute:

- Es stehen keine großtechnischen Anlagen für P2G und P2L zur Verfügung.

- Für Dunkelflauten werden Gaskraftwerke (Backup-KWs) eingesetzt.

- Als Speicher gibt es Batteriespeicher und die heute schon vorhandenen Pumpspeicherkraftwerke.

2. Technologiestufe:

- Es stehen großtechnische Anlagen für P2G zur Verfügung.

- Damit kann über P2G2P ein Langzeitspeicher realisiert werden, der Backup-KWs überflüssig macht.

- Gleichzeitig kann das Methangas, das aus P2G kommt, zum Heizen oder für den CO_2-neutralen Betrieb von Verbrennungsmotoren genutzt werden.

3. Technologiestufe:

- Zusätzlich zu P2G steht auch P2L, also synthetisch hergestellte Kraftstoffe, sogenannte *E-Fuels*, zur Verfügung.

- Das ermöglicht den CO_2-freien Betrieb von Verbrennungsmotoren sowie die Versorgung von Flugzeugen und Schiffen mit Treibstoffen.

- Optional wurde ergänzend der Import von E-Fuels erlaubt.

[A] **P2G** = Power-to-Gas; mit Hilfe von Strom kann energiereiches Gas (Wasserstoff oder Methan) hergestellt werden.
P2L = Power-to-Liquid; aus dem mit Strom hergestellten Methan werden durch weitere Prozessschritte Kraftstoffe hergestellt, die in Verbrennungsmotoren verwendet werden können.
P2G2P = Power-to-Gas-to-Power; das aus Strom hergestellte Methangas, das gut speicherbar ist, wird in einer Gasturbine mit Generator wieder zu Strom gewandelt. Diese Gesamtanordnung stellt einen Stromspeicher dar.

14.5 Ergebnisse eigener Berechnungen

Hier werden nur einige Ergebnisse für 90 % CO_2-Reduktion vorgestellt. Mehr Details erfahren Sie im 3. Teil des Buchs.

Zunächst muss allgemein festgestellt werden, dass bei wachsendem CO_2-Vermeidungsziel der Aufwand überproportional steigt. Diese Erkenntnis ist auch in an anderen Studien zu finden: So kostet 1 % CO_2-Vermeidung von 89 % auf 90 % 1,5-mal so viel wie von 59 % auf 60 %.

Durch Einhaltung der *Worst-Case-Regel* für die Stromversorgung sind für durchschnittliche Ertragsjahre der VEE erhöhte Überschüsse die Folge, die Verluste (ungenutzte Energie) darstellen und natürlich auch zu Mehrkosten führen.

Entscheidend für die Stromkunden und Bürger sind aber zwei Kenngrößen, die man mit den Fragen umschreiben kann:

1. Wie stark muss der *VEE-Ausbau* erweitert werden?

2. Wie viel *volkswirtschaftliche Mehrkosten*[A] bedeutet die Energiewende mit Sektorkopplung?

14.6 Nötiger VEE-Ausbau

Besonders problematisch sind die Windenergieanlagen an Land. Bundesweit gibt es rund 1.000 Bürgerinitiativen. Der bis heute erreichte Ausbau der Windenergie ist bereits grenzwertig. Immer häufiger müssen die Behörden und Investoren Projekte aufgeben, weil der Widerstand der betroffenen Bürger und der Umweltverbände zu groß ist. Von daher ist es von großer Bedeutung, um wie viel mehr die Windenergie noch auszubauen ist, um rechnerisch das erklärte Ziel zu erreichen.

Für 90 % CO_2-Reduktion über alle drei Sektoren (Strom, Wärme, Verkehr) müssten die VEE auf mehr als das 15-Fache des Ausbaus von 2019 erweitert werden. Geht man von realistischen Annahmen und der bestehenden Gesetzgebung aus, so sind die zum VEE-Ausbau nutzbaren Flächen aber nur noch auf das 4,7-Fache erweiterbar (bezogen auf 2019). Das entspricht einer Summennennleistung von 500 GW (für Onshore-, Offshore-Windenergie und Photovoltaik) und stellt die Ausbaugrenze dar (*→K32*).

[A] Die Mehrkosten beziehen sich auf eine Energieversorgung ohne Energiewende.

Abb. 14-3 zeigt die Ausbauverhältnisse bis 2018, wie sie sind und bis 2050 werden müssten. Dabei starten die geraden Linien am Zustand von 2018 und enden bei dem ermittelten nötigen Endzustand in 2050 (daher eine Gerade).

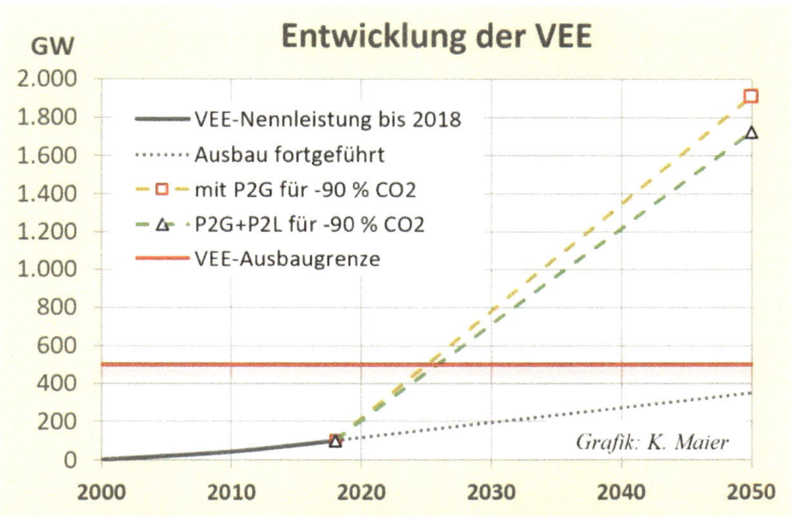

Abb. 14-3: Entwicklung der VEE

Es werden zwei Technologiealternativen dargestellt: „mit P2G" unterstellt die Erzeugung von synthetischem Methan und „P2G+P2L" nimmt zusätzlich die Verfügbarkeit von synthetischen Kraftstoffen aus VEE-Strom an.

Die *VEE-Ausbaugrenze* zeigt, wie hoch die Summe aller Nennleistungen (Onshore, Offshore und PV) maximal auf deutschem Boden unter Beachtung der gesetzlichen Vorschriften möglich ist.[A]

Die Erreichung des 90%-Ziels unter den oben genannten Voraussetzungen[B] und unter der Annahme einer verfügbaren Power-to-Gas-Technik (P2G) würde einen VEE-Ausbau von rund 2.000 GW und bei zusätzlich verfügbarer Power-to-Liquid-Technik (P2L) immer noch von 1.800 GW erfordern.[89] Beides liegt weit über der VEE-Ausbaugrenze und ist schon damit nicht realisierbar.

[A] Es gibt verschiedene Studien, die sich mit den Ausbaupotenzialen beschäftigen. Naturgemäß kommen sie nicht exakt zum gleichen Ergebnis. Als grobe Mittelung kann man ansetzen: 200 GW Onshore + 50 GW Offshore + 250 GW PV, macht in Summe 500 GW. →*K32*

[B] Hierzu gehört vor allem die Einhaltung des Worst-Case-Prinzips bei der Dimensionierung des Stromversorgungssystems.

Bereits heute ist aus Sicht der vielen Bürgerinitiativen der Ausbau der Windenergie-anlagen an der Grenze der Zumutbarkeit für Mensch, Tier und Natur erreicht oder überschritten. Wie soll man sich dann ein Vielfaches davon vorstellen? Selbst wenn die Ausbaugeschwindigkeit beibehalten werden könnte[A], würde das Ziel von 90 % CO_2-Einsparung mit den Mitteln der Sektorkopplung weit verfehlt werden (siehe Linie „Ausbau fortgeführt").

Die beängstigenden Bilder „verspargelter" Naturlandschaften sind hinreichend bekannt, so dass hier darauf verzichtet wird. Man möge sich das 10-fach davon vorstellen und es wäre noch zu wenig!

Unterstellt man den theoretisch möglichen Ausbau – so wie es die verfügbaren Flächen und Gesetze möglich machen könnten –, so wäre das nur rund ein Drittel von dem, was nötig wäre.

 Der technisch notwendige Ausbau der Erneuerbaren Energien liegt weit über dem, was aufgrund von vorhandenen Flächen und Gesetzen möglich wäre.

 Die Energiewende mit Sektorkopplung scheitert schon am nötigen Ausbau. Jeder weitere Euro ist rausgeschmissenes Geld und verlangt den sofortigen Abbruch der Energiewende.

 Angesichts der heute schon vorhandenen Widerstände durch Bürgerinitiativen ist der nötige Ausbau nicht mal als Bruchteil vorstellbar.

14.7 Volkswirtschaftliche Mehrkosten

Wenn man Nutzen und Aufwand eines Projektes bewerten will, vergleicht man die Verhältnisse mit Projekt gegen den Fall ohne Projekt. In diesem Falle sind die Differenzkosten, also die *Mehrkosten*, von Interesse.

Wie wir uns erinnern, nannte Minister Altmaier 2013 bis zu *„1 Billion Euro"*, die uns die Energiewende kosten könnte, später dann *„gegebenenfalls mehr als 1 Billion*

[A] Prof. Quaschning (HTW Berlin, Regenerative Energiesysteme) fordert eine Vervierfachung der Ausbaurate.

Euro". 2017 haben schließlich mehr als ein Dutzend fachkundiger Professoren Deutschlands 4,6 Bill. € errechnet und vermutet, dass sie auf bis zu 7,5 Bill. € bis 2050 (-95 % CO_2) kumuliert anwachsen könnten.[A] Ausgehend von ersten Studien (Fraunhofer), wo die Energiewende noch als wirtschaftliches *„Erfolgsprojekt"* (Gewinn statt Mehrkosten) dargestellt wurde, finden offenbar mit Annäherung an den Zielpunkt 2050 eine Ernüchterung und eine Inflation der Zahlen statt. In diesem Kontext müssen die Ergebnisse meiner Untersuchung gesehen werden.

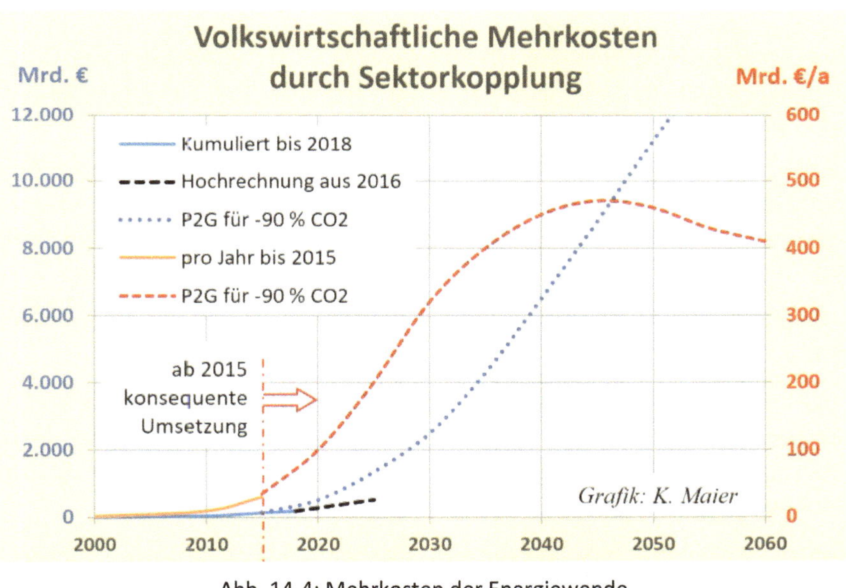

Abb. 14-4: Mehrkosten der Energiewende

Abb. 14-4 zeigt bis 2018 den Verlauf der kumulierten Kosten (blau) der Energiewende, die z.B. wesentlich durch das EEG verursacht wurde und als volkswirtschaftliche Mehrkosten zu bezeichnen sind. Bis 2025 wurden im Jahr 2016 allein für die Stromwende 520 Mrd. € hochgerechnet[B] (schwarz gestrichelt).[90]

[A] Bericht über ESYS-Studie: https://www.weltwoche.ch/ausgaben/2019-20/artikel/das-4600-milliarden-fiasko-die-weltwoche-ausgabe-20-2019.html

[B] https://www.welt.de/wirtschaft/article158668152/Energiewende-kostet-die-Buerger-520-000-000-000-Euro-erstmal.html; Institut für Wettbewerbsökonomie

> Was in den 520 Mrd. € nicht enthalten ist, sind die Kosten, die durch die garantierten Subventionen über 20 Jahre noch entstehen werden und die auch nicht mehr zu verhindern sind, wenn der EE-Ausbau ab 2025 gestoppt würde. Weiterhin nicht enthalten sind:
>
> die Kosten für den Kernkraft- und Kohleausstieg von 220 Mrd. € (→*S252),* sowie die Mehrkosten der Sektoren Wärme und Verkehr.

Die Annahme, dass P2G-Technik großtechnisch zur Verfügung steht, in Verbindung mit einem realistischen Energiebedarf, führt zu dem hier gezeigten Verlauf der jährlichen Mehrkosten (rot gestrichelt).

Es wurde unterstellt, dass die Sektorkopplung ab 2015 konsequent umgesetzt wurde, um bis 2050 das 90%-Ziel zu erreichen. Der derzeitige Ausbau von VEE und Netz sowie Speicher reichen nicht annähernd aus. Daher zeigen die Kurven einen beschleunigten Anstieg.

Die rote und orange Kurven gehören zur rechten Skala und die blauen und schwarze zur linken.

Wie die Grafik zeigt, sind die heutigen Kosten sehr gering, verglichen mit dem, was uns bevorstehen würde, wollte man diesen Weg der Dekarbonisierung konsequent angehen und fortsetzen. Selbst wenn die ermittelten Kosten am Ende nur halb so hoch wären, sind sie immer noch völlig inakzeptabel.

Die Zahlen sind so groß, dass man sie nicht glauben will. Aber wer hätte noch vor 10 Jahren gedacht, dass die Mehrkosten bis 2025 mit mehr als 500 Mrd. € seriös nachgerechnet werden. Angesichts der massiven Fehleinschätzungen der Energiewende-Visionäre[91] darf man sich ganz sicher auf mehrere Billionen einstellen.

Es muss darauf hingewiesen werden, dass die jährlichen Mehrkosten ab 2050 zurückgehen, aber nie auf null fallen werden, da die teuren technischen Einrichtungen betrieben, erhalten und ersetzt werden müssen. Ein Rückgang unter 250 Mrd. € pro Jahr scheint nicht denkbar. Damit wären die Kosten auf Dauer rund 10-fach höher als heute.

Bei diesen volkswirtschaftlichen Kosten muss man die Frage stellen, wer konkret und in welcher Höhe das bezahlen soll. Anteilig bedeutet das 5.500 € (um 2050) und wenigstens 3.000 € langfristig pro Person (vom Baby bis zum Greis) und Jahr. Das ist für eine vierköpfige Familie einfach völlig außerhalb jeder Möglichkeit. Verteilt man die Kosten gleichmäßig auf die sozialversicherungspflichtig Beschäftigten, wären das pro

Beschäftigten 13.500 € im Jahr (um 2050). Werden die unteren Einkommensschichten aus Steuermitteln entlastet oder befreit, bedeutet das zusätzliche Mehrbelastungen für die Besserverdienenden.

Die jährlichen Mehrkosten liegen bei mehr als dem Zehnfachen der heutigen Kosten für das EEG. Sie übersteigen die Höhe des Bundeshaushalts.

Auch wenn die jährlichen Mehrkosten nach 2050 fallen, werden sie doch auf nicht verkraftbarer Höhe bleiben.

Solche Mehrkosten könnten die Gesellschaft und die Wirtschaft nicht aushalten. Die Industrie würde Deutschland komplett verlassen, und die Armut der Gesellschaft würde politische Verwerfungen auslösen.

15 Die „Abrechnung"

Nun ist das Wichtigste zusammengetragen worden, um die angekündigte *Abrechnung mit der Energiewende* vornehmen zu können.

15.1 Politische Einordnung

Obwohl sich dieses Buch auf die technischen und ökonomischen Aspekte konzentriert, muss auch eine politische Einordnung vorgenommen werden, denn schließlich wäre das alles nicht passiert ohne eine politische Agenda.

> *Hinweis: In den nächsten Abschnitten werden vermehrt „weiche Argumente", also weniger Zahlen, verwendet und damit naturgemäß mehr persönliche Sichtweisen und Wertungen eine Rolle spielen. Jeder kann sich überlegen, inwieweit er meine Sichtweisen und Schlussfolgerungen teilen kann.*

Klimadebatte

In diesem Buch – und nicht nur hier – ist die AGW-Theorie (vom menschengemachten Klimawandel) widerlegt oder zumindest begründet angezweifelt worden. →*K21* Die sogenannten 97 % Einigkeit der Klimaforscher wurde ebenso widerlegt. →*K19.2* Damit sollte mindestens eine kritische Hinterfragung gerechtfertigt sein. Abgesehen davon ist der Zweifel von Wissenschaftlern das Prinzip und die Triebfeder des wissenschaftlichen Fortschritts.[A]

Nachdem in den letzten beiden Jahrzehnten die AGW-Theorie immer mehr von der öffentlichen Meinung übernommen wurde, weil über den Weltklimarat (IPCC) und deren Veranstaltungen (von Kyoto-Protokoll bis Paris-Abkommen) ausführlich berichtet wurde, scheinen nun Widerspruch und Skepsis immer häufiger zu werden. Damit haben die AGW-Anhänger und ihre politischen Akteure Angst, die in vielen Jahren aufgebaute Meinungshoheit wieder zu verlieren. Das emotionalisiert die Berichterstattung und Reaktionen auf sachliche Einwände der AGW-Skeptiker.

Die Auseinandersetzung mit den AGW-Kritikern wird daher mit Kampfbegriffen wie „Klimaleugner"[92] geführt. Das Prinzip: Wenn man die Sachargumente nicht angreifen kann, dann eben die Person, die sie vorbringt. Die Diskussion findet auf der persönlichen und moralischen Ebene statt, auch weil viele eine tiefgehende Sachargumentation nicht führen können. Es wird die Mainstream-Meinung als wissenschaftlicher Fakt

---

[A] „Religion ist eine Kultur des Glaubens - Wissenschaft ist eine Kultur des Zweifels."
Richard Feynman, Physiker, Nobelpreisträger

dargestellt und erklärt, wer eine andere Meinung hat, mit dem könne man nicht diskutieren, da er die Wissenschaft ignoriere. Es ist ein Zeichen von Verzweiflung, wenn man zu solchen Mitteln der Auseinandersetzung greift. Auf welchem Niveau der Klimadebatte sind wir angekommen?

Die zunehmende Angst der Energiewender, deren politische Programme mit der Klimakatastrophe begründet werden, ist mittlerweile durch die Beschränkung des Meinungskorridors und durch Ausgrenzung gekennzeichnet.

> *„Die Entscheidung der BBC, ‚Klimaskeptiker' nicht mehr zu Wort kommen zu lassen, hat Annalena Baerbock als Vorbild für die Presse genannt."*[93]

Baerbock, als Frontfrau der Grünen, beansprucht offenbar die nicht diskutierbare *Wahrheit* in dieser Frage und will damit jede öffentliche Diskussion im Keim ersticken. Andere gehen noch weiter. [94]

2016 verkündete *Loretta Lynch*, ihres Zeichens Juristin und Justizministerin der Vereinigten Staaten von Amerika, dass sie prüfen lassen will, ob die Leugnung des „menschengemachten Klimawandels" unter Strafe gestellt werden kann.[95]

Wolf von Fabeck, ein deutscher Solar-Aktivist und Geschäftsführer des *Solarenergie-Fördervereins Deutschland e.V.*, brachte 2016 nötige Änderungen des Strafrechts in die Diskussion.[96] *„Verharmlosung des Klimawandels sei eine Straftat gegen das Leben."* 2019 machte er unter der Überschrift *„Klimaleugner sollten bestraft werden"* den Vorschlag für einen Gesetzestext:

> *„Wer in einer Weise, die geeignet ist, die Abwehr des Klimawandels nach dem Pariser Klima-Abkommen und seinen Folgevereinbarungen zu stören, verächtlich zu machen oder gänzlich zu verhindern, den Klimawandel bezweifelt oder leugnet, wird mit einer Geldstrafe von bis zu 300 Tagessätzen bestraft. Im Wiederholungsfall ist die Strafe Haft."*[97]

Wohin führt das, wenn jede unliebsame Diskussion, zu einem für wichtig erklärten Regierungsprogramm, durch Strafandrohung verhindert wird?

Klimaschutz

Die Klimaschutzfrage muss noch in einen größeren Kontext gestellt werden: Bereits der **Club of Rome** hat mit seiner Studie *„Die Grenzen des Wachstums"* 1972 weltweite Beachtung gefunden. Von da an wurde der Gedanke, dass der Mensch die Erde zugrunde richtet, wenn er so weitermacht, Kernmotivation vieler NGO-Organisationen und der UN (Vereinte Nationen). Mit dem Klimawandel, mit der ***Klimakatastrophe*** und dem Verursacher CO_2, das überall dort frei wurde, wo Energie für Wohlstand genutzt wird, war ein geeigneter argumentativer Hebel gefunden. Das IPCC (der Welt-klimarat) wurde mit dem Auftrag gegründet, dass es die Literatur auswertet, die das Risiko ***des vom Menschen verursachten Klimawandels*** aufzeigt, und Anpassungs- und Vermeidungsoptionen anzubieten.[98] Das IPCC ist keine wissenschaftliche, son-dern eine politische Unterorganisation der Vereinten Nationen, die in regelmäßigen Abständen sogenannte *Summary for Policymakers* herausgibt.

Als konkrete Folgen für die Politik der EU resultieren Richtlinien zur Dekarbonisierung aller Mitgliedsländer, die dann in nationales Recht, auch in Deutschland, umzusetzen sind. So entstanden Klimaschutzpläne für Deutschland und auch für Bundesländer (z.B. der *Klimaschutzplan Hessen*). Auch kleinere Einheiten, wie Kreise oder Städte, haben ihre *Klimabeauftragten*, die ihren „Beitrag zur Weltrettung" leisten müssen. Si-cherheitshalber werden schon jetzt ***Klimanotstände***[A] ausgerufen.

Folge der Klimapolitik war auch der Kohleausstieg, der bis spätestens 2038 vollzogen sein soll. Angesichts der offensichtlichen Verfehlung der Klimaziele war es nötig, bei den völlig zu Unrecht als Dreckschleudern[B] bezeichneten Kohlekraftwerken zu begin-nen und ein beachtetes Zeichen zu setzen.

Die Große Transformation

Die ***Dekarbonisierung*** ist aber eingebettet in ein groß angelegtes Projekt. Dieses be-ginnt mit der ***Agenda 2030***, die im Jahre 2015 beim UNO-Nachhaltigkeitsgipfel be-schlossen wurde.[99] Hier sind 17 Ziele definiert worden. Dazu gehören neben dem Kli-maschutz die ***Transformation der Volkswirtschaften***, aber auch Geschlechtergleich-stellung (Gender) und weltweite Gerechtigkeit.

Die Bundesregierung wird von den von ihr finanzierten Instituten beraten, die diese Agenda verinnerlicht haben. Dazu können repräsentativ genannt werden:

- *„Welt im Wandel – Gesellschaftsvertrag für eine Große Transformation"*, 2011, Hauptgutachten vom **WBGU** (Wirtschaftlicher Beirat der Bundesregie-rung Globale Umweltveränderungen), und z.B.

- „Die große Transformation, eine Einführung in die Kunst des gesellschaft-lichen Wandels", 2018, vom **Wuppertal Institut**.

[A] Es geht um einen vermuteten Notstand in ferner Zukunft. Damit wird die Dramatik, die im Wort *Not-stand* steckt, entwertet. Eine Inflation von „Notständen" ist zu befürchten.

[B] Abgesehen vom CO_2, das kein Schadstoff ist, geben moderne Kohlekraftwerke mit ihren hochentwickel-ten Filteranlagen kaum Schadstoffe ab.

Solche *Thinktanks* üben entsprechenden politischen Einfluss aus. In derartigen Zirkel-beziehungen und institutionellen Verflechtungen sind Ratsuchende, Ideengeber, Berater und Profiteure nicht mehr zu unterscheiden (Abb. 20-1, →S153).

Solche Entwicklungen gehen an einem öffentlichen Diskurs vorbei, sie werden von selbsternannten Eliten initiiert und nach Jahren letztlich durchgesetzt. Dabei bedient man sich geschickterweise des *Spiels über Bande*: Man startet entsprechende Aktivitäten auf oberster Ebene (UN oder EU), die von der Öffentlichkeit nicht wahrgenommen werden. Daraus resultiert eine EU-Richtlinie, auf die sich die Bundesregierung dann beziehen kann, und behauptet, dass man dies halt umzusetzen habe, also eine Infragestellung über Bundestagsdebatten nicht mehr stattfinden kann.

Der Umbau der deutschen Gesellschaft auf all ihren Ebenen betrifft nicht nur die Stromerzeugung, sondern unser ganzes Leben. So werden auch z.B. Flugreisen oder der Fleischkonsum betroffen sein. SPD und Grüne brachten 2019 eine Fleischsteuer ins Gespräch und Prof. Schellnhuber vom PIK[A] sagte klar:

> *„... zum Beispiel bis 2030 müssen wir den Verbrennungsmotor auslaufen lassen. Und wir müssen den Einsatz von Kohle zur Stromerzeugung komplett ausschalten. Bis 2040 müssen wir wahrscheinlich Beton und Stahl für den Bau durch Holz, Ton und Stein ersetzen [...] und tun wir das nicht [...], es wäre das Ende der Welt, wie wir es wissen, und ich habe alle Beweise.“*[100]

Sind das ernstzunehmende Aussagen eines seriösen Wissenschaftlers?

Ein solches Umbauprojekt wird sich schwerlich nach dem Prinzip der Freiheit und der Individualität der Menschen verwirklichen lassen, genauso wie dies für den idealisierten Sozialismus auch nicht möglich war. Es war ein „neuer Mensch“ erforderlich, der notfalls durch Umerziehung geschaffen werden müsse.[B] Man beachte die Parallelen.

Für dieses von langer Hand geplantem Umbauprojekt muss auf allen Ebenen Einfluss genommen werden. Die Finanzindustrie, die für Unternehmer und Projekte die Mittel zur Verfügung stellt, spielt natürlich für das Transformationsprojekt eine zentrale Rolle. So entwickelt die Bundesregierung mit dem eigens geschaffenen Beirat (über 50 Personen) eine *Sustainable Finance*-Strategie.[101] *Nachhaltigkeit im Finanzsystem* bezeichnet den Einbezug von Umwelt-, sozialen und Unternehmensführungsaspekten in die Entscheidungen von Finanzakteuren. Es geht um die Pflicht, dass bei der Kreditvergabe oder bei Versicherungsverträgen Umwelt- oder Klimarisiken zu

---

[A] Potsdam Institut für Klimafolgenforschung, berät die Bundesregierung

[B] Es gab viele Umerziehungslager in der Geschichte, und es gibt sie noch heute, wenn der Wille der Menschen nicht zum politischen System passt.

berücksichtigen sind. Nun irren Sie sich gewaltig, wenn Sie vermuten, dass da Widerstand von der Finanzbranche kommt. Weit gefehlt: Man erkennt auch hier die Chancen, aus den durch die Politik gegebenen Spielregeln Gewinne zu generieren, so wie das auch die Industriebosse der Energiewirtschaft tun und sich damit stromlinienförmig anpassen. *Nachhaltige Investmentfonds*[A] sind ein Konzept der allgegenwärtigen Finanzbranche mit ihrer **Green Economy**.

Neues Demokratieverständnis

Wer die Verhältnisse der letzten Jahre aufmerksam beobachtet hat, stellt fest, dass nicht nur die Klimadebatte die Gesellschaft in Pro und Kontra teilt, nein, die Gesellschaft ist grundsätzlich gespalten, weil Meinungen nicht mehr einfach zugelassen werden. Diskussionen mit gegenseitigem Respekt werden immer seltener, weil es immer weniger um die Sache als um die Moral geht. Wer mit Haltung und Moral argumentiert, entzieht sich der notwendigen Sachargumentation.

Ferdinand Knaus hat es mit seiner **Zweierlei Demokratie** richtig erkannt.[102] Alle verwenden das Wort *Demokratie*, verstehen aber nur ihre Haltung als demokratisch. Woran liegt das? Das Verständnis von Demokratie ist unterschiedlich:

1. Für die einen gilt die Meinungsfreiheit als unverzichtbarer Grundsatz einer pluralistischen Gesellschaft. Diesem Prinzip ist inhärent, dass jeder sagen kann, was er denkt. Entschieden wird nach Mehrheiten, wobei man versucht, die Minderheit nicht unnötig zu verprellen. *Die Demokratie definiert die Regeln dazu.*

2. Für die anderen zählt nicht der Wille und die Freiheit des Einzelnen und auch nicht die der Mehrheit, sondern der sogenannte *Allgemeinwille* (nach Rousseau), der der *„Vernunft des Staates"* entspricht. „Demokratie" ist dann das Mittel zur Verwirklichung dieses Gemeinwillens. Problematisch bleibt, wer den Allgemeinwillen festlegt.

Für die offenbar große Mehrheit scheint der zweite Demokratiebegriff der richtige zu sein, denn sie setzen Klimaschutz mit Allgemeinwillen gleich, der durchgesetzt werden muss. Hier spielt **Framing** eine gewichtige Rolle, die *Verknüpfung von Begriff und Gemeintem mit emotionellem oder moralischem Hintergrund.*

> *Einschub: Framing setzt darauf, dass die verwendeten Begriffe die Gedanken lenken. Das Wort wird zum Gedanken und damit zum Denken und in der Folge zur Meinung. So macht*

[A] Die Auswahl der Anlagen bei nachhaltigen Fonds erfolgt nach festen ethischen, sozialen und ökologischen Kriterien.

es in der Wirkung einer Nachricht zum Schwangerschaftsabbruch einen bedeutenden Unterschied, ob von Föten oder von Babys gesprochen wird.[103] Es geht aber nicht nur um Begriffe, sondern auch um die gewählte Perspektive der Darstellung. Jedenfalls unterstützt Framing das Beeinflussungsziel, das mit der Aussage transportiert werden soll.

Mit dem zweiten Demokratieverständnis wird Meinungsfreiheit von solchen „Demokraten" quasi abgeschafft.

Mark Twain soll gesagt haben:

„Ich bin ein toleranter Mensch, bei mir kann jeder sagen, was er denkt, solange es sich mit meiner Meinung deckt."

Naturschutz

Im deutschen Bundesnaturschutzgesetz werden in §1 unter anderem die folgenden Zielsetzungen benannt. Erhaltung ...

- der Natur als Grundlage für Leben und Gesundheit des Menschen

- der biologischen Vielfalt

- der Eigenart und Schönheit sowie des Erholungswerts von Natur und Landschaft

Wie passen diese Zielsetzungen zu den Photovoltaikanlagen, die Acker- und Weideland abdecken, zu den Monokulturen für den Anbau von Energiepflanzen auf 23.000 km² oder zu den 30.000 Windenergieanlagen, die zum Teil in Wäldern und Naturschutzgebieten oder in der Nähe von Wohnhäusern errichtet wurden?

> Für die Ziele der Energiewende müssen die sonst hochgehaltenen Prinzipien des Naturschutzes geopfert werden.

Das ist nur durch eine dogmatische Haltung zu erklären.

15.2 Klimaschutz

Dass es einen Anstieg der Weltdurchschnittstemperatur[A] von etwa 0,9 °C in den letzten 120 Jahren gegeben hat, kann als gesichert angenommen werden. Dabei sollte man wissen, dass uns die Erwärmung aus der kleinen Eiszeit herausgeführt hat, die sehr viel Leid für die Menschen gebracht hatte. In →*K21* wird aus meiner Sicht die

---

[A] Eine Weltdurchschnittstemperatur ist ein rein mathematisches Konstrukt und ist nirgendwo messbar.

AGW-Theorie, d.h., dass der Mensch mit seinem CO_2-Ausstoß für die Klimaveränderungen ausschließlich verantwortlich sei, klar widerlegt. Wenn ein erhöhter CO_2-Wert also nicht maßgeblich für die Weltdurchschnittstemperatur verantwortlich ist, kann der Mensch durch CO_2-Einsparung auch nichts daran ändern.

So wie es aussieht, gibt es auch keine Tendenz zu mehr Extremwetter. *→K19* Von daher gibt es keinen Grund, Gefahren, die nach ständiger Ankündigung nicht eingetreten sind, teuer durch CO_2-Vermeidung abwehren zu müssen.

Besonders bizarr sind die sich gegenseitig überbietenden Kreise und Städte, die den *„Klimanotstand"* ausrufen. Welches Klima hat denn dort einen Notstand hervorgerufen? Um welchen Notstand handelt es sich denn? Etwa wenn die Durchschnittstemperatur in einer Stadt um 1 oder 2 °C höher liegen als in den 1980er Jahren? Hier wird der Begriff *Notstand* missbraucht und Panik betrieben. Wenn im Sommer mal hier oder dort die Spitzentemperaturen ein paarmal höher sind, so begründet das doch keinen Notstand. Natürlich kann man sich Gedanken machen, wie man das Leben, speziell in Großstädten verbessern kann, aber dazu bedarf es keiner Notstandserklärung.

 Der monokausale, menschengemachte Klimawandel ist für mich widerlegt. *→K21* Damit hat der Mensch auch keinen nennenswerten Einfluss auf die Weltdurchschnittstemperatur. Extremwetter hat es immer gegeben und können nicht verhindert werden. *→S146*

 Die Todesrate durch Risiken, die man dem Klima zuordnen kann, ist in den letzten hundert Jahren um mehr als 98 % gefallen. *→S150*

15.3 Umweltschutz

Umweltschutz bedeutet, für Mensch, Fauna und Flora die Existenzgrundlagen zu erhalten und ein akzeptables Leben zu ermöglichen.

Gerne wird die Energiewende auch als aktiver Umweltschutz bezeichnet. Erstens führen die Maßnahmen, wie gezeigt wurde, nicht zu den erwarteten Zielen, zum anderen kann man schwerlich den Ausbau der Anlagen zur Gewinnung sogenannter Erneuerbarer Energien, mit all ihren Folgen für Mensch, Tier und Pflanzen, als „Umweltschutz" bezeichnen. Hier brauchen die vielfältigen Folgen von diesem Anlagenausbau nicht dargelegt zu werden, denn sie sind in den Publikationen der Bürgerinitiativen und auch wissenschaftlichen Abhandlungen ausgiebig gezeigt worden.

Umweltschutz ist stark durch Nachhaltigkeit und Ressourcenschonung geprägt. Wie sieht es nun mit der Ressourcenschonung und dem Umweltschutz bei den EE-Anlagen aus?

Beispiel: Der Materialeinsatz (von z.B. Beton, Stahl, Kupfer) liegt, für die gleiche Menge erzeugter Energie, um rund das 30-Fache bei Windenergieanlagen höher als bei konventionellen Kraftwerken, wie z.B. den Kohlekraftwerken. →*K8.3*

 Aus Sicht des Umweltschutzes, der Nachhaltigkeit und des Materialaufwands sind die Erneuerbaren Energien, speziell die Windenergie, **deutlich schlechter** als konventionelle Kraftwerke.

15.4 Elektromobilität

Die Mobilität ist weltweit zum Ausdruck von Freiheit, Unabhängigkeit, Individualität und Selbstbestimmung geworden. Mobilität ist nicht nur privater Luxus, sie ist elementar für die Wirtschaft und die Gesellschaft, wie wir sie kennen.

Die Menschen verlangen nach Lösungen, die es ermöglichen, kostengünstig, schnell, bequem und notfalls mit Gütern bepackt von einem beliebigen Punkt A nach B zu kommen. Dies war bis heute durch das persönliche Auto mit Verbrennungsmotor in perfekter Weise gelöst. Die E-Mobilität und neue Verkehrskonzepte sollen die Basis für die Zukunft werden.

Die E-Mobilität erfüllt aber nicht die in sie gesetzten Erwartungen, und trotzdem wird daran festgehalten. So ist die Produktion eines E-Pkw, aufgrund der nötigen Rohstoffe, aus Umweltsicht etwa doppelt so problematisch wie die Produktion eines Pkw mit Verbrennungsmotor.[104] Darüber hinaus gibt es weitere Punkte zu nennen (→*K37*):

- Die nötige Infrastruktur wird sehr teuer und erfordert über Jahrzehnte hinweg parallel weiterhin die heutige Infrastruktur (Tankstellennetz).

- Die Anzahl an Ladepunkten muss um ein Vielfaches höher sein, verglichen mit der Anzahl der Tanksäulen heute, will man vergleichbar viele Pkws mit Energie versorgen. Das führt zu unlösbaren Platzproblemen.

- Das Stromnetz muss grundsätzlich umgebaut werden, weil an Ladezentren (z.B. an Autobahnen) Netzanschlüsse mit einer Leistung von vielen Megawatt erforderlich werden.[A]

[A] Das entspricht der Stromversorgung einer kleinen bis mittelgroßen Stadt.

Schließlich – und das ist der gewichtigste Punkt:

> Die Erwartungen an die CO_2-Einsparung werden nicht erfüllt.
> Der E-Pkw ist sogar kontraproduktiv und verursacht mehr CO_2
> als der Pkw mit Verbrennungsmotor. *→K37.4*

15.5 Arbeitsplätze – Jobwunder?

Es wurde bereits in *→K7* dargelegt, dass die dem Markt der Energiewende zugeordneten Arbeitsplätze nur durch hohe Subventionen gehalten werden können. Die Exportchancen durch deutsche Innovationen sind deutlich überschätzt worden, da hier in Deutschland die teure Entwicklung passierte und in Fernost die wertschöpfende Produktion erfolgt. Oder vereinfacht: Wir investieren – andere kassieren.

Den so künstlich geschaffenen Arbeitsplätzen stehen die Verluste an Arbeitsplätzen in der Automobilindustrie und in der Energiewirtschaft gegenüber (Aufgabe der Kernenergie und der Kohleverstromung).

Man muss sich darüber im Klaren sein, dass sich der Jobabbau in der Automobilindustrie über die gesamte Wertschöpfungskette fortsetzt. Es triff den produktiven Kern der deutschen Wirtschaft, die Hersteller von Investitionsgütern, die Anlagenbauer und die große Menge der Zulieferer.

Aber man lernt nicht daraus und hofft erneut. So heißt es im Eckpunktepapier zum Klimaschutz 2030 (September 2019):

> *„…, dass Deutschland seine Stellung als innovativer Leitanbieter und Leitmarkt für klimafreundliche Technologien ausbaut und damit ein positiver Impuls für Wachstum und Wohlstand gesetzt wird."*

15.6 Falsche Behauptungen

Es gibt eine ganze Reihe von Behauptungen, die medienwirksam sind und den Wähler beeindrucken sollen. Diese Wirkung haben sie leider auch bei vielen Bürgern. Dabei sind sie entweder banal oder einfach unrichtig. Sie führen auf eine falsche Fährte, so dass die Zielperson die gewünschten Schlüsse zieht. Das ist ein erfolgreiches Mittel in der Werbung. Hier ein paar Beispiele:

Die Sonne schickt keine Rechnung

Hier haben wir es mit einer banalen Aussage zu tun. Kein Zuhörer hatte vorher eine andere Vorstellung. Aber darin steckt eine Botschaft, auf die der Zuhörer selbst kommen soll: Solarstrom ist billig, weil man keine Kohle oder Öl dafür kaufen muss.[A] Richtig ist, dass der Energieträger kostenlos ist, aber deshalb ist der Strom nicht billig. Schließlich muss eine technische Anlage den Strom aus dem Energieträger (aus Wind oder Sonnenstrahlung) herstellen.[105] Da die Energiedichte gering ist, muss großer technischer Aufwand[B] betrieben werden, der am Ende den Wind- und Solarstrom teurer macht als den Strom von konventionellen Kraftwerken und von Kernkraftwerken.

Die Energiewende kostet eine Kugel Eis

Gemeint war, dass es um rund einen Euro pro Monat je Durchschnittshaushalt ginge. Das war anfangs auch schon geschönt.[C] Diese „Eiskugel" kostet heute rund 122 Euro.[D] Hier war Herr Trittin offenbar von seinen Experten falsch beraten worden.

Irgendwo weht immer Wind

Mit dieser Aussage soll das Problem der Volatilität der Stromerzeugung aus Windenergieanlagen entkräftet werden. Gemeint war, dass sich über eine große Fläche, wie z.B. Deutschland oder mindestens europaweit, eine einigermaßen gleichmäßige Stromproduktion einstellt. Erstens stimmt das nicht und zweitens führt der Gedanke, dass damit das Volatilitätsproblem gelöst sei, zu absurden Situationen. →*K31.2*

So gibt es eine ganze Reihe von Aussagen, die für viele überzeugend, aber eben bei einer Prüfung nicht stichhaltig sind. →*K31*

15.7   Das Großprojekt Energiewende

Das Großprojekt Energiewende ist multidimensional und ist von daher nicht einfach darstellbar. Aber es gelten wichtige, allgemein anerkannte Projektgrundsätze für hohe Investitionen:

- Vor einem Beschluss zu einem großen Projekt muss eine gründliche Prüfung (Machbarkeitsstudie) vorangestellt werden, die die *Realisierbarkeit* und *Wirtschaftlichkeit* nachweist, so wie das in der Wirtschaft für große Projekte unumgänglich und daher obligatorisch ist.

[A] Für die Energieträger Kohle und Erdöl schickt die Natur auch keine Rechnung.

[B] Der Materialaufwand (Beton und Stahl), aus Wind Strom zu produzieren, ist rund 30-fach größer als die gleiche Menge Strom aus Kohle zu produzieren. →K8.3

[C] Im Jahr 2000 hatte das EEG 667 Mill.€/a gekostet, für einen 4-Personenhaushalt 3,20 € (inkl. MwSt.).

[D] Bei 30 Mrd. €/a und 82 Mill. Einwohner sind das 366€ pro Jahr und Person. Für einen 4-Personenhaushalt sind das dann 122 € pro Monat.

- Wenn sich ein Projekt aufgrund einer Machbarkeitsstudie nicht rechnet, beginnt man erst gar nicht mit der Realisierung.[A]

- Wenn ein Projekt aus dem Ruder läuft, weil sich Dinge ereignen und Erkenntnisse entstehen, mit denen keiner gerechnet hat und die nicht grundsätzlich abstellbar sind, so bricht man das Projekt ab.[B, 106]

Also: lieber ein Ende mit Schrecken als ein Schrecken ohne Ende.

Ich fürchte, man wird so lange verbissen weitermachen, bis die inhärenten Probleme nicht mehr zu kaschieren sind. Das übergreifende Projekt der *Großen Transformation* (→*S112*) ist mit einer so erdrückenden ethischen Argumentation unterlegt und international flankiert, dass man ohne zwingende Gründe davon nicht Abstand nehmen wird. Die Aufgabe dieses Projektes würde für die Akteure, die ihr Lebenswerk darin sehen, eine Totalkapitulation bedeuten. Folglich wird alles Mögliche aufgeboten werden, um das Projekt noch zu retten, immer in der Hoffnung, mit den neusten Lösungsvorschlägen der Experten das Ziel wenigstens noch halbwegs erreichen zu können.

Glaubwürdigkeit der „Experten"

Sieht man sich die Vorhersagen der „Experten" an, so ist es mit deren Glaubwürdigkeit nicht gut bestellt, wie oben gezeigt wurde. So haben sich die Kosten der Energiewende von einem volkswirtschaftlichen Gewinn[107] bis zu mehr als 7.000 Mrd. € Mehrkosten geändert. →*S391* Kann man sich mehr irren?

Es werden „Lösungskonzepte" wie die *Flexibilisierung* oder die diversen Speicherkonzepte präsentiert, die nachweislich wertlos sind (vgl. →*K34*, →*K31*). Außerdem werden Behauptungen aufgestellt, die schlicht falsch sind.[C] Wen wundert es, dass sie die Energiewende verteidigen, schließlich sind ihre Arbeitsplätze unmittelbar davon abhängig.

Erfolgsaussichten

Bisher war alles noch durch Investoren und Subventionen finanzierbar und mit erträglichem technischem Aufwand zu bewältigen. Dabei wird der Zustand heute schon zu

---

[A] Eine belastbare Machbarkeitsstudie zur Energiewende wurde bis heute nicht erstellt. Hätte man anfangs die heutige Kostendimension gekannt, hätte es nie eine Energiewende gegeben.

[B] Der Bundesrechnungshof hat mehrfach angemahnt, ein durchgerechnetes Konzept für die Energiewende vorzulegen. Die Bundesregierung hat darauf bisher nicht reagiert.

[C] Zum Beispiel: „Irgendwo weht immer Wind" →*S308*

Recht als viel zu teuer, viel zu gefährlich und technisch unsinnig bezeichnet. Bald werden die Befürworter erkennen müssen, dass die *„tiefhängenden Früchte weitgehend geerntet"* sind – ab jetzt wird es richtig aufwendig und teuer!

Natürlich ist vieles technisch möglich, praktisch aber so aufwendig, dass man es als nicht umsetzbar und damit als unmöglich bezeichnen muss. Die Konsequenzen schlagen sich nicht nur in den Kosten, dem Platzbedarf, der Anzahl der Anlagen und anderem nieder, nein, es bedeutet auch gewaltige Energieverluste[A], die der weitere Ausbau der VEE zur Folge hat.

Ausbau der VEE-Anlagen

Zusätzlich scheitert es konkret an dem notwendigen Ausbau der VEE-Anlagen, wie in diesem Buch nachgewiesen wird. *→K14.6*

Kosten

Es wurde beschlossen:

> *„Damit bleibt der* **Energie- und Klimafonds (EKF)** *das zentrale Finanzierungsinstrument für Energiewende und Klimaschutz in Deutschland. Bis 2030 sollen insgesamt, d.h. zusammen mit Fördermaßnahmen außerhalb des EKF, Mittel in dreistelliger Milliardenhöhe für den Klimaschutz und die Energiewende bereitgestellt werden."* [108]

Diese Beträge sind noch gering, verglichen mit dem, was zu erwarten ist, wollte man die Energiewende bis zum bitteren Ende durchsetzen. *→K14.7*

Kein Mensch kann ernsthaft glauben, dass die Bundesregierung die Umsetzung der Energiewende, mit jährlichen volkswirtschaftlichen Mehrkosten in dreistelliger Milliardenhöhe, durchsetzen kann.

Bisher wurde auch die CO_2-Reduktion um 80 % bis 2050 als Ziel akzeptiert, mittlerweile heißt es:

> *„... setzt sich Deutschland zudem mit den meisten Mitgliedsstaaten für das Ziel der Treibhausgasneutralität bis 2050 in Europa ein."* [108]

Das entspricht einer CO_2-Reduktion um 100 %, dabei haben sich bereits meine Szenarien, die eine 80%-Reduktion annahmen, als undurchführbar erwiesen.

[A] Energieverluste entstehen durch ungenutzte Überschussenergie *→K24* und durch Speicherlösungen *→K29*

15.8 Verhältnismäßigkeit

Obwohl in den letzten 10 Jahren mehr als 200 Mrd. € für die Energiewende ausgegeben wurden, ist die CO_2-Reduktion praktisch unverändert (2009 bis 2018)[A]. Also eine gigantische Summe für fast nichts! Man stelle sich vor, was man mit diesem Geld alles hätte Sinnvolles tun können.

Wie leicht werden doch Gelder ausgegeben, wenn es in die politische Agenda passt. Da wird dann der gesunde Menschenverstand ausgeschaltet und der Rechenstift in der Schublade gelassen. Geht es aber um Änderungen im Bereich der Renten, des Gesundheitswesens oder auch der Infrastruktur, werden monatelange Diskussionen geführt, auch wenn es nur wenige Hundert Mill. € sind. Handelt es sich jedoch um beschlossene Prestigeprojekte, wie die Energiewende[B], so darf es gerne mal ein paar Milliarden mehr kosten, und lang debattieren braucht man dafür auch nicht. Man ist sich ja auch einig – eine nennenswerte Opposition gibt es bei den Altparteien nicht.

Wenn die Kosten, so wie ich sie ermittelt habe, bis 2050 auch nur annähernd eintreten sollten, liegen diese weit über den scharf kritisierten Beträgen, z.B. der Bundesschulden oder der Euro-Risiken.

 Mit den immensen Ausgaben für den sogenannten Klimaschutz und die Energiewende wird das Prinzip der Verhältnismäßigkeit massiv verletzt, dem der Gesetzgeber und die öffentlichen Institutionen verpflichtet sind.

15.9 Ausstieg aus der Kernenergie und der Kohleverstromung

Wie schon dargelegt, gab es keine rationalen Gründe aus der Kernkraft auszusteigen und nun auch noch gleichzeitig aus der Kohleverstromung.

Im Jahr 2018 hatten Kohle und Kernkraft einen Anteil von über 50 % an der Stromerzeugung und stellten etwa 67 % der *gesicherten Leistung*. Wie diese grundlastfähigen, regelbaren Kraftwerke so kurzfristig ersetzt werden sollen, erschließt sich mir nicht. Die einzige Möglichkeit wären Gaskraftwerke, die auch grundlastfähig sind. Derzeit gibt es Erdgaskraftwerke mit rund 20 GW Leistung, die zeitweise im Einsatz sind, und rund 55 GW an Kohle- und Kernkraftwerken, die unsere Stromversorgung sicherstellen. Wie soll diese Lücke in wenigen Jahren geschlossen werden? →K27 Vor dieser

---

[A] Nur 2019 gab es eine Reduktion um gut 6 %.

[B] Andere möchte ich hier nicht nennen, weil sie nicht um Thema gehören

Gefahr warnen auch der BDEW (Bundesverband der Energie- und Wasserwirtschaft)[109] und die Bayerische Wirtschaft[110].

Weil der Bau von neuen Gaskraftwerken nicht in beliebig kurzer Zeit möglich ist, hofft man auf die Lieferfähigkeit von Strom aus dem benachbarten Ausland. Da in besonderen Situationen (kalter Winter) unsere Nachbarn selbst schon große Schwierigkeiten haben, ihre eigene Stromversorgung aufrechtzuerhalten, können wir uns darauf nicht verlassen.[111]

> Es ist hochgefährlich, sich künftig auf unsere Nachbarn zu verlassen, die unsere selbstgemachte Leistungslücke schließen sollen. Es geht nicht nur um kleine, kurzzeitige Hilfen, sondern um dauernden, massiven Import in unser Stromversorgungssystem.[112]

Mit der Abschaltung der Kernkraftwerke fällt darüber hinaus noch ein erheblicher Anteil der Stromproduktion (13,3 % in 2018), der CO_2-frei ist, weg. Zudem ist es heuchlerisch, hier auf die CO_2-Erfolge zu verweisen und dafür in Polen Kohlestrom einzukaufen.

15.10 Zusammenfassung

Ich habe die von den Wissenschaftlern propagierten Lösungskomponenten für die *Energiewende mit Sektorkopplung* verwendet und in einem ganzheitlichen Modellansatz in vielen Szenarien quantitativ bewertet.

Die Ergebnisse zeigen deutlich, dass eine Umsetzung der geplanten Energiewende zur Erreichung der Dekarbonisierung nicht möglich ist.

Sie scheitert zumindest an zwei Umständen:

1. *Der für den nötigen Strom erforderliche Ausbau der Volatilen Erneuerbaren Energien (VEE) ist in Deutschland nicht möglich.*
   Die Ausbaupotenziale bei Photovoltaik, Onshore- und Offshore-Wind (500 GW) müssten wenigstens 3-fach größer sein. Nicht einmal das 5-Fache des heutigen Ausbaus[113] an Onshore-Windenergieanlagen wäre gegen die Bürger durchsetzbar. Dabei geht es eher um das 15-Fache von 2019 bei Onshore, Offshore und PV.

2. *Die* prognostizierten *Kosten für diese Energiewende sprengen jeden vorstellbaren Rahmen.*
   Die volkswirtschaftlichen Mehrkosten lägen am Ende bei über 300 Mrd. € pro Jahr, also mehr als dem 10-Fachen von 2018.

 Die Energiewende wird an ihren inhärenten Fakten scheitern.

Die Energiewende scheitert also nicht an den Rahmenbedingungen und an den immer wieder kritisierten Gesetzen (z.B. EEG), sondern am **Ausbau** und an den volkswirtschaftlichen **Kosten**, die per Gesetz und Verordnungen nicht beeinflussbar sind.

Keines meiner angenommenen und berechneten Szenarien, über die nächsten 30 Jahre bis zum Abschluss der Energiewende, wird also so stattfinden.

 Die Energiewende ist nicht schlecht gemacht, wie oft gesagt wird, sie ist schlicht nicht machbar.

Fassen wir die genannten Aspekte in einer Tabelle zusammen:

Aspekt	Bewertung	Begründung
Klimaschutz	**negativ**	Deutschland kann nichts ausrichten. →K20.8
Umweltschutz	**negativ**	Zehntausende Windräder und Monokulturen mit Energiepflanzen sind kein Umweltschutz.
E-Mobilität	**negativ**	Zielsetzung: CO_2-Einsparung wird nicht erreicht; Rohstoffproblem: Lithium und Kobalt.
Ressourcenschonung	**negativ**	Windenergieanlagen brauchen rund 30-fach mehr Stahl und Beton als Kraftwerke.
Arbeitsplätze	**negativ**	Sind nur durch hohe Subventionen zu erhalten; dafür Verluste von Arbeitsplätzen an anderer Stelle.
Glaubwürdigkeit der Experten	**negativ**	Die Experten haben sich mehrfach erheblich vertan.
Verhältnismäßigkeit	**negativ**	Große Umweltschäden und Kosten ohne nenneswerte Klimawirkung.
Erfolgsaussichten	**negativ**	VEE-Ausbau und Kosten sind nicht durchsetzbar.
Ausstieg aus Kohle und Kernkraft	**negativ**	Unverantwortliche Gefährdung der Versorgungssicherheit.

Tabelle 15-1: Bewertung der Energiewende

15.11 Protagonisten in der Klemme

Manfred Haferburg[114] formuliert das so:

> *„Die Energiewende wurde vergurkt, sie ist ein Super-GAU (Größter Anzuneh-*
> *mender Unfug). Die lecke Kuppel des Illusionsreaktors ist das Dach über dem*
> *Plenarsaal im Bundestag. Nach 20 Jahren EEG ist die Zielerreichung schlicht-*
> *weg ,unrealistisch'. Eine halbe Billion Euro wurde ausgegeben. Die Strom-Inf-*
> *rastruktur kommt dem Blackout näher. Deutschland ist Strompreismeister.*
> *Die Industrie verabschiedet sich. Dem Weltklima nützt das alles gar nichts."*

Ja, so ist es: Die „Energiewender" stecken in der Klemme!

Und da gab es von hoher politischer Stelle schon 2014 die Bestätigung:

> *„Die Wahrheit ist, dass die Energiewende kurz vor dem Scheitern steht.*
> *Die Wahrheit ist, dass wir in allen Feldern die Komplexität der Energiewende*
> *unterschätzt haben."[A]*

Um die Energiewende mit Sektorkopplung realisieren zu können, müsste der Ausbau der VEE auf über das 15-Fache von 2019 gebracht werden, was weder die Bürger akzeptieren würden (1.000 Bürgerinitiativen gegen Windkraft) noch von der zur Verfügung stehenden Fläche her überhaupt möglich ist.

Die volkswirtschaftlichen Mehrkosten, die jeder Einzelne zu spüren bekommt, würden am Ende, nach heutiger Kaufkraft, für jeden Bürger auf Dauer jährlich grob 4.000 € bedeuten.[B] Eine vierköpfige Familie wäre daher rechnerisch mit rund 16.000 € jährlich belastet.

Dass diese Energiewende nicht durchführbar ist, muss jedem klar denkenden Menschen einleuchten. Trotzdem begehen die Verantwortlichen Selbstbetrug und machen weiter, in der Hoffnung auf ein Wunder. Leider sind bei einem so emotionalen Thema wie der „Weltrettung" Fakten und der gesunde Menschenverstand ausgeschaltet.

Finanzminister Scholz hat am 10.09.2019 im Bundestag[115] die Fragen, die die Bürger bewegen, selbst genannt:

[A] Sigmar Gabriel am 14.4.2014 bei SMA in Kassel; YouTube-Video von SAT1 gelöscht; ich habe eine Kopie.

[B] In der Spitzenbelastung um 2050 rund 5.500 € pro Person und Jahr, langfristig mindestens 3.000 € (jeweils ohne MwSt.).

„Warum ist es richtig, dass Deutschland aus der Kohleverstromung aussteigt, wenn gleichzeitig in Afrika und Asien tausend[116] zusätzliche Kohlekraftwerke gebaut werden? und

Warum ist es richtig, dass wir auf moderne Antriebstechniken mit weniger CO_2 setzen, wenn überall auf der Welt noch zusätzliche Fahrzeuge[117] auf den Markt kommen, die klassische Verbrennungstechniken benutzen?"

und gibt sich selbst die Antwort, die überzeugen soll:

„Weil wir es können."

Mit so einer Begründung kann man jeden Unsinn rechtfertigen. Es ist offenbar egal, ob ein Projekt sinnvoll ist und Erfolg haben kann. Es scheint ausreichend zu sein, dass man es „machen kann".

Das ist die ungewollte Offenbarung: Es geht nur um Ideologie, nicht darum ein gestecktes und vernünftiges Ziel mit vertretbarem Aufwand zu erreichen.

Die Protagonisten sind in der Klemme:
Entweder der Ausbau der VEE wird massiv vorangetrieben (was nötig wäre), dann werden die Bürgerinitiativen gegen Windkraft den Rest der Menschen auch noch für sich gewinnen.

Oder man will die breite Akzeptanz für die Energiewende erhalten, deckelt den Ausbau und begrenzt die Kostenbelastung, dann wird der Energiewende die Grundlage genommen und die Ziele werden verfehlt.

In beiden denkbaren Fällen ist die Energiewende gescheitert.

16 Gegenkonzept zur Energiewende

Wie dargestellt wurde, gibt es keine Not zum überhasteten Ausstieg aus den fossilen Energieträgern, weder wegen des Klimawandels (zur CO_2-Vermeidung) noch weil sie bald zur Neige gingen oder weil eine unverantwortbare Abhängigkeit vom Ausland bestünde.

Einzig und allein geht es um eine kostengünstige und gesicherte Energieversorgung, die umweltschonend ist (geringer Flächen- und Materialbedarf). Kostengünstige Energie bedeutet, dass keine extremen Energieeinsparungen nötig sind, so dass die gewohnten Lebensannehmlichkeiten und eine prosperierende Wirtschaft erhalten werden können. Kostengünstige Energie bedeutet auch, dass die Industrie und die Wirtschaft allgemein keinen Konkurrenzverlust erleiden muss und die Arbeitsplätze in Deutschland bleiben können.

Ein grundsätzlicher Politikwechsel in vielen Bereichen wäre nötig:

- **Abschaffung des EEG** (Erneuerbare-Energien-Gesetz) mit beschränktem Bestandsschutz alter Anlagen.[A]
  Anmerkung: Mit der Abschaffung des EEG haben Neuanlagen keine wirtschaftliche Grundlage mehr und der EE-Ausbau ist automatisch beendet.

- **Laufzeitverlängerung der Kernkraftwerke**[B]
  Nutzungsdauer ausschöpfen (bei sicherem Betrieb der Anlage).

- Vorbereitung für den Wiedereinstieg in die Kernkraft durch

  o   ein Pro-Kernkraft-Bekenntnis der Politik

  o   Verstärkung der Ausbildungsmöglichkeiten zur Kerntechnik

  o   Verstärkte Beteiligung deutscher Forscher an internationalen Forschungsprojekten neuer Reaktortypen

  o   Erhöhte Forschungsförderung vielversprechender Kernkraftkonzepte in Deutschland (z.B. DFR, Kernfusion: Wendelstein 7-X)

[A] Für Altanlagen kann man sich ein sozial vertretbares Konzept vorstellen. Auch das wäre eine Form von Vertrauensschutz: Niemand verliert seine Investition (aufgrund von Staatszusagen), kann aber nicht verlangen, fortlaufend einen risikolosen Gewinn für ein Produkt einzufahren, das volkswirtschaftlich nur Schaden verursacht.

[B] Hier muss man allerdings einräumen, dass diese Möglichkeit praktisch nicht mehr existiert. Die Betreiber haben noch 1 bis 2 Jahre bis zur Abschaltung und haben dazu alle nötigen Maßnahmen bereits eingeleitet.

- Aufheben der Abschaltbeschlüsse zu den Kohlekraftwerken.

- Förderung zur Nachrüstung von Schadstofffilteranlagen in Kohlekraftwerken, sofern nicht schon der Stand der Technik erreicht ist.

- Rücknahme jeglicher Form von CO_2-Bepreisung.

- Die Gesetze und Verordnungen zur CO_2-Reduktion müssen zurückgenommen werden. Ausstieg aus dem EU-Emissionshandel (EU ETS – European Union Emissions Trading System).

- Ausstieg aus dem Pariser Klimaschutzabkommen. Beendigung aller Klimaschutzaktivitäten zur CO_2-Reduktion und Auflösung der Abteilungen mit Klimaschutzbeauftragten.

- Sinnvoll sind aber Überlegungen und Maßnahmen zur Anpassung an mögliche Klimaveränderungen.

- Revision von völlig überzogenen Schadstoffgrenzwerten, damit die hocheffizienten Verbrennungsmotoren als Grundlage der Automobilindustrie ihren natürlichen, technologischen Weg gehen können.

- Allgemein muss sich die Regierung aus der Vorgabe konkreter Technik (z.B. E-Mobilität, Wasserstoff) zurückziehen, um Fehlsubventionen zu vermeiden und eine ergebnisoffene Technikentwicklung zu ermöglichen. Planwirtschaft verhindert wichtige Forschung und Entwicklung.

Hinweis: Diese Liste orientiert sich an dem, was nötig wäre, und berücksichtigt nicht, was politisch derzeit nicht geht (z.B. durch die EU-Mitgliedschaft).

Die nationalen Gesetze zur CO_2-Reduktion werden durch EU-Richtlinien vorgegeben. Eine Kehrtwende der EU-Politik ist allerdings auf ansehbare Zeit schwer vorstellbar.

Renaissance der Kernenergie

International läuft seit dem Jahre 2000 ein Forschungsprojekt „Generation IV".[118] Hier werden sechs Reaktortypen, die besonders vielversprechend sind, weiterentwickelt. Die Entwicklung der Kerntechnik ist nicht abgeschlossen. *→K27*

Natürlich ist dieser Schwenk zur Wiedereinführung der Kernenergie in Deutschland nicht von heute auf morgen zu machen. Wahrscheinlich müssen erst erhebliche Probleme bei der Energiewende auftreten, die einen öffentlichen Diskurs hervorrufen und so, basierend auf Tatsachen, einen Meinungsschwenk in der Öffentlichkeit ermöglichen.

Die Zeit muss reif sein, denn ein so grundsätzlicher Politikschwenk ist weder von den derzeitigen Politikern zu erwarten – sie würden damit ihr grundsätzliches Scheitern eingestehen – noch von den Bürgern, die sich über Jahrzehnte auf die heutige Politik eingestellt haben, weil sie anhaltend über die wirtschaftlichen und naturwissenschaftlichen Umstände getäuscht worden sind.

Aber: In Zeiten einer unerwarteten Krise, wie eines Blackouts, muss sich die Politik schnell der neuen Situation anpassen.
Das ist eine Chance für den notwendigen Politikschwenk.

Wer es genauer wissen will

Die folgenden Kapitel bauen nicht sequentiell aufeinander auf, sondern sind weitgehend in sich abgeschlossen lesbar, wenn auch zur Ergänzung verschiedene Querverweise enthalten sind.

Auf diese Kapitel wird aus dem *1. Teil*

"Was Sie wissen sollten"

verwiesen, um die kurzgefassten Aussagen durch Hintergrundinformationen zu begründen und zu belegen.

17 Die Welt in unserem Kopf

An dieser Stelle muss ein Exkurs in die Bereiche *Risiko, Gefahreneinschätzung* und *Psychologie* vorgenommen werden.

Uns Menschen gibt es deshalb, weil wir offenbar Risiken einzuschätzen gelernt haben. Die, die Risiken falsch eingeschätzt hatten, konnten ihre Gene nicht weitergeben. Dabei waren die Risiken früher einfacher einzuschätzen, da die Menschen in einer einfacheren Welt gelebt haben. Während man eine Gefahr nur einmal falsch einschätzen kann, kann man die Überschätzung eines Risikos viele Male ohne ernsthafte Konsequenzen wiederholen. Allerdings bedeutet die ständige Vermeidung, auch des kleinsten Risikos, den Verzicht auf Chancen, sein Leben zu verbessern. Wenn wir von *Klimawandel stoppen* sprechen, meinen wir die Vermeidung eines Risikos, daher gehört die allgemeine, wenn auch kurze Behandlung des *Risikoerlebens* hier zum Buchthema.

Sie haben bereits in Kapitel 4 einiges über *Risikowahrnehmung* und die daraus resultierenden, manchmal falschen Entscheidungen gelesen. Menschen entscheiden auf Grundlage ihrer subjektiven Einschätzung der Gefahr, die von verschiedenen Umständen abhängt.

Ich möchte mich nun kurz der Frage widmen, wie es dazu kommt und was wir darüber wissen sollten.

17.1 Die Medien und die Angst

Starten wir mit einem Zitat:

> *„Dann liest man immer wieder: Das Risiko für X ist um 50 Prozent gestiegen, hat sich verdoppelt oder gar verdreifacht usw.: ‚Schon bei einem Einsatz der Sprays nur einmal pro Woche sei das Risiko für Atemwegsbeschwerden um das Anderthalbfache erhöht.' Dergleichen Nachrichten haben einen Informationswert von nahe null. Diese Änderungen in einem Risiko sind für sich allein völlig uninteressant. Wenn ohne den regelmäßigen Verzehr von fetter Currywurst zwei von 100.000 Menschen jährlich an Darmkrebs sterben, mit Verzehr dagegen drei, so steigt das Risiko durch die Currywurst um 50 Prozent. Panik!*
>
> *Wenn durch Currywurst der Anteil von Darmkrebstoten von 1.000 pro 100.000 auf 1.500 pro 100.000 steigt, dann ist auch das eine Erhöhung des Risikos um 50 Prozent. Wieder Panik. Aber jetzt zu Recht.*
>
> *Es ist das absolute Risiko, das zählt, die in den Medien so lustvoll zelebrierten relativen Risiken sind für die Abschätzung von Gefahren völlig irrelevant."* [9]

Was hätte wohl eine Schlagzeile

Fette Currywurst fordert einen zusätzlichen Toten auf 100.000 Menschen

bedeutet?

Man kann die Redakteure verstehen. Aber das sollte man wissen, wenn man solche Schlagzeilen liest.

Wenn die nächste Wetterabsonderlichkeit, genannt „Extremwetter", passiert, wird das als Beleg des Klimawandels hingestellt. Wenn eine Zeitung im Jahr z.B. von zehn Katastrophen irgendwo in der Welt berichtet und dies als Vorboten der Klimakatastrophe darstellt, bleibt die anhaltende Wirkung nicht aus, zumal das aus vielen Medien auf uns gleichzeitig wie ein Multiplikator einströmt. Wenn aber keiner erwähnt, dass Schlimmeres auch schon vor hundert oder mehr Jahren passiert ist, bleibt eben nur die aktuelle Nachricht im Bewusstsein. →*K19*

Beinflussbarkeit

„Auch unser völlig irrationales Verhalten bei Hilfsgesuchen aller Art geht auf diese innere Genverdrahtung zurück. Wenn wir lesen ‚350.000 Kinder im Kongo von Cholera bedroht, Spenden bitte auf Konto XY', so fließen ebendiese Spenden nur sehr karg. Zeigt man dagegen ein kleines Eskimobaby, darunter die Schlagzeile ‚Ohne Ihre Spende wird dieses Kind an Typhus sterben', dann kann man mit den Spenden ganze Krankenhäuser neu errichten."[119]

Wenn die entsprechenden Bilder vorgelegt werden – z.B. einsamer Eisbär auf Eisscholle[A] – oder die sogenannten „Augenzeugenberichte"[120] dramatisch klingen, da will man erst gar nicht lange prüfen, da muss sofort gehandelt werden. Der Kampf um die Gunst der Spender wird zu einem professionellen Geschäft (Spendenmanagement) oder bezogen auf unser Thema: Die Bereitschaft für Klimaschutzgesetze und persönlichen Verzicht wachsen.

Selten wird plump gelogen

Aber es muss gar nicht gelogen oder verfälscht worden sein, der Fallstrick liegt in der *naheliegenden Interpretation* einer Schlagzeile oder eines Nachrichtentextes durch den Leser.

Beispiel:

[A] Übrigens hat die Eisbärpopulation erheblich zugenommen; sie sind nicht vom Aussterben bedroht.

> **Drei Besatzungsmitglieder an Bord des nukleargetriebenen Flugzeugträgers USS Ronald Reagan gestorben**

Zunächst gibt es keine Aussage, in welchem Zeitraum diese starben. Was der Leser aber problemlos assoziiert, ist: Die 3 Toten starben wegen des Nuklearantriebs, also durch „Strahlung".

Wenn man aber die statistische Wahrscheinlichkeit ermittelt, wie viel ohne „Strahlung" sterben würden, stellt man fest, dass das die gleiche Zahl (ca. 3,4 Personen pro Jahr) ergibt.[121]

Die selbstgemachte Schlussfolgerung, dass dies ein weiterer Beweis der Gefährlichkeit nuklearer Strahlung ist, ist falsch (aber wahrscheinlich gewünscht).

Beliebt ist auch *Cherry Picking* für die argumentative Auseinandersetzung: Wenn die Eisfläche der Arktis in einem Jahr geschrumpft ist, so ist das eine Meldung wert, ist sie wieder mal größer geworden, dann eben nicht. Auch wird nicht davon berichtet, wenn dafür der Eisschild der Antarktis zugenommen hat. Vom unerwartet im Polareis eingefrorenen Forschungsschiff und einer Rettungsaktion mit Hubschrauber und Eisbrecher weiß kaum einer etwas.[122]

Beliebt ist auch das Vermischen von Ereignissen, das bei oberflächlichem Hinhören zu falschen Schlüssen führt:

> *„Neun Jahre sind der Tsunami und die anschließende Reaktorkatastrophe in Japan nun her. Bis zu 20.000 Menschen kamen dabei ums Leben."*[123]

Tatsächlich ist durch die Reaktorkatastrophe kein einziger Mensch ums Leben gekommen, sondern alle durch die Folgen des Tsunami.

17.2   Das soziale Wesen Mensch

Der Mensch mit seinem Denken und Handeln kann nicht nur als Einzelwesen und rein rational verstanden werden. Vielmehr ist jeder Teil einer Gesellschaft, sei es der Familie, des Freundeskreises, des Vereins, der Firmenkollegen oder der Nation. Es ist ganz natürlich, dass man zu einer vorgegebenen oder freiwillig gewählten Gruppe dazugehören will. Zur Mehrheit gehören ist angenehm: Es bedeutet Sicherheit (gegen Angriffe) und Überlegenheit gegenüber der schwächeren Minderheit. Als Teil der großen Gemeinschaft wird man geschätzt.

Im Gegensatz dazu bedeutet Mitglied einer Minderheit oder Meinungseinzelgänger zu sein, dass man besser den Mund hält und unauffällig bleibt, um keine Nachteile zu erleiden. Das ist nicht nur theoretisch so, sondern hat mittlerweile konkrete Züge einer entstandenen Gesinnungsgesellschaft[124] angenommen. Es trifft in besonderem Maße auf die Klimafrage zu. Nur wer nicht allzu viel zu verlieren hat und ein gutes Selbstbewusstsein besitzt, kann dem Druck der Mehrheit widerstehen und steht zu seinen Überzeugungen. Fast ausschließlich emeritierte Professoren wagen kritische Äußerungen. Die anderen schwimmen mehr oder weniger stumm im Strom mit. Das kennt man von totalitären Systemen, wie z.B. der DDR.

17.3 Was ist die Wahrheit?

Meinung ist eine persönliche Einschätzung über Zusammenhänge, Sachverhalte, Motivationen von Personen etc. Meinungen verlangen nicht nach Beweisen. Dadurch unterscheidet sich das *Meinen* vom *Glauben* und vom *Wissen*.[125]

Meinungsfreiheit bedeutet letztlich das Recht auf Irrtum.

Die „Wahrheit" entsteht bei uns im Kopf

Die *Realität* und die *Wahrheit* entstehen bei uns im Kopf. Wenn wir träumen, sind wir uns in diesem Moment sicher, dass das Realität ist. Unser Bewusstsein will uns einreden, dass das, was wir gerade erleben und „sehen", wahr und real sein muss.

Unsere Entscheidungen und unser Handeln in unserem Leben funktionieren dadurch, dass wir uns auf „diese Realität" verlassen können. Sie hat bei einfachen Sachverhalten immer Bestand, aber bei komplexeren Dingen, die man nicht direkt sehen, fühlen und riechen kann, sind wir auf Erfahrungen und auf unser **Bild von der Welt** angewiesen. Darauf stützend machen wir unsere Einschätzungen, ob etwas gefährlich ist und wie wir handeln müssen.

Das Bild von der Welt ist bei den Menschen unterschiedlich. Dieses Bild bewertet auch die Informationen, die uns erreichen. Der Mensch ist durch seine Entwicklung so veranlagt, dass er nach einem stabilen **Weltbild**[A] strebt, schon allein aufgrund der Tatsache, dass Unsicherheit bei der Entscheidung zu Handlungen gefährlich sein kann. Bewährte Weltbilder dürfen nicht leicht veränderbar sein. Es würde für uns permanente Unsicherheit bedeuten. Bewährtes und vorsichtiges Handeln hat uns in der Evolution entsprechend weit gebracht.

Abb. 17-1 verdeutlicht das Zusammenwirken der *Informationsverarbeitung*, die zu *Handlungen* führt. Das Weltbild ist in unserem Gehirn gespeichert und kann in der

---

[A] Unter Weltbild wird hier verstanden: die umfassende Vorstellung von der Welt, den Wirkzusammenhängen, den Akteuren und ihren Motiven.

Regel nur langsam verändert werden.[A] Eine grundsätzliche Änderung ist selten oder braucht längere Zeit. Das liegt daran, dass das Weltbild den vorgeschalteten Filter einstellt (a). Dieser lässt bestimmte Informationen leicht (b), andere schwer durch oder verwirft sie (c). Natürlich muss uns der Filter auch vor Informationsmüll schützen. Wenn eine Situation eine Entscheidung oder ein Handeln erfordert, verknüpft die „Verarbeitung" die *Situation* mit dem Weltbild und den darin enthaltenen Erfahrungen.

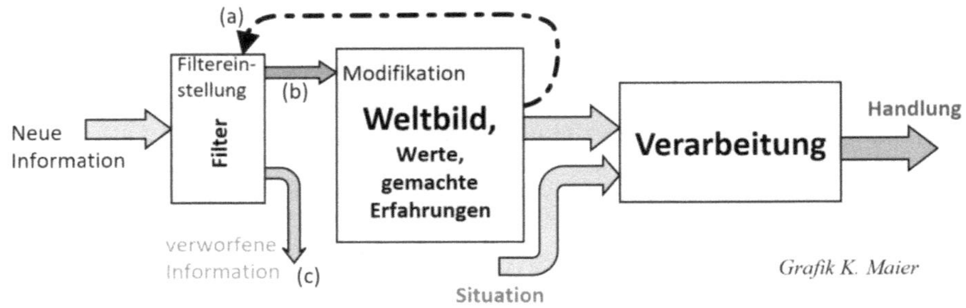

Abb. 17-1: Wie unsere „Wahrheit" entsteht

17.4 Korrelation und Kausalität

Gerne wird uns Korrelation[B] als Kausalität (Ursache und Wirkung) nahegelegt. Liegt eine Korrelation vor, wie z.B. bei reduziertem Preis und erhöhter Absatzmenge, so ist das in diesem Falle eine *nachvollziehbare* Ursache-Wirkungs-Beziehung. Es gibt aber auch **Scheinkorrelationen**, die eine Wirkbeziehung vorgaukeln.[126] In der Regel ist eine solche Wirkbeziehung nicht erklärbar und die Scheinkorrelation fällt auf.

Auch gibt es Korrelationen, für die man eine Wirkbeziehung für plausibel hält, obwohl es sich tatsächlich um reinen Zufall handelt.

> *„So gibt es zum Beispiel bei Männern eine hohe negative Korrelation zwischen dem Einkommen und der Zahl der Haare auf dem Kopf: je weniger Haare, desto mehr Geld.*
>
> *Soll ich nun zum Friseur gehen und mir eine Glatze scheren lassen? Das wird mein Einkommen wohl kaum berühren, eher sogar reduzieren, weil nun alle*

[A] Im Falle eines traumatischen Erlebnisses auch schnell.

[B] Eine Korrelation beschreibt eine Beziehung zwischen mindestens zwei Merkmalen A und B.
Eine positive Korrelation bedeutet: je mehr A – umso mehr B und je weniger A – umso weniger B.
Bei einer negativen: je mehr A – umso weniger B und je weniger A – umso mehr B.

denken, der Krämer spinnt. Diese negative Korrelation kommt dadurch zustande, dass bei Männern mit wachsendem Alter das Einkommen steigt und die Haare ausfallen. Mit anderen Worten, eine **dritte Variable im Hintergrund**, das Lebensalter, wirkt kausal auf Einkommen und Haare ein, zwischen den beiden Ausgangsvariablen selbst ist dagegen keinerlei Kausalbezug vorhanden."[127] *(Hervorhebung durch den Autor)*

Also Vorsicht: Wenn Abhängigkeiten dargestellt und Kausalitäten nahegelegt werden, muss man immer fragen, ob das plausibel ist oder ob eine Hintergrundvariable im Spiel sein könnte.

18 Das Vorsorgeprinzip

Unter dem Gesichtspunkt, die Menschen vor Gefahren zu schützen, auch von noch nicht bewiesenen Gefahren, wurde das *Vorsorgeprinzip* definiert.

Das Vorsorgeprinzip (UNESCO) wurde 2005 von der EU übernommen:[128]

> *„Wenn menschliche Aktivitäten zu moralisch nicht hinnehmbarem Schaden führen können, der wissenschaftlich plausibel, aber unsicher ist, müssen Maßnahmen ergriffen werden, um diesen Schaden zu vermeiden oder zu verringern."* [129]

Das Umweltbundesamt (UBA):

> *„Das Vorsorgeprinzip ist Leitlinie der Umweltpolitik auf der deutschen, der EU- und der internationalen Ebene. Es spielt als solche eine zentrale Rolle bei umweltpolitischen Entscheidungen."*

Das Vorsorgeprinzip zielt darauf ab, bereits bei Hinweisen auf mögliche Gefahren vorbeugend zu handeln, um daraus resultierende Schäden von vornherein zu vermeiden.

Dem Vorsorgeprinzip muss entgegengehalten werden:

- Die Ressourcen (z.B. finanzielle Mittel), die zur Umsetzung benötigt werden, sind beschränkt. Damit ist es nicht möglich, gegen alle potenziellen Risiken kostspielige Maßnahmen zu ergreifen.

- Viele wichtige Technologien, die den Menschen ein angenehmeres oder gesünderes Leben ermöglichen, hätten sich nicht etabliert, wenn sie dem Vorsorgeprinzip unterworfen gewesen wären (wie z.B. Röntgen oder Autos).

- Es kann zur Verneinung der gelebten Realität führen: Wenn eine Studie ermittelt, dass eine Gefährdung „möglich ist", die einer Infrastruktur (wie z.B. die Stromversorgung) inhärent ist[A], so müsste man diese nach Jahren oder Jahrzehnten der Nutzung abschaffen.

- Konsequente Anwendung (z.B. Sicherheitspolitik) führt zu inakzeptablen Situationen: Eine überzogene Risikowahrnehmung in der Öffentlichkeit (z.B. nach Terroranschlägen) führt zu einer übermäßigen und unverhältnismäßigen Einschränkung von Bürgerrechten.

[A] So ist der Stromversorgung inhärent, dass elektrische und magnetische Felder von ihren Leitungen ausgehen. Für einige Menschen stellen solche Felder ein Gesundheitsrisiko dar.

Das Vorsorgeprinzip darf nicht über alles gestellt werden.

Die Verhältnismäßigkeit der Maßnahmen zur Risikoabwehr muss eingehalten werden.

Erläuterung zum Vorsorgeprinzip (UNESCO), s.o.:

Was ist ein „moralisch nicht hinnehmbarer Schaden"? Ist es moralisch hinnehmbar, dass durch ein Risiko auch nur ein Mensch auf der Welt stirbt?

Vom Verkehr geht ein (statistisches) Risiko aus, dass Menschen durch Feinstaub vorzeitig sterben.[130] Und wenn es nur 10 pro Jahr in Deutschland wären, müsste da nicht durch das Vorsorgeprinzip der Straßenverkehr verboten werden? Sind 10 verkürzte Menschenleben moralisch hinnehmbar?

Dann gibt es noch sehr seltene aber denkbare Risiken, deren Vermeidung einen extrem hohen materiellen oder organisatorischen Aufwand bedeutet. Hier muss man doch die Verhältnismäßigkeit von Aufwand und erzielbarer Wirkung berücksichtigen, da Risiken zum Leben gehören und nicht gänzlich verhinderbar sind.

Man muss leider befürchten, dass durch mediale Kampagnen durch moralisierende, emotionalisierende und simplifizierende Darstellungen das Vorsorgeprinzip politisch missbraucht werden kann.

Das Vorsorgeprinzip darf also nicht dogmatisch angewendet werden, sondern sollte nur bei einem gewissen Handlungsspielraum eine Orientierung geben.

Die Entscheidung zu Vorsorgemaßnahmen darf nicht allein aufgrund einer wissenschaftlichen Aussage getroffen werden, sondern verlangt nach einer nachvollziehbaren, politischen Entscheidung, die eine Abwägung aller Aspekte vornimmt. Nur so kann das *Prinzip der Verhältnismäßigkeit* gewahrt werden.

19 Der Klimawandel

Dies ist das erste von drei Kapiteln, die sich mit dem Klima beschäftigen. Grundsätzlich ist das Thema Klima kein Schwerpunkt dieses Buchs, es ist aber nötig, darauf einzugehen, da die Energiewende mit dem *Klimawandel* und dessen „katastrophalen Folgen" begründet wird.

In diesem Teil gehe ich kurz[A] auf die wissenschaftlichen Aspekte ein, im zweiten Teil auf die Aktivitäten, den Klimawandel zu verhindern, und im dritten Teil auf meine Widerlegung der Klimatheorie.

Wir kommen aus einer etwa 400 Jahre langen Kaltzeit von Mitte des 15. Jahrhunderts bis Mitte des 19. Jahrhunderts. Seitdem steigen die Temperaturen wieder. Zum Glück, sonst wären wir noch in der Kaltzeit! An der Erwärmung zweifelt niemand. Es gab immer schon Warm- und Kaltphasen. Um 1.000 nach Christus gab es die mittelalterliche und davor die römische Warmzeit. Während etwa zwei Drittel der letzten 9.000 Jahre waren die Alpengletscher kleiner als heute. Im Mittelalter wurde Weinanbau in Pommern, Ostpreußen, England sowie im südlichen Norwegen betrieben. Wir können daher nicht behaupten, wir hätten heute ungewöhnliche Temperaturen.

19.1 Kann man sich auf die Wissenschaftler und das IPCC verlassen?

Es gibt weder ein globales Klima noch ein Recht auf konstantes Klima. Es gibt nur Klimazonen von tropisch bis polar, deren Klimata sich laufend ändern.

Allerdings hat viele Klimawissenschaftler die mittelalterliche Warmzeit gestört, weil sie nicht in die Theorie passte. So war man froh, als Michael Mann 1998 die Hockeystick-Kurve präsentierte, die die mittelalterliche Warmzeit in den letzten 1.000 Jahren „glattbügelte".[131] Mann hat aber seine Daten und sein Verfahren zur Erzeugung der Kurve nicht offengelegt. So wurde seine Klage im Prozess gegen seinen wissenschaftlichen Widersacher Timothy Ball abgewiesen, weil er die Auseinandersetzung durch jahrelange Verzögerung vermied, um nicht, wie gefordert, seine Daten und Methoden zum *Hockey stick* offenlegen zu müssen.[132] Es gibt weitere Ereignisse, die nicht gerade die Reputation des IPCC (Weltklimarat) gefördert haben.[133] So gab es 2009 den sogenannten Climategate-Skandal, wo mehr als tausend E-Mails aus der Klimaszene abgegriffen wurden.[134] Sie offenbarten die Haltung und Motivation, die einige Klimawissenschaftler an den Tag legten. Es gab Falschbehauptungen, z.B. dass die Gletscher des Himalayas bis 2035 abgeschmolzen sein könnten.

[A] Das kann nicht in dem zur Verfügung stehenden Platz in wissenschaftlicher Präzision gemacht werden.

Die Zweifler werden hart angegangen und diffamiert. Dabei ist Zweifeln das Grundprinzip in der Wissenschaft. In den 1970er Jahren wurde von vielen Wissenschaftlern eine neue Eiszeit heraufbeschworen, und die Medien berichteten davon.[135] Ist sie eingetreten? Natürlich nicht. Dann waren sich die Forscher sicher, dass eine Klimakatastrophe durch Erwärmung droht. Jetzt, 2018, warnten einige Forscher, dass eine neue Eiszeit kommen könnte.[136]

Viele stellen sich nicht der Diskussion, sondern verweisen darauf, dass die Wissenschaft *gesettelt* sei und dass sich 97 % der Wissenschaftler einig sind. Aber stimmt das?

19.2   Wissenschaftler einig?

97 % der Wissenschaftler sind sich einig. So wurde und wird es immer wieder verbreitet.[137] Man bezieht sich dabei auf eine Studie von John Cook[138] aus dem Jahre 2013. Zu Beginn der Studie wird darauf hingewiesen, dass für die Unterstützung der Menschen zur Klimapolitik ein hoher Grad der Einigkeit der Wissenschaft wichtig ist. Daraus erkennt man die Motivation der Studie. Untersucht wurden 11.944 Studien, indem deren Abstracts auf Stellungnahmen zur AGW-Theorie[A] geprüft wurden. Zwei Drittel der Studien machten keine Aussagen und wurden ignoriert. Ganz wenige widersprachen im Abstract AGW und rund 97 % stimmten AGW zu oder hielten AGW für gut möglich. Die Studie belegt also lediglich eine Banalität: Wissenschaftler sind sich weitgehend einig, dass der Mensch zur Klimaerwärmung beiträgt. Es gibt aber keine Aussage, ob dies viel oder gegebenenfalls nur wenig ist. Damit bestätigt die Studie aber nicht, dass der Mensch eine dominierende Rolle bei der Erwärmung durch CO_2 spielt. Man kann aus der Studie ebenso gut schließen, dass sich zwei Drittel der Wissenschaftler auf die menschengemachte Klimaerwärmung nicht festlegen wollten.[139] Es geht offenbar um die Manipulation der öffentlichen Meinung, was der Autor auch indirekt zugibt.

Den „97 % von Cook" kann man Tausende von Wissenschaftlern entgegenstellen, die skeptisch sind, wenn es darum geht, dem Menschen die (fast) alleinige Schuld an der Erwärmung zu geben.[140]

Zudem muss betont werden, dass Wissenschaft keine demokratische Veranstaltung ist. Einstein hatte nach der Veröffentlichung seiner Relativitätstheorie auch die ganze Wissenschaft gegen sich. So soll er gesagt haben:

[A] Anthropogenic Global Warming = menschengemachte globale Erwärmung

„Zur Widerlegung meiner Theorie braucht es keine 100 Wissenschaftler, einer mit einem stichhaltigen Argument reicht."

Wissenschaft gesettelt?

Die zentrale Größe ist ECS (*Equilibrium Climate Sensitivity*). Dieser Wert beschreibt, um wie viel Grad Celsius die Weltdurchschnittstemperatur bei einer Verdopplung der CO_2-Konzentration langfristig ansteigt. Das IPCC gibt den ECS-Wert – fast seit Beginn – mit 1,5 bis 4,5 °C an. Wenn man die Publikationen verfolgt, die eine Aussage zum ECS machen, stellt sich das so dar, wie dies *Abb. 19-1* illustriert.[141]

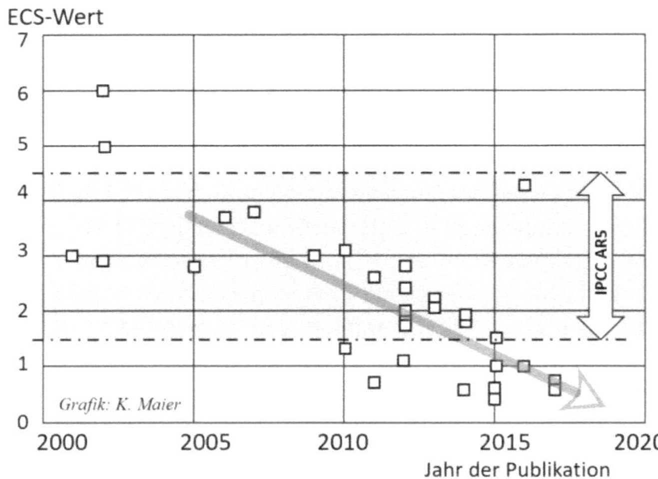

Der Wert fällt kontinuierlich, je neuer die Publikationen sind, was durch den Pfeil angedeutet werden soll. Wenn das so weitergeht, ist die Erwärmungswirkung von CO_2 bald nahe null.

Abb. 19-1: ECS-Wert über die Jahre

Hinweis: Der TCR-Wert (Transient Climate Response), gibt die Temperaturerhöhung für eine Verdopplung der CO_2-Konzentration in rund 70 Jahren an.
Die TCR-Werte sind in Abb. 19-1 nicht eingetragen. Die TCR-Werte liegen bei etwa zwei Drittel der ECS-Werte. Das IPCC gibt für TCR einen Bereich von 1 bis 2,5 °C an.

Seit Jahrzehnten wird extrem teure Forschung betrieben und immer noch gibt das IPCC den Wert in einem Bereich von 1,5 bis 4,5 °C an.[142]

Wenn eine Verdopplung von 280 auf 560 ppm CO_2 passiert, so ist doch entscheidend, ob damit nur 1,5 oder 4,5 °C Temperaturerhöhung eintritt. So wie es aussieht, brauchen wir uns gar keine Gedanken zu machen, denn es sind dann eher 0,5 °C.

 Die Klimawissenschaft ist offenbar nicht am Ende ihrer Erkenntnis.

Mit Klimamodellen will man die zukünftige Entwicklung der Weltdurchschnittstemperatur vorhersagen. Hierzu muss man wissen, dass diese Modelle extrem komplizierte mathematische Konstrukte sind, die Supercomputer benötigen, um Ergebnisse zu liefern. Die verwendeten Computer rechnen hochgenau, aber eben nur nach den Formeln und Parametern, die man ihnen gibt. Was bisher dabei herausgekommen ist, zeigt _Abb. 19-2_.

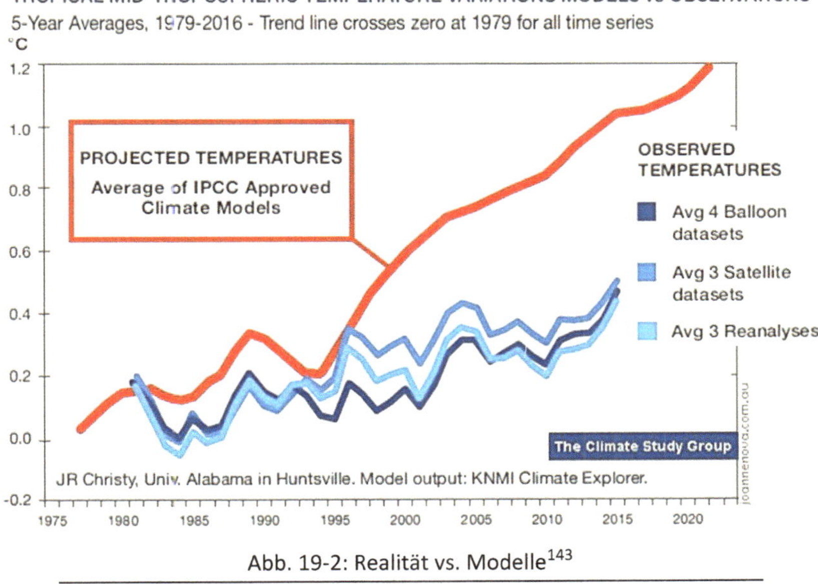

Abb. 19-2: Realität vs. Modelle[143]

Was soll man von einer Wissenschaft halten, die unbrauchbare Ergebnisse liefert?[144] Woran liegt das? Schon im Klimabericht aus dem Jahr 2001 konnte man auf Seite 774 lesen:

> _„Klimamodelle arbeiten mit gekoppelten nichtlinearen chaotischen Systemen, dadurch ist eine langfristige Voraussage des Systems Klima nicht möglich."_

Daran hat sich bis heute nichts geändert, denn das Verhalten hochkomplexer, chaotischer Systeme ist prinzipiell nicht vorhersagbar! Das ist das Merkmal chaotischer Systeme.

Auch hier: Die Klimawissenschaft ist offenbar nicht am Ende ihrer Erkenntnisse.

Chaotische Systeme sind auch mit den leistungsfähigsten Systemen nicht berechenbar.

Was ist beweisbar?

Wissenschaft stellt Theorien auf, die Vorhersagen für die Realität ermöglichen sollen. Sie überprüft dann die Vorhersagen dieser Theorien empirisch durch vielfältige, praktische Experimente. Hält die Theorie dieser Überprüfung stand, ist sie wissenschaftlich *akzeptiert* – aber *nicht bewiesen*. Macht man neue empirische Beobachtungen, welche der Theorie widersprechen (was grundsätzlich immer möglich ist), muss man die Theorie *fallen lassen* oder *anpassen*.[A]

Ein Mehrheitsprinzip gibt es in der Wissenschaft nicht.

Nach Karl Popper ist der Kern von wissenschaftlicher Erkenntnis ihre *Falsifizierbarkeit*, d.h.: Es besteht immer – ganz grundsätzlich – die Möglichkeit, dass man ein Experiment findet, dessen Ergebnis der aufgestellten Theorie widerspricht, selbst wenn diese Theorie vorher tausendfach bestätigt wurde.[145]

Es gibt für eine wissenschaftliche Theorie keinen Beweis im Sinne einer dogmatisch feststehenden Wahrheit.

Der abschließende wissenschaftliche Beweis einer bisher akzeptierten Theorie ist daher nicht möglich.

Auf dieser Grundlage kann Wissenschaft die Realität modellieren und so Erklärungen liefern und Vorhersagen ermöglichen. Mit den so bekannten Kenntnissen über die Zusammenhänge kann man Eingriffe auf ihre Wirksamkeit vorherbestimmen, was wichtig sein kann.

Es gibt Wissenschaften, die aufgrund ihrer komplexen Materie keine einfachen Wahrheiten im Detail bieten können, die transparent ableitbar wären. Hierzu gehören z.B. Psychologie und Sozialwissenschaften. Dort sind die Unberechenbarkeit des Menschen und die komplexen Zusammenhänge das Problem.

Die Glaubwürdigkeit der Wissenschaft ist hier, im Gegensatz zu etwa Mathematik, eher als „eminenzbasiert" denn als „evidenzbasiert" zu charakterisieren.

Man kann aber tatsächlich doch Beweise führen. Dabei geht es jedoch nicht um die Beziehung zwischen der Beschreibung der Realität durch ein Modell, sondern um die

---

[A] „Die größte Tragödie in der Wissenschaft besteht in der Erschlagung einer wunderschönen Theorie durch eine hässliche Tatsache." (Josef M. Gaßner, Astronom, Mathematiker, Physiker)

Beurteilung einer Behauptung oder einer These innerhalb eines Raums von Axiomen[A] und den daraus abgeleiteten Gesetzen.[146]

Mathematisch und in der Sprache der Logik kann man eine Behauptung, die mit deren Mitteln ausdrückbar ist, beweisen.[147] Oder man kann sie widerlegen, indem ein Widerspruch abgeleitet wird.

Diese Art von Beweisbarkeit trifft selbstverständlich nicht auf die Klimatheorie zu.

Wer ist der Weltklimarat?

Das IPCC (*Intergovernmental Panel on Climate Change*) wurde im November 1988 vom Umweltprogramm der Vereinten Nationen (UNEP) und der Weltorganisation für Meteorologie (WMO) als zwischenstaatliche Institution ins Leben gerufen und ist damit keine wissenschaftliche, sondern eine *politische Institution*.

Das IPCC hat nicht den Auftrag die Ursachen der Klimaveränderungen zu erforschen oder zu dokumentieren, sondern die Auswirkungen des ***menschengemachten Klimawandels*** einzuschätzen und den Politikern und Entscheidungsträgern die entsprechenden Informationen an die Hand zu geben.[148] AGW wird demnach als Tatsache vorausgesetzt.

Neben den vielen hundert Seiten langen Sachstandsberichten, die kein Politiker liest, gibt es sogenannte *Summary for Policymakers,* die um die 20 Seiten enthalten. Diese sollen die Grundlagen für die Entscheidungen sein, die aus Sicht des IPCC getroffen werden sollten.

19.3   Die Klimakatastrophe

Viele sprechen von der bevorstehenden Klimakatastrophe. Zeichnet sich das schon ab und wie schlimm wird es werden? Können wir uns aus dieser Katastrophenlage jemals wieder befreien?

Zeichnet sich die Klimakatastrophe schon ab?

Stimmen die Vorhersagen? Das ist doch eine berechtigte Frage. Anhand weniger Beispiele soll dem nachgegangen werden.

[A] Das sind grundlegende Aussagen einer Wissenschaft, die als wahr angenommen werden. Ein Beispiel aus der Mathematik dafür ist "Jede natürliche Zahl n hat genau einen Nachfolger n+1."

Stürme

Über tropische Stürme und Hurrikane sagt das IPCC in AR5 (2013, Seite 216):

„No robust trends in annual numbers of tropical storms, hurricanes and major hurricanes counts have been identified over the past 100 years in the North Atlantic basin."

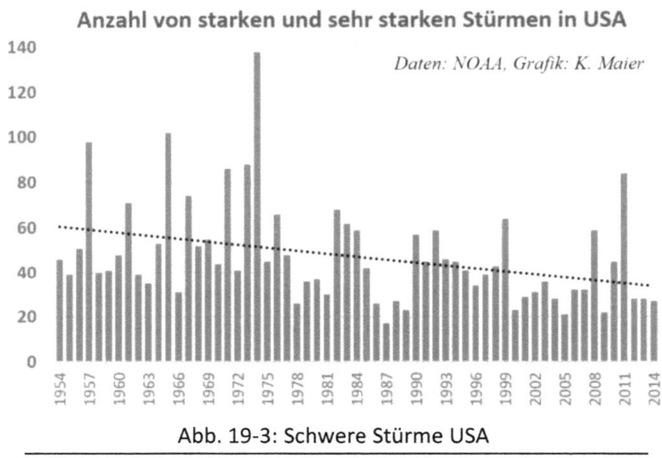

Es konnten keine robusten Trends bei den jährlichen Zahlen von tropischen Stürmen, Hurrikans und Stark-Hurrikans in den letzten 100 Jahren im Nordatlantischen Becken ausgemacht werden.

Abb. 19-3: Schwere Stürme USA

Schauen wir z.B. in die deutsche Bucht (Abb. 19-4), so sieht es ähnlich aus. Die Windgeschwindigkeiten nehmen eher ab als zu.

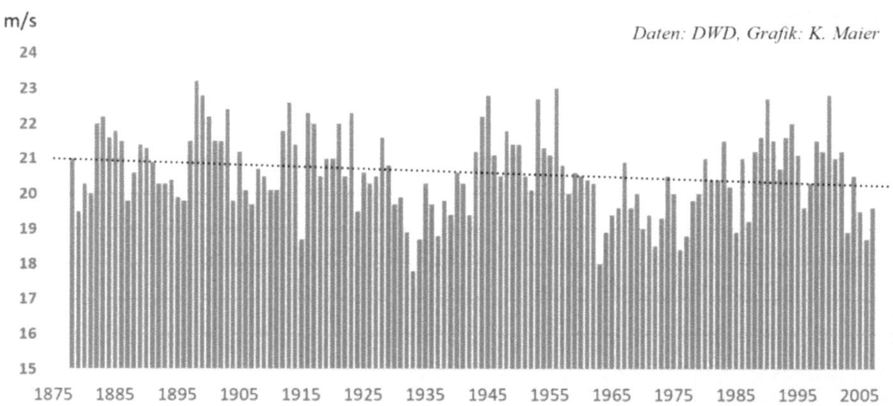

Abb. 19-4: Stürme Deutsche Bucht

Man erkennt, dass es immer wieder Ausreißer gibt, auf die die Medien aufmerksam machen und die für uns zur Bestätigung einer Zunahme werden.

Niederschlag

„Hitzesommer 2018 brach Rekorde", titelte z.B. *scinexx* das Wissensmagazin.[149]

Abb. 19-5: Wasserstand Elbe 1904

Aber es gab schon immer außergewöhnliche Trockenheit: *„Bäche trockneten aus, Flüsse wurden immer schmaler. Selbst große Ströme wie Elbe, Rhein und Seine ‚waren so klein, dass man zu Fuß durchging', notierten Zeitzeugen. Während durch die Elbe im sogenannten Jahrhundertsommer 2003 noch etwa die Hälfte der üblichen Wassermenge geflossen sei, wäre es 1540 noch gerade mal ein Zehntel gewesen. ‚Ein Rekordereignis', konstatieren die Forscher.* "[150] Auch die jährlichen Niederschlagsmengen in Deutschland zeigen keinen klaren Trend zur künftigen Dürre.[151] Zwischen 1881 und 1900 war z.B. der durchschnittliche Niederschlag in Deutschland um 7 % geringer als zwischen 2000 und 2019.

Überschwemmungen

Folgend sehen Sie Beispiele, die zeigen, dass es keine verstärkten Hochwasser gibt.

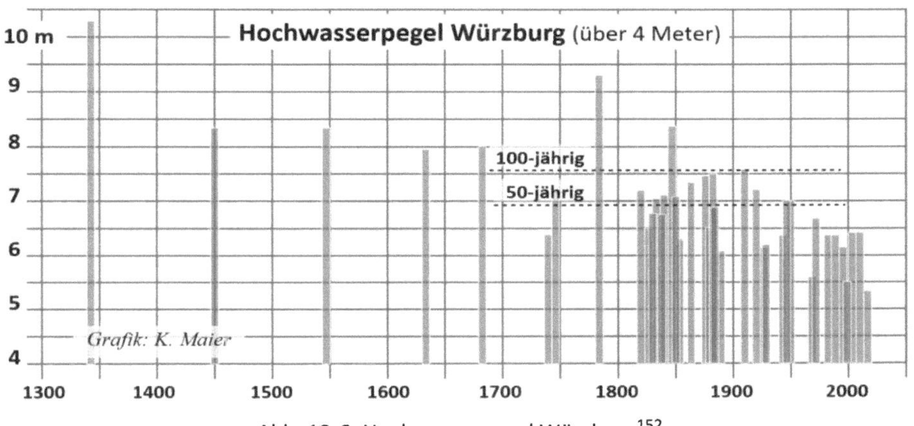

Abb. 19-6: Hochwasserpegel Würzburg[152]

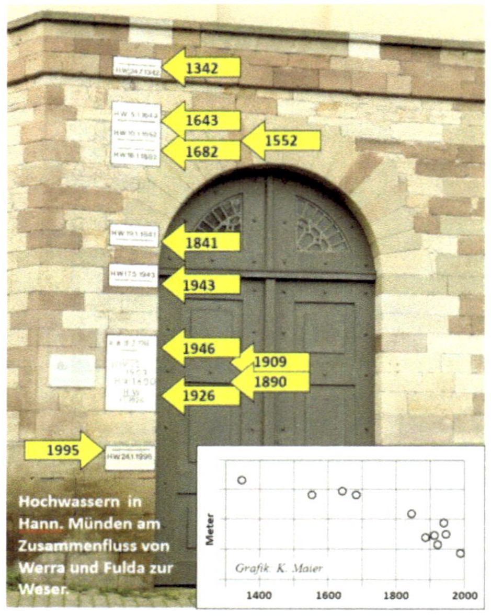

Abb. 19-7: Hochwasser Mosel

Schaut man in die Nachrichten, sieht es doch so aus, als ob Überschwemmungen verstärkt auftreten würden. *Abb. 19-6* zeigt uns die historischen Pegelstände von Würzburg.[153] Erst ab 1800 wurden Pegelstände unter 7 Meter dokumentiert.

Es gibt jede Menge fotografische Dokumente, die hohe Pegelstände in lang zurückliegender Zeit dokumentieren. Eines davon zeigt *Abb. 19-7*.

Trägt man die jeweiligen Höchststände auf, die in verschiedene 50-Jahresperioden fallen, so zeigt die *Abb. 19-8*, dass die Höchststände tendenziell weiter in der Vergangenheit liegen.

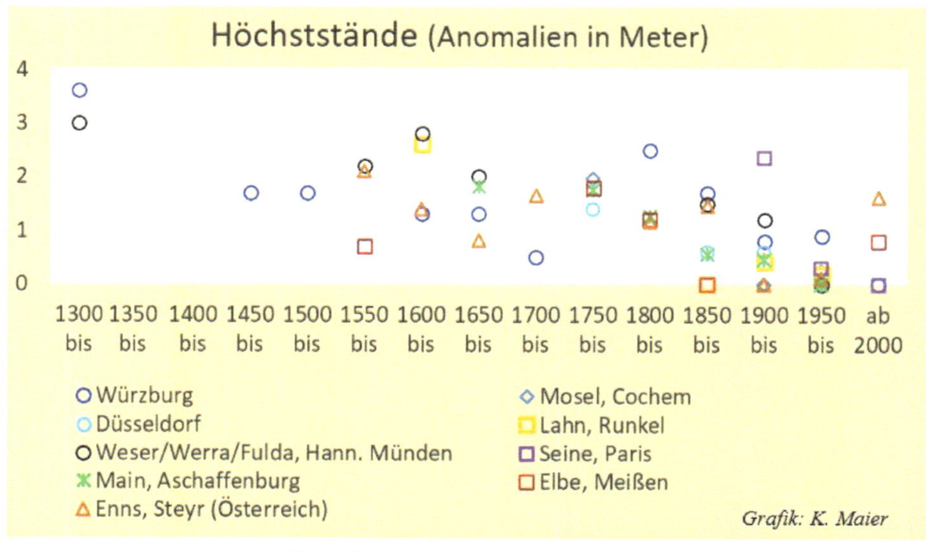

Abb. 19-8: Hochwasserhöchststände

Auch _Abb. 19-8_ lässt auf keine steigende Überschwemmungstendenz schließen. Im Gegenteil: Die meisten bekannten Höchststände liegen vor 1850.

> „Unnatürlich" ist unser Wetter nur,
> wenn man die ältere Vergangenheit weglässt.

Meeresspiegel

Im IPCC-Bericht von 2015 steht:

> _„Over the period 1901 to 2010, global mean sea level rose by 0.19 [0.17 to 0.21] m."_ [154]

Das bedeutet einen Pegelanstieg von durchschnittlich 2 mm pro Jahr. Die Grafik (SPM.3 d) des Berichts zeigt auch, dass keine nennenswerte Steigerung in den letzten Jahrzehnten stattfand. In hundert Jahren können wir voraussichtlich von einem Anstieg von etwa 20 cm ausgehen. Das ist wohl kaum bedrohlich.

Mehr Tote?

Wenn von Klimakatastrophe gesprochen wird, geht es letztlich um die befürchteten Toten, die die Klimawende fordern würde. Die _Abb. 19-9_ zeigt ein ganz anderes Bild als erwartet.

Die Todesraten der verschiedenen Naturkatastrophen nehmen dramatisch ab, statt zu. So waren z.B. die meisten Tote durch Trockenheit in den 1920er und 1940er Jahren zu beklagen. Im Gegensatz dazu sind die Toten in den ersten 20 Jahren des neuen Jahrhunderts gegenüber den 1920er Jahren um den Faktor von fast 1000 zurückgegangen. Lediglich die extremen Temperaturen haben zugenommen. Diese Todesursache macht aber nur einen Anteil von 14 % an den Gesamttoten aus. Der größte Anteil von 61 % wird durch Erdbeben verursacht, die nichts mit dem Klimawandel zu tun haben.[155]

Für die vier Risiken, die man dem Klimawandel zuordnen kann (Trockenheit, Überschwemmung, extreme Temperatur und Sturm) hat sich die Todesrate in den letzten 100 Jahren von 24,8 auf 0,33 je 100.000 Menschen, also um 98,7 % reduziert.

Am 8.1.2020 kam ein Bericht über das Jahr 2019 der Münchner RE heraus; dort heißt es:

„Weltweit kamen im vergangenen Jahr rund 9.000 Menschen bei Naturkatastrophen ums Leben (Vorjahr 15.000). Damit bestätigte sich immerhin der Trend zu niedrigeren Opferzahlen durch bessere Vorbeugung. Im Schnitt der vergangenen 30 Jahre starben rechnerisch jedes Jahr rund 52.000 Menschen bei Naturkatastrophen.“[156]

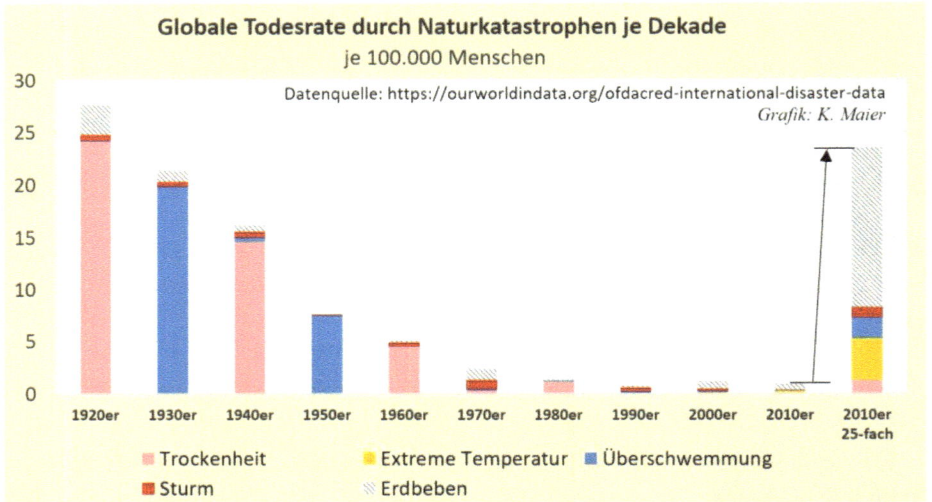

Abb. 19-9: Tote durch Naturkatastrophen

Stehen wir vor dem Kipppunkt?

Vielleicht haben Sie schon mal davon gehört, dass wir vor einem ***Kipppunkt*** im Rahmen der fortscheitenden Erderwärmung stehen würden. Was ist ein Kipppunkt? Warum wird dieser Begriff ins Spiel gebracht? Sehen wir uns dazu drei Beispiele an:

1. Beispiel – <u>Abb. 19-10</u>

Je nachdem, wie stark der Junge bläst, läuft die Kugel die Schräge hoch und wieder zurück. Einmal zu fest geblasen, kommt sie nie mehr zurück. Sie hat den kritischen Punkt überschritten.

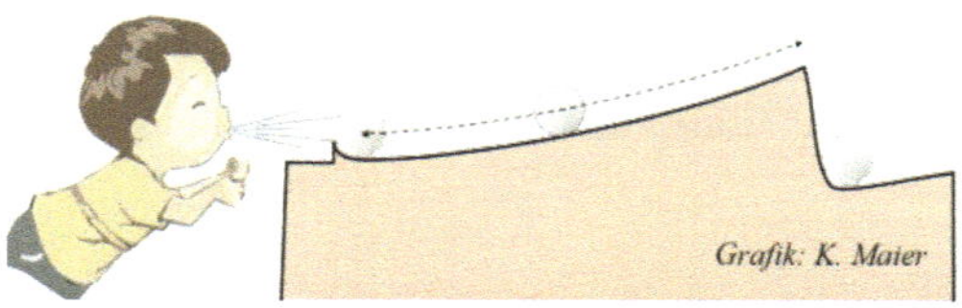

Abb. 19-10: Spiel mit der Kugel

2. Beispiel – <u>Abb. 19-11</u>

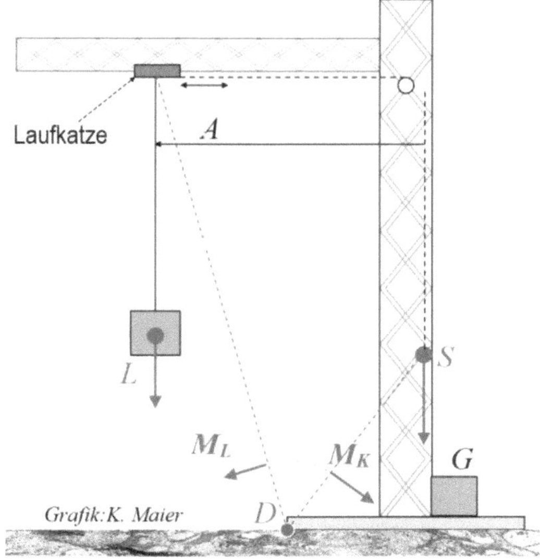

A	Ausladung (Abstand von S)
L	Last
S	Schwerpunkt Kran inkl. G
G	Gegengewicht zur Rückverlagerung des Schwerpunktes
D	Drehpunkt
M_L	Drehmoment durch L und A
M_K	Drehmoment durch Kran mit S und G

Abb. 19-11: Kran-Kipppunkt

Wenn die Ausladung A bei schwerer Last zu groß wird, wird das Drehmoment M_L größer als das Haltemoment M_K. Damit neigt sich der Kran um den Punkt D etwas in Richtung Last. Dies erhöht das Drehmoment M_L, weil sich die Last von D entfernt, und M_K verringert sich, weil damit S dem Punkt D näherkommt. M_L wird immer größer. Diese Eskalation ist nicht mehr aufzuhalten, auch wenn man die Laufkatze zum Mast zieht. Solange der Kipppunkt nicht erreicht ist, kann man die Laufkatze bewegen, ohne zu erkennen, ob man dem Kipppunkt nahe ist oder nicht.

3. Beispiel – <u>Abb. 19-12</u>

Man kann sich auch eine einfache mathematische Funktion ausdenken:

$$Y_n = X_n + 3 \cdot (Y_{n-1} - 1), \text{ wobei Grenzen vorgegeben sind: } Y_n \leq 2 \text{ und } (Y_{n-1} - 1) \geq 0$$

Abb. 19-12 zeigt, wie sich diese Funktion über der Zeit (Zeitschritte n = 0 bis n = 200) mit einer fließenden, zufälligen Eingangsgröße X verhält. Solange der Kipppunkt nicht erreicht ist, ist der Wert von Y gleich dem von X. Überschreitet Y den Wert 1, kippt die Funktion in einen stabilen Zustand mit Y = 2. Dann ist jede Änderung von X nutzlos – Y kann nicht mehr zurückgeholt werden.

Alle drei Beispiele haben einen „Point of no Return". Solange dieser nicht erreicht ist, ist das Ergebnis der Eingangsgröße bestimmbar. Eine solche Eigenschaft wird dem Klimasystem auch zugeschrieben.

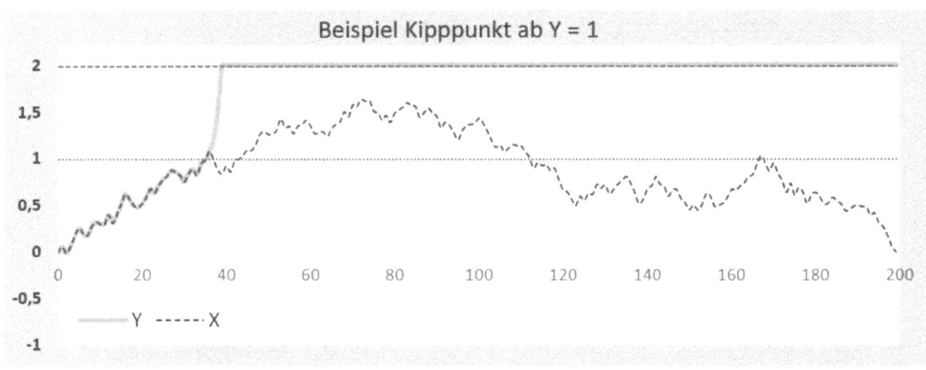

Abb. 19-12: Funktion mit Kipppunkt

Nun muss man sich schon fragen, wie es sein kann, dass wir schon CO_2-Konzentrationen in der Erdgeschichte hatten, die mehr als 10-fach höher waren als heute. Trotzdem wurde der unmittelbare Kipppunkt offenbar nicht erreicht. Ein Kipppunkt hat doch die Eigenschaft „of no return", also hätten wir heute seit Jahrmillionen extrem hohe Temperaturen auf der Erde.

Beispiel	Eingangsgröße	Ergebnis	Point of no Return
Kugel	Blasstärke	Position der Kugel	Kugel in Mulde
Kran	Ausladung, Last	Kran steht	Kran umgefallen
Funktion	X	Y = X	Y steht fest auf 2
Klima	CO_2-Konzentration	Temperatur ist abhängig von CO_2-Konzentration	Temperatur bleibt auf sehr hohem Niveau stehen

Tabelle 19-1: Kipppunkte

 Wir stehen vor keinem Kipppunkt und das Klimasystem scheint einen solchen Kipppunkt nicht zu haben, sonst wäre er längst aufgetreten und wäre heute existent.

20 Die Klimakatastrophe verhindern

Nachdem wir in **→K19** erfahren haben, dass der menschengemachte Klimawandel nur eine Theorie ist (Klimawandel gibt es natürlich), stellt sich doch die Frage, auf welcher Grundlage die Politik entschieden hat, das Klima zu retten, und warum das mit einer solchen Verbissenheit passiert.

20.1 Verschwörungstheorien?

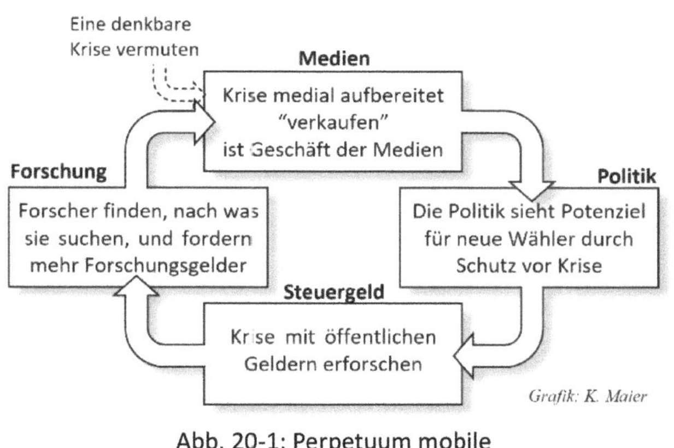

Abb. 20-1: Perpetuum mobile

Ohne dabei Verschwörungstheorien[A] bemühen zu müssen, kann man doch nüchtern feststellen, dass es einen verstärkenden Kreis von nutznießenden Beteiligten gibt. Wie *Abb. 20-1* zeigt, gibt es einen Anstoß (Pfeil von oben), der eine Art *Perpetuum mobile* auf Touren bringt. Warum sollte man eine **nützliche Situation aufgeben?** Warum sind die meisten wissenschaftlichen Kritiker aus dem (universitären) Berufsleben ausgeschieden, haben also nichts mehr zu verlieren? Es ist doch bezeichnend, dass z.B. Professor Starbatty[157] sagt: „Professoren sind Feiglinge."[158]

20.2 Moralischer Anspruch der Energiewende

Gerade die Klimafrage hat mittlerweile deutliche Merkmale einer Glaubensgemeinschaft:

- Es wird von der *drohenden Apokalypse* gesprochen
  Klimakatastrophe, die in ferner Zukunft liegt (die Überprüfung der Prophezeiung ist nicht möglich)

- *Das Gute im Menschen* wird eingefordert
  (spendet, verzichtet und helft das zu verhindern)

[A] Das heißt, alles sei in geheimer Zusammenarbeit von langer Hand geplant worden.

- Eine kritische Hinterfragung der Glaubensgrundsätze ist ein *Sakrileg* (Bestrafung durch Ausgrenzung, Diskreditierung)

- Gut ist, wenn man zu jemandem aufsehen kann, eine vorbildhafte *Lichtgestalt*, die möglichst besondere Eigenschaften hat (Greta Thunberg)

Ja, Greta Thunberg ist die pushende Lichtgestalt, die von den höchsten Regierungsvertretern der Welt und vom Papst empfangen wird, die mit Christus verglichen[159] wird und die sogar das für Normalmenschen unsichtbare CO_2 sehen[160] kann.

Abb. 20-2: Lichtgestalt

Für viele ist das eine Ersatzreligion und stößt damit in ein sich auftuendes Vakuum unserer Gesellschaft. Prof. Norbert Bolz ist Medienwissenschaftler und analysiert:

Eine handfeste Dimension dieser religiösen Bewegung ist, dass sie eine apokalyptische Drohung verknüpft mit der konkreten Verheißung einer Rettung. Das ist das ideale Angebot. Die Katastrophe ist sehr nah, es sei denn, es kommt zu eine Metanoia, einem vollkommenden Umdenken, zur Buße, dann ist die Rettung möglich. Das Attraktive ist: Du selbst kannst etwas tun, dass die Welt gerettet wird. Mehr kann eine Religion nicht bieten.[161]

Dies ist zwar keine wissenschaftliche akzeptable Kritik an der AGW-Theorie, erklärt aber die emotionalisierte, moralisierende Debatte und den hysterischen Aktionismus der Politik.

Die Dekarbonisierung wird damit wirkungsvoll mit einer moralischen Schleife verpackt. Dies verhindert eine rationale Diskussion. Jeder, der sich kritisch gegen die Klimawandelpolitik stellt, findet sich als schlechter Mensch isoliert wieder, der uneinsichtig und egoistisch sei.

Und so kam es, dass viele Klimakonferenzen veranstaltet wurden und sich dann viele Regierungen 2015 mit dem Paris-Abkommen schmücken wollten. Die Klimapolitik ist mittlerweile europäisch eingebettet. Die politischen Regierungen vieler Staaten sind bereit, die nötigen Gesetze und Verordnungen notfalls ohne die Zustimmung der Bürger durchzusetzen („*Governance der Energieunion*"[162]).

Es ist einmalig in der Geschichte, dass Bürger auf die Straße gehen und um höhere (CO_2-)Steuern bitten. Sogar Schilder mit *„Verbietet uns endlich etwas"* werden fordernd getragen.[163]

Es sollte jedem klar sein: Solange nichts verboten, sondern nur verteuert wird, bedeutet das, dass es nur die Ärmeren trifft. Fliegen, SUV-Fahren und Fleisch zu essen sind dann das Privileg der Reichen.

Wenn man alle zum Sparen bringen will, muss man verbieten (und dann trifft es auch die Klientel der Grünen).[164]

20.3 Weitere Argumentationen

Grundsätzliche Entwicklungen in der nationalen und internationalen Politik haben ein von der Öffentlichkeit meist nicht beachtetes Vorspiel. Eine Neuausrichtung wird über Jahre vorbereitet. Die Energiewende mit Dekarbonisierung ist Teil der **Großen Transformation** und Teil der **Agenda 2030**. *→K15.1*, *→S112*

Außerdem wird mit falschen oder zweifelhaften Argumenten hantiert. So ist die Verknappung der fossilen Energieträger (sie seien *endlich*[A]) eine immer wieder ins Feld geführte Behauptung, die aber wiederholt in die Zukunft geschoben werden musste. *→K6.2*

Die Natur zu schützen ist selbstredend eine Notwendigkeit. Aber soll das mit Bioenergie erfolgen, die zur Abholzung von Wäldern oder zum Bau von riesigen Windkraftanlagen (Industriegigarten) in Schutzgebieten und nahen Wohngebieten führt? Unbestritten ist auch die Notwendigkeit, Ressourcen zu schonen. Aber soll das durch vielfach höheren Einsatz von Beton und Stahl erfolgen? *→K8.3*

Natürlich müssen sich reiche Länder einiges abverlangen, wenn sie das CO_2-Ziel erreichen wollen. Es bedeutet aber auch, dass den Ländern, die einen solchen Wohlstand noch nicht erreicht haben, geholfen werden muss. Es bedeutet auch, dass diese Länder am Ende fast völlig auf fossile Energieträger verzichten sollen. Heute werden rund 1.400 Kohlekraftwerke in allen Teilen der Welt neu gebaut oder sind in Planung, weil nur so preisgünstige Elektroenergie bereitgestellt werden kann. Aus der Perspektive

---

[A] Was ist schon unendlich?

der weltweiten Dekarbonisierung müsste man dies verbieten. Man kann es nicht oft genug wiederholen: Preisgünstige Energie ist die Grundlage für eine Entwicklung der Wirtschaft und damit für Wohlstand.

> **Wir haben nicht das Recht, den Entwicklungsländern den Weg zum Wohlstand zu verwehren.**

20.4 Zielsetzung und Mittel

Angesichts der dargestellten Sachlage stellt sich die Frage:

> *„Haben wir überhaupt Handlungsbedarf?"*

oder:

> *„Müssen wir, weil es nicht ganz auszuschließen ist, dass die AGW-Theorie vielleicht doch stimmen könnte, das Vorsorgeprinzip anwenden?"* →K18

Wie in →*K38* gezeigt wird, haben wir es in Deutschland bzw. in der EU mit gewaltigen Konsequenzen zu tun, wenn wir den Weg der Dekarbonisierung mit den Mitteln der Sektorkopplung bis zu Ende gehen würden. Mal unterstellt, dass dies mit großen Anstrengungen gelingen würde, so sollte doch wenigstens das Ziel erreichbar sein.

Wenn die Masse der Gesellschaft bereit ist, für eine gute Sache zu kämpfen – und hier geht es nicht nur um ein normales Anliegen, wie etwa die Armut zu bekämpfen oder Ähnliches, sondern um die Rettung der gesamten Menschheit (!) –, dann ist jeder, der sich dem entgegenstellt, ein ***Feind*** dieser notwendigen Gemeinschaftsaufgabe. Dann ist es nicht mehr weit, wenn die empörten Massen oder auch nur die durch die Medien unterstützten Eliten diese als die *Feinde der Menschheit* bezeichnen. Und Feinde darf man – nein, muss man – mit allen Mitteln bekämpfen. Je mehr Widerstand sichtbar wird, umso lauter werden die Aufrufe zum Kampf und umso radikaler die Mittel. Der gute *Zweck heiligt die Mittel*, wie man weiß.[165] In allen totalitären Regimen gab es ein hohes Ziel, dem alles andere unterzuordnen war. Noch ist es nicht so weit, aber die subtilen Mittel zur Begrenzung der Meinungsfreiheit[166] und die (noch) vereinzelten Angriffe auf Andersdenkende lassen zukünftig Schlimmeres befürchten.

Wissenschaftler aller möglichen Disziplinen, also auch solche, die nichts mit MINT-Themen[A] zu tun haben, haben das Klimathema und die damit verbundene moralische Dimension in ihr Fachgebiet integriert. So empfiehlt beispielsweise ein Autor im *Psychotherapeuten Journal*[167] sich in der Frage der Klimakrise nicht neutral zu verhalten

---

[A] MINT steht für Mathematik, Informatik, Naturwissenschaft und Technik

und postuliert die moralisch-ethische Aufgabe unter Bezug auf seine Verpflichtung zur „Unversehrtheit des Menschen" entsprechend zu handeln. Gehört also künftig ein Mensch, der in dem Klimawandel keine große Gefahr für die Menschheit sieht[A], zwangsweise in psychologische Behandlung?

20.5 Das Paris-Abkommen

Das Paris-Abkommen[168] legt fest, dass der Anstieg der Weltdurchschnittstemperatur über das vorindustrielle Niveau auf deutlich unter 2 °C, möglichst 1,5 °C, begrenzt werden muss. Dazu haben sich die Unterzeichnerstaaten verpflichtet. Was nicht im Übereinkommen steht, ist, was die jeweiligen Unterzeichnerstaaten zu tun haben. Vielmehr sind dort Absichtserklärungen enthalten zu: Transparenz, Berichtswesen, Unterstützung der Entwicklungsländer, mehr Zusammenarbeit, Verantwortung der Regionen, aber vor allem jährlich mindestens 100 Mrd. US-Dollar bereitzustellen und ab 2025 sogar 500 Mrd. US-Dollar. Es ist kein klassischer Vertrag, der Konsequenzen bei Nichteinhaltung festlegt.[169] Das ist schon deshalb so, weil er keine konkreten, quantifizierten Verpflichtungen enthält, die für jeden Unterzeichnerstaat genannt wären. Damit fehlt die Grundlage auf Vertragseinhaltung klagen zu können.

Deutschland hat einen Anteil von rund 2 % am menschengemachten CO_2-Ausstoß der Welt. Vielleicht könnte man sagen, dass damit Deutschland für 0,04°C (2 % von 2 °C) verantwortlich wäre. Was muss für diese 0,04 °C getan werden? Wie viel CO_2 muss Deutschland dafür einsparen? Das steht nicht im Vertrag, weil es keiner sagen kann. Es ist schon ein ganz „spezieller" Vertrag, der nicht festlegt, was die Vertragspartner tun müssen, aber das, was das gemeinsame Ergebnis sein soll. Warum wurde nicht festgelegt, wie viel CO_2 jeder noch emittieren darf?

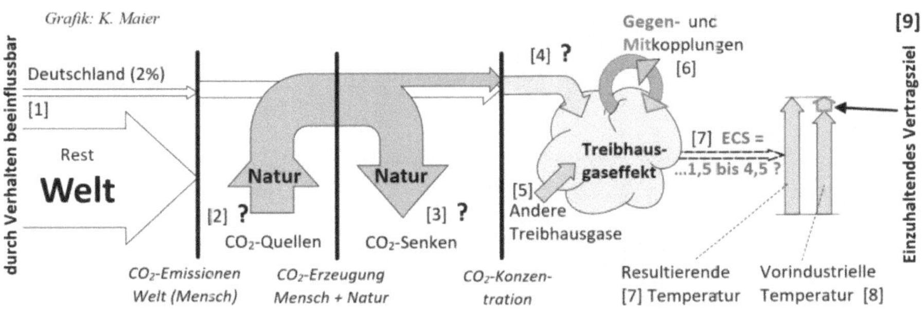

Abb. 20-3: Vom CO_2 zur Weltdurchschnittstemperatur

[A] Oder, wie es im Artikel heißt, „die Apokalypse leugnet"

Die *Abb. 20-3* zeigt die lange Kette der Unsicherheiten, wie es von der CO_2-Emission zur Temperaturerhöhung (Vertragsziel) kommt:

[1] Die Emissionen können die Länder durch ihr Verhalten beeinflussen.

[2] Auch die Natur erzeugt Treibhausgase (THG) und ist für über 90 % bei CO_2 verantwortlich. Absolute Werte (in Gigatonnen pro Jahr) kennt man nicht ausreichend genau.

[3] Die Natur nimmt auch wieder eine vergleichbar große Menge CO_2 auf. Inwieweit sich mit der Erhöhung der Konzentration auch die Aufnahme erhöht, wird wissenschaftlich diskutiert.[170] Davon hängt natürlich wesentlich die verbleibende Konzentration in der Luft ab.

[4] Es bleibt eine vergleichbar kleine Differenz (zwischen der resultierenden und der vorindustriellen CO_2-Konzentration), in der, neben der Natur, auch der Mensch seinen Anteil hat.

[5] Neben CO_2 gibt es weitere Treibhausgase, die vom Menschen und auch aus der Natur kommen. Präzise, absolute Werte kennt man nicht.

[6] Über die Effekte der verstärkenden Mitkopplung und Effekte der Gegenkopplung in dem komplexen, chaotischen Klimasystem gibt es keine quantifizierten, gesicherten Erkenntnisse. Auch die Zeitkonstanten, die bei den verschiedenen Effekten eine Rolle spielen, sind nicht genauer bekannt.

[7] Es ist daher nicht verwunderlich, dass seit 40 Jahren die Klimasensitivität, der ECS-Wert, vom IPCC in einem großen Bereich von 1,5 bis 4,5 °C bei Verdopplung der CO_2-Konzentration angegeben wird. Daraus, sofern die AGW-Theorie als richtig unterstellt wird, wird die veränderte, weit in der Zukunft liegende Weltdurchschnittstemperatur errechenbar. So wie es aussieht, kommen immer neuere Studien zu immer niedrigeren ECS-Wert-Einschätzungen (*Abb. 19-1*).

[8] Die vorindustrielle Temperatur, die auch noch benötigt wird, ist auch nicht genau bestimmt (14 oder 15°C?).

[9] Aus der Differenz von [8] und [7], die jeweils und durch die Abfolgekette davor mit massiven Unsicherheit behaftet sind, wird dann das Vertragsziel [9] definiert.

Hinweis: Die Differenz von zwei unzuverlässigen Zahlen muss zu einem unbrauchbaren Ergebnis führen.

Ein Vertrag ist sinnlos, wenn der Zusammenhang zwischen dem erklärten Vertragsziel und dem Verhalten der Vertragspartner unbestimmt ist.

Sollte der **ECS-Wert bei 1,5** liegen, so wäre eine Verdopplung auf knapp 600 ppm CO_2-Konzentration für das ambitionierte 1,5-Grad-Ziel immer noch ausreichend.

Wäre der **ECS-Wert aber 4,5** bei CO_2-Verdopplung, so wäre die CO_2-Konzentration von 400 ppm (2017) bereits zu hoch für das 2-Grad-Ziel gewesen.[171] Man hätte 2017 schon alle CO_2-Quellen einstellen müssen.

Hinweis: Man könnte nun argumentieren, dass nicht der ECS-, sondern der TCR-Wert (1 bis 2,5; →S142) relevant wäre. Das ändert aber an der grundsätzlichen Problematik nicht viel:

Läge der TCR-Wert bei 1, so wäre eine Konzentration von 1120 ppm für das 2-Grad-Ziel noch ausreichend. Das entspricht bei anhaltenden +20 ppm je Dekade für 1120 ppm: 355 Jahre.

Läge der TCR-Wert bei 2,5, so wären 424 ppm für das 1,5-Grad-Ziel einzuhalten. Die 424 ppm sind praktisch erreicht.

Je nach Annahme von offiziellen TCR-Werten lauten die Perspektiven bei fortdauernder CO_2-Entwicklung:

Für das 2-Grad-Ziel wird die kritische CO_2-Konzentration erst in 355 Jahren überschritten und

für das 1,5-Grad-Ziel ist sie praktisch schon erreicht.

Und wer kann halbwegs verlässlich sagen, wie viel Gigatonnen CO_2 die Menschen noch in die Luft lassen dürfen? Die Aussagen sind sehr unterschiedlich und schwanken je nach Annahmen und Modell für das *2-Grad-Ziel* zwischen 750 Gt (ab 2010)[172] und 1.073 Gt (ab April 2020).[173] Also: Nach 10 Jahren, in denen rund 350 Gt CO_2 zusätzlich frei wurden, ist der noch zulässige Rest um 300 Gt *größer* als vorher. Widersprüche über Widersprüche!

Übrigens: Für das 1,5-Grad-Ziel gab das IPCC 580 Gt (ab 2018 mit „medium confidence") an. Dabei gesteht das IPCC große, unbekannte Unsicherheiten bei solchen Zahlen ein.[174]

Wie soll man solche Angaben noch ernst nehmen können?

Wie kann man ernsthaft glauben, dass man „ab 2050" mit Null-Emissionen weitermachen könne?

20.6   Weltmarkt fossiler Energieträger

Das grüne Paradoxon

Prof. Hans-Werner Sinn stellt zu Recht fest, dass alles, was an fossilen Energieträgern gefördert wird, auch verbrannt wird.[175] Wenn Deutschland und die EU tatsächlich als Vorbild für viele andere Staaten wirken würden, so muss man die Frage stellen, was passieren würde, wenn diese Staaten weniger fossile Energieträger auf dem Weltmarkt kaufen. Die Marktgesetze sagen einen sinkenden Weltmarktpreis voraus (Überangebot). Das ermöglicht den Ländern, die die grüne Politik nicht mitmachen, mehr fossile Energieträger zu günstigeren Preisen zu kaufen. Es könnten durch den gefallenen Preis neue Anwendungen ökonomisch sinnvoll werden. Damit können diese Länder vom gefallenen Preis profitieren und die Überproduktion nutzen. Das durch die „Willigen" eingesparte CO_2 wird dann an anderen Stellen der Erde emittiert.

Eine interessante Frage ist, wie wohl die Förderländer reagieren werden.

Hierzu kann man einige Gedankenspiele anstellen:

1. <u>Einige Lagerstätten</u> lohnen sich durch den gefallenen Preis nicht mehr und werden aufgegeben. Das ist aber sehr unwahrscheinlich, da die Spanne zwischen den Förderkosten und dem Marktpreis recht hoch ist.

2. Einige Exporteure verfolgen einen <u>strategischen Ansatz</u>:
Sie wissen, dass die förderbaren Mengen endlich sind. Das bedeutet, dass die Ware knapp und damit der Preis steigen wird. Langfristig, so kalkuliert man, habe man mehr davon, wenn man sparsam ist (weniger fördert) und nicht heute seine Ware verschleudert.

3. Einige Exporteure verfolgen einen <u>kurzfristigen Ansatz</u>:
Sie wollen die Einnahmen erhalten. Der Ausgleich findet durch mehr Förderung statt. Damit beschleunigt sich der Preisverfall, und auf der Seite der Importeure tun sich neue Möglichkeiten der Nutzung auf.

4. Einige Exporteure glauben, dass sich das <u>Marktfenster bald schließt</u>:
Die grünen Entwicklungen in der Welt befördern diese Einschätzung. Das bedeutet, noch schnell verkaufen, solange es noch geht. Es bedeutet mehr Förderung und fallende Preise.

Die Varianten 3 und 4 führen zu mehr Förderung und damit zu mehr CO_2-Emissionen – das Gegenteil von dem, was grüne Politik bezweckt.

Was beeinflusst den CO_2-Ausstoß?

Abb. 20-4 zeigt, dass die großen Ereignisse wie Kyoto, ETS und das Paris-Abkommen keinen nachhaltigen Einfluss auf den Verkauf von fossilen Energieträgern und damit auf den CO_2-Ausstoß hatten. Wirkung hatten aber die weltweite Rezession (reduzierter Bedarf) und die beiden Ölkrisen (hohe Preise).

Ein markantes Beispiel ist Norwegen. Norwegen ist seit vielen Jahrzehnten Vorreiter bei Erneuerbaren Energien. Dieses Land wird immer wieder gelobt, weil hier 98 % grüner Strom produziert wird, die E-Mobilität schon einen hohen Anteil hat, die Wasserstofftechnik unterstützt wird und CCS[A]-Projekte laufen.[176] Man darf also mit Recht behaupten, dass Norwegen konsequent eine grüne Politik betreibt – oder?

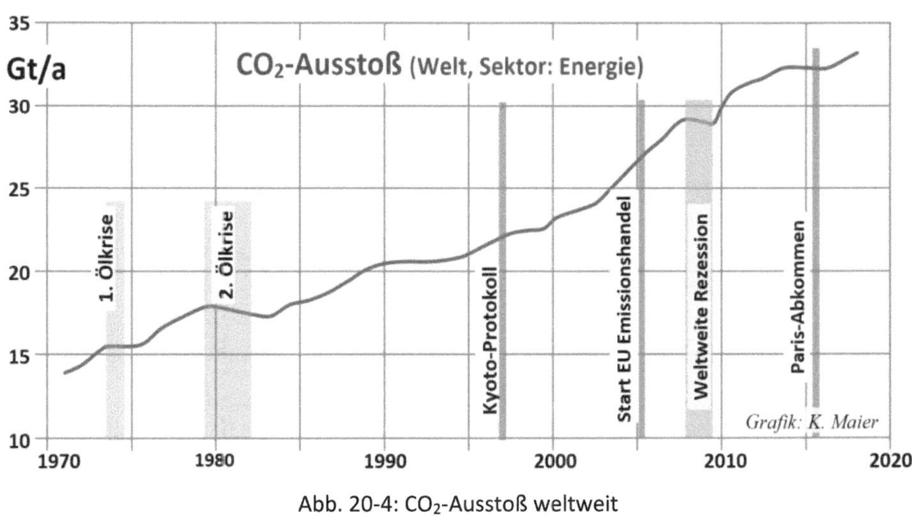

Abb. 20-4: CO_2-Ausstoß weltweit

Aber wie passt das mit dem Verkauf von Erdöl und Erdgas zusammen, das grob 500 Mill. Tonnen CO_2 pro Jahr[177] verursacht? Hauptsache man ist sauber – die anderen sind offenbar selbst schuld, wenn sie so viel Öl und Gas kaufen und verbrennen. Welche Doppelmoral! Geld regiert die Welt.

> Den meisten Ländern geht es offenbar weniger um die Moral
> als um die Ökonomie.

[A] Carbon Capture and Storage; es geht um das Auffangen von CO_2 (z.B. aus großen Verbrennungsanlagen) und die Speicherung im Untergrund.

Preisentwicklung von Öl & Co.

Die Endlichkeit und die immer wieder vorhergesagte Knappheit (→*K35* „Peak Oil" und Rohstoffe) der fossilen Energieträger würden den Preis in schwindelerregende Höhen treiben. *Abb. 20-5* zeigt, dass es zwar immer wieder mal über 5 bis 10 Jahre Hochpreisphasen gibt, aber kein signifikanter, starker Anstieg über längere Zeit zu erkennen ist. So hatten wir die heuten Preise bereits vor 40 bis 45 Jahren. Das liegt einerseits an den immer wieder neu entdeckten Lagerstätten (eine Knappheit zeichnet sich noch lange nicht ab), dem technologischen Fortschritt bei der Erschließung und an den Marktteilnehmern und ihren Strategien (s.o.).

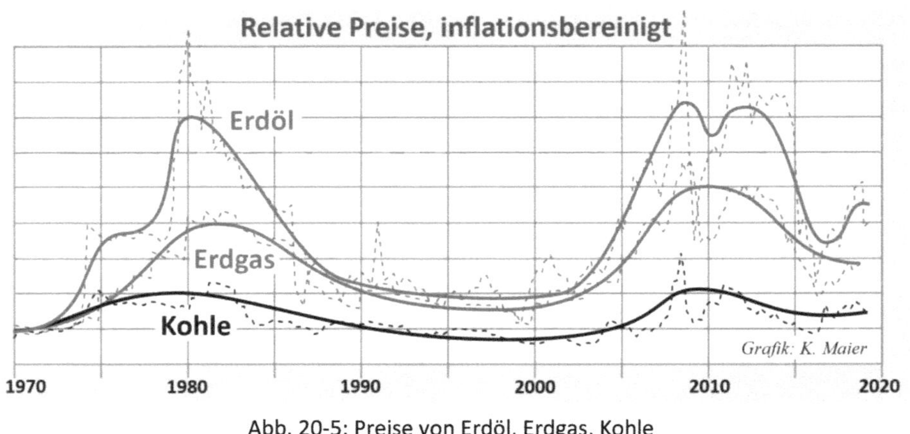

Abb. 20-5: Preise von Erdöl, Erdgas, Kohle

20.7   Der „Green Deal"

Anfang 2020 verkündete die neue EU-Kommissionspräsidentin Ursula von der Leyen den sogenannten „Green Deal". Gemeint ist das Programm für „mehr Nachhaltigkeit, Gerechtigkeit und Klimaschutz".[178] Sie sprach von 1 Billion Euro, die man investieren will, um bis 2050 der erste klimaneutrale Kontinent zu werden.[179] Um das in einen quantitativen Kontext zu stellen: Die EU erzeugte 2017 mit 4,3 Mrd. Tonnen CO_2-Äquivalente (etwas mehr als 2016) nur rund 12 % der weiterhin steigenden Emissionen in der Welt.[180]

In der Ankündigung wird zugegeben, dass das Ziel der Klimaneutralität *„fast unmöglich erscheint"*. Trotzdem wolle man es angehen und begründet das mit den Chancen, die in den Investitionen in nachhaltigen Wirtschafts- und Produktionsprozessen lägen. So soll es verstärkt Investitionen in eine klimaneutrale Kreislaufwirtschaft geben.

Anmerkung: Recycling ist zweifellos eine sinnvolle Sache, darf aber nicht ideologisiert werden. Sie findet mit der Verteuerung der Rohstoffe weitgehend automatisch statt.

Auch heißt es:

„In erster Linie bahnt der europäische Grüne Deal den Weg zu mehr sozialer Gerechtigkeit: Niemand, weder Mensch noch Region, soll bei dem anstehenden Zeitenwandel im Stich gelassen werden."

Man muss schon fragen, wo die Gerechtigkeit in einer Verteuerung liegen soll, die sozial schwache Haushalte treffen wird und sich reiche Haushalte weiterhin leisten werden: teure E-Mobile, Fahrverbote für alte Pkws, CO_2-Steuer, Fleischsteuer … Klar ist doch: Nur Verbote sind gerecht, weil sie alle gleichermaßen treffen. Die Zukunft – eine Zeit der Verbote?

Interessant ist vor a lem, woher das viele Geld kommen soll. *Abb. 20-6*[181] soll die Finanzierungsquellen oeschreiben, wie sich das die EU vorstellt.

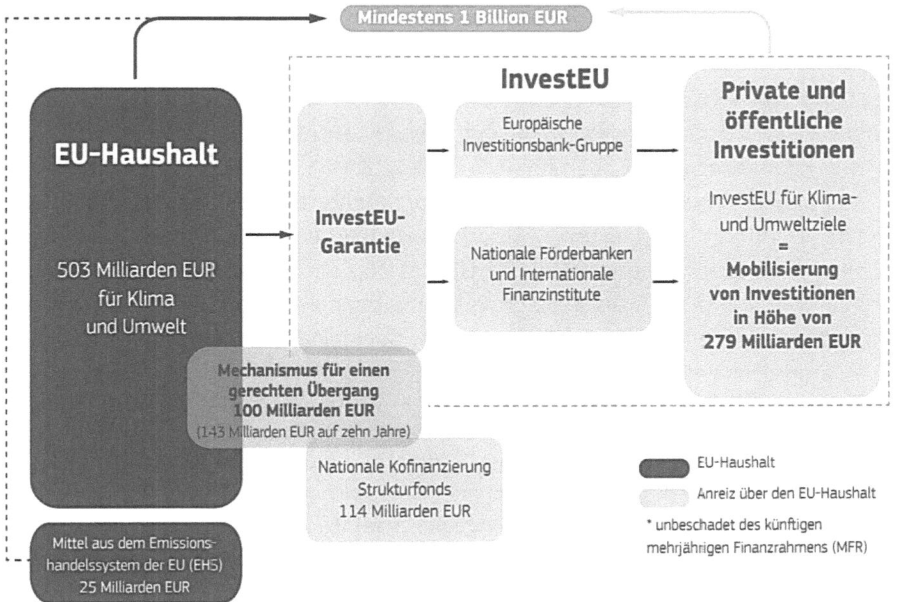

Abb. 20-6: Finanzierung Green Deal

Schaut man genauer hin, so sollen die Gelder aus dem EU-Haushalt, den Einnahmen aus dem Emissionshandel sowie den privaten und öffentlichen Investitionen kommen.

Natürlich kann der Betrag der *privaten Investitionen* nicht genannt werden, weil man hier keine Vorschriften machen kann. Alle übrigen Töpfe sind letztlich öffentlicher Natur, also aus dem Portemonnaie des Steuerzahlers, von uns allen.

20.8 Erfolgsaussichten

Schauen wir zurück. In 9 Jahren (2009 bis 2017) hat es trotz hoher Kosten von rund 150 Mrd. €[182] praktisch keine CO_2-Reduktion gegeben.

Deutschland hat einen Anteil von rund 2,4 % an dem CO_2-Ausstoß der Welt, was etwa 900 Mill. Tonnen pro Jahr entspricht. Wenn Deutschland unter Aufwendung von mehreren Billionen Euro und unter erheblichem Wohlstandsverlust schließlich die 90%-Reduktion erreichen würde, würde es die Weltdurchschnittstemperatur um weniger als 0,01°C reduzieren.[183] Dies muss man im Kontext sehen, dass weltweit derzeit 1.400 Kohlekraftwerke neu gebaut werden oder geplant sind. Hinzu kommt, dass wichtige Länder wie USA, China und Indien nicht mitmachen bzw. sich eine Auszeit bis zum Jahr 2030 gesichert haben, ab dem sie frühestens den dann erreichten Ausstoß reduzieren wollen.

Bjørn Lomborg, ein dänischer Politikwissenschaftler, Ökonom, Dozent, Statistiker und Buchautor, leitet das *Copenhagen Consensus Center*.[184] Er rechnet vor, dass 100 Mrd. € für Photovoltaik über 20 Jahre etwa 12,8 Mill. Tonnen pro Jahr CO_2 einsparen, was 0,0001°C bis 2100 entspräche.[185] Man könnte es auch so ausdrücken, dass damit der Temperaturanstieg um 37 Stunden verzögert wird. Ausgerechnet wurde ein weltweiter Kostenaufwand von 100 Bill. US-$ (1.200 Mrd. US-$/a) für eine Temperaturminderung von 0,17 °C bis 2100.[186] Völlig unabhängig davon, wie genau man die Temperaturminderung ausrechnen kann, sollte doch eines klar geworden sein:

> Sollte die AGW-Theorie tatsächlich zutreffen, so wäre der Aufwand zur „Klimarettung" so gigantisch groß, dass die Aufwendungen zur Anpassung an ein künftiges Klima sinnvoller wären.

Die Anstrengungen Deutschlands sind angesichts seines geringen CO_2-Anteils und des weltweit verstärkten CO_2-Ausstoßes in der nächsten Zukunft nicht zu verantworten. Das Prinzip der Verhältnismäßigkeit wird fundamental verletzt. Da bleibt die berechtigte Frage: „Warum machen wir solchen Unsinn?"

Die Regierung hat die Antwort: „Weil wir es können!"[A] →*S126*

[A] Finanzminister Scholz am 10.09.2019 im Bundestag

21 Widerlegung der CO_2-Theorie

21.1 Einleitung

Es geht hier nicht um eine alternative Erklärung für den Anstieg der Weltdurchschnittstemperatur, also um keine neue oder modifizierte Theorie über die Gründe und die Wirkzusammenhänge.

Es geht ausschließlich um die Widerlegung (Falsifikation) der Behauptung, dass CO_2 die mit Abstand größte Wirkung auf die Temperatur hat.

Andere Faktoren, die die Temperaturänderungen mit verursachen oder mit verursachen könnten, werden daher hier nicht thematisiert. Die Widerlegung wird nicht durch theoretische, physikalische Überlegungen, sondern ausschließlich aufgrund der festgestellten Temperatur- und CO_2-Verläufe vorgenommen.

Die AGW-Behauptung

Klimaforscher behaupten,

dass der Temperaturanstieg in den letzten rund 150 Jahren ausschließlich oder zumindest fast ausschließlich auf den starken Anstieg der CO_2-Konzentration in der Luft zurückzuführen ist und dieser menschengemacht sei.

Darin stecken drei Aussagen:

1. dass in den letzten 150 Jahren die Weltdurchschnittstemperatur gestiegen ist,

2. dass der Anstieg der CO_2-Konzentration in der Luft auf den Menschen zurückzuführen ist und

3. dass der Anstieg der Weltdurchschnittstemperatur weitgehend durch den Anstieg der CO_2-Konzentration in der Luft verursacht ist (Treibhausgaseffekt).

Den ersten beiden Aussagen stimme ich zu. Die dritte Aussage widerlege ich nachfolgend.

Die hier verwendete Datenbasis nutzt wenige, breit akzeptierte und seit längerem publizierte Darstellungen bekannter Autoren und benutzt leicht nachvollziehbare statistische Analysen.

21.2 Die letzten 140 Jahre

Seit der Industrialisierung (ab etwa 1880[187]) steigt durch verstärkten Einsatz fossiler Energieträger der CO_2-Ausstoß.[A] Gleichzeitig ist eine rechnerisch, aus vielen Messstationen ermittelte Weltdurchschnittstemperatur, gestiegen. Dazu passt die Treibhausgastheorie, die Svante August Arrhenius[188] (schwedischer Physiker und Chemiker und Nobelpreisträger für Chemie) 1886 aufstellte, dass nämlich durch eine steigende CO_2-Konzentration in der Luft der Treibhauseffekt erhöht wird und damit die durchschnittliche Temperatur der Erde ansteigt.

Heute wird in der vorherrschenden Wissenschaft das CO_2 als Hauptverursacher des Temperaturanstiegs angesehen. Da es noch weitere sogenannte Treibhausgase[B] gibt, rechnet man deren Wirkung in CO_2-*Äquivalente* um.

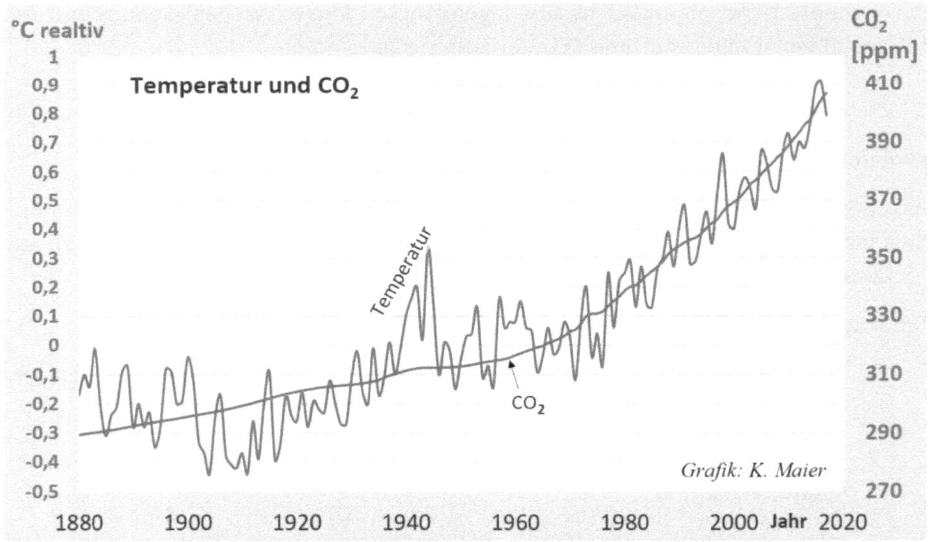

Abb. 21-1: Temperatur und CO_2 der letzten 140 Jahre

Abb. 21-1 zeigt den Gleichlauf von CO_2-Konzentration und der Temperatur in der Luft im Zeitraum von 1880 bis heute.

[A] Verursacht durch: Kohle für Dampfmaschinen, Kraftstoffe für Verbrennungsmotoren und Kohle/Koks für Industriewärme (z.B. Hochöfen). Hinzu kommt die wachsende Bevölkerung, die sich das Heizen mit Kohle leisten kann.

[B] Zum Beispiel Methan (CH_4) und Lachgas (N_2O); beide spielen nach der Treibhausgastheorie nur eine untergeordnete Rolle (ca. 10 %).

Die vertikalen Skalen der beiden Größen wurden so angepasst, dass sich eine möglichst gute Deckung der beiden Kurvenverläufe ergibt.

Wenn wie hier durch die beiden Kurven ein guter Gleichlauf (Korrelation) erkennbar ist, ist das ein Indiz, dass eine Abhängigkeit, also eine Ursache-Wirkungs-Beziehung bestehen könnte. Ein Beweis ist es nicht (es könnte eine Scheinkorrelation sein →K17.4).

Die relativ gute Übereinstimmung lässt sich auch in einer Korrelationsprüfung bestätigen (*Abb. 21-2*). Der Korrelationskoeffizient ist mit über 0,9 recht hoch.

Hinweis: Allerdings ist bei zwei zu korrelierenden, kurzen Kurvenabschnitten, die beide ohne große Schwankungen[189] steigen, ein hoher Korrelationskoeffizient nicht überraschend. Ohne Wiederholungen solcher Gleichläufe von deutlichen Kurvenanstiegen und -abfällen ist diese Korrelation nur ein schwaches Indiz für eine Ursache-Wirkungs-Beziehung.

Streudiagramm zur Verdeutlichung der Korrelation

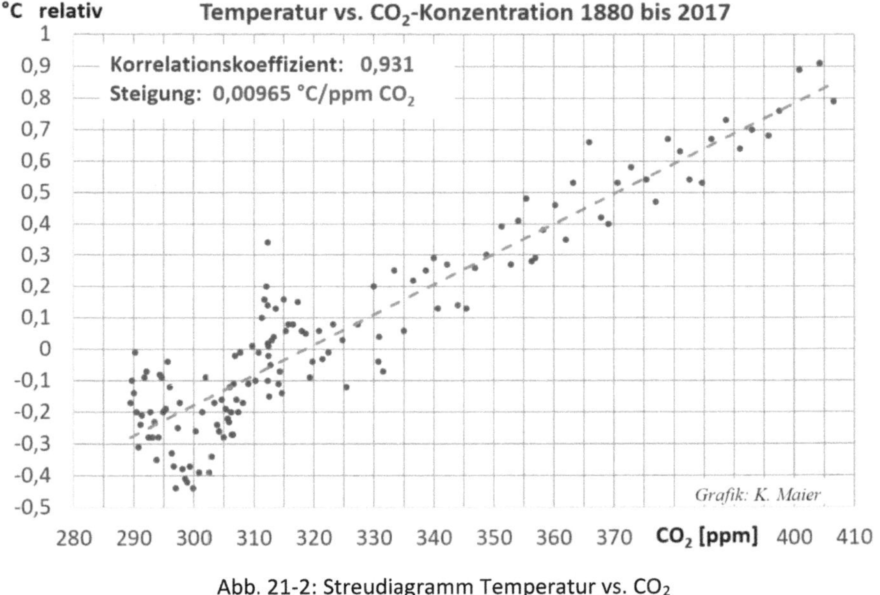

Abb. 21-2: Streudiagramm Temperatur vs. CO_2

Trägt man die Wertepaare von CO_2-Konzentration und Temperatur über viele einzelne Jahre (1880 bis 2017) in einer Diagrammfläche auf, wie in *Abb. 21-2*, zeigt sich, ob eine gute Korrelation vorliegt.

Die Regressionsgerade im Streudiagramm zeigt den positiven und weitgehend linearen Zusammenhang zwischen CO_2 und Temperatur: Die Temperatur steigt mit rund 1/100 °C pro ppm CO_2.

Wenn man diesen Zeitbereich betrachtet, scheint durch einen hohen Korrelationskoeffizienten eine Ursache-Wirkungs-Beziehung zwischen CO_2 und Temperatur zu bestehen, die vielfach unprofessionell als Kausalität interpretiert wird.

21.3 Temperatur und CO_2-Konzentration über 10.000 Jahre

Es liegen wissenschaftlich anerkannte Datenreihen mit ausreichender Genauigkeit über die letzten 10.000 Jahre vor. Wenn CO_2, wie behauptet, die entscheidende Wirkgröße für die Weltdurchschnittstemperatur ist, so muss sich das auch in dem Verlauf von CO_2 und Temperatur der letzten 10.000 Jahre zeigen, da in den letzten 10.000 Jahren, wie auch in den letzten 150 Jahren, die Naturgesetze unverändert gelten. Daher ist der Vergleich der jungen Vergangenheit mit den Jahrtausenden vorher naheliegend und notwendig.

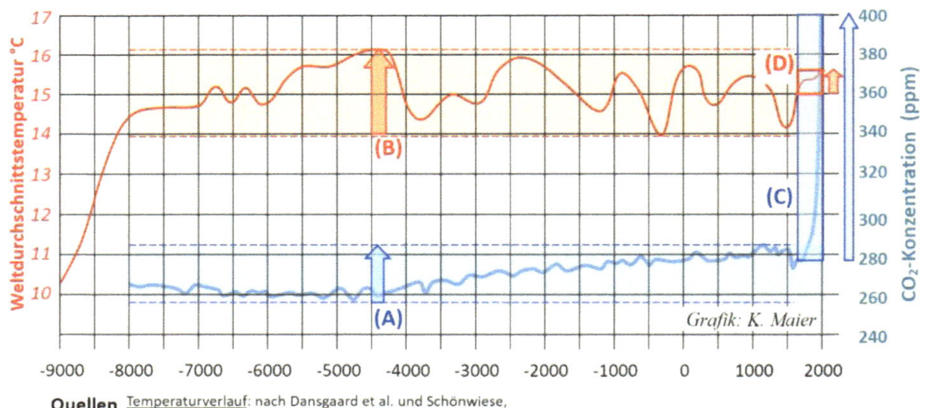

Quellen Temperaturverlauf: nach Dansgaard et al. und Schönwiese,
https://www.eike-klima-energie.eu/2013/10/12/ipcc-bericht-von-2013-vs-klimafakten/
CO_2-Konzentration: Ice-core data before 1958. Mauna Loa data after 1958,
https://scripps.ucsd.edu/programs/keelingcurve/wp-content/plugins/sio-bluemoon/graphs/co2_10k.pdf

Abb. 21-3: Temperatur- und CO_2-Hub

Die Pfeile (A) bis (D) kennzeichnen die Amplituden der farbigen Bereiche.

Unmittelbare Erkenntnisse

Aus _Abb. 21-3_ können zwei offensichtliche Erkenntnisse gewonnen werden:

1. Erkenntnis: Der starke CO_2-Anstieg ist menschengemacht

Über 10.000 Jahre fand ein minimaler Anstieg von rund 260 auf 280 ppm statt (A). Nach der Industrialisierung ist ein steiler Anstieg in nur 150 Jahren auf 400 ppm zu sehen. <u>*Abb. 21-3*</u> zeigt dies im Bereich (C) deutlich. Es gibt keine natürliche Erklärung, die eine solche plötzliche Veränderung aus der Natur hervorrufen könnte.

2. Erkenntnis: Schon immer Temperaturschwankungen

Aus <u>*Abb. 21-3*</u> entnimmt man eine Referenztemperatur von 15 °C.[A] Die Durchschnittstemperaturen über die letzten 10.000 Jahre (nach der Eiszeit) schwanken um diese Referenztemperatur im Bereich von rund plus/minus 1 °C.

Letztlich ist es für die nachfolgende Falsifikation nicht relevant, die Schwankungen auf das Zehntelgrad genau und auch zeitlich genau zu kennen. Es reicht festzustellen, dass die Schwankungsbreite, also der Hub (B), bei rund 2 °C liegt.

Der Temperaturanstieg der letzten 150 Jahre über die Referenztemperatur ist geringer oder höchstens gleich den Temperaturmaxima der letzten 10.000 Jahre.

Das betrifft auch die Änderungsgeschwindigkeiten, welche aber hier nicht interessieren.

21.4 Falsifikation der AGW-Theorie

Notwendige Voraussetzungen für die Beweisführung

Es werden drei offensichtliche und nicht mehr zu beweisende Aussagen benötigt, um die Falsifikation der CO_2-verursachten Klimaveränderung durchzuführen:

1. Über die letzten 10.000 Jahre sind der Temperaturverlauf und die CO_2-Konzentration ***ausreichend genau*** bekannt (<u>*Abb. 21-1*</u>).

2. Der Wirkzusammenhang zwischen CO_2-Konzentration (Ursache) und Weltmitteltemperatur (Wirkung) muss mindestens in diesem Zeitraum ***durchgehend*** und ***unverändert*** bestehen bzw. bestanden haben (konstante Naturgesetze).

3. <u>Wenn</u> als Beweis der Ursache-Wirkungs-Beziehung von CO_2 und Temperatur die Korrelation in den letzten 150 Jahren angeführt wird, so beinhaltet dies

---

[A] Die Referenztemperatur wird unterschiedlich angegeben, ist nicht eindeutig definiert und nicht genau bestimmt.

eine *zeitlich kurze* Ursache-Wirkungs-Beziehung. Das heißt, es gibt eine geringe Zeitverzögerung (deutlich kleiner als 50 Jahre[190]) zwischen der CO_2-Erhöhung und dem Temperaturanstieg.

Nach 1. bis 3. muss sich die Wirkung aus den CO_2-Änderungen in den 10.000 Jahren gut korreliert abbilden, da die Zeitverzögerung von kleiner 50 Jahren im Vergleich zu 10.000 Jahren vernachlässigbar ist.

Aufbauend auf dem vorher Gesagten und unter Bezug auf *Abb. 21-1* kann man nun die Widerlegung der AGW-Theorie durchführen.

Korrelationsprüfung

Betrachtet man die Zeit ab der Industrialisierung, steigt mit der CO_2-Konzentration auch die Weltdurchschnittstemperatur an, was als Korrelation und als Wirkzusammenhang interpretiert wird.

Wenn die genannten drei Voraussetzungen gelten, muss auch eine Korrelation im langen Zeitraum vor der Industrialisierung erkennbar sein. Diese endet in *Abb. 21-4* daher bewusst bei 1880.

Da der ausreichend genaue Verlauf der beiden Größen bekannt ist, kann eine Korrelationsprüfung vorgenommen werden.

Visueller Kurvenvergleich

Es gibt keine sichtbare Korrelation zwischen den beiden Kurven, auch wenn man die CO_2-Kurve im unteren Band spreizt und versucht diese beiden Kurven übereinanderzulegen (*Abb. 21-4*).

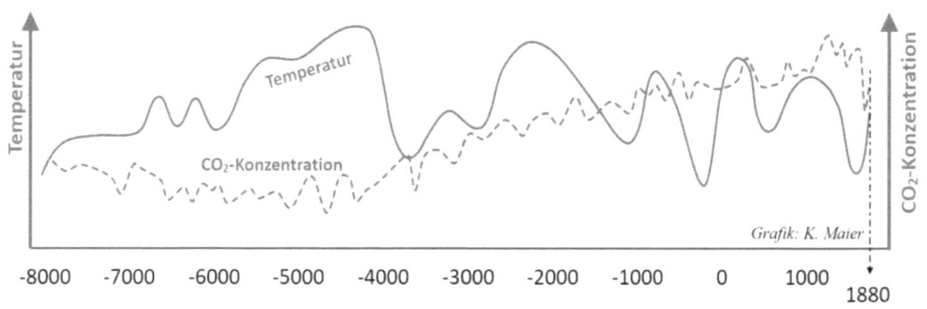

Abb. 21-4: Historischer Zeitbereich von 8.000 v. Chr. bis 1880

Für eine Korrelationsbeziehung ist der Gleichanteil (vertikale Parallelverschiebung) ohne Relevanz, d.h., es ist egal, ob die Bezugstemperatur 14 °C oder 15 °C ist oder eine andere. Es braucht für _Abb. 21-4_ also keine vertikale Skala. Es ist augenscheinlich, dass die beiden Kurven keinerlei Gleich- oder Gegenlauf haben, sondern unabhängig voneinander verlaufen.

Korrelationsprüfung im Streudiagramm

Die Korrelationsprüfung kann man auch im Streudiagramm vornehmen:

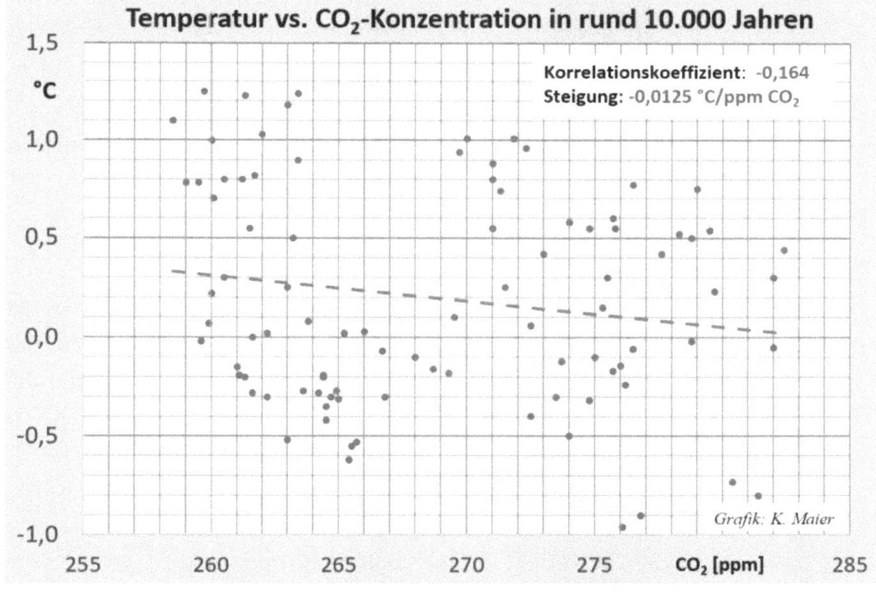

Abb. 21-5: Streudiagramm über 10.000 Jahre

Das Streudiagramm zeigt dies überdeutlich: Die Regressionsgerade ist sogar **negativ**. Das heißt, dass mit steigender CO_2-Konzentration die Temperatur **sinkt** und zwar mit rund 1/100 °C pro ppm CO_2.

Da die Punkte breit über der Fläche verteilt sind und keine Tendenz sichtbar ist, dass sich die Punkte auf einer Linie konzentrieren, ist keine relevante Korrelation daraus ablesbar, im Gegensatz zu _Abb. 21-2_. Der Korrelationskoeffizient ist sehr klein und zudem negativ.

Unterschiedlicher Wirkfaktor in zwei Zeitbereichen

Wenn man den exakten Verlauf der Kurven nicht kennen würde, sondern nur deren Dynamikbereiche in verschiedenen Zeitabschnitten, so ist die Methode des Wirkfaktorenvergleichs zwischen Ursache und erkennbarer Wirkung anwendbar.[A]

Als *Wirkfaktor* wird hier das Verhältnis von *Wirkung* zur *Ursache* verstanden, wobei hierzu der Signalhub in dem betrachteten Zeitbereich verwendet wird.[191]

Wirkfaktoren verschiedener Zeitbereiche werden miteinander verglichen. Sind die Werte stark unterschiedlich, gibt es keinen Wirkzusammenhang oder er ist stark nicht-linear. Sind die Werte sehr ähnlich, ist ein Wirkzusammenhang möglich. Der Wirkfaktor erhält für den vorliegenden Fall entsprechend die Einheit: °C/ppm CO_2.

Die notwendige Voraussetzung 2 (konstante Naturgesetze, s.o.)[192] kann als unstrittig angesehen werden. Die Kausalität zwischen CO_2 und Temperatur fordert, dass der Wirkfaktor [°C/ppm CO_2] in jedem Zeitabschnitt <u>einigermaßen</u> gleich groß ist, weil ja die gleichen Naturgesetze gelten.[193]

Wirkfaktor 1 (zwischen -8000 und 1880)

Der Dynamikbereich der CO_2-Änderungen zwischen -8.000 und 1880 ist in *Abb. 21-3* mit (A) gekennzeichnet und der Dynamikbereich der Temperatur im gleichen Zeitraum mit (B). Daraus ergibt sich ein Wirkfaktor von B/A = ((16,2-14)°C)/((285-256)ppm) = **0,076 °C/ppm.**[194]

Wirkfaktor 2 (zwischen 1880 und heute)

Wie zuvor ist der Wirkfaktor des CO_2:

$$D/C = ((15,7-15)°C)/((400-278)ppm) = \textbf{0,0057 °C/ppm}.$$

Der Wirkfaktor 1 ist rund 13-fach größer als der Wirkfaktor 2.

 Da **Wirkfaktor 1 wesentlich verschieden von Wirkfaktor 2** ist, wird die <u>notwendige</u> 2. Voraussetzung (konstante Naturgesetze) für die geprüfte Kausalität zwischen CO_2 und Weltmitteltemperatur klar **verletzt.**[195]

Es können keine gleichen Naturgesetze vorliegen, wenn in unterschiedlichen Zeitbereichen eine unterschiedlich starke Wirkung (Temperatur) durch die Ursache (CO_2) stattfindet. Da aber konstante Naturgesetze bestehen, gibt es die vermutete Kausalität nicht.

[A] Dies gilt auch bei leichten Zeitverschiebungen zwischen Ursache und Wirkung.

Daher:

> Die AGW-Theorie ist widerlegt,
>
> weil die Korrelationsprüfung über nahezu 10.000 Jahre keinen Zusammenhang von Temperatur und CO_2 ergibt,
>
> weil im Gegenteil über rund 10.000 Jahre eine negative Steigung vorliegt anstatt der erwarteten steigenden (positiven) Regressionsgeraden und
>
> weil der Wirkfaktorenvergleich den postulierten, konstanten Naturgesetzen (über die letzten 10.000 Jahre) widerspricht.

21.5 Mögliche Einwände zur Falsifikation

Um die möglichen Einwände abweisen zu können, muss ich mich zunächst auf sie einlassen und dann durch Widersprüche oder durch daraus folgende, abwegige Konsequenzen diese entkräften.

Verwendeter Temperaturverlauf der letzten 10.000 Jahre ist unwissenschaftlich

Einwand: Dieser Temperaturverlauf wird vorwiegend von den Klimaskeptikern angeführt, um die auch schon vor Tausenden Jahren vorhandenen Schwankungen im Bereich von wenigstens ±1 °C zu belegen. Daher wird dieser Verlauf von den Klimaalarmisten bezweifelt.

Entgegnungen:

1. Wer will ernsthaft z.B. die mittelalterliche[196] und römische Warmzeit wie die kleine Eiszeit bezweifeln? Michael Manns Hockeyschlägerkurve wurde 2019 abschließend vor Gericht als unbelegt festgestellt, weil die Urheber, entgegen wissenschaftlichen Gepflogenheiten, ihre Datengrundlagen nicht preisgeben wollten. Ein weitgehend konstanter Temperaturverlauf zwischen 1000 und 1850, wie Michael Mann behauptet, hat damit keine wissenschaftliche Grundlage.[197]

2. Schließlich hat auch das *„Helmholtz-Zentrum Potsdam - Deutsches GeoForschungsZentrum GFZ"* den Temperaturverlauf von *Abb. 21-3* in seiner Abhandung *„Natürliche Klimavariationen in historischen Zeiten bis 10.000 Jahre vor heute"* auf Seite 3 verwendet.[198] Das KIHZ-Projekt wurde im Jahr 2003 beendet. Verschiedene Links gibt es heute nicht mehr, aber die Grafik von Dansgaard und Schönwiese aus dem Projektbericht gibt es noch im Internetarchiv.[199]

 Der entscheidende Fakt, dass in den letzten 10.000 Jahren die mittlere Temperatur um etwa plus/minus 1°C schwankte, ist ausreichend.

Temperaturverlauf gilt nur für die Nordhemisphäre

Einwand: Der Temperaturverlauf nach Dansgaard und Schönwiese ist kein Verlauf der Erdmitteltemperatur, sondern nur von der Nordhemisphäre.

Entgegnungen:

1. Was folgt daraus? Wenn man diesen Einwand akzeptiert, so wäre der maßgebliche Einfluss des CO_2 auf die Durchschnittstemperatur der Nordhemisphäre widerlegt worden. Das ist der Teil der Erde, wo mit Abstand die meisten Menschen leben (die vom Klimawandel betroffen wären).

2. Was ist dann mit der Südhemisphäre? Gelten dort andere Naturgesetze? Wenn CO_2 auf die mittlere Temperatur nördlich des Äquators keinen nennenswerten Einfluss hat, warum sollte das auf der Südhemisphäre anders sein?

Falls argumentiert wird, dass die globale Durchschnittstemperatur nur minimale Schwankungen in den letzten 10.000 Jahren hatte (ähnlich dem CO_2):

3. Wie kann man das bei einer sehr viel dünneren Datenlage der Südhemisphäre plausibel begründen?

4. Es würde auch bedeuten, dass die mittlere Temperatur in der Südhemisphäre <u>zeitgleich</u> und <u>komplementär</u> verlaufen sein müsste, um die Schwankungen des nördlichen Teils der Erde für die globale Durchschnittstemperatur ausgleichen zu können. Das ist abwegig und physikalisch nicht erklärbar.

 Der verwendete Temperaturverlauf ist ausreichend genau und für die Verwendung nicht schlüssig anzweifelbar.

Für die letzten 150 Jahre gelten veränderte Mechanismen

Einwand: Die Naturgesetze sind zwar die gleichen (alles andere wäre auch absurd zu behaupten), aber es gibt verstärkte Wirkungen, z.B. aufgrund des einmalig steilen CO_2-Anstieges. Damit ist die Wirkung des CO_2 auf die Temperatur größer als in der Zeit davor, etwa durch die Wirkung des Wasserdampfes (ebenfalls ein Treibhausgas). Das drückt Prof. Rahmsdorf vom PIK so aus: „Kurz gesagt: je stärker vergangene Klimaänderungen desto empfindlicher das Klimasystem und desto stärker wird es auch auf die vom Menschen eingebrachten Treibhausgase reagieren."[200]

Entgegnungen:

1. Wir befinden uns weder bei der Temperatur noch bei der CO_2-Konzentration heute in „abartigen Bereichen", wo neue Effekte vermutet werden könnten, die substanziell erst jetzt in Erscheinung treten. Die Temperaturbereiche bewegen sich heute und erst recht vor 100 Jahren, wo diese verstärkte Wirkung angeblich beginnen soll, in der gleichen Spanne von rund 2 °C. Das Gleiche gilt sinngemäß für die CO_2-Konzentration.

2. Nimmt man eine verstärkte Wirkung des CO_2 auf die Temperatur in den letzten 100 bis 150 Jahren an, würde das den Messwerten total widersprechen. So belegt *Abb. 21-3*, dass ein deutlich höherer CO_2-Anstieg in den letzten 150 Jahren (C) viel weniger Temperaturerhöhung (D) hatte als in den Jahrtausenden davor. Unterstellt man den Wirkmechanismus (CO_2 erhöht die Temperatur), so ist er deutlich kleiner und nicht größer geworden!

3. Wenn die „gefährlich beschleunigende" Wasserdampfkonzentration[201] aufgrund der erhöhten Temperatur verursacht wird, so hätte das auch weit vor 1850 bei den damals vergleichbaren Temperaturen schon passieren müssen.

Es gibt keinen erkennbaren Grund, warum in den letzten 150 Jahren neue Wirkmechanismen zwischen der CO_2-Konzentration der Luft und der mittleren Temperatur hinzugekommen sein sollen, die nicht auch in den Jahrtausenden davor ähnlich stark gewirkt haben.

Die oben behandelten Einwände konnten entkräftet werden, so dass die AGW-Falsifikation Bestand behält.

22 Weltenergiebedarf

Eine wesentliche Lösungskomponente für die deutsche Energiewende ist die Einsparung von Energie, die, wie wir noch sehen werden, unrealistisch ist. Über alles mag es bis 2050 eine Reduktion von vielleicht 15 % bei der Endenergie in Deutschland geben.

In der EU sehe ich zwischen 2020 und 2030 eine Stagnation, weil wir auf der einen Seite zwar die Vorsätze bei der Energiereduktion haben, auf der anderen Seite aber einen Nachholbedarf der östlichen Länder. Danach könnte man z.B. eine Reduktion um 12 % bis 2050 annehmen.

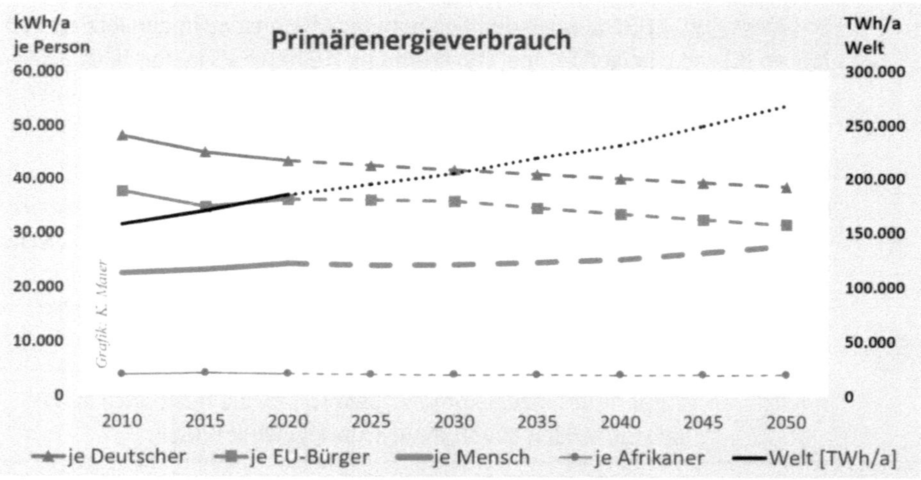

Abb. 22-1: Primärenergieverbrauch

Für die *Abb. 22-1* wurden zu den bereits genannten Annahmen einige weitere Quellen und Annahmen verwendet, um die Perspektive bis 2050 abzubilden.[202]

China ist ein gutes Beispiel, um den Zusammenhang zwischen Energieverbrauch und Wirtschaftswachstum zu demonstrieren. Es hat von 1980 bis heute sein BIP (Bruttoinlandsprodukt) um das rund 32-Fache gesteigert.[203] Chinas Energieverbrauch wuchs im gleichen Zeitraum um das 8,5-Fache.[204] Daraus kann man beispielhaft ableiten, dass aus rund 5 % Energiezuwachs pro Jahr etwa 9 % BIP-Zuwachs pro Jahr wird.

Eine Studie[205] geht davon aus, dass der Stromverbrauch in China im Jahr 2050 auf 14.000 TWh/a ansteigt.[206] Bemerkenswert ist dabei, dass China keiner Verzichtsideologie anhängt: Der Pro-Kopf-Verbrauch soll nämlich auf 10.320 kWh/a ansteigen (Deutschland hatte 2018 rund 6.800 kWh und will weiter reduzieren).

Abb. 22-1 zeigt, dass ein kontinuierlich wachsender Weltenergieverbrauch bis 2050 von 45 % zu erwarten ist. Dies ist auch unter dem Gesichtspunkt zu sehen, dass alle Menschen auf der Welt das Recht einfordern, einen ähnlichen Lebensstandard zu erlangen wie wir. Tatsächlich steigt der Pro-Kopf-Verbrauch der Menschen an Energie aber nur um 13 %. Das resultiert aus dem Wachstum der Weltbevölkerung. Aus diesem Grund sinkt für die Afrikaner der Pro-Kopf-Verbrauch sogar leicht.

Mehr Energie wird nicht nur für ein Mehr an Konsum, Industrieprodukte, Automatisierung und Digitalisierung, Arbeitserleichterung (Maschinen statt Handarbeit), sondern auch für die Förderung von Rohstoffen und mehr Recycling benötigt. Mehr Energie ermöglicht auch eine sauberere Umwelt, eine hochentwickelte medizinische Versorgung und eine Verbesserung von Lebensumständen. Fehlendes Trinkwasser kann z.B. durch Meerwasserentsalzung[207] gewonnen werden. Wie kann man da eine Reduktion des Energieverbrauchs fordern?

2017 betrug der Anteil der EE an der weltweiten Stromerzeugung durch Wind und Sonne gerade mal 6,1 %.[208] Das sind nur rund 1 % am Primärenergieverbrauch. Wie kann man annehmen, dass der wachsende Weltenergiehunger weitgehend durch den Ausbau von Erneuerbaren Energien befriedigt werden könnte?

Die Welt wird für die nächsten Jahrzehnte deutlich mehr Energie
benötigen.

Wohlstand kann den Menschen nicht verwehrt werden.

Mit Erneuerbaren Energien kann der wachsende Energiebedarf
nicht sinnvoll gedeckt werden.

---

23 Die Energiewende – Kosten vs. Nutzen

Eine Vorteile-Nachteile-Gegenüberstellung kann man auch pekuniär durchführen. Dann heißen die beiden Gegensätze: *Kosten* und *Nutzen*. Zu den meistgenannten Schlagworten der Energiewendebefürworter soll im Folgenden kurz Stellung bezogen werden.

23.1 Vorreiterrolle

Das ist kein fassbarer und quantifizierbarer Nutzen. Die Vorreiterrolle ist darauf angelegt, etwas Positives zu benennen, das ein gutes Gefühl hervorrufen soll und eine Erwartung zum Ausdruck bringt. Sie soll zum Mitmachen motivieren und verzichtet auch nicht auf den *moralischen Fingerzeig*.

Eine Vorreiterrolle kann richtig teuer werden („Pioneering don't pay"). So werden für die Forschung und die Entwicklung neuer Technologien große Investitionen getätigt, die durch deutsche Produktion nicht mehr eingespielt werden (Beispiel: Photovoltaik). Grund ist: Die Forschungsergebnisse werden kostengünstig in Fernost in Massenprodukte umgesetzt. Wie so oft haben wir für China die Entwicklung bezahlt.

23.2 EU-ETS (EU Emissions Trading System)

Das Emissionshandelssystem verteuert den Strom der unerwünschten Stromerzeuger. Diese sollen sich <u>nach</u> der zusätzlichen Kostenlast durch CO_2-Emissionsrechte dem Strommarkt stellen, wobei die Konkurrenten noch durch Einspeisevorrang und Subventionen bevorzugt werden. Die Preise für die CO_2-Emissionsrechte werden zum einen politisch (nach Zweck) in der Höhe festgelegt,[209] andererseits wird der Preis im ETS durch Angebot und Nachfrage bestimmt. Deutsche Einsparungsanstrengungen werden durch das ETS konterkariert, da jede so extra eingesparte Tonne in Deutschland die CO_2-Kosten für Emissionszertifikate reduziert und damit woanders in der EU diese Emission erleichtert (ersetzt). So sind die Kosten für die „Verschmutzungsrechte" eher bei den *Kosten* als auf der *Nutzenseite* zu verbuchen.

Angesichts der CO_2-Emissionen, die in Deutschland einfach nicht fallen wollen, wie sie sollen, wurden 2019 ein Zertifikatehandel für Brennstoffemissionen[210] und eine CO_2-Bepreisung beschlossen, die alle Produkte und Dienstleitungen verteuern, die für CO_2-Ausstoß verantwortlich sind.

Ein gewichtiger Gesichtspunkt darf nicht vergessen werden: Auch die Stromkosten bei den konventionellen Stromerzeugern werden damit verteuert (was bezweckt ist), und damit steigen die Stromgestehungskosten immer häufiger über die Marktpreise. Dies führt zu einem defizitären Betrieb dieser KWs, die wir für die Stromversorgung so dringend nötig haben und die nicht mit EE ersetzbar sind. Dies hat zwei mögliche Folgen, da man die Betreiber nicht zum ständigen Verlust zwingen kann:

- Die konventionellen KWs müssen durch Staatssubventionen am Laufen gehalten werden (Steuerzahler), d.h., der Steuerzahler bezahlt einen Teil dieser Zertifikatekosten. Zudem ist es widersinnig, einerseits die konventionellen KWs aus dem Markt drängen zu wollen[211] und andererseits CO_2 erzeugende Gas-KWs durch Subventionen am Markt zu halten.

- Die Betreiber dieser KWs geben ihr Geschäft in Deutschland auf, weil hier kein auskömmlicher Betrieb ihrer KWs mehr möglich ist. Wer soll dann die Stromversorgung sicherstellen?

Die Leidtragenden sind also immer die Stromkunden, die Bürger! Man kann die „bösen Energiekonzerne" so nicht bestrafen, ohne sich selbst das Bein zu stellen.

23.3 Eingesparte Importkosten fossiler Energieträger

Diese vermiedenen Kosten sind quantifizierbar und auf der *Nutzenseite* der Energiewende zu verbuchen. Sie werden in den von mir berechneten Szenarien auch den *Kosten* der EW in Euro gegengerechnet, so dass sie in den ausgewiesenen *Mehrkosten* berücksichtigt sind. Prinzipiell ist auch die Reduktion der Abhängigkeit von Importen politisch als positiv zu bewerten (aber nicht quantifizierbar).

Allerdings können neue Abhängigkeiten entstehen, wenn z.B. synthetische Kraftstoffe aus Ländern importiert werden, die in ertragsgünstigen Regionen liegen (z.B. im politisch instabilen Nordafrika *→K23.6*), weil sie dort billiger (aber nicht billig) hergestellt werden können.

23.4 Schonung der (fossilen) Ressourcen

Grundsätzlich ist Sparsamkeit – sofern das nicht mit unverhältnismäßigen Aufwendungen oder Nachteilen verbunden ist – von Vorteil und zu begrüßen. Die Argumentation lautet aber, dass in wenigen Jahrzehnten die Ressourcen verbraucht sind und daher dringend ein Ersatz benötigt wird.

Dem ist nicht so: Schon 1930 wurde der „Peak-Oil" für 1970 vorhergesagt, dann 1970 für 2000. Heute sind trotz verstärkten Verbrauchs 1,5-mal mehr Reserven (Gas, Öl) bekannt als vor 20 Jahren. *→K6.2*, *→K35* Öl wird wohl noch 150, Gas für 200 und Kohle für über 3000 Jahre zur Verfügung stehen. Angesichts der rasanten technologischen

Entwicklung sind Zeithorizonte von 100 Jahren schon fast als „ewig" anzusehen. Hinzu kommt, dass mit wachsenden Kosten, aufkommenden Schwierigkeiten und neuen Produkten neue Ideen für Lösungen entstehen. Die Geschichte hat gezeigt, dass menschlicher Erfindungsreichtum immer wieder Ressourcenknappheit überwunden hat. Salopp könnte man sagen: Die Bronzezeit ist nicht am Mangel dieses Buntmetalls zu Ende gegangen, sondern weil Besseres (Eisen) gefunden wurde.

Die „Endlichkeit" der fossilen Energieträger ist also kein Grund, einen schnellen Ausstieg erreichen zu müssen.

23.5   Die Energie- und CO_2-Steuer

Die Energiesteuer auf fossile Energieträger, früher als Mineralölsteuer bezeichnet, würde in einem Energiesystem mit 90 % CO_2-Einsparung praktisch entfallen. Es handelt sich um rund 40 Mrd. €.

Energiesteuersätze ab 2007 in Deutschland (Auszug)[212]

Energieträger	Steuersatz ohne MwSt.	ct/kWh
Benzin	65,45 ct/Liter	7,4
Diesel	47,04 ct/Liter	4,8
Erdgas (CNG, LNG) als Kraftstoff bis 31.12.2023	H-Gas 19,46 ct/kg	1,39
Erdgas (CNG, LNG) als Kraftstoff ab 01.01.2027	H-Gas 44,52 ct/kg	3,18
Flüssiggas (LPG/**Autogas**) als Kraftstoff ab 01.01.2023	22,09 ct/Liter (0,54 kg/Liter)	3,2
Schweres Heizöl	13,00 ct/kg	1,19

Tabelle 23-1: Energiesteuer

Anmerkung: Die angegebenen Steuerbeträge enthalten noch keine Mehrwertsteuer. Erhöhungen weit im Voraus sind schon heute festgelegt. Die CO_2-Bepreisung kommt hinzu. Die Steigerung der ursprünglichen Steuersätze wird dabei wohl kaum zurückgenommen werden.

Diese Kostenkomponente (Einnahmeverluste des Staates ab 2050 im Vergleich zu heute) wird in meinen Szenarien nicht berücksichtigt.

Die CO_2-Bepreisung soll lenkenden Einfluss auf die Steigerung der Energieeffizienz, den reduzierten Energieverbrauch (Einschränkungen) und die Einführung CO_2-freier oder CO_2-reduzierter Prozesse haben.

> Solange die Produktkosten mit den erforderlichen, neuen Techniken (P2L) höher sind als die Produktkosten der alten Technik (inklusive der CO_2-Kosten), kann sich die lenkende Wirkung der CO_2-Bepreisung nicht entfalten.

Man kann mit diesem Ansatz, der auch dem ETS (EU-Emissionshandel) zugrunde liegt, die erforderlichen CO_2-Kosten für die Industrie und den privaten Verbraucher ermitteln, indem man die Energiewendekosten in die nötigen CO_2-Kosten umrechnet. →K38.4

23.6   Import von synthetischen Energieträgern

Seriöse Studien haben erkannt, dass die Produktion von synthetischen Energieträgern aus Überschussenergie mit P2X-Prozessen viel zu teuer ist, um mit denen aus fossilen Quellen zu konkurrieren. Überschussenergie ist nicht kostenlos, was immer wieder unterstellt wird, sondern sie ist kalkulatorisch mit den Kosten anzusetzen, die für die Einspeisung ins Stromnetz relevant sind. Der Strom aus Wind und Sonne ist unter anderem deshalb so teuer, weil wir in Deutschland geografisch nicht die besten Ertragslagen haben. Daher ist der Vorschlag entstanden, die VEE-Anlagen mit den P2X-Anlagen dort zu bauen, wo Wind häufig weht (Küstenländer) bzw. die Sonne viel stärker scheint (Wüste).

Das reduziert die Kosten für den benötigten Strom. Weiterer Vorteil ist, dass die P2X-Anlagen etwas kontinuierlicher betrieben werden können, was die Betriebskosten der Anlagen reduziert (Nutzungsgrad). Im Gegensatz zur Produktion in Deutschland fallen noch Transportkosten an.

In den von mir verwendeten Parametern werden die Einheitskosten für den Import aufgeführt[213] und in den Ergebnistabellen der Szenarien die ermittelten Kosten ausgewiesen. Leider sind die Kosten von im Ausland produzierten synthetischen Energieträgern immer noch um ein Vielfaches höher als ihre fossilen Varianten in Deutschland. →K30.2

Die Reduktion der Importabhängigkeit wurde immer auch als wertvoller Effekt der Energiewende ins Feld geführt. Dieses Argument würde damit wieder entfallen. Leider sind die sonnenreichen Länder Nordafrikas politisch nicht stabil und damit für eine sichere Energieversorgung nicht geeignet.

23.7 Subventionen, andere Kosteneinflüsse

In den ausgewiesenen Kosten der Szenarien werden die Investitionskosten und die anderen Kosten, die durch die Industrie zu tragen sind, berücksichtigt. Die Anteile, die durch direkte oder indirekte Subventionen (wie Steuererleichterungen), Investitionsanreize, Marktanreizprogramme, Projektförderungen und Eingriffe in den Markt (z.B. Vorrangeinspeisung beim EEG) entstehen, werden nicht berücksichtigt.

Während Anreiz- und Förderprogramme im technologischen Endzustand nicht mehr zu erwarten sind, könnten Subventionen wegen der hohen Energiepreise aber aus sozialen Gesichtspunkten durchaus auf Dauer nötig sein.

Volkswirtschaftlich sind die zu tragenden Kosten für den Umbau, den Erhalt und den Betrieb des transformierten Energiesystems in erster Näherung unabhängig davon, ob Kostenanteile davon über den Steuerzahler, die Verbraucher oder die Firmen aufgebracht werden. Letztlich werden die Kosten durch die Energiekunden und alle übrigen Beteiligten getragen – die *volkswirtschaftliche Sicht* ist die entscheidende.

23.8 Vermiedene Kosten der Umweltschäden

Es gibt eine Methodenkonvention[214] für die Erstellung von Kosten für mögliche Umweltschäden, die dieser Kostenermittlung einen wissenschaftlichen Anstrich gibt. Tatsächlich bewegt man sich aber in einem unwissenschaftlichen Arbeitsbereich, weil mit *Annahmen, unterstellten Wirkungsfolgen, Schätzungen*[A] und *Bewertungsfaktoren* gearbeitet wird.

Viele angeführte Schadensarten sind *qualitativer* Natur und werden somit rein subjektiv bewertet und abgeschätzt einer Kostensumme zugeordnet. Zudem gibt es Schadensarten, deren Eintrittswahrscheinlichkeit höchst unbestimmt ist und auf einem hypothetischen Ereignisablauf aufsetzt.

Schon daraus ergibt sich: Andere Wissenschaftler können bei einer unabhängigen Arbeitsweise leicht zu Zahlen kommen, die mehr als um den Faktor 10 abweichen.

Die so, mit hoher Unsicherheit, abgeschätzten Kosten[B] unterstellen, dass der prophezeite Klimawandel genau die angegebenen Folgen (durch Meeresspiegelanstieg, Unwetterschäden, Dürren, Flutkatastrophen etc.) haben wird. Aber schon hier klaffen

---

[A] Zum Beispiel Schätzung der „Zahlungsbereitschaft für ein Umweltgut"

[B] Beispiel einer Kostenkomponente in der Kostenabschätzung: Die verfügbaren Schätzungen für die externen Kosten der Atomenergie mit 0,1 ct/kWh bis 320 ct/kWh zeigen eine extreme Bandbreite (Faktor 3000!) und eine hohe Unsicherheit.

Vorhersagen und Realität immer weiter auseinander, d.h., schon die Grundannahmen für die Kostenermittlung sind hypothetischer Natur. Die ganze Rechnerei spielt sich in einer letztlich unbekannten Zukunft ab und diese wurde zuhauf falsch vorhergesagt. →K2, →S150 Zudem wird stillschweigend unterstellt, dass die Betroffenen keine Fähigkeit besitzen, sich den Veränderungen vorsorglich anzupassen. Wenn man auf diese Weise eine Gegenrechnung vornimmt, so müssen beispielhaft Fragen erlaubt sein, wie:

- Wo werden die Schäden, die mit der EW einhergehen (Infraschall, Bodenversiegelung, Schneisen durch Wälder, Einflüsse auf Grundwasser, Geruchsbelästigungen, Zerstörung des Landschaftsbildes, Vermögensschäden durch Wertminderung von Immobilien, Einflüsse auf Flora und Fauna, Folgen von Monokulturen, Nitratbelastung, Freisetzung von Giftstoffen bei der Rohstoffgewinnung und der Produktion, der um ein Vielfaches erhöhte Materialbedarf etc.) in gleicher Art berücksichtigt?

- Wo werden die Kosten für die Wärmedämmung und die Entsorgungsprobleme der Dämmstoffe dargestellt? Wo werden die Gesundheitsschäden quantifiziert, die durch Schimmelbildung in Wohnungen auftreten können? Und wo werden die Kosten für die notwendigen Objektsanierungen berücksichtigt?

Es gibt zwei entscheidende Fragen, die die Unbrauchbarkeit solcher Angaben ausdrücken:

- Treten die katastrophalen Folgen (Meeresspiegelanstieg, Unwetterschäden, Dürren, Flutkatastrophen etc.) überhaupt ein?

- Sind die Kosten zur Beseitigung der Schäden richtig berechnet und sind die Schäden, die durch die EW entstehen, dem entgegengerechnet?

Von daher ist hochgerechneten Kosten durch Umweltschäden mit großem Misstrauen zu begegnen.
Eine seriöse Diskussion lässt sich damit nicht führen.

24 Das Volatilitätsproblem

Solange die VEE[A] nur einen kleinen Teil an der Stromversorgung hatten, war die Integration in das bestehende Stromversorgungssystem einfach. Es waren nur geeignete, andere Stromerzeuger entsprechend zu regeln. Mit zunehmendem VEE-Anteil wird das immer schwieriger. Meist werden Leistungsspitzen durch Abregelung verhindert, um das Gleichgewicht von Erzeugung und Verbrauch sicherzustellen. Die Leistungslücken werden mit den noch verbliebenen Kraftwerken „gefüllt". Später, wenn Kohle- und Kernkraftwerke abgeschaltet sind, bleiben noch Backup-Kraftwerke, die gasbetrieben sind und nur noch selten laufen. Die Alternative zu Backup-KWs ist der Einsatz von Stromspeichern, die Überschuss und Mangel ausgleichen sollen.

Es existieren verschiedene Möglichkeiten, mit den Zielkonflikten umzugehen, die sich aus der Volatilität ergeben. Es gilt die bekannten Problembereiche der VEE unter dem Gesichtspunkt der Volatilität zu lösen:

- Geringe Verschwendung von VEE (Vermeidung ungenutzter Überschussenergie, möglichst wenig Abregelung)

- Möglichst geringer Einsatz von fossilen Energien (CO_2-Vermeidung; in konventionellen Gaskraftwerken nur zur Überbrückung von Flauten)

- Erhaltung der Netzstabilität und Reduktion der Risiken von Blackouts

- Technische, geografische, topologische Realisierbarkeit von Speichern

- Politische Realisierbarkeit (Energiewendelobby, internationale Verpflichtungen, Zielsetzung der politischen Entscheidungsträger)

- Akzeptanz bei den Bürgern (z.B. zu Windenergieanlagen, Stromtrassen, Pumpspeicherkraftwerken)

- Kostengünstiger Strom beim Kunden (Begrenzung der EE-Umlagen)

Folgend werden die technischen Aspekte *idealisiert* und *prinzipiell* behandelt.

Um die Volatilität der VEE dem Verbrauch anzupassen, stehen drei Mittel zur Verfügung:

[A] **V**olatile **E**rneuerbaren **E**nergien; gemeint sind die EE aus Wind und Photovoltaik

- **Kraftwerke** (KWs) erzeugen die *fehlende Leistung*
  (bei „Wetterflaute")

- **Abregelung** der *Überproduktion*
  (erzeugbare Leistung wird nicht genutzt)

- **Speicher** für Ausgleich von Überproduktion und fehlender Leistung

Anmerkung: Die Verbrauchsanpassung (Demand Side Management) durch Preissignale oder harte Abschaltungen wird hier nicht berücksichtigt, da der Effekt (saisonal) nur marginal ist. →K34

Es sind drei unabhängige Mittel, die mit unterschiedlichen Werten die Lösung beschreiben. Daraus ergeben sich sieben prinzipielle Kombinationen:

Konzept	Speicher	Abregelung	Kraftwerke	Bemerkungen
-	✗	✗	✓	Das sind keine Lösungen für die Volatilität in einem Stromversorgungssystem mit hohem VEE-Anteil; sie werden daher nicht weiter betrachtet.
-	✗	✓	✗	
1	✗	✓	✓	Diese Variante könnte für sehr teure Speicher oder für den Fall, dass keine nennenswerten Speicher realisierbar sind, infrage kommen.
2	✓	✗	✗	Diese Variante ist nur möglich, wenn ein Speicher von beliebiger Größe machbar wäre. Es ist eine rein theoretische Variante.
3	✓	✗	✓	Hier könnte der Speicher kleiner sein und die fehlende Kapazität über Kraftwerke ersetzt werden.
4	✓	✓	✗	Hier ist der Speicher auch kleiner als theoretisch nötig. Der Ausgleich wird dann durch Abregelung gelöst.
5	✓	✓	✓	Ein begrenzt großer Speicher wird mit Abregelung der Überschussleistung und Kraftwerksleistung (für fehlende Leistung) kombiniert.

Tabelle 24-1: Volatilitätslösungen

Jedes der drei Mittel kann ganz weggelassen werden (✗). Zur Vollständigkeit geht noch der Ausbau der VEE in die Betrachtung ein, der aber nie null sein kann.

Damit ist die Lösung von vier Größen abhängig, siehe *Abb. 24-1*.

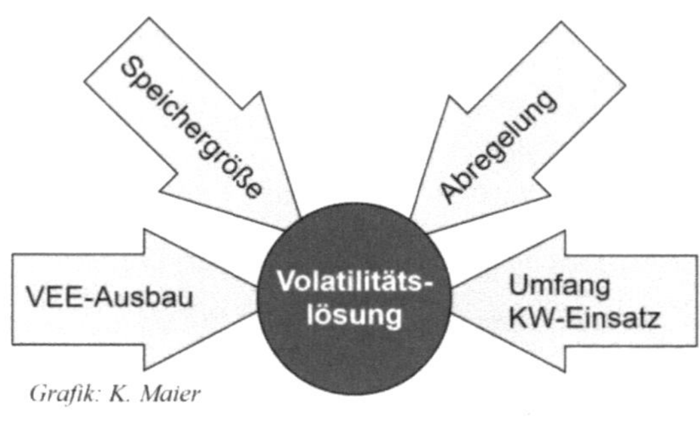

Abb. 24-1: Stromversorgung mit VEE

Die oben definierten fünf Konzepte zur Lösung der Volatilität werden folgend näher beschrieben und in Grafiken anschaulich gemacht. So soll das grundsätzliche Verständnis der Zusammenhänge gefördert und Abhängigkeiten transparent gemacht werden.

Anmerkung: In den folgenden fünf betrachteten Fällen wird zur Vereinfachung und besseren Darstellbarkeit die Netzlast als konstant angenommen. Das ist eine zweckmäßige und zulässige Vereinfachung.

24.1 Konzept 1: Kein Speicher, dafür Abregelung und Kraftwerke

Solange keine Speicher in nennenswertem Umfange zur Verfügung stehen, bleibt nur die *Überproduktion* durch *Abregelung* zu vermeiden und die *fehlende Leistung* durch Kraftwerke zu erzeugen.

Es werden die drei Energiequellen dargestellt: <u>Kraftwerke</u>, die die *fehlende Energie* bereitstellen, die <u>Volatilen Erneuerbaren Energien</u> (VEE) aus Wind und Sonne, die in die Versorgung eingehen, und der Teil der VEE, der nicht gebraucht wird (<u>Überschussenergie</u>).

Diese und alle folgenden Varianten werden als „teilgesteuert" bezeichnet, da die VEE in ihrer Leistung nicht beeinflussbar sind, abgesehen davon, dass die Leistungsspitzen „abgeschnitten" werden können. Im Gegensatz dazu konnten in der konventionellen Stromversorgung alle Energieerzeuger gezielt ein-, ausgeschaltet oder geregelt werden.

Hinweis: An den Stellen mit ● *kann der Energiefluss mit technischen Einrichtungen gesteuert werden.*

Leistungsflussschema

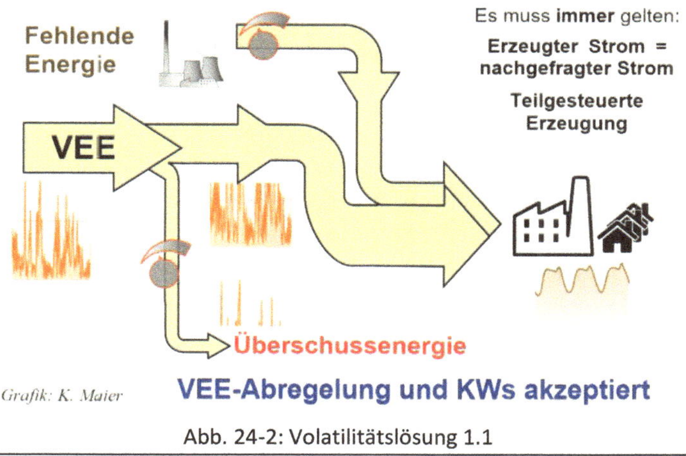

Abb. 24-2: Volatilitätslösung 1.1

Prinzip der Leistungssteuerung

Konzept 1: Kein Speicher, dafür Abregelung und Kraftwerke

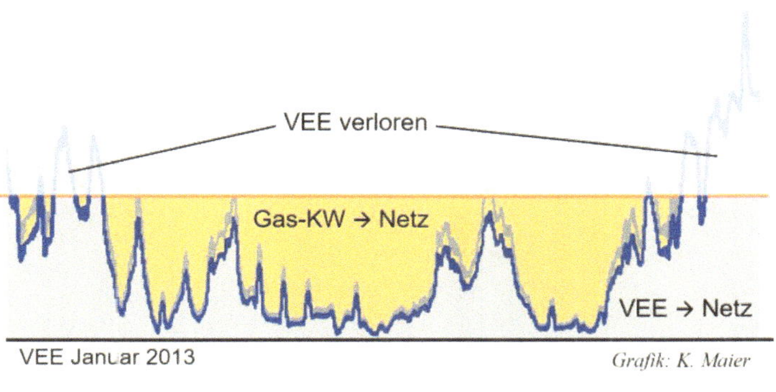

Abb. 24-3: Volatilitätslösung 1.2

Die orangefarbene Linie in *Abb. 24-3* repräsentiert den Verbrauch (als konstant angenommen). Alles, was darüber liegt, muss abgeregelt werden, alles, was darunter liegt, wird durch VEE eingespeist und der Rest ist konventionell zu erzeugen (Gas-KW). Die graue Ganglinie repräsentiert einen größeren Ausbau der VEE, mit dem Effekt, dass mehr abgeregelt und weniger mit KWs erzeugt werden muss.

Überschussverluste

Die geschilderte Situation ist etwa die von heute: Wir haben keine nennenswerten Speicher (nur die Pumpspeicherkraftwerke) und müssen die Leistungsspitzen der VEE wegwerfen.

Für eine grundsätzliche Betrachtung zu den VEE-Überschussverlusten denken wir uns ein idealisiertes Stromversorgungssystem, so wie es in _Abb. 24-4_ in „Gedachtes System" angegeben ist. Wenn man in einem solchen System 90 % EE in der Stromversorgung haben möchte, beträgt die nicht nutzbare VEE-Erzeugung (durch Überproduktion) 140 % der nutzbaren VEE-Erzeugung. In einem realen System mit 90 TWh _Planbaren EE_ (PEE) und den vorhandenen Pumpspeicherkraftwerken (PSKW) mit rund 40 GWh und 10 GW erhält man die gestrichelte Kurve. Die Verschiebung nach rechts wird durch die PEE verursacht. Auch damit sind nie 100 % EE in der Stromerzeugung zu erreichen.

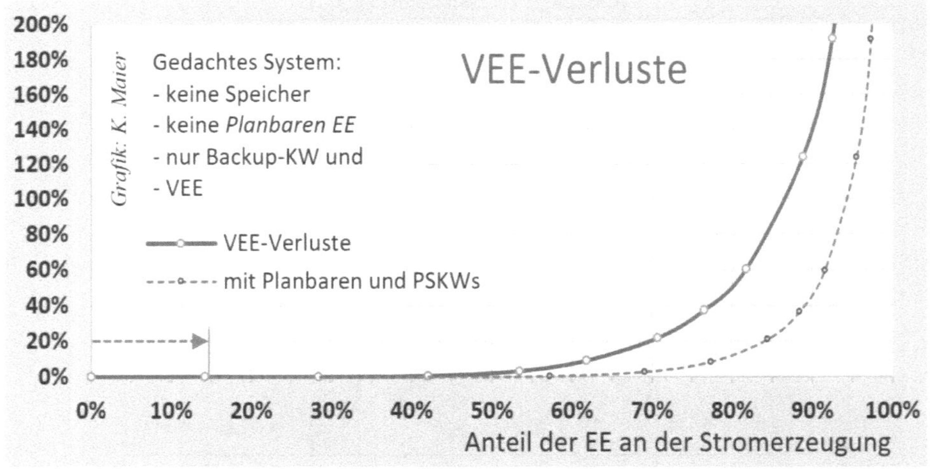

Abb. 24-4: VEE-Verluste (Konzept 1)

24.2   Konzept 2: Speicher für die gesamte VEE

Die Lösung, die naheliegt, und die immer wieder in den Raum gestellt wird, ist einen Speicher vorzusehen, der die gesamte Überproduktion einsammelt und bei Unterproduktion die _fehlende Leistung_ beisteuert. Dabei wird der Speicher als Ganzheit betrachtet, auch wenn er physisch verteilt über Deutschland entsteht.

Leistungsflussschema

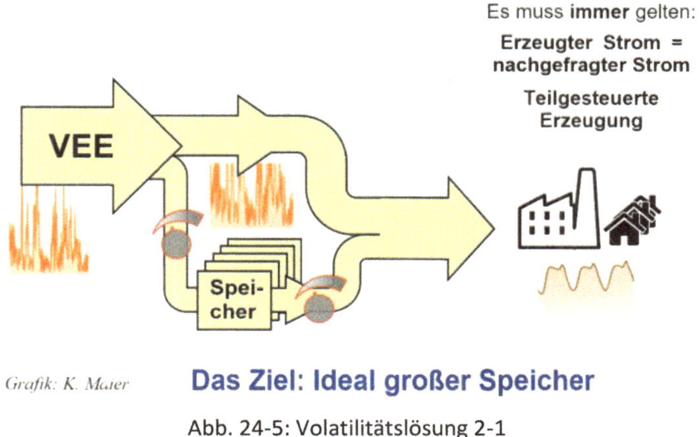

Abb. 24-5: Volatilitätslösung 2-1

Das ist das „Endziel" der Energiewende: der Verzicht auf alle fossil betriebenen Kraftwerke. Die Volatilität der EE soll durch einen großen Speicher sichergestellt werden.

Gesteuert werden der Zufluss in den Speicher und der Abfluss aus dem Speicher in das Netz. Der übrige Teil der VEE geht direkt in das Stromnetz. Überschussenergie gibt es per Definition nicht.

Prinzip der Leistungssteuerung

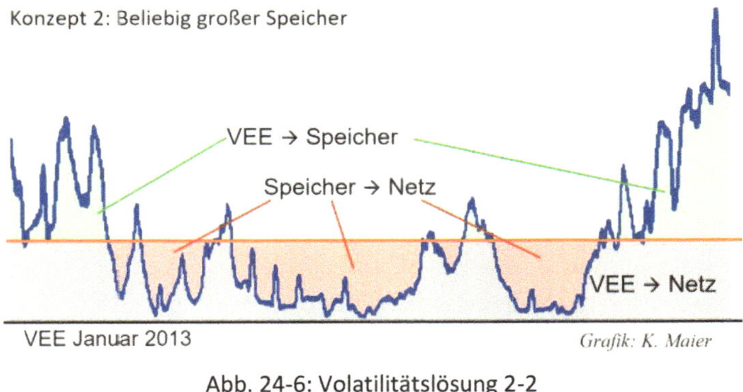

Abb. 24-6: Volatilitätslösung 2-2

Die erforderliche Leistung ist wieder der Einfachheit halber als konstant angesetzt (orangefarbene Linie).

Wenn die VEE im Mittel (über viele Jahre) die gewünschte Leistung erbringen, braucht keine erzeugte Energie verlustig gehen, <u>wenn der Speicher genügend groß</u> ist.

Diese Lösung ist rein theoretischer Natur, weil dies einen fast unendlich großen Speicher voraussetzen würde.

Um diese Aussage verstehen zu können, verwendet man am besten ein Zahlenbeispiel. Aufgrund von konkreten Berechnungen weiß man, dass die nötige Speicherkapazität in der Größenordnung von 5 % der Jahresenergie liegt. Weiterhin weiß man, dass die Schwankungsbreite von VEE-Ertrag und der schwankenden Nachfrage etwa ± 25 % beträgt. Gehen wir von einem Bedarf von 600 TWh aus, so brauchen wir eine Speicherkapazität von 30 TWh (5 %). Damit wäre das Durchschnittsjahr abgedeckt. Was wäre, wenn es vier aufeinanderfolgende schwache VEE-Ertragsjahre gäbe? Es würden jedes Jahr rund 150 TWh fehlen. Diese müssten in den vier Jahren davor als Überschuss gesammelt und gespeichert worden sein. Der Speicher müsste für dieses Beispiel also 600 statt 30 TWh groß sein. Es würde aber auch bedeuten, dass in den vier Jahren Ertragsüberschüsse der gleichen Größe angefallen sind. Genauso wenig, wie man Ertragsmangelsituationen vorhersagen kann, kann man auch keine Ertragsüberschüsse vorherbestimmen. Was ist die praktische Konsequenz? – Und hier verlassen wir das Konzept 2:

Man muss, will man auf KWs verzichten, durchschnittliche Erzeugungsüberschüsse einplanen, die verlustig gehen.

Ein gleichzeitiger Verzicht auf Backup-KWs und Abregelung, wie im Konzept 2, ist nicht realisierbar.

24.3 Konzept 3: Begrenzter Speicher ohne Abregelung aber mit Backup-KWs

Es darf unterstellt werden, dass keine beliebig großen Speicher zur Verfügung stehen werden. Sie sind schon aus ökonomischen Gründen unsinnig.

In diesem Konzept werden alle Spitzen der Überproduktion in den Speicher aufgenommen und zu Zeiten der Unterproduktion abgegeben. Viele Male im Jahr wird der Speicher (weil nicht genügend groß) entleert sein. Für die verbleibende *fehlende Leistung* werden Gaskraftwerke vorgehalten. Zu- und Abfluss in/aus dem Speicher wird gesteuert. Alles, was nicht auf diese Weise von der VEE in den Speicher fließt, geht direkt in das Netz.

Leistungsflussschema

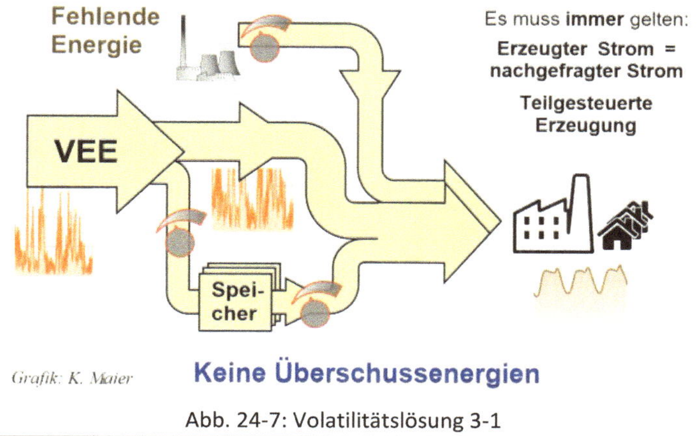

Abb. 24-7: Volatilitätslösung 3-1

Wenn der Speicher leer ist und es fehlt an Energie für das Netz, müssen Kraftwerke (Backup) die *fehlende Energie* beisteuern.

 Überschussenergie gibt es in diesem Konzept per Definition nicht. Dazu darf der VEE-Ausbau nicht zu groß werden. Durch die nötigen Backup-KWs sind 100 % EE in der Stromversorgung nicht möglich.

Prinzip der Leistungssteuerung

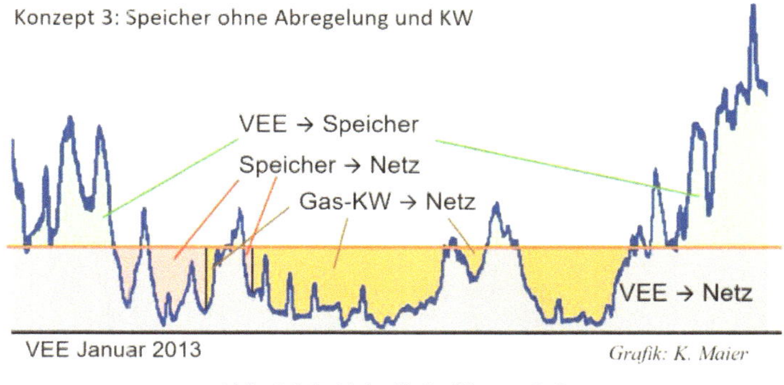

Abb. 24-8: Volatilitätslösung 3-2

Die angenommene Speicherkapazität ist so groß, dass die hier dargestellten Spitzen aufgenommen werden können. Am 1. Januar ist der Speicherstand mit 0 GWh angenommen. Die gelbe Fläche ist die Energie, die die Kraftwerke bereitzustellen haben.

24.4 Konzept 4: Begrenzter Speicher mit Abregelung aber ohne Backup-KWs

Da Speicher hohe Kosten verursachen, könnte man den Speicher kleiner als im Konzept 2 auslegen und lieber VEE ungenutzt lassen (abregeln). Man kann sich vorstellen, dass es irgendwo ein Kostenoptimum geben könnte zwischen viel Speicher und wenig Energieverluste bei der Produktion und wenig Speicher und viel Energieverlusten.

Leistungsflussschema

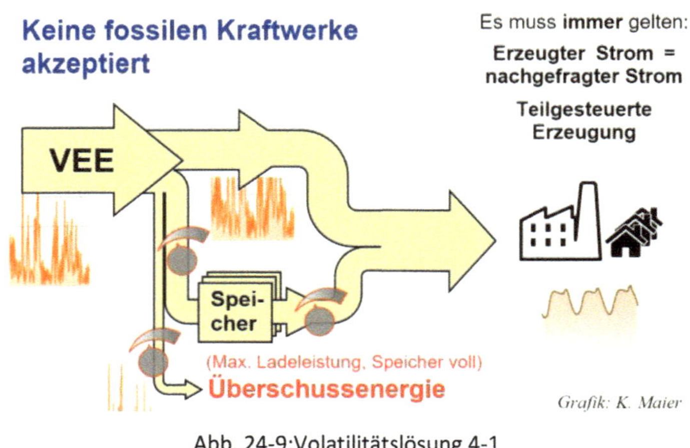

Abb. 24-9:Volatilitätslösung 4-1

Prinzip der Leistungssteuerung

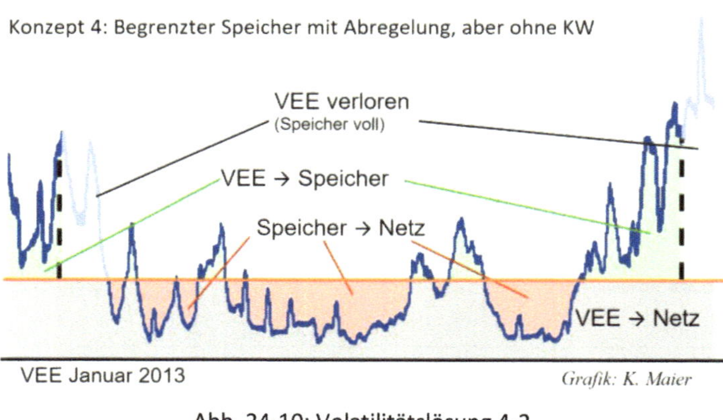

Abb. 24-10: Volatilitätslösung 4-2

Wenn keine fossilen KWs mehr erlaubt sind und der Speicher in der nötigen Größe zu teuer ist, könnte man Überschussenergie zulassen. Dafür muss mehr VEE erzeugt werden, um mit dem Speicher zusammen auf die Kraftwerke verzichten zu können.

Um die Energieverluste im Speicher auszugleichen, muss die Produktion der VEE erhöht werden, damit trotz der *Leistungskappungen* der Bedarf aus der VEE und dem Speicher gedeckt werden kann. Der Ausbau der VEE muss so groß sein, dass auch in Jahren mit niedrigem Ertrag genügend Energie erzeugt wird. Das bedeutet, dass in Jahren mit normalem Ertrag kräftig Überschussenergie anfällt, die in Jahren mit gutem Ertrag noch weit übertroffen wird. Um den Ausbau etwas reduzieren zu können, ist der Speicher so groß zu dimensionieren, dass Überschüsse möglichst lange aufgenommen und genutzt werden können.

Der Konzept 4 ermöglicht 100 % VEE in der Stromversorgung durch Verzicht auf Backup-KWs. Dafür müssen die VEE entsprechend stärker ausgebaut sein, was zu erhöhten Überschussenergien führt.

24.5 Konzept 5: Begrenzter Speicher mit Abregelung und mit Backup-KWs

Wenn der Speicher nicht so groß dimensioniert wird und die VEE-Anlagen nicht viel größer ausgelegt werden sollen als nötig, könnte die zeitweise *fehlende Energie* durch Backup-Kraftwerke bereitgestellt werden.

Ein Verzicht auf Backup-KWs ist hier per Definition nicht möglich.

Es stehen vier Steuerungsmöglichkeiten zur Verfügung:

- Nutzbare VEE-Leistung geht nicht in den Speicher und damit direkt ins Netz.

- Bei hoher VEE-Leistung und vollem Speicher kann abgeregelt werden, was zu Überschussenergie führt.

- Solange noch Energie im Speicher ist, kann dieser Leistung beisteuern.

- Wenn der Speicher leer ist, stehen im Notfall KWs bereit.

Leistungsflussschema

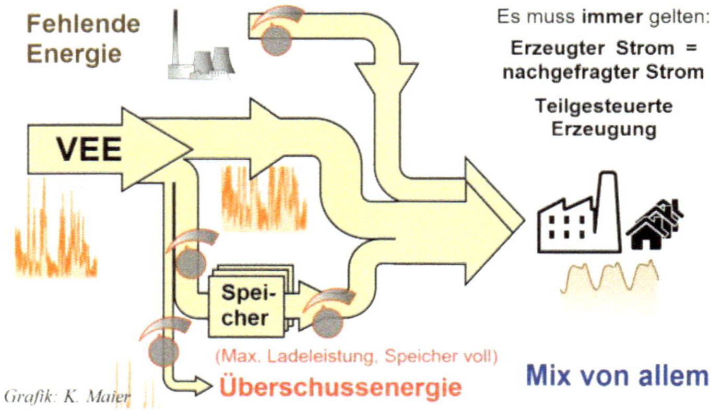

Abb. 24-11: Volatilitätslösung 5-1

Prinzip der Leistungssteuerung

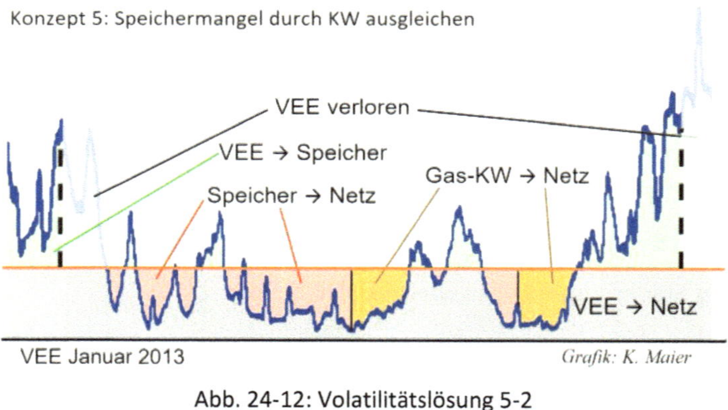

Abb. 24-12: Volatilitätslösung 5-2

In _Abb. 24-12_ hat der Speicher am 1. Januar schon eine gewisse Füllung, die mehrere Tage die _fehlende Energie_ ausgleichen kann.

Wenn eine längere Zeit Energie aus dem Speicher entnommen wurde (hier rote Fläche), ist er irgendwann leer und die _fehlende Energie_ wird durch Kraftwerke aufgefüllt (gelb).

24.6 Übersicht Volatilitätslösungen

Die fünf Konzepte können in folgender Tabelle charakterisiert und bewertet werden:

Merkmal	Konzept 1	Konzept 2	Konzept 3	Konzept 4	Konzept 5
Speicher	kein	ideal groß	begrenzt	begrenzt	begrenzt
VEE-Überschuss	verloren	kein	kein	verloren	verloren
fehlende Energie	Backup-KWs	keine	Backup-KWs	keine	Backup-KWs
Konsequenzen			**Bewertung**		
Überschussverluste	mäßig	kein	kein	sehr hoch	mäßig
Max. VEE-Anteil	< 100 %	100 %	< 75 %[215]	100 %	< 100 %
Prinzipiell realisierbar	ja	nein	ja	ja	ja
Kosten	teuer	entfällt	teuer	sehr teuer	teuer
Eignung (prinzipiell)	(✓)	✗	(✓)	✗	(✓)

Tabelle 24-2: Übersicht Volatilitätslösungen

 Konzept 5 kommt der Zielsetzung der Energiewende am nächsten, sofern keine 100 % EE gefordert sind.

24.7 Verschiedene Speichertypen kombinieren

Bis hier ging es nur um die Art der Problemlösung – der Speichertyp und seine physikalischen Eigenschaften waren nicht relevant. Die Speichertypen haben unterschiedliche technische Eigenschaften und vor allem unterschiedliche Kostenparameter. Daher könnte aus Kostengesichtspunkten eine Kombination von zwei oder drei Typen, die jeweils über ihre technischen Eigenschaften gezielt dimensioniert und eingesetzt werden, Sinn machen (siehe auch: →*K29 Speicherkonzepte*).

Dem liegt der Gedanke zugrunde, dass möglicherweise teure Batteriespeicher, die schnell reagieren können und damit technisch für die Bereitstellung von Regelleistung geeignet sind, mit P2G2P (Power-to-Gas-to-Power), also Methanspeichertechnik, kombiniert werden. Mit der Methanspeichertechnik (für den nötigen Langzeitspeicher) kann eine fast beliebig große Speicherkapazität bereitgestellt werden, wobei dieser Speichertyp pro kWh sehr viel günstiger ist als alle anderen Speicherkonzepte.

In meinen Berechnungen zur Sektorkopplung werden mehrere Speicherarten einge-setzt.

Dies ist schon daher erforderlich,

- da am Ende vermutlich Regelenergie, aber mindestens der Ersatz der Momentanreserve durch Batteriespeicher nötig wird,

- Pumpspeicher vorhanden sind, die sinnvollerweise weiter eingesetzt werden, und

- der nötige Langzeitspeicher nur mit P2G2P realisierbar ist.

25 Das Stromnetz

Dieses Kapitel kann nur einen kleinen Einblick in die Thematik geben und will damit die Ausführungen vom 1. Teil des Buchs ergänzen. Es geht darum, die Komplexität des Stromnetzes und dessen Betrieb zu verdeutlichen. Dabei muss es Vereinfachungen geben, um den Platz zu begrenzen.

Das Stromnetz ist das Bindeglied zwischen den vielen Stromerzeugern (Kraftwerken, Windenergie-, Photovoltaik-, Biogasanlagen sowie den übrigen EE-Anlagen) und den Groß- und Kleinverbrauchern.

Bestenfalls über die Stromrechnung findet man die ominösen *Netzentgelte*. Oder man liest in der Presse über die *Stromtrassen* und geplanten *Hochspannungsleitungen*. Aber sonst kommt der Strom für die meisten *einfach aus der Steckdose ...*

25.1   Die Dynamik der Stromerzeugung

Der zentrale Grundsatz des Stromnetzes ist, dass zu jeder Sekunde genau so viel Strom von den Stromerzeugern eingespeist werden muss, wie von den Stromkunden (Haushalt bis Großindustrie) benötigt wird. Es besteht ein Gleichgewicht zwischen Bedarf und Erzeugung.

Insofern kann das Stromnetz keinen Strom speichern, wie das manchmal behauptet wird. Als *Last* bezeichnet man die Leistung, die die Stromkunden dem Netz entnehmen.

Bisher arbeitete das Stromversorgungssystem *nachfrageorientiert*, d.h., dass die Stromerzeuger, die Kraftwerke, so gesteuert wurden, dass das sekundengenaue Gleichgewicht von erzeugter Leistung und Last immer gegeben war.

Die Last ist eine dynamische Größe. Sie schwankt in unserem Netz etwa im Leistungsbereich von 40 bis 90 GW. Lastschwankungen von rund 15 GW/h sind aber durch die Steuerung und Regelung der Kraftwerke gut einzuhalten.

Grundsätzlich kann man die Stromerzeuger in folgende Gruppen einteilen, wie das in Abb. 25-1 schematisch dargestellt ist:

Grundlastkraftwerke

Sie laufen weitgehend konstant durch und stellen den Leistungssockel bereit. Typisch hierfür sind Kernkraft- und Braunkohlekraftwerke. Dieser große Anteil an der benötigten Leistung kann so besonders kostengünstig erzeugt werden.

Mittellastkraftwerke

Sie werden für die bekannten und erwarteten Tagesspitzen so eingesetzt, dass sie dafür den wesentlichen noch fehlenden Anteil erbringen.

Spitzenlastkraftwerke

Sie werden relativ genau nach dem Lastverlauf gefahren. Es bleiben aber kleine Abweichungen.

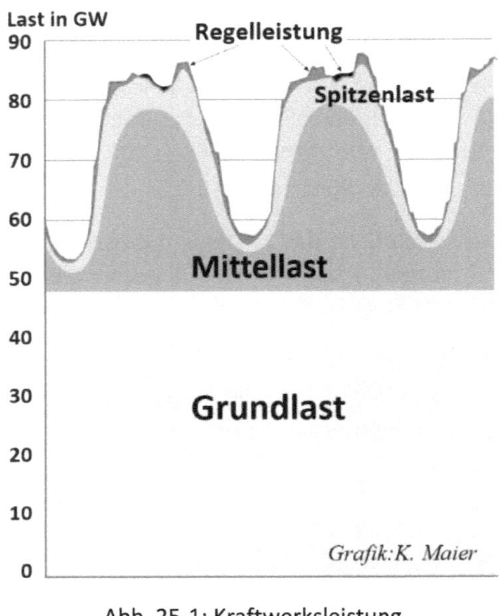

Abb. 25-1: Kraftwerksleistung

Regelleistung

Sie füllt die noch verbliebenen Lücken und kann auch kurzzeitig sogenannte negative Regeleistung erbringen. Damit wir kurzzeitig Energie aufgenommen, die aktuell zu viel erzeugt wurde. →K25.6

Abb. 25-1 geht von der klassischen Stromversorgung aus, die vor dem EEG nur einen vernachlässigbaren Anteil von VEE aufnehmen musste (daher nicht dargestellt). Aufgrund des Einspeisevorrangs der EE haben die Kraftwerke nun nur noch den Auftrag, „Lückenfüller" bis zur Lasthöhe zu sein. Man nennt diesen Beitrag **Residuallast** oder besser **Residualleistung**.

Die Schwierigkeit besteht nun darin, mit dieser Situation von einem steigenden Anteil von nicht steuerbaren[A] Energieerzeugern (weil wetterabhängig) umzugehen.

Abb. 25-2 stellt die EE-Erzeugerleistung (grün, blau und gelb) und die Last (Stromverbrauch) als rote Linie dar. Die weiße Fläche dazwischen müssen die konventionellen Kraftwerke füllen. In dem dargestellten Zeitbereich schwankt die erforderliche Residualleistung zwischen 5 und 45 GW (zwei Pfeile).

[A] Die gerade erbringbare Leistung kann nur abgeregelt, nicht aber erhöht werden.

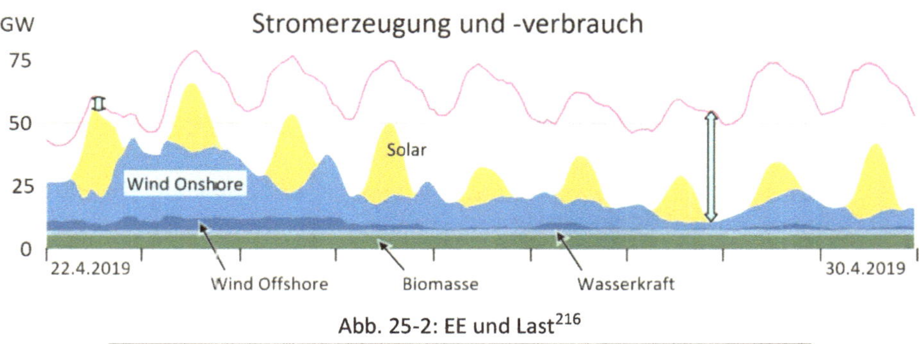

Abb. 25-2: EE und Last[216]

Es gibt Zeitpunkte im Jahr, in denen die VEE weniger als 1 % ihrer Nennleistung erbringen. Immer wieder wird falsch behauptet, dass der Wind auf See gleichmäßiger weht und die Schwachwindzeiten an Land ausgleicht, was *Abb. 25-3* klar widerlegt.

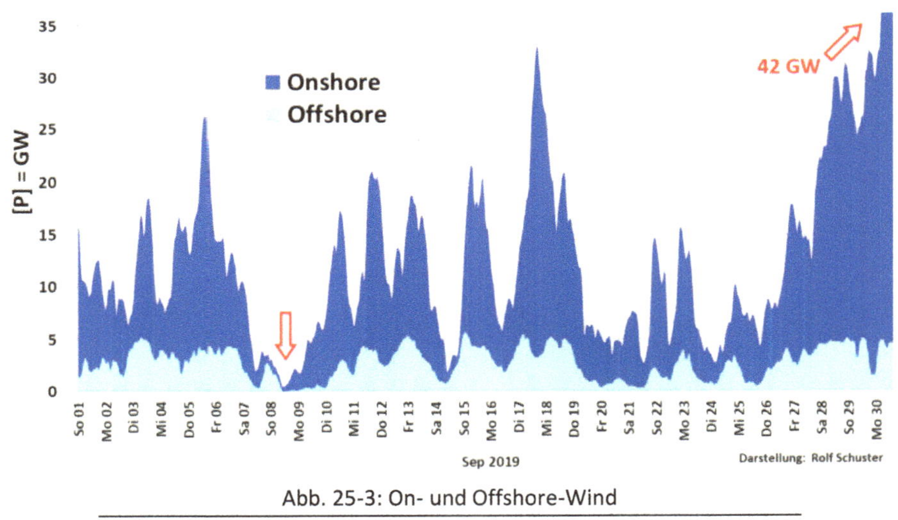

Abb. 25-3: On- und Offshore-Wind

Die Kohle- und Kernkraftwerke können nicht beliebig schnell hoch- und heruntergefahren werden. Auch kann man sie nicht beliebig weit unten, also mit geringer Leistung, arbeiten lassen. Das Aus- und Einschalten von Kraftwerken ist in vielerlei Hinsicht[A] zu vermeiden und dauert Stunden bis Tage.

[A] Es bedeutet: mehr Verschleiß, Reduktion der Nutzungsdauer, mehr Energieverluste und relativ mehr CO_2-Ausstoß. All das sind letztlich Kosten, für die einer aufkommen muss. Der Kraftwerksbetreiber ist sicher nicht bereit, dafür Verluste zu machen. Letztlich wird der Stromkunde oder der Steuerzahler dafür aufkommen.

Das führt dazu, dass in Zeitbereichen von sehr geringer *Residualleistung* mehr Strom in Deutschland produziert als verbraucht wird. Andererseits kann plötzlicher Mehrbedarf an Leistung nicht so schnell durch eigene Kraftwerke erbracht werden. Die Differenz muss durch Import und Export von Strom aus und in das europäische Verbundnetz erfolgen. Damit die nächsten Stunden und der nächste Tag mit dem Kraftwerkseinsatz vorausgeplant werden kann, werden Prognosen erstellt, die die VEE-Leistung über der Zeit und über der Fläche angeben. Hierzu sind genaue Wettervorhersagen und eine hochentwickelte Software wichtig. Trotz dieser technischen Anstrengungen sind zeitweise nicht unerhebliche Abweichungen zwischen Vorhersage und Realität zu managen.

All das ist eine schwierige technische und ökonomische Abwägung von Möglichkeiten, die manuell und mit Computerunterstützung erfolgt.

Die heute noch vorhandene Residualleistung, die aus Kohle-, Öl-, Gas- und Kernkraftwerken kommt und die bis 2050 auf möglichst null reduziert werden soll, kann nicht einfach durch Ausbau der EE-Anlagen ersetzt werden. Die grundsätzlichen Möglichkeiten und Abwägungen, wie mit den fluktuierenden EE umgegangen werden kann, wird in →*K24* ausführlicher dargestellt.

Frage: Was passiert, wenn man heute in Deutschland[A]

    a) alle VEE-Anlagen abschaltet?

    b) alle Kraftwerke abschaltet?

Antwort:

    a) Nichts. Die Kraftwerke versorgen uns weiter.

    b) Das gesamte Stromnetz wäre ausgefallen, weil mit EE allein die Nachfrage nicht bedient werden kann.

[A] Zu diesem Gedankenexperiment sind die Verbindungen zum europäischen Verbundnetz nicht vorhanden.

25.2 Netzebenen

Abb. 25-4: Hochspannung

Jeder kennt die Masten, die Hochspannungsleitungen tragen.[217] Bereits in *Tabelle 10-1* wurden die Spannungsebenen aufgelistet und charakterisiert.

Das Stromnetz ist nicht nur eine Anordnung von elektrischen Leitungen. Zwischen den Spannungsebenen sind Transformatoren und im Netz sind Schaltanlagen nötig. Diese werden von zahlreichen Dienstleistungsunternehmen betrieben, die sich grob in zwei Kategorien einteilen lassen: Übertragungsnetzbetreiber (ÜNB), die überregionale Netze bewirtschaften, und Verteilnetzbetreiber (VNB), die auf regionaler und lokaler Ebene arbeiten. Durch die vermaschte Topologie der Leitungen können bei Ausfall Umwege geschaltet und so die Auswirkungen für die Stromkunden begrenzt werden. Dies setzt Leistungsreserven in den Leitungen voraus. Solche Reserven bedeuten, dass der entsprechende Leitungsabschnitt unter normalen Betriebsbedingungen deutlich weniger belastet wird, als das technisch möglich wäre.

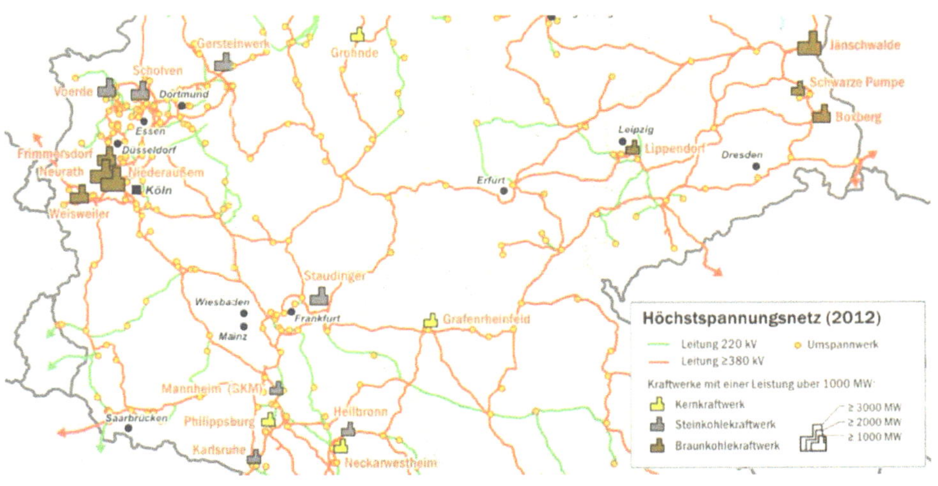

Abb. 25-5: Höchstspannungsnetz

Abb. 25-5 zeigt einen Ausschnitt aus dem Hochspannungsnetz Deutschlands.[218] In den Flächen zwischen den dargestellten Leitungen müssen Sie sich die darunterliegenden Netze vorstellen, die sehr viel enger vermascht sind.

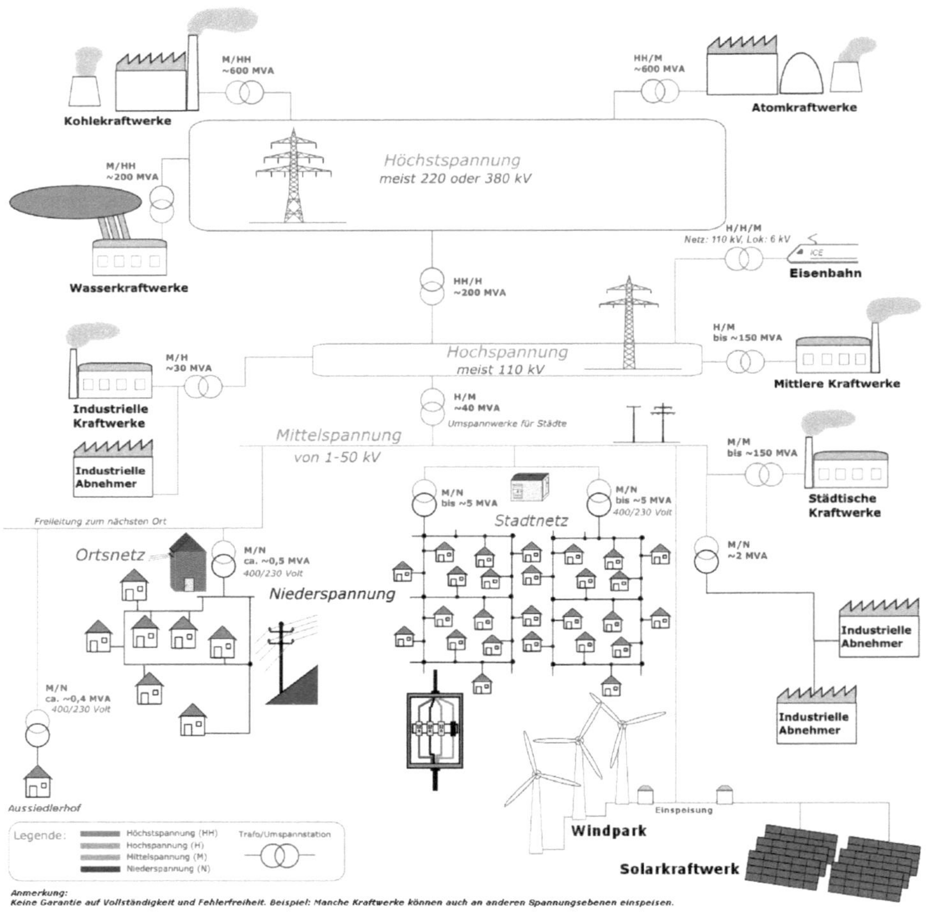

Abb. 25-6: Struktur des Stromnetzes

Die Hoch- und Höchstspannungsleitungen in Europa kann man sich auf https://www.entsoe.eu/data/map/ ansehen.

Abb. 25-6[219] zeigt schematisiert, wie die Spannungsebenen zusammenhängen und wer die typischen Stromerzeuger und Stromverbraucher sind. Die Doppelkreise stellen die Transformatoren dar, die die Anpassung der verschiedenen Spannungen vornehmen (Umspannwerke). Die MVA-Werte[A] geben typische Leistungen an. Erzeugt und übertragen wird Drehstrom[B], der auch am Hausanschluss vorliegt. An der gewöhnlichen Steckdose steht aber nur Wechselstrom zur Verfügung, d.h., es wird nur eine der drei Phasen des Drehstroms verwendet. Geräte, die viel Leistung aufnehmen, verwenden alle drei Phasen, wie z.B. der Elektroherd oder stationäre Maschinen.

25.3 Strommarkt

Hier befinden wir uns in einem Bereich, der – zumindest für mich – schwer zu verstehen ist, weil hier das Wort „Markt" enthalten ist, aber man schwerlich von Marktwirtschaft sprechen kann. In der Marktwirtschaft wird der Preis einer Ware zwischen dem Anbieter und dem interessierten Kunden ohne Beteiligung Dritter[C] ausgehandelt.

Wenn man die Zeitung aufschlägt, findet man Begriffe wie: *Marktprämie, Direktvermarktung, Terminmarkt, negative Strompreise, OTC-Handel, Netzentgelte, Flexibilitätsprämie, Merit Order* und andere. Nach sieben Novellen zwischen der Erstausgabe 2000 (6 Seiten) und 2017 hat das Gesetz mittlerweile 140 Seiten mit Anlagen und weiteren Verweisen auf unzählige Verordnungen[220] – ein Gesetzes- und Verordnungsdschungel, der selbst für einen Fachjuristen kaum noch lesbar ist. Es gibt wohl kein überzeugenderes Beispiel für deutsche Planwirtschaft. Über diesen Komplex könnte ein Insider ein dickes Buch schreiben. Einige wenige vereinfachende Erläuterungen möchte ich zum besseren Verständnis der Zusammenhänge aber machen.

Marktwirtschaft und EEG

Das EEG (Erneuerbare-Energien-Gesetz) wurde im Jahre 2000 geschaffen, um die Entwicklung der EE zu unterstützen. Es regelt die bevorzugte Einspeisung von Strom aus erneuerbaren Quellen ins Stromnetz und garantiert deren Erzeugern feste Einspeisevergütungen. Diese Garantie wurde auf 20 Jahre festgelegt, also etwa so lange, wie die technische Nutzungsdauer der Anlagen ist.[221] Das ist schon ein Novum, dass eine Produktionsanlage vom Kunden für die gesamte Dauer der Anlagenutzung subventioniert wird – festgelegt durch den Staat. Und weil Planwirtschaft nicht die gewünschten Ergebnisse liefert, werden die Gesetze dazu immer wieder angepasst. So soll ausgebügelt werden, was falsch festgelegt oder falsch eingeschätzt wurde. Auch das EEG hat diese Anpassungen erfahren – mittlerweile in sieben Novellen. Es ist mit seinen

---

[A] Zum Beispiel bedeutet 5 MVA: 5 Megawatt (5.000.000 Volt · Ampere)

[B] Drehstrom ist dreiphasiger Wechselstrom. Durch den Phasenversatz der drei Leiter von 120° kann ein Drehfeld einfach erzeugt werden, was technisch einfache Motoren ermöglicht.

[C] Sofern man nicht gesetzliche Grundsätze verletzt, wie z.B. Wucherverbot.

Begleitgesetzen und den vielen Ausführungsverordnungen so kompliziert, dass es Spezialisten braucht, die sich ausschließlich damit beschäftigen, um die maximalen Subventionen und Fördermöglichkeiten abzugreifen und die Bearbeitungen entsprechender Anträge beurteilen zu können. Die EE-Lobbys in Berlin und Brüssel sind wahrscheinlich weitaus mächtiger als damals die legendäre „Atomlobby".

Ergebnis dieser Politik ist, dass 2018 eine Kilowattstunde EE-Strom mit durchschnittlich 15,7 ct subventioniert wurde und das bei Marktpreisen von 3 bis 5 ct/kWh für die Kraftwerksbetreiber. Man kann es auch so ausdrücken: für EE-Strom, der 4,273 Mrd. € Wert war, musste 32,022 Mrd. € bezahlt werden, eine Subvention von knapp 28 Mrd. € in einem Jahr.[222]

Grüne werfen oft den Kohlekraftwerken mit ihren zu hohen Anteilen an Einspeisung vor, dass dadurch der Strompreis an der Strombörse wegen „Überangebot" gefallen sei. Das sei der Grund für die gestiegenen ***Differenzkosten*** für die EE. Diese Differenzkosten verursachen eine steigende EEG-Umlage, was zu negativen Schlagzeilen führt.

Die Zusammenhänge sind aber folgende:

- Die Kohlekraftwerke können nicht einfach beliebig Strom einspeisen, weil nur so viel Strom erzeugt werden kann, wie verbraucht wird. Günstiger Braunkohlestrom verdrängt lediglich andere konventionelle Stromerzeuger.

- Die Vergütungen für den VEE-Strom, die der Stromkunde letztlich bezahlen muss, sind durch das EEG festgelegt und konstant. Sie setzen sich nur bei schwankendem Börsenpreis anders zusammen.

- Durch hohes VEE-Erzeugerangebot entstehen niedrige Börsenpreise. Das bedeutet eine niedrige Vergütung konventioneller Stromerzeuger. (Diese können nicht mehr wirtschaftlich betrieben werden.)

- Da die konventionellen Kraftwerke nur den Strom einspeisen, der nicht durch die Vorrangeinspeisung der EE gedeckt wird, die sogenannte Residualleistung, bedeutet der fortschreitende Ausbau der EE den Rückgang des billigen, konventionell erzeugten Stroms und damit steigende Differenzkosten.

Stromhandel

Die Liberalisierung des Strommarktes 1998, die von der EU-Richtlinie vorgegeben wurde, trennte die *Stromproduzenten* von den *Netzbetreibern* (*Unbundling*[223]). Über entsprechende Regelungen konnten dann die Kunden ihren Stromanbieter[224] frei wählen. Dieser Umstand hat zunächst nichts mit Erneuerbaren Energien zu tun.

Strom ist, wie andere Energieträger (Gas, Öl, Kohle) auch, eine Handelsware. An der Strombörse ergeben sich die Börsenpreise aus der Schnittstelle von Angebot und Nachfrage. Der *Marktplatz* ist die Börse (das sind in der Regel elektronische Handelsplattformen), die *Ladentheke* ist das Stromnetz, hier wird die Ware *Energie* zwischen dem Produzenten und dem Stromkunden „rübergeschoben". Bezahlt wird am Jahresende an den Stromanbieter.

Da gibt es zunächst den sogenannten **Terminmarkt**. Hier werden Kontrakte über eine feste Lieferung in der Zukunft, innerhalb eines festgelegten Zeitraums, gemacht. Es geht dabei um eine Basisversorgung, einen Sockel. Man sichert sich langfristig ab, teilweise über 2 Jahre. Beide Seiten gewinnen dadurch mehr Planbarkeit. Einen großen Teil des Terminhandels stellen bilaterale, außerbörsliche Geschäfte (sogenannte OTC-Geschäfte) dar.

Während der Terminmarkt zur langfristigen Absicherung von Erzeugung und Bedarf dient, wird der **Spotmarkt**[225] genutzt, um das Erzeugungs- oder Absatz- bzw. Verbrauchsportfolio für den, in der Regel, nächsten Tag stundengenau zu optimieren. Dies entspricht der *Mittellast* und der *Spitzenlast* aus <u>*Abb. 25-1*</u>. Es finden komplizierte und kurzfristige Transaktionen zwischen allen Marktteilnehmern statt.

Wie wird nun der EE-Strom vermarktet?

Der Übertragungsnetzbetreiber, der den produzierten EE-Strom per Gesetz abnehmen muss (Vorrangeinspeisung), vergütet dem EE-Anlagenbetreiber die festgelegte Vergütung je Kilowattstunde. Die Strommenge wird dann am Spotmarkt angeboten und zu den dort aktuell gültigen Preisen verkauft. Die Differenz (von 4,3 Mrd. € bis auf 32 Mrd. €; s.o.) stellt er seinen Abnehmern in Rechnung, so dass dies der Stromkunde über die EEG-Umlage bezahlt.

Die Politik ist stark daran interessiert, dass die Stromkosten für die Stromkunden (auch Gewerbe und Industrie) nicht ständig weiter übermäßig steigen. Daher wird immer wieder diskutiert, wie man die gesetzlichen Regelungen modifizieren muss, damit mehr Wettbewerb die Preise und Kosten im Zaum hält. Überall dort, wo übermäßige Gewinne gemacht werden, mag man damit einen gewissen Erfolg haben. Die Grenzen sind dort, wo nicht mehr reduzierbare Aufwendungen für Stoffkosten, Personalkosten und sonstige Betriebskosten erreicht wurden. Die Kosten der Technik werden auch durch Sicherheitsanforderungen und durch physikalische Gesetze bestimmt.

So hat man die **Direktvermarktung** (seit 2012) mit Marktpreis erfunden, um die EE-Anlagenbetreiber mehr in die marktwirtschaftliche Pflicht zu nehmen. Wirklich marktwirtschaftlich ist das aber auch nicht, da es **Marktprämie** und **Managementprämie** als Förderung gibt.

Im *Strommarktdesign*, das immer wieder für die nächste Strommarktreform diskutiert wird, ist der **Kapazitätsmarkt** eine Komponente. Hiermit soll die Vorhaltung von Erzeugerleistung vergütet werden. Im Gegensatz dazu steht der **Energy-only-Markt**, bei dem nur die tatsächlich erzeugte und gelieferte Energie vergütet wird. Da der längerfristige Leistungsbedarf nicht genau und gesichert bestimmt werden kann, braucht man Überkapazitäten, die bei einem kalten Winter oder bei Ausfällen einspringen können. Es gibt Kraftwerke, z.B. für die Dunkelflauten, die nur selten zum Einsatz kommen müssen, aber für die sichere Stromversorgung unverzichtbar sind. Man unterscheidet **Netzreservekraftwerke**, die von der Bundesnetzagentur vertraglich gebunden werden, und die sogenannten **Spitzenlastanlagen**, die nur wenige Stunden im Jahr laufen. Von der gelieferten Energie können diese Anlagen nicht wirtschaftlich betrieben werden. Über einen Kapazitätsmarkt würde man ihre *Bereitschaft* Strom *liefern zu können* bezahlen. Das kann man mit der Berufsfeuerwehr vergleichen. Die Feuerwehrleute kann man auch nicht nur für die geleisteten Einsatzstunden bezahlen. Die Bereitschaft kostet eben Geld.

Das Merit-Order-Prinzip

Für die Bestimmung des Marktpreises im Day-Ahead-Markt wurde das Merit-Order-Prinzip festgelegt. Damit sollen vorrangig die günstigsten Stromproduzenten zum Zuge kommen.

Dazu werden alle verfügbaren Kraftwerke in einer Liste zusammengestellt und nach ihren Grenzkosten[A] geordnet. Dies kann man auch in einer Grafik (*Abb. 25-7*) darstellen. Unter Einbeziehung der von den konventionellen Kraftwerken zu tragenden Zertifikatekosten ergibt sich eine Kurve. Auf diese Weise kann man bei einer bereitzustellenden Leistung ermitteln, welche Kraftwerke dazu nötig sind. So kommen die kostengünstigsten Kraftwerke vorrangig zum Zuge.

In der *Abb. 25-7* wird ein Beispiel gezeigt. Die erforderliche Leistung im Netz wird durch Zulassung der Stromerzeuger in zwei Schritten bereitgestellt:

1. durch die EE-Anlagen (Vorrangeinspeisung)

2. durch konventionelle Kraftwerke für die dann noch benötigte Leistung (Residualleistung) nach dem Merit-Order-Prinzip.

Das Besondere ist, dass das teuerste Kraftwerk, das noch gebraucht wird, den aktuellen Strompreis für alle bestimmt, die zum Einsatz kommen. Wenn, wie im Beispiel

---

[A] Die Grenzkosten, sind die Kosten für eine zusätzlich erzeugte Energieeinheit (€/MWh). Sie sind geringer als die kalkulatorischen MWh-Kosten, die noch Fixkostenanteile enthalten.

noch 54 GW benötigt werden, so erlösen alle zugelassenen KWs 40 €/MWh. Der Abstand zum so ermittelten Marktpreis bestimmt die Gewinnmarge. Da die Grenzkosten die anteiligen Fixkosten nicht enthalten, ist die Gewinnmarge nicht direkt ablesbar. Ein erheblicher Teil des Strombedarfs wird vorher durch langfristige direkte Lieferverträge zwischen den Erzeugern und den Stromversorgern geordert. Das bietet für alle Beteiligte bessere Planbarkeit.

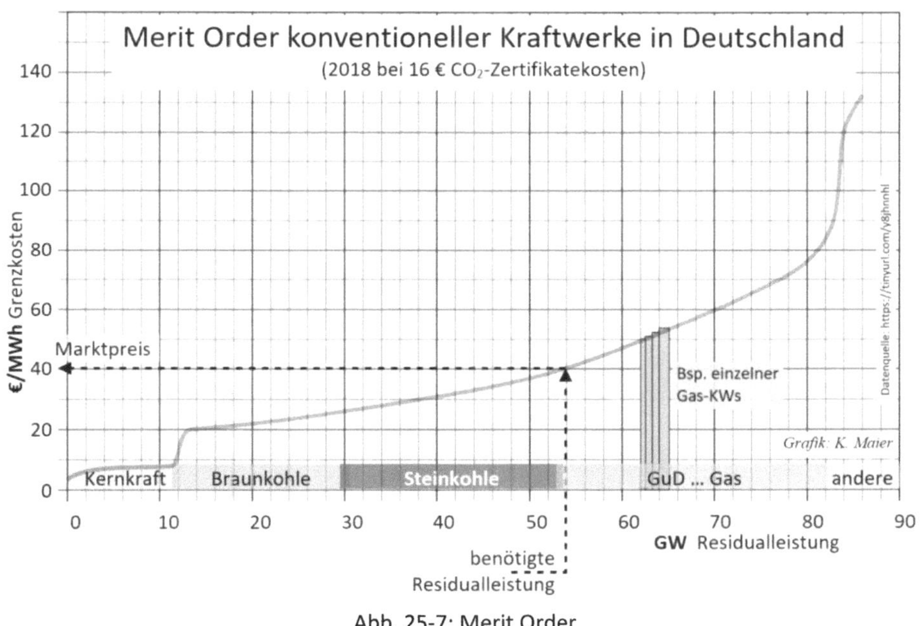

Abb. 25-7: Merit Order

Der Marktpreis ist nicht nur von mittelfristigen und saisonalen Schwankungen abhängig, sondern besonders von den Schwankungen der VEE. Diese können bei weiterem Ausbau in einigen Momenten des Jahres rechnerisch die gesamte Last bedienen. Auf der anderen Seite fallen sie auch zeitweise völlig aus. Damit schwankt die erforderlich Residualleistung, die nach diesem Prinzip durch konventionelle Kraftwerke bereitzustellen ist, zwischen nahe null und etwa 80 GW. Entsprechend der Kurve bewegt sich der Marktpreis so zwischen 10 und 80 €/MWh. Dazu kommen noch Effekte, die zu negativen Preisen führen. →S208

Dieses Zuteilungsprinzip für die einzusetzenden Kraftwerke verursacht verschiedene Effekte bei künftig steigendem Anteil der VEE an der Stromerzeugung:

- Der Energiebeitrag der konventionellen Kraftwerke, die Residualleistung, wird geringer. Immer häufiger befindet man sich im linken Bereich der

Kurve. Damit fallen die Marktpreise, wie man dies auch in den letzten Jahren beobachten konnte.

- Bei gefallenen Marktpreisen und steigenden CO_2-Zerifikatekosten ist der wirtschaftliche Betrieb konventioneller Kraftwerke immer weniger gegeben.

- Mehr VEE bedeutet einen wachsenden Anteil des über die EEG-Umlage vergleichsweise teuren Netzstroms, der zudem nicht nachfrageorientiert bereitgestellt werden kann – jedenfalls nicht ohne ausreichende Speicher. Der Kostenanteil durch EE-Strom steigt damit.

- Da die EEG-Umlage aus der Differenz zwischen den garantierten Strompreisen für die EE und dem gefallenen Marktpreis entsteht, muss die EEG-Umlage zwangsläufig steigen. Für 2021 wird ein Rekordhoch erwartet.[226]

- Ein höherer VEE-Anteil erfordert mehr Lastfolgeleistung und mehr Regelenergie. Diese sind aber besonders kostenträchtig und bilden eine weitere Verteuerungskomponente.

- Mit fallenden Marktpreisen, kommen teure Kraftwerke immer seltener zum Einsatz. Sie werden unrentabel, und die Betreiber tendieren zum Abschalten. Dies ist aber aus Gründen der Netzsicherheit oft nicht möglich, sodass die Stilllegung verweigert wird.

- In diesem abzusehenden Entwicklungsumfeld müssen künftig die technisch benötigten Gaskraftwerke subventioniert werden, weil sich dafür sonst kein Investor findet und die Stromversorgung stark gefährdet ist. Daher wird über einen Kapazitätsmarkt diskutiert. →*S206*.

Negative Strompreise

„Negative Strompreise bilden sich an der Strombörse, wenn ein hohes Angebot einer niedrigen Nachfrage gegenübersteht." Es bedeutet, dass wir den Strom ins Ausland verschenken und dafür noch „Entsorgungsgebühren" bezahlen.
Wie soll man das verstehen? Ist das sinnvoll? War das gewollt?

Verwenden wir eine Parabel zur Erläuterung dieser „speziellen Marktwirtschaft":

Ein neuer Biobäcker backt täglich unterschiedlich viele Biobrötchen, je nach seiner Laune, und bietet sie seinen Kunden an. Bald muss er feststellen, dass seine Brötchen teurer sind als die von der Konkurrenzbäckerei und nur wenige Kunden seinen Preis bezahlen wollen. Schon kurz nach der Neueröffnung denkt er an Schließen. Er hat gute Kontakte zur Stadtverwaltung. So beschließt die Stadtverwaltung, dass der Biobäcker bleiben soll, schließlich seien seine Brötchen gesünder.

Der Biobäcker bekommt die Zusage, dass er für seine Brötchen je 80 Cent bekommt, auch wenn er sie zu vergleichbaren Preisen, wie seine Konkurrenz, zu etwa 40 Cent, anbietet. Wenn der Biobäcker der Stadtverwaltung mitteilt, wie viel Brötchen er verkauft hat und wie viel er dabei erlöst hat, soll er die Differenz zu 80 Cent erstattet bekommen.[A] Bei einem solchen Angebot, denkt sich der Bäcker, führe ich mein Geschäft selbstverständlich weiter.

Natürlich will er die Brötchen loswerden, um am nächsten Tag frisch backen zu können. Flexibel, wie er ist, passt er den Preis seiner Brötchen der Nachfrage an (Marktprinzip). Jetzt ist es Mittag und es sind noch Brötchen da (trotz reduzierten Preises). Dann ist er bereit, diese nicht nur zu verschenken, sondern dem Kunden noch etwas dafür zu bezahlen, dass er sie nimmt. An manchen Tagen fallen solche „Entsorgungskosten" an.

Von der Stadt bekommt er die vollen 80 Cent plus die eventuell angefallenen „Entsorgungskosten".

Das ist etwa die Situation der Erneuerbaren Energien am Strommarkt. – Nein, nicht ganz:

Um den Umsatz an konventionell gebackenen Brötchen einigermaßen zu halten, senkt der konventionelle Bäcker seine Preise. Diesen Bäcker möchte die Stadt loswerden, kann ihm aber nicht einfach sein Geschäft verbieten, das er schon über 20 Jahre hat. Daher hat sie eine Gesetzeslücke entdeckt: Sie kann eine Extrasteuer auf konventionelle Brötchen erheben.

Da beschwert sich der Bäcker und beklagt, dass er ungerechtfertigt heftig benachteiligt werde. Außerdem gäbe es ja noch viele Kunden, die seine Brötchen zum günstigen Preis haben wollten.

Aber die Stadtverwaltung schreibt zurück:

> „Was wollen Sie eigentlich? Es ist alles eine Frage von Angebot und Nachfrage, den normalen Marktprinzipien. Wenn Ihre Brötchen nun zu teuer sind, müssen Sie eben billiger produzieren. Außerdem sind die Brötchen Ihrer Konkurrenz schließlich auch gesünder und auf gesunde Ernährung müssen wir alle achten."

Der Empfänger erkennt, dass er in dieser Stadt keine Chance mehr hat, entschließt sich sein Geschäft aufzugeben und dort neu zu eröffnen, wo Kunden seine günstigen Brötchen zu schätzen wissen. Denn schließlich sind Generationen vor ihm auch nicht an solchen Brötchen erkrankt.

[A] Der Ökostrom ist 4-fach teurer als der Marktpreis, also nicht nur doppelt so teuer, wie im Beispiel.

Die gedankliche Übertragung der *Brötchen* in *Ökostrom*, der Bäcker als Stromerzeuger und der *Brötchensteuer* in *CO_2-Bepreisung* sei Ihnen überlassen und ich bin sicher, dass Ihnen das gelingt.

Wie es zu mehr Öko-Brötchen kommt, als nachgefragt werden – ich meine wie es zu Überschussenergie kommt –, wird in →*K24* ausführlich hergeleitet.

Zugegeben, die negativen Strompreise werden mit der Parabel nicht ausreichend erklärt. Daher nun etwas konkreter:

Die VEE-Erzeuger verlangen im Rahmen der Gesetze und des Strommarkts von den anderen Stromerzeugern eine Residualleistung bereitzustellen, die durch die VEE immer extremer schwankt. Daher gibt es Situationen, in denen plötzlich mehr VEE eingespeist werden, als vorausgeplant war. Diese Differenz kann durch unerwartete Wettersituationen und ein Nachfragetief hervorgerufen werden. Solche Fälle werden in Zukunft bei steigenden VEE-Anteilen zwangsläufig häufiger. →*S227*

Da die erzeugte Leistung aller Anlagen mit der nachgefragten Leistung übereinstimmen muss, muss entweder VEE abgeregelt werden (die aber trotzdem zu bezahlen ist, obwohl sie nicht eingespeist wird[227]) oder die Anlagen, die für die Residualleistung Strom liefern, müssen schnell ihre Leistung zurückfahren. Konventionelle (thermische) Kraftwerke können aber nicht beliebig schnell ihre Leistung drosseln. Wenn absehbar ist, dass dieser Zeitbereich nur kurz ist, ist es für die Kraftwerksbetreiber ökonomisch günstiger, die Kraftwerke auf niedrigem Niveau weiterlaufen zu lassen, als sie für kurze Zeit abzuschalten. Dafür sind sie dann bereit für den gelieferten Strom zusätzlich Geld zu zahlen. Damit wird aber mehr Strom produziert, als verbraucht wird. Somit fallen – nach dem Prinzip von Angebot und Nachfrage – die Preise, teilweise sogar ins Minus. Die Lösung besteht dann darin, dass der Strom ins europäische Netz gedrückt wird. Damit die Nachbarn die Abnahme akzeptieren, bekommen sie dafür noch Geld. Konventionelle Kraftwerke müssen dann den negativen Preis hinnehmen, der für sie immer noch günstiger ist als ein komplettes Herunter- und Herauffahren.

Man hat damals negative Preise bewusst zugelassen, um die Motivation der Kraftwerksbetreiber zu steigern, sich der wachsenden Volatilität anzupassen. Das ist auch bis zu einem gewissen Grad gelungen. Technisch ist das aber nicht beliebig steigerbar. Angesichts der Abschaltbeschlüsse für Kohlekraftwerke gibt es keine Gründe mehr unter Kostenaufwand technisch nachzurüsten.

Für die EE-Anlagen, die durch Vorrangeinspeisung auch bei negativen Preisen weiter Strom erzeugen, müssen die Stromkunden nicht nur die garantierten EE-Preise, sondern die Differenz zum negativen Marktpreis zahlen. Damit werden die Differenzkosten im Rahmen des EEG künftig weiter steigen.

Herkunftsnachweise von Ökostrom

Ein Produkt muss attraktiv beworben werden, wenn man es verkaufen will. Verkäufer sind kreative Menschen, andernfalls haben sie keinen Erfolg. So hat man sich die „Herkunftsnachweise" einfallen lassen. Die EU-Richtlinie 2009/28/EG, die in nationales Recht umzusetzen war, ermöglicht den EU-weiten Handel mit diesen Herkunftsnachweisen. Damit kann ein Stromanbieter, z.B. Ihre Stadtwerke, behaupten, dass Sie zu X % Ökostrom erhalten. Wie funktioniert das, wo doch alle Erzeuger in ein großes Netz einspeisen und so jeder quasi den gleichen Strommix erhält?

Physikalisch ist das auch so. Man kann Ökostrom oder Kohlestrom nicht getrennt durch das Netz leiten. Der Stromanbieter kann sich aber Herkunftsnachweise z.B. von einem Wasserkraftwerk kaufen. Er kauft dabei nicht den Strom selbst, sondern nur einen *ideellen Mehrwert*, den der Ökostrom gegenüber dem Kraftwerksstrom habe.[228] Das Umweltbundesamt führt dazu ein Herkunftsnachweisregister für Ökostrom, damit der Ökostromerzeuger seine Kilowattstunde nicht mehrfach verkaufen kann. Der Stromanbieter hat damit einen Verkaufsvorteil, weil der Kunde ein gutes Gewissen hat und er nicht den „schmutzigen" Kohlestrom verbraucht.

Fakt ist aber, dass sich – ob nun Ökostrom-Herkunftszertifikate verkauft werden oder nicht – nichts an der Erzeugungssituation oder der Verbrauchssituation hinsichtlich des Ökostromanteils ändert – weder für diesen Kunden noch für alle.[229]

Vorteile haben nur die EE-Stromerzeuger solcher Zertifikate (sie bekommen Geld dafür) und die Stromanbieter (sie machen mehr Umsatz mit ihren Stromkunden). Bezahlt wird dieses ökologische Nullsummenspiel durch den Stromkunden. Der Aufpreis beim Kunden verändert auch nicht die Struktur des vorhandenen Kraftwerksparks, sondern lediglich die Art seiner Vermarktung.

Besonders bizarr wird es, wenn isländische Stromerzeuger ihren Ökostrom durch Herkunftszertifikate an Stromversorger nach Europa verkaufen, auch wenn kein Kabel zwischen Island und der EU besteht.[230] Nach der Logik der Herkunftsnachweise haben nun die Isländer weniger Ökostrom in ihren Steckdosen und bekommen über eine *virtuelle Verbindung* den europäischen Kohlestrom als Ersatz für ihren „verkauften" Ökostrom.

Also: Darf es etwas teurer sein für ein gutes Öko-Gewissen? Für viele ist es so.

Achtung: Ökostromangebote über Ihren Stromversorger
sind nur ein Marketing-Gag.

25.4 Netzausbau

Es stellt sich die Frage, **was** ausgebaut wird und **warum** das nötig ist, wo doch der Stromverbrauch in den letzten Jahren etwa gleichgeblieben ist. Offenbar sind Aufwendungen für Änderungen am Stromnetz nötig, die durch die Energiewende bedingt sind.

- Immer wieder ist in der Presse von fehlenden *Stromtrassen* zu lesen. Es geht um zusätzliche Hoch- und Höchstspannungsleitungen, die im Wesentlichen den Norden mit dem Süden verbinden sollen.

- Es sind zusätzliche Leitungen nötig, um die vielen VEE-Stromerzeuger (Windenergieanlagen, PV-Anlagen) an das Netz anzuschließen.

- Es sind Verstärkungen in verschiedenen Netzteilen durch *Prosumer* (→*S213*) und durch VEE-Einspeisung erforderlich.

- Es sind Neuordnungen der Netzkomponenten durch die Abschaltung der Kohle- und Kernkraftwerke nötig. →*K27* Mit den Kraftwerken sind entsprechende Leistungsflüsse in bestimmen Netzabschnitten verbunden, die sich nach der Abschaltung ändern.[231]

Die dadurch verursachten Mehrkosten hat der Stromkunde über seine *Netzentgelte* (→*K10.9*) zu bezahlen, die Bestandteil der Stromrechnung sind.

Nun zu den Gründen:

Stromtrassen

Bereits heute gibt es immer wieder Situationen, in denen mehr VEE-Strom erzeugt wird, als die deutschen Stromkunden benötigen bzw. das Netz aufnehmen kann. Diese *Überschussenergie* muss entweder ins benachbarte Ausland geleitet werden oder die VEE-Anlagen müssen abgeregelt werden. Der Betreiber der VEE-Anlagen mit Vorrangeinspeisung erhält aber weiterhin die Bezahlung des nicht benötigten Stroms. Manchmal muss man dem Ausland noch etwas dafür bezahlen (*negativer Strompreis*), dass der Strom abgenommen wird. Dies ist eine unangenehme Situation, die für schlechte Schlagzeilen sorgt. Um das zu vermeiden, würde man gerne den Strom in den Süden leiten, wo er gebraucht wird.[232] Leider ist für die geschilderte Situation das vorhandene Stromnetz nicht gebaut worden. Könnten diese Überschüsse im Süden genutzt werden, könnte man dort die Kraftwerke in ihrer Leistung zeitweise reduzieren. Ein Ersatz für die wegfallende Kraftwerksleistung (Stilllegung der Kohle- und Kernkraftwerke) ist das allerdings nicht. →*K27.2* Wenn im Norden kein Wind weht, kann auch die beste Stromtrasse die Verbraucher im Süden nicht versorgen. Es bleibt die

Notwendigkeit einer doppelten Stromversorgungsinfrastruktur, eine für günstige Wetterverhältnisse mit EE und eine für ungünstige mit konventionellen Kraftwerken.

Anschluss der EE-Anlagen

Wir haben Zehntausende Windenergie-, Photovoltaik-[A] und Biogasanlagen. Allen ist gemeinsam, dass sie außerhalb von Ortschaften stehen, die an das Mittelspannungsnetz angeschlossen sind. Daher sind spezielle Leitungen zu diesen Anlagen vom Mittelspannungsnetz zu legen. Das passiert zum Teil unter erschwerten Bedingungen, wenn es in die Berge und Wälder geht. Je nach Leistung, die erzeugt wird, kann eine Verstärkung gewisser Teile des Mittelspannungsnetzes erforderlich werden. Auch diese Kosten werden auf den Stromkunden über die Netzentgelte umgelegt.

Prosumer und die VEE-Einspeisung

Da die daraus erwachsenden Probleme weniger bekannt sind, möchte ich hierauf etwas tiefer eingehen.

Ein Prosumer wird als ein Teilnehmer am Stromnetz verstanden, der sowohl Strom einspeist (Produzent) als auch Verbraucher (Konsument) ist.

In der Vergangenheit war der Leistungsfluss von der Hochspannungsebene bis zum Endkunden (Niederspannung) einfachgerichtet.

Vor der Energiewende waren in der Kette zwischen den Großkraftwerken und dem Endverbraucher keine oder wenige Energieerzeuger. Die Netzabschnitte in der Kette waren so ausgelegt, dass bei durchschnittlicher Last die entsprechenden Spannungsabfälle über die Leitungslänge so klein waren, dass mit den (statisch) eingestellten Transformatorenabgriffen etwa die Mitte des Spannungstoleranzbereichs erreicht wurde (*Abb. 25-8*). Die Schwankungsbreite (zwischen den gestrichelten Linien), die über die Lastunterschiede entsteht, kann über den Querschnitt der Leitungen (d.h. deren Impedanz) kontrolliert werden. Der Spannungsabfall war immer zum Verbraucher gerichtet. Bei der Dimensionierung der beteiligten Komponenten wird ein wirtschaftliches Optimum[233] für die Einhaltung der vorgegebenen Spannungstoleranz gewählt.

[A] Ohne die Dachanlagen

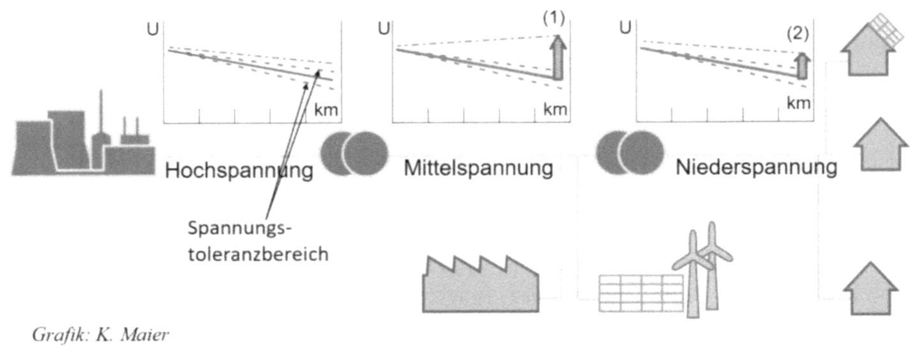

Abb. 25-8: Doppelt gerichtete Leistungsflüsse

Wenn nun aber immer mehr Stromerzeuger auf der Mittelspannungs- und Niederspannungsebene hinzukommen, kann der Spannungsabfall, der sich dann ergibt, den zulässigen Toleranzbereich verlassen. Das Schwankungsfeld wird angehoben (1) und (2). Die Anhebung von (2) wirkt sich (zu einem Teil) auch auf die Mittelspannungsebene aus und addiert sich mit den dort angeschlossenen Erzeugern (1). Das passiert in gleicher Weise wie im Lastfalle – nun aber in umgekehrter Richtung. Die Flussrichtung der Leistung kehrt sich zeitweise um.

Die Einspeisung der EE-Erzeuger soll so groß sein, dass auch Gebiete außerhalb der eigenen Region mitversorgt werden. Damit muss die Einspeisung so kräftig sein, dass die Verteilung in andere Regionen über die übergeordneten Netzebenen erfolgen kann. Entsprechend hoch fallen die Spannungsabfälle aus (zum Teil erheblich höher als für den reinen Lastfall). Hätte man eine relativ gleichmäßige Einspeisung der VEE, so könnte man die Trafoeinstellungen zum Ausgleich von Spannungsabfällen einfach neu anpassen. Das geht aber nicht, da die zeitlichen Einspeisungen zwischen fast null und maximaler Leistung schwanken können (z.B. PVA Tag/Nacht). Da der Bereich, den ein Großkraftwerk versorgt, in seinen Netzteilen (spezielle Teile von MS, NS) einer unterschiedlichen Einspeisung ausgesetzt werden kann, kann das Großkraftwerk an seinem Einspeisepunkt diese Unterschiede nicht ausgleichen.

Normalerweise kann man diesem Problem nur damit begegnen, indem man die Leitungs- bzw. Netzimpedanzen reduziert. Es kann auch den Austausch von Erdkabeln bedeuten. Das ist der Netzausbau, um den es hier geht. Mit stärkeren Leitungen und erweiterter Vermaschung ist natürlich mehr Leistung zu übertragen und die Spannungsabfälle werden geringer. Die übrigen im Netz integrierten Komponenten (Transformatoren, Schalt- und Schutzeinrichtungen) sind natürlich ebenso an höhere Leistungen anzupassen (Kosten).

Mittlerweile gibt es eine elektronische Antwort auf dieses Problem[234] – Not macht erfinderisch! So bietet ABB einen elektronischen Boost-Transformator an, der im NS- und im MS-Netz eingesetzt werden kann. Das Prinzip ist überzeugend einfach, wie *Abb. 25-9* zeigt.

Über einen Transformator, der in die Leitung eingeschleift ist, kann eine Zusatzspannung überlagert werden, die den Ausgleich vornimmt. Die Leistungselektronik entnimmt die nötige Leistung von der Leitung und prüft auf der anderen Seite auf die Sollspannung. Eine solche Lösung kann auch bei Umkehrung des Leistungsflusses die Spannung konstant halten. Sie arbeitet auch bei einer hohen Änderungsdynamik problemlos und stellt die einzuhaltende Spannungstoleranz sicher. Die Kosten[235] hierfür sind allemal geringer als der Austausch der Leitungen.

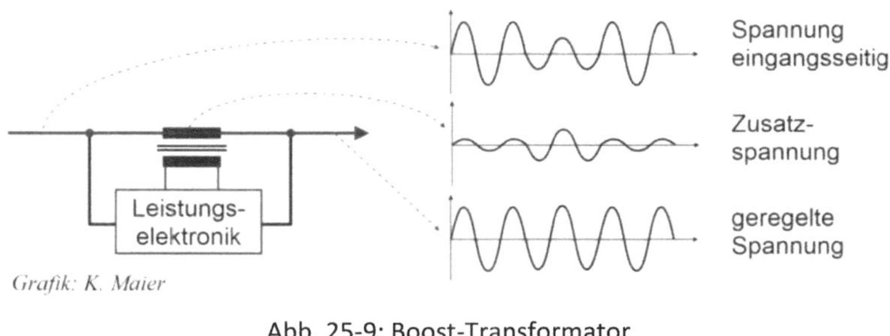

Abb. 25-9: Boost-Transformator

Dimensionierung der Leitungen

Die im Netz installierten Leitungen werden beim Bau so dimensioniert, dass sie unter normalen Betriebsbedingungen mit weniger als 50 % ihrer übertragbaren Leistung ausgelastet sind. Dies hat drei Vorteile:

1. Die Verluste sind geringer.

2. Plötzlich auftretende Blindleistungen und Ausregelvorgänge nach Störungen können besser beherrscht werden.

3. Die Leitungsabschnitte könnten im Störfall einer anderen Leitung als (Teil-)Ersatzweg verwendet werden.

Dies ist im Rahmen der Redundanzstrategie essentiell für eine sichere Stromversorgung. Da zu jedem Zeitpunkt die Toleranzen für den gelieferten Strom einzuhalten sind (dazu gehört auch die Spannung), müssen die Leistungsspitzen und nicht nur die durchschnittlichen Leistungen berücksichtigt werden.

Gerade bei den VEE sind aber die Leistungsspitzen um ein Vielfaches höher als der Durchschnittswert. Während die Spitzenlast nur um rund 40 % höher ist als die durchschnittliche, ist die Spitzenleistung der VEE rund 7-fach höher als ihr Durchschnittswert. Das verdeutlicht die extreme Problematik für die wechselnden Richtungen des Leistungsflusses.

Unglücklicherweise verläuft der durch die Energiewende nötig gewordene Netzausbau mit neuen Leitungen und Verstärkungen deutlich langsamer als der Ausbau der VEE.

25.5 Netzstabilität

Die vielen gekoppelten Beteiligten (Stromerzeuger, Regeleinrichtungen, Leitungsabschnitte, Transformatoren, Schalteinrichtungen, Verbraucher) bilden ein Netzwerk, das trotz ständiger Änderungen in einem elektrisch stabilen Zustand gehalten werden muss.

Netzstabilität hat zwei Aspekte:

1. Wie stabil ist das Netz unter „normalen" Betriebsbedingungen (Schwankungen von Erzeugung und Last)?

2. Wie kann das Netz stabil gehalten werden, wenn Ausfälle von Betriebsmitteln (Kraftwerke, Leitungen, Transformatoren etc.) passieren?

Beide Aspekte resultieren aus dem *Konzept* und der *Dimensionierung* des Stromversorgungssystems. Zum Konzept gehören: Art und Anteil der Stromerzeuger (z.B. VEE, Kohle-, Kernkraftwerke, Speicher), Organisation der Regelzonen (nach Gebiet und Verantwortung), Netzausdehnung und Netzstruktur (Vernetzung mit dem Ausland). Zur Dimensionierung gehören: Umfang an gesicherter Leistung und an Regelenergie, Auslastungsgrad der Leitungen im Netz unter normalen Bedingungen, Redundanzgrad (n-1-Sicherheit[A]) und konsequente Anwendung des Worst-Case-Prinzips bei der Dimensionierung.

[A] Es bedeutet, dass eine Komponente ausfallen kann. Diese kann durch eine redundante Struktur ersetzt werden, so dass der Betrieb gesichert ist.

Was gefährdet die Netzstabilität?

- Große Störungen (Ausfall eines großen Kraftwerks, Abschalten großer Lasten, Kurzschlüsse, Ausfall einer Übertragungsleitung mit hoher Leistung)

- Große und schnelle Einspeiseschwankungen der VEE

- Zu hoch ausgelastete Leitungen (mangelnde Stabilitätsreserve)

- Zu hoch ausgereizte Kraftwerke (mangelnde Stabilitätsreserve)

- Falsche, verspätete Entscheidungen bei der Netzführung

- Unkoordinierte Regeleingriffe beteiligter Netzverantwortlicher und Energieerzeuger

- Wenn die Erzeuger und Verbraucher nicht nahe beieinander platziert sind (Energietransport über große Entfernungen kann problematisch werden, da Leitungsabschnitte von verschiedenen, sich überlagernden, schwankenden Leistungsflüssen betroffen sind)

Stromhandel als Störquelle

Eine gewisse Störquelle entsteht auch aus dem Stromhandel, der in einem festen Raster (eine Viertelstunde, eine Stunde und ein Tag) Einspeiseleistungen vorausplant, die dann so umgesetzt werden. Die Störung entsteht dadurch, dass die Übergabe der Erzeugung von Kraftwerk A zu Kraftwerk B nicht ideal erfolgt (kein exakter Zeitpunkt mit definierter Rampe). Auffallend ist, dass die Störungen, die sich in der Frequenzänderung zeigen, bei dem Viertelstundenwechsel deutlich kleiner ausfallen als bei dem Stunden- oder Tageswechsel (z.B. 5 mHz, 10 mHz und 40 mHz).[236]

Dimensionierung und Betrieb

Betrachten wir nun die wesentlichen Aspekte bei der Dimensionierung des Stromversorgungssystems: Gesicherte Leistung, Erzeugerleistung, Speicher, Leitungskapazität und Regelzonen/Regelenergie.

Gesicherte Leistung

Die ***gesicherte Leistung*** eines Stromversorgungssystems ist die Leistung aller Stromerzeuger, auf die man sich statistisch mit hoher Wahrscheinlichkeit zu jedem Zeitpunkt verlassen kann. Sie ist geringer als die Summe der installierten Leistung, weil z.B. Kraftwerke in Revision oder ausgefallen sind. Die gesicherte Leistung der Photovoltaik ist null (wenn kein Speicher vorhanden ist[237]).

Die von Windenergie ist praktisch nahe null.[A] Für die thermischen Kraftwerke (Kohle, Öl, Gas, Kernenergie) liegt sie bei rund 90 % der Nennleistung.[B, 238]

Um die Versorgungssicherheit im Netz garantieren zu können, muss für jeden Zeitpunkt und für jede Betriebssituation die *gesicherte Leistung* größer sein als die maximale Last.

Die Differenz wird als **Sicherheitsreserve** bezeichnet. Sie muss ausreichend hoch sein, damit auch bei einer unerwartet hohen Last (z.B. extrem kalter Winter) genügend Erzeugerleistung vorhanden ist.

Mit der Abschaltung der Kohle- und Kernkraftwerke fällt die *gesicherte Leistung* auf ein gefährliches Tief.[239]

Abb. 25-10: Gesicherte Leistung

Wie *Abb. 25-10* zeigt, haben wir derzeit (2019) nur noch eine sehr kleine Sicherheitsreserve. Diese wird nach Abschaltung der letzten Kohlekraftwerke bis 2038 auf -40 GW fallen, wobei zwar einige Gaskraftwerke zugebaut werden, die aber das Manko bei weitem nicht ausgleichen werden.[240] Die Folge ist, dass Deutschland auf den Import von elektrischer Energie, vor allem in den Wintermonaten, angewiesen sein wird. Bereits heute können unsere Nachbarn ihren Bedarf in besonderen Situationen kaum selbst decken. In der Vergangenheit hatte Deutschland in solchen Zeiten unseren Nachbarn geholfen.

[A] Sie fällt in Schwachwindphasen öfters deutlich unter 1 % der Nennleistung.

[B] Sofern die Brennstoffsituation gesichert ist.

> Es ist unverantwortlich, die Stromversorgung
> von häufigem Import abhängig zu machen.

Erzeugerleistung

Lassen wir die VEE weg, so dass nur *gesicherte Leistung* verbleibt, so zeigt *Abb. 25-11* die Nennleistungen der Kraftwerke nach Energieträgern.

Die Pumpspeicherkraftwerke können nicht als *gesicherte Leistung* gezählt werden. Nimmt man alle konventionellen Kraftwerke und Kernkraftwerke heraus, bleiben noch als nichtfossile Erzeuger: Laufwasser, Biomasse, Deponiegas und Abfall. Alle sind entweder nicht ausbaubar, bringen auf Dauer nicht ihre Nennleistung oder sind vernachlässigbar.

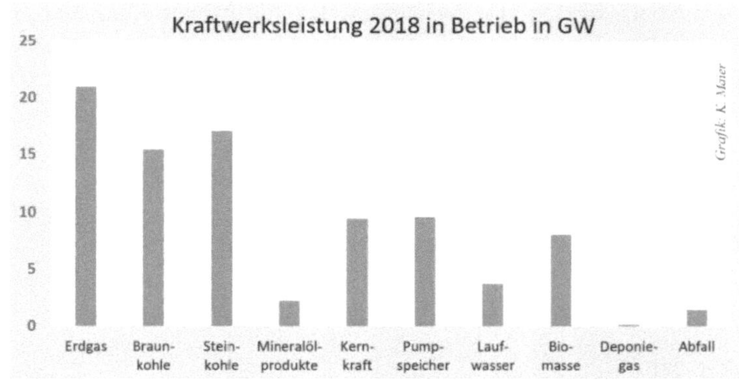

Abb. 25-11: Kraftwerksleistung 2018

Der einzige Ersatz, will man die Stromversorgung dekarbonisieren, sind die VEE, also Energie aus Wind und Sonne.

Speicher

Die VEE sind per Definition volatil und bieten damit keine *gesicherte Leistung*. Gesicherte Leistung ist, nach Abschaltung von Kohle und Kernkraft, nur mit Gas-KWs oder über Speicher zu lösen. →K24

Bis 2038 verbleiben etwa mit den geplanten, zugebauten Gaskraftwerken 40 bis 45 GW an *gesicherter Leistung*. Eine groß angelegte Initiative zum Bau von Gaskraftwerken gibt es nicht. Lastspitzen von bis zu 90 GW sind ohne massiven Stromimport nicht zu bewältigen.

Für eine deutschland-autarke Lösung für den Stromsektor gibt es zwei Fälle:

1. Keine nennenswerten Speicherkapazitäten verfügbar

Die Gaskraftwerke für Backup müssen auf mindestens 90 bis 100 GW Erzeugerleistung ausgebaut werden. Es gibt keine Pläne, die auch nur annähernd in diese Größenordnung kommen. Bei diesem Fall gibt es keine technischen Gründe für einen bestimmten Anteil der VEE. Verlangt man aber einen Anteil der EE von wenigstens 70 % an der Stromversorgung, so erfordert das eine VEE-Summennennleistung von 285 GW[241] (Ende 2019: 110 GW). An der nötigen Erzeugerleistung der Gas-KWs von mindestens 90 GW ändert der erweiterte Ausbau der VEE nichts.

2. Langzeitspeicher (P2G2P) verfügbar

Ist ein P2G2P-Speicher mit der nötigen Kapazität und Leistung sowie ausreichend VEE verfügbar, wäre der Ausbau der Gas-KWs nicht nötig. Um die Backup-KWs aber auf eine Leistung von 30 GW (heute) zu begrenzen, muss der Speicher eine Ausgangsleistung von mindestens 60 GW haben. Damit der Ausbau der VEE auf die nötigen 600 GW begrenzt werden kann, muss der P2G2P-Speicher eingangsseitig 250 GW verarbeiten können. In dieser Konstellation[242] werden zwar bis zu 30 GW an Backup-Leistung nötig, aber diese wird sehr selten gebraucht, so dass weniger als 4 GWh/a anfallen. Unter Worst-Case-Bedingungen sind ein VEE-Ausbau von fast 1000 GW und ein P2G2P-Speicher mit 110 bzw. 25 TWh$_{netto}$ nötig.

Beide Fälle sind heute schwer vorstellbar.

Leitungskapazität

Die Belastungen der Hoch- und Mittelspannungsleitungen sind aufgrund schwankender Lasten und zunehmender Erzeugungsschwankungen nicht konstant. Was man planen kann, ist die voraussichtliche Situation in bestimmten Gebieten, die durch neue Leitungen versorgt oder verstärkt werden sollen. Insbesondere durch den wachsenden Einfluss der VEE auf die Belastungssituation müssen die Leitungen so dimensioniert werden, dass sie normalerweise mit weniger als 50 % der möglichen Belastbarkeit genutzt werden. Das war früher ein Grundsatz, ganz einfach, weil bei Ausfall einer Übertragungsleitung Ersatzwege geschaltet werden müssen, um die Versorgung weiterhin sicherzustellen. *Abb. 25-12* zeigt den Fall[A], bei dem einige Leitungen zu mehr als 50 % ausgelastet sind.

[A] Am 28.11.2019, 11 Uhr, https://www.50hertz.com/Netzlast/Karte/index.html.
    Mehrere Leitungen sind gleichzeitig über 50 % ausgelastet.

Eine Leitung, die zu mehr als 50 % belastet ist, kann eben bei Ausfall einer anderen Leitung nicht ohne Weiteres deren Last zusätzlich übernehmen. Daher sollte die Auslastung von unter 50 % der Normalfall sein.

Um das gewählte Datum herum gab es in diesem Gebiet zu jeder Uhrzeit (auch mitten in der Nacht) hohe Auslastungen, was darauf schließen lässt, dass diese nicht durch die Verbrauchsschwankungen, sondern durch die Einspeiseschwankungen der VEE verursacht wurden.

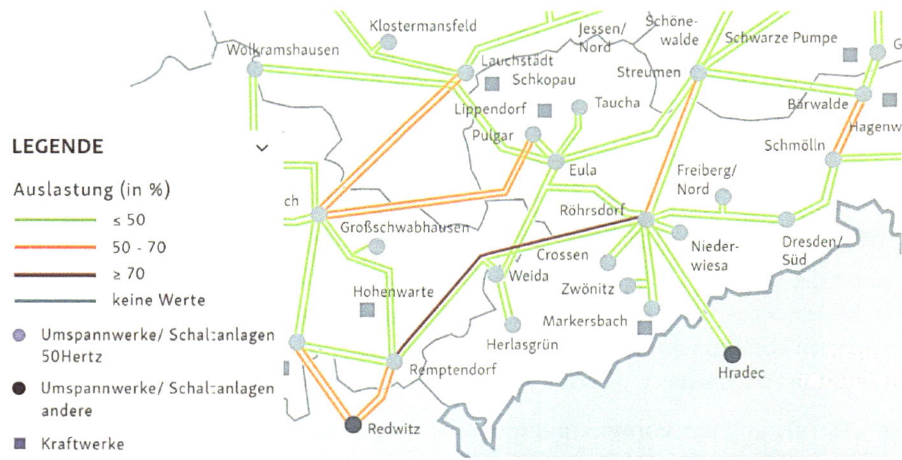

Abb. 25-12: Leitungsauslastung

Die „relative Ruhe" bei den Leistungsflüssen, die auch durch die weitgehend konstante Flussrichtung durch die Leitungsabschnitte gekennzeichnet war, ist nach Einführung und verstärktem Ausbau der VEE beendet.

Der fortschreitende Ausbau der VEE gefährdet durch Einspeiseschwankungen massiv die Netzstabilität und damit die Versorgungssicherheit.

Regelzonen, Regelenergie

Als **Regelzone** bezeichnet man einen geografisch festgelegten Verbund von Hoch- bzw. Höchstspannungsnetzen, deren Stabilität vom zuständigen Übertragungsnetzbetreiber (ÜNB) organisiert wird.

In Deutschland gibt es vier Regelzonen (50Hertz, TransnetBW, Tennet, Amprion), die über Kuppelstellen zu einem *Netzregelverbund* zusammengeschaltet sind. Darüber hinaus gibt es eine europaweite *Netzsynchronisation*.

Die ÜNB haben die Pflicht, in ihrer Regelzone Frequenzschwankungen zu verhindern, die über einen zulässigen Toleranzbereich um 50 Hertz hinausgehen. *→S222*

Dazu sind die beteiligten Komponenten entsprechend zu dimensionieren, geeignet zu koppeln und zu steuern. Während man in der Vergangenheit als alltägliche Störgrößen die weitgehend bekannten Laständerungen über den Tag hatte, kommen heute die starken Einspeiseschwankungen der VEE hinzu. Da die Energiewende und damit die VEE als Hauptenergieerzeuger nicht infrage gestellt werden darf, muss der Regelzonenverantwortliche versuchen, die wachsende Bedrohung irgendwie im Griff zu behalten. Der Regelzonenverantwortliche ist darauf angewiesen, dass zu jedem Zeitpunkt genügend Regelenergie verfügbar ist. *→S229* Dazu beschafft er sich die nötige Regelenergie durch Ausschreibung.

Kommt die Bilanz von Last und Einspeisung aus dem Gleichgewicht, muss kurzfristig, d.h. im Sekunden- und Minutenbereich, mit *Regelleistung* gegengesteuert werden. Im Bereich von Stunden wird der Einsatz von Erzeugerleistung vorausgeplant und jeweils aktuell nachjustiert. Insofern muss das im Kontext gesehen werden.

Die VEE-Leistung hat Vorrang und muss ins Netz eingespeist werden. Ein wichtiges Instrument ist die möglichst genaue Wettervorhersage. Sie bildet die Grundlage dafür, die steuerbare Erzeugerleistung der noch verbliebenen Kraftwerke und die Verteilung der Einspeisungen für den nächsten Tag einzuplanen. So können Überraschungen klein gehalten werden. Aber Prognosefehler passieren trotzdem. Unerwartete Entwicklungen, die nicht zu verhindern sind, müssen über *Redispatch* und notfalls *Abregelungen* abgefangen werden. *→S226*

Netzfrequenz

Die Netzfrequenz ist im europäischen Verbundnetz einheitlich auf 50 Hz festgelegt. Da die nationalen Netze über Drehstromkoppelleitungen im europäischen Verbundnetz miteinander verbunden sind, ist eine anhaltende Frequenzabweichung zwischen den Ländern nicht möglich. Durch ein mehrstufiges Konzept muss man gemeinsam für die Frequenzeinhaltung sorgen.

Die Netzfrequenz ist die Kenngröße für den Einsatz von Regelleistung. *→S229* Aus oben genannten Gründen schwankt sie ständig um die 50 Hertz Sollfrequenz.

Abb. 25-13 zeigt, wie die Netzfrequenz schwanken kann, ohne dass die kritischen Toleranzgrenzen überschritten sind.

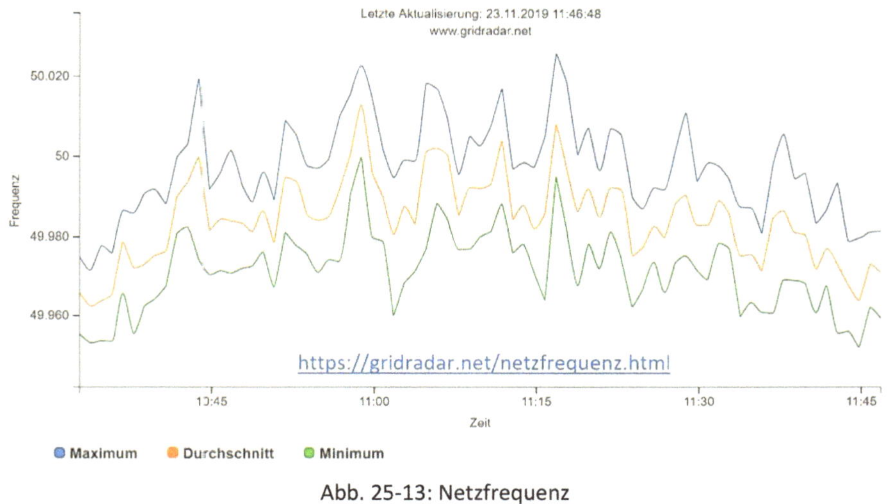

Abb. 25-13: Netzfrequenz

Mit steigender Last oder fallender Einspeisung fällt die Netzfrequenz. Entsprechend steigt die Netzfrequenz mit nachlassender Last oder steigender Einspeisung. Die Netzfrequenz muss in gewissen engen Grenzen gehalten und langfristig sehr genau ausgeregelt werden.[243]

Auf der Seite _Netzfrequenzmessung_ ist eine gute Beschreibung: [244]

„Überschreitet die Abweichung zwischen der Netzfrequenz und ihrem Sollwert ±10 mHz, so wird die Primärregelung aktiviert. Die 10 mHz Totbereich entsprechen dem erlaubten Messfehler von 10 mHz, um auch bei einem Messfehler vom 10 mHz sicherzustellen, dass das Kraftwerk systemkonform läuft und nicht mit falschen Vorzeichen einspeist. ...

Von ±10 mHz bis 200 mHz wird die eingesetzte Regelleistung proportional von 0 % bis 100 % aktiviert. Längerfristig sind maximal Abweichungen von ±180 mHz erlaubt, kurzzeitig darf es Abweichungen von ±200 mHz geben. Der erlaubte Frequenzbereich im normalen Betrieb ergibt sich somit zu 49,8 Hz bis 50,2 Hz.

Fallen sehr kurzfristig Erzeugungskapazitäten oder große Verbraucher aus, dann sind Abweichungen von 800 mHz kurzfristig erlaubt (49,200 Hz bis 50,800 Hz). Bei höheren Abweichungen ist von einem massiven Fehler im Netz *auszugehen. Hilft das Abwerfen von Verbrauchern bei Unterfrequenz oder von Erzeugern bei Überfrequenz nichts, dann wird der Netzbetrieb eingestellt (Blackout) und das Netz danach neu aufgebaut."*

Durch den abgestuften Einsatz von Regelenergie (→S229) wird in jeder Regelzone und letztlich im europäischen Verbundnetz die Netzfrequenz konstant gehalten.

Systemdienstleistungen

Das Stromversorgungssystem hat enge Toleranzen für Frequenz und Spannung, die einzuhalten sind und auf die sich der Stromkunde verlassen muss. Dafür bedarf es nicht nur der Energieeinspeisung in das Netz, sondern weiterer Netzteilnehmer, die ihren stabilisierenden Beitrag leisten. Diese werden für ihre Dienstleistung bezahlt. Über die Netzentgelte werden diese Kosten auf die Stromkunden umgelegt.

Dies betrifft vier Bereiche:

Betriebsführung

Es geht um den sicheren Netzbetrieb. Dazu müssen alle Betriebsmittel in den erlaubten Grenzen eingesetzt werden. Eine Überlastung von Leitungen muss z.B. verhindert werden (Redispatch →S226). Bilanzkreise müssen ausgeglichen betrieben werden.

> *Anmerkung: Es gibt in Deutschland mehrere Tausend Bilanzkreise. „Dabei stellen diese die kleinste Einheit eines Energiemarktmodells dar. In der Energiewirtschaft dienen Bilanzkreise als virtuelle Energiemengenkonten und verknüpfen die virtuelle Welt (Strommarkt) mit der physikalischen Welt, dem Energiefluss in den Stromnetzen. Diese Konten ermöglichen den Marktteilnehmern, die ihnen zugeordneten Einspeisungen und Ausspeisungen zu saldieren und durch Fahrpläne im Ausgleich zu halten."[245]*

Die Übertragungsnetzbetreiber (ÜNB) verantworten, dass das Zusammenspiel aus Einspeisung und Verbrauch übereinstimmt und verlangen dafür von den Bilanzkreisverantwortlichen (BKV), dass sie ihre Bilanzkreise im Gleichgewicht halten. Hierzu erstellen diese am Vortag eine möglichst genaue Prognose auf Viertelstundenbasis für die abzuwickelnden Handelsgeschäfte. Diesen Fahrplan übermitteln die BKVs dann an den ÜNB. Der ÜNB gleicht daraufhin den Fahrplan mit seinen eignen Werten, den sogenannten Lastflussberechnungen, ab.[246] Abweichungen im Saldo müssen durch Regelleistung ausgeglichen werden. Regelleistung ist teuer. →K25.6 Die Kosten der Ausgleichsenergie werden in Rechnung gestellt. Sie können als Strafzahlung für die schlechte Bilanzierung betrachtet werden. Sie sind der wirksame Anreiz dafür, Bilanzkreise sorgfältig auszugleichen.

Zu einem sicheren Betrieb gehören gegebenenfalls auch Kraftwerke in der Sicherheitsbereitschaft.[247]

Die Mittel des Netzbetriebs sind:

- Einspeisemanagement

- Redispatch

- Regelenergie

    o Primärenergie
    o Sekundärenergie
    o Minutenreserve

- Blindleistung

- Netzreserve (Winterreserve)

- Gezielter Brownout

- Schwarzstartfähigkeit

Frequenzhaltung

Durch entsprechenden korrigierenden Einsatz von Regelleistung (→S229) wird die kurzfristige und langfristige Frequenzhaltung sichergestellt.

Spannungshaltung

Für alle Teile des Netzes und alle Endverbraucher sind die festgelegten Spannungstoleranzen einzuhalten. Dies erfolgt über die Einspeisespannungen in den jeweiligen Netzabschnitt und die Nutzung von Blindleistung. →S226

Versorgungswiederaufbau

Wenn das Netz zusammengebrochen ist und einige Kraftwerke ausgefallen sind oder abgeschaltet wurden, muss das Netz abschnittsweise *wiederaufgebaut* werden. Der Übertragungsnetzbetreiber ist verantwortlich alle dazu nötigen Betriebsmittel[A] bereitzuhalten sowie den Prozess der Wiederherstellung der Stromversorgung geordnet durchzuführen. →S241

[A] Hierzu gehören auch „schwarzstartfähige" Kraftwerke, also Kraftwerke, die für die Betriebsaufnahme kein funktionierendes Netz benötigen.

Blindleistung

Man unterscheidet: *Wirkleistung*, *Blindleistung* und *Scheinleistung*. Nur die Wirkleistung kann genutzt werden (sie „wirkt" in Motoren, Lampen, Heizungen etc.). Blindleistung[248] kann dagegen nicht genutzt werden, weil sie im System verbleibt. Sie dient zur Spannungshaltung. Die Scheinleistung ist die Kombination aus Wirk- und Blindleistung. Es wird meist als Zeigerdiagramm dargestellt:

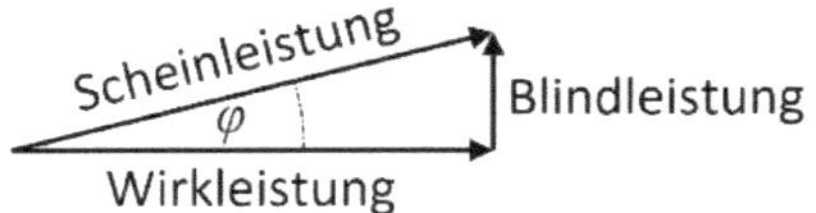

Dabei stellt der Winkel φ die Phasenverschiebung zwischen Spannung und Strom dar. Ist Spannung und Strom in Phase, der Winkel also null, so ist auch die Blindleistung null und die Scheinleistung ist gleich der Wirkleistung. Der längere Pfeil der Scheinleistung entspricht der höheren Spannung, aber auch dem höheren Strom. Trotzdem kann aus der größeren Scheinleistung nur die Wirkleistung genutzt werden. In einem Wechselstromkreis entsteht Blindleistung durch kapazitive oder induktive Anteile des Netzes und der Last. Die Wirkung von Kapazitäten und Induktivitäten ist entgegengerichtet. Man kann also den induktiv verursachten Blindleistungsanteil in einem Stromkreis mit einer kapazitiven Komponente ausgleichen, so dass nur Wirkleistung übertragen wird. Eine erhöhte Scheinleistung hat auch zur Folge, dass der Strom über die Übertragungsleitung erhöht ist und dort zu erhöhten Leitungsverlusten führt. Es ist also von Interesse, Blindleistungsanteile, die aus induktiven bzw. kapazitiven Anteilen von Übertragungsleitungen oder Verbrauchern resultieren, zu kompensieren, um die Spannung und den Strom zu kontrollieren.

> Für die Netzregelung ist die Kontrolle der Phasenverschiebung oder Blindleistung daher außerordentlich wichtig – das gilt nicht nur für Großkraftwerke, sondern auch für PV-Anlagen im Mittel- oder Niederspannungsnetz.

Blindleistungskompensation kann über Netzbetriebsmittel (Spulen und Kondensatoren) an beliebigen Stellen im Netz und fast kostenfrei bereitgestellt werden.[A] Aber auch Stromerzeuger wie die Generatoren der Kraftwerke können Blindleistung einspeisen. Neuerdings können auch Wechselrichter auf elektrischem/elektronischem Wege Blindleistung bereitstellen. Diese steht dann an allen Einspeisepunkten solcher Wechselrichter zur Verfügung.

[A] Allerdings nur in Stufen

Einsatzplanung der Stromerzeuger

Kraftwerke kann man nicht einfach „einschalten und laufenlassen". Für den laufenden Tag muss einigermaßen klar sein, welche Stromerzeuger wie viel Energie einspeisen und welche Leistungen dies für die einzelnen Netzabschnitte (Leitungen) bedeutet. Das muss sorgsam geplant werden (***Dispatch***).

Das Ergebnis des Dispatches ist die Allokation der verfügbaren Kraftwerksleistung in räumlicher, zeitlicher und quantitativer Hinsicht (Teillast oder Volllast), die in dem Fahrplan für den Folgetag eingeplant wird.

Aus der Summe aller Fahrpläne in allen vier Regelzonen ergibt sich der bundesdeutsche Dispatch für den Folgetag, d.h., der geplante Einsatz aller deutschen Kraftwerke und der VEE. Dabei sind die Kraftwerke steuerbar und die VEE wetterabhängig. Ein möglichst genauer Wetterbericht ermöglicht die Einschätzung der VEE-Leistungen, räumlich, zeitlich und quantitativ.

Redispatch und Abregelung

Redispatch bezeichnet den Eingriff in den geplanten Einsatz von Kraftwerken, um Leitungsüberlastungen oder Unterversorgung zu vermeiden oder zu beheben. Redispatch ist also die Korrektur der Planung vom Vortag (Dispatch).

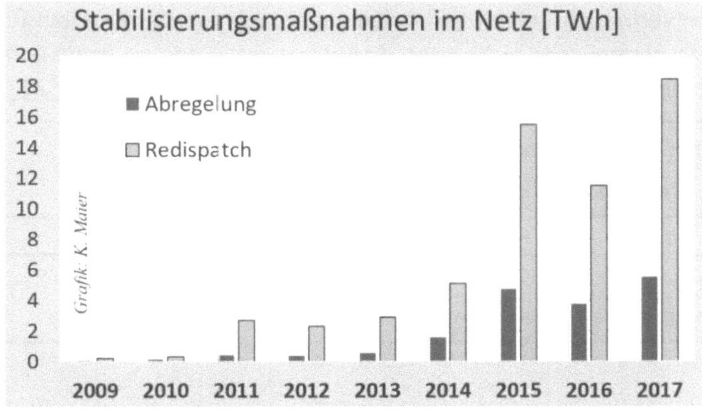

Abb. 25-14: Stabilisierungsmaßnahmen

Wenn durch Vorrangeinspeisung der VEE eine unerwartete Überlastung von Leitungen droht, müssen z.B. eingeplante, konventionelle Kraftwerke vom Netz genommen und gleichzeitig jetzt notwendige, gegebenenfalls teurere Kraftwerke angefahren werden, um die Netzüberlastung zu vermeiden und so die Stromversorgung zu sichern.

Diese kostenträchtigen Stabilisierungsmaßnahmen müssen mit dem fortschreitenden VEE-Ausbau zwangsläufig steigen, was *Abb. 25-14* im Rückblick anschaulich zeigt. *Abb. 42-1* stellt die Entwicklung der Anzahl der Eingriffe dar.

In extremen Situationen müssen die eingespeisten VEE-Leistungen **abgeregelt** werden. Das EEG schreibt aber für solche Fälle vor, dass die Vergütung auch für *nicht eingespeisten* Strom zu zahlen ist. VEE, die nicht genutzt werden können, werden auch als *Ausfallarbeit* bezeichnet. Sie finden in diesem Buch dafür den Begriff *Überschussenergie*.

Es können aber auch Situationen eintreten, dass der VEE-Strom in die Nachbarländer geleitet werden muss, weil ein extremes Überangebot herrscht und Abregelung aus technischen bzw. ökonomischen Gründen[249] nicht infrage kommt). Unsere Nachbarn, die mit uns über das europäische Verbundnetz verbunden sind, wollen diesen Strom oft auch nicht, weil er ihre eigenen Versorgungsstrukturen destabilisiert. So kommen durch Marktgesetze (Angebot und Nachfrage) immer öfter negative Preise zustande. →*S208* Das heißt, wir müssen für den „verkauften" Strom noch Geld zahlen, dass er uns abgenommen wird. Böse Zungen sprechen von „Stromverklappung". Allein zwischen Januar und April 2020 wurden auf diese Weise volkswirtschaftliche Mehrkosten von 872 Mill. € verursacht.[250]

Die immer wieder angemahnten *„Stromautobahnen"*, die den Norden (Erzeugungsgebiet) mit dem Süden (Verbrauchsgebiet) verbinden sollen, würden das Problem für eine gewisse Zeit entschärfen, aber nicht lösen. Außerdem bedeuten sie keine gesicherte Stromversorgung für den Süden, wo viel gesicherte Leistung wegfällt. →*S217*

Die Stabilisierungsmaßnahmen haben die Kostenkomponenten:

Redispatch und **Ausfallarbeit** (durch Abregelung).

Nimmt man die Kosten für die Vorhaltung und den Einsatz von Reservekraftwerken hinzu, summierte sich das auf 1,4 Mrd. € für 2017.

Das Problem der wetterabhängigen Stromerzeuger (VEE) will man mit einem *Lastmanagement* oder *Demand Side Management* (DSM)[251] lösen oder zumindest entschärfen. Während früher die *Stromerzeugung* durch die Nachfrage gesteuert wurde, soll nun der *Stromverbrauch* gesteuert werden. Für die Industrie bedeutet das häufiger *Lastabwurf* (Stromabschaltung) und für den privaten Stromkunden wechselnde

Stromtarife, je nach Wetterlage. Also: Die nächste Wäsche erst wieder, wenn ordentlich Wind weht?

In direkter Verbindung zu DSM steht der Begriff der ***Flexibilisierung des Stromversorgungssystems***. Hierzu habe ich Berechnungen angestellt. →*K34*

25.6 Regelenergie

Regelenergie kommt von Kraftwerken, die diese immer nur für kurze Zeit und in Teillast liefern. Daher muss Regelenergie vergleichsweise teuer sein, um für die Anbieter wirtschaftlich interessant sein zu können. Im Handel sind teilweise und kurzzeitig horrende Preise entstanden, so dass die Bundesnetzagentur 2018 eine Obergrenze für Regelenergiepreise mit 9.999 €/MWh festgelegt hat. Zum Vergleich: An der Strombörse wird die MWh etwa zwischen 20 und 50 € gehandelt.

Wie schon angesprochen wurde, bedeutet eine Unterdeckung des Netzes mit Erzeugungsleistung einen Rückgang der Netzfrequenz und eine Überversorgung mit Energie einen Frequenzanstieg. Die Frequenz ist an allen Punkten des Netzes leicht messbar und stellt damit ein einfaches Kriterium dar, um die Regelenergie zu steuern.

Regelkreis in der Stromversorgung

Im Prinzip handelt es sich – lässt man die komplexe Vermaschung des Netzes und die vielen Einspeise- und Verbrauchsquellen weg – um einen Regelkreis, der die Zielgröße (die Frequenz) konstant halten soll.

Das allgemeine Blockschaltbild einer Regelung zeigt *Abb. 25-15*.

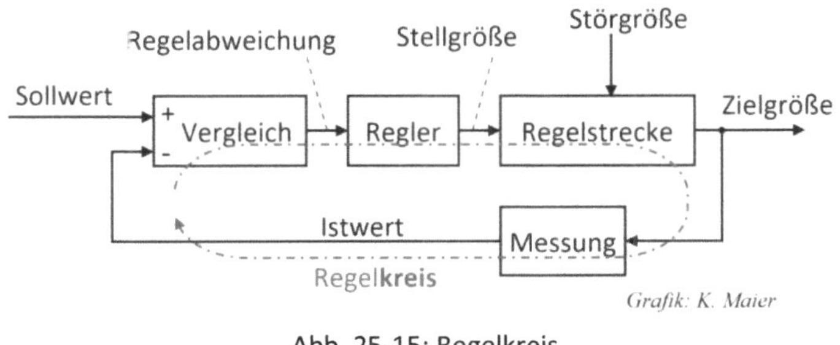

Abb. 25-15: Regelkreis

Dabei steckt die entscheidende Funktionalität im Regler. Dieser kann aus bis zu drei Übertragungsfunktionen bestehen: dem P-Teil (proportional), dem I-Teil (integrierend) und dem D-Teil (differenzierend).[252]

Der Vergleicher besteht nur aus einer Differenzstufe, die die (Regel-)Abweichung zwischen Sollwert (hier 50 Hertz) und Istwert (z.B. 49,85 Hertz) ermittelt. Die Regelstrecke sind die Kraftwerke, die mit der vom Regler errechneten Stellgröße in ihrer Leistung verändert werden. Als Störgröße sind die schwankenden Lasten und die schwankende VEE-Einspeisung zu verstehen. Das ist natürlich nur eine vereinfachende Darstellung der Problematik.

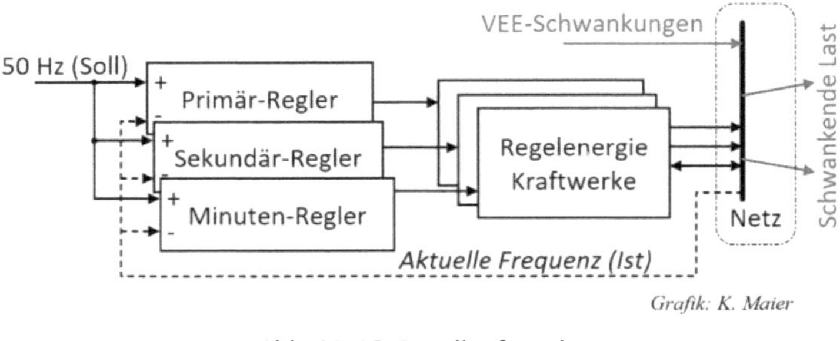

Abb. 25-16: Regelkraftwerke

Da die Regelungsenergie nur die Änderungen ausgleichen soll, kann man für eine dynamische Betrachtung die für lange Zeit konstanten Anteile weglassen. Aus technischen Gründen gibt es ein gestuftes System von Regelenergie, die unterschiedlich schnell auf die Frequenzkorrektur wirken. Man teilt sie ein in: *Primär-*, *Sekundär-* und *Minuten*-Regelleistung (siehe <u>*Abb. 25-18*</u>). Damit stellt sich die Situation, wie in <u>*Abb.* 25-16</u> gezeigt, dar.

Regelkreise müssen ein „gutmütiges Verhalten" aufweisen, d.h., sie dürfen nicht zum Schwingen neigen, aber trotzdem den Zielwert ausreichend schnell wieder erreichen. Dazu werden die Regler mit den passenden Eigenschaften verwendet.

Regelverhalten im europäischen Verbundsystem

Mit <u>*Abb. 25-16*</u> ist die Darstellung der beteiligten Komponenten bereits erweitert worden. Die „Strecke" ist hier allerdings nur als „Netz" vereinfacht dargestellt. Tatsächlich sind die Verhältnisse aber sehr viel komplexer. Das Netz besteht aus vielen verschiedenen Komponenten in einer unüberschaubar großen Anzahl. Hierzu gehören die Stromerzeuger, die Leitungen, die passiven Netzkomponenten zur Kompensation von Blindleistung, die Transformatoren und andere. Um das Verhalten von komplexen, geregelten Systemen vorausschauend einschätzen zu können, werden mathematische Modelle erstellt und Simulationen vorgenommen. Dazu ist die Realität im Modell vereinfacht abzubilden. Es ist nicht leicht erkennbar, welche Vereinfachungen man bei der Beurteilung der Regelbarkeit und des Verhaltens eines ausgedehnten Systems ohne Aussageverlust machen kann und welche nicht.

Während wir in den Anfängen der Stromversorgung lauter städtische Inselnetze hatten, sind heute die Landesnetze über das europäische Verbundnetz alle miteinander gekoppelt. *Abb. 25-17* versucht dies stark vereinfachend darzustellen.

Es ist nicht offensichtlich, dass über große Strecken schwankende Energieflüsse, aufgrund von Störungen, in Teilen bis zu 5.000 Kilometer (z.B. nach Portugal und zurück), eine theoretische Signalverzögerung von rund 25 ms bedeuten. Das ist mehr als eine 50-Hz-Periode. Tatsächlich ist aber die Fortpflanzungsgeschwindigkeit einer Störung aufgrund von den im Netz befindlichen Komponenten sehr viel langsamer.[253] Insofern hat ein ausgedehntes Netz Teile, die durch ihre Verzögerung, in Verbindung mit der an mehreren Stellen eingreifenden Regelenergie, zu Schwingungen neigen können. Die Ausregelung einer Störung muss ein schnell abklingendes Einschwingverhalten aufweisen. Das ist auch der Grund, warum durch den Ausbau der VEE und der damit wegfallenden Momentanreserve, der Turbosätze, Untersuchungen nötig werden.

Mit solchen Analysen will man prüfen, ob das europaweite Verbundnetz regelungsstabil bleibt.[254] Bisher ist man noch der Meinung, dass die Störeinflüsse bei einem VEE-Anteil von 60 % in Deutschland durch die hohen Anteile klassischer Stromversorgungskomponenten der Nachbarländer aufgefangen werden können.

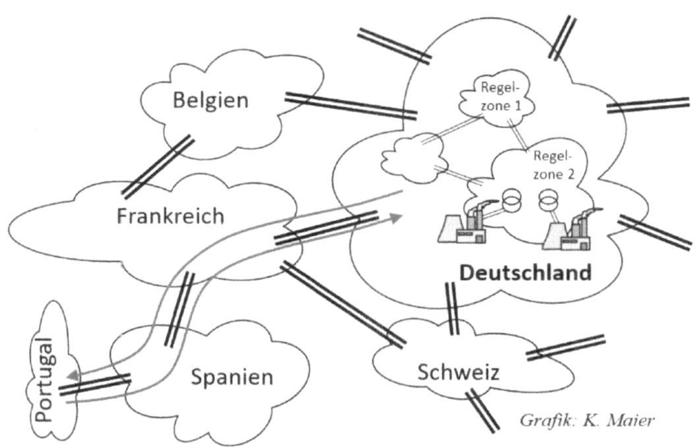

Abb. 25-17: Europäisches Verbundnetz (schematisch)

„Sogenannte Netzpendelungen treten seit dem Beginn der Zusammenschaltung elektrischer Übertragungsnetze in Europa zu Verbundsystemen auf. Infolge einer Anregung des Systems äußern sich diese elektromechanischen

Schwingungen in Form von Frequenz- und Leistungspendelungen mit charakteristischer Periodendauer und Dämpfung. Zur Gewährleistung eines sicheren und stabilen Netzbetriebs müssen Netzpendelungen ausreichend gedämpft sein. Veränderungen im Verbundsystem, wie die Erweiterung um Netzbereiche, aber auch eine zunehmende Auslastung der Übertragungsnetze wirken sich deutlich auf das Verhalten von Netzpendelungen aus."[255]

Bisher war das europäische Stromnetz noch stabil zu halten. Was aber, wenn nicht nur wir zu über 90 %, sondern auch der Rest der EU weitgehend auf VEE umstellt?

Sowohl die immer größeren Ausdehnungen des europäischen Verbundsystems als auch die Umstellung auf VEE können zu ernsthaften Stabilitätsproblemen im Netz führen.

Wenn Störgrößen zum Problem werden

Störungen des Gleichgewichts werden dann problematisch, wenn die Störgröße groß ist und sich zusätzlich schnell ändert (Leistungsgradient). Nachdem sich der Ausbau der PV-Anlagen 2012 gut entwickelt hatte, trat das „50,2-Hz-Problem" auf. Es erforderte eine Maßnahme zur Entschärfung der Leistungsgradienten.

Erläuterung: Vor einigen Jahren haben sich die PV-Anlagen bei einer Netzfrequenz von 50,2 Hz abgeschaltet, um zu helfen, dass die gestiegene Netzfrequenz wieder fällt. Nachdem die maximale Einspeiseleistung der PV-Anlagen weiter auf mehrere GW gestiegen ist, haben diese praktisch gleichzeitig bei Erreichen der 50,2 Hz abgeschaltet. Damit war eine große und sehr plötzliche Störgröße aufgetreten, die die Netzstabilität in arge Bedrängnis gebracht hat. Es war kein ausgesprochen „gutmütiges Verhalten" dieser Netzkomponenten. Daraufhin ist 2012 die Systemstabilitätsverordnung in Kraft getreten, die eine Nachrüstung fordert, damit sich die PV-Anlagen in einem gestuften Prozess vom Netz trennen und wieder zuschalten.

Als Störgröße ist die Summe aus den Leistungen und Leistungsgradienten bestehend aus der Last und der VEE-Einspeisung zu sehen.

Laständerungen werden auch in Zukunft ähnlich wie heute sein (<25 GW/h). Die ausgebaute VEE (270 GW/h) wird aber die Stabilisierung des Netzes durch Regelenergie vor schier unlösbare Probleme stellen.

Regelleistungsstufen

Das Stromversorgungssystem ist in dieser Hinsicht sehr komplex, weil es um sehr viele Komponenten geht, die zudem noch über eine große Fläche verteilt sind. Als Lösung wurde die Regelaufgabe auf drei Regelstufen verteilt, die unterschiedliche Aufgaben und Eigenschaften haben. Hinzu kommt, dass die *Regelstrecke*, also die Kraftwerke, mit einer inhärenten ***Momentanreserve*** ausgestattet sind, die eine gewisse Trägheit ins System bringt, was sich positiv auf das Gesamtregelverhalten auswirkt.

Die ***Primärregelung*** hat als *Proportionalregler* eine bleibende Regelabweichung. Sie kann Schwankungen von Verbrauch oder Erzeugung nur auffangen, aber nicht wieder die Sollfrequenz herstellen.

Dies ist die Aufgabe der ***Sekundärregelung***, welche als träge *Integralregelung* eine Frequenzabweichung feststellt und entgegenarbeitet.[256] Durch den Einsatz der Sekundärregelung sinkt die Frequenzabweichung und die Primärregelung nimmt proportional Leistung zurück. Somit wird sie für einen erneuten Einsatz freigestellt.[257]

Die ***Minutenreserve*** kommt zum Einsatz, wenn Sekundärregelleistung zur Störungsbehebung allein nicht ausreicht bzw. eine längere Störung vorliegt. Sie wird seltener als die Sekundärregelleistung verwendet. Der Abruf erfolgt in der Regel per Telefon.

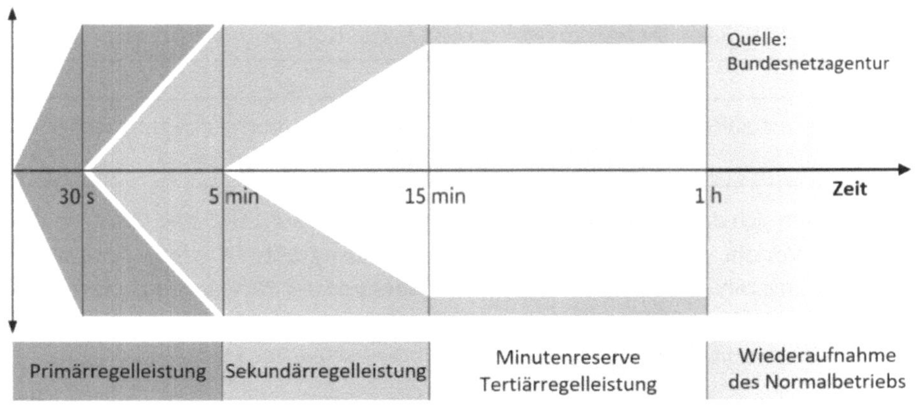

Abb. 25-18: Regelleistungsstufen[258]

Regelleistung kann grundsätzlich positiv (Leistung einspeisen) wie auch negativ (Last hinzufügen) benötigt werden. Die Primärregelleistung kommt erst nach etwa 30 Sekunden voll zur Wirkung und die Sekundärregelleistung nach rund 5 Minuten. In der Zwischenzeit findet ein fließender Übergang statt. So ist *Abb. 25-18* zu verstehen.

Die erforderliche und vorzuhaltende Regelleistung beträgt für die Primärregelleistung rund 600 MW, für die Sekundärregelleistung rund 2.500 MW und für die Minutenreserve 3.000 MW. Bisher sind diese Werte in den letzten Jahren überraschenderweise weitgehend konstant geblieben, obwohl der VEE-Anteil zunahm. Das dürfte daran liegen, dass sich die Vorhersagen über die Wetterabhängigkeit deutlich verbessert haben und dass der Kostendruck die georderten Mengen klein hält. Damit wächst allerdings auch die Wahrscheinlichkeit, dass man außergewöhnliche Situationen nicht mehr bewältigen kann. Mit den oben genannten Werten dürften die Optimierungsreserven erschöpft sein, so dass mit weiter zunehmendem VEE-Anteil die Kosten für die Regelenergie steigen werden.

Hinweis: Darüber hinaus sind die modernen Kohle- und Gaskraftwerke so dimensioniert, dass sie, zeitlich begrenzt, Leistungsspitzen bis zu 10 % zusätzlich erzeugen können, um zur Stabilisierung der Netzfrequenz beizutragen.

Kosten

Batteriespeicher sind als Speicher im Stromversorgungssystem zu teuer. Wenn damit aber Regelenergie und langfristig der Ersatz der ***Momentanreserve*** angeboten wird, lässt sich damit Geld verdienen, weil Regelenergie sehr gut bezahlt wird.[A]

Die VEE schafft künstlich, d.h. durch sich selbst, einen Markt für Regelenergie, der sonst nicht in der Höhe vorhanden wäre.

Die Kosten für die Regelenergie werden auf die Übertragungsnetzentgelte und damit auf den Stromkunden umgelegt.

2017 beliefen sich die Kosten der Systemdienstleistungen auf 1.983 Mio. Euro. Im Vergleich zum Vorjahr stiegen sie um 518,2 Mio. € an. Die größten Kostenpunkte waren Entschädigungszahlungen aus dem *Einspeisemanagement (Abregelung, Überschussenergie)*, *Redispatch-Maßnahmen*, Kosten für *Verlustenergie*[259] sowie die Vorhaltung und der Einsatz von *Netzreservekraftwerken*.[260]

Momentanreserve

Bei den konventionellen und den Kernkraftwerken haben die Generatoren (inklusive Turbine) große, rotierende Massen, die über das Magnetfeld an die elektrische Seite gekoppelt sind. Schnelle kurze Belastungen oder auch Entlastungen des Leistungsflusses werden auf diese trägen Massen übertragen. Auf diese Weise entsteht eine ***Momentanreserve***, die schnell, aber nur für kurze Zeit der Änderung entgegenwirkt.

[A] Zum Teil über das 100-Fache des durchschnittlichen Marktpreises für Strom.

 Schwankungen im unteren Sekundenbereich sind regelungstechnisch nicht über die Turbinen kompensierbar, sondern erfordern die Wirkung dieser rotierenden Massen.

Über die Momentanreserve ist auch eine hohe Kurzschlussleistung sichergestellt. Ausreichend hohe Kurzschlussströme sind wichtig für den sicheren Netzbetrieb, da die im Netz installierten Schutzsysteme für ein sicheres und selektives Auslösen einen bestimmten Kurzschlussstrom benötigen.

Die Funktion der Momentanreserve kann künftig auch über Batterien mit entsprechender technischer Einrichtung und Dimensionierung ersetzt werden. Inwieweit hohe Kurzschlussleistungen, die ein Vielfaches der Regelleistung bedeuten, wirtschaftlich darstellbar sind, habe ich nicht untersucht.[261]

Die Frequenzstufen

Je nach Frequenzabweichung werden unterschiedliche Maßnahmen ergriffen, was *Abb. 25-19* zeigt.

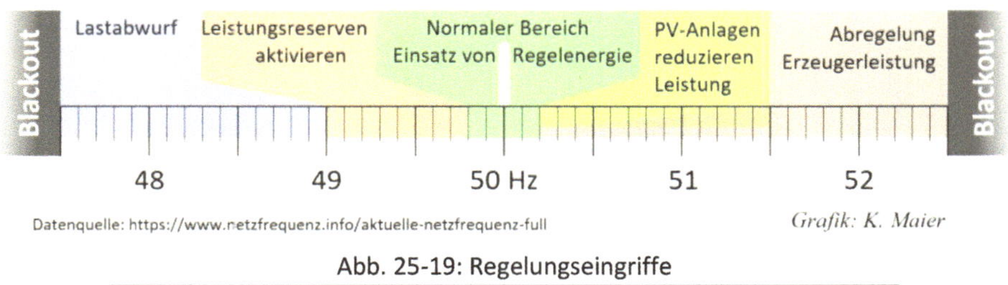

Abb. 25-19: Regelungseingriffe

Eine größere Abweichung von der Sollfrequenz darf in einer Region im europäischen Verbundnetz nur kurz andauern. Entweder die Korrekturmaßnahmen haben kurzfristig Erfolg oder es eskaliert schnell bis zum Blackout und zur Trennung vom Verbundnetz.

Der kontrollierte **Brownout** ist eine gezielte Lastreduktion im Stromnetz. Die Übertragungsnetzbetreiber nehmen große Stromverbraucher oder ganze Stadtviertel vom Netz und begrenzen den Stromausfall lokal. Dies reduziert die übermäßige Stromnachfrage und verhindert einen weitreichenden Systemzusammenbruch.

Leistungsgradienten

Als Leistungsgradient wird die Änderung der Leistung in einer Zeiteinheit verstanden. Die schwankende Last hat Leistungsgradienten, wie auch die VEE.

Am Anfang der Einbindung der EE-Erzeuger war deren Anteil am Gesamtstromverbrauch noch gering und man konnte ohne Gefahr die Vorrangeinspeisung per Gesetz verordnen. Dem konnten auch die Fachleute zustimmen. Nun aber, wo die Leistungsspitzen der VEE, zumindest in einer Versorgungsregion, den Strombedarf zeitweise schon überschreiten, kann dies durch das Abregeln der Kraftwerke nicht mehr aufgefangen werden. Man muss die **Überschussenergie** durch Weiterleitung ins Ausland bzw. durch Abregelung der EE-Erzeuger vermeiden, um eine Leitungsüberlastung zu verhindern.

Die in <u>*Abb. 25-15*</u> bezeichnete „Störgroße" ist künftig fast ausschließlich durch die Volatilität der EE verursacht.

Die erwarteten Leistungsgradienten (Tabelle 25-1) für 2050 entstammen dem von mir berechneten Szenario und basieren auf realen Wetterverhältnissen. Von daher sind es noch keine *Worst-Case-Werte*.

Quelle	**2013**	**2050 modelliert**
Last	17 GW/h	25 GW/h
VEE	10 GW/h	270 GW/h

Tabelle 25-1: Leistungsgradienten

25.7 Blackout

Der **Blackout** ist der Ausfall der Stromversorgung für *längere* Zeit über ein *größeres Gebiet*. Dabei kann „länger" mehrere Tage bis Wochen und „größeres Gebiet" eine Region bis zu mehreren Staaten bedeuten.

Blackouts treten immer überraschend auf, und die Dauer ist nicht vorhersehbar. Meist sind sie gekennzeichnet durch eine unkontrollierte, rasche und kaskadenartige Ausbreitung, die durch eine Störung im Stromversorgungssystem ausgelöst wurde, und die kann binnen weniger Minuten Hunderttausende Quadratkilometer und zig Millionen Menschen betreffen.

Folgen

Ein kurzer Stromausfall, für einige Minuten oder eine Stunde, ist für manche vielleicht nicht weiter erwähnenswert, vielleicht sogar romantisch, weil man statt allein in den Computer oder in den Fernseher zu sehen, gemeinsam am Tisch bei Kerzenlicht sitzt. Auf der anderen Seite bedeutet ein kurzer Stromausfall auch schon den Ausfall von Signaleinrichtungen zur Verkehrslenkung und das Stehenbleiben von Aufzügen.

Da jegliche technische Einrichtung, die Elektrizität benötigt, sofort ihre Funktion verliert, sollte man sich schon mal vor Augen führen, was Stromausfall bedeutet. Auf →S42 hatte ich eine Liste der betroffenen Lebensbereiche gezeigt.

Mit dem Ausfall dieser für unsere hochtechnisierte Gesellschaft essentiellen Funktionen sind gravierende Folgen unausweichlich: Leute, die frieren, machen provisorische Feuer in den Wohnungen. Es fängt hier und dort an zu brennen. Hilfsdienste sind nicht mehr zu rufen oder kommen nicht durch das Verkehrschaos. Der Notstand wird ausgerufen, es werden Ausgangssperren verhängt. Plünderungen und Unruhen gibt es schon nach wenigen Tagen. Notstromaggregate fallen wegen Treibstoffmangel nach etwa 2 Tagen aus.

Schon in wenigen Tagen wird es viele Todesopfer geben: Kranke auf der Intensivstation, Verletzte von Unfällen und Bränden, Erfrorene, Opfer von Kriminalität und Unruhen. Die Schwächsten trifft es zuerst – Babys, Kinder, Alte, Kranke.

Richtig, die wenigsten können sich das vorstellen. Aber vergegenwärtigen Sie sich einmal folgende Situation: Sie sind mit dem Pkw und ihrer Familie auf der Flucht vor dem Chaos in ihrer Stadt zu Verwandten auf dem Land. Die Verwandten haben noch einen eigenen Brunnen, eine volle Speisekammer, Hühner im Stall, einen Kachelofen und ein Plumpsklo. 100 km vor dem Ziel geht Ihnen der Sprit aus. Auf den Straßen herrschen Anarchie und der Mob. Ihre Familie und Ihre Kinder sind bedroht. Würden Sie einem Schwächeren seinen vollen Benzinkanister wegnehmen, um Ihre Familie zu retten? Würden Sie sich am Plündern eines Supermarktes beteiligen, wenn ihr Baby unbedingt etwas Wasser und Babybrei benötigen würde?[262]

Solange die Zivilisation unsere Grundbedürfnisse decken kann, benehmen wir uns einigermaßen zivilisiert.

Aber bei Durst, Hunger, Kälte und Lebensgefahr reagiert etwas Uraltes in uns, das wir uns nicht vorstellen können.
Die Decke unserer Zivilisation ist papierdünn und fragil ...

Ist das betroffene Gebiet nicht allzu groß, wird eine große Hilfsbereitschaft einsetzen, und mit Lkws können Notstromaggregate und die nötigsten Hilfsgüter bereitgestellt werden. Erstreckt sich das Gebiet aber über einen Radius von Hunderten Kilometern, ist es nicht mehr möglich, die nötige Menge an Hilfsleistungen für Millionen von Menschen über solche Entfernungen kurzfristig, bevor anarchische Zustände ausbrechen, bereitzustellen.

Thematisierung

Es ist schon erstaunlich, dass in unserer Zeit, in der alles immer besser funktioniert und noch keine spektakulären Ereignisse passierten, nun verstärkt das Thema Blackout aufgegriffen wird. Einige Beispiele:

- 2015: „Doku Blackout Deutschland ohne Strom", ZDFinfo,
  https://www.youtube.com/watch?v=rsRWH11z-pk

- 2019: „Was passiert, wenn der Strom wirklich länger ausfällt", Im Kontext,
  https://www.youtube.com/watch?v=UQR9xXNKojw

- 2019: „Plötzlich dunkel", rbb,
  https://www.youtube.com/watch?v=_jq-UESgE8o

- 2019: „Blackout Angriff auf unser Stromnetz", ZDF
  https://www.youtube.com/watch?v=poBasb6qT8M

Roman: „**Blackout** – Morgen ist es zu spät"

Marc Elsberg beschreibt eindrucksvoll, was ein Blackout alles zur Folge hat und wie die Menschen, die davon betroffen sind, damit umgehen. Der Grund für diesen Blackout ist zwar nicht die Energiewende, aber das Buch ist aufgrund seiner Folgenbeschreibung sehr lehrreich.

2018 wurde diese Broschüre vom Bundesamt für *Bevölkerungsschutz und Katastrophenhilfe* herausgegeben:

„**Katastrophen** – Ratgeber für Notfallvorsorge und richtiges Handeln in Notsituationen".[263]

Ein Blackout wird zwar nicht explizit als Grund genannt, aber man soll sich für einen längeren Stromausfall vorbereiten.

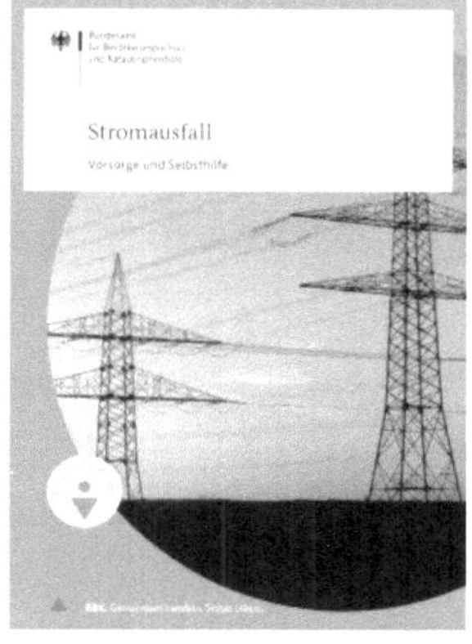

Januar 2019 erschien die Broschüre

„Stromausfall – Vorsorge und Selbsthilfe".

Sie ist vom *Bundesamt für Bevölkerungsschutz* als PDF verfügbar: https://tinyurl.com/y7xj8loh.

Zunächst wird die (noch) recht hohe Zuverlässigkeit der deutschen Stromversorgung hervorgehoben. Dann wird anhand von Beispielen erläutert, dass Blackouts möglich sind. Es werden Alternativen für eine begrenzte Stromerzeugung besprochen. Für Vorsorgemaßnahmen (Bevorratung) wird auf die oben genannte Broschüre verwiesen.

Das Bundesamt für Bevölkerungsschutz empfiehlt eindringlich einen Vorrat für 10 Tage vorzuhalten, um gerüstet zu sein. Als Gründe für einen Stromausfall werden allerdings nicht die Gefahren, die aus der Energiewende resultieren, genannt. Man weiß aber sicher, dass diese Gefahren mit dem Ausbau der VEE deutlich gestiegen sind. So wird in der Bundestags-Drucksache 17/5672 unter dem Titel *„Gefährdung und Verletzbarkeit moderner Gesellschaften – am Beispiel eines großräumigen und langandauernden Ausfalls der Stromversorgung"* auf 133 Seiten diese Problematik ausführlich behandelt.

Mögliche Ursachen

Natürlich gibt es eine Vielzahl von möglichen Auslösern, auf die man nur beschränkt Einfluss hat. Aber es ist natürlich auch von Bedeutung, auf welches stabile oder fragile Stromversorgungssystem ein solches Ereignis trifft.

Ereignisse, die einen Blackout auslösen können:

- Einwirkungen von außen
  (Naturgefahren, Extremwetter, Bauarbeiten, Sabotage, Terroranschläge)

- technische Defekte
  (Materialversagen, Softwarefehler ...)

- unbeabsichtigte Fehlleistungen
  (Bedienungsfehler im Betrieb oder bei Wartungsarbeiten)

- beabsichtigte Eingriffe
  (kriminelle Handlungen, Hacker-Attacke etc.)

- technische Konzept- und Planungsfehler
  (mangelhafte Dimensionierung verschiedener Komponenten, Wahl und
  Ausgestaltung der Netztopologie ...)

Das künftige Stromversorgungssystem ist fragiler als das alte,

- weil es viel mehr Stromerzeuger gibt, die durch ihre Volatilität als Störgrößen des Systems einzustufen sind (die VEE),

- weil viel mehr Komponenten im Spiel sind, die aufeinander abzustimmen sind (Smart Grid),

- weil viele Steuerungseinheiten auf das System einwirken und eine mögliche Eskalation nicht vorausgesehen werden kann und

- weil durch die Volatilität der VEE die Netzleitungen häufiger an ihren Lastgrenzen gefahren werden und damit bei Störungen Ersatzwege immer schwieriger zu finden sind.

> Die fortschreitende Energiewende macht
> Blackouts wahrscheinlicher.

Mängelrügen

Die Stromerzeuger waren vor der Energiewende fast ausschließlich Generatoren, die mit Turbinen (mit Gas, Dampf oder Wasser) angetrieben wurden. Sie waren plan- und steuerbar und unabhängig vom Wetter. Sie bildeten die inhärente und notwendige *Momentanreserve*. Diese verleiht dem System träge Stabilität und ein gutmütiges Verhalten bei Last- oder Einspeiseschwankungen. Die durch die *Momentanreserve* garantierte hohe Kurzschlussleistung stellt klare Abschaltsituationen sicher.

Das bestehende Netz, das mit seiner Topologie und seiner Dimensionierung langsam, über Jahrzehnte, entstanden ist, passt nicht mehr zu den Anforderungen, die nun durch die Energiewende entstehen. Die Verteilung der Stromerzeuger und der Verbraucher hat sich geändert. Die Belastungen der Leitungen sind zeitweise deutlich höher als früher. Daher werden zunehmend viel mehr *Redispatch-Maßnahmen* nötig. →S227

2013 hatte Tschechien bereits 22-mal den Fall, dass die Sicherheitskriterien seines Netzes[A] verletzt werden mussten, weil deutscher VEE-Strom durch das Netz geleitet

---

[A] Ohne Fehlerfall müssen mindestens n+1 der nötigen Betriebsmittel (hier Leitungen) zur Verfügung stehen.

werden musste. Wenn in dieser Zeit ein Ausfall oder Fehler aufgetreten wäre, hätte es zu einem Blackout, gegebenenfalls mit EU-weiten Folgen, kommen können.

Abschaltbare Lasten[264] hat es auch früher schon gegeben. Hiermit besteht die Möglichkeit, dass man einem großen Stromkunden kurzfristig und für eine gewisse Zeit seine Last vom Stromnetz trennen kann. Diese Dienstleistung bezahlt zunächst der Netzbetreiber. Dieser legt die Kosten auf alle Stromkunden um, sodass jeder betroffen ist.[265]

Immer häufiger ist es zur Stabilisierung des Netzes nötig, große Stromverbraucher abzuschalten. Hierzu gehören auch die Aluminiumhütten. In den ersten sieben Monaten des Jahres 2019 wurde von 67 Abschaltungen in einer Hütte berichtet, die zum Teil nach 15 Minuten, aber auch ohne Vorwarnzeit erfolgten.[266] Für ein laufendes Industrieunternehmen ist das nicht gerade problemlos zu handhaben.

Experten sind sich darüber einig, dass dem Lastproblem in Zukunft nicht mehr in jedem Fall mit dem Abschalten von Wind- und Solaranlagen oder Netzumleitungen beizukommen ist. Die Anwendungsregel *„Kaskade"* (VDE-AR-N 4140)[267] legt unter anderem fest, dass auf Anforderung Netzbetreiber Abschaltungen von Lasten in einer bestimmten Höhe innerhalb von 12 Minuten durchführen müssen.[268] Dies kann Industrie, Gewerbe- oder auch Wohngebiete für mehrere Stunden betreffen. *„Dem Energiewirtschaftsgesetz zufolge sind alle Kunden gleich. Die Abschaltungen müssen ‚diskriminierungsfrei' erfolgen. Sensible Kunden gibt es nicht, wenn abgeschaltet wird, kann es auch Krankenhäuser, Feuerwehr oder Polizei treffen."*[269]

Gleichzeitigkeitsproblem: *„Windenergieanlagen erbringen bei Windstärke 7 ihre Maximalleistung, müssen bei Stärke 8 aber abgeschaltet werden, um nicht zerstört zu werden. Beim Entstehen eines der oft sehr großflächigen Winterorkane muss daher der gesamte konventionelle Kraftwerkspark erst heruntergeregelt – und dann – nach Unterschreiten von Stärke 8 – in kurzer Zeit wieder zugeschaltet werden."*[270] Eine solche Dynamik ist hochgefährlich.

Wohl alle Kraftwerks- und Netzbetreiber haben mit Sorge auf das Netzverhalten bei der letzten partiellen Sonnenfinsternis 2015 in Deutschland geschaut. Es hat funktioniert. Eine totale Sonnenfinsternis ist aber bei einem höheren Anteil von PV-Einspeisung sehr viel gefährlicher und eine große Herausforderung für das Stromversorgungssystem.[271]

Wiederherstellung der Stromversorgung

Nach einem Blackout muss die Stromversorgung langsam und schrittweise wiederaufgebaut werden. Das beginnt mit einem Inselnetz um einen schwarzstartfähigen

Stromerzeuger. Schwarzstartfähig ist ein Kraftwerk, wenn es ohne externe Elektroenergieversorgung hochfahren kann. Ein Inselnetz ist ein kleiner Teil des Stromversorgungsnetzes, der vom großen Netz elektrisch getrennt ist. Soweit möglich werden die Lasten des Inselnetzes abgetrennt, damit ein Hochfahren erleichtert wird. Nach einem Blackout haben die meisten Stromkunden fast alle ihre Verbraucher eingeschaltet. Sobald ein erster Stromerzeuger in Betrieb ist, können nach und nach einige Abschnitte mit Lasten zugeschaltet werden. Es folgt die Zuschaltung von Kraftwerken, die zum Anfahren Strom aus dem Netz benötigen. Auf diese Weise dauert die Wiederherstellung der Stromversorgung, je nach betroffener Fläche, einige Stunden bis mehrere Tage. Mit VEE-Anlagen ist ein Hochfahren eines Netzes nicht möglich. Das Einspeisen von VEE-Strom in das Netz erfordert ein stabil arbeitendes Netz. Da Kraftwerke wegen der Energiewende immer weniger werden, wird der Netzwiederaufbau nach einem Blackout künftig immer schwieriger und langwieriger.

Wahrscheinlichkeit

Die hohe Verfügbarkeit[A] der deutschen Stromversorgung sagt nichts über die Blackout-Wahrscheinlichkeit aus! Es ist ein seltenes, aber sehr schwerwiegendes Ereignis. Es kündigt sich nicht Wochen oder Stunden vorher durch flackernde Lampen oder Ähnliches an. Blackouts sind selten, aber es gab sie. Einige Beispiele:

- 28. September 2003 Italien
  Durch Leitungsüberlastung kam es zu einem kaskadenartigen Zusammenbruch der Stromversorgung. In ganz Italien, mit Ausnahme der Insel Sardinien, brach die Stromversorgung zusammen; über 55 Mill. Menschen waren davon betroffen. Vereinzelt gab es auch Plünderungen, dabei dauerte der Blackout nur 9 Stunden.

- 14. und 15. August 2003 Vereinigte Staaten und Kanada
  Großflächiger Stromausfall im Nordosten der Vereinigten Staaten sowie in Teilen Kanadas. Der Ausfall war auf technisch-organisatorische Mängel zurückzuführen (alte Netze, schlechte Wartung). Etwa 55 Mill. Menschen waren zwei Tage lang ohne elektrische Energieversorgung, einige sogar fünf Tage lang.

- 25. November bis 03. Dezember 2005 Münsterland (Deutschland)
  Schneechaos verursachte das Umknicken von Hochspannungsmasten und damit einen Stromnotstand. Dies bedeutete, dass für rund 250.000

[A] Die Verfügbarkeit ist die Wahrscheinlichkeit, dass man zu einem zufälligen Zeitpunkt Strom hat. Die Verfügbarkeit liegt bei rund 99,998 %, d.h., 10-15 Minuten pro Jahr ist statistisch kein Strom vorhanden.

Menschen stunden- und tagelang der Strom ausfiel. Gegen dieses Ereignis half auch die redundante Auslegung des Netzes nicht, weil dabei nicht nur ein Leitungsabschnitt, sondern sehr viele Leitungen in dem Versorgungsgebiet betroffen waren.[272]

- Im November 2006 fand der bisher größte Stromausfall Europas statt. Bis zu 10 Mill. Haushalte in Deutschland, Österreich, Frankreich, Belgien, Italien und Spanien saßen zwei Stunden lang im Dunkeln. Ursache war die planmäßige Abschaltung einer Höchstspannungsleitung über der Ems für die Ausschiffung eines Kreuzfahrtschiffes.

- 16. Juni 2019 Südamerika
Betroffen waren 40 Mill. Menschen in Argentinien, Uruguay und Paraguay und in Teilen von Brasilien und Chile für bis zu 15 Stunden.

Auf der einen Seite kann man sich in einem Verbundsystem gegenseitig stützen. Auf der anderen Seite kann es bei einem massiven Zwischenfall aber auch einen großen Teil oder den ganzen Verbund mitreißen.

Es wird künftig immer schwieriger, die Qualität der Stromversorgung aufgrund der technischen Situation sicherzustellen, so dass ein Blackout wahrscheinlicher wird. Das Horrorszenario eines längeren Blackouts kann in der Bundestags-Drucksache 17/5672[273] nachgelesen werden.

Was kann man tun?

Vorsorge und Vermeidung

Auf staatlicher Ebene kann man über Gesetze und die Energiepolitik Einfluss nehmen. So kann man mehr Investitionen in die Netzstabilität stecken. Das bedeutet z.B. verstärkte Netze und mehr Redundanz. Der Ausbau der VEE muss gedrosselt werden und am Ausbaustand der Netze und Schutzeinrichtungen orientiert werden.

Man muss die Konzepte der Stromversorgung wieder auf eine bilanziell autarke Basis stellen und nach dem Worst Case dimensionieren. Studien zur Netzsicherheit müssen an Auftragnehmer vergeben werden, die nicht von der Energiewende profitieren und die ermuntert werden, Mängel aufzuzeigen.

Notfallpläne für sicherheitsrelevante Einrichtungen (die Hilfe leisten und die funktionieren müssen, wie Krankenhäuser, Polizei …) müssen, sofern nicht schon vorhanden, erstellt und regelmäßig geübt werden.

Management

Notstromanlagen für wichtige Einrichtungen wie z.B. Krankenhäuser haben typischerweise für einen Tag Diesel. In Berlin hat die Feuerwehr eine Dieselnotversorgung eingerichtet. Über Sensoren und einen speziellen Kommunikationskanal wird der Feuerwehr signalisiert, wenn der Dieselvorrat zur Neige geht. Dann wird eine Auffüllung vorgenommen, wie es in einem Vertrag fixiert ist. Eine solche Absicherung gegen lang andauernde Stromausfälle ist aber in Deutschland selten.

Die Wiederherstellung der Stromversorgung kann nach der Ursachenbeseitigung mehrere Tage dauern, beginnend mit **schwarzstartfähigen** Kraftwerken in Netzteilen. Folgekraftwerke müssen schrittweise in Betrieb genommen werden. Das Netz muss abschnittsweise langsam wieder aufgebaut werden.[274] Entsprechende Notfallpläne müssen vorhanden sein.

Privat

Wie es das *Bundesamt für Bevölkerungsschutz und Katastrophenhilfe* in seiner Broschüre[275] empfiehlt, sollten die wichtigsten Dinge bevorratet werden und griffbereit sein.

Gehen Sie nicht davon aus, dass ein Blackout nur die anderen trifft – das dachten die anderen auch.

Im Internet gibt es eine ganze Reihe von Seiten über Vorsorge und Notversorgung, und gedruckte Informationen gibt es natürlich auch. Die Sendereihe *planet wissen* hat sich auch mit Stromausfall beschäftigt und eine empfehlenswerte Sendung produziert: *„Blackout – Die Illusion vom Notstrom".*[276]

26 Dezentrale Stromversorgung

„Die Stromversorgung der Zukunft ist dezentral." So etwa lauten die Maxime und die Prophezeiung für die Energiewende.

Das ist zunächst nachvollziehbar, wenn man an die Einspeisepunkte für Windenergie- und Photovoltaikanlagen denkt. Sie sind über das ganze Land verteilt und sehr viel zahlreicher (hunderttausendfach) als die konventionellen Kraftwerke. Während aber die Kraftwerke dort errichtet wurden, wo der Stromverbrauch groß war, also regional[A], werden die VEE-Anlagen heute dort errichtet, wo die Energieausbeute möglichst groß ist. Das hat zur Folge, dass Windstrom über hunderte Kilometer durch ganz Deutschland in den „stromfressenden" Süden und Sonnenstrom bei Flaute in den Norden transportiert werden muss, was man kaum als *dezentrales Konzept* bezeichnen kann. Dafür sind die bisherigen Stromnetze nicht ausgelegt. Es sind folglich erhebliche Anstrengungen (technisch und ökonomisch) nötig, um dieses Netzmanko auszugleichen.

Ein großes Problem ist auch die Volatilität des VEE-Stroms, der über die Leitungen transportiert werden muss, denn die Leitungen müssen auf die Leistungsspitzen ausgelegt werden, die bei VEE ein Vielfaches der durchschnittlichen Leistung betragen.[277] Bisher haben die Leitungen die Energie weitgehend in einer Richtung transportiert. Durch richtungswechselnden Betrieb entstehen weitere Probleme. All dies erfordert stärkere Leitungen und damit höhere Kosten als bisher. →*S213*

Wenn nun argumentiert wird, dass dezentrale Stromversorgungskonzepte Stromtrassen überflüssig machen und den sonstigen Netzausbau erheblich entlasten würden, muss man sich fragen, was das bedeutet und was dazu nötig wäre:

- Dann müssten die nötigen Stromerzeuger in der Nähe (etwa im Umkreis von 50 km) der Städte und Großverbraucher stehen, so wie das bisher mit den Kraftwerken war.

- Es würde weiter bedeuten, dass in Verbrauchsregionen mit hohem Energiebedarf der ohnehin regional schon nicht realisierbare Ausbau von Windenergie und Photovoltaik noch viel stärker nötig wäre.

- Es würde bedeuten, dass in Gebieten mit schlechten Erträgen diese durch noch mehr Ausbau von VEE-Anlagen zu kompensieren wären. Der Verzicht auf den Ausbau der von vielen kritisierten Windenergieanlagen würde von

---

[A] Auch der Ort des Energieträgers und die Infrastruktur waren von großer Bedeutung (z.B. Kraftwerke dort, wo Braunkohle vorkommt, oder an Flüssen).

der Photovoltaik die Kompensation erfordern, die angesichts der Überschreitung der Ausbaupotenziale[A] unmöglich ist.[278] →*K32*

- Es würde weiterhin bedeuten, dass die vielen lokalen Batteriespeicher (an den PV-Anlagen) die Notwendigkeit einer großen Speicherkapazität für den Langzeitausgleich im Stromversorgungssystem nicht vermeiden. Die Größenordnung von insgesamt etwa 40 TWh ist durch dezentrale Batteriespeicher nicht lösbar.[279]

Hinweis: Das Konzeptmodell, das immer wieder genannt wird, verlangt private Photovoltaikanlagen mit Speicher, die dann gegebenenfalls im lokalen Verbund zentral gesteuert werden. Diese smarten Steuerungen lösen aber keine mangelhafte Energiebilanz- und keine Langzeitspeicherprobleme. →K34

Das Akzeptanzproblem, speziell bei der Windenergie, wird über *Beteiligungskonzepte* angegangen. So werden durch **Bürgerwindparks** Privatpersonen oder Gemeinden Eigentümer der Windparks. Das soll den Eindruck erwecken, dass die Energiewende für alle ein Gewinn sei. Im Mai 2020 machte Minister Altmaier erneut einen solchen Vorschlag, um den Widerstand zu brechen.[280] Ein tiefer Riss geht mittlerweile durch die Gesellschaft und trennt Leidtragende von Profiteuren. Es ist aber egal, ob Stromkonzerne mit VEE-Strom Gewinn machen oder kapitalkräftige Bürger bzw. Gemeinden.

 Alle übrigen Stromkunden, die nicht das Geld haben, in Bürgerwindparks
zu investieren, müssen die Gewinne der Betreiber bezahlen, also:
***Wohlhabende Bürger machen als Investoren Gewinne
zu Lasten von mittellosen Bürgern.***

Gerne wird der Eindruck vermittelt, dass man mit einer PV-Anlage quasi zum Selbstversorger werden könne. Eine autarke Stromversorgung liegt erst dann vor, wenn die Verbindung zum Netz getrennt ist. Bei diesem Merkmal würde der PV-Strom mit Batteriespeicher mehrere Euro pro Kilowattstunde kosten.[281] Prosumer-Konzepte[B] schlagen in die gleiche Kerbe. Dabei ist doch allgemein bekannt, dass in aller Regel großtechnische Erzeugungseinheiten (professionell betrieben) immer wirtschaftlicher sind als viele kleine Einheiten.

[A] Ausbaupotenzial ist der Umfang an VEE-Anlagen, die maximal in Deutschland errichtet werden können.

[B] Prosumer (= Produzent und Konsument) nutzen den eigenen Strom, wenn dies wirtschaftlicher ist, und nutzen die Netzsicherheit, die vorwiegend von den anderen Stromkunden finanziert werden muss.

27 Ausstieg aus Kohle und Kernkraft

Nach dem sachlich unbegründeten Beschluss zum Ausstieg aus der Kernkraft 2011 wurde 2018 die Kommission *„Wachstum, Strukturwandel und Beschäftigung"* (KWSB) eingesetzt, die die Modalitäten für den kompletten Ausstieg aus der Kohleverstromung vorbereiten sollte. In der Folge beschloss die Bundesregierung am 29. Januar 2020 die Beendigung der Kohleverstromung bis 2038 aufgrund des Berichts der Kohle-Kommission.[282] Die Kohlekommission, die über die Zukunft unseres Stromversorgungssystems entschieden hat, bestand aus 31 Personen[283] aus den Bereichen Politik, Wirtschaft, Industrie, Gewerkschaften und Umweltverbänden. Ein Fachmann aus der konventionellen Stromerzeugung sucht man vergebens. Muss man sich da über das Ergebnis wundern?

Der Ausstieg aus Kohle und Kernkraft ist einzigartig.[A] Diese hochrisikoreiche Politik des Doppelausstiegs (ohne Netz und doppelten Boden) ist noch zu toppen: Die Grünen fordern nun auch noch die „Gaswende".[284] Das ist eigentlich nur konsequent, denn wenn man CO_2-neutral werden will, darf man auch kein Erdgas verbrennen.

Die Stromerzeugung aus Kohle[285] und aus Kernkraft[286] ist weltweit weiterhin auf dem Vormarsch. Eine wettbewerbsfähige Wirtschaft und Industrie ist die Grundlage für den Wohlstand der Gesellschaft. Andere Länder haben das erkannt. Wie heißt es so richtig: Preisgünstiger, zuverlässiger Strom ist das Blut einer erfolgreichen Wirtschaft. Welchen Sinn macht es also im weltweiten Kontext, dass sich Deutschland auf ein solches, freiwilliges Risikospiel einlässt?

27.1 Offizielle Begründung

Die offizielle Begründung basiert auf

1. der Einschätzung, dass Kernkrafttechnik unbeherrschbar sei (Tschernobyl, Fukushima) →*K27*

2. der als sicher betrachteten Klimakatastrophe, die der Mensch nur durch CO_2-Vermeidung aufhalten kann →*K20*

Nun geht aber nachweislich für Deutschland keine Gefahr von seinen Kernkraftwerken aus. Deutschlands Anteil an den CO_2-Emissionen der Welt ist mit rund 2 % gering. Wenn man weiterhin bedenkt, dass trotz Hunderter Milliarden, die die Energiewende bisher gekostet hat, der CO_2-Ausstoß z.B. in den Jahren 2009 bis 2017 nicht gesunken

---

[A] Ich konnte keine weiteren Länder finden, die dies vergleichbar gemacht haben.

ist und die Kohlekraftwerke wie auch die Fahrzeuge mit Verbrennungsmotor weltweit weiterhin stark steigende Zahlen aufweisen, ist die deutsche Politik nicht zu verstehen.

27.2 Versorgungssicherheit

Abb. 27-1[287] zeigt, wie die Kraftwerksleistung heruntergefahren werden soll.

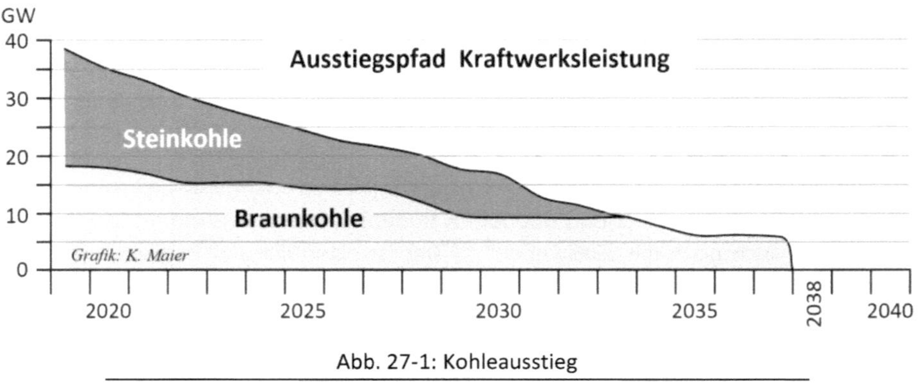

Abb. 27-1: Kohleausstieg

Die konventionellen Kraftwerke[A] lieferten im Winter 2019/2020 (der relativ warm war) zeitweise über 47 GW an Leistung und 8 GW die Kernkraftwerke.[288] Kalte Winter, das weiß man, erfordern mehr Strom. Das merken besonders stark die Franzosen, die viel mit Strom direkt heizen und daher in der Vergangenheit gerne die Unterstützung aus Deutschland angenommen haben. Aber es stellt sich die Frage: Woher wären die 55 GW z.B. am 20.11.2019 gekommen, als Wind und Solar zeitweise weniger als 1 GW lieferten, wenn wir bereits Kohle- und Kernkraftwerke abgeschaltet gehabt hätten?

Manche argumentieren, dass Gas-KWs bisher aus Kostengründen wenig gelaufen sind, aber in Zukunft durch die CO_2-Bepreisung wirtschaftlicher werden, sodass mehr Gas-KWs zum Einsatz kommen werden, um die Lücke zu schließen. Das ist irreführend: Zunächst muss festgehalten werden, dass die Stromgestehungskosten der Gas-KWs durch die CO_2-Bepreisung nicht günstiger werden,[B] sondern nur die Konkurrenz (Kohle) relativ teurer wird.

[A] Der Begriff ist nicht eindeutig definiert. Man versteht darunter überwiegend Großkraftwerke, die mit fossilen Energieträgern betrieben werden. So wird der Begriff hier verwendet.

[B] Gas-KWs werden natürlich durch die CO_2-Bepreisung auch teurer, wenn auch weniger stark.

Zum anderen werden heute von den 30 GW installierter Leistung schon zeitweise 18 GW eingespeist,[289] sodass bestenfalls nur 12 GW zusätzlich aktivierbar sind.

Der mediale Druck ist groß und die Firmenbosse geben dem nach. Von Verantwortung gegenüber der Gesellschaft und den Menschen ist wenig zu spüren. Wo bleiben die Widerworte gegen dieses Ausstiegskonzept? Uniper, als großer Betreiber von Kohlekraftwerken, will nun dem Ausstiegsplan noch ein Stück zuvorkommen.[290] Wohl wissend, dass bereits in den Jahren 2021-2024 die gesicherte Leistung von mindestens sieben Großkraftwerken fehlen wird, will man vorzeitig Kraftwerke schließen. *„Es geht vor allem um Haltung"*, sagt Chef Schierenbeck.[A] Stattdessen will man sich auf Gaskraftwerke konzentrieren. Auch diese werden unter dem politischen Fallbeil sterben.

Es ist mit sogenannten Brownouts, also der gebiets- und zeitweisen Abschaltung des Stroms wegen Erzeugungsmangel, zu rechnen.

Der Ausstieg aus Kohle- und Kernkraft ist hochgefährlich, da wir uns nicht auf die erforderlichen Stromlieferungen aus den Nachbarländern verlassen können.

27.3 Der CO_2-Bilanztrick

Wenn bei uns Dunkelflaute herrscht, ist der VEE-Strombeitrag in unseren Nachbarländern oftmals auch gering. Es heißt, dass für Flauten in Deutschland Kraftwerke in unseren Nachbarländern einspringen müssen, so die Ausstiegspläne. Das sind aber dann fast ausschließlich Kohle- und Kernkraftwerke. Jetzt ist offenbar Kohlestrom recht, Hauptsache er wird nicht in Deutschland produziert und verdirbt nicht unsere CO_2-Bilanz.

Als Ersatz sind Gaskraftwerke vorgesehen. Der CO_2-Ausstoß beträgt zwar bei Gaskraftwerken nur etwa die Hälfte von Kohlekraftwerken, wenn man aber die Vorkette[B] einbezieht und dann mit CO_2-Äquivalenten rechnet, ist der Unterschied deutlich geringer (*Abb. 27-2*).[291, 292]

[A] Kommentar unnötig!

[B] Unter Vorketten-Emissionen versteht man die Emissionen von Treibhausgasen (vorwiegend Methan), die verursacht werden, bis das Erdgas an der Verbrauchsstelle vorliegt (durch Förderung/Produktion, Aufbereitung, Transport, Speicherung und Verteilung).

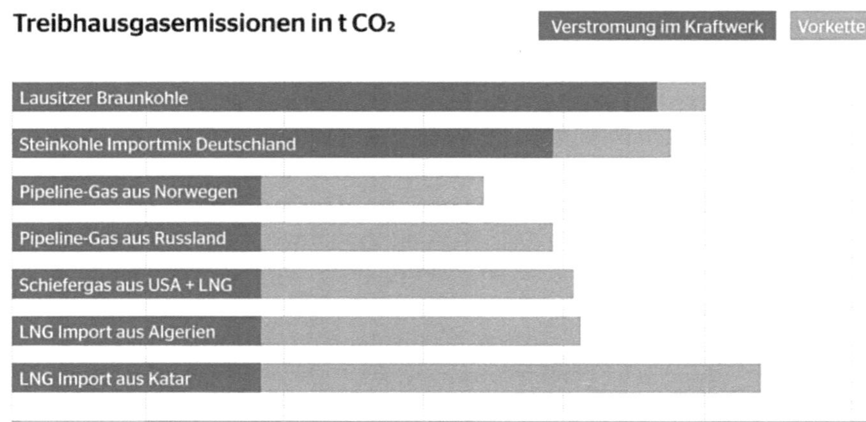

Quelle: Daten aus der GEMIS-Datenbank 4.94, Stand: März 2015 mit GWP_{20} für CH_4 und N_2O nach dem 5. Sachstandbericht des IPCC von 2013

Abb. 27-2: CO_2 mit Vorkette

Unter dem Gesichtspunkt des europäischen Zertifikatehandels ist die deutsche Vorreiterrolle nutzlos.

„Die Gesamtemissionen an CO_2 im Stromsektor in der Europäischen Union sind, grob gesprochen, durch die ausgegebenen Zertifikate festgelegt. Von daher ist es egal, ob wir in Deutschland die Windkraft fördern oder einzelne Kraftwerke stilllegen. Das ändert alles nicht die CO_2-Emissionen der EU, es ändert lediglich wo diese entstehen."[293]

Der deutsche Kohleausstieg ändert die CO_2-Emissionen der Europäischen Union (EU) um null!

Wenn aber Gaskraftwerke nicht mal übergangsweise die CO_2-Lösung sind, so fragt man sich, wie die Stromversorgung künftig CO_2-frei werden soll.

Der Umstieg von Kohle- und Kernkraft- auf Gaskraftwerke ist Etikettenschwindel: In Deutschland werden die CO_2-Emissionen zwar fallen – dafür im Ausland (Russland) steigen.

27.4 Kosten

Da das Ziel die (fast) völlige Dekarbonisierung ist und wirtschaftliche Stromspeicher in der erforderlichen Kapazität nicht zu erwarten sind, braucht man Kraftwerke als Backup. Damit muss auch bei hohem EE-Stromanteil eine doppelte Stromerzeugungsstruktur unterhalten werden. Diese verursacht erhebliche Fixkosten, auch wenn damit über längere Zeiten kein Strom erzeugt wird.

Die Außerbetriebnahme von funktionsfähigen, sicheren Anlagen,
die produktiv eingesetzt werden können,
ist betriebs- und volkswirtschaftliche Wertvernichtung.

Daher haben Kernkraftwerksbetreiber auf Schadenersatz geklagt und Recht bekommen. Gleiches Recht haben somit auch die Betreiber von Braun- und Steinkohlekraftwerken. Für den Ausstieg aus der Braunkohle sind 40 Mrd. € vorgesehen, allerdings gestreckt bis 2038. An anderer Stelle wurden 80 Mrd. € ermittelt.[293] Dabei geht es nicht um Schadenersatz, sondern „nur" um die soziale Abfederung des Strukturwandels. Mit anderen Worten: Es wird sicher nicht bei der Summe bleiben. Außerdem sind versteckte Kosten unbekannter Höhe z.B. durch Arbeitslosigkeit darin nicht quantifiziert enthalten, ebenso wenig die damit verbundenen Kaufkraftverluste.

Aus der Steinkohle soll praktisch entschädigungslos ausgestiegen werden.[294] Da ist sicher noch nicht das letzte Wort gesprochen,[295] zumal etliche Kraftwerke in öffentlicher Hand sind oder Beteiligungen haben, die in den kommenden Jahren keine Gewinne mehr für die kommunalen Haushalte beisteuern. So wurde für das vorzeitig abzuschaltende Steinkohlekraftwerk Trianel (Lünen), das im Besitz von knapp 30 kommunalen Energieversorgern ist, ein Schaden von fast 600 Mill. € ermittelt. 1,4 Mrd. € an Investitionen für eine geplante Nutzung bis 2051 praktisch umsonst.[296] Verrückt ist und gegen jeden ökonomischen Verstand, dass neuen Kohlekraftwerken nur noch kurze Laufzeiten zugebilligt werden – eine volkswirtschaftliche Wertvernichtung sondergleichen.

Und wie sieht es mit den Kosten des deutschen „Atomausstiegs" aus? Für die erste Phase des Ausstiegs zwischen 2011 und 2017 gibt es eine Berechnung über die verursachten Mehrkosten.[297] Diese Studie rechnet jährliche Mehrkosten von 12 Mrd. US-$ pro Jahr vor. Enthalten sind höhere Stromgestehungskosten, CO_2-Kosten sowie Kosten für statistisch errechnete, *„vorzeitige Tote durch erhöhte Schadstoffe"*. Mehrkosten für den Netzausbau, Ersatzinvestitionen etc. wurden nicht berücksichtigt.

Lässt man die *„vorzeitigen Toten"* weg, ist in Summe mit rund 230 Mrd. € bis 2040[298] für den *Doppelausstieg* zu rechnen, die letztlich wir alle (Steuerzahler) aufbringen müssen.

Klar ist, dass Gaskraftwerke die Lücke schließen sollen. Klar ist aber auch, dass die Grünen bereits erkannt haben, dass mit Gaskraftwerken auch keine Dekarbonisierung der Stromversorgung möglich ist. Sie sind also nur eine Brückentechnik für kurze Zeit. Da stellt sich die Frage, welcher Investor angesichts einer begrenzten Betriebsdauer noch in Gaskraftwerke investieren will.

Die Planwirtschaft in der Stromversorgung wird erfordern,
dass der Staat Kraftwerke bauen lässt und deren Betrieb sicherstellen
muss (über Anordnungen und Subventionen).

Zählt man die Kosten für den „Atomausstieg" (150 Mrd. €[299]) und den Kohleausstieg (80 Mrd. €) zusammen (s.o.), so kommen auf diese Weise weitere **230 Mrd. €** zu den Energiewendekosten hinzu.

28 Kernenergie

Zur Kernenergie könnte man umfangreiche Abhandlungen schreiben. In diesem kurzen Kapitel wird nur die Möglichkeit genutzt, auf einige Irrtümer und vielleicht unbekannte Aspekte einzugehen.[300]

28.1 Nichts ist ohne Risiko

Ein risikofreies Leben gibt es nicht. Die Frage ist nur: Wie viel Risiken will man eingehen und welche Chancen und welchen Nutzen bietet ein eingegangenes Risiko? Wer in einen Pkw steigt, geht ein Tötungsrisiko ein, aber Autos haben wichtige Vorteile, sonst gäbe es keine 44 Mill. Pkw in Deutschland.

Das Gleiche gilt für die Stromerzeugung. Allen Stromerzeugungsarten sind Tote zuzuschreiben und zwar von der Gewinnung des Energieträgers, über den Bau der Anlagen und den Betrieb bis zum Rückbau.[301]

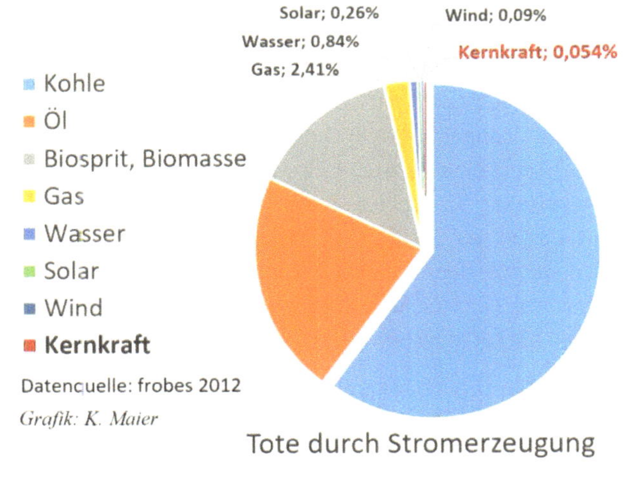

Abb. 28-1: Tote durch Stromerzeugung

Dabei ist die Kernkraft, inklusive der Unglücke und sogar der Anwendung der LNT-Theorie (→S266), die mit Abstand sicherste Art Strom zu erzeugen, wie *Abb. 28-1* zeigt.[302]

Wer Wert darauf legt, kann die CO_2- und Schadstofffreiheit als besondere Vorteile gegenüber konventionellen Kraftwerken mit fossilen Brennstoffen herausstellen. Mir wäre wichtig, dass die Kernkraftwerke einen geringen Flächenverbrauch (→K8.4) haben, keine große Mengen an Energieträgern transportiert werden müssen und sie nahe den Verbrauchsregionen gebaut werden können. Schließlich wäre, angesichts des stark wachsenden Energiebedarfs, die Versorgung der Welt über Tausende von Jahren mit preisgünstigem Kernkraftstrom die ersehnte Lösung des Energieproblems.

28.2 Risiken und Sicherheit

„GAU-Gefahr"

Anmerkung: „GAU" (größter anzunehmender Unfall) und „Super-GAU" sind Begriffe aus der politischen Auseinandersetzung mit der Kernkraft. Betreiber, Hersteller und Sachverständige verwenden stattdessen die Begriffe „auslegungsüberschreitender Unfall" oder „katastrophaler Unfall". Wegen der allgemeinen Geläufigkeit und Kürze des Begriffes bleibe ich folgend bei „GAU".

Das schlimmste Unglück war das in *Tschernobyl* 1986. Durch Atomkraftgegner wurde vorhergesagt, dass bei einem GAU viele zehntausend Quadratkilometer auf Tausende von Jahren unbewohnbar seien. Mittlerweile haben Hunderttausende Touristen Tschernobyl besichtigt. Seit 2011 kann man als Tourist einen Besuch der „Todeszone" um den Reaktor buchen und zwar ohne Schutzkleidung.[303, 304]

Kernkraftwerk ist nicht gleich Kernkraftwerk! Es gibt seit dem Beginn eine Vielzahl von Konzepten und Ausgestaltungen von Kernkraftwerken (KKW). Der russische Reaktortyp, bei dem in Tschernobyl eine Kernschmelze passierte, und wo es durch eine Explosion (keine „Atomexplosion") zu einer erheblichen Freisetzung von Radioaktivität kam, unterscheidet sich in der Bauart und den Sicherheitseinrichtungen wesentlich von den westlichen, speziell den deutschen Reaktoren. Ein bedeutsamer Konstruktionsmangel war, dass der Reaktor kein *Containment* zum sicheren Einschließen von radioaktivem Material bei technischen Defekten besaß.

Der Bau des KKW in Tschernobyl begann 1970, wobei die Wirtschaftlichkeit hohe Priorität hatte. Außerdem ist dieser Typ besonders gut für die Produktion waffenfähigen Materials geeignet.

Ausgelöst durch einen Turbinentest, im Rahmen der jährlichen Revision, bei dem Sicherheitseinrichtungen deaktiviert waren, wurde der Reaktor entgegen den Vorschriften in einen unzulässigen, instabilen Zustand gebracht und eine Zeitlang gehalten. Dabei eskalierte die Lage so schnell, dass eine manuell zu spät eingeleitete Schnellabschaltung die Kernschmelze nicht mehr verhindern konnte.[305]

Die WHO (Weltgesundheitsorganisation) und UNSCEAR (Wissenschaftlicher Ausschuss der Vereinten Nationen zur Untersuchung der Auswirkungen der atomaren Strahlung) geben 20 Jahre nach dem Unfall 30 unmittelbare Tote[306] beim Personal bzw. bei den Feuerwehrleuten an.[307] Über 100 wurden durch Strahlung verletzt. Weiter heißt es in der Zusammenfassung:

> *„Abgesehen von diesem Anstieg gibt es keine Hinweise auf eine größere Auswirkung auf die öffentliche Gesundheit, die auf die Strahlenexposition zwei Jahrzehnte nach dem Unfall zurückzuführen ist. Es gibt keine wissenschaftlichen Beweise für einen Anstieg der allgemeinen Krebsinzidenz- oder Mortalitätsraten oder der Raten nicht bösartiger Erkrankungen, die mit der Strahlenexposition in Zusammenhang stehen könnten. Die Inzidenz von Leukämie in der Allgemeinbevölkerung, die aufgrund der im Vergleich zu soliden Krebsarten kürzeren Zeitspanne zwischen der Exposition und dem Auftreten von Leukämie eine der Hauptsorgen darstellt, scheint nicht erhöht zu sein. Obwohl die am stärksten exponierten Personen ein erhöhtes Risiko für strahlungsbedingte Auswirkungen haben, ist es unwahrscheinlich, dass die große Mehrheit der Bevölkerung ernsthafte gesundheitliche Folgen der Strahlung des Tschernobyl-Unfalls zu spüren bekommt. "*

Natürlich gibt es auch Gegengutachten von NGOs mit Spekulationen über mögliche Tote in fernerer Zukunft.

Aufgrund des Atomgesetzes, der „Sicherheitsanforderungen für Kernkraftwerke" und des kerntechnischen Regelwerkes (KTA) sind die deutschen Kernkraftwerke so ausgelegt, dass ein Ereignis wie in Tschernobyl nach menschlichem Ermessen ausgeschlossen ist. Der Reaktortyp von Tschernobyl wäre in Deutschland nicht genehmigungsfähig gewesen.

Der Unfall im KKW *Fukushima*[308] 2011 war durch den Tsunami ausgelöst worden und nicht durch einen Fehler im Reaktor oder des Betriebspersonals. Es war vorhersehbar, dass ein solcher Tsunami irgendwann kommen würde. Der Tsunami hat eindeutig belegt, dass das Kraftwerk für diesen Standort falsch ausgelegt war. So waren z.B. die Notstromversorgungen nicht überflutungssicher konzipiert. Hier hat es übrigens nicht einen einzigen Toten durch die havarierten Reaktoren gegeben.

Die höchste gemessene Strahlenbelastung nach dem Unfall lag in der Präfektur Fukushima im ersten Jahr bei 50 mSv (Millisievert).[309] Die Werte nahe des Reaktors sind in den folgenden Monaten kontinuierlich gefallen. Strahlendosen unterhalb 100 mSv pro Jahr sind aber so gering, dass ein erhöhtes Krebsrisiko statistisch nicht mehr nachweisbar ist.[310] →K28.6

Auch dieses Kernkraftwerk wäre in Deutschland nicht genehmigt worden. Neben der sowieso vorhandenen ständigen Atomaufsicht veranlasste die Bundesregierung nach diesem Unfall eine zusätzliche und umfassende anlagenspezifische Sicherheitsüberprüfung deutscher Kernkraftwerke. Dies erfolgte unter Berücksichtigung der Ereignisse in Fukushima. Diese Überprüfung der Robustheit bestätigte nicht nur die sehr hohe sicherheitstechnische Auslegung der Anlagen, sondern sogar darüberhinausgehende, zusätzlich vorhandene Sicherheitsreserven. Es ergaben sich keine Hinweise auf die Notwendigkeit einer unverzüglichen oder vorzeitigen Abschaltung, was die Bundesregierung jedoch trotzdem beschloss. Dieses Vorgehen war nicht durch sicherheitstechnische Mängel, sondern rein politisch motiviert.

Betriebssicherheit

Ein hohes Sicherheitsniveau hat viele Komponenten, hierzu gehören:

- die Richtlinien und Gesetze über die Zulassung zum Bau,

- die umfangreiche Überwachung und Kontrolle bei der Planung und der Errichtung der Anlage,[311]

- die Prüfung vor der Inbetriebnahme,

- die Gesetze und Vorschriften für den Betrieb der Anlage,

- die Vorschriften für die Fachkunde und Zuverlässigkeit des Personals,

- die Vorschriften für die regelmäßigen Prüfungen und Wartungen,

- die Vorschriften für die Schulung des Personals,

- die ständige Aufsicht über die Einhaltung der Gesetze und Vorschriften durch eine Behörde

und andere mehr sowie die technische Seite:

- die Auslegung und

- die Sicherheitseinrichtungen.

Jedes Konstruktionsprinzip eines Reaktors impliziert gewisse spezifische Risiken. Verschiedene Risiken, die es in einem Reaktortyp gibt, sind bei einem anderen konstruktionsbedingt ausgeschlossen.

Die Sicherheitseinrichtungen (SE) orientieren sich an dieser Sachlage. Sie verhindern oder beherrschen *technische Ausfälle* (Bruch von Leitungen, Ausfall von Pumpen etc.), *äußere Einflüsse* (Erdbeben, Hochwasser, Flugzeugabsturz, Gasexplosionen etc.) oder *menschliche Fehlhandlungen*. Dazu werden Sicherheitseinrichtungen mehrfach und unabhängig voneinander angeordnet, so dass ein Fehler auch während einer Prüfung oder Wartung ohne Folgen bleibt. Auch der Ausfall einer SE darf nicht zu einer Störung des Systembetriebs führen. Zudem sind SE besonders geschützt angeordnet. Solche redundanten Konzepte schließen die Wahrscheinlichkeit eines schweren Unfalls nach menschlichem Ermessen[312] aus. SE brauchen für ihre Funktion allerdings Energie. Diese kommt aus der Eigenversorgung des Kraftwerks, aus dem Stromnetz oder aus den unabhängigen, geschützten und mehrfach vorhandenen (redundanten) Notstromgeneratoren.

Die deutschen Kernkraftwerke sind so ausgelegt, dass sie ein naturgesetzlich sicheres Leistungsverhalten aufweisen und die Kühlung zur Abfuhr der Nachzerfallswärme, auch nach einer Abschaltung, unter allen realistisch möglichen Umständen gewährleisten.[313]

Andere, zukünftige Konzepte setzen auf passive Sicherheit (passive Kühlsysteme statt elektrischer Pumpen) und konstruktionsbedingte, *inhärente Sicherheit*. Auf diese Weise kann ein GAU künftig statistisch nur alle 10 Mill. Reaktorjahre auftreten.[A] Aber durch das Containment[B] (Sicherheitsbehälter) wird die Umgebung sicher vor radioaktiven Gefahren geschützt.

Anschlagsicherung

Neben den genannten Gefahren werden auch immer wieder die Gefahren durch Kriminelle, Terroristen und Proliferation thematisiert.[314] Hierzu ganz kurz einige Anmerkungen.

Proliferation

Proliferation meint hier die Möglichkeit, dass neue Staaten zu Atomwaffen kommen. Dies ist durch ein Land wie Deutschland kein ernstes Problem. Deutschland verzichtet auf den Besitz von Atomwaffen und lässt seine kerntechnischen Anlagen von EURATOM und der Internationalen Atomenergie-Agentur (IAEA) wirksam überwachen.

Radioaktives Material für Bomben stehlen?

Der Bombenbau ist ohne großen technischen Aufwand nicht möglich und erfordert sehr viel Spezialwissen. Nur hochradioaktive Substanzen wären geeignet. Die

---

[A] Zur quantitativen Einordnung: Wäre Deutschland zu 100 % mit Strom aus KKWs versorgt, so würde statistisch alle 100.000 Jahre ein GAU passieren. Die Konsequenzen wären zudem begrenzt.

[B] Als Containment wird die gasdichte Umhüllung um einen Kernreaktor und dessen Kreislauf- und Nebenanlagen bezeichnet, damit – auch nach einem Störfall – keine radioaktiven Stoffe unkontrolliert in die Atmosphäre und Umgebung entweichen können.

Terroristen wären tot, bevor die Bombe fertig wäre. Für eine „Schmutzige Bombe" mit medialer Panikwirkung wären Materialien aus der Nuklearforschung oder Nuklearmedizin leichter zu beschaffen.

Angriffe aus der Luft

Die deutschen Kernkraftwerke sind sowohl gegen abstürzende Flugzeuge als auch gegen bewusst herbeigeführte Anflüge ausgelegt. Kein Flugzeug kann durch Aufprall die Reaktorkuppel ernsthaft beschädigen. Ein Versuch mit einem Kampfjet auf eine Betonwand demonstriert das in einem Video überzeugend.[315] Ein Absturz auf ein Chemiewerk oder Fußballstadion wäre für Terroristen erheblich effektiver.

Angriffe von innen

Ziel bei der Auslegung deutscher Kernkraftwerke war es, eine Sabotage mit gravierenden Folgen für einen Einzeltäter innerhalb der Anlage unmöglich zu machen. Schutzautomatiken sorgen beim Über- oder Unterschreiten von festgelegten Parametern für die Einhaltung des sicheren Betriebs. Alles basiert auf weltweiten Erfahrungen aus fast 15.000 Reaktorbetriebsjahren.

Selbst wenn jemand durch Erpressung mit Zugang zur Anlage bewusste Fehlbedienungen versuchen würde, würden die automatischen Sicherheitseinrichtungen dies nicht zulassen. Die deutschen Kernkraftwerke sind entsprechend staatlichen Vorgaben und umfangreichen Kontrollen (→S256) gegen erpresserische Angriffe und Innentäter ausgelegt.

Cyberkriminalität

Cyberkriminalität wird gegenwärtig vor allem von Geheimdiensten mit dem Ziel der Industriespionage genutzt. Eine physikalische Verbindung zwischen dem Internet und Steuerungskomponenten gibt es in Kraftwerken nicht. Eine Reihe von Maßnahmen und technischen Einrichtungen verhindert die sicherheitsrelevante Beeinflussung von außen und innen während des Betriebs.

Versicherbarkeit

Viele argumentieren, dass ein GAU wegen des extrem hohen Schadens und der Kosten nicht versicherbar sei. Dazu ein keines Zahlenbeispiel:

Nach *Greenpeace* kostet ein „Super-GAU" bis zu 430 Mrd. €.[A] Mal angenommen, dass alle 25 Jahre[316] ein Schaden von 430 Mrd. €, bei 25.000 TWh/a (weltweit), auftreten würden, so könnte das mit 0,07 ct/kWh Versicherungsbeitrag gedeckt werden. Nehmen wir für die Zukunft den 10-fachen Energiebedarf von 250.000 TWh/a und einen Ausfallabstand von 5 Mill. Reaktorjahren an, so würde das weniger als 0,01 ct/kWh Versicherungsbeitrag bedeuten.[317] Die derzeitige Gesetzeslage über die Rückstellungen und Haftungssummen müsste allerdings überarbeitet werden.

Kernkraftwerke, insbesondere künftige, sind sehr wohl versicherbar. Versicherer müssen aber wegen der hohen Schadenssummen über Rückversicherer die Risiken global verteilen.

Die Risiken für den Betrieb der Kernkraftwerke, insbesondere der zukünftigen, sind beherrschbar und vertretbar.

28.3 Kosten

Es geht um die Frage, ob „Atomstrom" tatsächlich so günstig ist, wie es immer wieder angezweifelt wird, wenn man alles einbezieht.

Stromkosten

Sicherheit hat ihren Preis. Das ist auch der Grund, warum durch immer weiter gesteigerte Anforderungen an die Betreiber und die Hersteller unerwartet hohe *Stromgestehungskosten* genannt werden.[B] Kernkraftwerke könnten aber deutlich billiger produzieren, wenn eine Standardisierung erfolgt und hohe Stückzahlen vorliegen.[318] Außerdem werden die Kraftwerke der Generation IV (→*K28.7*) auch auf niedrige Kosten getrimmt und das bei gestiegener Sicherheit. Der Stromgestehungspreis wird künftig noch deutlich sinken.

[A] Grundlage: Evakuierung im Umkreis von 600 km; Personen und Sachschäden. Ist der Ansatz, verglichen mit dem GAU und den Folgen von Tschernobyl, realitätsnah?

[B] Beispiel: Hinkley Point in Großbritannien. Die Kosten der Sicherheitsanforderungen beziehen sich auf die bestehende Kernkrafttechnik.

Rückbaukosten

Die ***Rückbaukosten*** von am Netz betriebenen KKWs sind einkalkuliert und können vom Betreiber bezahlt werden, wenn die vorgesehene Laufzeit erreicht wird – nicht aber, wenn ein vorzeitiger Abschaltbefehl aus der Politik kommt.

Kernkraftsubventionen

Immer wieder wird kritisiert, dass durch die legendäre „Atomlobby" Hunderte von Mrd. € vom Steuerzahler in die Kerntechnik gesteckt wurden. Dem kann leicht widersprochen werden, indem auf die Antwort der Bundesregierung auf eine Anfrage[A] der Fraktion DIE LINKE verwiesen wird. Hier werden haarklein alle Beträge, seit 1974 bis zum Abschluss des Themas Kernkraft, in einigen Jahren, aufgelistet. Auch absehbare künftige Kosten wie die Endlagerprüfungen sind enthalten. Die Summe beträgt lediglich rund 22 Mrd. € über mehr als 40 Jahre, also rund 0,5 Mrd. € pro Jahr im Gegensatz zu den EEG-Kosten von mehr als 25 Mrd. € pro Jahr. Die Erzeugung des KK-Stroms selbst ist nie subventioniert worden.

Externe Kosten

Es geht um Kosten, die die Gesellschaft trägt. Hierzu werden folgende Kostenkomponenten genannt: Bereitstellung von Endlagern, Rückbau KKW (im Falle vorzeitiger Abschaltung), Schäden durch Unglücke und Sicherung von Castor-Transporten.

Die Kosten für ein Endlager wurden durch politisches Taktieren und Verzögern in die Höhe getrieben, sind aber ein geringer Anteil an den oben genannten 22 Mrd. € über 40 Jahre. Die Rückbaukosten belasten die Gesellschaft nicht, wenn die KKWs ihre Nutzungsdauer ausschöpfen können. Die Kosten der Sicherung von Castor-Transporten haben nichts mit der Technik zu tun, sondern sind von der Gesellschaft, den Aktivisten, selbst verursacht. Zu den Schäden, von nicht völlig auszuschließenden Unfällen, kann beliebig spekuliert werden. Wie dargestellt, sind sie versicherbar.

Kernenergie ist eine kostengünstige, zukunftsträchtige und sichere Art, Strom zu erzeugen.

[A] Bundestagsdrucksache 16/10077

28.4 Endlager

Zwischenlager

Der bis heute angefallene „Atommüll" wird zwischengelagert. Nach Abklingen der Restzerfallswärme in Wasserbecken (Nasslager) werden die Brennelemente in ein Trockenlager überführt. Dabei befinden sich die Brennelemente in Spezialbehältern für die oberirdische Lagerung.[A] Zwischenlager für radioaktive Abfälle gibt es an jedem Kernkraftwerk. Darüber hinaus gibt es zwei zentrale Trockenlager fern von Kernkraftwerksstandorten. Eines davon ist das Atommülllager Gorleben.[B] Solange kein Endlager für Deutschland feststeht, bleiben die Brennelemente in den sicheren Zwischenlagern.

Endlager

Zum Fehlen eines Endlagers für hochradioaktive, benutzte Brennstoffe hat der politische Widerstand von Atomkraftgegnern wesentlich beigetragen. So wurde in der Koalitionsvereinbarung von Rot/Grün in Niedersachsen vom 19. Juni 1990 verabredet, Entsorgungseinrichtungen erst dann bereitzustellen, *„wenn der Ausstieg aus der Atomenergienutzung festgeschrieben ist"*. Im Atomkonsens[319] mit den Betreibern vom 14. Juni 2000 hat die rotgrüne Bundesregierung dann ein Moratorium für die Erkundung des Salzstocks Gorleben durchgesetzt und damit vorerst verhindert, dass die Erkundung abgeschlossen und der Salzstock für geeignet erklärt werden konnte.

Über die anderen, nicht radioaktiven, aber anhaltend toxischen Abfälle spricht kaum jemand. Die Entsorgung der viel größeren Menge konventionell gefährlicher Abfälle, die z.B. Arsen, Cadmium oder Quecksilber enthalten, ist seit Jahrzehnten gesellschaftlich akzeptierte Praxis. Ein Beispiel ist die weltweit größte Untertagedeponie, *Herfa-Neurode* in Hessen, die vom grünen hessischen Umweltminister Joschka Fischer genehmigt wurde. Im Unterschied zu radioaktiven Reststoffen verlieren diese Abfälle ihre Gefährlichkeit nie (sie haben keine Halbwertzeiten).

Dass es Endlagerlösungen gibt, wenn der politische Wille vorhanden ist, zeigen uns z.B. Finnland und Schweden.

[A] Diese Behälter kühlen die Brennelemente rein passiv und schützen sie vor äußeren Einwirkungen wie Explosionen, Erdbeben, Flugzeugabstürzen, Überflutungen, Bränden oder Unfällen. Die Zwischenlagerung hat den Vorteil, dass die Brennelemente wiederaufgearbeitet werden könnten, um noch als Kernbrennstoff genutzt zu werden.

[B] Das andere ist das Atommülllager Ahaus.

Die langfristige Deponierung radioaktiver Abfälle muss in geologisch stabilen Gesteinsschichten vorgenommen werden.

Dies ist sicher und kostengünstig möglich, da es viele wasserundurchlässige geologische Formationen gibt, die über sehr lange Zeiträume stabil sind und damit, auch unter Berücksichtigung weiterer Kriterien, als langzeitsichere Endlager für radioaktive Stoffe bestens geeignet sind. Als Wirtsgesteine sind dabei Kristallin[A], Ton oder Salz vorgesehen. In Deutschland sind alle drei Formationen vorhanden.

Salzformationen haben ein langzeitsicheres Isolationsvermögen und die beste Barrierewirkung. Auf der Basis praktischer Erfahrung der Gasspeicherung in Salzgesteinen ist zu folgern, dass unbeschädigte Salzformationen undurchlässig sind. Diese sind ideale Kandidaten für die Endlagerung, auch von wärmeentwickelnden radioaktiven Abfällen.

Die **Schachtanlage Konrad** ist ein ehemaliges Eisenerzbergwerk im Raum Salzgitter. Nach über 30-jährigem Verfahren wurde die Genehmigung als Endlager für nichtwärmeentwickelnde radioaktive Stoffe mit Urteil vom 27.03.2007 in letzter Instanz bestätigt, aber die Bundesregierung hat es noch nicht in Betrieb gehen lassen.

Das Salz im **Salzstock Gorleben** wurde vor etwa 250 Mill. Jahren abgelagert.

> *„Durch das zunehmende Gewicht darüber liegender jüngerer Sedimente ist das Salz vor etwa 150 Mill. Jahren in Bewegung geraten und hat in der Folge die jüngeren Sedimentschichten durchstoßen. Seit Beginn des Tertiärs vor 66 Mill. Jahren verlangsamt sich der Aufstieg, da immer weniger Salz in der ursprünglichen Schicht übrig ist. Heute ist ein weiterer wesentlicher Aufstieg nicht mehr zu erwarten. Der Salzstock kann deshalb für die nächsten eine Million Jahre als stabil angesehen werden."*[320]

Ab Mitte der 1970er Jahre fanden Untersuchungen auf Eignung statt. Diese wurden mehrfach unterbrochen und offiziell und formal nicht abgeschlossen. Es gibt keine geologischen Gründe, die an der Eignung des Salzstocks als langzeitsicheres Endlager, auch für wärmeentwickelnde Abfälle, zweifeln ließen.

[A] https://www.chemie.de/lexikon/Kristallin.html: „Die Geologie bezeichnet mit Kristallin eine Reihe von Gesteinen, deren Feinstruktur aus kristallähnlichen Teilchen besteht. Dabei wird zwischen feinkristallin (wie z.B. Marmor oder Gneis) und grobkristallin (beispielsweise viele Granite) unterschieden. Dabei umfasst der Begriff auch geologische Formationen selbst, in erster Linie solche aus Graniten und aus metamorphen, kristallinen Schiefern."

28.5 Nachhaltigkeit

Hinweis: Nachhaltigkeit ist ursprünglich ein Begriff aus der Forstwirtschaft. Es ist ein Bewirtschaftungsgrundsatz der garantiert, dass nicht mehr Holz geerntet wird, als nachwachsen kann (nachhaltige Nutzung).

Der heutige Begriff der „nachhaltigen Entwicklung" (sustainable development) ist daran angelehnt. Man versteht darunter eine ökonomische, ökologische und soziale Entwicklung, die weltweit die Bedürfnisse der gegenwärtigen Generation befriedigt, ohne die Lebenschancen künftiger Generationen zu gefährden. Der Grundgedanke geht zurück auf den Bericht „Unsere gemeinsame Zukunft" (1987) der Brundtland-Kommission.

In diesen Kontext gehören Stichworte wie: Ökologie, Ressourcenschonung, Wachstumsbegrenzung, Kreislaufwirtschaft, Sparsamkeit etc.

Letztlich bedeutet nachhaltige Entwicklung einen gesellschaftlichen Wandlungsprozess, der zu neuen Wertvorstellungen und Konsumgewohnheiten führen soll. →S112 "Die Große Transformation"

Für die Stromversorgung bedeutet das möglichst …

- geringe Eingriffe in die Natur

- geringer Flächenverbrauch

- geringer Ressourcen- bzw. Materialverbrauch

- geringer Energieverbrauch für Bau und Rückbau der Anlagen (EROI, s.u.)

- geringer Energieträgerverbrauch

All diese Anforderungen werden durch Kernenergie am besten erfüllt. Anstelle von 1000 Windenergieanlagen, die heute zum Teil in Wäldern und FFH-Gebieten[A] gebaut werden, reicht ein KKW nahe der Verbrauchsregion.[321]

Anmerkung: Dies ist der reine Vergleich der erzeugten Energiemenge. Windenergieanlagen können grundsätzlich keine Kraftwerke ersetzen, da sie nicht grundlastfähig sind und keine planbare, steuerbare Leistung erbringen. Man müsste eigentlich für den Vergleich die nötigen Speicher einbeziehen.

Der Flächenverbrauch für Windenergie ist rund 2.500-fach höher als für ein KKW mit vergleichbarer Jahresenergie. Auch der Materialverbrauch an Beton und Stahl liegt bei Windkraftanlagen um ein Vielfaches höher als bei KKWs. →K8.3

[A] Geschütztes Flora-Fauna-Habitat

Der EROI

Bisher wurde noch nicht die **Energieeffizienz** betrachtet. Sie kann durch den EROI-Wert (Energy Return on Invest), also den **Erntefaktor**, ausgedrückt werden.

> *„But EROI is still the method to evaluate whether an energy source is sufficient to power our society into the future. Recent EROI determinations have become better at capturing the total life-cycle costs, and eliminating temporary economic fluctuations and politically motivated influences and policies that distort the actual return."*[322]

Abb. 28-2 zeigt, dass die Kernenergie (mit Druckwasserreaktor) heute die mit Abstand energieeffizienteste Art der Energieerzeugung ist. Bezieht man die nötige Speicherung für die VEE ein, so kommen die EE nicht über die Wirtschaftlichkeitsschwelle. Das Problem bei der relativ günstigen Wasserkraft ist, dass – zumindest in Deutschland – die bereits ausgeschöpften Potenziale nur 4 bis 5 % zur Stromversorgung beitragen.

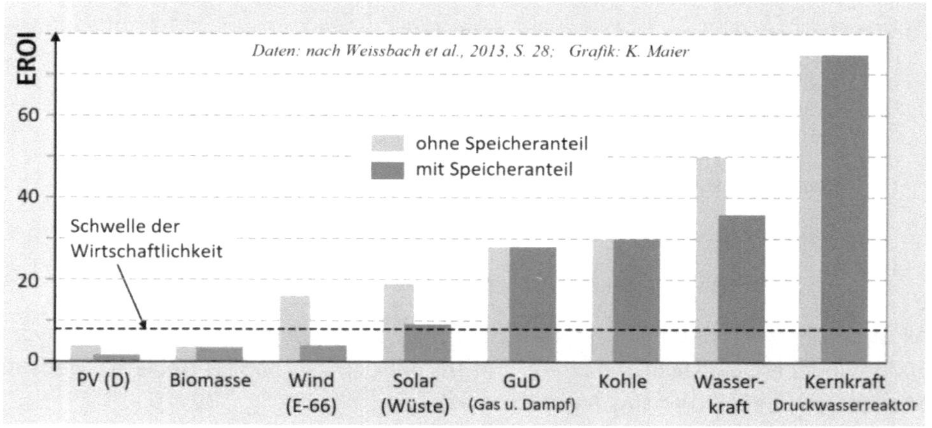

Abb. 28-2: EROI (nach Weissbach et al.)[323]

Brennstoffreichweiten

Mit einem Vorgriff auf *→K28.7* „

Zukunft der Kernenergie" gibt *Tabelle 28-1* einen Überblick über die Reichweiten der Kernbrennstoffe.[324]

Kernbrennstoffe, die mehr als 1.000 Jahre reichen, können schon als „unerschöpflich" bezeichnet werden, da kein Mensch wissen kann, was alleine in 200 Jahren an Energiekonzepten vorhanden sein wird.

Auch in Hinsicht auf die nötige Rohstoffverfügbarkeit
ist Kernenergie ein Zukunftskonzept.

	Heute 7 Mrd. Menschen je 3 MWh/a; 13 % nuklear	Zukünftig 10 Mrd. Menschen je 10 MWh/a; 100 % nuklear
Nuklearstromverbrauch	2.500 TWh/a	100.000 TWh/a
Reaktortyp	Druckwasser	Schnellspalt
Uran- / Thoriumverbrauch	20 t/TWh	0,11 t/TWh
Uranverbrauch	50 kt	11 kt
Reichweite (konv. Uran)	100 Jahre	600 Jahre
Reichweite (Meer-Uran)	2,5 Mio. Jahre	10 Mio. Jahre
Reichweite Thorium	125 Mio. Jahre	500 Mio. Jahre

Tabelle 28-1: Reichweite von Kernbrennstoffen[325]

28.6 Gefährlichkeit radioaktiver und ionisierender Strahlung

Ionisierende Strahlung ist unvermeidbar

Die radioaktive Strahlung[A] ist energiereich und gehört damit zur Gruppe der ionisierenden Strahlung.[326] Ionisierende Strahlung (IS) gehört seit Anbeginn zur Erde und ist Bestandteil der Evolution aller Lebewesen. IS kann natürlichen und künstlichen Ursprungs sein. Natürliche Quellen sind in der Erde (terrestrisch), und kosmische Strahlung kommt aus dem Weltraum. Die Menschen sind an unterschiedlichen Orten auf der Erde unterschiedlich stark natürlicher Strahlung ausgesetzt. Als künstliche Quellen sind zu nennen: Atomwaffentests, Kernkraftunfälle, Medizintechnik und medizinische Diagnostik. Interessant ist es, die Proportionen zu kennen, die in *Abb. 28-3* dargestellt sind.

Hier wird deutlich, dass die Emissionen von Kernkraftwerksunfällen und die Folgen von Atombombentests weniger als 1 % der Jahresdosis[B] eines durchschnittlichen Bürgers in Deutschland ausmachen. Wer die Hälfte der Belastung einsparen will, muss schon auf Röntgendiagnostik verzichten. Weiterhin ist zu erwähnen, dass etwa 100 mSv über 1 Jahr als ungefährlich für den Durchschnittsmenschen anzusehen sind. Es

---

[A] Beim Zerfall von radioaktiven Atomkernen wird Bindungsenergie in Form von „ionisierender Strahlung" freigesetzt, die umgangssprachlich auch als „radioaktive Strahlung" bezeichnet wird.

[B] Die Strahlenbelastung wird in Millisievert (mSv) ausgedrückt.

gibt etliche bewohnte Orte auf der Welt, wo dieser Wert erheblich überschritten wird.[327] Viele kranke Menschen suchen gezielt Orte auf, um sich zur Behandlung von natürlichen Quelle bestrahlen zu lassen, z.B. im Bad Gasteiner Heilstollen.[328]

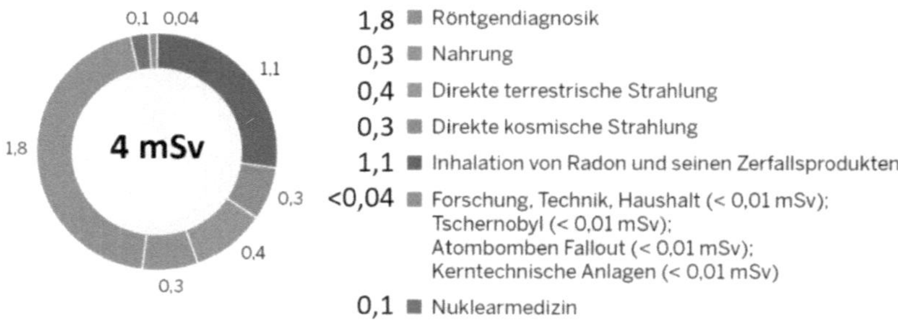

Abb. 28-3: Jahresdosis pro Person in Deutschland[329]

Die zusätzliche Belastung in Mitteleuropa durch das Unglück in Tschernobyl lag kurzzeitig bei 0,04 mSv/a und damit bei rund 1 % der Durchschnittsdosis. Ionisierende Strahlung gibt es auch bei Interkontinentalflügen, sodass Flugpersonal mit 5 bis 20 mSv pro Jahr belastet wird.

> Die Warnungen vor radioaktiver bzw. ionisierender Strahlung sind meist unbegründete Panikmache.

Das LNT-Modell

LNT steht für **Linear No Threshold** („Linear ohne Schwellenwert") und sagt aus, dass die Wirkung eines Schadstoffes nicht erst bei einer bestimmten Dosis beginnt, sondern linear mit der Dosis bzw. Exposition verläuft. Es gibt bei dieser These also keinen Schwellwert, keine Wirkschwelle, bei der erst bei Überschreitung eine schädigende Wirkung eintritt. Den LNT-Ansatz kann man dahingehend erweitern, dass der Wirkzusammenhang nicht unbedingt ganz linear sein muss, aber eben keine Wirkschwelle besteht.

Über das LNT-Modell werden die Wirkungen aus den bekannten hohen Dosisbereichen in den niedrigen Dosisbereich linear heruntergerechnet. Das wird gemacht, obwohl medizinisch bekannt ist, dass der Körper die durch Strahlung geschädigten Zellen ersetzt, wenn die Anzahl nicht zu groß ist. Das ist bei niedrigen Dosen der Fall. Daher kann der gesunde Körper eine gewisse Menge an UV-Strahlung verkraften. Neben diesem schädigenden Effekt braucht der Körper aber die UV-Strahlung, um die Bildung lebenswichtiger Vitamine zu unterstützen.

Tatsächlich lässt sich im unteren Dosisbereich keine statistisch signifikante negative Wirkung feststellen.

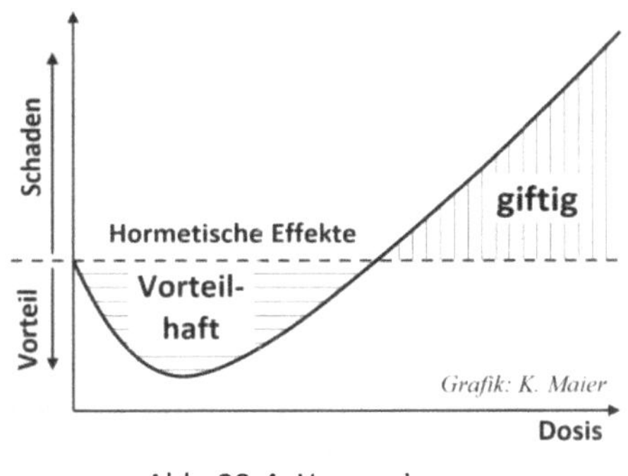

Das Gegenmodell heißt *Schwellenmodell*, gegebenenfalls mit Hormesis. In diesem Modell geht man davon aus, dass erst ab einer bestimmten Dosis (Schwelle) eine negative Wirkung eintritt.

Abb. 28-4: Hormesis

Da schädliche Einflüsse auf lebende Organismen erst bei hohen Dosen nachweisbar sind, unterstellt die LNT-These, dass bis zu diesem Punkt, also zwischen Dosis = 0 mit Wirkung = 0 und Dosis = X mit Wirkung = Y ein mehr oder weniger linearer Zusammenhang (ohne Wirkschwelle) herrscht.

Es gibt Belege, die nachweisen, dass eine Dosis unterhalb der Schwelle sogar eine positive Wirkung haben kann (Stärkung des Immunsystems; *Abb. 28-4*). Dies trifft nachweislich auf ionisierende Strahlung zu.

> *„Versuche mit Hunden kamen zu ähnlichen Schlüssen: Eine Bestrahlung bis zu etwa 700 Millisievert (mSv) pro Jahr befördert deren Gesundheit."*[330]

Aber wie ist das mit Menschen? Die Ethik verbietet (zu Recht) hierzu Versuche an Menschen anzustellen.

Manchmal kommt einem der Zufall zu Hilfe: Etwa 10.000 Personen wurden durch radioaktiven Baustahl (Gammastrahlung) in Neubauwohnungen in Taiwan über 9 bis 20 Jahre mit 74 bis 910 mSv/Jahr bestrahlt. Nach der LNT-Theorie hätte die Krebsrate der Bewohner deutlich erhöht sein müssen. Tatsächlich lag sie bei nur 3 % der normalen Rate.[331] In der Studie heißt es:

> *„This suggests that chronic radiation may be a very effective prophylaxis against cancer."*

Also Dauerbestrahlung als Vorsorgemaßnahme gegen Krebs?

Gifte, Stress, Strahlung, aber auch Sport oder Fastenkuren können dem menschlichen Körper erheblichen Schaden zufügen. Richtig dosiert können die gleichen Stressoren aber auch die Gesundheit fördern, indem sie die Widerstandskraft stärken. Dieses Prinzip, die *Hormesis*, beschreibt der Evolutionsbiologe und Wissenschaftsjournalist *Richard Friebe* in seinem Buch.[332]

Aus meiner Sicht ist das LNT-Modell schon deshalb nicht haltbar, da ansonsten absurde Aussagen entstehen würden: Wenn 250 Gramm Alkohol für einen Menschen tödlich sind, so würde nach LNT bei 250 Menschen, die jeweils 1 Gramm Alkohol aufnehmen, statistisch einer daran sterben.

Ebenso müsste die Chemikalie Natriumchlorid verboten werden, da etwa 120 Gramm für einen erwachsenen Menschen tödlich sind. Bei einem Verbrauch von rund 600 Tonnen pro Tag in Deutschland sind das 5 Mill. tödliche Dosen. Also sterben an Kochsalz (Natriumchlorid) täglich 5 Mill. Menschen? Allgemein heißt es, dass der Salzverbrauch pro Kopf höher ist, als es der Gesundheit guttut. Aber wird eine untere Grenze von geschätzten 1,4 Gramm pro Tag unterschritten,[333] wird es gefährlich. Bei einem sicher nicht gefährlichen Konsum von geringen 3-5 Gramm/Tag (empfohlen: 6 g/Tag) wären das nach LNT immer noch gut 2 Mill. Tote pro Tag in Deutschland.

	Diese Beispiele zeigen klar, dass das LNT-Modell nicht haltbar ist.

28.7 Zukunft der Kernenergie

Die Vorteile von Kernkraftwerken zur Stromerzeugung habe ich versucht darzustellen. Die problematisierten Aspekte (Endlager, katastrophaler Unfall und Strahlungsgefahr) wurden als beherrschbar beschrieben. Das bezieht sich auf die aktuell laufende Generation von Kraftwerken. Wie in allen Bereichen der Technik bleibt die Entwicklung nicht stehen. Verbesserungswünsche sind immer da und das Potenzial ist noch lange nicht ausgeschöpft.

Gerade Länder, die nach weiterem, wirtschaftlichem Aufschwung streben, brauchen zukunftsweisende Lösungen für preisgünstige und sichere Energie, besonders bei Strom. Daher wird in Ländern wie Russland und China verstärkt auf modifizierte Konzepte gesetzt, zumal eine überzeugende KKW-Technologie auch ein Exportgeschäft darstellt.

Generation 3 und 3plus

Das ist die Reaktorgeneration (etwa sechs Typen), die heute in Finnland, Frankreich, Großbritannien, den Vereinigten Arabischen Emiraten, Südkorea, Russland, Türkei, Bangladesch, den USA und China gebaut wird. China will beispielsweise seine KKWs von 26 GW im Jahr 2015 auf etwa 554 GW in 2050 bei einer Steigerung des Kernenergieanteils an der Stromerzeugung von derzeit 3 % auf dann 28 % ausbauen.[335] Allein bis 2025 wird China jährlich 6 bis 8 neue Reaktorblöcke hinzubauen und so bis 2025 eine Verdopplung der Kernenergie erreichen.[334]

Vor allem stehen die Kosten und eine erprobte Technik im Fokus.

> *„Wenn man sich – wie einst in Frankreich und Deutschland – auf wenige Typen beschränkt und diese in entsprechender Stückzahl nahezu baugleich herstellt, kann man auch die Investitionskosten für modernste Druckwasserreaktoren (z.B. AP1000) auf rund 3.000 US-$/kW begrenzen. Man bewegt sich damit in der Größenordnung moderner Kohlekraftwerke nach europäischen Umweltstandards (Entschwefelung, Entstickung etc.). Man kann die Kosten aber noch weiter senken, wenn man die bestehenden Konstruktionen sicherheitstechnisch ‚entrümpelt'. Dieser Weg wird sowohl in Frankreich (geplanter Neubau von sechs ‚weiterentwickelten' EPR) wie auch in China (Hualong) beschritten."*[335]

Optimiert man die Sicherheitskonzepte und die Konstruktionselemente des Reaktors, so könnten die Kosten auf vielleicht 2.000 US-$/kW gesenkt werden.[335]

Generation IV (GenIV)

Im Jahr 2000 haben sich etliche Länder zusammengetan, um nach technischen Lösungen zu suchen, die Kernkrafttechnik (von der Kernbrennstoffgewinnung bis zur Endlagerung radioaktiver Abfälle und zum Rückbau) zu verbessern. Diese Kraftwerke gehören zur Generation IV.[336]

Die Organisation GIF (*Generation Four International Forum*) besteht aus den Mitgliedern: USA, Argentinien, Brasilien, Kanada, Frankreich, Großbritannien, Japan, Südkorea, Südafrika, Schweiz, EURATOM (Europäische Atomgemeinschaft – 1957), China und der Russischen Föderation. Deutschland, einstmals Weltspitze in Kerntechnik, sucht man in der Liste vergebens.

Aus 21 Vorschlägen wurden 6 Kernenergiesysteme zur Forschung als vielversprechende Kandidaten ausgewählt.

Es stehen vier Ziele bis 2030 im Fokus:

- *Wirtschaftlichkeit*, d.h. wettbewerbsfähige Kosten, Erhöhung der Wirkungsgrade, bauliche Vereinfachungen, modulare Bauweise, Optimierung der Anlagengröße etc.

- *Nachhaltigkeit*, d.h. Recycling und Konvertierung der Brennstoffe, Reduktion der Abfallvolumina, geordnete Entsorgung.

- *Sicherheit*, d.h. zuverlässiger Betrieb, Optimierung des Unfallmanagements, Minimierung der Unfallfolgen, passive Prozesskomponenten, inhärente Sicherheitseigenschaften.

- *Proliferationsschutz*, d.h. Verhinderung, zumindest Erschwerung der Weiterverbreitung von Spaltmaterial durch konstruktive und konzeptionelle Maßnahmen, Verbesserungen der Barrieren gegen terroristische Anschläge.

DFR (Dual-Fluid-Reaktor)

2011 wurde dieses deutsche Reaktorkonzept erstmals vorgestellt und mittlerweile in vielen Ländern zum Patent angemeldet. *„Kernkraft ohne langlebige Abfälle und Unfallrisiken"* lautet die Charakterisierung der Erfinder.[337] Die gesamte Anlage um den Reaktor soll unterirdisch angeordnet werden. Baulich getrennt sind der Reaktor mit seinen Komponenten von dem Dampferzeuger und der Turbinen-/Generatorhalle.

Es geht hier um ein noch theoretisches Konzept, das folgende Merkmale haben soll:

Der DFR gehört zu den Schnellen Reaktoren, weist die Vorteile der GenIV-Reaktoren auf und bietet zusätzlich eine erheblich gesteigerte Effizienz. Er verwendet zwei drucklose Flüssigkeiten: ein Salz, das den Brennstoff enthält, und geschmolzenes Blei, das den Wärmetransport übernimmt. Damit können für diese beiden Aufgaben die jeweils optimalen Stoffe gewählt werden. So kommt eine hohe Leistungsdichte zustande, sodass man den Reaktor sehr kompakt bauen kann.

Der DFR hat eine hohe Arbeitstemperatur (ca. 1000 °C), sodass mit seiner Prozesswärme die Möglichkeit besteht, Wasserstoff zu produzieren. Wasserstoff könnte so deutlich günstiger hergestellt werden als durch Elektrolyse, wie das für synthetische Kraftstoffe derzeit vorgesehen ist. Die Abwärme ist auch für andere chemische Prozesse oder Meerwasserentsalzung sinnvoll einsetzbar.[338]

Das Konzept des DFR erlaubt die Verwendung von Thorium und sogenanntem „Atommüll" als Brennstoff. So kann aus dem Abfall der heutigen Leichtwasserreaktoren die noch zu rund 95 % enthaltene Energie genutzt werden. Mit dem reichlich vorhandenen Thorium und der Nutzung der Atom-Reststoffe stehen kostengünstige Energieträger über fast beliebig lange Zeit zur Verfügung (Tabelle 28-1: Reichweite von Kernbrennstoffe).

Das, was an Reststoffen dann noch verbleibt, hat nur relativ kurze Halbwertzeiten und braucht damit in kein Endlager, so die Beschreibung. Die geringen Mengen seien kostengünstiger entsorgbar.

Es wird jedoch wenigstens 15 Jahre dauern, bis ein Prototyp die Machbarkeit im kleinen Maßstab belegen kann. Und weitere viele Jahre dürfte es dauern, bis eine kommerzielle Lösung zum Einsatz kommen könnte. Aber die Merkmale sind beeindruckend, wenn sie denn in der Zukunft genutzt werden könnten:

- Lösung des „Atommüll"-Problems

- Kein Endlager nötig

- Stromgestehungskosten von unter 1 ct/kWh

- Hohe Effizienz und breite Nutzungsmöglichkeiten der Prozesswärme für chemische Prozesse

- Inhärent sicher

- Nachhaltig und umweltschonend

Diesen positiven, noch unbewiesenen Merkmalen stehen die kritischen Stimmen der Experten eingeführter Reaktoren gegenüber. Sie halten das Konzept für technisch schwer realisierbar und daher kaum genehmigungsfähig. Neue Ideen hatten es schon immer nicht leicht.

SMR (Small Modular Reactors)

Es handelt sich um k eine Reaktormodule meist bekannter Konzepte, die in einer Fabrik „am Fließband" kostengünstig hergestellt werden sollen. Sie haben eine Produktzulassung und können daher beschleunigt genehmigt werden. Die Aufstellung solcher „Strom-Container" erfolgt dort, wo zusätzliche Elektroenergie benötigt wird (eine Form von Dezentralisierung). Man bewegt sich in einer Größenordnung von 10 bis 300 MW elektrischer Leistung.[339] Aufgrund der geringen Größe sind meist passive Sicherheitssysteme mit weniger Redundanz ein Merkmal. Zur Sicherheit trägt auch die hohe Qualität einer Fabrikfertigung bei. Mit SMRs können z.B. auch abgelegene Orte oder Inseln mit Strom versorgt werden.

Dann gibt es noch Exoten, wie schwimmende KKWs. So haben die Russen 2019 das Kernkraftwerk *Akademik Lomonossow* als Prototyp fertiggestellt. Es ist als Schiff mit einer Nettoleistung von 32 MW konzipiert und versorgt eine größere Hafenstadt in Ostsibirien.

Kernfusion

Kernfusion ist die Energiequelle der Sterne. Die Wärmeenergie der Sonne entsteht durch die Fusion von Wasserstoffatomen zu Helium. Dabei treten extrem hohe Temperaturen auf und Strahlungsenergie wird frei.

Im Gegensatz zur Kernspaltung, die in heutigen Kernreaktoren Anwendung findet, werden im **Fusionsreaktor** Atomkerne verschmolzen, wobei pro Nukleon[A] ca. vierfach mehr Energie frei wird als bei Kernspaltung.

Seit den 1960er Jahren wird alle 10 Jahre die kommerzielle Verfügbarkeit in 30 bis 40 Jahren angekündigt. Man ist zwar mit den Forschungsprojekten deutlich weiter, aber eine kommerzielle Nutzung liegt immer noch in unbestimmter Zukunft. Fusionsreaktoren sind deutlich komplexer als die Reaktoren der Kernspaltung.

Die Fusionsforschung konzentriert sich auf zwei verschiedene Anlagentypen: den *Tokamak* und den *Stellarator*. Der Tokamak ist das technisch einfachere Konzept. Für ein Kraftwerk zur Stromerzeugung hat der Stellarator aber wesentliche Vorteile. Das Max-Planck-Institut für Plasmaphysik forscht an beiden Typen, in Garching an dem Tokamak *Asdex-Upgrade* und in Greifswald an dem Stellarator *Wendelstein 7-X*.

Neben dem europäischen Fusionsprogramm gibt es weltweit weitere Programme. Im Projekt *ITER* arbeiten Europa, Japan, China, Indien, Russland, Südkorea und die USA gemeinsam an der Vorbereitung und dem Bau eines Experimentalreaktors (Ort: Frankreich). Auch in zahlreichen anderen Ländern wird Fusionsforschung betrieben.[340]

Ist das Ziel technisch und ökonomisch erreicht, hat man die Vorteile:

- Brennstoffe sind kostengünstig und quasi unerschöpflich

- Günstige Sicherheitseigenschaften

 Fusionsreaktoren bleiben für eine absehbare Zeit Zukunftsmusik. Sie können daher heute nicht in Planungen für ein zukünftiges Stromversorgungssystem einbezogen werden.

Was machen die anderen?

Unter den 13 Ländern der EU, die 2018 Kernkraftwerke in Betrieb hatten, gibt es lediglich in Deutschland einen bindenden Ausstiegsbeschluss aus der Kernkraftnutzung.

[A] Baustein des Atomkerns (Proton oder Neutron)

Belgien, Schweden, Ungarn, Slowakei haben einen Kernkraftanteil von 40 bis 55 %, Frankreich sogar über 70 %.

Während sich Deutschland nach dem Fukushima-Unglück endgültig aus der Kernkraft verabschiedete, waren die Russen pragmatischer und wollten einfach daraus lernen.[A] So ist Russland mittlerweile auf dem Gebiet der natriumgekühlten Brüter technisch führend. Nach dem in Betrieb gegangenen BN-800 folgt das leistungsfähigere Modell BN-1200.[341] Die Technik ist erprobt und arbeitet seit mehreren Jahren sicher. Weitere Länder haben ebenfalls Pläne für schnelle Reaktoren.[B]

Weltweit befinden sich 447 Kernkraftwerke in 31 Ländern mit einer Nettoleistung von 396 GW im Betrieb und in 18 Ländern werden insgesamt 55 Kernkraftwerke mit einer Kapazität von 54 GW netto neu errichtet. Weitere 80 sind in Planung.[342]

Die Nutzung der Kernspaltung in Kernkraftwerken stellt weiterhin weltweit einen nicht geringen Anteil am Strommix der Länder dar.

[A] Trotz des Unfalls werden in der Ukraine weiterhin 15 Kernreaktoren betrieben und das, obwohl in der Ukraine große Kohlevorkommen existieren.

[B] Es gab in Deutschland auch die Entwicklung eines **S**chnellen **N**atriumgekühlten **R**eaktors (SNR-300), der 1985 fertiggestellt wurde, aber nie in Betrieb ging. Das weltweit beachtete Konzept des Brutreaktors wurde aus politischen Gründen aufgegeben.

29 Speicherkonzepte

Im Gegensatz zu →*K31.1*, wo skurrile Speichervorschläge behandelt und quantitativ disqualifiziert werden, wird das Thema im Folgenden grundsätzlicher, wenn auch nicht sehr tiefgehend, erörtert.

Zunächst muss die Frage gestellt werden, um welche Anwendungen im Stromversorgungssystem es geht, d.h. wozu der Speicher benötigt wird.

Es bestehen folgende wichtige Anwendungsbereiche:

- Ersatz der Momentanreserve (Teil der Systemdienstleistungen)

- Regelenergie (positiv / negativ)

- Mittelzeitspeicher (Tagesausgleich)

- Langzeitspeicher (Saisonalausgleich)

29.1 Aspekte von Speichertechniken

Es existieren verschiedene Speichertechniken, die in der Diskussion sind. Neben den Kosten gibt es noch eine Reihe von Aspekten, die von Bedeutung sind, wenn Speicher im Stromversorgungssystem eingesetzt werden sollen.

Kosten

Unabhängig davon, wer vordergründig für die Kosten aufzukommen hat, am Ende hat es der Bürger (Steuer) oder der Stromkunde (private Haushalte, Wirtschaft, Industrie) zu zahlen. Insofern ist es volkswirtschaftlich praktisch egal, auf welche Weise die Kostenverteilung erfolgt.

Die wichtigsten Kostenkomponenten sind:

- Investitionskosten

- Finanzierungskosten

- notwendige Infrastruktur für den Anschluss der Speicher

- Betriebskosten der Speicher
  (sowie die hierfür nötige Infrastruktur)

- kalkulatorische Gewinne
  (unter Berücksichtigung eventueller Risiken)

- Verlustkosten[343]
  (Kosten für die Energieanteile die erzeugt wurden, aber nicht beim Nutzer ankommen; durch die Wirkungsgrade aller beteiligten technischen Einrichtungen)

- Rücklagen für Rückbau

- Versicherung für Risiken

Lokalisierung, Platzbedarf

Nicht jeder Speicher kann aufgrund seiner Technik überall errichtet werden. Pumpspeicherkraftwerke (PSKWs) benötigen einen hochliegenden Obersee und einen Untersee, was entsprechende Geländeverhältnisse voraussetzt. Beachtet werden muss, dass eine geeignete Verteilung der Speicher über Deutschland technisch geboten wäre. Es macht keinen Sinn, ein PSKW in den Alpen zu verwenden, um eine Mangelsituation im Norden Deutschlands ausgleichen zu wollen.

Akzeptanz

Nicht nur gegen die WEA macht sich erheblicher Widerstand aus der Bevölkerung breit, sondern auch gegen Pumpspeicherkraftwerke. Beispiele dafür sind das Jochberg-Projekt am Walchensee in den Bayerischen Voralpen und das bereits gescheiterte Rursee-Projekt. Daran erkennt man, dass die Verlagerung ins Ausland (z.B. PSKW nach Norwegen) nicht unproblematischer ist. Wer möchte schon die Probleme der anderen mit eigenen Nachteilen gelöst sehen? Oder es muss teuer bezahlt werden (Gebühren, Ausgleichs- und Ersatzmaßnahmen).

Umwelt, Sicherheit

Umwelt und Naturschutz kann nicht unberührt bleiben. Selbst PSKWs, bei denen es schließlich „nur um Wasser" geht, sind ökologisch umstritten.[344] Auch PSKWs sind Industrieanlagen, von denen Gefahren ausgehen.

Wenn die Erdbeben-, Terror- oder Sabotagesicherheit bei Kernkraftwerken diskutiert wird, so müssen vergleichbare Anforderungen auch an Pumpspeicherkraftwerke gestellt werden. Durch Bruch von Staumauern sind weltweit schon Tausende Tote verursacht worden, also um Größenordnungen mehr als durch Kernkraftwerke.[345]

Speicherdauer

Nicht jede Speichertechnik eignet sich für eine beliebige Speicherdauer. Grundsätzlich kann man sich ein Netzwerk von Speichern unterschiedlicher Techniken und unterschiedlicher Eigenschaften vorstellen. Es gibt Speichertechniken, die nur mit geringer

Kapazität machbar sind. Diese finden nur Verwendung für Situationen, in der für kurze Zeit der Energiefluss gesteuert werden muss. Es sind aber auch Speicher nötig, die für den saisonalen Ausgleich sorgen sollen. Diese müssen die gespeicherte Energie für viele Monate halten.

Zentralisieren vs. dezentralisieren

Es ist besser, die Speicher dort in das Stromversorgungssystem einzubinden, wo die VEE-Anlagen stehen. Damit liefert eine solche Anordnung eine stetigere Energie, indem Leistungsspitzen lokal abgefangen werden. Die Fortleitung der Energie erfordert dann weniger stark dimensionierte Leitungen.

Das Gegenteil ist der Fall, wenn Speicher für große Mengen von VEE-Strom an entfernter Stelle vorgesehen sind: Die Verbindungskomponenten (Leitungen, Transformatoren, Schutzeinrichtungen) zwischen der VEE-Erzeugung und dem Speicher müssen auf die maximalen Leistungsspitzen ausgelegt sein. Dies führt natürlich zu mehr Kosten.

Grundsätzlich sind wenige große Speicher wirtschaftlicher zu erstellen und zu betreiben als viele kleine der gleichen Art.

Großtechnische Verfügbarkeit

Mit dem Bau und dem Betrieb eines Speichers einer neuen Technik als Prototyp ist es nicht getan. Bevor Entscheidungen von weitreichender Bedeutung mit hohen Kosten getroffen werden können, müssen zur neuen Technik:

- Erfahrungen zum Betrieb gesammelt werden
  (Messwerte, Wirkungsgrad, Betriebskosten, Reparaturanfälligkeit, Verschleiß, Wartungsfreundlichkeit etc.),

- Langzeitstudien angestellt werden
  (für belastbare Aussagen zu Verbesserungen, Kostenoptimierungen, Nutzungsdauer etc.),

sodass nach erfolgreicher Inbetriebnahme eines Pilotprojekts noch 10 oder 20 Jahre (in Einzelfällen auch noch mehr) vergehen können, bis eine Entscheidung für einen großtechnischen Einsatz (Marktreife) verantwortet werden kann.

Zur Verfügbarkeit einer Technik gehört aber nicht nur die Zeit für den genannten Vorlauf, sondern auch noch die sich daran anschließende Zeit bis zu der Planfeststellung, dem Bau und der Inbetriebnahme.

Schwarzstartfähigkeit

Insbesondere bei großflächigem Stromausfall müssen *schwarzstartfähige* Energieerzeuger vorhanden sein, die nötig sind, um große, mit fossilen Energien betriebene Kraftwerke (sofern solche zum Energieversorgungskonzept gehören), hochfahren zu können. PSKWs können leicht schwarzstartfähig gemacht werden. Wenn PSKWs nicht für solche Kraftwerke zur Verfügung stehen, benötigen diese entsprechende Einrichtungen, die die nötige Energie[346] zum Hochfahren bereitstellen.

Leistungsbereitstellung

Kraftwerke brauchen je nach Bauart unterschiedlich lange Zeit, um die Anforderung einer Leistungsänderung zu erfüllen (Reaktionsträgheit). Kraftwerke, die nicht über Wärme/Dampf betrieben werden, sind relativ reaktionsschnell. Hierzu gehören PSKWs, Druckluftspeicher, aber auch Gasturbinen. So ist diese Eigenschaft vorteilhaft für die Bereitstellung von Regelenergie bei plötzlichen Laständerungen (Sturmabschaltungen, Ausfall von Energiequellen).

29.2 Speicherbedarf

Hier muss man die Anwendungsbereiche (s.o.) und den Verfügbarkeitszeitpunkt sehen. Nachfolgend werden die nötigen Summenwerte für Deutschland für ein Szenario mit 90 % CO_2-Reduktion mit Sektorkopplung angegeben. Dabei müssen die Endwerte bis spätestens 2050 erreicht sein. Davor findet ein kontinuierlicher Ausbau statt.

Anwendung	Technik	Zubau	Kapazität[A] [GWh]	Leistung [GW]
Momentan-reserve	Batterie	2025 bis 2040	… 1	20^{347}
Regelenergie	Batterie	2030 bis 2040	… 2	… 8
Mittelzeit-speicher	PSKW	heute (ohne Neubau)	40	8
Langzeit-speicher	P2G2P	2025 bis 2050	… 50.000	150

Tabelle 29-1: Speicherkonzepte

[A] Kapazität und Leistung beziehen sich auf den Output des Speichers, also den Nettowert.

Die in der Tabelle 29-1 angegebenen Werte geben Größenordnungen an und stellen Summen dar, die auf mehrere Speichereinheiten verteilt sind. Die in meinen Szenarien verwendeten Batteriewerte von 20 GWh und 20 GW decken die beiden Anwendungen (Momentanreserve und Regelenergie) ab. Dass die Kapazität größer ist als für diese Anwendung nötig, liegt an den Annahmen der Zukunftsszenarien.

Die Pumpspeicherkraftwerke sind in Deutschland nicht ausbaubar und für neue PSKWs sind keine Standorte vorhanden. Es werden Werte in meinen Berechnungen verwendet, wie sie heute vorhanden sind. Der Langzeitspeicher (LZS) kann nur über P2G2P-Technik[A] realisiert werden. Die angegebenen Werte entstammen der Dimensionierung für das von mir gewählte Szenario.

29.3 Speicherarten

Zunächst muss man feststellen, dass sich Strom in den notwendigen Mengen nicht direkt speichern lässt. Eine rein elektrische oder magnetische Speicherung kann nur in Kondensatoren oder Spulen vorgenommen werden. Diese kommen aber nicht infrage.[B] Daher muss Strom zur Speicherung in eine andere Energieart gewandelt werden, wie _Abb. 29-1_ zeigt.

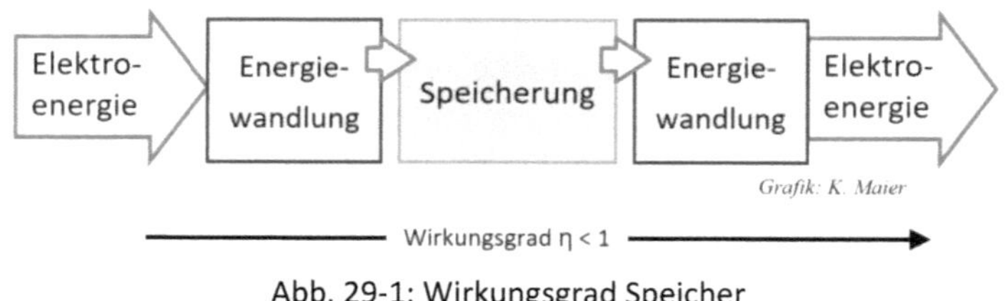

Abb. 29-1: Wirkungsgrad Speicher

In jedem Falle ist der Wirkungsgrad η kleiner 1 und für verschiedene Speicherkonzepte unterschiedlich. Bei einem Akkumulator (Batterie) erfolgt die Speicherung chemisch (η ≈ 0,9), bei einem Pumpspeicherkraftwerk in Form der Lageenergie des Wassers (η ≈ 0,75) und bei P2G2P in Form der chemischen Energie des Gases (über Methan und Rückverstromung: η ≈ 0,25).

Die Bundesregierung fördert Forschungsprojekte zur Energiewende[348] und auch zur Speichertechnik[349] mit vielen Hundert Millionen Euro. Ein Durchbruch in der Speichertechnik für das, was benötigt würde, konnte bisher erwartungsgemäß nicht erreicht

---

[A] Power-to-Gas-to-Power

[B] Wegen zu geringer Kapazität und zu geringer Speicherzeit.

werden. Graduelle Verbesserungen in verschiedenen Speichertechniken gibt es natürlich, die aber die Probleme quantitativ nicht lösen.

Es existieren einige relevante Speicherprinzipien mit jeweils verschiedenen Varianten.

Speicherung: Lageenergie

Bringt man eine Masse (m) in eine höhere Lage (h), so muss dazu auf der Erde, aufgrund der Gravitation (g), Energie (P) aufgewendet werden:

$$P = h \cdot m \cdot g \quad \text{wobei:} \quad 1\,kg\,\frac{m^2}{s^2} = 1\,J = 1\,Ws = 0{,}000278\,Wh$$

Damit benötigt die Masse von 1 t, die um 1 m gehoben wird, ohne Verluste eine Arbeit von 2,72 Wh. Könnte man diese aufgewendete Energie verlustfrei wieder zurückgewinnen, hätte man 2,72 Wh gespeichert.

Was als Masse verwendet wird und wie man diese bewegt, ist Sache der technischen Ausgestaltung.

1. Der klassische Fall ist das Pumpspeicherkraftwerk (PSKW). Dieses hat etwa einen Wirkungsgrad von 70 bis 80 %, der durch den Motor mit Pumpe und die Turbine mit Generator entsteht. Andere Hebe- und Energierückgewinnungssysteme haben ähnliche Wirkungsgrade.

2. Eine andere Möglichkeit ist das Konzept des „Hydraulic Rock Storage", hier wird die Masse eines Felsbrockens durch Hydraulik bewegt. →S314

3. Man kann aber auch Betongewichte heben und senken und so einen Energiespeicher realisieren. →S312

Speicherung: Elektrochemische Energie

Hier geht es um Batterien. Bekannte Vertreter sind die Bleibatterie (im Pkw) und die Lithium-Ionen-Batterie (z.B. im Handy oder Notebook).

Bleibatterie

Sie ist seit Jahrzehnten bewährt im Einsatz. Das hohe Gewicht ist für diesen Anwendungsbereich nicht von Bedeutung. Je nach Einsatzbedingungen sind Lebensdauern von 5 bis 15 Jahren möglich. Die Energiedichte ist nicht hoch. Es können kurzzeitig hohe Ströme entnommen werden. Der Wirkungsgrad liegt bei ca. 75 % (ohne Elektronik), mit Elektronik < 70 %. Es ist von ca. 300 bis 600 Vollzyklen, d.h. kompletten Entlade- und Ladezyklen, während der Lebensdauer auszugehen. Um die Lebensdauer hoch zu halten, sollten die Zellen nur zu einem Teil entladen werden. Damit ist nur ein

Teil der Nennkapazität verwendbar (z.B. 65 %). Für die Dimensionierung ist daher eine um 1,5-fach größere Nennkapazität anzusetzen. Großer Vorteil ist der relativ niedrige Preis.

Lithium-Ionen-Batterie

Es gibt die unterschiedlichsten Materialkombinationen, die in verschiedenen Eigenschaften resultieren. Diese Zellen sind aber grundsätzlich durch eine relativ hohe Energiedichte pro Volumen bei geringem Gewicht gekennzeichnet. Die Leistungsdichte liegt bei 300 bis 1.500 W/kg und die Energiedichte bei 120 bis 200 Wh/kg. Fortschritte wurden in den letzten Jahren in Haltbarkeit und Sicherheit erzielt. Der Wirkungsgrad liegt bei 90 bis 95 % (ohne Elektronik). Zur Erhöhung der Halbbarkeitsdauer sollten die Lithium-Ionen-Zellen nur zum Teil entladen werden, was die nutzbare Kapazität entsprechend gegenüber der Nennkapazität reduziert (etwa auf 80 %); Dimensionierungsfaktor: 1,25. Problematisch kann die Anzahl der Zyklen sein, die die Nutzungsdauer reduzieren können.

Die empfohlene maximale Ladeleistung liegt etwa bei der Leistung, die die Zelle in einer Stunde konstant abgeben kann.[A] Heute werden auch Batterien angeboten, die ein Schnellladen ermöglichen (E-Pkw). Für eine lange Lebensdauer sollte aber der Lade- und Entladestrom deutlich geringer gehalten werden. Auch die Temperatur hat erheblichen Einfluss auf die Lebensdauer und die Leistungsdaten. Optimale Umgebungstemperaturen liegen bei 15 bis 30 °C. Unter bestimmten Bedingungen besteht Brandgefahr. Daher sind entsprechende Sicherheitsvorschriften zu beachten (Aufwand für Sicherheitseinrichtungen). Die Entwicklungen der verschiedenen Arten der Lithium-Ionen-Akkus sind noch nicht abgeschlossen. Es sind mehrere tausend Vollzyklen möglich. Die Lebensdauer hängt von vielen Umständen ab und liegt je nach Typ und Einsatzbedingungen etwa zwischen 6 und 15 Jahren.

Redox-Flow-Batterie

Hin und wieder ist auch von Redox-Flow zu hören. Hier geht es um transportable Flüssigkeiten, die der Energieträger der Redox-Flow-Batterie sind. So kann der Ladevorgang durch Austausch der Flüssigkeiten erfolgen (geht schnell). Leider ist die Energiedichte gering.

[A] Das heißt, dass eine Batterie mit einer Kapazität von 1 kWh nicht stärker geladen werden sollte als mit 1 kW. Das dauert dann mindestens 1 Stunde.

Speicherung: Verbrennungsenergie

Der Energiegehalt von Kraftstoffen und Erdgas ist bekanntermaßen hoch.

Die Heizwerte sind:

Benzin ≈ 8,5 kWh/Liter, Diesel ≈ 9,9 kWh/Liter
Erdgas ≈ 9... 11 kWh/m³[A], Wasserstoff ≈ 3 kWh/m³

Zum Vergleich muss man die Energiedichte von Lithium-Ionen-Batterien von rund 0,4 kWh/Liter nennen. Inklusive des Wirkungsgrads der Verbrennungsmotoren ist der Energiegehalt von Kraftstoffen bezogen auf das Volumen um rund den Faktor 10 und bezogen auf das Gewicht um den Faktor 20 besser als bei Li-Batterien.

Damit haben die Kraftstoffe einen entscheidenden Vorteil als Energiespeicher für mobile Fahrzeuge (auf Straße, Wasser und in der Luft). Von daher macht es Sinn, Kraftstoffe als Speichermedium zu verwenden. Durch die Möglichkeit der Herstellung von Kraftstoffen und Gasen aus Strom (speziell aus VEE-Strom) bestehen interessante Anwendungen. Man spricht von *synthetischen Kraftstoffen* oder synthetisch hergestellten Gasen (Wasserstoff und Methan). Die beiden Prozesse zur Energiewandlung von Strom werden Power-to-Liquid (P2L) und Power-to-Gas (P2G) genannt. →*K30.2*

Über P2L können die Verbrennungsmotoren und die vorhandene Infrastruktur weiterverwendet werden. *Synthetische Kraftstoffe* sind CO_2-neutral, da bei der Verbrennung nur so viel CO_2 freigesetzt wird, wie im Herstellungsprozess benötigt wurde (z.B. aus der Luft entnommen). Es wäre aus meiner Sicht die einzige Möglichkeit, den Luft- und Schiffsverkehr CO_2-neutral zu machen.

Langzeitspeicher

Synthetisches Methan, hergestellt mit P2G-Technik, bietet die Möglichkeit, in Gaskraftwerken wieder Strom zu gewinnen. Das Speicherkonzept für die Stromversorgung entspricht *Abb. 29-2*.

Der Vorteil dieses Speicherkonzepts ist, dass die Energie beliebig lange gespeichert werden kann und dass ausreichend große Mengen speicherbar sind.

Methan als Hauptbestandteil von Erdgas kann, im Gegensatz zu Wasserstoff, unbegrenzt in das Erdgasnetz eingespeist werden. Es ist damit auch in den Gas-Verbrennungsmotoren der Kfz verwendbar.

[A] Normkubikmeter

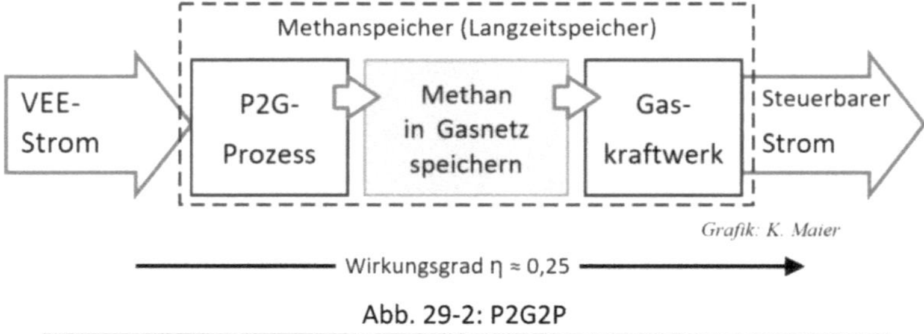

Abb. 29-2: P2G2P

Eine Vorstufe bei der Methanherstellung ist die Erzeugung von Wasserstoff durch Elektrolyse. Wasserstoff ist, im Gegensatz zu Methan, nur bis 5 % Anteil im Erdgasnetz zulässig. Wasserstoff kann zwar in entsprechenden Fahrzeugen als Energielieferant dienen, es hat aber erhebliche Nachteile bei der Speicherung und dem Transport. Wasserstoff ist nur bei hohem Druck oder bei -253 °C zu speichern. Das bringt erhebliche Probleme und weitere Energieverluste. Die Verwendung von Wasserstoff in Fahrzeugen bedeutet weniger Reichweite als mit heutigen Kraftstoffen und einen schlechten energetischen Wirkungsgrad. →K30.4, →K37.3

Speicherung: Kinetische Energie

Eine eher kuriose Idee ist Speicherung über kinetische Energie. Eine Masse wird in Bewegung versetzt und hat somit Energie aufgenommen. Das klassische Beispiel ist das Schwungrad mit seiner Rotationsenergie. Dieses Prinzip ist praktisch nur für vergleichsweise kurze Speicherzeiten geeignet. Genutzt wird das Prinzip bei der Momentanreserve. Große Speicherkapazitäten – etwa 1 GWh – sind technisch kaum zu realisieren.[350]

Speicherung: Medium mit Druck

Druckluftspeicherkraftwerke komprimieren mit elektrischer Energie Luft auf 50 bis 150 bar und speichern diese in geeigneten unterirdischen Hohlräumen, meist Salzstockkavernen. Mit der Kompression entsteht Wärme (bis zu 600 °C), die entweder an die Umwelt abgeführt wird (Energieverluste) oder in Wärmespeichern aufgefangen und gehalten wird. Bei Strombedarf wird diese Druckluft in geeigneten Turbinen wieder in mechanische und mit einem Generator in elektrische Energie zurückgewandelt.

Solche Anlagen sind an bestimmte geologisch geeignete Standorte gebunden. Für die Speicherung in Salzstöcken sind entsprechende Salzschichten nötig.[351]

Wenn sich die Luft wieder in der Turbine entspannt, kühlt sie sich stark ab. Damit die Restfeuchtigkeit nicht die Turbine vereist, muss Wärme zugeführt werden. Das kann auf zwei Arten geschehen: mit Gasheizung oder mit der bei der Komprimierung gespeicherten Wärme. Druckluftspeicherkraftwerke werden auch CAES-Kraftwerke (Compressed Air Energy Storage) genannt. Eine besondere Eigenschaft dieser Kraftwerke ist ihre Schwarzstartfähigkeit. Diese Eigenschaft kann einem konventionellen Kraftwerk zum Anfahren zur Verfügung gestellt werden. Derzeit gibt es nur je ein CAES-Kraftwerk der beiden Arten auf der Welt.

Der Anwendungsbereich entspricht der von PSKWs, d.h. als Mittelzeitspeicher. Die typische Kapazität beträgt unter 1 GWh. Der Wirkungsgrad liegt bei inakzeptablen 40 bis 55 %.

Das Konzept hat keine nennenswerte Nutzungsperspektive für das künftige Stromversorgungssystem.

Speicherung: Thermische Energie

Elektrische Energie kann praktisch ohne Verluste in Wärme gewandelt werden. Die Speicherung dieser Wärme erfordert eine gute Isolierung und ein Speichermedium, das auf möglichst hohe Temperaturen gebracht werden kann. Um das Volumen klein zu halten, sollte das Medium eine möglichst hohe spezifische Wärmekapazität haben.

Es gibt zwei typische Anwendungsfälle:

1. *Niedertemperaturspeicherung*
   Anwendung ist die Wärme im Gebäudebereich; als Medium bietet sich Wasser an (hohe spezifische Wärmekapazität; nutzbar typischerweise < 100 °C).

2. *Hochtemperaturspeicherung*
   Es geht um mehrere Hundert Grad Celsius. Mit solchen Temperaturen kann Dampf erzeugt und dieser in einer Turbine mit Generator in Strom gewandelt werden.

Die Hochtemperaturspeicherung ist prinzipiell ein Speicherkonzept für die Stromversorgung. Hierzu verwendet man auch das Kürzel P2H2P (Power-to-Heat-to-Power). Der Wirkungsgrad liegt aber nur im Bereich von 15 bis 25 %. Ein Speicher mit einer Masse (Schamottesteine) von 1 Mill. Tonnen[A] würde netto etwa 15 bis 30 GWh speichern können.[B] Das entspricht weniger als einem Tausendstel der nötigen Speicherkapazität für den Langzeitspeicher. Soll die Energie über ein Jahr gespeichert werden,

---

[A] Das entspricht einem Volumen von rund 500.000 m³ (reines Speichermaterial).

[B] Das hängt von vielen Parametern ab, besonders aber von der maximalen und minimalen Arbeitstemperatur.

so können je nach Isolierung 10 % bis 50 % der gespeicherten Energie verloren gehen. Damit fällt für Langzeitspeicherung der Wirkungsgrad auf 8 % bis 23 % (siehe auch: →S287, →K30.3, →S317).

Speicherung: über Temperatur und Druck

Man kann beides kombinieren und einen Energiespeicher auf Basis von Flüssigluft konstruieren.[352] *Abb. 29-3* zeigt die Wandlungsschritte, die zu durchlaufen sind, wenn an der elektrischen Schnittstelle Elektroenergie zugeführt wird und am Ende wieder elektrische Energie entnommen werden soll. Zur Erhöhung des Wirkungsgrads der Gesamtanordnung werden ein Kältespeicher und ein Wärmespeicher hinzugefügt, was natürlich technischen Mehraufwand bedeutet.

Bei der Verdichtung vor der Verflüssigung entsteht natürlich Wärme, eine Energie, die nicht in der flüssigen Luft enthalten ist. Für die Expansion wird aber wieder Wärme gebraucht. Wenn diese teilweise aus dem Wärmespeicher entnommen werden kann, verbessert sie den Wirkungsgrad der Anordnung. Entsprechendes gilt für die Verdampfung, die Kälte freisetzt.[353] Auch diese kann man bei der Verflüssigung energiesparend einsetzen.

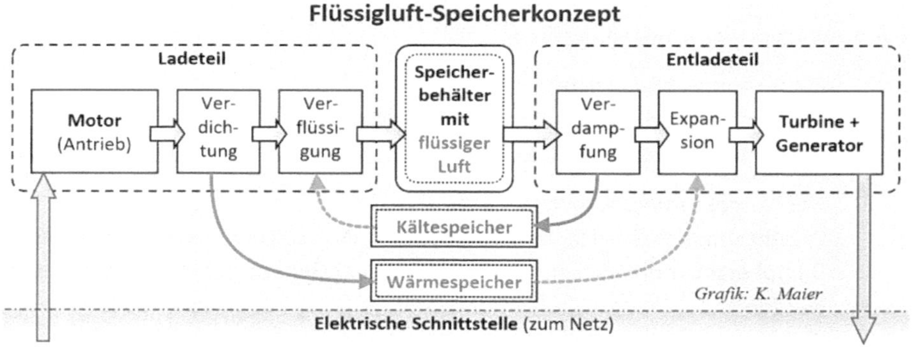

Abb. 29-3: Flüssigluft-Speicherkonzept

Für das Pilotprojekt ist ein Speicher mit 50 MW und 250 MWh vorgesehen. Der Hersteller spricht von Speicherzeiten im Bereich von 2 bis 20 Stunden. Darüber hinaus sind wahrscheinlich die zeitbedingten Verluste zu hoch. Diese Verluste treten in den drei Speichern auf. Mit erhöhtem Aufwand können diese verringert werden, sind aber grundsätzlich nicht vermeidbar. Dadurch scheidet dieses Konzept als Langzeitspeicher aus. Über die Kosten wurden auch keine Angaben gemacht.

Der zu erwartende Wirkungsgrad wurde von der Firma Linde nicht angegeben, er kann aber über *Abb. 29-4* abgeschätzt werden.

Damit man eine Vorstellung über die Größe und die Anzahl einer solchen Anlage bekommt, habe ich grob 20.000 m³ als Gebäudevolumen abgeschätzt. Das entspricht einem Würfel von 27 Metern Kantenlänge (oder einem Gebäude 20 x 80 x 12,5 m³). Ein solches Gebäude würde etwa 150 bis 200 MWh speicherbare Energie bieten.

Wirkungsgrad Flüssigluft-Speicher (Abschätzung)		
Ladeteil Verluste	Speicher; Verluste/Tag	Entladeteil Verluste
2% elektr. Zuleitungsverluste	3% Flüssige Luft	10% Verdampfung, Expansion
5% Drehstrommotor	3% Kälte	10% Druckluftturbine
10% Verdichtung, Verflüssigung	3% Wärme	5% Generator
15% Wärmetauscher	40% Kälte-/Wärme-	15% Wärmetauscher
5% Steuerung, Pumpen	anteil am gesamten Prozess	2% elektr. Zuleitungsverluste
75% Wirkungsgrad Laden	5,3% Verluste/Tag	**71% Wirkungsgrad Entladen**
50% Gesamtwirkungsgrad nach 1 Tag		**31%** Gesamtwirkungsgrad nach 10 Tagen

Abb. 29-4: Wirkungsgrad Flüssigluft-Speicher

Anmerkung: Könnte man das Speicherkonzept als Langzeitspeicher verwenden, wären wenigstens 200.000 Stück nötig. Zieht man die nicht nutzbaren Flächen Deutschlands ab, bleiben noch Wald und Ackerland (280.000 km²). Damit müsste dort alle 1,4 km ein solcher Block gebaut und elektrisch an das Mittelspannungsnetz angeschlossen werden.

29.4 Zusammenfassung

Aufgrund der kurzen Erläuterungen bleiben als realistische Speicherkonzepte für das Stromversorgungssystem die folgenden übrig.

Anwendung	Speichertyp (Szenario 7)	Kapazität netto [GWh]	Wir-kungs-grad	Invest.-kosten [€/kWh$_{netto}$]	Kosten/Jahr [Mrd. €/a][354]
Regelenergie, Momentan-reserve	Batterie (Lithium) 20 GW	17	0,9	990	3,14
Mittelzeit-speicher	Pumpspeicher-kraftwerk 10 GW	30	0,75	2200	7,35
Langzeit-speicher	P2G2P 146 GW	52.000	0,25	26	123

Tabelle 29-2: Speicherkennwerte

Hinweis: Die Angaben sind nur Orientierungswerte und die Kosten hängen nicht nur von der Kapazität ab. Grundlage sind die kalkulatorischen Kosten der Speicheranlage (Investition, Zinsen, verschiedene Betriebskosten). Nicht enthalten sind die Kosten für die verlorene Energie (Wirkungsgrad).

30 Sektorkopplung und Technik

Die Energiewende steht technisch vor großen Herausforderungen.

Es gibt vier Kernprobleme:

1. *Überschussenergie*, die aus der Volatilität der EE resultiert, soll sinnvoll genutzt werden.

2. Man braucht ein *Langzeitspeicherkonzept* mit großen Speicherkapazitäten für eine nachfrageorientierte Stromversorgung.

3. Im Sektor *Mobilität* braucht es *Energiespeicher* mit einer hohen Energiedichte, die auf absehbare Zeit nicht durch Batterien bereitgestellt werden können.

4. Eine gewachsene *Infrastruktur* für die Energieversorgung einer hochkomplexen, industrialisierten Gesellschaft lässt sich nicht in wenigen Jahren durch eine grundverschiedene andere Infrastruktur ersetzen.

Mit dem Ansatz der *Sektorkopplung* und den Technologien *Power-to-X* ergeben sich, *qualitativ* betrachtet, interessante Lösungsansätze Überschussenergie zu nutzen:

- *Power-to-Gas* (P2G)
  Wandlung von Elektroenergie in Wasserstoff bzw. Methangas

- *Power-to-Liquid* (P2L)
  Wandlung von Elektroenergie in Kraftstoffe

- *Power-to-Heat* (P2H)
  Wandlung von Elektroenergie in Wärme

Es ist von großer Bedeutung, ob die Technik *Power-to-Gas (P2G)* großtechnisch einsatzfähig ist oder nicht. Daran hängt auch die Möglichkeit, einen Langzeitspeicher in das Stromversorgungssystem einzubeziehen. Gleichzeitig kann das synthetisierte Methangas nicht nur zur Rückverstromung, sondern auch direkt verwendet werden. Hierdurch gibt es z.B. die Möglichkeit, vorhandene Gasheizungen weiter zu betreiben (unter Nutzung der bestehenden Infrastruktur und den Heizungsinvestitionen). Außerdem kann es in Pkws mit Gasmotoren genutzt werden. →K30.1

Eine weitere Technik, *Power-to-Liquid (P2L)*, kann für eine CO_2-Einsparung von Bedeutung sein. Auch diese müsste großtechnisch einsatzfähig sein. Sie bietet die Möglichkeit, dass synthetische Kraftstoffe verwendet werden können, die ähnliche Eigenschaften haben wie die heutigen.[355] →K30.2

Schließlich wird immer wieder mal ***Power-to-Heat (P2H)*** diskutiert.

Es gibt zwei Konzepte:

1. Einmal geht es darum, dass die durch Strom erzeugte Wärme im Bereich der *Niedertemperatur*, also für Heizung und Warmwasser, über Fernwärme verwendet wird. Hier sind die Verluste bei einer relativ kurzen Zeitspanne und die Verluste in der Verteilung der Wärme akzeptabel. Diese Technik wird als Substitutionsmöglichkeit in meinen berechneten Szenarien verwendet.

2. Dann geht es um eine Technik einen *Stromspeicher* zu realisieren. Dabei wird eine große Menge an Wärme mit hoher Temperatur gespeichert und bei Bedarf in einer Dampfturbine mit Generator wieder in Strom gewandelt. →*K30.3* Sinnvollerweise nennt man das dann ***P2H2P***, also Power-to-Heat-to-Power.

30.1 P2G ist die nächstliegende Technik

Mit P2G ist die dringend nötige chemische Speicherung von Energie möglich. Die Herstellung von synthetischem Methangas aus VEE ist daher eine Schlüsseltechnologie. Da Methan der Hauptbestandteil von Erdgas ist, kann es Erdgas, das bei der Verbrennung CO_2 freisetzt, ersetzen. Bei der Herstellung im P2G-Prozess wird CO_2 benötigt. Bei der Verbrennung von Methan wird wieder nur so viel CO_2 freigesetzt, wie für die Synthese gebraucht wurde. P2G-Methan ist also CO_2-neutral.

Da es Erdgas substituieren kann, stehen für die großflächige Verteilung das Erdgasnetz und die integrierten Erdgasspeicher zur Verfügung. Es ist daher keine zusätzliche Infrastruktur aufzubauen (Kosten, Zeit). Dieses Gas würde automatisch in den Gasheizungen und anderen gastechnischen Anlagen zur Nutzung kommen und das Erdgas schrittweise ersetzen können.

Herstellung und Eigenschaften

Methan kommt auch auf natürlichem Wege in die Luft. Das so freigesetzte Methan stammt aus der Landwirtschaft, aus Reisfeldern, Mülldeponien, den Mägen von Rindern und vor allem aus Sumpf- und Moorgebieten. Mittlerweile wird mit Flugzeugen nach Methanemissionen gesucht. Die Ergebnisse sind zum Teil überraschend und helfen so den weltweiten Anstieg der Methankonzentration in der Luft zu erklären.[356]

Da Methan der Hauptbestandteil von Erdgas ist, kann man es kostengünstig durch Trennung von Erdgas gewinnen. Geht es nur um die Wärmegewinnung verwendet man direkt das billigere Erdgas. Methan ist auch für die chemische Industrie ein wichtiger Grundstoff. Erdgas hatte 2018 ungefähr einen Industriepreis[357] von 0,03 €/kWh.

Anmerkung: Methan ist auch verstärkt in die Diskussion geraten, da es ein wesentlich stärkeres Treibhausgas ist als CO_2 (etwa 20-fach). Trotzdem ist sein Anteil an der Erwärmung deutlich kleiner als die Wirkung des vom Menschen verursachten CO_2, so die offizielle Lehrmeinung. In den Fokus geraten ist auch, dass durch die Prozesskette bei der Bereitstellung von Erdgas Methan durch Leckagen freigesetzt wird, so dass die CO_2-Bilanz von Erdgas nicht mehr viel besser als die von Kohle ist. →K27.3 *Damit sind die als Backup vorgesehenen Gaskraftwerke keine so große Hilfe bei der Reduktion der Treibhausgase in der Stromerzeugung.*

Zur Herstellung von *synthetischem Methan* aus *Überschussenergie* wird zunächst durch Elektrolyse von Wasser dieses in Wasserstoff und Sauerstoff gespalten. Mit dem so gewonnenen Wasserstoffgas (H_2) wird dann in einem folgenden Prozessschritt (der Methanisierung[358]) unter Zugabe von CO_2 Methan (CH_4) hergestellt. Der Heizwert von Methan beträgt 10 kWh/Nm³ und der von Erdgas liegt in einem Bereich von 8,6 bis 11,4 kWh/Nm³ [A].

Das für die Methanisierung benötigte CO_2 kann man in konzentrierter Form z.B. aus Verbrennungsprozessen gewinnen (Kraftwerke). Auf diese Weise würde nach der Verbrennung des Methans das CO_2 aber wieder frei werden. Man hat zwar mit P2G synthetisches Methan erzeugt, aber nach Nutzung kein CO_2 eingespart. Kraftwerke und vergleichbare Verbrennungsprozesse darf es zur Erreichung der Dekarbonisierung künftig nicht mehr geben.[B] Daher muss langfristig die Gewinnung aus der Luft die Methode der Wahl sein, um klimaneutral zu werden. Durch die sehr geringe Konzentration in der Luft ist das CO_2 natürlich teurer.

Wirkungsgrad

Der Wirkungsgrad, also das Verhältnis der Energie des Endprodukts zur Energie, die man in den Herstellungsprozess stecken muss, ist das Produkt der Wirkungsgrade aller Prozessschritte. Man kann etwa ansetzen: für die Wasser-Elektrolyse 0,7 und für die Methanisierung 0,8. Das ergibt einen Wirkungsgrad von 0,56 (56 %). Unter Berücksichtigung der nötigen Komprimierung für das Erdgashochdrucknetz (20 bis 60 bar) und anderer Effekte, wie einer Kostenoptimierung der Anlagen,[359] bleibt ein

---

[A] Nm³ bedeutet Normkubikmeter = 1 m³ unter Normalbedingungen (0 °C und 1,013 bar)

[B] Vorausgesetzt, es wird keine CCS-Technik (Carbon Capture and Storage) eingesetzt, mit der CO_2 aus Abgasen abgetrennt und unter der Erde speichert wird.

Wirkungsgrad von rund 50 %.[360] Das heißt, für die Energiewandlung (Strom in Methangas) geht etwa die Hälfte der Elektroenergie verloren.

Kosten für P2G-Methan

Der Preis von P2G-Methan ist eine wichtige Größe. Es gibt zwei Möglichkeiten, die in den Szenarien verwendet wurden:

1. Erzeugung über VEE-Überschussenergie in Deutschland

2. Import von Methan aus Ländern, in denen VEE kostengünstiger erzeugt werden können (z.B. Marokko mit PV)

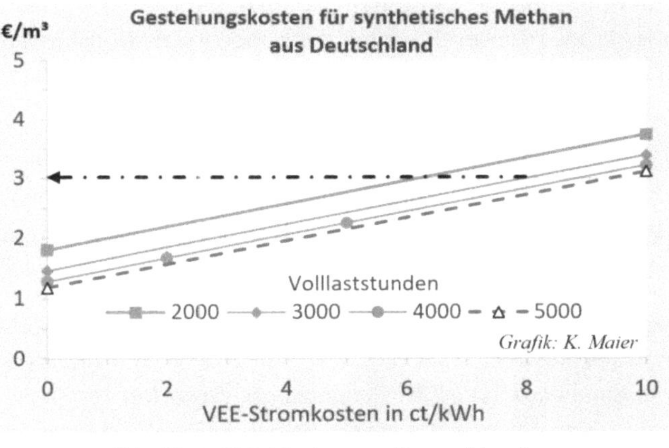

Abb. 30-1: P2G-Methan aus Deutschland

Selbst wenn die Kosten für Überschussenergie auf 5 ct/kWh fallen sollten, ist Methan immer noch 8-fach teurer als Erdgas. Die VEE-Stromkosten beinhalten Netzkostenanteile. Enthalten sein müssen auch die Kosten der dann noch ungenutzten Überschussenergie.

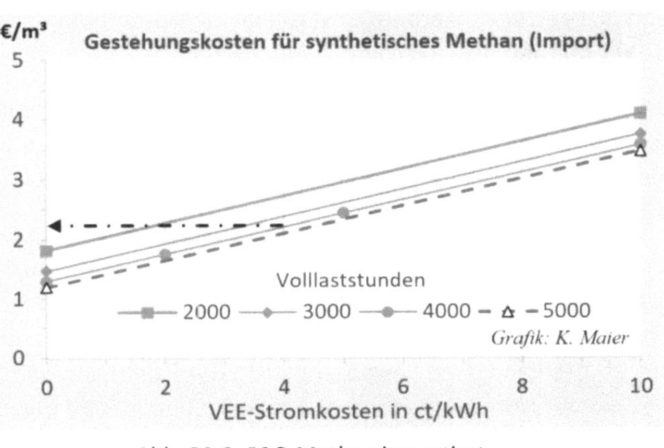

Abb. 30-2: P2G-Methan importiert

Auch in Marokko können die VEE-Kosten nicht auf null fallen. Aber auch dann wäre Methan bei Stromkosten von 3 ct/kWh immer noch 6-fach teurer als Erdgas. Zusatzkosten entsehen durch Verflüssigung und Transport.

Die Kosten bzw. die Importpreise sind von verschiedenen Parametern abhängig (→*S403*). *Abb. 30-1* und *Abb. 30-2* zeigen die Abhängigkeit von den Volllaststunden, mit denen die Produktion läuft, und den VEE-Stromkosten. Hier werden die Größenordnungen deutlich, um die es geht. Der Erdgasindustriepreis von 0,3 €/Nm³ muss verglichen werden mit einer Spanne von 2,30 bis 3 €. Das heißt, dazwischen liegt ein Faktor von 8 bis 10.

Kritik an P2G

- Für den Betrieb von Elektrolyseuren (für die Herstellung von Wasserstoff als Ausgangsprodukt) ist der volatile Überschussstrom nicht gerade förderlich für die Lebensdauer der Anlagen. Außerdem ist durch die geringe Volllaststundenzahl der H_2-Produktionspreis wegen der hohen Investitionskosten[361] relativ hoch. Der ermittelte Nutzungsgrad der Anlagen liegt unter 50 %. →*K41.11*

- Für den P2G-Prozess stehen bei hohen CO_2-Einsparungszielen praktisch keine direkten CO_2-Quellen zur Verfügung. Daher muss CO_2 (ist Spurengas der Luft mit 0,04%) unter zusätzlichem apparativen und energetischem Aufwand[362] aus der Luft gewonnen werden (Kosten).

- Es gab bis 2018 keine großtechnische P2G-Anlage. Die größte Anlage steht bei Audi mit einer Anschlussleistung von 6 MW (seit 2013). Der Wirkungsgrad der Gasherstellung wird mit 54 %[363] angegeben. Wenn bei der Rückverstromung Gasturbinen eingesetzt werden, ist mit einem Wirkungsgrad von 35 bis 40 % und bei GuD-Kraftwerken mit bis zu 60 % zu rechnen.[364] Durch die große Volatilität bei der Rückverstromung kann bestenfalls ein Wirkungsgrad von 50 % erreicht werden. Es verbleibt ein Gesamtwirkungsgrad von Strom über Methan bis Strom von 20 bis 25 %.[365]

- Der Überschussstrom für die externen P2G-Anlagen kann nicht vollständig genutzt werden. →*K41.11* Damit bleiben bei optimalem Anlagenausbau für durchschnittliche VEE-Ertragsjahre mindestens 10% der VEE ungenutzt, die in den VEE-Bezugskosten zu berücksichtigen sind.

- Da aber ein Teil der Methanproduktion über P2G sehr viel VEE und damit viele zusätzliche Windräder erfordert, könnte man die Methanerzeugung ins Ausland verlagern und das Gas importieren. Dies würde, verglichen mit der Produktion in Deutschland, eine Einsparung an VEE-Anlagen und damit an Kosten für die Stromversorgung bedeuten. Auf der anderen Seite begibt man sich in Abhängigkeit von Importen aus möglicherweise politisch instabilen Ländern.

 Nutzt man das synthetische Methan (auch Öko-Gas genannt) für Wärmeerzeugung, sind 50 % des erzeugten Stroms verloren.[A]

 Nutzt man es für die Realisierung des Langzeitspeichers (mit Rückverstromung), sind 75 % des Stromes verloren.

 Nutzt man es für Verbrennungsmotoren, sind im Vergleich zur batteriegestützten E-Mobilität 75 % der erzeugten Energie verloren.

 In <u>Deutschland</u> mit Überschussenergie erzeugtes synthetisches Methan ist 8- bis 10-fach teurer als Erdgas.

 <u>Importiertes,</u> synthetisches Methan ist 6- bis 8-fach teurer als Erdgas.

30.2 P2L baut auf P2G-Technik auf

Herstellung und Eigenschaften

Ausgehend vom Synthesegas Methan (P2G) können durch weitere Prozessschritte daraus verschiedene Kraftstoffe hergestellt werden (P2L), sogenannte *E-Fuels*. Kommt der Strom aus EE, spricht man von klimaneutralen Kraftstoffen, die kein zusätzliches CO_2 verursachen, sondern nur das wieder freisetzen, das sie zur Herstellung verbraucht haben.

Die synthetischen Kraftstoffe werden in fortgeschrittenen Szenarien verwendet. Sie bieten den Vorteil, dass sie eine hohe Energiedichte[366] bezogen auf Volumen und Gewicht aufweisen, so wie das heutige Kraftstoffe auch haben. Das ist für den universellen Einsatz für Maschinen mit Verbrennungsmotoren sowie bei der Mobilität unverzichtbar und ein großer Vorteil gegenüber der E-Mobilität mit Batterien.

[A] Elektroheizungen, bei denen Strom direkt in Wärme umgesetzt wird, war und ist zu Recht als Verschwendung von Strom in der Kritik. Dabei wird Strom zu 100 % in Wärme umgesetzt (und nicht nur zu 50 %).

Obwohl es erste geförderte Pilotprojekte[367] gibt, die das Funktionsprinzip demonstrieren, wird der großtechnische Einsatz noch vielleicht ein Jahrzehnt oder mehr erfordern. Ob es sich als ökonomisch sinnvolle Komponente der Energiewende erweisen wird, ist zweifelhaft.

Wirkungsgrad

Da Methan als Ausgangsstoff bereits nur mit einem Wirkungsgrad von rund 50 % hergestellt werden kann, muss der Wirkungsgrad für Kraftstoffe, die weitere Prozessschritte erfordern, geringer sein. Ich gehe für meine Berechnungen von 37 % aus.[368] Inwieweit der intermittierende Betrieb (*→K41.11)* der Anlagen mit volatiler Überschussenergie den Wirkungsgrad weiter reduziert, konnte nicht genau geklärt werden (*→S301*). Dass der Wirkungsgrad und die Nutzungsdauer darunter leiden, kann als gesichert gelten.

Bei Verwendung in einem Kraftfahrzeug mit Verbrennungsmotor bleibt ein Wirkungsgrad von nur noch 13 % (Strom bis Traktion). Bei batteriebasierter Elektromobilität sind es immerhin rund 70 %. **E-Fuels** benötigen also 5,4-fach mehr Strom, der über VEE zu erzeugen ist.

Kosten für synthetische Kraftstoffe

Hier wurde zwischen Benzin, Diesel und Kerosin[A] kein Unterschied gemacht. Es geht ja meist nur um Größenordnungen für die Einschätzung und für Vergleiche.

Wie bei P2G wurden die zwei Alternative betrachtet: Produktion in Deutschland und Import. Auch hier zeigen *Abb. 30-3* und *Abb. 30-4* die Kostenabhängigkeit vom Strompreis und von den Volllaststunden. Offenbar sind meine errechneten Kosten nicht zu hoch gegriffen (Handelsblatt 31.5.2019):

> *„Zurzeit liegen die Kosten bei bis zu 4,50 Euro pro Liter Dieseläquivalent, steht in einer Studie im Auftrag des Verbands der Automobilindustrie."*[369]

[A] Die Energiedichten sind sehr ähnlich.

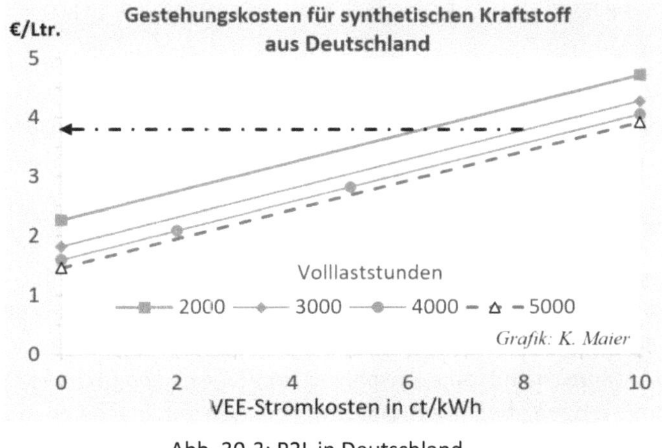

Abb. 30-3: P2L in Deutschland

In Deutschland sind die Stromkosten höher und die Volllaststunden niedriger. Das führt zu höheren Gestehungskosten.

Die VEE-Stromkosten beinhalten Netzkostenanteile und sind im Pfeil mit 8 ct/kWh angenommen.

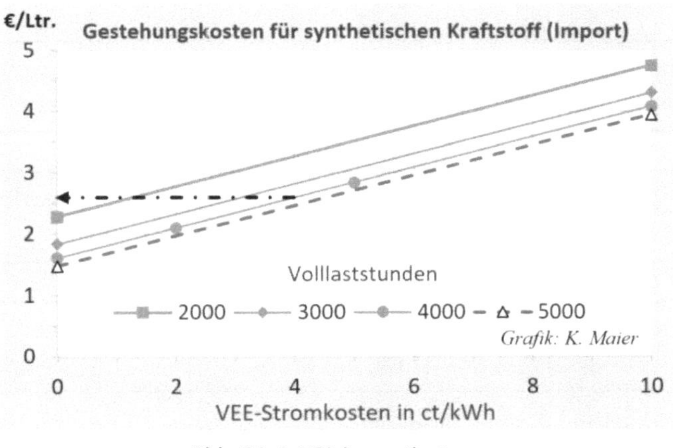

Abb. 30-4: P2L importiert

Trotz hoher Volllaststunden und niedrigerer Stromkosten, liegen die Gestehungskosten bei min. 2,3 €/Liter (bei 3 ct/kWh). Selbst am Äquator sind die PV-Volllaststunden nicht höher als 4000 (45 %).

Kritik an P2L

- Die Kraftstoffgestehungskosten (aus Erdöl, ohne CO_2-Steuer) liegen bei 0,4 €/Liter. Die Gestehungskosten über P2L liegen aber bei 3,8 und 2,3 €/Liter und sind damit um den Faktor 6 (Import) bis 10 teurer.

- Synthetische Kraftstoffe können nur für Verbrennungsmotoren eingesetzt werden, sind also für Langzeitspeicher in der Stromversorgung nicht nötig und nicht geeignet. Eine Substitution für Heizöl kommt wegen des geringeren Wirkungsgrads auch nicht in Betracht, jedenfalls nicht in größerem Umfange.

- Im Vergleich zur Elektromobilität – die zweifellos auch ihre Nachteile hat – ist etwa 5-fach mehr Strom zu erzeugen, um die gleiche Traktionsenergie am Fahrzeug zu erhalten. Wollte man 10 % der Endenergie im Sektor Mobilität mit E-Fuels substituieren, würde das rund 200 TWh an zusätzlicher Stromerzeugung bedeuten. Das wären zusätzliche 42.000 3-MW-WEAs.

- Da aber die Substitution im Mobilsektor mit P2L sehr viel VEE und damit viele zusätzliche WEAs erfordert, könnte dies ein Argument sein, E-Fuels im Ausland zu produzieren und dann zu importieren. Es würde, verglichen mit der Produktion in Deutschland, eine Einsparung an VEE-Anlagen und an Kosten für die Stromerzeugung bedeuten. Dafür würde man sich in eine neue Abhängigkeit vom Ausland (politisch instabile Regionen) begeben. Gerade die Reduktion von Energieträgerimporten war ein Argument für die Energiewende.

Synthetische Kraftstoffe für die Mobilität benötigen im Vergleich zur batteriegestützten E-Mobilität mindestens 5-fach mehr EE-Strom.

In <u>Deutschland</u> mit Überschussenergie erzeugte synthetische Kraftstoffe sind 8- bis 10-fach teurer als die Kraftstoffe aus Erdöl.

<u>Importierte</u> synthetische Kraftstoffe sind etwa 6- bis 7-fach teurer als die Kraftstoffe aus Erdöl.

30.3 P2H (Power-to-Heat)

Hinweis: P2H2P (Power-to-Heat-to-Power) gehört zu einer Speichertechnik und wird dort behandelt. →S317

P2H sieht man als einen Lösungsansatz für die Nutzung der Überschussenergie an. Dabei sollen Fernheizkraftwerke (bzw. wärmegeführte KWK-Anlagen) mit strombetriebenen Heizkesseln ergänzt werden, die eine alternative Heizquelle bilden. Während der Zeit, in der Überschussstrom hierzu verwendet wird, braucht nichts verfeuert zu werden. Auf diese Weise findet CO_2-Einsparung statt. Mit einem Wärmespeicher können auch kurze Zeiten ohne Überschussenergie überbrückt werden. Das Konzept geht nicht davon aus, dass auf die fossile Feuerung verzichtet werden kann, denn das würde bedeuten, dass der Wärmespeicher so groß auszulegen wäre, um einen saisonalen Ausgleich zu schaffen. Außerdem müsste die Versorgung mit VEE-Überschuss auch in ertragsschwachen Jahren sichergestellt sein.

Überdies wird argumentiert, dass solche Anlagen netzdienliche Leistung anbieten können (negative Regelleistung), die in eine Wirtschaftlichkeitsrechnung einbezogen wird.

Kritik an P2H

- Der Kessel für fossile Brennstoffe (mit allem Equipment herum) wird weiterhin benötigt (wie die Backup-KWs im Stromversorgungssystem). Das Equipment für Stromheizung ist eine *zusätzliche* Investition.

- Beide Heizsysteme werden zeitlich nur schlecht ausgenutzt. Das führt zu verschleißendem Betrieb und zu erhöhten Wartungskosten. Insbesondere die P2H-Anlage wird nur sehr sporadisch genutzt. *→K41.11*

- Zu den Kosten für die aus Strom erzeugte Wärme: Überschussenergie ist zwar *Abfall*, aber alles andere als kostenlos! Für die betriebswirtschaftliche Rechnung einer Windenergieanlage ist es dem Betreiber egal, wozu der Strom verwendet wird. Für jede gelieferte kWh will er etwa 9 ct sehen (Onshore), also auch für P2H. Hinzu kommen die übrigen Anteile des Strompreises, so dass der Industriestrompreis (ohne Privilegierung) bei 12 ct/kWh liegt. Der volkswirtschaftlich anzusetzende Strompreis liegt somit in der Größenordnung von 12 ct/kWh.

- Vergleich von Kosten:
  Der Gaspreis für Kraftwerke liegt bei 3 ct/kWh (Steinkohle: 1,6; Braunkohle: 0,6); die Wärme aus Strom ist – je nach Energieträger als Vergleich – um das 4- bis 20-Fache teuer. Ein kombiniertes System benötigt doppelt so viel Equipment (bei gleicher Wärmeerzeugung) und verursacht daher einen zusätzlichen Kostenaufschlag.
  Besteht die Fernheizung aus einer KWK-Anlage, so liefert sie neben der benötigten Wärme noch Strom, der vergütet wird. Das verschlechtert das Kostenverhältnis zusätzlich.

- Sollte der Gesetzgeber wieder auf trickreiche Weise diesen Strom verbilligen, muss irgendjemand die Differenz bezahlen – daran geht kein Weg vorbei. Dann müssen wahrscheinlich die Stromkunden dafür bezahlen, dass die Wärme aus so einem „innovativen" P2H-Fernwärmesystem eben für den Betreiber nicht (viel) teurer wird.

- Eine P2H-Anlage kann negative Regelenergie bereitstellen, das ist möglich, aber nicht gesichert! Diese wird bestens bezahlt (als netzdienliche Leistung).

Achtung: Hier muss man betonen, dass die Energiewende den erhöhten Bedarf an Regelleistung erst verursacht, um sich dann als „Problemlöser" die Kompensation dieses Nachteils über „netzdienliche Leistung" wieder besonders honorieren zu lassen.

- <u>Um einen großen Anteil</u> der Wärmeenergie aus P2H zu decken (z.B. > 30 %), sind sehr große Wärmespeicher, die viele Tage überbrücken können, erforderlich, da Überschussenergie nur zu relativ kurzen Zeitbereichen zur Verfügung steht. Das macht die Anlage deutlich teurer, im Vergleich zu einer kontinuierlich betriebenen Heizung, die keine Speicher benötigt.

Es ist wichtig zu wissen, dass Heizleistung (für Haushalte) vorwiegend in der Winterzeit nötig ist, wo Überschussenergie eher selten anfällt.

Die volkswirtschaftlichen Mehrkosten für die Integration von P2H in Fernwärmeanlagen sind nicht vertretbar. Außerdem kann auf eine Feuerung mit fossilen Energieträgern nicht verzichtet werden.

30.4 Wasserstoffwirtschaft

Die Idee

Statt Methangas als Energieträger zu verwenden, könnte man sich den letzten Prozessschritt sparen und den Wasserstoff (H_2) als Energieträger benutzen. Die konsequente Anwendung dieser Idee würde die Einführung der sogenannten ***Wasserstoffwirtschaft*** bedeuten.

So hat man zwar niedrigere Verluste in der Energiewandlung (Strom → H_2-Gas), aber auch einige erhebliche Nachteile bzw. Probleme.

Zur Verwirklichung dieser Vision, insbesondere im Verkehrsbereich, waren im 6. Forschungsrahmenprogramm der EU rund 300 Mill. € vorgesehen. Allein in Deutschland flossen 2004 rund 85 Mill. € von Bund, Ländern und der EU in die Wasserstoff- und Brennstoffzellenforschung. Die propagierte Wasserstoffwirtschaft und der damit verbundene Durchbruch dieses Konzepts sind dann in der Versenkung verschwunden. Asiatische H_2-Autos sind weltweit seit Jahren immer noch Exoten. Ende 2019 kam wieder einmal das Stichwort in die Diskussion, nachdem die Bundesregierung eine

Nationale Wasserstoffstrategie[370] vorgeschlagen hatte und bis 2026 1,4 Mrd. € Fördergelder in die Runde werfen will.

So attraktiv man das alles umschreiben kann[A], aber es gibt einfach zu viele Probleme, die nicht zu lösen sind oder sehr viel kosten.

Kritik

Selbst Energiewendebefürworter, wie Prof. Quaschning, nennt diese Wasserstoffstrategie eine „Luftnummer" und ein „reines Ablenkungsmanöver".[371]
Aber schauen wir uns das konkreter an.

- Wird der Wasserstoff aus Überschussenergie erzeugt, ist er zu teuer (mindestens 5-fach teurer gegenüber dem Dampf-Reformer-Prozess mit Erdgas; s.u.). Dabei ist der Betrieb mit geringen Volllaststunden noch nicht berücksichtigt.

- Die Einspeisung in das Erdgasnetz ist (derzeit) auf eine Konzentration von etwa 5 % begrenzt. Ein substanzieller Einsatz erfordert die Verteilung über eine eigene, neue Infrastruktur.

- Bevor sich das Gas als Energielieferant einsetzen lässt, muss es z.B. durch Elektrolyse aus der Verbindung mit Sauerstoff (Wasser) gelöst werden. Hierbei gehen rund 30 % an Energie verloren.

- Der Transport und die Speicherung (Tankstelle und Auto) können entweder unter hohem Druck von bis zu 800 bar oder flüssig mit tiefen Temperaturen bei -253 °C erfolgen. Beides sind extreme Werte mit extremen Problemen.[372]

- Mit dem aus Strom erzeugten Wasserstoff (H_2) sind bis zur Nutzung im Kraftfahrzeug hohe Energieverluste verbunden.[373] Der Gesamtwirkungsgrad liegt je nach Technik und Konzept im Bereich von 11 bis 18 %.

- H_2-Autos würden nur im Kontext mit einer *EU-weiten* Infrastruktur (H_2-Tankstellennetz) und normierten Schnittstellen Sinn machen. Ein solcher Beschluss der EU ist wegen der damit verbundenen Kosten schwer vorstellbar.

- Wasserstoff als Kerosinersatz: *„Die nötige Menge wäre gigantisch, das ist gar nicht darstellbar. Um alle Flugzeuge, die auf dem Frankfurter Flughafen*

[A] „Wasserstoff ist unerschöpflich vorhanden, er verbrennt zu Wasser …"

tanken, mit Wasserstoff aus der Elektrolyse von Wasser zu versorgen, wäre die Energie von 25 Großkraftwerken nötig. Gleichzeitig würde sich so der Wasserverbrauch von Frankfurt verdoppeln. "[374]

- Soll Wasserstoff zum Heizen verwendet werden, so gehen mehr als 50 % gegenüber einer direkten Stromheizung verloren; verglichen mit Wärmepumpen gehen mindestens 85 % verloren. Es wäre Energieverschwendung pur.

Eine Wasserstoffwirtschaft führt nach einer groben Abschätzung zu Kosten von 0,22 €/kWh für die Anwendung Heizen.[375] Das ist rund 5-fach teurer als der heutige Erdgaspreis. Eine ähnliche Situation ergibt sich im Transportsektor. Hier sind die H_2-Treibstoffkosten auch 5-fach höher, als mit heutigen Kraftstoffen.[376] Eine Steuerbefreiung kann für den Endkunden die Kosten etwas mildern, es bleiben dann aber die Einnahmeverluste der Steuer, die auf anderem Wege zu kompensieren sind.

Der Ansatz, Wasserstoff über VEE zu erzeugen und so CO_2-Ausstoß einzusparen, ist technischer und ökonomischer Unsinn.

Eine Wasserstofftankstelle kostet rund 1 Mill. €. Die Infrastruktur wird auch sehr kostspielig.[377] Auch die Technik im Auto ist noch relativ teuer angesichts der niedrigen Stückzahlen. Zudem wird in der Brennstoffzelle der aktuellen Generation das teure Platin verbaut.

Wegen zu vieler Nachteile wurde dieses Konzept in meinen berechneten Szenarien zur Sektorkopplung nicht berücksichtigt.

30.5 Technische Aspekte

Neben der reinen energetischen Betrachtung muss auch die Realisierbarkeit mit konkreten technischen Einrichtungen berücksichtigt werden, zumindest wenn sich Probleme abzeichnen.

Nachfolgend werden Beispiele dargestellt, die die grundsätzliche Problematik eines volatilen Betriebs demonstrieren. Je nach Szenario, das berechnet wurde, sieht es etwas anders aus, ist aber prinzipiell ähnlich.

Volatiler Betrieb der Backup-KWs

Solange man nicht die völlige CO_2-freie Stromversorgung verlangt, und solange keine geeigneten Langzeitspeicher mit ausreichender Kapazität zur Verfügung stehen, müssen Backup-KWs eingesetzt werden. Diese wurden als Gas-KWs (mit Erdgas) in meinen Berechnungen berücksichtigt.

Backup-Kraftwerke sind nur noch für die Lücken zuständig, die die VEE hinterlassen. Daher gibt es nur noch wenige, kurze Laufzeiten, wie *Abb. 30-5* dies für ein angenommenes Szenario mit 90 % CO_2-Einsparung verdeutlicht.

Bei einer Backup-Laufzeit von insgesamt 1.256 Stunden und 136 notwendigen Backup-Unterstützungsfällen pro Jahr, dauern 95,6 % davon unter 24 Stunden.

Damit ist der Betrieb von Backup-KWs extrem unwirtschaftlich und mit einem hohen Verschleiß, d.h. verkürzter Lebensdauer, der Anlagen verbunden. Dabei müssen die Backup-KWs so stark ausgebaut sein (gesicherte Leistung), dass sie in Verbindung mit den verbliebenen konventionellen KWs die volle Versorgungsleistung erbringen können.[378]

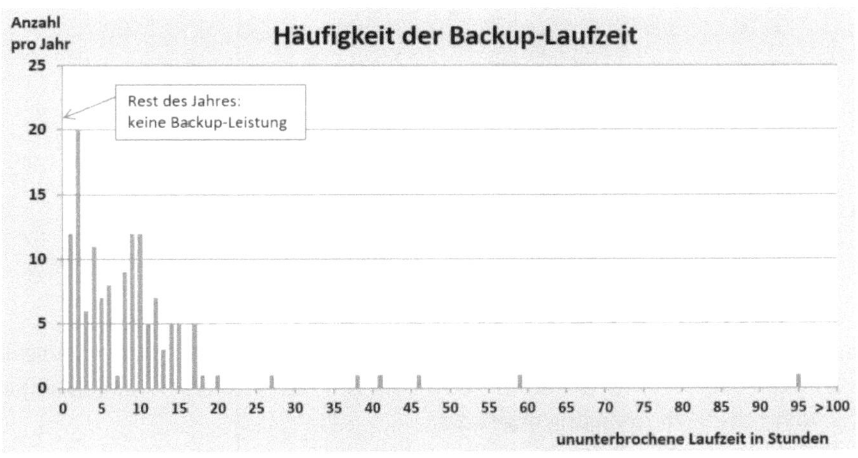

Abb. 30-5: Backup-Laufzeiten (Szenario 3)

Volatiler Betrieb der P2G-Anlagen für den Langzeitspeicher

Die P2G-Technik ist mindestens für das Langzeitspeicherkonzept nötig und damit Voraussetzung für die Energiewende. Unterstellt man den eigentlich unmöglichen, aber notwendigen Ausbau der VEE als realisierbar, so muss mit der extremen Volatilität umgegangen werden. Das wird im berechneten Szenario verdeutlicht. →*K41.10*

Es entstehen VEE-Leistungsspitzen von über 900 GW. Die P2G-Anlagen für den Langzeitspeicher wurden in dem Szenario aus technischen und ökonomischen Gründen auf eine maximale Leistung von 145 GW begrenzt. *Abb. 30-6* zeigt die vorwiegend kurzen Laufzeiten der P2G-Anlagen.

Die P2G-Anlagen mussten 144-mal im Jahr anlaufen. Zu 79 % dauert der Betrieb weniger als 24 Stunden. 14-mal dauert der Ladevorgang nur 1 Stunde, 4.780 Stunden im Jahr steht die Anlage (6,6 Monate in Summe).

Nur in 26 % der Zeit wird die Ladeleistung von 50 % der schon begrenzten installierten Leistung überschritten. Der Betrieb ist also stark volatil. Dieser relativ hohe Nutzungsgrad (45 %) entsteht nur dadurch, dass man die Leistungsspitzen gekappt hat und diese hierfür ungenutzt lässt.

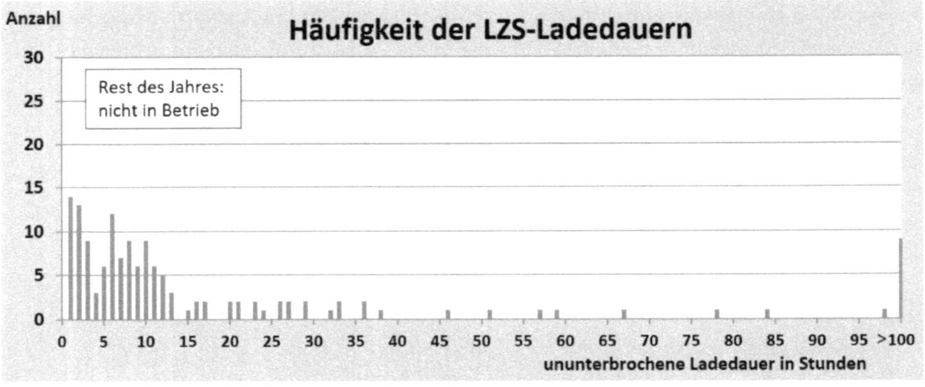

Abb. 30-6: Häufigkeit der Ladedauern (S6)

Anlagen mit einer solchen Betriebscharakteristik haben einen erhöhten Verschleiß und arbeiten extrem unwirtschaftlich. Unter diesem Aspekt wurden die Kostenparameter wahrscheinlich zu niedrig angesetzt.

Betrieb von externen P2X-Anlagen

Die VEE wird an drei Stellen eingesetzt: Einspeisung in das Stromnetz, Laden des Langzeitspeichers und Betrieb der P2X-Anlagen.

In der Modellierung sind die P2G-Anlagen für den LZS (Langzeitspeicher) von den P2G- und P2L-Anlagen (externe Nutzung der VEE-Überschüsse) getrennt, indem erst der LZS mit den Überschüssen bedient wird und dann die verbliebene Überschussleistung den Anlagen für die Erzeugung der Energieträger (Gas und flüssige Kraftstoffe) angeboten wird. →*K40.6* Das führt dazu, dass die Anlagen für P2X eine verstärkte Volatilität in ihrer Betriebsleistung haben.

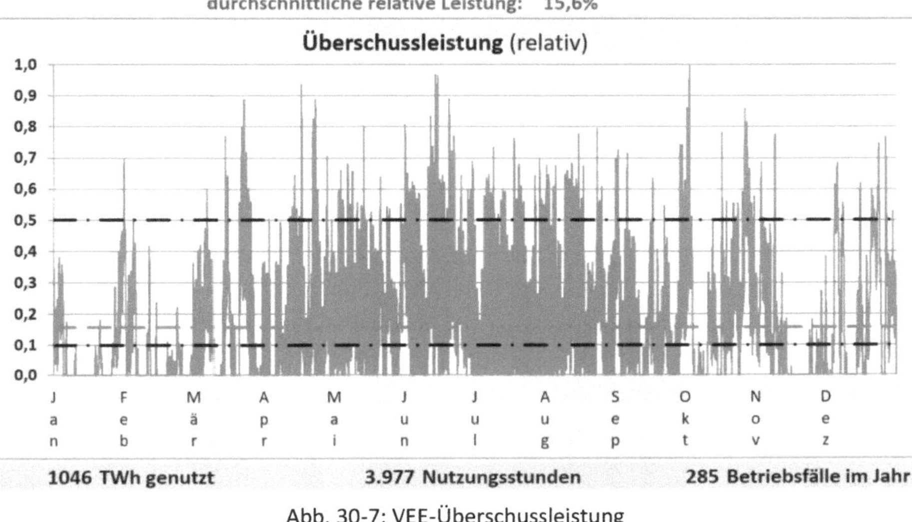

Abb. 30-7: VEE-Überschussleistung

Während die Methanisierung für den LZS in dem Szenario mit etwa 2.300 Volllaststunden modelliert wird, verbleiben für externe Nutzung noch rund 1.200 Volllaststunden. Die extern verbliebene VEE-Überschussleistung wird in _Abb. 30-7_ dargestellt.

Insgesamt gibt es in diesem Beispiel 285 Betriebsfälle in 365 Tagen, wobei 89 % der Betriebsfälle unter 24 Stunden dauern und nur 31-mal im Jahr die Anlage länger als 24 Stunden läuft. Die Anlage wird lediglich zu 14 % der Zeit genutzt.

P2G- und P2L-Anlagen mit Batteriespeicher

Nachdem klar ist, dass die Volatilität der Betriebsenergie, ob für den Langzeitspeicher oder für die externe P2X-Nutzung, viele Male pro Jahr zwischen null und dem Maximum schwankt, ist auch klar, dass solche Betriebsbedingungen inakzeptabel sind. Es ist naheliegend, dass keine Anlage mit 1 MW Betriebsleistung genauso effizient arbeiten kann wie mit 300 MW.

Was andere sagen:

Über die volatile Betriebssituation führt die ESYS-Studie[379] auf Seite 74 aus:

„Für die Betriebskosten stellen die intermittierende Fahrweise und die damit einhergehenden Lastwechsel eine beträchtliche Unsicherheit dar. Aktuell wird von einer **Halbierung der Lebensdauer** von zwanzig auf zehn Jahre bei den kritischen Komponenten ausgegangen und von einem entsprechend **erhöhten Wartungs- und Reparaturaufwand**. Für den Katalysator der Methanisierungsreaktion wird im diskontinuierlichen Betrieb eine **Lebensdauer von fünf Jahren** erwartet." (Hervorhebung durch den Autor)

Hier kommt leicht die Idee auf, dies durch zwei Maßnahmen zu entschärfen:

1. Einen Betriebskorridor zu definieren, der ein Verhältnis von maximaler zur minimalen Betriebsleistung von z.B. 4 zu 1 aufweist.

2. Einen Batteriespeicher beizustellen, der kurze Zeiten von fehlender Überschussleistung überbrücken kann und damit die Anzahl der Abschaltungen reduziert oder diese gar gänzlich verhindert.

Auf der Basis der Dimensionierungsverhältnisse aus dem Szenario 7 (→*K41*) werden zwei Fälle betrachtet, die ein unterschiedliches Arbeitsfester (minimale Leistung bis maximale Leistung) für den Betrieb der P2X-Anlagen haben. Als Betriebsenergie wird die VEE verwendet, die nicht für den Langzeitspeicher nutzbar ist und als dessen Überschuss übrigbleibt (*Abb. 40-4*: [3.]).

Betrachten wir folgend zwei Fälle, die die Verhältnisse gut wiedergeben.[A]

Wie in *Abb. 30-8* zu sehen ist, ist der kostengünstigste Fall in diesem Betriebsbereich der **ohne Batteriespeicher** (Maßnahme 2).

Ohne Betriebsbereich würde sich die Nutzung in einem Leistungsbereich zwischen 1 und >500 GW abspielen, was technisch völlig unrealistisch ist.

Man kann das Arbeitsfenster verschieben und so aus der zur Verfügung stehenden Überschussenergie mehr Energie nutzen, wie *Abb. 30-9* zeigt.

Die Gasgestehungskosten sinken damit gegenüber Fall 1 von 6,3 auf 3,8 €/m³.

> Gegenüber dem rein theoretischen Optimum von 2,60 €/m³, bei dem es keinen Batteriespeicher und keinen Arbeitsbereich gibt, bedeutet der praktische Umgang mit der Volatilität erhebliche Mehrkosten.

Gemessen am Gaspreis gibt es natürlich ein Optimum für das Arbeitsfenster. Dieses Optimum hängt aber ganz wesentlich von der jährlichen VEE-Ertragssituation ab. Das wiederum bedeutet, dass man keine stabile Situation für die Dimensionierung der Anlagen auf ein solches Optimum hat.

Zur Beurteilung der Realisierbarkeit ist auch die Anzahl der Abschaltungen relevant. Gerade diese Zahl sollte möglichst klein sein. Die Anzahl der Abschaltungen pro Jahr steigt allerdings im Fall 2, weil das Arbeitsfenster immer häufiger verlassen wird. Oder:

[A] Für die anderen gerechneten Szenarien sind die Verläufe im Detail anders aber ähnlich.

Um nicht mehr als 100 Abschaltungen/a sicherzustellen, benötigt der Fall 1 knapp 300 GWh an Speicherkapazität. Im Fall 2 wäre ein Speicher von 2.000 GWh nötig.

Fall 1: Arbeitsfenster 20 bis 80 GW

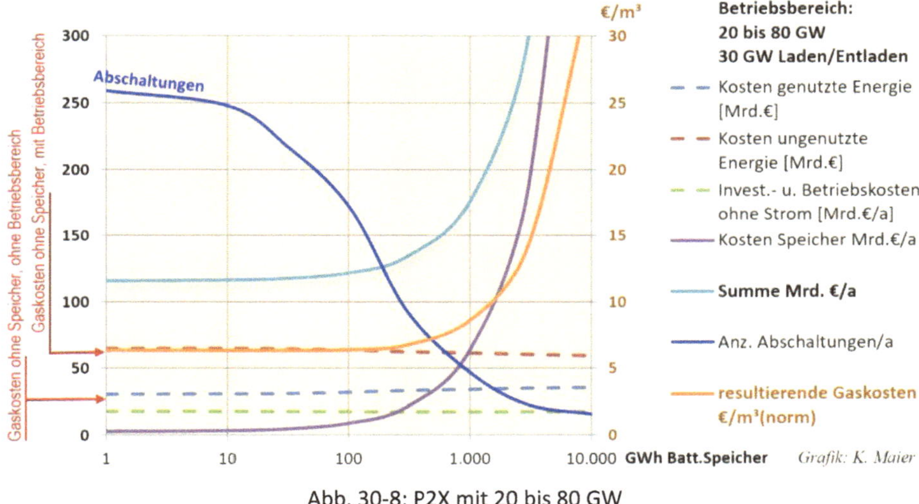

Abb. 30-8: P2X mit 20 bis 80 GW

Fall 2: Arbeitsfenster 50 bis 200 GW

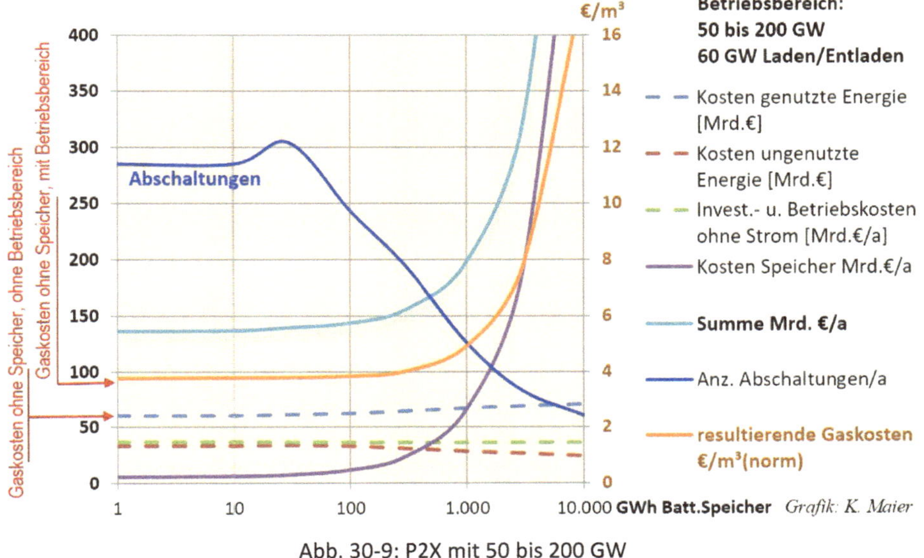

Abb. 30-9: P2X mit 50 bis 200 GW

In den gezeigten beiden Fällen haben die Kosten für die ungenutzte Überschussenergie einen Anteil von 25 % bis 50 %.

In den Diagrammen sind 8 ct/kWh für den Bezug von Überschussenergie (inklusive Netzkosten, ohne MwSt.) angesetzt worden.

Zum Vergleich: der Industriestrompreis über die Mittelspannung betrug 2018 17 ct/kWh.

Fazit:

Batteriespeicher sind unter ökonomischen Anforderungen nicht geeignet, die Betriebssituation der Methanisierung (inklusive Elektrolyse) in einen sinnvollen, großtechnischen Betrieb zu bringen.

Selbst bei 10.000 GWh sind Abschaltungen nicht zu verhindern.

Die Wahl eines geeigneten Betriebsbereichs ist die Größe, mit der man die Gasproduktionskosten optimieren kann.

Eine einfache Optimierung ist angesichts der nicht beschreibbaren Zufallseigenschaft der Betriebsenergie (schwankende Jahreserträge) nicht möglich.

Leistungsflüsse

Die Energieerzeuger im zukünftigen Stromversorgungssystem werden ungleich verteilt sein: die WEA im Norden, die PV-Anlagen im Süden, sodass je nach Wetter- und Verbrauchssituation erhebliche Leistungsflüsse über größere Strecken entstehen. Im vergangenen, gewachsenen Netz waren keine so großen Leistungen über weite Strecken zu transportieren, da die Kraftwerke an den Verbrauchszentren gebaut wurden.

Leistungsflüsse vereinfacht

In meinen Berechnungen wurde das *ideale Netz* unterstellt, also ein Energietransportnetz ohne Verluste auf Leitungsabschnitten und ohne Netzengpässe. Gewissermaßen: „Deutschland auf der Kupferplatte". Diese Vereinfachung ist nötig, um die Komplexität zu begrenzen. Das Stromversorgungsmodell hat daher hierfür keine Parameter. Die Berechnungsergebnisse der Szenarien sind in dieser Hinsicht daher günstiger als die Realität.

Es sind aber pauschale Netzverluste, Netzkosten und Netzanschlusskosten der Speicher enthalten. Bei den Anlagen zur Methanerzeugung wird unterstellt, dass diese bundesweit so verteilt sind, dass möglichst kurze Anbindungen an das Stromnetz und an das Gasnetz möglich sind. Auf diese Weise sind die ausgewiesenen maximalen Leistungsspitzen an keinem Ort messbar, sondern stellen nur einen Summenwert dar.

31 Jede Menge Ideen ...

Dass es Schwierigkeiten mit der Umsetzbarkeit der Energiewende gibt, können selbst deren heißeste Verfechter nicht leugnen. Immer wieder wird diskutiert, wer mit wie viel Anteil die wachsenden Kosten der Energiewende tragen soll. Aber es gibt auch handfeste technische Probleme. Kern der technischen Probleme sind die Volatilität der EE und die fehlenden Speicher.

Immer neue Vorschläge und Behauptungen werden gemacht, die den Kritikern ihre Argumente in der öffentlichen Diskussion nehmen sollen. Einige werden hier kurz angesprochen.

Hinweis: Die Werte, die genannt werden, können hier aus Platzgründen nicht vorgerechnet werden. Die Berechnungen sind aber bei mir abfragbar.

31.1 Speicher

Die Speicherfrage ist die zentrale Frage zur Bewältigung der Volatilität der EE aus Wind und Sonne. Natürlich hängt der nötige Speicher, der von seiner Kapazität vom Langzeitspeicher dominiert wird, vom Energiewendeszenario ab. Die benötigte Größenordnung wurde mit mindestens 40 TWh, also 40.000 GWh (netto), ermittelt[A], will man auf konventionelle Kraftwerke verzichten. Die Verzichtsforderung resultiert daraus, dass die Stromversorgung nach den Plänen der Regierung praktisch CO_2-frei werden muss, um die Dekarbonisierung umsetzen zu können.

Die nachfolgenden Speicherkonzepte müssen sich daher an dem Wert von rund 40 TWh messen lassen, da man ihnen den entscheidenden Beitrag zur Lösung der Speicherfrage anlasten muss. Alle ermittelten Werte und die Angabe über das Potenzial, das in dem Speicherkonzept liegt, sind Abschätzungen und Hochrechnungen und können somit nicht als detailliert durchkalkulierte Kosten verstanden werden. Trotzdem wird deutlich, inwieweit das Speicherkonzept die Anforderungen erfüllen kann oder eben nicht, weil es um die Größenordnung geht.

Neben der Kapazität von 40 bis 50 TWh muss das Speicherkonzept die zukünftige Spitzenlast von rund 150 GW im deutschen Stromnetz leisten können. Weiterhin wird davon ausgegangen, dass Deutschland für seine Stromversorgung – bis auf Notsituationen – selbst sorgt. Das bedeutet, dass *fehlende Energie* nicht aus dem Ausland bezogen wird, und das schon daher, weil europaweit gleichzeitig ein VEE-Mangel auftreten kann.

[A] Das ist mehr als das 1000-Fache aller heutigen Pumpspeicherkraftwerke Deutschlands.

PSKWs in Norwegen

Die Idee besteht darin, dass man die Geländeverhältnisse in Norwegen nutzen könne und entweder die dortigen PSKWs für Deutschland verwendet oder PSKWs durch Deutschland dort errichten und betreiben lässt. Diese müssten natürlich dann an das deutsche Stromnetz angeschlossen werden, um den volatilen Energieausgleich zu ermöglichen.

Hierzu sollte man einige Fakten kennen:

- Norwegen hat neben 1.250 Wasser-KWs nur 3 PSKWs.

- Bei einem Energiebedarf Norwegens von ca. 150 TWh gehen nur 10 TWh in den Export.

- Daher: Das, was wir bräuchten, müsste erst noch gebaut werden.

- Es müssten Verbindungsleitungen über durchschnittlich 1.300 km inklusive rund 150 HGÜs[A] (je 1 GW) gebaut werden, um die zukünftige Spitzenlast aus den PSKWs bereitstellen zu können.

- Mit Leitungs- und PSKW-Verlusten kommen höchstens noch 70 % der Energie zurück; wenn Überschuss in Süddeutschland gespeichert und wieder in der Nacht zurückgeliefert werden muss, sind hin und zurück bis zu 4.000 km zu überbrücken.

- Die HGÜs in Deutschland und Skandinavien werden bei der Bevölkerung nicht auf Gegenliebe stoßen. Gleiches gilt für PSKWs in Norwegen.

- Man benötigt als Langzeitspeicher eine Kapazität für die Sektorkopplung von wenigstens 40 TWh netto, was rund 10.000 große PSKWs bedeutet. Dafür gibt es in ganz Europa nicht annähernd so viele Potenziale (nur 2,6 TWh) und in Skandinavien schon gar nicht.[380]

- Wenn Deutschland sein Speicherproblem in Norwegen lösten will, wo lösen es die übrigen EU-Staaten?

- Die Investitionskosten für PSKWs und HGÜs würden bei wenigstens 15.000 Mrd. € liegen, könnte man 10.000 PSKWs errichten.

Und baut man eben nur 20 PSKWs (was vielleicht machbar wäre), wären eben nur 0,2 % des Speicherproblems gelöst.

[A] Hochspannungs-Gleichstrom-Übertragung

Und was kostet das? Mein Modell weist jährliche Kosten für diese Speicherlösung (40 TWh/150 GW aber ohne HGÜ und Netzanteile) von über 600 Mrd. € aus.

Ein völlig untauglicher Ansatz zur Lösung der Speicherproblematik.

Kugelspeicher

Abb. 31-1: Kugelspeicher

Der Kugelspeicher ist eine Idee des renommierten Fraunhofer-Instituts (IWES).[381]
Meine Grafik zeigt die Größenverhältnisse.

Es geht um Betonkugeln mit 30 m Außendurchmesser, die auf den Meeresgrund gesetzt und als PSKW betrieben werden sollen (bei 800 m Wassertiefe: 15 MWh, bei 160 m noch 3 MWh). Eine Kugel wird ein Gewicht von etwa 15.000 Tonnen haben, das die derzeit stärksten Schwimmkräne der Welt nicht heben können. Je tiefer die Kugel versenkt wird, umso größer die Speicherkapazität.

Das Prinzip ist das eines PSKW: Durch die Tiefe drückt das Wasser in die Kugel und muss dazu eine Turbine durchlaufen, die mit einem Generator gekoppelt ist. Dabei wird Strom erzeugt. Um Energie zu speichern, wird der Generator als Motor benutzt und mit der Turbine Wasser gegen den Druck aus der Kugel befördert. Benötigt man wieder Strom, kann man das Wasser einströmen lassen.

Wählt man 800 m Wassertiefe (Atlantik vor Frankreich), so wäre das 1.200 bis 1.500 km von der Nordseeküste entfernt.

- Wer will diese technischen Anlagen in 800 m Tiefe warten?

- Es wären für den Anschluss der Speicher rund 150 HGÜs (je 1 GW) über > 1.200 km im Wasser zu verlegen. Hinzu kommen weitere Höchstspannungsleitungen bzw. HGÜs innerhalb Deutschlands.

- 2,7 Mio. Kugeln wären nötig (auf einer Linie angeordnet wäre das bei 20 m Abstand eine Kette von 135.000 km).

- Es gibt keine Angaben zu den Herstellkosten,[382] Installation und Betrieb.

Wählt man 160 m Wassertiefe (Nordsee im Bereich Schottland-Norwegen):

- Es wären für den Anschluss der Speicher ca. 150 HGÜs (je 1 GW) über > 800 km im Wasser zu verlegen, sowie weitere Höchstspannungsleitungen bzw. HGÜs innerhalb Deutschlands.

- 13 Mio. Kugeln wären nötig (auf einer Linie angeordnet, bei 20 m Abstand wäre es eine Kette von 650.000 km =16,25-mal um die Erde, fast einmal zum Mond und zurück).

Und baut und versenkt man eben nur 10.000 Stück (was vielleicht machbar wäre), wären eben nur 0,08 beziehungsweise 0,37 % des Speicherproblems gelöst.

 Ein völlig untauglicher Ansatz zur Lösung der Speicherproblematik.

Hambacher-Loch-Lösung

Ein Pumpspeicherkraftwerk im *Hambacher Loch* soll die Lösung sein.[383]

Soweit das aus dem Artikel zu entnehmen bzw. zu interpretieren ist (siehe *Abb. 31-2*):

Die Speicherzylinder sollen 100 Meter hoch sein und in die 450 m tiefe Grube gestellt werden. Es gibt keine näheren Angaben für die Abmessungen, außer: Grubengrundfläche 4 km², 400 m durchschnittliche Wassersäule.

Für einen nötigen Langzeitspeicher von 40.000 GWh bräuchten wir 370-mal das *Hambacher Loch* und hätten <u>ohne</u> Aushubkosten der nicht vorhandenen 369 *Hambacher Löcher* mehr als 37 Bill. € an Investitionskosten.[384] Bei 10 % Betriebskosten[A], wären das 3.700 Mrd. €/a. Für jede daraus entnommene kWh wären rund 50 € anzusetzen.[385]

[A] Alle Kosten die jährlich anfallen, wie: Personal, Wartung, Gewinn, Versicherungen etc.

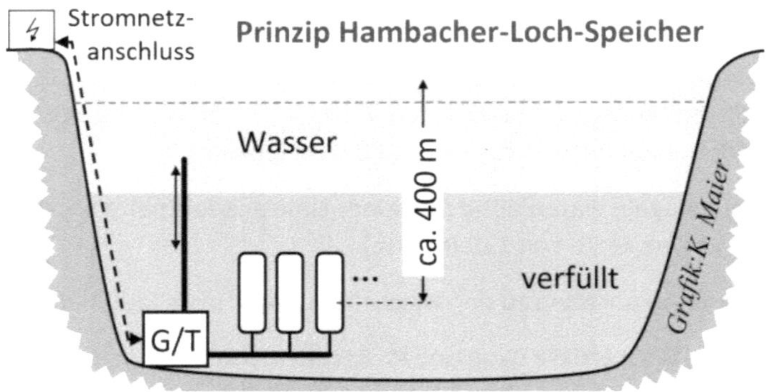

Abb. 31-2: Hambacher-Loch-Lösung

 Ein völlig untauglicher Ansatz zur Lösung der Speicherproblematik.

Batteriespeicher zu PV-Anlagen

Der Gedanke ist, die privat und verteilt installierten PV-Batteriespeicher intelligent ins Netz zu integrieren.

2017 waren es 1,7 Mio. PV-Anlagen, die zu ca. 90 % kleine und mittlere Anlagen sind (auf Hausdächern). Bei einer Nennleistung von insgesamt 42.000 MW fallen darauf nur ungefähr 50 % auf die kleinen und mittleren Anlagen.

Unterstellt man für die Zukunft 3 Mio. private Anlagen und je einen Batteriespeicher von 10 kWh, so wären das 30 GWh Speicherkapazität. Bei einem Gesamtbedarf von mindestens 40 TWh würden alle diese Speicher zusammen gerade mal 0,075 % der nötigen Kapazität haben. Volkswirtschaftlich muss man die Kapazität berücksichtigen, die unter der vollen Kontrolle vom *Smart Grid* steht und über das Jahr gesichert ist. Unterstellt man 20 % unter voller Kontrolle für das Netz, so wäre dies bei einem Kostensatz von 8.000 € für 5 kWh[A] eine volkswirtschaftliche Investition von 9,6 Mrd. € für 6 GWh. Das sind 0,015 % der benötigten Speicherkapazität. Selbst wenn sich die Zahlen (Anzahl und Speicherkapazität/PV-Anlage) verbessern, wird man wohl kaum deutlich über 0,1 % der nötigen Kapazität kommen.

 Ein völlig untauglicher Ansatz zur Lösung der Speicherproblematik.

[A] Batteriespeicher von Mercedes-Benz, inklusive Montage, 2016

Integration der Batterien der E-Pkws ins Netz

Auch hier ein Rechenbeispiel zur Verdeutlichung der Größenordnung:

Bei angenommenen 40 Mio. E-Pkw und einer durchschnittlich am Netz zur Verfügung stehenden Kapazität von je 20 kWh[386] ergibt sich rechnerisch eine Gesamtkapazität von 800 GWh. Diese Größe ist aber nur dann als Langzeitspeicher nutzbar, wenn über Monate hinweg diese Ladung nicht privat entnommen wird. Wer würde also einen erheblichen Teil seiner teuer bezahlten Batterie dem Netz, nicht für Stunden, sondern für Monate, zur Verfügung stellen? Man kann also bestenfalls die Hälfte der Pkws für den Langzeitspeicher annehmen: 400 GWh. Bei 500€/kWh[387] macht das volkswirtschaftlich eine Investition von 200 Mrd. €.

Aber selbst wenn dieses Szenario Realität würde, stellten alle E-Pkw zusammen nur 1 % der nötigen Kapazität für den erforderlichen, saisonalen Ausgleich dar. Oder anders ausgedrückt: Wir würden 4.000 Mill. Pkw mit je 10 kWh Batteriebeitrag benötigen.

Ein völlig untauglicher Ansatz zur Lösung der Speicherproblematik.

Stationäre Batterie-Großspeicher

Hierbei geht es um Speicher jeweils im Bereich von 10 bis 100 MWh (vielleicht in der Zukunft noch etwas mehr). *„BigBattery"* wird mit großen Worten angepriesen:

> *„Der auf der Lithium-Ionen-Technologie basierende Speicher wird die Stromerzeugung weiter flexibilisieren und dabei helfen, das Stromnetz gegen Schwankungen abzusichern."*[388]

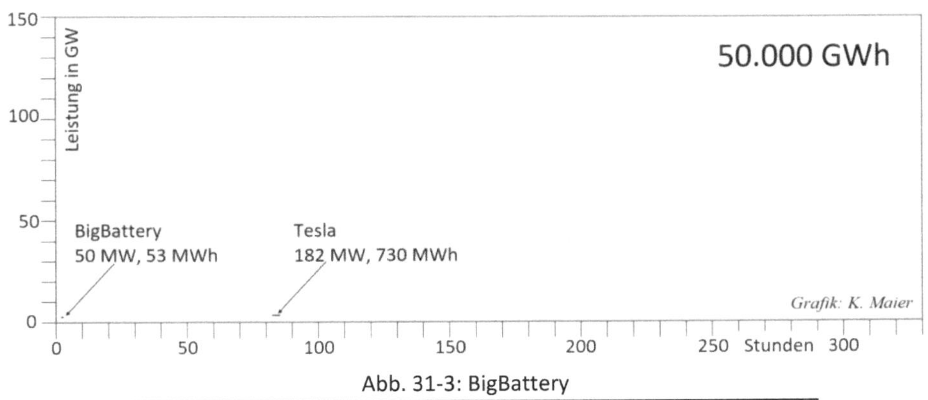

Abb. 31-3: BigBattery

Auch hier „hilft" wieder etwas. Die *BigBattery* soll helfen, ein Volatilitätsproblem zu lösen, das wir ohne Energiewende gar nicht hätten. Wie sehen die Größenordnungen aus? Nehmen wir das Szenario S7 (→*K41*), für das eine nötige Speicherkapazität von rund 50 TWh (netto) ermittelt wurde. Stellt man diese im gleichen Maßstab dar wie die *BigBattery*, so zeigt *Abb. 31-3* mit der schwarzen Fläche unter dem Pfeil links unten die Verhältnisse. Eigentlich müsste das kleine Rechteck noch 10-fach flacher sein. Dann wäre es aber nicht mehr zu sehen.

Die derzeit größte Batterie, von der zu lesen ist, plant Tesla mit 730 MWh und 182 MW in Kalifornien (Moss Landing) für 2020. Auch diese habe ich in *Abb. 31-3* eingezeichnet. Auch in diesem Falle müsste das Rechteck nur halb so hoch sein, um die richtige Proportion zur Gesamtfläche zu haben.

Nehmen wir einen künftigen Durchschnitt von 100 MWh an, so würden bei nur 40 TWh 400.000 solcher stationären Speicher benötigt. Unterstellt man, dass etwa 50 % der Landesfläche dafür zur Verfügung gestellt würden, so müssten die 400.000 Gebäude auf 180.000 km² verteilt werden. Das heißt, alle 670 m ein Gebäude, jeweils mit 120 Meter Länge und 70 Meter Breite. Alle müssten ans Mittelspannungsnetz angeschlossen werden.

Über die Kosten kann man sich auch eine Vorstellung verschaffen, wenn man die Investitionssumme für 40 TWh mit rund 15.500 Mrd. € ermittelt.[389] Eine unvorstellbare Summe. Das sind für 400.000 Speicher (je 100 MWh mit 0,4 MW) Investitionen von knapp 400 €/kWh. Es sind etwa 70 €/kWh und in Summe 2.800 Mrd. € für Betriebs- und Erhaltungskosten pro Jahr aufzuwenden.

Ein völlig untauglicher Ansatz zur Lösung der Speicherproblematik.

Energielagerungstechnik

Im September 2018 wurde die kommerzielle Verfügbarkeit einer „bahnbrechenden" neuen Lösung angekündigt.

> *„Die neue Technologie, die auf herkömmlichen Pumpspeicherkraftwerken zugrunde liegenden Prinzipien beruht, kombiniert konventionelle physikalische Grundlagen wie potenzielle und kinetische Energie mit einer gesetzlich geschützten Softwareplattform auf Cloud-Vereinbasis, mit der ein neu entwickelter sechsarmiger Kran betrieben wird."* [390]

Es geht um gestapelte zylindrische Betonblöcke, die umgestapelt werden und dabei Lageenergie abgeben bzw. aufnehmen können.

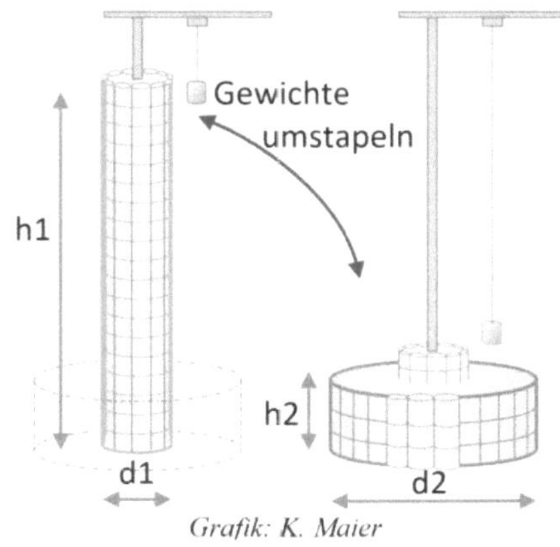

Abb. 31-4: Stapelturm-Speicher

Die Grafik deutet diese Betonzylinder an. Sie werden zwischen einem hohen Stapelturm (h1) mit kleinem Durchmesser (d1) und einem tieferen (h2) äußeren Ring mit großem Durchmesser (d2) mit einem Kran umgestapelt. Dazu müssen die Gewichte gehoben und gesenkt werden. Entsprechend wird Energie benötigt oder abgegeben.

(Leider habe ich keine Freigabe für die im Artikel enthaltenen Grafiken bekommen. Sehen Sie sich also bitte die Bilder im Artikel und die Animation an. Links sind in der Endnote 385).

Die wesentlichen Aussagen der Veröffentlichung sind:

- 2019 wird ein erstes Energy-Vault-System mit 35 MWh und 4 MW in Betrieb genommen

- 90 % Wirkungsgrad

- Keine besonderen Geländeanforderungen

- Keine absoluten Kostenangaben, dafür:

  „Revolutionäre Wirtschaftlichkeit – ca. 50 Prozent günstiger als bestehende Lösungen in Bezug auf Investitionsausgaben in US-$/kWh und ca. 80 Prozent günstiger bei Berücksichtigung von Systemlebensdauer, Betriebs-, Wartungs- und Wiederbeschaffungskosten auf Grundlage niedrigerer Speicherungskosten (Levelized Cost of Storage, LCOS)"

Hinsichtlich der Machbarkeit für den Langzeitspeicher und die Kosten habe ich abschätzend gerechnet, mit folgenden Ergebnissen:

- Deutschland bräuchte gut 1,1 Mill. solcher Speicher. Damit wäre etwa die nötige Größenordnung von 40 TWh für den Langzeitausgleich erreicht.

- 1,1 Mill. solcher Speicher würden einen Abstand von 400 m zwischen den Türmen bedeuten (jeweils mit Gesamthöhe von ca. 200 m), würde man sie gleichmäßig auf die Hälfte der Fläche Deutschlands verteilen.

- Unterstellt man für die Sektorkopplung 200.000 WEAs (je 4 MW) wären etwa 6 solcher Speicher je WEA nötig. Die gesamte Stapelmasse je 35 MWh-Einheit entspricht einem Gewicht von 150 WEAs.

- Der nötige Beton aller Speicher entspricht 8.000 Jahresproduktionen Deutschlands.

- Abgeschätzt wurden Investitionskosten von 2.000 bis 2.500 €/kWh. Das macht Gesamtinvestitionskosten für 40 TWh von 91 Bill. €.[391]

- Bei 50 Jahre Nutzungsdauer entspricht das rund 1,8 Bill. €/Jahr (ohne die Betriebskosten).

- Die Kilowattstunde, die <u>aus</u> dem Speicher entnommen wird, kostet so etwa 25 €.[392]

Ein völlig untauglicher Ansatz zur Lösung der Speicherproblematik.

Lageenergiespeicher

Die Idee ist, eine größere feste Masse zur Energiespeicherung hydraulisch zu heben und beim Senken wieder Energie zu gewinnen. Das Prinzip ist ähnlich einem PSKW.

Ein Vertreter dieses Konzepts wurde von Prof. Heindl 2010 bekanntgemacht. Die *Heindl Energy GmbH* mit Sitz in Stuttgart[393] hält die Patente auf dieses Speicherkonzept und entwickelt derzeit dessen Realisierungsreife mit dem Ziel, ein Pilotprojekt zu errichten.

Prinzip

Es handelt sich um einen großen Felsblock, der hydraulisch mit Wasser gehoben wird (*Abb. 31-5*). Daher wird dieses Konzept international auch als „Hydraulic Rock Storage" bezeichnet. Damit ist ein unter Druck stehender Wasserbehälter als Energiespeicher verfügbar. Das Ein- und Ausspeicherprinzip entspricht einem PSKW. Der Druck allerdings wird wesentlich durch das Gewicht des Felszylinders gebildet und ist damit größer als die reine Wassersäule bei einem PSKW.

Der Wirkungsgrad entspricht mit 75 % dem eines PSKW. Ein großer Zylinder von wenigstens 250 Metern Durchmesser und ebenso hoch erscheint in der Landschaft als Fremdkörper und ist weit sichtbar (*Abb. 31-6*).

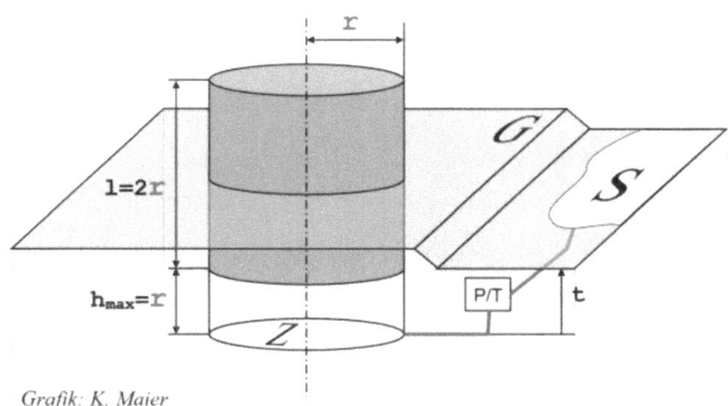

Grafik: K. Maier

Relevante Größen zu Berechnung

G = normales Gelände
S = Speichersee
Z = Zylinderboden
P/T = Pumpe/Turbine

Abb. 31-5: Prinzip Lageenergiespeicher

Abb. 31-6: Beispiel Lageenergiespeicher

Spezifische Vor-/Nachteile

Vorteilhaft sind folgende Merkmale:

- gleichhoher Wirkungsgrad wie bei PSKWs

- geringerer Rohstoffressourcenverbrauch und geringerer Flächenbedarf

- schwarzstartfähig (vergleichbar einem PSKW)

Nachteilig sind:

- Ein großer Zylinder erscheint in der Landschaft als Fremdkörper und ist weit sichtbar.

- Das Konzept befindet sich noch in einem Frühstadium und findet in der einschlägigen Literatur kaum Beachtung. Es gibt kein Pilotprojekt, sodass die Lösbarkeit einer Reihe neuer technischer Probleme unbewiesen ist.

- Auch hier sind geologische Anforderungen an den Ort zu stellen. (z.B. homogenes Gesteinsmaterial über den gesamten Zylinderbereich und etwas darüber hinaus).

- Planungsrisiko: Nach Baubeginn und nach Schacht- und Tunnelarbeiten stellt sich gegebenenfalls heraus, dass die Gesteinshomogenität nicht ausreichend gegeben ist und das Projekt aufgegeben werden muss.

Kosten

Das Konzept habe ich detailliert durchgerechnet und analysiert. Wenn man halbwegs vernünftige Kostenparameter annimmt,[394] stellen sich die Kostenverhältnisse für den Gesamtspeicherbedarf Deutschlands in Abhängigkeit vom Radius **r** etwa wie in _Abb. 31-7_ und _Abb. 31-5_ angegeben dar.

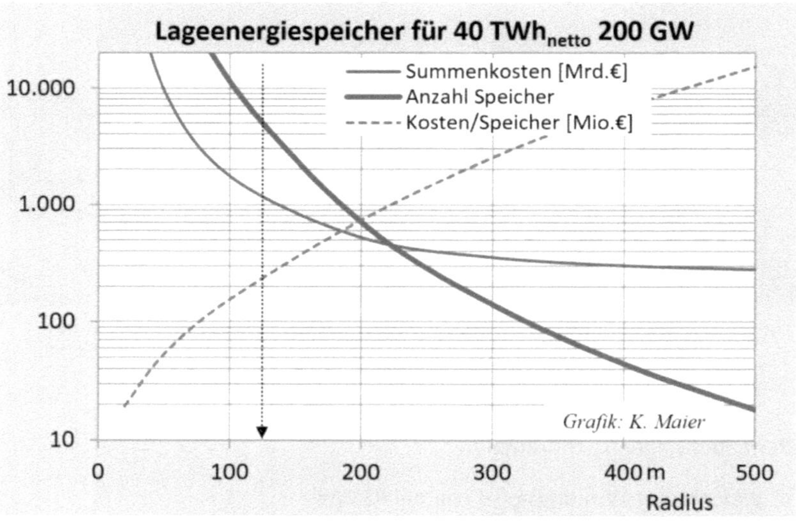

Abb. 31-7: Kosten Lageenergiespeicher

Der Zylinderausschnitt aus einem homogenen Felsmassiv, das keinerlei verschiebliche Schichten[395] enthält und technisch entfernt vielleicht machbar erscheint, wird mit bestenfalls 250 Metern Durchmesser (r = 125 m) eingeschätzt. _Abb. 31-7_ weist dazu für 40 TWh 5.200 solcher Speicher aus. Das bedeutet ein Investitionsaufkommen von 1.200 Mrd. €. Jeder Speicher hätte 7,7 GWh Kapazität. Es ist nahezu ausgeschlossen, dass für 5.200 solcher Speicher in der Ebene (nicht im Gebirge) die geologischen Bedingungen in Deutschland vorhanden sind. Abwegig erscheint zudem die politische Durchsetzbarkeit auf regionaler Ebene.

Obwohl dieser Vorschlag seit 10 Jahre existiert, wird er nicht ernsthaft in den Studien diskutiert. Für die nötige Gesamtspeicherkapazität würden wenige solcher Speicher keinen nennenswerten Beitrag leisten.

 Ein völlig untauglicher Ansatz zur Lösung der Speicherproblematik.

Power-to-Heat-to-Power-Speicher (P2H2P)

Das Prinzip

Da man Wärme recht gut speichern und Strom leicht mit hohem Wirkungsgrad in Wärme wandeln kann, wird ein Wärmespeicher mit guter Isolation verwendet, dessen Speicherstoff (z.B. Schamott oder Lavagestein) auf hohe Temperaturen gebracht wird. Zur Rückwandlung wird eine Dampfturbine mit Generator verwendet. Die Dimensionierung für das Stromversorgungssystem findet über die *Kapazität* und über die *Lade- und Endadeleistung* statt.

Modellierung

P2H2P kann modelliert werden, wurde aber nicht als Stromspeicher in den betrachteten Szenarien verwendet, da das Konzept kaum diskutiert wird.

Technik		
Max. Arbeitstemp. [°C]		600
Min. Arbeitstemp. [°C]		200
Verfügbarkeit		0,95
Wirkungsgrad Aufladen		0,98
Wirkungsgrad Speicher -> Dampf		0,90
Wirkungsgrad Dampf->Strom (bei max. Temp.)		0,4
Eigenverluste bei max. Temp. [°C/Tag]		0,300
Anzahl Speichereinheiten		1
Masse Speicherstoff je Speichereinheit [Mt]		0,020
Spez. WärmeKapazität Speicherstoff [kJ/(kg*K)]		0,88
Startwert [°C]		500
elektr. Daten	**techn. max. Ladeleistung [GW]**	0,01
alle Speichereinh.	**techn. max. Entladeleistung [GW]**	-0,01

Werte 31-1: P2H2P

Hier sehen Sie einen denkbaren Parametersatz, der einen Speicher mit einer Nettokapazität von 500 MWh und 10 MW für Laden und Entladen beschreibt.

Der Gesamtwirkungsgrad liegt bei diesen Parametern nur bei rund 25 %.

Die *Dimensionierungsparameter* (<u>Werte 31-1</u>) sind hier die *Masse* des Speicherstoffes und der *Arbeitstemperaturbereich*, als die wesentlichen Kenngrößen für die Kapazität des Speichers. Wie auch bei den anderen Speichern kommen die *Lade-* und die *Entladeleistung* als Parameter hinzu. Die anderen Parameter beschreiben die Eigenschaften des Speichers und sind von der jeweiligen Ausführung und Betriebssituation abhängig.

Würde man die Fläche Deutschlands abzüglich der Flächen für Landwirtschaft und Wälder dazu gleichmäßig nutzen (65.000 km²), müsste alle 900 Meter ein solcher Block stehen (nach <u>Werte 31-1</u>). Kostenabschätzungen kommen zu Gesamtinvestitionen in der Größenordnung von 5,2 Bill. € und rund 600 Mrd. € pro Jahr.

Die Grafik zeigt einen 500 MWh Speicher, von dem 80.000 bis 100.000 Stück für den Langzeitausgleich nötig wären.

Der Größenvergleich mit einem Hochhaus zeigt die Dimensionen.

Abb. 31-8: P2H2P-Block

 Ein völlig untauglicher Ansatz zur Lösung der Speicherproblematik.

Übersicht der Speicherkonzepte

Der nötige Gesamtspeicherbedarf beträgt für die Sektorkopplung mit 90 % CO_2-Reduktion wenigstens 40.000 GWh mit etwa 150 GW (Ein- und Ausspeicherleistung).

<u>Tabelle 31-1</u> zeigt die Kenngrößen der einzelnen Speicherkonzepte. Die einzige Speicherlösung, die eine solche Kapazität bieten könnte, wäre die Verstromung von Methan, das aus Überschussstrom erzeugt wurde. Diese Lösung ist am Ende der Tabelle zum Vergleich angefügt.

Die angegebenen Jahreskosten beziehen sich immer nur auf das ausgewiesene Potenzial. Dieses wird ganz grob abgeschätzt und stellt damit nur eine Größenordnung dar. Als laufende jährliche Kosten werden pauschal für alle Speicher 10 % der

Investitionskosten angesetzt.[396] Die Kosten sind immer volkswirtschaftliche Kosten. Für die Vergleichbarkeit bieten sich die Kosten je bereitgestellter kWh an.

Wenn das Stromversorgungskonzept einen Langzeitspeicher benötigt, so geht es um eine Größenordnung von 40 bis 50 TWh und diese ist am ehesten mit der P2G2P-Technik realisierbar.

Konzept	Potenzial GWh netto	%	Investition €/ kWh	(10 %) Kosten Mrd. €/a	€/a je kWh [397]	Erläuterungen, Annahmen
PSKWs in Norwegen	80	0,2	560	5,5[1]	106[1]	20 PSKW (zus. 80 GWh, 6 GW)[398] mit 3 NordLink (je 1 GW) 45 Mrd. € Investitionskosten[399]
Kugelspeicher	15	0,04	1.267	1,9	127	5.000 Kugeln in Nordsee; je: 3 MWh/1MW; 19 Mrd. € Investition
Hambacher-Loch-Lösung	108	0,27	900	9,7	90	Hambacher Loch nur einmal vorhanden; ca. 100 Mrd. € Investition
Batterie-speicher zu PV-Anlagen	6	0,015	720	0,4	72	3 Mio. PV-Speicher, je 2 kWh bei je 1.440€[400] → 4,3 Mrd. € Investition
Integration der E-Pkw-Batterien	200	0,5	500	10	50	20 Mill. Pkw mit voll verfügbaren 10 kWh (LZS) → 100 Mrd. € Investition
Stationäre Batterie-Großspeicher	200	0,5	335	12,4[1]	62	1/20.000 Einw. = 4000 Stück. Mit je 50 MWh / 0,5 MW: 16,8 Mill. €; → 67 Mrd. € Investition
Energie-lagerungs-technik	665	1,7	2.286	152	229	Je 10 WEA ein 35 MWh Speicher → 19.000 · 80 Mill. € = 1.520 Mrd. € Investition inkl. Verzinsung
Lageenergie-speicher[2]	770	1,9	123	9,5	12	100 Speicher je 7,5 GWh/0,5GW; (r=125m) → 95 Mrd.€ Investition
Power-to-Heat-to-Power	1000	2,5	171[1]	21[1]	21	1.000 Stück mit je 1 GWh(netto); 171 Mrd. € Investition; gerechnet: 20,6 Mrd. €/a
Zum Vergleich: P2G2P	40 k	100	26	123[1]	3,1	1.020 Mrd. € Gesamtinvestition; gerechnet: 123 Mrd. €/a (mit 150 und -150 GW)

[1] konkret berechnet   [2] technische Realisierbarkeit völlig ungeklärt

Tabelle 31-1: Speicherkonzepte

Diese Tabelle kann man übersichtlicher in einer doppeltlogarithmischen Grafik darstellen (*Abb. 31-9*).

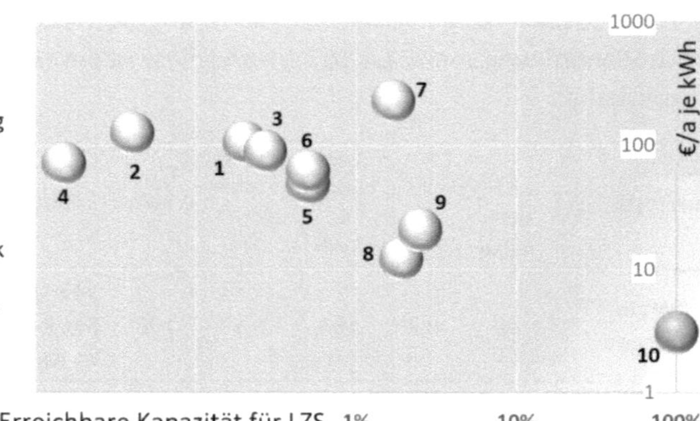

Abb. 31-9: Speicherkonzepte

Zu beachten ist, dass es nur um Größenordnungen geht. Je weiter das Speicherkonzept (Kugel) rechts (erreichbare Speicherkapazität) und unten (Kosten) angeordnet ist, umso brauchbarer ist es. Das Hauptmanko aller Konzepte ist, dass sie nicht annähernd die erforderliche Speicherkapazität erreichen können. Die Ausnahme ist P2G2P.

31.2 Volatilität

Die EE aus Wind und Sonne sind abhängig vom Wetter und von der Tageszeit. Im Gegensatz zu Kraftwerken ist der produzierte Strom nicht steuerbar – bestenfalls begrenzbar (Abregelung).

Stromtrassen, Netzausbau

Derzeit stellen die vorhandenen Netzabschnitte ein Problem dar. Mussten sie früher eine sich nur mäßig veränderbare Leistung übertragen, so schwankt diese nur schwer vorhersagbare VEE-Leistung stark. Das bedeutet ein ständiges **Redispatch** mit Kosten im Milliardenbereich pro Jahr (*→S227*). Darüber hinaus fallen großflächige Ungleichgewichte zwischen Regionen mit hoher Stromerzeugung und Regionen mit hohem Strombedarf an. Dem soll durch Ausbau der Netzstruktur und durch leistungsstarke, lange Übertragungsleitungen begegnet werden.

Gelöst wird damit aber nichts an den grundsätzlichen Problemen. Wenn die heutigen KWs im Süden (Kernkraft) bis 2022 abgeschaltet werden, kann kein noch so idealisiert ausgebautes Netz die Kraftwerke durch Verbindung mit den WEAs im Norden ersetzen. Welchen Strom sollen die Leitungen übertragen, wenn Windstille herrscht?

Wo soll der Strom der WEAs bei starkem Wind hin, wenn diese in der Zukunft um ein Vielfaches ausgebaut sein werden und die Stromabnehmer im Süden so viel Strom aktuell nicht brauchen?

Leitungen, die einen hohen Anteil an VEE-Strom übertragen, sind vierspurigen Autobahnen vergleichbar, bei denen meist nur eine Spur benutzt wird, nur damit für kurze Zeit auch mal vier Spuren zur Verfügung stehen.

Das Einzige, was erreicht wird, ist, dass übergangsweise weniger Überschussenergie anfällt. Dieser Nutzeffekt wird in seinem Anteil bedeutungslos, wenn der VEE-Ausbau weiter voranschreitet.

Anhand dieser wenigen Überlegungen:

Der Netzausbau ist ein marginaler Beitrag zur Lösung der Volatilitätsproblematik. Hier versucht man Probleme der Energiewende zu lösen, die man ohne EW gar nicht hätte!

Großflächiger Ausgleich der VEE

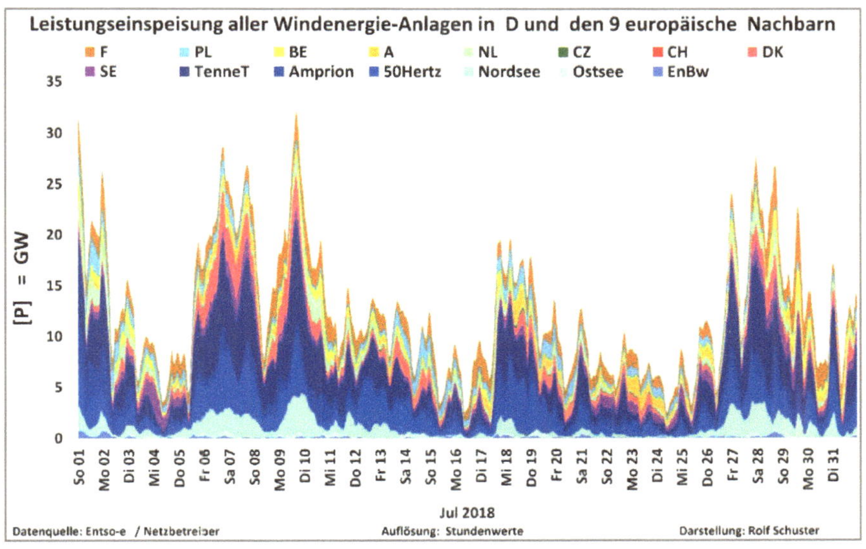

Abb. 31-10: Kein VEE-Ausgleich

Immer wieder wird die Behauptung aufgestellt, dass sich über eine große Fläche die Volatilität der VEE ausgleichen würde, nach der Logik: *Irgendwo weht immer Wind*. Aber selbst über ganz Europa ist das nicht der Fall, wie *Abb. 31-10* unwiderlegbar beweist.[401]

Ein Stromversorgungssystem muss nach **Worst Case** ausgelegt sein. Das heißt, unter den ungünstigsten Betriebsbedingungen (inklusive Ausfällen einzelner Komponenten) muss zu jeder Sekunde die erzeugte Leistung der benötigten Leistung entsprechen. Es reicht also nicht, genügend Energie über das Jahr hinweg zu erzeugen (die Mittelwertbetrachtung ist irrelevant).

Es gibt keinen großflächigen Ausgleich der VEE.

<u>Aber angenommen</u>, der Ausgleich über Europa fände annähernd statt, dann könnte es sein, dass viel Wind in Spanien und Portugal weht und dafür im Rest Europas fast kein Wind.

Was wäre die Folge?

- Spanien und Portugal müssten sich selbst (ca. 35 GW) plus den ganzen Rest der EU (ca. 430 GW) mit Strom versorgen. Das wäre etwa das 12-Fache des eigenen Strombedarfs.

- Die VEE-Anlagen in Spanien plus Portugal wären also 12-fach stärker auszubauen, als für das eigene Land nötig ist. Darin sind Sicherheitszuschläge nicht enthalten.

- Der Stromtransfer, der über die Grenze von Spanien ginge, läge zeitweise über 500 GW!

- Damit müsste jedes Land so viel VEE ausbauen, damit es fast den ganzen Rest der EU mitversorgen könnte, was die sowieso schon astronomischen Kosten um wenigstens eine Zehnerpotenz vergrößern würde.

Anhand dieser wenigen Überlegungen:

Selbst wenn der VEE-Ausgleich über das EU-Gebiet bestehen würde, wäre es ein völlig untauglicher Ansatz zur Lösung der Volatilitätsproblematik.

31.3 Netzoptimierungen

Es ist offensichtlich, dass die Ausbaupläne der Stromtrassen nicht so vorankommen, wie man das geplant hat. So ist lediglich eine der drei Trassenverläufe festgelegt. Die Jahre der Inbetriebnahme der drei Nord-Süd-Verbindungen sind ungewiss.

> *„Von den bis 2030 insgesamt geplanten fast 6000 Kilometer neuer Leitungen gibt es bisher nur gut 6 %. Ein Grund für die Verzögerung sind die Widerstände in der Bevölkerung. Viele Anwohner protestieren und klagen gegen die Pläne für Masten und Leitungen vor ihrer Haustüre."*[402]

Der Ausbau der VEE geht weiter und muss weitergehen. Die damit verbundenen Probleme machten erst den Netzausbau erforderlich. Es liegt nun nahe zu überlegen, ob man nicht wenigstens übergangsweise das vorhandene Netz besser auslasten und den Betrieb optimieren kann. Dazu gibt es einige Ideen.

Netzbooster

> *„Die Netzbooster sollen helfen, bestehende Leitungen im Normalbetrieb besser auszulasten, indem sie in Sekundenschnelle eingreifen, sobald Netzfehler auftreten."*[403]

Es geht um Batteriespeicher, die an geeigneten Punkten im Netz angeordnet werden und eine plötzliche Spitzenlast aufnehmen können. Zunächst werden in einem Pilotprojekt zwei Speicher mit einer Summenleistung von 350 MW errichtet (je einer in Schleswig-Holstein und einer in Bayern). So sollen Redispatch-Maßnahmen (→*S227*) vermieden und damit Kosten eingespart werden. Man will die Problematik der verspätet verfügbaren Stromtrassen entschärfen. Das bedeutet aber nicht, dass die geplanten Netzausbauprojekte überflüssig werden. Über die Kapazität der Speicher gibt es keine Aussagen.

Grundsätzlich ist das Konzept technisch nachvollziehbar. Für erste Pilotprojekte wird mit 1 Mrd. € Kosten gerechnet. Mit diesen Kosten wird aber lediglich ein kleiner Teil der Netzprobleme und nur bis zu einem gewissen Grad entschärft werden. Leitungen können damit etwas höher ausgelastet werden (man geht von bis zu 20 % aus). Das Kosten-Nutzen-Verhältnis scheint mir aber nicht besonders gut zu sein.[404]

Freileitungsmonitoring

Bei der Auslastung der Freileitungen ist der erweiterte Durchhang, der durch die Temperatur der Leitungen (Ausdehnung) entsteht, ein Problem. Derzeit sind die Leitungsseile bis zu 80°C belastbar. Diese Temperatur resultiert aus den elektrischen Verlusten der Leitung und der Umgebungsluft (Luftgeschwindigkeit und Temperatur). Wenn die Kenngrößen der Umgebungsluft bekannt sind, kann man die Leitung gegebenenfalls zeitweise höher ausnutzen. Noch besser wäre es, die Temperatur und Luftgeschwindigkeit vor Ort zu kennen (örtliches Monitoring). Weiterhin gibt es technisch verbesserte Leitungsseile (ACCC®), die eine geringere Längenausdehnung durch die Temperatur haben. Damit soll man die Belastbarkeit auf bis zu 200°C erhöhen können. Der Aluminiumleiter kann fast doppelt so hohe Leistungen übertragen (nach Herstellerangaben), hat aber bei maximaler Auslastung auch rund 40 % höhere Verluste[405] als die heutigen Leitungen. Es ist in jedem Fall ein deutlicher Gewinn, da die Energieverluste über Hochspannungsleitungen bei nur ca. 1 % liegen. Zu bedenken ist aber, dass mit den ACCC-Leiterseilen das Netz nicht doppelt so viel Energie bewältigen kann. Es betrifft nur die Spitzenleistungen. Am Ende wird sich die Summenspitzenleistung im Netz bis 2050 verzehnfachen (gerechnet im Szenario 7, →K41), die durchschnittliche Erzeugungsenergie steigt aber nur auf das 4-Fache.

STATCOM

STATCOM ist ein Produkt der Firma ABB. Solche zusätzlichen Komponenten können abschnittsweise und adaptiv Blindleistungen (→S226) bereitstellen, damit Leitungen mehr Wirkleistung übertragen können. So kann man mit begrenztem Kostenaufwand Netzabschnitte optimaler betreiben und Verluste reduzieren.

Phasenschiebertransformator

Mit Phasenschiebertransformatoren[406] kann man den Leistungsfluss in einem Leitungsnetzwerk steuern. Dadurch ist es möglich, einzelnen Leitungen, die hoch belastet sind, einen Teil ihrer Leistung abzunehmen und auf schwächer belastete Leitungen umzuleiten. Damit kann insgesamt die zu übertragende Leistung besser im Netzwerk verteilt werden. Phasenschiebertransformatoren sind keine neue Erfindung.

Volatilität und Netzausbau gelöst?

Diese Frage muss klar mit nein beantwortet werden. Alle Maßnahmen stellen zweifelsohne eine gewisse, vorläufige Entschärfung der durch die Energiewende hervorgerufenen Probleme dar, die wir ohne Energiewende gar nicht hätten. Und das alles verursacht natürlich Zusatzkosten.

 Mit Netzoptimierungsmaßnahmen werden die Auswirkungen des schleppenden Netzausbaus erst später offenbar. Die Volatilitätsprobleme, die durch den weiteren VEE-Ausbau kommen, werden damit nicht gelöst.

31.4 Autarkieprojekte

Autarkie gibt es ganz oder gar nicht und nicht zu 95 % oder so ähnlich.

 Eine autarke Stromversorgung liegt erst dann vor, wenn keine Verbindung zum Netz besteht.

Damit kann weder in Mangelsituationen Energie aus dem Netz bezogen werden, noch können Überschüsse durch das EEG gewinnbringend ins Netz eingespeist werden.

Besserwisserische Egoisten

Netzteilnehmer, die mit ihren dezentralen PV-Anlagen oder mit Anlagenkombinationen (Projekte, die nachfolgend beschrieben werden) sich die Vorteile einer zeitweisen Eigenversorgung mit gut bezahlten Überschüssen ins Netz kombinieren, sind in meinen Augen besserwisserische Egoisten.

Besserwisserisch, weil sie meinen, dass ein Verbund solcher Konzepte die Energiewende kostengünstig ermöglicht, und *egoistisch*, weil sie die Vorteile ihres Konzepts für sich beanspruchen, die Lösung der durch sie verursachten Volatilitätsprobleme aber den anderen Netzteilnehmern technisch und kostenmäßig anlasten.

Pellworm-Projekt

Auf der Nordseeinsel Pellworm herrschen die besten Bedingungen, was Wind, Sonne, und Bevölkerungsdichte angeht. Für Deutschland, für das es als Vorzeigebeispiel verwendet werden sollte (nimmt man die vollmundigen Ankündigungen[407]), sieht es für die Energiewende (nur für Strom) in Deutschland sehr viel schlechter aus: Es gibt 7-mal mehr Menschen pro Quadratkilometer, einen schlechteren Windertrag und Großverbraucher (Industrie), die auch versorgt werden wollen.

Um Autarkie zu erreichen, wurde die Stromversorgung so ausgelegt, dass durchschnittlich 3-mal mehr Energie erzeugt als verbraucht wird.

Das Ergebnis war trotzdem ernüchternd:[408] Erreicht wurde nur eine „97%-Autarkie", so dass die Landverbindung zum Stromnetz weiter gebraucht wurde. Investiert wurden rund 10 Mill. €. Außer Versprechen und Lehrgeld blieb nichts. E·ON zog sich „geräuscharm" zurück. Mittlerweile sind die Speichereinrichtungen abgebaut. Dort ist jetzt ein Hundespielplatz zu finden.

Was hier nicht geht, geht für Deutschland schon gar nicht!

El Hierro-Projekt

El Hierro ist eine spanische Insel (Kanaren), die über ein Dieselkraftwerk mit Strom versorgt werden musste und daher etwa 7,2 Mill. Liter Diesel pro Jahr benötigte (das verursacht etwa 18.700 Tonnen CO_2).

Diese Importkosten wollte man vermeiden und künftig billigeren EE-Strom bereitstellen. Auch hier ging es wieder darum, an diesem Beispiel vorbildhaft zu zeigen, wie man autark und nachhaltig wird. Zusätzlich sollten bis 2020 noch 6.000 Pkw elektrisch fahren.[409]

Das Konzept war ganz einfach: Bei guten Windverhältnissen sollte mit Windenergie und einem PSKW eine nachfrageorientierte Stromversorgung geschaffen werden, so wie es auch vorher war. Dazu wurden rund 12.150 € pro Einwohner investiert (85 Mill. €).

Ergebnis des Projekts war, dass der erforderliche Speicherbedarf dramatisch unterschätzt wurde – die Kapazität hätte 20-fach größer sein müssen, hat man nachträglich errechnet.[410] Die Netzstabilität war wegen mangelnder Momentanreserve nicht stabil, so dass immer wieder Über- und Unterspannungen auftraten. Entgegen den Versprechungen sind die Stromkosten auf 81 ct/kWh gestiegen (in Festlandspanien: 24 ct/kWh). Und die Stromerzeugung aus Diesel ist weiterhin nötig, als Backup. Auch hier kam die Ernüchterung und es musste Lehrgeld bezahlt werden.

Hätte man das System so ausgelegt, dass kein Dieselgenerator nötig geworden wäre, wäre der Strompreis noch erheblich höher ausgefallen.[411]

Utsira-Projekt

Utsira ist eine kleine Insel vor der Küste Norwegens. Hier wurde die Energiewende geprobt. Gestaltet wurde das Projekt von Enercon, dem großen Windmühlenbauer. Versorgt werden sollte nicht die ganze Insel, sondern nur zehn Haushalte. Als Speichermedium hatte man Wasserstoff vorgesehen.

Wasserstoff sollte die Stromversorgung auch bei Windstille sicherstellen. Utsira hat im Jahresdurchschnitt nur drei bis vier windstille Tage. Die Insel liegt in einem Gebiet in Norwegen, das günstige Windverhältnisse bietet.[412]

Man feierte die Eröffnung in Anwesenheit der Ministerin. Die beiden Windmühlen stehen noch, die übrigen Anlagen sind längst wieder eingepackt, da war dann die Politik nicht mehr dabei ...

Feldheim-Projekt

Mit „energieautarke Gemeinde"[413] wird das Projekt in Feldheim (Brandenburg) beworben. Für Public Relations wurde auch gesorgt, so dass aus aller Welt 3000 bis 4000 Besucher pro Jahr kommen und sehen wollen, wie man autark wird.[414]

Für 130 Einwohner wurde mit Mitteln des Landes und 12 Mio. € der EU ein umfassendes Energiekonzept für Strom und Wärme umgesetzt.

Für die Wärmeerzeugung in einem eigens verlegten Nahwärmenetz steht eine Biogasanlage und an kalten Tagen zusätzlich eine Hackschnitzelanlage zur Verfügung.

Der Energiebedarf von etwa 140 MWh im Jahr wird über folgendes Konzept gedeckt: Eine PV-Anlage mit 2,25 MWp[A] erzeugt etwa 1.900 MWh/a. Die 55 Windenergieanlagen liefern im Jahresdurchschnitt ca. 250.000 MWh.[415] Zusätzlich steht noch eine 10 MWh Li-Batterie bereit. Zusammen macht das 252.000 MWh/a, wobei nur 140 MWh/a verbraucht werden. Damit ist die Erzeugung 1.800-fach höher als der Bedarf.

Die Investitionen belaufen sich somit auf unglaubliche 230.000 € pro Energiekunde, wobei die Windenergieanlagen nicht enthalten sind. Das Dorf finanziert die laufenden Kosten über den Verkauf von Überschüssen nach dem EEG. Mit anderen Worten: Die einfachen Stromkunden finanzieren diese „beispielhafte" und anzustrebende „Autarkie" (siehe: <u>→S325</u> *„Besserwisserische Egoisten"*).

Jühnde-Projekt

Die Bioenergieanlage Jühnde (800 Einwohner, Landkreis Göttingen) wird an den Energieversorger EAM verkauft.[416] Das haben die Genossenschaftsinhaber 2019 beschlossen. Im Herbst 2005 hatte Jühnde als erstes Dorf in Deutschland seine Energieversorgung komplett auf erneuerbare Energien umgestellt. Aus aller Welt kamen Delegationen, die sich das Vorzeigeprojekt angesehen haben.

[A] MWp steht für *MW peak* der PV-Anlage ist vergleichbar der *Nennleistung* bei WEAs.

Obwohl dieses mit Fördermitteln errichtete Pilotprojekt, bestehend aus Biogas-, Windenergie- und Photovoltaikanlagen, durch die Anbindung an das Stromnetz seine Überschüsse durch das EEG gewinnbringend verkaufen konnte, steckt es seit 2017 in finanziellen Schwierigkeiten. Als wirklich autarke Inselanlage wäre sie von Anfang an ein großes Verlustprojekt gewesen.

Alle Versuche, eine autarke Stromversorgung als Vorzeigeprojekt zu schaffen, sind gescheitert, obwohl Fördermittel und zum Teil gute lokale Bedingungen vorlagen.

Selbstversorger

Immer wieder wird von Autarkie mit einer PV-Anlage auf dem Dach und einem Batteriespeicher gesprochen. Dass das praktisch nicht gelingt – versteht man unter Autarkie die Trennung vom Stromnetz – habe ich nachgerechnet.[417] Für die unterstellte Situation eines Einfamilienhauses mit 5.000 kWh Jahresstrombedarf benötigt man eine PV-Anlage mit knapp 6 kWp Nennleistung. Für den saisonalen Ausgleich ist eine Batterie mit einer Kapazität von rund 1.200 kWh nötig. Wenn man alle Kosten bedenkt, und die Batterien nach 10 Jahren erneuern muss, so kommt man auf Stromkosten von mehreren Euro pro kWh (heute aus dem Netz rund 0,3 €/kWh).

Alle anderen Varianten von einem Inselnetz – sei es ein Haus oder eine Ansammlung von Häusern – werden niemals mit Erneuerbaren Energien alleine wirtschaftlich existieren können. Alle Beispiele, die beschrieben werden, bestehen nur, weil sie kein Inselnetz sind, sondern auf den Netzanschluss nicht verzichten können. *→S325*

PV-Anlagen mit Batteriespeicher werden, auch bei weiteren Kostenreduktionen, nie zu einer wirtschaftlichen autarken Lösung führen.

31.5 Energieeinsparung

In *Abb. 31-11* ist die Entwicklung drei zentraler, energetischer Kenngrößen der letzten 27 Jahre aufgetragen. Angedeutet sind rechts die verschiedenen Zielwerte für die drei Größen im Jahr 2050.

Von heute bis 2050 vergeht etwa die gleiche Zeit wie im Diagramm *Abb. 31-11* wie bei dem Blick in die Vergangenheit.

Vorstellungen über Energieeinsparungen ab 2015 von 30 % und mehr sind bestenfalls im *Wärmesektor* denkbar, nicht aber für den Stromverbrauch und die Mobilität.

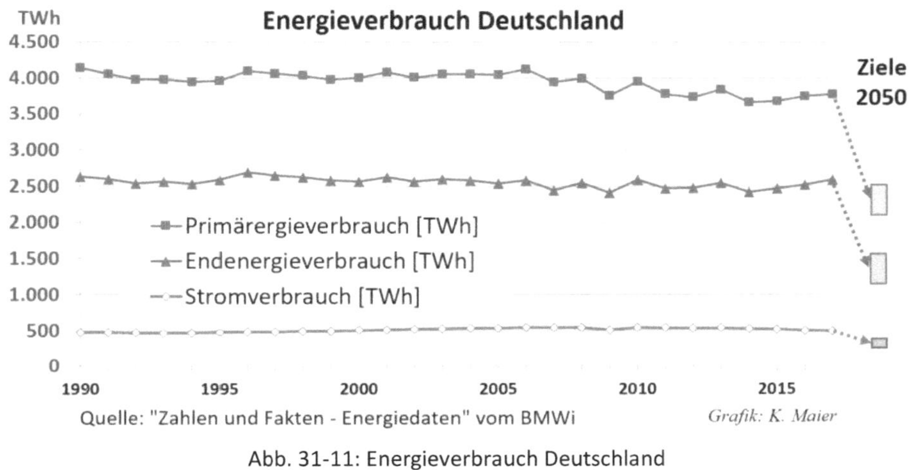

Abb. 31-11: Energieverbrauch Deutschland

Einsparung im Sektor Strom

Der **Strombedarf** Deutschlands konnte trotz großer Anstrengungen, Anreizprogramme zur Energieeinsparung, verschärfter Gesetze und Verordnungen (z.B. Energie-Label) seit über 25 Jahren nicht gesenkt werden. Und dies deshalb, weil die Energieeffizienz bei den Geräten und Maschinen nicht beliebig steigerbar ist und weil immer neue originäre Stromverbraucher durch die Technisierung der Gesellschaft hinzukommen. Meine Prognose lautet daher:

 Der **Strombedarf** für originäre Stromverbraucher bleibt konstant.

Einsparung im Sektor Verkehr

Im Bereich Mobilität gilt Ähnliches: Der Wirkungsgrad der Verbrennungsmotoren ist kaum noch zu steigern. Der Bedarf an persönlicher Mobilität wächst und die nötigen Transportleistungen steigen ebenso. Man schätzt, dass sich der Verkehr, insbesondere Flugverkehr und Güterverkehr, bis 2050 verdoppeln wird.[418]

Meine sehr optimistische Prognose lautet daher:

 Der Energiebedarf im **Sektor Verkehr** bleibt konstant.

Die Klimarettungspolitik führt letztlich zu einem Zwang auch in der persönlichen Mobilität CO_2 einzusparen. Die meisten brauchen weiterhin ein Universalfahrzeug, das mit einem Verbrennungsmotor angetrieben wird. Die immer niedrigeren EU-Flotten-grenzwerte für den CO_2-Ausstoß je Kilometer zwingen die Hersteller aus physikalischen Gründen die Leistung der Motoren zu reduzieren.[A] Das liegt daran, dass die Effizienz der Verbrennungsmotoren praktisch nicht mehr zu steigern ist und weniger CO_2 nur durch weniger Kraftstoff zu erreichen ist. Nachdem die EU für Pkw zunächst ein Ziel von 130 Gramm CO_2 für das Jahr 2015 festgelegt hatte, wurde der Zielwert für 2021 auf 95 Gramm verschärft. Das bedeutet, dass im Durchschnitt ein Fahrzeug weniger als 4 Liter Kraftstoff auf 100 km verbrauchen darf. Solche Vorgaben werden bei immer noch steigenden SUV-Verkaufszahlen nur noch mit verstärktem Verkauf von E-Mobilen erreicht, die unbegründet als CO_2-frei gerechnet werden.[419] Inwieweit das auf Dauer – gegen die Lebensrealität der Bürger – durchzuhalten sein wird, ist fraglich.

Mehr zum Energiesparen: →*K13*.

[A] Der Kraftstoffverbrauch und die abgegebene Energie des Motors sind zwei weitgehend fest gekoppelte Größen.

32 Ausbaugrenze der VEE

Als Ausbaugrenze wird hier das *Potenzial für den Ausbau der VEE* in Deutschland unter halbwegs realistischen Annahmen verstanden. Sie wird als maximale *Summennennleistung* für die drei Komponenten der VEE angegeben. Diese Ausbaugrenze ist kein allgemein in der Literatur verwendeter Begriff, sie ist aber eine nützliche Größe für die Beurteilung des ermittelten VEE-Ausbaus.

Aspekte der Ausbaugrenze

Es geht um drei Energieerzeuger: Wind Onshore, Wind Offshore und Photovoltaik. Man könnte vereinfachend die verfügbaren Flächen in Deutschland ermitteln und dann mit einer normierten Leistung pro Fläche multiplizieren (Leistungsfaktor, kW/m^2). So einfach ist das aber nicht, denn man sollte dabei einiges bedenken:

- Die Flächen, die prinzipiell geeignet sind, haben unterschiedliche Leistungsfaktoren, je nachdem, wo diese Flächen geografisch liegen.[A] Außerdem müssen mit zunehmendem Ausbau immer häufiger die weniger ertragreichen Flächen verwendet werden.

- Die Stromerzeuger haben je nach Typ und technischer Entwicklungsstufe eine unterschiedliche Effizienz.

- Bei Windenergieanlagen (WEA) gibt es verschiedene Abstände einzuhalten, je nachdem welche WEA-Typen mit welchen Nennleistungen, welchen Höhen und Durchmessern vorliegen. Die Beeinflussung, d.h. die Energieminderung, von einem zum nachfolgenden Windrad geht sogar noch weiter: Auch Windparks nehmen sich Windenergie über größere Entfernungen weg (bis 50 km und 5 %).[420]

- Die bestehenden WEA sind von ihrer Leistung her kleiner als die, die heute vorwiegend gebaut werden. Damit wird eine einfache proportionale Hochrechnung auf die Zukunft schwierig.

- Je nachdem, welche Windgeschwindigkeiten als ökonomisch minimal festgelegt werden, ändern sich die nutzbaren Flächen und damit auch die Summe der Jahreserträge [TWh] und der Nennleistungen [GW].

[A] Der Energieertrag ändert sich mit der 3. Potenz der Windgeschwindigkeit.

- Durch die immer höheren WEA wird auf der anderen Seite die Windhöffigkeit[A] auch in niederen Lagen besser.

- Die Akzeptanz der Bevölkerung hat großen Einfluss. Diese Problematik wird zunehmend deutlich, da die WEA immer näher an die Wohnbebauung heranrücken, die negativen Berichte über die WEA (z.B. Infraschall) zunehmen und die 1.000 Bürgerinitiativen damit wachsenden Widerstand darstellen.

- Einen extrem großen Einfluss hat die Politik, die die Genehmigungsbedingungen festlegt (s.u.). Hierzu zählen insbesondere die Abstände zur Wohnbebauung und die Ausschlussflächen (z.B. für Naturschutzgebiete). Hier sind die Regelungen in den einzelnen Bundesländern unterschiedlich.

- Zu den Potenzialen der PV-Anlagen auf/an Gebäuden:
  Wie auch bei Wind werden zunächst die Flächen belegt, die wirtschaftlich sind und wo man auf keinen Widerstand stößt. Sobald Ost- und Westseiten oder Fassaden genutzt werden müssen wird die Effizienz (Kosten/kWh) deutlich geringer (Ansprüche an die Optik einer Fassadenverkleidung, Integrationskosten für Fensterlösungen etc.). Das begrenzt das Ausbaupotenzial.

Es gibt eine Reihe von Studien, die sich mit den VEE-Ausbaupotenzialen beschäftigen. In den einzelnen Studien, werden abweichende Annahmen getroffen und Szenarien untersucht. Die Werte die zum Teil konkret angegeben werden, sind sehr unterschiedlich. Auch die Verteilung auf die Energiesektoren und Energiequellen ist alles andere als gleichartig. Wenn in unterschiedlichen Studien gleiche Werte zu finden sind, beziehen sie sich auf eine gemeinsame Quelle.

Von daher hat die nachfolgend ermittelte Ausbaugrenze keine wissenschaftliche Genauigkeit, sondern stellt nur einen begründeten Orientierungswert dar.

Was die Studien sagen

Die in *Tabelle 32-1* gemachten Angaben zu den Ausbaupotenzialen der VEE stammen aus Studien, deren Autoren der Energiewende positiv gegenüberstehen. Studien mit kritischer Grundhaltung und daraus abgeleiteten Angaben habe ich nicht gefunden.

[A] mittleres Windaufkommen an einem Standort

Off-shore GW TWh	On-shore GW TWh	Photo-voltaik GW TWh	Randbedingungen, Bemerkungen [Quellen][421]
54 258	198 390	275 248	[a] Fraunhofer-Institut für Windenergie und Energiesysteme Offshore: 258 TWh bei 54 GW entspricht 54 %; Onshore: 390 TWh bei 198 GW entspricht 22,5 % (2013: 17 %); PV: 248 TWh bei 275 GW entspricht 10,3 % (2013: 9,9 %);
50 (175)	230 (342)	310 (272)	[b] Fraunhofer IWES Offshore: 50 GW entspricht 175 TWh (40 %); Onshore: 230 GW entspricht 342 TWh (17 %) PV: 310 GW entspricht 272 TWh (10 %)
38 (133)	150 (223)	(360) (320)	[c] Fraunhofer-Institut für Solare Energiesysteme ISE Offshore: 38 GW entspricht 133 TWh (40 %); Onshore: 150 GW entspricht 223 TWh (17 %) PV: 2.800 km² (alle denkbaren Flächen!!); bei 130 W/m²: 360 GW entspricht 320 TWh (10 %)
		161 *140*	[d] TU München: nur alle Dachflächen; 161 GW entspricht 140 TWh bei 10 %; m.E. wg. günstiger Annahmen Abschlag von 20 % nötig
407 TWh (kostengünstig)			[e] SRU-Studie: keine Angaben zu Onshore Potenzialgrenze Offshore: 280 TWh (BMU 2012); 317 TWh
	490 *(730)*		[f] Umweltbundesamt: Wert für Abstand zur Wohnbebauung mit 1000m
	195 *400*		[g] Bundesverband Windenergie: Bei 2 % Flächennutzung (nur Onshore-Angaben)

Werte in Klammern sind abgeleitet und waren nicht explizit angegeben

Tabelle 32-1: VEE-Potenziale

Planbare EE (PEE)

In guter Übereinstimmung mit den meisten Studien kann das Ausbaulimit für die **Planbaren EE** (PEE) mit **90 TWh/a** angenommen werden. Diese setzen sich zusammen aus: 60 TWh/a Biomasse, 28 TWh/a Wasser und 12 TWh/a für andere. Für den VEE-Ausbau ist das nicht relevant. Dieser Wert ist in allen berechneten Szenarien als fixe Größe verwendet worden. PEE werden in meinen Szenarien als ideal regelbare KWs modelliert.

Abstand zu Wohnbauflächen

Im Rahmen der Genehmigung, der Planfeststellung und Ausweisung von Flächen für WEA hat der Abstand zu Wohnbauflächen einen großen Einfluss:

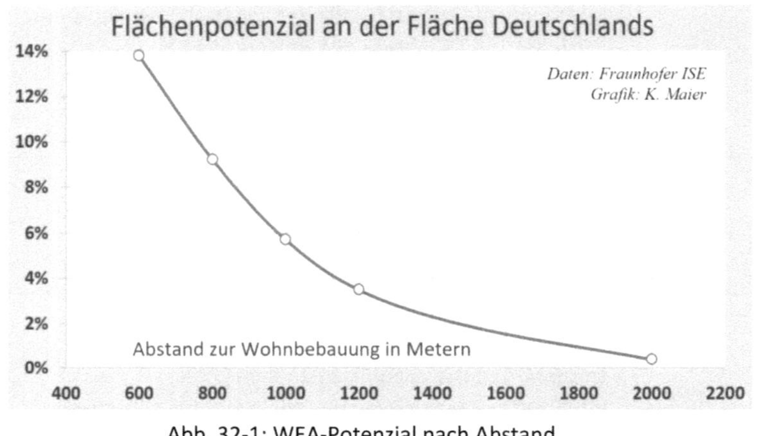

Die Daten stammen aus der Studie von Fraunhofer ISE aus 2013.

Link zur Studie siehe Endnote 421 [b]

Abb. 32-1: WEA-Potenzial nach Abstand

Die 13,8 % bei einem Abstand von 600 m entsprechen einer Nennleistung von 1.190 GW. Bei einem Abstand von 1.000 m verbleiben dann noch 490 GW für Onshore-Anlagen. In zumindest einem Bundesland gilt die 10H-Regel, was heutzutage einen Abstand von 2.000 m und mehr bedeutet (10-fach: Narbenhöhe plus Rotorblatt). Wenn zusätzlich konsequent Wälder und Schutzgebiete ausgeschlossen werden, ist der Zubau von WEA faktisch verhindert. Damit können die 490 GW als eher unrealistisch angesehen werden, da sich die Widerstände durch Bürgerinitiativen zusätzlich ständig verstärken.

Abb. 32-1 zeigt deutlich, dass mit der Erweiterung der Abstände[422] die verbleibenden nutzbaren Flächen massiv reduziert werden.[423] So liegt zwischen den dargestellten Abständen von 600 m bis 2.000 m ein Faktor von 30.

 Damit hat die Politik, die das jeweils anzuwendende Regelwerk für Genehmigungen festlegt, hier einen viel größeren Einfluss auf die letztlich nutzbaren Potenziale als die Unsicherheiten, die bei den Abschätzungen möglicher VEE-Ausbaupotenziale auftreten.

In einer Studie vom Umweltbundesamt vom März 2019 werden die nutzbaren Flächen für WEAs erneut untersucht.[424] Hierin wird bei einem Abstand von 1000 m das Potenzial bei 60 GW gesehen, also wenig mehr als heute. Auch das Potenzial durch

Repowering wird als sehr begrenzt eingeschätzt. Als Ausweg zur Erhöhung des Ausbaupotenzials wird die Lockerung in der Gesetzgebung vorgeschlagen und pauschale Abstände kritisiert. Auch wird die Ausdehnung der Flächennutzung auf bisher durch Naturschutz ausgeschlossene Gebiete empfohlen.

Insgesamt muss festgestellt werden, dass auch unter Berücksichtigung dieser Studie die folgend genannten 200 GW als Obergrenze für Onshore als eher optimistisch zu bezeichnen sind.

Ermittlung der Ausbaugrenze

Offshore

Es wird eine Leistung von **50 GW** (weitgehend übereinstimmend) mit einem Nutzungsgrad von 40 % angesetzt. Damit steht eine Jahresenergie von durchschnittlich 175 TWh zur Verfügung.

Onshore

Da mit fortschreitendem Zubau die Orte für WEA einen immer geringeren Ertrag erbringen, wird von **200 GW** ausgegangen. Sollten die Abstände zur Wohnbebauung in vielen Bundesländern auf über 1.500 m steigen, ist dieser Wert zu hoch angesetzt. Angesichts der immer stärker werdenden Bürgerinitiativen ist der Ausbau von Onshore-WEA auf 200 GW wahrscheinlich eher zu optimistisch. 200 GW entsprechen dann einem Ertrag von 300 TWh/a (bei 17 % Nutzungsgrad, wie 2013).

Photovoltaik

Angenommen werden **250 GW**, entsprechend 219 TWh/a (bei 10 % Nutzungsgrad, wie 2013).

Ausbaugrenze

Damit liegt die Ausbaugrenze für VEE bei **694 TWh/a** (175 +300 +219). Laut BMU-Studie (2012) beträgt das langfristig realisierbare und nachhaltige Potenzial der Stromerzeugung aus erneuerbaren Energien innerhalb Deutschlands **780 TWh/a**. Davon wären die Planbaren EE mit ca. 90 TWh abzuziehen. Es verbleiben **690 TWh für VEE**. Hier fällt eine gute Übereinstimmung mit dem über die Tabelle ermittelten Wert auf. Daher darf als gut begründet angesetzt werden:

Die Ausbaugrenze für die VEE liegt bei 500 GW Nennleistung
(200 GW Onshore, 50 GW Offshore, 250 GW PV).

33 Wetterstochastik

Auf der einen Seite haben wir es mit stochastischen, also zufälligen Größen[A] zu tun, die oft nur als Summenwerte eines Jahres genannt werden. Zum anderen besteht die Forderung, ein Stromversorgungssystem zu dimensionieren, das trotz dieser zufälligen Schwankungen zu jedem Zeitpunkt auch den ungünstigsten Fall abdecken soll. Im Folgenden wird beschrieben und begründet, wie man das mit *Sicherheitsfaktoren* befriedigend lösen kann.

Gerechnet wird für die Szenarien in dem Stromversorgungsmodell mit den realen Daten von 2013. Diese sind zu jeder Viertelstunde:

- die Verbrauchsleistung (Last) und

- die VEE-Erzeugungsleistung.

Dieses Jahr wird als repräsentativ angesetzt, ohne konkret über einen wirklich langen Zeitraum eine Mittelwertaussage machen zu können. Über bekannte Zeiträume (2002 bis 2017) kann man aber dieses Jahr als einigermaßen repräsentativ für die vorliegenden Daten (durchschnittliche Ertragssituation) ansehen, wie noch gezeigt wird.

 Ein Stromversorgungskonzept muss so ausgelegt sein, dass es an allen Tagen, bei jedem Wetter und über alle Jahre der Nutzung eine Versorgung in der nachgefragten Leistungshöhe sicherstellt. Das ist die sogenannte *Worst-Case-Anforderung*.

Lediglich überraschende große Sonderereignisse wie z.B. Naturkatastrophen, sehr seltene technische Ausfälle etc. können nicht abgedeckt werden. Ansonsten sind alle natürlich vorkommenden Fälle bei Strombedarf und VEE-Stromerzeugung unter der Annahme ungünstigster Situationen zu berücksichtigen.[425, B]

Die Rechenergebnisse sind mit Daten aus 2013 bezüglich einer *Worst-Case*-Anforderung für eine Dimensionierung nicht direkt verwendbar, weil jedes Jahr eine einzigartige Erzeugungscharakteristik hat. Um aber trotzdem sagen zu können, wie das Stromversorgungssystem zu dimensionieren ist, wird mit Sicherheitszuschlägen bzw. einem *Sicherheitsfaktor* zu den ermittelten typischen Ergebniswerten gearbeitet. Diese Sicherheitszuschläge und ihre Einflussgrößen werden nachfolgend besprochen.

[A] Leistungen aus Wind und PV (als Folge des Wetters) und der Last

[B] Davon zu unterscheiden ist die *n+1*-Redundanz, die die Versorgung bei Ausfall einer Stromversorgungskomponente, z.B. einer Leitung, sicherstellt.

Die Stromversorgung ohne Backup-KWs ist dann gesichert, wenn zu jedem Zeitpunkt des Jahres der Strombedarf durch die aktuelle Erzeugung der VEE plus dem gegebenenfalls nötigen Zuschuss aus dem Speicher gedeckt wird. Ob der Speicher noch Energiereserven hat, wenn ein Energiezuschuss nötig ist, hängt natürlich von seinem Speicherinhalt ab. Der Speicher kann aber nur liefern, wenn er eine ausreichende Kapazität hat und diese mit genügend VEE vorher aufgefüllt wurde.

Gemessen an den errechneten Werten (für 2013) kann jede der zwei Größen in einem konkreten zukünftigen Zeitpunkt ungünstig sein:

- Die VEE-Produktion ist zu gering für die Stromnachfrage und für die nötige Überschussenergie zum Speichern für Mangelsituationen (VEE-Ausbau zu gering)

- Der Speicher ist leer, weil nicht genügend Überproduktion gesammelt werden konnte (Kapazität zu gering)

Beide Größen sind mit Sicherheitsfaktoren zu versehen und unabhängig voneinander zu berücksichtigen, da sich unter Worst-Case-Gesichtspunkten diese zwei Größen nicht ausmitteln.

Hinweis: Es muss betont werden, dass die Ableitung der beiden Sicherheitsfaktoren für VEE-Erzeugung und für den Speicher trotz Heranziehung von exemplarischen Daten nur eine qualifizierte Abschätzung ist. Wichtig ist dabei die Erkenntnis über die vielfältigen Schwankungsmechanismen und dass sie sich einem Anspruch auf mathematische Genauigkeit entziehen.

Die Stromnachfrage

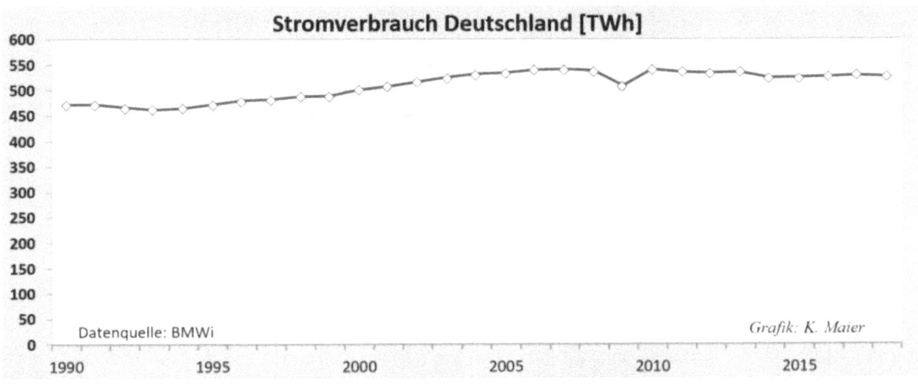

Abb. 33-1: Stromverbrauch Deutschlands

Abb. 33-1 zeigt den Stromverbrauch der letzten Jahre. Er ist nicht ganz konstant und abhängig von der jeweiligen Wirtschaftsleistung und dem Wetter.

Es gibt gewisse generelle Trends über längere Zeiträume und es existieren Schwankungen von Jahr zu Jahr, die nicht auf der Trendlinie liegen.

Langsame Veränderungen können über die Jahre durch Anpassungen der Stromsystem-Infrastruktur aufgefangen werden. Unerwartete Änderungen von einem Jahr zum nächsten (z.B. starker Winter) müssen vorsorglich berücksichtigt sein.

Die Änderungen am Strombedarf schwanken kurzfristig durchaus um mehrere Prozent und unabhängig von langfristigen Trends. Dabei ist hier der kurzfristige Mehrverbrauch von Bedeutung.

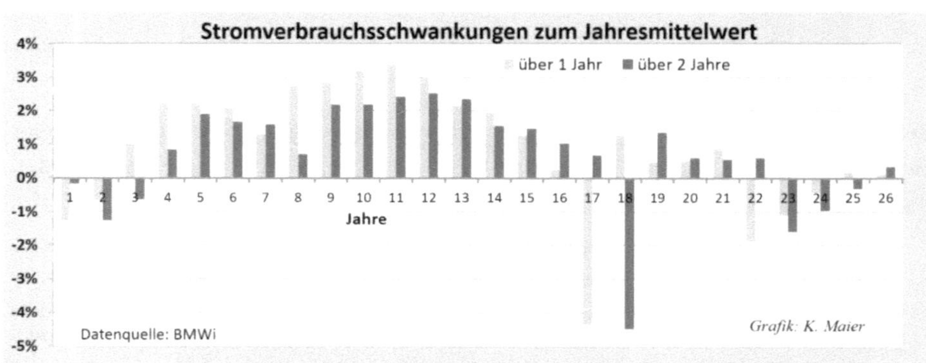

Abb. 33-2: Stromverbrauchsschwankungen

Es wird ein Sicherheitszuschlag der Nachfrageschwankung zwischen den Jahren von 3 % oder einen Faktor von 1,03 festgelegt.

Unsicherheit der VEE

Drei Fragen werden im Folgenden behandelt:

- Inwieweit kann das Jahr 2013 für den Jahresertrag als einigermaßen durchschnittlich betrachtet werden?

- Inwieweit ändert sich die Jahresertragslage bei Wind und PV über die Jahre?

- Mit welchem Sicherheitszuschlag kann man das zusammenfassend unter dem Worst-Case-Gesichtspunkt auffangen?

Ist 2013 repräsentativ?

Um eine Dimensionierung der Stromversorgung vornehmen zu können, wurde der Datensatz von 2013 verwendet, der zu jeder Viertelstunde die Einspeisungen der VEE und die Last enthält. Der Jahresertrag für PV und der für Wind sind die beiden entscheidenden Größen:

	Nutzungsgrad über die letzten 15 Jahre	Datenbasis 2013
Wind	17,5 %	17,2 %
PV	9,0 %	9,6 %

Hinzu kommt der Stromverbrauch:

	Durchschnittsverbrauch über 15 Jahre	Datenbasis 2013
Strom	530,1 TWh/a	531,1 TWh/a

Hinweis: Damit ist keine Aussage über die Verteilung im Jahr gemacht, sondern nur über den Durchschnitt des Jahres. Mehr dazu später.

Das Jahr 2013 war hinsichtlich der Jahresenergien ein durchschnittliches Jahr und kann somit für die Systemberechnungen als Grundlage verwendet werden.

Schwankung der VEE-Erträge

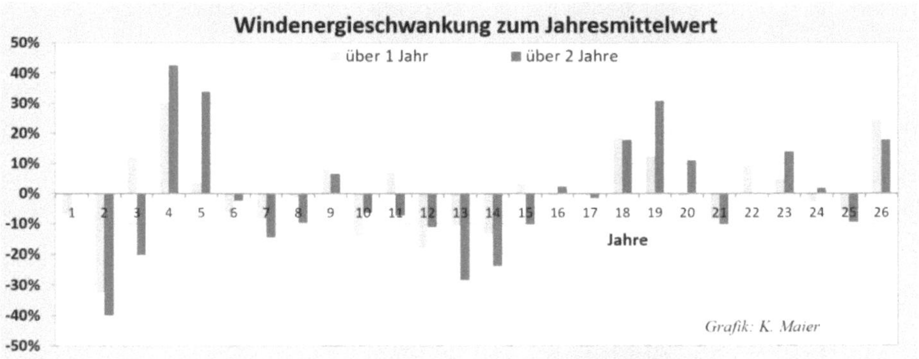

Abb. 33-3: Saisonale Windenergieschwankungen

Der ***Nutzungsgrad*** mal Anzahl der Jahresstunden (8.760 Stunden) sind die bekannten ***Volllaststunden***. Was aber hier von Interesse ist, sind die Schwankungen. <u>*Abb. 33-3*</u> zeigt die relativen Ertragsschwankungen in Deutschland im Vergleich zum Vorjahr oder über die davorliegenden 2 Jahre.

26 Jahre repräsentieren noch nicht die volle Schwankungsbreite. Daher wird der ein-zukalkulierende kleinste Ertrag auf 55 % des Durchschnitts festgelegt.

Gleiches kann man für die Photovoltaik machen (*Abb. 33-4*).

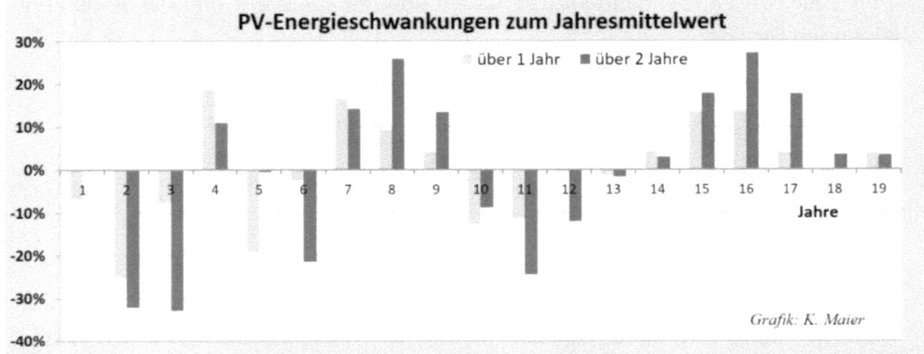

Abb. 33-4: Saisonale PV-Energieschwankungen

Der nichtvorhersehbare Minderertrag an PV-Jahresenergie wird aufgrund der *Abb.* 33-4 und der Worst-Case-Anforderung um 35 % auf 65 % vom Durchschnitt angesetzt.

Da die Schwankungen von Wind- und PV-Jahreserträgen als weitgehend unabhängig einzustufen sind, können beide Mindererträge in einem Jahr auftreten. Nimmt man einen Mittelwert der Mindererträge von beiden mit 58 %[426] an, so müsste man für diesen Fall 1,72-mal mehr Nennleistung haben, um die Durchschnittsenergie der VEE in einem ertragsschwachen Jahr zu erreichen.[427]

Nimmt man noch den möglichen Mehrstromverbrauch hinzu, kann man gerundet mit einem *Sicherheitsfaktor* von **1,75** rechnen.

Mit dem Sicherheitsfaktor berücksichtigt man den Minderertrag, den die VEE über ein Jahr gegenüber dem Durchschnittswert haben kann.

Einige behaupten fälschlicherweise, dass sich über große Flächen die Volatilität und die Erträge ausgleichen. Das ist widerlegt: →*K31.2*

Langfristige Tendenzen

Die folgenden drei Aspekte sind in dem oben genannten Sicherheitsfaktor nicht ent-halten, sollten aber erwähnt werden, da diese Effekte den Sicherheitsfaktor weiter vergrößern würden, wollte man sie zusätzlich berücksichtigen.

1. Es gibt Anzeichen, dass der Wind langfristig wetterbedingt schwächer wird. Die EU-Kommission hat dazu sogar ein eigenes Projekt finanziert.[428] Da der Ertrag mit der dritten Potenz der Windgeschwindigkeit wächst, sind schon geringe Änderungen bei der durchschnittlichen Windgeschwindigkeit nicht unerheblich.[429]

2. Es gibt die klare Tendenz, dass zunehmend WEAs in windschwachen Gebieten gebaut werden, was die Effizienz bezogen auf die Nennleistung reduziert.

3. Weiterhin ist festzustellen, dass sich mit zunehmender Enge der WEAs diese die Windenergie gegenseitig wegnehmen. Auch damit sinkt der Jahresertrag.

Aus all den Überlegungen wurde ein Sicherheitsfaktor festgelegt (wenn keine konventionellen Kraftwerke zum Ausgleich zur Verfügung stehen).

> Für ein Stromversorgungssystem, das auf Backup-KWs verzichtet oder deren Beitrag stark begrenzt, gilt ein Sicherheitsfaktor für den VEE-Ausbau von **1,75**.

Sicherheitszuschlag für Speicher

Die Aufgabe des Speichers ist den Energieausgleich für mindestens 1 Jahr sicherzustellen. Zu jeder Zeit muss die nötige Energie aus dem Speicher abrufbar sein. Damit das möglich ist, ist dieser in Zeiten der Überproduktion mit Energie aufzuladen. Dies kann aber nur bis zu seiner Kapazitätsgrenze erfolgen. Hierzu sind einige Einflussgrößen zu beachten:

1. Verteilung der Windenergieproduktion über die Monate

2. Verteilung der PV-Energieproduktion über die Monate

3. Verhältnis der Nennleistung von Wind zu PV

Unterstellt ist hierfür immer, dass die einspeisende VEE-Jahresenergie konstant ist.

Verteilung der Windenergieproduktion über die Monate

Sind die Schwankungen innerhalb des Jahres relativ gleichmäßig verteilt, wird nur ein kleiner Speicher benötigt. Konzentrieren sich aber die Überproduktionen auf wenige Monate und gibt es viele Monate in Folge, die den Speicher benötigen, braucht er eine große Kapazität.

Für die Speicherkapazität kommt es wesentlich auf die
Verteilungsfunktion der Monatserträge über das Jahr an.

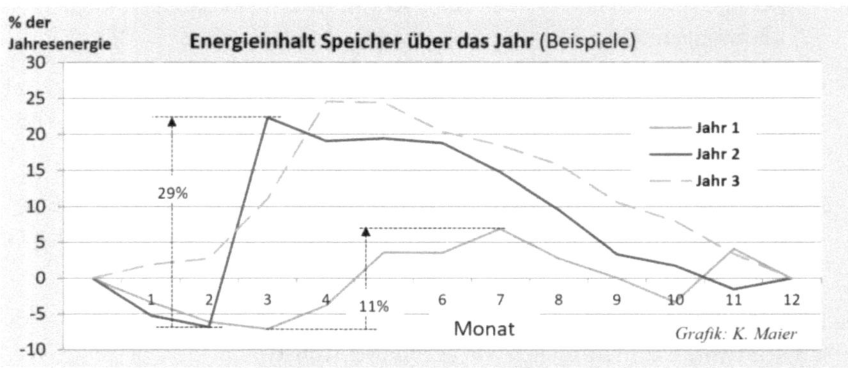

Abb. 33-5: VEE-Verteilungsschwankung

Betrachten wir ein Beispiel eines rechnerisch nötigen Speichers für eine Windenergieanlage mit normiertem Energieverlauf. Dabei wurde jeden Monat 1/12 der Jahresenergie aus dem Speicher genommen[A] und die jeweils erzeugte Monatsenergie ein-
gespeichert. Die gewählten drei Jahre[430] derselben Anlage zeigen, aufgrund unterschiedlichen Wetters, ganz verschiedene Verläufe des Speicherinhaltes (*Abb. 33-5*).
Diese ergeben sich aus den Monatsenergien, die die WEA über oder unter dem Jahresdurchschnitt erzeugt hat.

Hier geht es also nicht um die Schwankungen der Jahresenergie, sondern um die
Schwankungen innerhalb eines Jahres, die mit einem Langzeitspeicher aufgefangen
werden müssen.

Während in Jahr 1 die Leistung aus der WEA relativ gleichmäßig verteilt über das Jahr
produziert wurde, wurde im Jahr 2 der größte Speicher (größter Hub) benötigt.

Anmerkung: Natürlich kann ein Speicher keine negative Energie haben, da aber der Spei-
cherinhalt zu Beginn immer auf null gesetzt ist (in der Realität hat er einen Startwert),
können rechnerisch in diesem Bild auch negative Energien entstehen.

Der minimal benötigte Speicher unter idealen Bedingungen wäre für

- Jahr 1: 14 % der Jahresenergie der WEA
- Jahr 2: 29 % der Jahresenergie der WEA

[A] Für diese Darstellung vereinfachte Annahme

Über 20 Jahre sieht das für diese WEA so aus:

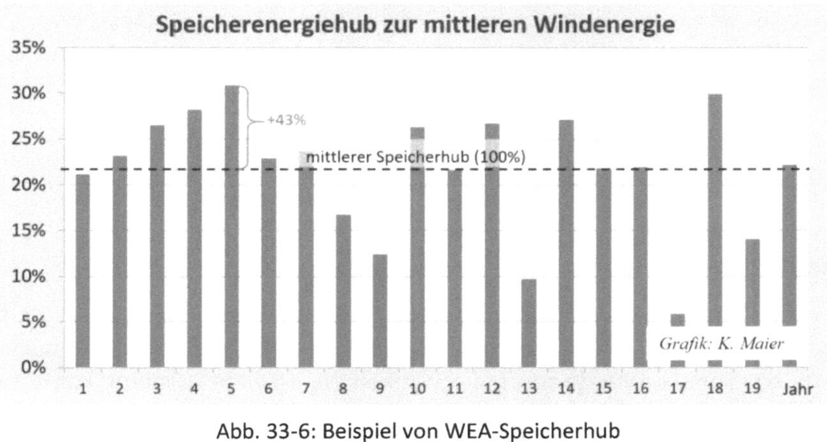

Abb. 33-6: Beispiel von WEA-Speicherhub

Abb. 33-6 zeigt einige Jahre, in denen ein unterschiedlicher Speicherhub benötigt wurde. Dabei bezieht sich der Prozentsatz auf den Mittelwert der Windenergie über alle Jahre. Bezieht man sich auf den durchschnittlichen Speicherhub, so wurde in einem Jahr 43 % mehr Speicher benötigt als im Durchschnitt. Bei diesem WEA-Beispiel war ein Speicher mit einer Kapazität von im Mittel 22 % der mittleren Jahresenergieproduktion nötig. Über ein größeres Gebiet, wie Deutschland, ist der erforderliche Speicherhub für WEAs nicht mehr so groß. Konkret wurde für das Jahr 2013 und ausschließlich Wind-VEE ein Speicherhub von 16,6 % ermittelt.[431]

Verteilung der PV-Energieproduktion über die Monate

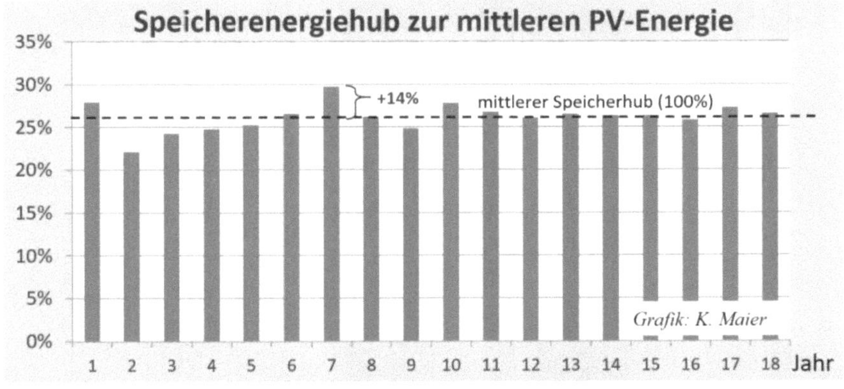

Abb. 33-7: Beispiel von PV-Speicherhub

Unter Verwendung von drei PV-Anlagen in zwei Regionen entstand _Abb. 33-7_.

Für Deutschland wurde für 2013 mit ausschließlich PV-VEE ein Speicherhub von 26 % ermittelt.[432] Das entspricht genau dem Wert in _Abb. 33-7_, der bei dem PV-Beispiel errechnet wurde.

Nennleistungsverhältnis Wind zu PV

Da es meist im Sommer am Wind mangelt, dafür aber viel Sonne vorhanden ist, gibt es einen gewissen Ausgleich in der Summe der Monatserträge der beiden Energiequellen über das Jahr.

Für andere Jahre sind andere Kurven als _Abb. 33-8_ zu erwarten, auch wenn sie sehr ähnlich sein werden. Da das Wetter von Jahr zu Jahr unterschiedlich ist, wird auch der relativ nötige Speichereinsatz bei dem gewählten Wind-zu-PV-Verhältnis von 1 etwas abweichen. Mit dem Wind-zu-PV-Verhältnis von 1, das in allen Szenarien verwendet wurde, befindet man sich fast im Optimum.

Falls der Ausbau der Windenergie, wegen der Widerstände der Bürger, zugunsten von mehr PV reduziert wird, bedeutet das, dass deutlich mehr Speicherkapazität benötigt wird.

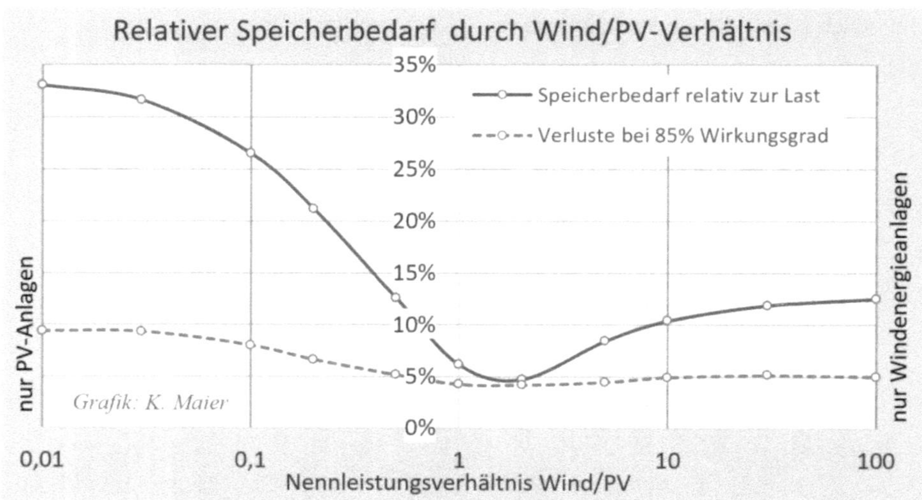

Abb. 33-8: Relativer Speicherbedarf durch Wind/PV-Verhältnis

Hinweise: Grundlage der <u>Abb. 33-8</u> war das Wetter von 2013. Energieerzeuger waren im Rechenmodell ausschließlich VEE. Als Speicher war ein Speicher mit 85 % Gesamtwirkungsgrad eingesetzt. Die Verluste entstanden im Speicher. Die Speicherkapazität wurde so bemessen, dass genau für dieses Jahreswetter und bei optimalem Anfangsstand des Speichers keine Backup-Leistung benötigt wurde und keine Überschussverluste auftraten.

Resultierender Sicherheitszuschlag

Die angesprochenen Aspekte spielen alle eine Rolle bei der Bemessung von Sicherheitszuschlägen. Bis zu einem gewissen Grad sind die Einflüsse als unabhängige statistische Größen anzusehen. Die volle Bandbreite der Wertevariationen aus allen Anlagen und über beliebig viele Jahre stand nicht zur Verfügung. Eins konnte aber verdeutlicht werden:

Die unter typischen Verhältnissen von 2013 ermittelte ideale Speicherkapazität muss unter Worst-Case-Anforderung mit einem Sicherheitszuschlag versehen werden.

Es ergibt sich leider eine unübersichtliche Gemengelage, die nur eine Abschätzung aus den Einflussgrößen erlaubt.

	Wind	PV	Produkt
Faktor	1,17	1,15	1,35

Tabelle 33-1: Sicherheitsfaktor Speicher

Es wird ein Sicherheitszuschlag für den Speicher von 35 % oder ein **Sicherheitsfaktor von 1,35** angesetzt.

Beide Sicherheitsfaktoren (für den VEE-Ausbau und für den Speicher) haben die Aufgabe, eine Dimensionierung für den ungünstigsten Betriebsfall zu ermöglichen. Beide Zahlen wurden aus logischen Schlussfolgerungen und Daten abgeleitet, sind aber einer mathematisch korrekten Bestimmung nicht zugänglich. Sie wollen weder die beschriebenen Problematiken über- noch unterbewerten und sind mit redlicher Absicht auf die genannten Werte festgesetzt worden.

34 Flexibilisierung, Smart Grid

Wenn über die Architektur der zukünftigen Stromversorgung diskutiert und geforscht wird, kommen immer wieder Schlagworte wie *Flexibilisierung, Virtuelle Kraftwerke, Smart Meter* und *Smart Grid* ins Spiel. Alle diese Begriffe gehören zusammen und zielen auf Konzepte, um die Energiebereitstellung und die Nachfrage besser aufeinander abzustimmen. Dies ist umso mehr nötig, als die Menge der unstetigen EE (VEE) auf der Stromerzeugerseite wächst.

Virtuelle Kraftwerke, Smart Grid

Sogenannte *Virtuelle Kraftwerke (VK)* verbinden Speicher- und Stromerzeugerkomponenten in einem begrenzten Netzbereich und steuern diese optimal. Als Stromerzeuger können alle Arten einbezogen werden (Wind-, PV-, Biogas-, Mikro-KWK-Anlagen sowie PSKW, BHKW bis zu Notstromanlagen). Diese Integration ist natürlich nur im Rahmen der Leistungsfähigkeit und Eigenschaften der Komponenten möglich. Es schafft für das Gesamtsystem weder zusätzliche Erzeugerleistung noch zusätzliche Speicherkapazität, sondern nur eine gewisse Entzerrung von Angebot und Nachfrage über kurze Zeitspannen und lediglich für eine Region.

Eine koordinierende Steuerung (des VK) setzt natürlich voraus, dass diese Stromerzeuger über standardisierte Kommunikationskanäle und Steuereinrichtungen verfügen.[433] Durch VK können auch Kleinerzeuger (private Haushalte) durch den VK-Betreiber in unterschiedlichen Märkten vermarktet werden. Dies bedingt den umfassenden Einsatz von Mess-, Informations-, Überwachungs-, Steuer- und Regelungstechniken. Dafür muss parallel zum Stromnetz ein Kommunikationsnetz betrieben werden. Dieses braucht eine stetige Instandhaltung und kann anfällig für Sicherheits- und Datenschutzprobleme sein.[434] Eine optimale Steuerung der Komponenten des Stromversorgungssystems ist natürlich nötig, wird daher heute schon (teilweise von Hand) gemacht und künftig weitgehend automatisiert vorgenommen werden.

> „Virtuelles Kraftwerk" ist eine imponierende Wortschöpfung,
> aber keine Lösung für das zentrale Problem des Langzeitspeichers.
> Es bringt keine zusätzliche Erzeugerleistung oder zusätzliche
> Speicherkapazität in das System.

Die Idee der *Smart Meter*, die die Stromzähler ersetzen werden, liegt auch darin, die Nachfrage und das Angebot von Strom zusammenzuführen.[435] Dabei sollen durch entsprechende Tarife, die vom Stromversorger aktiviert werden können, ausgewählte Geräte gesteuert werden. Damit lässt sich beispielsweise eine Waschmaschine so steuern, dass sie erst anspringt, wenn der Strompreis unter eine bestimmte Grenze fällt.

Der Versorger kann beim Stromkunden über das *Smart Meter*[436] außerdem die Lastsituation abfragen. Durch die Auslesbarkeit können dem Kunden mehrere Abrechnungen pro Jahr erstellt werden. Sie bieten die Möglichkeit, verschiedene Tarife in einer detaillierten Aufstellung abzurechnen. In Verbindung mit mehreren Abrechnungen will man den Kunden zum gewünschten Nutzerverhalten[437] bewegen. Problematisch sind die Zusatzkosten, die man durch den Einbau und Betrieb der Smart Meter dem Kunden zumutet.[438]

Wenn über Kommunikationswege auch die Lasten im Verteilnetz zum Teil gesteuert werden können, spricht man von einem *Smart Grid*.

Die hier bezeichneten *smarten Lösungen* sind die mehr oder weniger konsequent aufeinander abgestimmten Anwendungen dieser Möglichkeiten in einem Maßnahmenpaket.

Aus der Technik weiß man, dass man mit „intelligenten" Lösungen einiges an Mehrwert, Einsparung, Effizienz etc. gewinnen kann. Solche smarten Lösungen sind aufgrund der Mikroelektronik in kleinen Gehäusen kostengünstig mit fast beliebiger Verarbeitungsleistung möglich.[439] Daher ist die erforderliche Rechenleistung an den Stellen, wo Informationen zu verarbeiten sind, problemlos kostengünstig realisierbar.

Hier stellen sich aber eher folgende Fragen:

- Wie sieht es mit dem Datenschutz aus, wenn Informationen der einzelnen Stromkunden in kurzen Abständen zentral erfasst werden können? Wie könnte man das gegebenenfalls missbrauchen?[440]

- Inwieweit will sich der Privatverbraucher vorschreiben lassen, wann er welche Maschinen und Geräte laufen lassen darf? Oder Außensteuerung: Ist er bereit, sich einen Teil seiner Verbraucher (z.B. Waschmaschine) von außen ein- und abschalten zu lassen?
  Sind wir heute wirklich bereit, von einem nachfragegesteuerten zu einem angebotsgesteuerten Stromversorgungssystem zu wechseln?[A]

[A] So wie früher in der DDR: Es wurde nicht gekocht, worauf man Lust hatte, sondern das, was zufällig im Geschäft angeboten wurde. Oder: Als Baumaterial konnte nur das verwendet werden, was gerade verfügbar war. Man sprach davon, dass die DDR keine Markt- sondern eine Mangelwirtschaft hatte.

- Welche Geräte und Anwendungen können mit einer Stromunterbrechung (5 Minuten bis mehrere Stunden oder Tage) klarkommen? *→K40.7*

- Wie hoch müssen die Stromtarifunterschiede sein, damit der Verbraucher bereit ist, die Phasen von Überkapazitäten (kostengünstig) gezielt zu nutzen und damit die übrigen Zeiten zu meiden? Werden die Tarife nach festen Zeiten wechseln oder dynamisch nach Lage der VEE-Stromerzeugung?

- Wenn die Virtuellen Kraftwerke vorwiegend für den Regelenergiemarkt vorgesehen sind (weil hier hohe Entgelte pro kWh bezahlt werden), stellt sich die Frage, wie in einer zukünftigen Stromversorgungsarchitektur die Grund- und Mittellastleistungen zu jeder Zeit kostengünstig bereitgestellt werden sollen.

> Der Versuch der Anpassung des Verbrauchs an das Angebot
> (mittels smarter Lösungen) ist die Abkehr
> von der Marktwirtschaft hin zur Mangelwirtschaft.

Flexibilisierung

All das Genannte läuft unter dem Überbegriff der *Flexibilisierung* der Stromerzeugung und der Nachfrage. Flexibilisierung ist das viel bemühte Zauberwort. So wohlklingend die Formulierungen auch sein mögen und prinzipiell nicht falsch sind, so sind doch die Potenziale äußerst gering, gemessen an den zu lösenden Volatilitätsproblemen bei der Stromversorgung.

Ziele der Flexibilisierung sind:

- Anpassung der Last an die volatile Erzeugung, um die Netzstabilität nicht weiter zu gefährden (Regelenergie *→K25.6*)

- Reduktion der notwendigen Speicherkapazitäten im Stromversorgungssystem

Die Einschätzungen der Potenziale für eine zeitliche Verschiebbarkeit des Stromverbrauchs sind schon sehr unterschiedlich. So geht die Bundesregierung von 5-15 GW für die erste Stunde aus, während eine andere Quelle, die sich auf die Industrie bezieht, nur von einem Potenzial von 0,8 GW spricht.

Eigene Untersuchungen mit vier gestaffelten Flexibilisierungszeiträumen (1, 2, 8, 12 Stunden) mit jeweils mehreren GW haben praktisch keine nennenswerte Wirkung auf den Gesamtspeicherbedarf gezeigt. Insbesondere auf die kostenträchtige, erforderliche Kapazität des Langzeitspeichers hat die zeitliche Verschiebbarkeit von einem kleinen Anteil der erzeugten Energie für einige, wenige Stunden verständlicherweise keinen merkbaren Effekt.

Für das Szenario S7 wurde beispielhaft die Flexibilisierung der Verbraucher (zeitliche Verschiebung des Verbrauchs) durchgerechnet und der Unterschied zu den Ergebnissen ohne Flexibilisierung ermittelt. →K41.4 Er ist, wie bereits gesagt und naheliegend, marginal und wurde daher nicht weiter untersucht.

Das Prinzip des angebotsbasierten Verbrauchs von VEE ist aber bei meinen Berechnungen nicht ignoriert worden. So wird im Bereich der Mobilität die Möglichkeit von Power-to-Liquid (Kraftstoff) und Power-to-Gas (Methangas) einbezogen. Es wird hier unterstellt, dass der Wandlungsprozess von Strom in Kraftstoff oder in Gas aus Überschussenergie erfolgt. Diese Wirkung ist ungleich größer als das, was im klassischen Strombereich durch Flexibilisierung gemutmaßt wird. Die technischen Implikationen eines intermittierenden Betriebs der Power-to-Gas-Anlagen können aber nicht vernachlässigt werden, sondern sind erheblich. →K30.5

Locken und strafen mit dem Strompreis

Der Gedanke, die Flexibilität zu nutzen, besteht darin, den Kunden dazu zu bewegen, dass er in Zeiten von EE-Überschuss seine Verbraucher einschaltet und in Zeiten von Mangel sie auslässt. Warum sollte sich der Stromkunde freiwillig so verhalten?

Man will dazu in Überschusszeiten den Strompreis reduzieren und in EE-Mangelzeiten stark erhöhen. Derzeit sind die Verbraucher gewohnt, dass sie den Strom nutzen, wenn sie ihn brauchen – der Gedanke, den Einsatz der Geräte zeitlich zu planen, ist heute völlig abwegig. Es bedarf schon erheblicher Preisunterschiede, damit sich viele, wie gewünscht, umstellen – einige wenige reichen nicht.

Eine solche Preisgestaltung ist aber schwer vorstellbar (zumindest, wenn noch Kraftwerke einspeisen): In Zeiten mit einem hohen Anteil an VEE haben die billigen Stromerzeuger nur einen geringen Anteil am Strommix. Die teuren VEE dominieren also die Stromkosten. Entsprechendes gilt umgekehrt. Wie will man dann in VEE-Überschusszeiten einen günstigeren Strompreis ermöglichen? Das ginge nur, indem man diesen – zusätzlich zu den Differenzkosten – weiter subventioniert. Diese Kosten müssen dann alle Stromverbraucher bezahlen, denn einer muss die Rechnung immer bezahlen.

Wird ein Problemlöser vielleicht zum Problem?

Die Steuerung der Verbraucher nach Tarif kann zum Problem werden. So haben Wissenschaftler festgestellt,[441] dass spätestens sobald der Preis wieder sinkt, ein Lastsprung verursacht werden kann: Weil viele Konsumenten aufgrund des sich aufstauenden Waschbedürfnisses ihre „Schmerzgrenze" angepasst haben, starten plötzlich unzählige Waschmaschinen auf einmal. *„Dann wird ein kollektiver Lawinen-Mechanismus ausgelöst, der die Stromnetze extrem belastet – Blackouts wegen unerwarteter Überlastung nicht ausgeschlossen"*, so der Physiker Stefan Bornholdt von der Universität Bremen.[442]

Werbetexte

Wie eindrucksvoll lesen sich doch immer die euphemistischen Beschreibungen, die sich natürlich auf qualitative Aussagen beschränken. Hier zwei Beispiele:

Aussage[443]	Kritik
„Virtuelle Kraftwerke nehmen eine ähnliche Marktrolle wie ein großes Kraftwerk ein und können hinsichtlich ihrer installierten Leistung die Größe eines oder mehrerer Atomkraftwerke erreichen."	Da Virtuelle Kraftwerke VEE-Anlagen enthalten, die in Nennleistung bemessen sind, können sie weder diese Leistung in Summe jemals erbringen noch können sie gesicherte Leistung liefern, wie das konventionelle Kraftwerke können. Der Vergleich soll Gleichwertigkeit suggerieren, vergleicht aber nur Nennleistungen.
„Das Virtuelle Kraftwerk hingegen regelt in einer Windüberschussphase einfach die Leistung seiner Biogas- und Wasserkraftwerke per Steuerbefehl an die angeschlossenen Anlagen herunter."	Der Energieanteil von Biogas- und Wasserkraftwerken liegt bei rund 7 %. →*K41.3* Künftig werden die Spizenleistungen der VEE ein Vielfaches der Last erreichen. Bei einem temporären VEE-Überschuss von z.B. 200 GW würde dieser Überschuss um maximal 14 GW reduziert werden. Aber auch nur dann, wenn alle Biogasanlagen gerade auf voller Leistung laufen. Diese Einspeisereduktion würde aber auch ohne ein Virtuelles Kraftwerk vorgenommen. Es soll suggeriert werden, dass damit die Fluktuationen für das System zusätzlich kompensierbar seien.

Mit dem nicht geringen Aufwand der Flexibilisierung und der damit verbundenen Komplexitätssteigerung der Stromversorgung sollen Probleme der Energiewende gelöst werden, die wir ohne Energiewende gar nicht hätten.

35 „Peak Oil" und Rohstoffe

„Die fossilen Energieträger sind endlich." Wer kennt diesen Ausspruch nicht? Natürlich ist so gut wie alles auf dieser Welt endlich. Selbst die Sonne wird nicht ewig scheinen und trotzdem machen wir uns darüber keine Gedanken – ganz einfach, weil die Endlichkeit sehr weit in der Zukunft liegt. Es geht also nicht um das „Dass", sondern um das „Wann". Auch hier geht es um die *quantitative* und nicht um die *qualitative* Aussage. In 10 Jahren kann einiges, in 100 Jahren kann sehr viel passieren.[A]

35.1 Umgang mit Rohstoffen

Der sparsame Umgang mit Rohstoffen ist sinnvoll. Sparsamer wird man automatisch, wenn etwas teuer wird. Auf diese Weise besteht ein marktwirtschaftliches Prinzip, das greift. Sobald eine Ressource knapper wird, wird sie teurer. Mit steigenden Preisen wird man noch sparsamer oder sucht nach Alternativen. Ein solcher Kostendruck treibt die Innovation, die unter Umständen ohne Knappheit nicht so bald stattfinden würde.

Es gibt aber auch aus anderen Gründen ausgelöste Innovationen. Die neuen Objekte benötigen einfach nicht mehr die alten Ressourcen. [B]

Immer dann, wenn große Produkte in großer Stückzahl hergestellt werden, sind auch große Mengen von Rohstoffen nötig. Steigt die Stückzahl weltweit, können Rohstoffe knapp und damit teuer werden. Wenn man also wegen der Endlichkeit von Rohstoff „X" neue Techniken und andere Produkte als Ersatz anstrebt, sollte man prüfen, ob man damit nicht ein neues Rohstoffproblem schafft (vgl. *→K8.3*).

Am Anfang einer disruptiven Umstellung sind neue Rohstoffe noch kein Problem, da nur eine geringe Menge gebraucht wird. Nicht jeden Rohstoff gibt es wie Sand am Meer. Da alles endlich ist, wird vielleicht bald auch der Sand knapp? Kein Scherz, es zeichnet sich tatsächlich ein Rohstoffproblem „Sand" ab.[444] Für Beton kann man prinzipiell keinen Wüstensand[445] verwenden, sodass selbst Staaten mit Wüsten heute Sand importieren. Wenn wir z.B. Kraftwerke mit fossilen Energieträgern abbauen und diese durch Windenergieanlagen ersetzen, brauchen wir hierfür etwa 30- bis 100-mal so viel Beton und etwa 15- bis 30-mal so viel Stahl.[C] Die vorgegebenen Lösungsansätze

---

[A] Wie hätte man wohl im Jahre 1900 das Jahr 2000 gesehen und beschrieben?

[B] So war z.B. die Erfindung des Verbrennungsmotors nicht aus dem allgemeinem Mangel an Pferdefutter ausgelöst worden.

[C] Siehe Kapitel 8.3 Gegen die Nachhaltigkeit

für die Energiewende, z.B. E-Mobilität, erfordern große Mengen an Lithium und Kobalt (für die Batterie). Bereits heute wird die Gewinnung von Lithium und Kobalt unter Umwelt- und Arbeitsbedingungen problematisiert.[446] Wenn die Stückzahlen von 2018 mit rund 2 Mill. E-Pkw in Zukunft auf grob 200 Mill. pro Jahr[447] erhöht werden, werden weltweit zentrale Rohstoffe 100-fach mehr benötigt. Wie soll das gehen?

Prof. Jörg Wellnitz von der TH Ingolstadt:

> *„Bei VW – so Wellnitz – habe man so eine Rechnung schon mal aufgemacht und sei zu dem Ergebnis gekommen, dass der Konzern für seine Produktion von E-Autos rund 130.000 Tonnen Kobalt benötigen würde. Die Weltproduktion jedoch liegt derzeit bei 123.000 Tonnen!"[448]*

35.2 Peak Oil

Peak Oil wird seit den 50er Jahren diskutiert und seit den 30er Jahren gibt es Warnungen vor einer baldigen Knappheit des Erdöls.

> *„Die Peak-Oil Theorie und das ihr zu Grunde liegende Glockenkurven-Modell haben nur deshalb eine so große Bekanntheit erlangt, weil deren Vertreter für sich in Anspruch nehmen, den Zeitpunkt zuverlässig prognostizieren zu können. Heute wissen wir, dass die meisten Prognosen der pessimistischen Peak-Oil Vertreter sich bisher nicht bewahrheitet haben."[449]*

Tatsächlich ist Erdöl der kritischste fossile Energieträger, weil er nicht nur „verfeuert" wird, sondern auch nichtenergetisch[A] genutzt wird. Für die Strom- und Wärmeerzeugung gibt es als Alternative auch Erdgas und Kohle. Insofern hätte das Ende des Rohöls aus heutiger Sicht tatsächlich schwerwiegende Folgen für die Weltwirtschaft. Alle Industriegesellschaften funktionieren nur, weil es genügend Rohöl[B] zu noch akzeptablen Preisen gibt. Wird es eng, wird es auch Kriege um diese Ressource geben – zu viel steht auf dem Spiel. Aber auch die Entdeckung oder Vermutung neuer Lagerstätten führen zu Streitigkeiten und Gebietsansprüchen.[450] Damit stellt sich die berechtigte Frage nach der Reichweite der einzelnen Energieträger.

35.3 Fossile Energieträger

Man unterscheidet zwischen ***Reserven*** und ***Ressourcen***.

[A] Zum Beispiel Rohstoff in der Chemie und Grundstoff für Kunststoffe.

[B] und damit die verschiedenen daraus abgeleiteten Energieträger, wie Benzin, Diesel, Heizöl, Kerosin

Unter **Reserven** werden die nachgewiesenen Mengen verstanden, die zu heutigen Preisen und mit heutiger Technik wirtschaftlich noch aus bereits erschlossenen Lagerstätten gefördert werden können.

Dagegen sind **Ressourcen** nachgewiesene Mengen, die derzeit nicht technisch oder nicht wirtschaftlich, aber künftig förderbar sind.

Der Energiestudie[451] von der *Bundesanstalt für Geowissenschaften* und Rohstoffe (BGR) kann man folgende Zahlen entnehmen und die Reichweite berechnen.

Energieträger	Reserven	Ressourcen	Verbrauch heute	Reichweite [Jahre]
Erdöl [Gt]	243	448	4,4	157
Erdgas [Bill. m³]	199	628	3,8	217
Steinkohle [Gt]	735	17.708	6,5	2.837
Braunkohle [Gt]	320	4.424	1	4.744
Energie [EJ]	40.237	550.183	473	1.248

Tabelle 35-1: Reichweiten der Energieträger

In der Aufstellung der fossilen Energieträger ist **Methanhydrat** nicht enthalten. Es handelt sich um Methangas, das in großen Meerestiefen eisähnliche Verbindungen mit Wasser eingeht. Es könnte Erdgas ersetzen. Die BGR geht von förderbaren Ressourcen in einer Größenordnung von 180 bis 300 Bill. m³ aus. Das entspricht etwa den Reserven an Erdgas. Andere[452] sagen: *„Bei geschätzten zwölf Billionen Tonnen Methanhydrat ist dort möglicherweise mehr als doppelt so viel Kohlenstoff gebunden wie in allen Erdöl-, Erdgas- und Kohlevorräten der Welt."* China ist es 2017 gelungen, Methanhydrat großtechnisch zu gewinnen.

> *„Experten gehen davon aus, dass auf der gesamten Welt etwa zehn Mal so viel Gas in Methanhydrat schlummert wie in den herkömmlichen Erdgasquellen, die bisher bekannt sind."*[453]

Aber wie weit kann man sich auf diese Zahlen der *Tabelle 35-1* verlassen? Wie sind die Erfahrungen aus den letzten 20 Jahren? Bleibt der Verbrauch konstant? Sind die Ressourcen richtig eingeschätzt?

Es ist erstaunlich: Obwohl der Verbrauch über die Jahre steigt, werden auch steigende Zahlen von *Reserven* und *Ressourcen* genannt (*Abb. 35-1*). Als Ergebnis daraus verschieben sich die Jahreszahlen der Reichweite immer weiter in die Zukunft.

Gleiches gilt z.B. auch für Erdgasreserven: 1997: 128, 2007: 164, 2017: 194 Bill. m³.

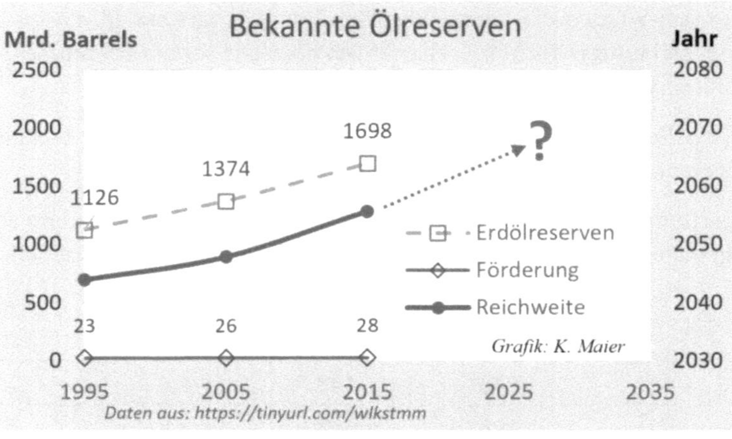

Abb. 35-1: Erdölreserven und Reichweiten

Dass Reserven und Ressourcen trotz erhöhter Förderung steigen, erklärt sich durch immer neue Entdeckungen von Lagerstätten.[454]

Zur Verdeutlichung der Zahlen (BGR, 2018) demonstriert _Abb. 35-2_ die Reichweitenverhältnisse. Das Verhältnis der Gesamtfläche zu den jeweiligen kleinen, grauen Flächen (Erdöl … Braunkohle) demonstriert die Anzahl der noch nutzbaren Jahre. Links zeigen die Abschnitte (Punkt-Strich-Linien), wie viel von den heute bekannten Reserven und Ressourcen 2050 verbraucht sein werden.

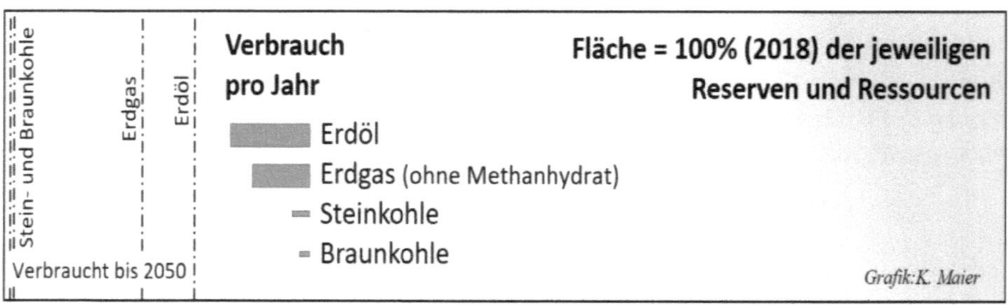

Abb. 35-2: Energieträgerverbrauch

Es gibt aus Sicht der „Endlichkeit" keine Not, überstürzt die fossilen Energieträger durch Erneuerbare zu ersetzen.
Mit Erdöl, als wichtiger, industrieller Rohstoff, sollte man allerdings sparsam umgehen.

36 Biokraftstoffe

Nach anfänglicher Euphorie, einen ökologischen Ersatz für fossile Kraftstoffe gefunden zu haben, hat man in den letzten Jahren die Problematik dieses Ansatzes erkennen müssen.[455]

Zunächst erscheint es als eine attraktive Idee: Eine „nachwachsende Energiequelle". Die Probleme werden auch hier erst durch die Quantitäten deutlich, nämlich wenn Biokraftstoffe einen großen Anteil am Energiebedarf einnehmen sollen.

- So wäre der Flächenbedarf, um nur den deutschen Dieselkraftstoff durch Biodiesel zu ersetzen, 126 % der Agrarflächen Deutschlands.[456]

- Es besteht der Konflikt „auf den Teller oder in den Tank". Dies ist besonders problematisch in Entwicklungsländern, nicht unbedingt, weil damit das Land fehlt, sondern weil es für Bauern lukrativer ist, Energiepflanzen zu vermarkten statt Lebensmittel. Damit steigen die Preise für Lebensmittel.[457] Außerdem kann es zu Lebensmittelknappheit kommen, wenn Mais oder Getreide zu Kraftstoff statt zu Lebensmittel verarbeitet werden (Tortilla-Aufstand 2007[458]).

- Dieses Marktsegment verursacht auch die Vernichtung von Urwald, um wertvolle Anbauflächen zu gewinnen.[459] Allein in Indonesien sind die Anbauflächen bis 2017 auf fast 100.000 km^2 und in 5 Jahren um 50 % gewachsen.

- Die Vernichtung von Urwald reduziert zudem die CO_2-Senken, führt also zum Gegenteil von dem, was man wollte: eine verbesserte CO_2-Bilanz.

- Weiterhin sind die indigenen Völker und die Tierwelt in den Urwäldern erheblich betroffen.

- Für die Produktion eines Liters Bioethanol werden zwischen 4.500 und 5.000 Liter Wasser benötigt (in den Tropen jedoch weit mehr).

- Mit steigender Attraktivität der Produktion von „Agrosprit" stiegen auch an den Börsen die Preise für die verwendeten Agrarrohstoffe.

- Biokraftstoff ist nicht CO_2-frei, wenn man die gesamte Vorkette einbezieht. Die Anforderungen der EU lauten: Biokraftstoffe müssen über die gesamte Wertschöpfungskette ab 2011 mindestens 35 % Treibhausgase gegenüber fossilen Kraftstoffen einsparen. Ab 2018 werden 50 % gefordert. Das heißt,

Biokraftstoffe sind bei Weitem nicht so CO_2-sparend wie vermutet, die CO_2-Einsparung ist also weitaus geringer, als man meint.

Das hat dazu geführt, dass die EU-Richtlinie 2015/1513/EU die Reduktion und am Ende (2030) den Auslauf der Verwendung von Biokraftstoffen wie Palmölmethylester (Biodiesel) und hydriertes Pflanzenöl aus Palmöl fordert.

Anmerkung: Der Wirkungsgrad der Photosynthese mit unter 1 % (0,3 % bis 0,7 %) ist deutlich schlechter als der der Photovoltaikzellen (10 % bis 22 %). Das heißt, die Umwandlung der Sonnenstrahlung in energetische Pflanzenmasse, die zu Energieträger oder Strom gewandelt werden kann, ist wenigstens 15-fach schlechter. Der Wirkungsgrad der Photosynthese hängt von vielen Faktoren ab und kann daher nicht pauschal mit einer Zahl angegeben werden.

Politisch motivierte, planwirtschaftliche Anreize haben unbeabsichtigte, schwere Umweltschäden verursacht.

37 Die Mobilitätsfrage

Das ist eine vielschichtige Thematik, die aus verschiedenen Aspekten besteht, die teilweise zusammengehörig und teilweise unabhängig voneinander gesehen werden können.

37.1 Mobilität der Zukunft

Wie heißt es so schön: *„Prognosen sind schwierig, insbesondere, wenn sie die Zukunft betreffen."*[460] Hier werde ich nicht versuchen, die Zukunft vorherzusagen – das versuchen schon andere mit mäßigem Erfolg. Was aber geht, sind Trends zu erkennen, die auf absehbaren technologischen Entwicklungen oder sich abzeichnenden Problemen basieren. Eine durch den ADAC beauftragte Studie hat das für 2040 gemacht, der ich zu großen Teilen folgen kann.[461]

Bedeutung der Mobilität als Teil des Lebens

> *„Die Art und Weise der Lebensführung wird individueller. Deshalb prägt kaum etwas unser Leben so sehr wie die Mobilität. Sie ist unentbehrlich. Mobil sein ist die Voraussetzung für soziale Teilhabe und gesellschaftlichen Fortschritt, für wirtschaftliches Wachstum, Selbstverwirklichung und individuellen Erfolg",*

heißt es in der Studie sehr richtig.

> *„Die individuelle Mobilität entspringt dem Wunsch, selbst zu entscheiden, wann, wie und wohin man sich bewegt. Das hat dafür gesorgt, dass Mobilität weltweit zum Ausdruck von Freiheit, Unabhängigkeit, Individualität und Selbstbestimmung geworden ist. Das wird auch im Jahr 2040 noch so sein. [...] Auch im Jahr 2040 wird daher das Auto noch der Garant für räumliche und zeitliche Flexibilität sein. [...]* **Gut drei Viertel davon werden auch in Zukunft auf das Auto zurückgehen. Damit bleibt das Auto auf absehbare Zeit das Verkehrsmittel Nummer eins."** *(Hervorhebung durch den Autor)*

Unabhängige Aspekte

Wenn wir *„Mobilität der Zukunft"* hören, verbinden wir damit fast automatisch *E-Mobilität*. Das ist aber viel zu kurz gedacht, denn E-Mobilität fokussiert das Antriebssystem.

Die *Mobilität der Zukunft* muss sich mit verschiedenen Aspekten beschäftigen:

Anforderungen an die Konzepte

Anforderungen, die die Menschen aufgrund ihrer Lebenssituation haben (Arbeit, Lebensort, Alter etc.), sind wichtig. Diese sind eben nicht gleich und erfordern unterschiedliche Lösungen, sofern man diese Anforderungen erfüllen will und kann. Anforderungen werden auch aus Wünschen und Vergleichen geboren. Man vergleicht mit dem, was man von früher kannte, und dem, was in anderen Teilen der Welt möglich ist.

Merkmale

Ein wichtiger Aspekt sind die Merkmale, die Verkehrskonzepte zur Verfügung stellen können. So kann man z.B. Wartezeiten bei dem Übergang von einem auf ein anderes Verkehrsmittel kurz halten, man kann z.B. die Anzahl der Umstiege klein halten oder man kann den Reisekomfort verbessern. Solche Merkmale können durch unterschiedliche Konzepte erfüllt oder auch nicht erfüllt werden. Das hat z.B. nichts damit zu tun, ob der Bus mit Batterie, Oberleitung oder einem Verbrennungsmotor angetrieben wird.

Wenn das persönliche Auto – unabhängig davon, wie der Antrieb gelöst ist – für viele Mobilitätsfälle ersetzt werden soll, so muss man sich einige spezifische Vorteile des eigenen Autos bewusst machen:

- zu jeder Zeit Zugriff auf das Fahrzeug und den Start der Reise zu haben

- den Inhalt des Pkws und seines Kofferraums bis zur nächsten Nutzung unverändert lassen zu können (nicht so bei einem Leihwagen)

- den Transport von größeren, schweren Gegenständen zwischen zwei beliebig gelegenen Orten ohne Fahrzeugwechsel durchführen zu können

- (fast) jeden beliebigen Punkt anfahren zu können, der auch zu Fuß erreichbar ist

- von Start bis Ankunft komplett wetterunabhängig zu sein

Öffentliche Verkehrsmittel können das nicht leisten und bilden in Zeiten von Seuchen und Pandemien ein Hochrisiko. Aber man kann funktionale Verbesserungen erreichen, die durch die Digitalisierung ermöglicht werden. Das persönliche Auto ist dort verzichtbar, wo man mit seinen Nachteilen zu kämpfen hat (Parkplatzmangel) und akzeptable Alternativangebote vorhanden sind (kurz getakteter ÖPNV, Ruf-Taxen oder Ähnliches).

Eine zukünftige Funktion der Autos wird das *autonome Fahren* sein. Es ermöglicht z.B. entspannte Fahrten über lange Strecken. Die Fahrzeit kann anderweitig genutzt werden. Alte, nicht mehr selbst fahrtüchtige Menschen behalten ihre individuelle Mobilität. Auch könnten einige Probleme des ÖPNV gelöst werden: die Kombination vom Verzicht auf das persönliche Auto und von den Vorteilen eines individuellen Transportes mit hohem Komfort.

Antriebskonzepte

Dann haben wir die Antriebskonzepte, die man sich genauer ansehen kann. Hier stehen die Merkmale der Nutzer wie: Energiebedarf, Tankdauer, Reichweite, akzeptable Infrastruktur (grenzübergreifend), Kosten der Anschaffung und des Betriebs, Komfort etc. im Fokus. →*K37.3* Allgemeine Anforderungen, z.B. an die Energieeffizienz, kommen hinzu.

Schadstoffe, Lebensqualität in Städten

Ob Schadstoffe noch weiter gesenkt werden müssen und welcher Preis dafür zu bezahlen ist, darüber kann man unterschiedlicher Meinung sein. Ob die Lebensqualität steigt, wenn man den Individualverkehr stark einschränkt, ist sicher auch eine Frage der Perspektive.

CO_2-Einsparung

Die CO_2-Einsparung ist natürlich auch eine Frage der Verkehrs- und der Antriebskonzepte. Ein Schadstoff ist CO_2 jedenfalls nicht. Mehr hierzu: →*K37.4*

37.2 Politische Aspekte

Es ist nur folgerichtig, wenn sich ein großer Verwaltungs- und Regierungsapparat für nunmehr 512 Mill. Menschen (EU) gebildet hat, dass dieser zentral alles steuern und bestimmen will. Normale Marktmechanismen, die sensibel erkennen, welche Produkte der Kunde haben will, sind nicht mehr gefragt, nein, sie stören die Selbstherrlichkeit, mit der die Technokraten sich anmaßen, für alle zu denken und zu entscheiden. Im Rahmen der Dekarbonisierungsziele hat man auch entschieden, dass die E-Mobilität das ist, was die Bürger zu wünschen haben. Demzufolge herrscht auch in der Mobilitätsfrage mittlerweile Planwirtschaft.

Die EU hat daher beschlossen, dass für Neuzulassungen die CO_2-Flottengrenzwerte der Automobilhersteller immer weiter sinken müssen.

Neuzulassung ab	Gramm CO_2 pro km	Diesel-Äquivalent pro 100 km
2015	135	5 Liter
2020	95	3,5 Liter
2030	59	2,2 Liter

Tabelle 37-1: Diesel-Äquivalente

Dass das technisch nicht möglich ist, wissen die Bürokraten auch.[462] Der Gedanke ist einfach: Da E-Pkw mit null CO_2-Emissionen gerechnet werden und viele Kunden weiterhin leistungsstarke Fahrzeuge verlangen, müssen immer mehr E-Pkw verkauft werden.[A] Über diesen Umweg braucht man keine direkte Verkaufsquote für E-Pkw festzulegen, die man als dirigistisch kritisieren könnte.

Warum Hersteller wie Audi, BMW und andere derzeit Milliarden in die neue Technologie investieren, liege ganz wo anders, meint Prof. Wellnitz:[448]

> *„Zum einen lassen sich Milliarden an EU-Fördergeldern kassieren. Daneben bewahren E-Autos die großen Hersteller vor Strafzahlungen wegen Nichterreichens der europäischen Klimavorgaben, da sie mit angeblichen Zero-Emissionsmodellen den Flottenmix nach unten drücken. Es geht selbstredend auch um das Markenimage, um ein grünes Mäntelchen und um Technologiekontrolle. Man baue die E-Autos im Wissen, dass sie alles andere als die automobile Zukunft seien. ‚Es zu machen ist billiger, als es nicht zu machen‘, hat mir mal ein Automanager gesagt! ‚Es ist sinnlos, aber es kostet weniger.‘"*

Für die Automobilindustrie bedeutet das disruptive Veränderungen. Die Konsequenzen sind im Gange: massiver Abbau von Arbeitsplätzen und Existenzbedrohung der Zulieferindustrie, die als Mittelständler nicht so problemlos ins Ausland ausweichen können wie die Großindustrie. Für Deutschland bedeutet es den Verlust einer Schlüsselindustrie.

In diesem Zusammenhang sind drei Aspekte von Interesse:

- Welche alternativen Antriebskonzepte gibt es?

- Wie sieht die CO_2-Bilanz tatsächlich aus?

- Welche Konsequenzen hat die weitgehende Umstellung auf E-Mobilität?

[A] Prof. Sinn nennt das eine „Schummel-Verordnung"

37.3 Antriebskonzepte

Die Sektorkopplung verlangt, dass die Energie für den Sektor Verkehr weitestgehend aus VEE-Strom kommen muss.

Wenn die Antriebsenergie nicht kontinuierlich zugeführt wird, wie bei Oberleitungen, muss es einen *Energiespeicher* im Fahrzeug geben. Weiterhin muss es mindestens einen *Energiewandler* in der Energiekette geben. Der letzte Energiewandler erzeugt die Traktion (mechanische Antriebskraft). Schließlich muss eine sinnvolle Lösung existieren, wie der *Energietransport* in den Energiespeicher vorgenommen wird und was der *Energieursprung* ist. Es gibt also eine ganze Reihe von Möglichkeiten und Kombinationen, wie man das lösen kann.

Die wichtigsten Alternativen sind in *Tabelle 37-2* dargestellt.

Alternative	Energie-ursprung	Wandlung, gepeichert	Energie-transport	**Energie-speicher**	**Energie-wandler**	$\eta \approx$	Abb.
Diesel-Pkw	Rohöl	Diesel	Tankwagen, Tankstelle	Tank für Kraftstoff	Dieselmotor	0,33	-
1. E-Pkw		(Speicher im Netz)	Stromnetz	Lithium-Batterie	Elektro-motor	$0{,}7^{463}$	*Abb. 37-1*
2. H$_2$	VEE-strom	H$_2$ Erzeugung, Speicherung	H$_2$ Tankwagen, Tankstelle	H$_2$-Tank, 700 bar	Brennstoff-zelle, (Batt.), E-Motor	0,27	*Abb. 37-2*
3. H$_2$					H$_2$-Motor	0,18	*Abb. 37-3*
4. Methan	Über-gangs-weise mit Strom-mix	CH$_4$ Erzeugung, Speicherung	Erdgasnetz, Gas-tankstelle	Gastank, 200 bar	Brennstoff-zelle, (Batt.), E-Motor	0,23	*Abb. 37-4*
5. Methan					Gas-Motor	0,13	*Abb. 37-5*
6. E-Fuel					Verbren-nungsmotor	0,13	*Abb. 37-6*
7. E-Fuel		Diesel, Benzin	Tankwagen, Tankstelle	Tank für Kraftstoff	Verbr.motor Generator, Batt. + E-Motor	0,14	*Abb. 37-7*

Tabelle 37-2: Antriebsalternativen

Grundsätzlich muss man unterscheiden zwischen der heutigen (Zeile „Diesel-Pkw") und der künftigen Lösung über VEE-Strom.

Der durchschnittliche Gesamtwirkungsgrad η bezieht sich auf die Ausgangsenergie: beim heutigen Verbrennungsmotor auf den Dieseltreibstoff und bei den übrigen auf den erzeugten VEE-Strom.[464] Der Wirkungsgrad bezogen auf den VEE-Strom ist eine wichtige Größe, da dieser unmittelbar den VEE-Ausbau bestimmt. So ist für die Variante „6. E-Fuel" im Vergleich zu „1. E-Pkw" das 5,4-Fache an VEE nötig.

Sicher ist die Tabelle nicht vollständig, aber sie gibt einen guten Überblick über die wichtigsten Möglichkeiten und die Größenordnungen der Energieeffizienz.

Alle folgenden Grafiken hinterlegen die Komponenten, die sich im Fahrzeug befinden, mit einer dunklen Fläche.

1. Batteriegestützte E-Mobilität

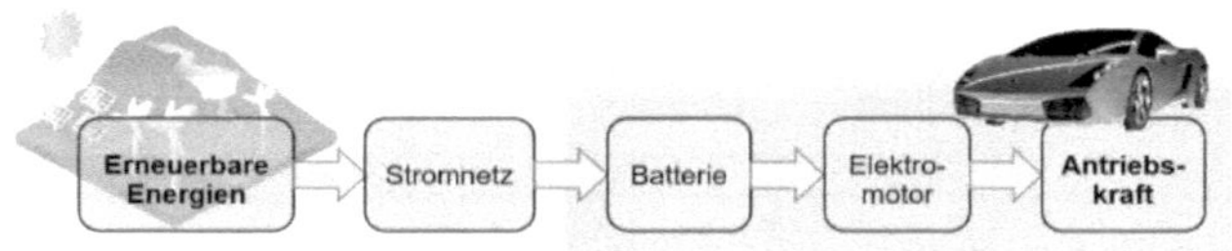

Abb. 37-1: Batteriegestützte E-Mobilität

Das ist die propagierte Lösung für die Zukunft, weil hiermit die Schadstoffbelastung in den Städten vermindert wird und angeblich die CO_2-Emissionen für das Klimaziel reduziert werden. Weitere Erläuterungen siehe: _„CO2-Einsparung" →S365_ und _„Umstellung auf E-Mobilität". →S368_

2. Wasserstoff mit Brennstoffzelle

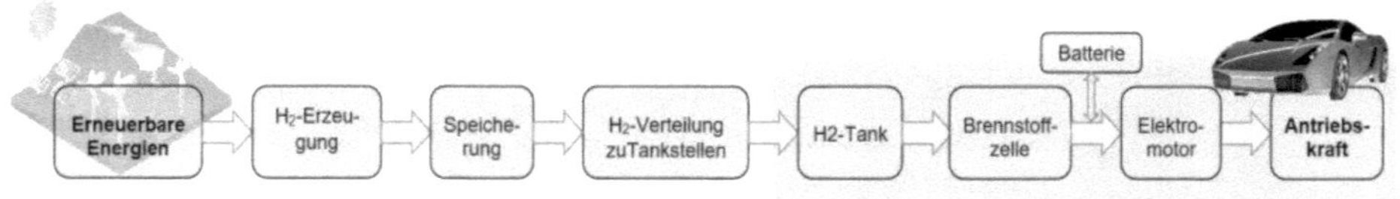

Abb. 37-2: Wasserstoff mit Brennstoffzelle

Über Elektrolyse wird Wasser in Wasserstoff (H_2) und Sauerstoff getrennt. Vergleichbar einer Raffinerie muss der Wasserstoff bevorratet, also gespeichert, werden. Das kann nur unter hohem Druck oder unter tiefen Temperaturen (-253°C mit dauernden Verlusten) geschehen. Verfechter der Wasserstoffwirtschaft schlagen ein Pipelinesystem für die Verteilung, ähnlich dem heutigen Erdgasnetz, vor.[465] Dies ermöglicht zwar den Transport großer Mengen an Wasserstoff unter mittlerem Druck (10-50 bar), bedeutet aber eine immense Investition und Kosten für den Betrieb, der zu dem Herstellungspreis des Wasserstoffs hinzuzurechnen ist. So nicht erschließbare Verbrauchsorte müssen über spezielle Fahrzeuge beliefert werden.

Auch dort besteht die gleiche Speicherproblematik. An der Wasserstofftankstelle nimmt das Fahrzeug den Energieträger (H_2) auf und speichert diesen unter sehr hohem Druck (bis 700 bar) in einem speziellen Druckbehälter. Über eine Brennstoffzelle kann der Wasserstoff unter Luftzufuhr in Wasser und Strom gewandelt werden. Um hohe, plötzliche Lastwechsel durch den E-Motor effizient abfangen zu können, kann eine kleine zusätzliche Batterie vorgesehen werden. Damit kann dann bei gutem Wirkungsgrad des E-Motors die ursprüngliche Energie (zum Teil) in Traktion gewandelt werden. Die Reichweite von Wasserstoffautos ist grundsätzlich größer als bei batteriebasierten Pkws.

3. Wasserstoffmotor

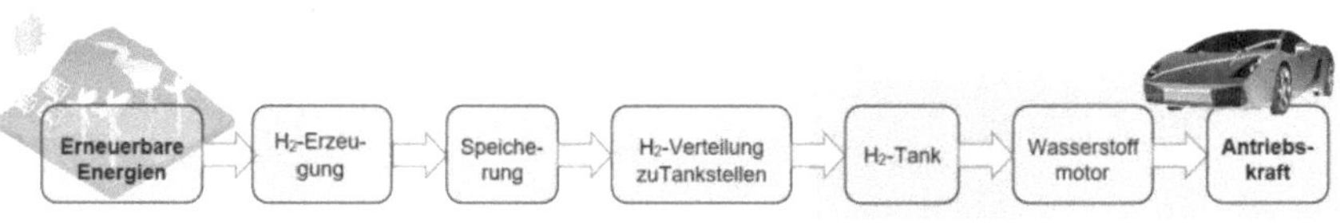

Abb. 37-3: Wasserstoffmotor

In dieser Variante geht man nicht über den Umweg, aus H_2 zunächst Strom zu machen und dann einen Elektroantrieb zu verwenden, vielmehr wird der Wasserstoff direkt in einem speziellen Verbrennungsmotor in Traktionsenergie gewandelt. Allerdings ist durch den schlechten Wirkungsgrad des H_2-Verbrennungsmotors ($\approx 0{,}28$) der Gesamtwirkungsgrad schlechter.

4. Methan mit Brennstoffzelle

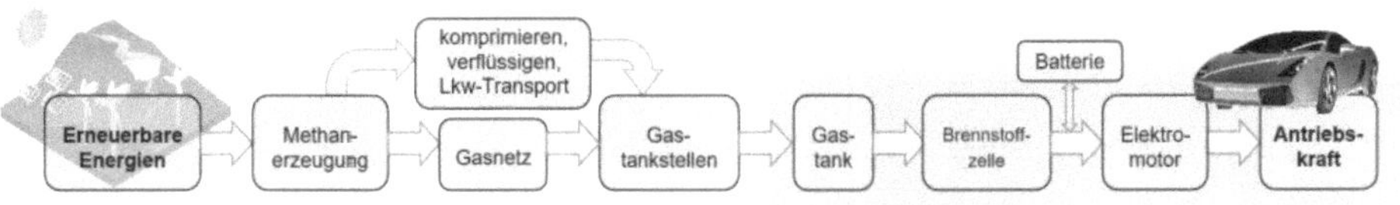

Abb. 37-4: Methan mit Brennstoffzelle

Grundsätzlich kann man das, was man mit Wasserstoff macht, auch mit Methan machen. Methan hat zwar den Nachteil, dass es höhere Verluste bei der Herstellung aus VEE-Strom aufweist, ist aber dafür leichter zu transportieren und zu handhaben. So kann Methan im Erdgasnetz transportiert werden, weil Methan der Hauptbestandteil von Erdgas ist. Außerdem sind die Drücke bei den Tanks nicht so hoch, und die Siedetemperatur ist nicht so niedrig wie bei Wasserstoff. Das Wandlungsprinzip im Pkw ist das gleiche wie zuvor.

5. Methan mit Gasmotor

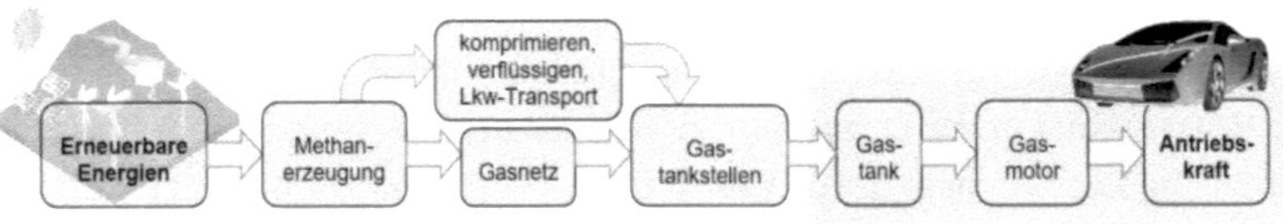

Abb. 37-5: Methan mit Gasmotor

Auch hier wird, wie in Variante 3, der Energieträger (hier Methan/Erdgas) direkt in einem Motor in Antriebsenergie umgesetzt.

6. E-Fuels mit Verbrennungsmotor

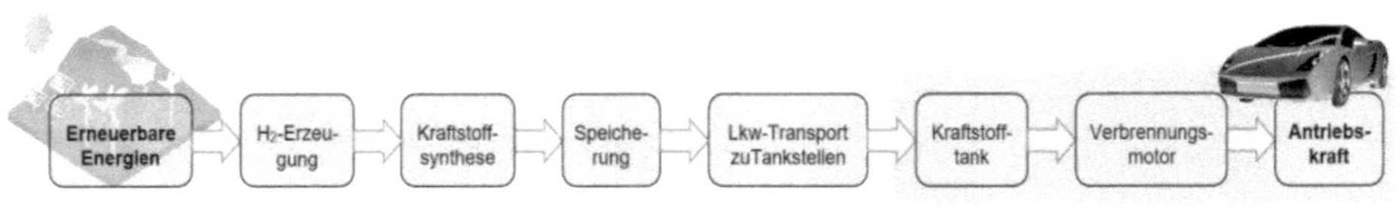

Abb. 37-6: E-Fuels mit Verbrennungsmotor

Die bestechende Idee dieses Konzepts ist, dass die gesamte Kette der Energienutzung die gleiche ist, sobald E-Fuel (aus VEE-Strom hergestellter Kraftstoff) vorliegt. Damit können die Fahrzeuge mit Verbrennungsmotoren und auch die Infrastruktur (Kraftstofftransport und Tankstellen) weiterverwendet werden. Der Pferdefuß dieser Variante liegt in dem schlechten Wirkungsgrad ab dem VEE-Strom und in den Herstellkosten für solchen Kraftstoff. →K30.2

7. E-Fuels mit E-Motor

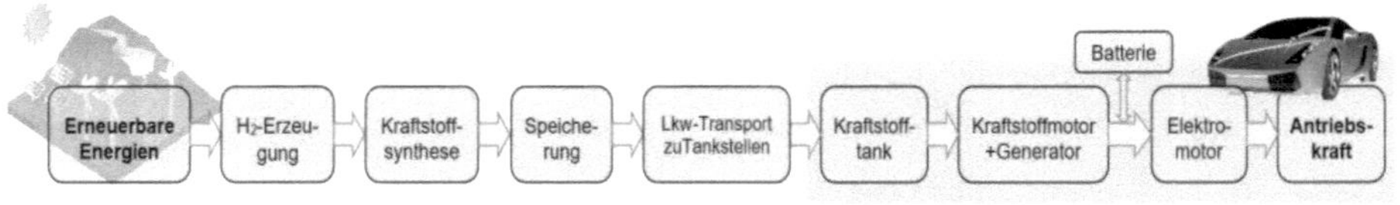

Abb. 37-7: E-Fuels mit E-Motor

Diese Variante versucht den Gesamtwirkungsgrad zu verbessern, indem der Verbrennungsmotor im Fahrzeug immer im optimalen Arbeitspunkt betrieben wird. Zur Pufferung wird eine (eher kleine) Batterie benötigt. Der Nachteil des zusätzlichen Wandlungsschrittes über Strom muss für einen verbesserten Wirkungsgrad akzeptiert werden. Der größere Aufwand führt aber zu höheren Fahrzeugkosten.

37.4 CO₂-Einsparung

Der Strom für das Laden der Batterie im E-Pkw kommt aus dem Stromnetz. Damit findet der CO_2-Ausstoß nicht am Pkw statt, sondern wird in die Kraftwerke verlagert. Meistens wird die geladene Kilowattstunde mit einem CO_2-Ausstoß gerechnet, wie er sich aus dem Strommix ergibt, also anteilig. Das ist aber falsch, weil der *zusätzliche* Strom aus *höherer Kraftwerksleistung* kommen muss, denn für den Mehrbedarf an Strom läuft kein Windrad schneller und keine PV-Anlage springt zusätzlich an. Da VEE *Vorrangeinspeisung* genießt, wird alles, was an EE-Strom erzeugt werden kann, ins Netz geleitet, unabhängig davon, wie viele E-Pkw gerade geladen werden. Insofern zählt eigentlich nur cer CO_2-Wert des Kraftwerkmix[A], nicht der Strommix. Kommt der EE-Stromanteil allerdings nahe 100 %, stimmt diese Vereinfachung nicht mehr. Erst bei hohem EE-Stromanteil (etwa ab 60 %) sind die Überschussenergien so groß, dass ein Teil davon in die höhere Last fließt, also in die Autobatterien.

Auch wenn ein Elektroauto mit Strom aus einer eigenen Photovoltaikanlage geladen wird, <u>führt die Anschaffung des Elektroautos</u> nicht zu einer Verbesserung der CO_2-Bilanz.

Die CO_2-Minderung kommt durch die Photovoltaikanlage, **nicht durch den Verbraucher** (z.B. Elektroauto) zustande.

Eine schwedische Studie[466] hat ermittelt, dass für eine Batterie je Kilowattstunde Speicherkapazität durch die Produktionsprozesse zwischen 150 und 200 Kilogramm Kohlendioxid freigesetzt werden.[467] Wenn man den CO_2-Ausstoß für die Produktion des entscheidenden E-Pkw-Teils, der Batterie, einbezieht, so ist es nur recht und billig, dies auch für die Anteile bei der Herstellung des Kraftstoffes für Verbrennungsmotoren zu tun. Der Zuschlag von 15 % für die Vorkette der Kraftstoffherstellung ist in den nachfolgenden Berechnungen enthalten.

Um die Reichweite der E-Pkw zu steigern, wird vorrangig die Batteriekapazität erhöht. Wenn man künftig von einer Kapazität von 100 kWh ausgeht, so sind bereits 15.000 bis 20.000 kg CO_2 angefallen, ohne dass das E-Auto nur einen Kilometer gefahren ist.

Machen wir folgenden Vergleich:

1. ein Pkw mit Verbrennungsmotor mit 110 g/km[B] und

[A] Im Gegensatz zum *Strommix*, der alle Stromerzeuger berücksichtigt, bezieht sich der *Kraftwerkmix* nur auf die Stromerzeuger, die CO_2 freisetzen.

[B] Ab 2020 müssen die Flotten der Autohersteller einen durchschnittlichen CO_2-Wert von 95 g/km einhalten; das sind 109 g/km inklusive 15 % Zuschlag für die Vorkette.

2. ein **E-Pkw in Szenarien um 2030 und 2045**
mit einer Stromversorgung mit 65 % und 85 % EE-Strom

Anmerkung: Die CO_2-Emissionen bei der Herstellung der Pkws wurden als annähernd gleich angenommen und damit im Vergleich vernachlässigt.

Szenario 1: 65 % EE-Strom – etwa 2030

Wie oben erläutert, ist für die CO_2-Bilanz der Mix der fossil betriebenen Kraftwerke relevant, die den <u>zusätzlichen</u> Strom beisteuern müssen. 2023 sind die heute noch laufenden KKWs abgeschaltet. Es wird angenommen, dass die EE 65 % erreicht haben. Die übrigen 35 % werden aus Kohle- und Gas-KWs erzeugt. Aus den so gebildeten Parametern ergibt sich der dargestellte CO_2-Ausstoß über die Jahre der Nutzung eines Pkws.

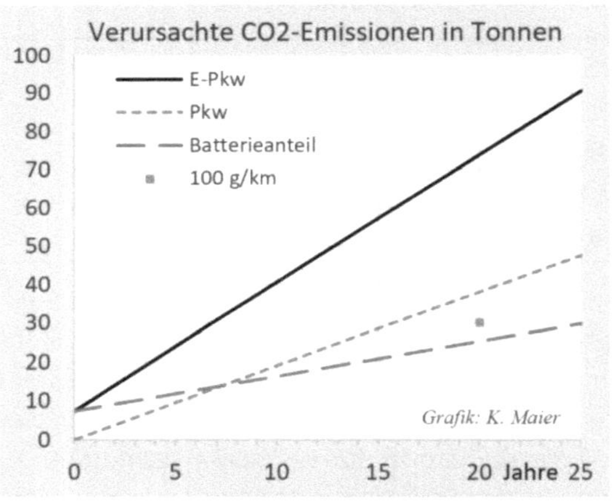

Parameter

0 kg CO_2 PKW-Herstellung
0 kg CO_2 E-PKW-Herstellung
15.000 km/a Jahreslaufleistung
60 kWh Batteriekapazität
120 kg/kWh Batterieherstellung
8 Jahre Batterielebensdauer
25 kWh/100km Stromerzeugung
0,805 kg CO2/kWh foss. Kraftw.-Mix
0,65 Ökostromanteil
110 g/km Verbrennungsmotor

Abb. 37-8: Pkw-Vergleich für Kaufjahr 2030

Hinweis: Die Energieverbrauchsangaben der Hersteller sind unter günstigen Bedingungen ermittelt und repräsentieren nicht die Alltagsrealität. Beispiel Verbrauch Tesla S P85D: Angegeben: 18,1 kWh/100 km. Tatsächlich (ADAC): 24,2 kWh/100 km (je nach Fall: 21 bis 32 kWh/100 km) an Batterie gemessen.[468]

Unter den gemachten Annahmen schneidet der E-Pkw über die gesamte Nutzungszeit deutlich schlechter ab als der Pkw mit Verbrennungsmotor (*Abb. 37-8*).

Szenario 2: 85 % EE-Strom – etwa 2045

Der gesamte konventionelle Stromanteil (15 %), wird durch Gas-KWs gedeckt. Sollte es 2045 noch Pkw mit Verbrennungsmotoren geben, so werden diese hier weiterhin mit 110 g CO_2/km angenomen (als Repräsentant eines Allzweckfahrzeugs). In Zukunft werden die Batteriekapazitäten größer sein als heute, da die E-Pkw spätestens dann universell einsetzbar sein müssen (Reichweite). Es wird unterstellt, dass dann auch der CO_2-Ausstoß für die Batterieproduktion deutlich reduziert sein wird.

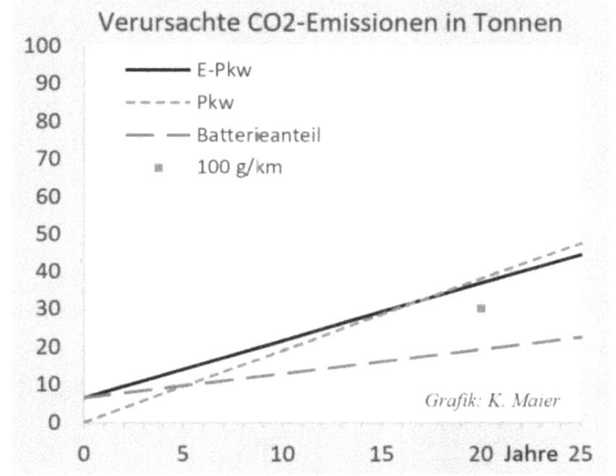

Abb. 37-9: Pkw-Vergleich für Kaufjahr 2045

In dieser Zukunftsvariante hat sich der Unterschied verkleinert, aber immer noch verursacht der E-Pkw in den ersten 15 Jahren mehr CO_2 als der Pkw. Erst danach schneiden sich die beiden Kurven und der E-Pkw wird etwas günstiger. Wie viel Prozent der Fahrzeuge werden überhaupt länger als 15 Jahre gefahren?

Die angesetzten Parameter sind letztlich ein Stück weit willkürlich, weil keiner so weit in die Zukunft schauen kann. Natürlich kommt man mit anderen Parametern zu anderen Werten. Grundsätzlich wird es für den E-Pkw günstiger, wenn:

- der CO_2-Ausstoß für die Batterieherstellung geringer ist

- die Batteriekapazität geringer ist

- die Batterieaustauschzykluszeit größer wird

- der CO_2-Ausstoß des fossilen KW-Mix geringer wird und wenn

- der CO_2-Ausstoß des Vergleichs-Pkw mit Verbrennungsmotor größer ist.

Zu bedenken ist, dass der E-Pkw z.B. bei kaltem Wetter deutlich mehr elektrische Energie pro Kilometer braucht.
Das bedeutet auch, dass der CO_2-Wert in gleichem Maße steigt.

Unterstellt man die angesetzten Parameter als realistisch, so haben die E-Pkw aus CO_2-Sicht bis etwa 85 % EE-Stromanteil deutliche Nachteile.

37.5 Umstellung auf E-Mobilität

Was im Fahrzeug mit dem Strom passiert, wurde beschrieben. Nun geht es darum, wo der Strom herkommt und wie er in die Fahrzeuge kommt. Natürlich geht es nicht um die Frage, ob E-Mobilität funktioniert, sondern wie realistisch eine *generelle Umstellung* auf E-Mobilität ist. Dazu möchte ich einige Fragen aufwerfen.

Wie viel Strom brauchen wir zusätzlich?

Die für die Mobilität 2015 benötigte Endenergie lag bei 720 TWh. Da bei Kraftstoffen die Endenergie mit der thermischen gleichzusetzen ist, aber für die Antriebe die mechanische Energie des Motors entscheidend ist, liegt dazwischen der Wirkungsgrad des Verbrennungsmotors.

Die Annahme sei, dass der Individualverkehr mit etwas Straßengüterverkehr auf batteriebasierte E-Mobilität umgestellt werden soll. Bisher haben nur die Bahnen (DB, S- und U-Bahnen) Oberleitungen. Fahrzeuge mit Oberleitungen (Lkws und Busse mit Oberleitungen) sollen dazu kommen. Was sonst noch an Kraftstoffen benötigt würde, soll importiert werden, also unsere Stromversorgung nicht belasten.

Unter diesen Annahmen müssen pro Jahr rund 320 TWh mehr Strom erzeugt werden.[469] Dies bedeutet eine zusätzliche Durchschnittsleistung von rund 37 GW. Das entspricht rund 35 Großkraftwerken oder rechnerisch ca. 68.000 3 MW Windenergieanlagen (ohne Speicher, Verluste und Dimensionierungssicherheiten).

Für die weitgehende Umstellung auf E-Mobilität sind rund 50 % mehr Strom zu erzeugen als heute.

Die zusätzlich zu erbringende Spitzenleistung liegt bei 45 GW.

Wie volatil darf der Strom sein?

Es dürfte wohl unstrittig sein, dass Mobilität nicht von Großwetterlagen abhängig sein darf. Das bedeutet, dass diese Energie von 320 TWh/a, die über VEE zu erzeugen sind, über zusätzlichen Speicher (auch saisonal) ausgeglichen werden muss.

Die weitgehende Umstellung auf E-Mobilität erfordert eine zusätzliche Speicherkapazität von rund 25 TWh (netto).
Das entspricht 5.000 großen PSKWs.

Wird das Autofahren billiger?

Das hängt davon ab, aus welcher Perspektive man das betrachtet. Heute werden die Betriebskosten für E-Pkw nur durch die Brille der Stromkosten gesehen. Es gibt immer die Möglichkeit, durch Subventionen, Kostenverlagerungen oder Steuermaßnahmen die Kosten für ein Produkt wesentlich zu beeinflussen. Der Wegfall der Energiesteuer (vormals „Mineralölsteuer") von rund 40 Mrd. €/a ist natürlich auch zu berücksichtigen. Diese Mindereinnahme hat dann die E-Mobilität verursacht und kann nicht vernachlässigt werden.

Für mich ist allein die volkswirtschaftliche Sicht entscheidend, nicht eine irgendwie beeinflusste persönliche Sicht. Aber auch da kommt es auf das unterstellte Szenario an. Nehmen wir das in diesem Buch berechnete und dokumentierte Szenario 7[A] als Repräsentant der fiktiven Zukunft.

Volkswirtschaftliche Mehrkosten[B] von über 400 Mrd. €/a, in denen die Mobilität ein nicht unwesentlicher Teil ist, können sicher nicht zu akzeptablen Mobilitätskosten führen.

Ein daraus resultierender Strompreis von 1,35 €/kWh führt bei 20 kWh/100 km zu 27 € auf 100 km. Zum Vergleich: Bei 6 Liter/100 km und 1,50 €/Liter wären die Benzinkosten 9 € auf 100 km. Nimmt man die Energiesteuer vom Benzinpreis, um es fairer vergleichen zu können, so sind die Verbrauchskosten mit Strom rund 5-fach höher.

Die E-Mobilität wird volkswirtschaftlich um ein Vielfaches teurer gegenüber heute.

[A] Das Szenario 7 ist gekennzeichnet durch: 90 % CO_2-Einsparung gegenüber 1990; Einsatz von P2H-Technik; starker Einsatz von Solarthermie (Gebäude); P2G-Technik ist großtechnisch verfügbar und erzeugt synthetisches Methan, das verwendet wird für Rückverstromung (Langzeitspeicher) und teilweise für Gas-Pkw, Heizungen; teilweise Import von synthetischem Methan; starker Einsatz von E-Mobilität; Einsatz von CCS. →*K40.2*

[B] Mehrkosten beziehen sich immer auf eine Energieversorgung die wir heute ohne Energiewende hätten.

Wo „tanken" wir den Strom fürs Fahren?

Die oben genannten 37 GW an zusätzlicher Leistung sind ein Mittelwert über das Jahr und das gesamte Land. Der Spitzenwert von geschätzten 45 GW ist zwar ein zeitlicher Spitzenwert, aber auch über das ganze Land gemittelt.

Spitzenwerte sind für Worst-Case-Betrachtungen von Bedeutung. Sie spielen bei der Dimensionierung von Leitungen die entscheidende Rolle. Jede Leitung muss die maximale Spitzenleistung aushalten. Welche Leistungen fallen an, wenn man an das Laden der Fahrzeugbatterien denkt?

Man muss unterscheiden zwischen den akzeptablen Langzeitladungen, z.B. 8 Stunden über Nacht oder während der Arbeit, und der Schnellladung, z.B. 30 bis 60 Minuten, wenn man auf Reisen ist. Gehen wir folgend von einer durchschnittlichen Batteriekapazität von 60 kWh (für 200 bis 300 km) aus, weil künftig der Wunsch nach einer größeren Reichweite befriedigt werden muss und die Batteriekosten vermutlich fallen[470] werden.

Die Leistung für eine Nachtladung ist dann 7,5 kW, gleichmäßig über 8 Stunden. Ein Hausanschluss wird heute meist mit 3 mal 63 Ampere abgesichert. Er kann mit bis zu 43 kW belastet werden. Dieser hohe Wert resultiert aus der Summe gleichzeitig eingeschalteter Verbraucher.[471] 7,5 kW zusätzlich bedingen, dass einige der angenommenen Verbraucher nicht eingeschaltet sind, was in der Nacht zutreffen dürfte. Das sollte also gehen. Die durchschnittliche Jahresleistung beträgt aber nur 0,5 bis 1 kW pro Haushalt. Der Ladevorgang benötigt somit rund 10-fach mehr Leistung als im Jahresdurchschnitt. Wird die Anschlussleistung weitgehend für das Laden ausgeschöpft, kommt man auf mehr als das 40-Fache.

Je mehr Verbraucher in einer Straße oder einem Ortsteil mit einer Leitung versorgt werden, umso mehr kann man mit durchschnittlichen Leistungen rechnen, weil Spitzenleistungen eben bei allen nie gleichzeitig vorkommen. Ist die weitgehende Umstellung auf E-Mobilität erreicht, laden aber sehr viele gleichzeitig. Damit kann die Dimensionierung mittels Durchschnittswerten (+ Sicherheitszuschlag) nicht mehr erfolgen. Die vorhandene Leitungsinfrastruktur ist damit völlig überfordert. Die Folge ist, dass das Leitungsnetz in allen Teilen grundsätzlich verstärkt werden muss. Dabei meint Verstärkung: neue Erdkabel, zusätzliche Verbindungsleitungen, Transformatoren austauschen, vorhandene Schaltanlagen auf mehr Leistung umrüsten und neue bauen. Das heißt, es bedarf einer grundsätzlichen Neuordnung des Netzes. Das verursacht erhebliche Kosten, die letztlich der Stromkunde tragen muss.

Für Mittelständler, die mehrere Fahrzeuge haben und die auch mal tagsüber spontan und schnell nachladen müssen, verschärft sich der Unterschied zwischen dem Durchschnitts- und dem Spitzenwert der Leistung.

Sehen wir uns die Autobahntankstellen an. In der Zukunft sind fast alle Fahrzeuge, die heute Kraftstoffe tanken, dann mit Strom zu laden (so der Plan). Nehmen wir einen Kraftstoffumsatz von 7.000 Liter/h in der Tagesspitze[472] an, so entspricht das rund 25.000 kWh/h, die für E-Fahrzeuge bereitzustellen sind. Der Elektroanschluss für eine solche BAB-Tankstelle wäre somit auf 25 MW auszulegen (mit Sicherheitszuschlag auch 30 bis 40 MW). Es handelt sich um einen Leistungsbedarf, der etwa einer 30.000-Einwohner-Stadt entspricht.

Eine Autobahntankstelle benötigt einen Anschluss an das Mittelspannungsnetz, so wie eine Mittelstadt.

Da Schnellladevorgänge die Batterielebensdauer reduzieren und der Füllstand auf meist 80 % beschränkt ist, dürften die Ladevorgänge an BAB-Tankstellen im Mittel wohl bei rund 1 Stunde liegen. Damit belegt ein E-Pkw die Ladesäule deutlich länger als der Pkw die Tanksäule. Es ist also erheblich mehr Platz nötig, um die lange stehenden Fahrzeuge zu versorgen. Es werden mindestens 25-fach mehr Ladesäulen als Tanksäulen benötigt.[473] Wo ist dieser Platz vorhanden?

Tankstellen, die sich auf Ladetechnik umstellen, werden mindestens 25-fach mehr Platz benötigen als heute. Das ist insbesondere für Tankstellen in Städten nicht machbar.

38 Ergebnisse aus eigenen Berechnungen

Von Primärenergie bis Nutzenergie

Wollte man der einfachen Logik folgen, dass die gesamte Primärenergie für die völlige Dekarbonisierung durch Strom ersetzt werden muss, müssten 3.756 TWh (statt heute rund 600 TWh) über das Stromnetz bereitzustellen sein. Das wäre gut das 6-Fache von heute. 2019 wurden rund 170 TWh VEE ins Netz eingespeist. Nimmt man 90 TWh PEE hinzu, fehlen bis 3.756 TWh noch 3.496 TWh; wenn diese durch VEE zu ersetzen wären, so müsste der Ausbau von 2019 auf das 20,5-Fache erhöht werden.

Aber so einfach ist die Rechnung nicht zu machen. Man muss zunächst die Wandlungsstufen von der Primärenergie bis zur Nutzenergie verstehen, denn auf die Nutzenergie kommt es letztlich an.

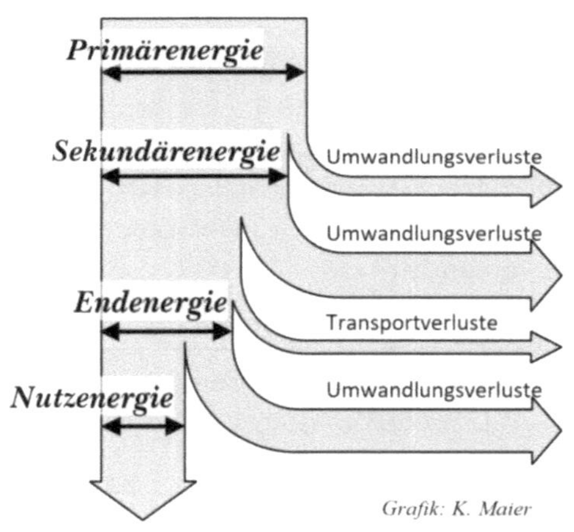

Abb. 38-1: Primärenergie bis Nutzenergie

Zur Deckung seines Energiebedarfs ist der Mensch auf die in der Natur vorkommenden Energiequellen angewiesen. Diese werden entweder in ihrer ursprünglichen Form (Primärenergie) oder nach Umwandlung (Sekundärenergie) eingesetzt.

Zur *Primärenergie* gehören die natürlichen Formen: Kohle-, Erdöl- und Erdgasvorkommen, Uran, Wasserkraft, Sonnenstrahlung, Windenergie, Erdwärme, Gezeitenenergie und Biomasse.

Strom ist eine Sekundärenergie, da er aus der Umwandlung von Primärenergien oder auch anderen Sekundärenergien (z.B. Heizöl) gewonnen wird. Zu den *Sekundärenergien* zählen auch z.B. Kohlebriketts, Kraftstoffe, Biogase und Erdgas (in aufbereiteter Form). *Die vom Verbraucher bezogene Energie wird als Endenergie bezeichnet, so z.B. das Heizöl im Tank oder der Strom, der aus der Steckdose entnommen werden kann. Die Nutzenergie wiederum ist jene Energie, die nach der letzten Umwandlung beim Verbraucher zur Verfügung steht, z.B. in Form von warmem Wasser oder mechanischer Energie. Sie wird für die Bereitstellung der vom Verbraucher eigentlich gewünschten Energiedienstleistung benötigt. Die Energiedienstleistung entsteht letztlich durch die*

Kombination von Nutzenergie, Energiewandler (Gerät) und dem Verbraucherverhalten.[474]

Warum Szenarien berechnen?

Ich bin mehrfach gefragt worden, warum ich mir die Mühe mit der Berechnung der aufwendigen Szenarien gemacht habe. Es sei doch ganz einfach mit der Primärenergie und einem Dreisatz nachzuweisen, dass die Energiewende unmöglich ist.

Eine einfache Abschätzung über die Primärenergie, die schnell gemacht ist, führt zu der Aussage, dass das Energiewendeprojekt energetisch eine Illusion ist. Das ist richtig. Nun kann man aber einwenden, dass die *Primärenergie* die falsche Bezugsgröße ist. Vielmehr sei die *Endenergie* für eine Überschlagsrechnung relevant. Aber auch hier kann der Energiewendebefürworter entgegnen, dass man das so einfach nicht machen kann, da es etliche *intelligente* Möglichkeiten gibt, die eine solche überschlägige Betrachtung nicht berücksichtigt und damit zu falschen Ergebnissen führt. So kann man z.B. den Ausbau der VEE durch Import von E-Fuels reduzieren oder den Stromverbrauch durch den Einsatz von Wärmepumpen für Gebäudeheizungen verringern. Um solchen Einwänden zuvorzukommen, habe ich Szenarien mit den meistdiskutierten Substitutionsmöglichkeiten[A] aufwendig modelliert und mit vielen Parametern berechnet. Damit ist nachvollziehbar, auf welcher Grundlage meine Ergebnisse entstanden sind.

Die gemachten Annahmen und Parameter (*→K40.3)* für die Berechnung sind aus meiner Sicht realistisch und immer noch eher günstig für die Energiewende. Wollte man vollständiger sein, hätte man auch die kostenrelevanten, aber nicht berücksichtigten Aspekte einbeziehen müssen. *→S399*

Auch wenn der eine oder andere Parameter aus Ihrer Sicht etwas reduziert oder erhöht werden sollte, ändert das nichts an den ermittelten Größenordnungen, die ganz offenbar die Undurchführbarkeit der Energiewende beweisen.

Energieeinsparung

Mit zunehmendem CO_2-Einsparungsziel werden die möglichen und noch halbwegs begründbaren Substitutionen immer schwieriger. Die Befürworter der Energiewende gehen daher von stark vermindertem Energiebedarf aus, teilweise über 50 %. *→K39*

Ich beurteile diese hohen Energieeinsparungen als völlig realitätsfern. *→K13*, *→K31.5*

[A] Mit Substitution ist gemeint, dass man z.B. Raumwärme mit Erdgas (verursacht CO_2) alternativ ersetzen kann durch Wärmepumpen (mit EE-Strom), Methan aus P2G oder Solarenergie.

Angesichts der Entwicklung des Energiebedarfs der letzten 20 Jahre, der alle Erwartungen Lügen straft, sind die propagierten Werte schon extrem „ambitioniert". Mit diesen Energieeinsparungen würde eine freie Entwicklung der Gesellschaft (so wie wir sie kennen) und der Wirtschaft kaum mehr möglich sein und sie hätten entsprechende Folgen. Um auf eine solche Entwicklung zu kommen, wären vermutlich weitere, noch mehr regulierende, ja, Zwangsmaßnahmen, gesetzgeberisch nötig.

Der Ausbaufaktor

Einer der zentralen Kennwerte für die Realisierung der Energiewende ist der nötige Ausbau der VEE. Um den Ausbau der VEE in *einer* Größe zu umschreiben, die griffig ist, wurde der *Ausbaufaktor* mit Bezug auf 2019 von mir als Kenngröße verwendet.

Aufgrund eines festgelegten Verhältnisses der drei VEEs – Onshore-, Offshore-Wind und Photovoltaik –, die sich aus den Ausbaupotenzialen ergeben, kann vom Ausbaufaktor auf die Ausbaunennleistungen der drei VEEs geschlossen werden. Dies und das *Ausbaupotenzial* Deutschlands wird in <u>*Abb. 38-2*</u> dargestellt.

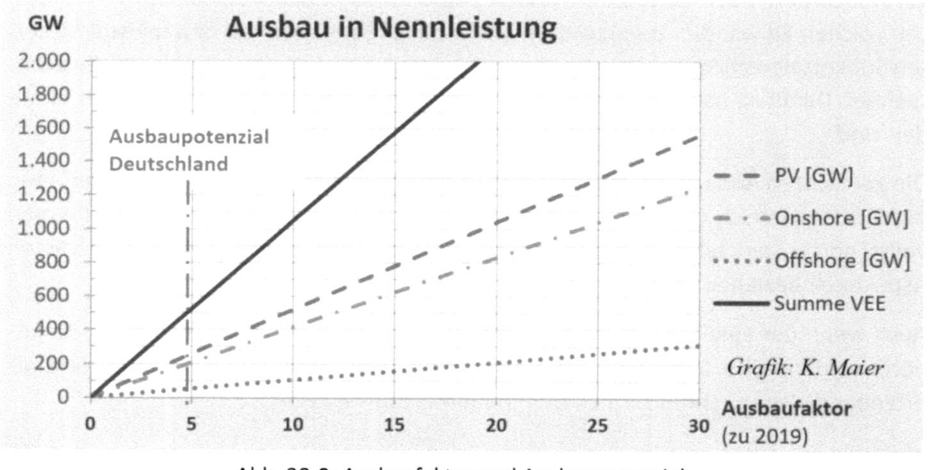

Abb. 38-2: Ausbaufaktor und Ausbaupotenzial

Das Ausbaupotenzial vom knapp 5-Fachen des Ausbaus Ende 2019 bedeutet, dass alle drei VEE-Anteile jeweils 5-fach auszubauen sind. Bei dem gewählten Verhältnis zwischen den drei Erzeugungsarten kann man z.B. bei einem Ausbaufaktor von 10 in der Grafik ablesen, dass dies 100 GW Offshore- und 400 GW Onshore-Windenergie sowie 500 GW PV entspricht.

Kosten

Die *Gesamtmehrkosten* beziehen sich auf einen Zeitbereich von 2030 bis 2060 und sind als Durchschnittswert zu verstehen.

Sie haben folgende Aspekte und Bestandteile, je nach Szenario:

- Mehrkosten für das gesicherte Stromversorgungssystem

- EEG und sonstige Umlagen (Ausbau VEE)

- Netzausbau

- Speicher (Investitions- und Betriebskosten)

- Kosten für Energieverluste

- Mehrkosten für synthetisierte Energieträger

- Synthesekosten P2G
  (umgelegte Investitionskosten, Betriebskosten)

- Synthesekosten P2L
  (umgelegte Investitionskosten, Betriebskosten)

- Importkosten für synthetisierte Energieträger durch P2G

- Importkosten für synthetisierte Energieträger durch P2L

- Mehrkosten für umweltfreundliche Wärmeerzeugung (Solarthermie)

- Abzüglich Einsparung von nicht importierten (eingesparten) fossilen Energieträgern

Wenn von **Mehrkosten** gesprochen wird, so geht es um die zusätzlichen Kosten, die entstehen, wenn die Szenarien umgesetzt werden, im Vergleich zur konventionellen Energieversorgung (alle drei Sektoren).

Technische Aspekte

Die meisten Betrachtungen stützen sich auf Energiebilanzen, also auf gemittelte Leistungen über lange Zeiträume. Die VEE, die in einem zukünftigen Energiesystem fast ausschließlich die einzigen Energieerzeuger sind, sind durch ihre sprunghaften Leistungsänderungen gekennzeichnet.

Der Einsatz der Überschussenergien, also der Spitzen, die nicht direkt in das Stromnetz geleitet werden können, ist von besonderer Volatilität gekennzeichnet, was die *Abb. 38-3* eindrucksvoll zeigt.

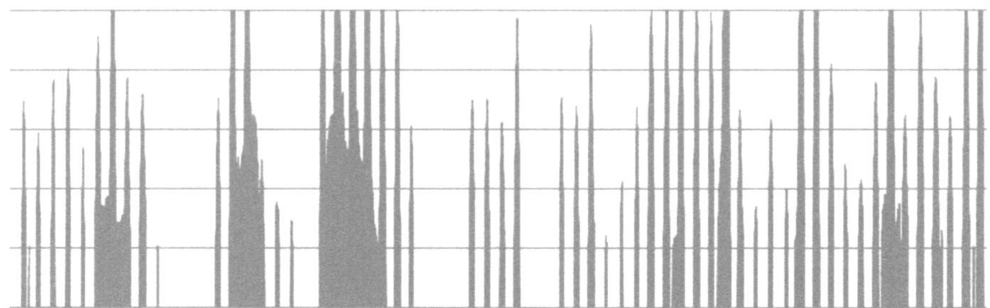

Abb. 38-3: Drei Monate VEE-Stromversorgung für P2X

Für den Betrieb der P2G- und der P2L-Anlagen, sei es für den Langzeitspeicher oder für die Herstellung von Energieträgern (Gas, Kraftstoffe), bleiben extrem schwankende Leistungen zwischen null und dem Maximum übrig.

Das führt zu einer Reihe von technischen Problemen, die in *→K30.5* näher beschrieben sind. Der volatile Betrieb

- führt durch einen beschränkten Arbeitsbereich der Anlagen zu Verlusten durch ungenutzte VEE-Energie

- führt zu erhöhtem Verschleiß (mehr Wartungsaufwand, verkürzte Nutzungsdauer und damit erhöhte Anlagenkosten)

- führt zu niedrigen Volllaststunden, so dass die Investitions- und Betriebskosten auf wenig Produktionsergebnis verteilt werden müssen und damit deutlich steigen.

Die schwankenden Leistungen für den Betrieb sind nicht durch Speicher „glättbar", jedenfalls nicht ohne unvertretbare Mehrkosten. *→S301*

Die Anschlussleitungen zu den P2X-Anlagen müssen auf die maximale Leistung ausgelegt werden, also ein Vielfaches höher, als es für eine konstante, durchschnittliche Leistung nötig wäre (Kosten).

38.1   Die betrachteten Szenarien

Die berechneten zwölf Szenarien (*→K40.2*) sind je nach Technikannahme in drei Szenariengruppen eingeteilt:

1. Es steht **weder P2G noch P2L** großtechnisch zur Verfügung (wie heute)

2. Es steht **nur P2G** großtechnisch und rechtzeitig zur Verfügung

3. Es stehen **P2G und P2L** großtechnisch und rechtzeitig zur Verfügung

Entsprechend diesen drei Annahmen werden die wichtigsten Kenngrößen in den folgenden Abschnitten grafisch mit kurzer Kommentierung dargestellt. Die Daten dazu stammen aus Berechnungen, so wie sie für Szenario 7 dokumentiert sind. →*K41*

Da mittlerweile sogar von einer völligen Dekarbonisierung gesprochen wird, sind Szenarien unterhalb von 90 % CO_2-Reduktion nicht mehr von Bedeutung.

Daher werden nachfolgend nur noch die -90%-Szenarien besprochen.

Hinweis: Alle Angaben beziehen sich auf das Jahr 2050, falls nicht anders angegeben.

Annahme 1: Es wird weder P2G noch P2L großtechnisch eingesetzt

Die dabei unterstellte Anlagentechnik entspricht der derzeitigen Situation. Viele, die der Energiewende kritisch gegenüberstehen, sehen diesen Zustand auch für die nächsten Jahrzehnte als wahrscheinlich. Es gibt die Argumentation, dass, selbst wenn die P2X-Technik großtechnisch zur Verfügung steht, sie wegen der Energiewandlungsverluste und der Kosten nicht zum Einsatz kommt. Von daher war es von gewissem Interesse, auch den Fall ohne P2X zu prüfen.

Ein solcher Ansatz bedeutet, dass Backup-Kraftwerke zur Überbrückung bei VEE-Mangel nur in dem Maße einsetzbar sind, wie es die vorgegebene CO_2-Einsparung noch zulässt. Bei hoher CO_2-Reduktion führt das zu sehr starken VEE-Überschüssen und somit auch zu sehr hohen Energieverlusten.

Annahme 2: Nur P2G wird großtechnisch eingesetzt

P2G-Technik bedeutet, dass mit *Überschussstrom* über die Elektrolyse Wasserstoff und dann durch Methanisierung Methangas hergestellt wird. Ob es diese Technik großtechnisch geben wird, ist ungewiss.[475] Dieser Energieträger ist mit Erdgas vergleichbar und kann caher dieses im Erdgasnetz (schrittweise) ersetzen. Durch Rückverstromung wird die Funktion eines Langzeitspeichers gebildet. Auf diese Weise kann auf erdgasbetriebe Backup-Kraftwerke verzichtet werden, die CO_2 ausstoßen würden.

Das synthetisch erzeugte Methangas kann auch als „CO_2-freier"[A] Brennstoff für Heizungen und als Treibstoff für Motoren (Verkehr) eingesetzt werden.

So können die Sektoren Wärme und Mobilität zum Teil substituiert werden.

Eine verfügbare P2G-Technik nutzt die Leistungsspitzen und reduziert damit den nötigen VEE-Ausbau. P2G-Technik stellt damit die Grundlage für eine hohe CO_2-Reduktion dar.

Annahme 3: Zusätzlich zu P2G wird P2L großtechnisch eingesetzt

In weiteren Prozessschritten können aus Methangas, das mit P2G hergestellt wird, Kraftstoffe wie Benzin, Diesel und Kerosin produziert werden. Natürlich bedeutet das zusätzliche Energie und Kosten. Der Vorteil ist aber, dass wir leicht handhabbare Energieträger, wie wir sie heute kennen, zur Verfügung haben. So können die heutigen Verbrennungsmotoren mit synthetischen Kraftstoffen CO_2-neutral, mit ihren unerreichten Vorteilen, weiter genutzt werden. Denkbar ist auch der Import von synthetischen Kraftstoffen, um die in Deutschland zu erzeugenden VEE geringer zu halten.

Welche Konsequenzen haben nun die Techniken auf die wichtigsten drei Aspekte

- VEE-Ausbau,

- Energiebedarf und

- Kosten

für die Szenarien mit 90 % CO_2-Reduktion?

38.2 Vergleich der Power-to-X-Techniken

Die drei Technikannahmen werden nun hinsichtlich VEE-Ausbau, Energie und Kosten verglichen.

Nötiger Ausbau der VEE

Damit die erforderlichen EE-Energien für die Sektorkopplung bereitgestellt werden können, sind Windkraft und Photovoltaik stark auszubauen. Wie oben erläutert, quantifiziere ich den Ausbau durch den Ausbaufaktor (ABF), der sich auf den Stand von 2019 bezieht und dort den relativen Wert 1 hat. Wie *Abb. 38-4* zeigt, liegt das

---

[A] „CO_2-frei" meint hier „klimaneutral". Natürlich wird bei Verbrennung von Methan CO_2 freigesetzt. Dieses wurde aber vorher für die Herstellung des Methans der Luft entnommen, so dass kein zusätzliches CO_2 entsteht.

Ausbaupotenzial bei knapp 5, d.h., es besteht maximal die Möglichkeit den VEE-Ausbaustand zu verfünffachen. Ob das die 1.000 Bürgerinitiativen gegen Windkraft hinnehmen, ist zu bezweifeln. Erforderlich wäre aber wenigstens das 15-Fache von Ende 2019. Damit ist klar:

Der nötige Ausbau der VEE in Deutschland ist unmöglich.

2019 lag die durchschnittliche Nennleistung der Windenergieanlagen bei 1,8 MW.[476] Da neue WEAs höhere Nennleistungen haben, könnte man für 2050 einen Durchschnittswert von 4 MW ansetzen. *Abb. 38-4* zeigt, dass unter dieser Annahme 150.000 große WEAs an Land rechnerisch erforderlich wären – eine Verfünffachung mit Austausch klein gegen groß. Dabei ist der „Austausch" mit erheblichen Konsequenzen und Problemen verbunden.[A]

Die Erweiterung der Photovoltaik und der Offshore-Anlagen in gleichem Ausmaß (17- bis 23-fach) kommt zusätzlich hinzu.

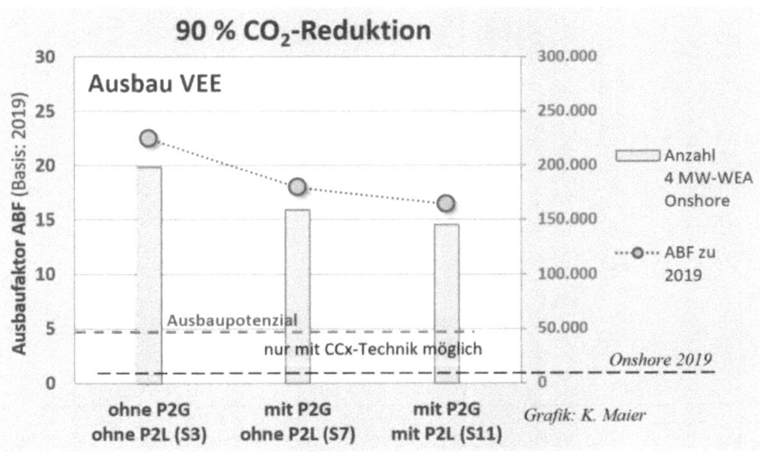

Abb. 38-4: Ausbau VEE für -90 % CO_2

[A] In einem Windpark können die Abstände nicht so klein gehalten werden; die Vorschrift zum Abstand zur Wohnbebauung wird unter Umständen nicht mehr eingehalten; die alten Fundamente sind für größere Anlagen nicht geeignet; die Zufahrtswege sind nicht mehr oder nicht in notwendiger Breite vorhanden; die Netzanbindung muss vielleicht auch angepasst werden; u.a.m.

Energieaspekte

Deutschland hatte die letzten Jahre einen Bruttostrombedarf von rund 600 TWh. Je nach Szenario, das das Energiekonzept für 2050 beschreibt, werden rund 1.500 bis 2.000 TWh an Elektroenergie benötigt. Die VEE liefert dabei durchschnittlich 2.200 bis über 3.000 TWh pro Jahr. Es entstehen Verluste durch Überschussenergie und durch Speicher.

Abb. 38-5 zeigt in den Balken die Verluste im System. Die Punkte zeigen die errechneten Bruttokapazitäten des Langzeitspeichers. Seit Jahr und Tag heißt es, es müsse Energie eingespart werden. Auf der anderen Seite produzieren wir immer mehr Ausfallarbeit.[A] 2018 waren es 5,4 TWh.[477] Solche wachsenden Energieverluste bereiten vielen Sorgen und führen zu unschönen Schlagzeilen. In diesem Licht ist _Abb. 38-5_ zu sehen.

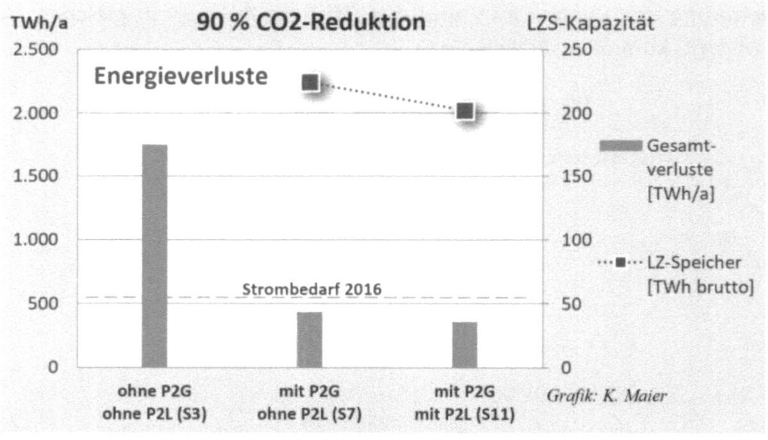

Abb. 38-5: Energieverluste und Speicher für -90 % CO_2

Die dargestellten Gesamtverluste setzen sich aus den Verlusten der abgeregelten VEE und den Verlusten in den Speichern zusammen. Da die 1. Variante keinen Langzeitspeicher hat, sind die Verluste von dem 3-Fachen des heutigen Stromverbrauchs allein auf die Ausfallarbeit der VEE zurückzuführen. Durch einen Langzeitspeicher können die VEE-Erzeugungsspitzen kleiner gehalten und weitgehend genutzt werden (Variante 2 und 3). Ein großer Langzeitspeicher (P2G2P) hat zwischen Eingang und Ausgang rund 75 % Verluste. So erklären sich für die Varianten 2 und 3 die immer noch erheblichen Verluste.

[A] Abregelung des nicht in das Netz einspeisbaren VEE-Stroms, auch als Überschussenergie bezeichnet.

Es wird viel spekuliert, wie viel Speicher denn für eine gesicherte, nachfrageorientierte Stromversorgung benötigt wird. Die in _Abb. 38-5_ dargestellte Bruttospeicherkapazität ist rund 4-fach größer als der Nettowert.[A] Die Berechnung unter Berücksichtigung der nötigen Sicherheit ergab eine Nettospeicherkapazität von rund 50.000 GWh. Das entspricht rund 2.000-fach die Kapazität aller 35 PSKWs von Deutschland oder 6.250-mal das größte PSKW (Goldisthal). Damit wird klar, dass auch Norwegen und die Alpenländer nicht substanziell helfen können. →_S307_

Mehrkosten

Eine ganz entscheidende Größe sind die zu erwartenden Mehrkosten im Jahre 2050. Die in _Abb. 38-6_ dargestellten **_Gesamtmehrkosten_** werden einmal als volkswirtschaftliche Kosten, die irgendwie auf die Unternehmen und die Bevölkerung aufzuteilen sind, und als umgelegter Wert auf eine fiktive vierköpfige Familie angegeben.

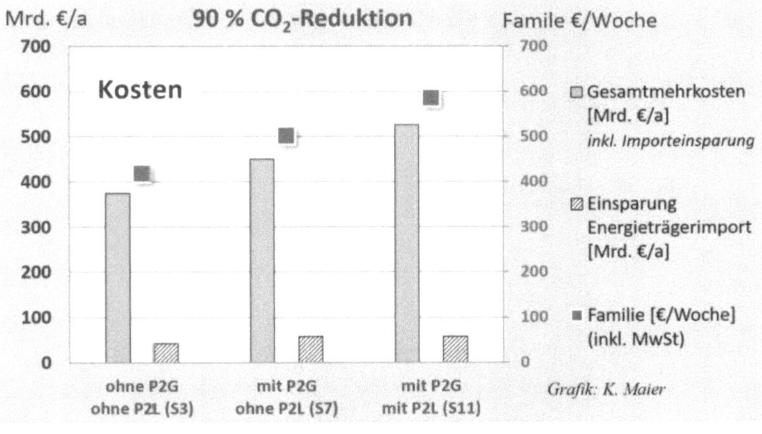

Abb. 38-6: Kosten für -90 % CO$_2$

In diesen Werten sind bereits die eingesparten Kosten durch weniger Import von fossilen Energieträgern berücksichtigt. Um ein Maß für die Zahlen zu bekommen, kann man sich an den EEG-Kosten orientieren, die etwa bei 30 Mrd. € pro Jahr liegen.

[A] Die vom Speicher maximal aufgenommene Energie wird als _Bruttokapazität_ des Speichers bezeichnet. Durch den Wirkungsgrad bleibt aber nur die _Nettoenergie_ übrig, die dem Speicher dann noch entnommen werden kann (_Nettokapazität_).

38.3   Szenario mit den relativ besten Merkmalen

Die vier wichtigsten Merkmale der Szenarien sind: *nötiger VEE-Ausbau*, *Energiever-luste*, *Kosten* und wie viel *synthetische Energieträger* importiert werden müssen. Wo das eine Szenario z.B. bei den Energieverlusten günstig ist, hat es bei anderen Merkmalen Nachteile. Für die Auswahl eines Szenarios ist es sinnvoll, ein Optimum in der Kombination der Merkmale zu haben.

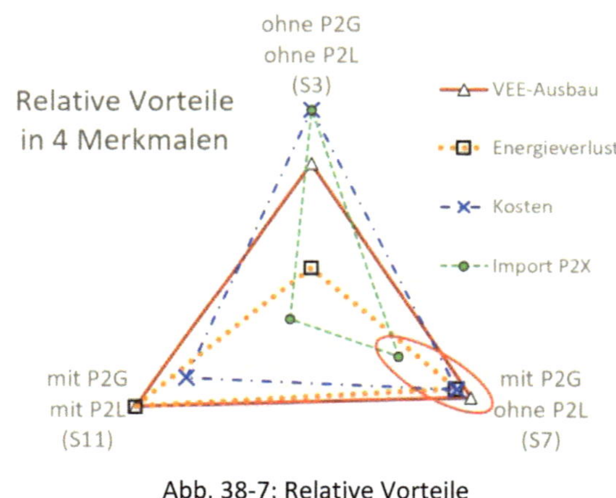

Im Netzdiagramm bedeutet: Je weiter die Punkte vom Zentrum entfernt sind, umso günstiger ist das Merkmal ausgeprägt.

Die Variante „mit P2G ohne P2L" hat relativ die besten Merkmale (Punkte im roten Oval).

Beim Vergleich der -90%-Szenarien schneidet das Szenario (S7) mit der P2G-Technik am besten ab, wie *Abb. 38-7* zeigt. Alle Details zum Szenario 7 finden Sie hier →*K41*.

Abb. 38-7: Relative Vorteile

Kostenanteile

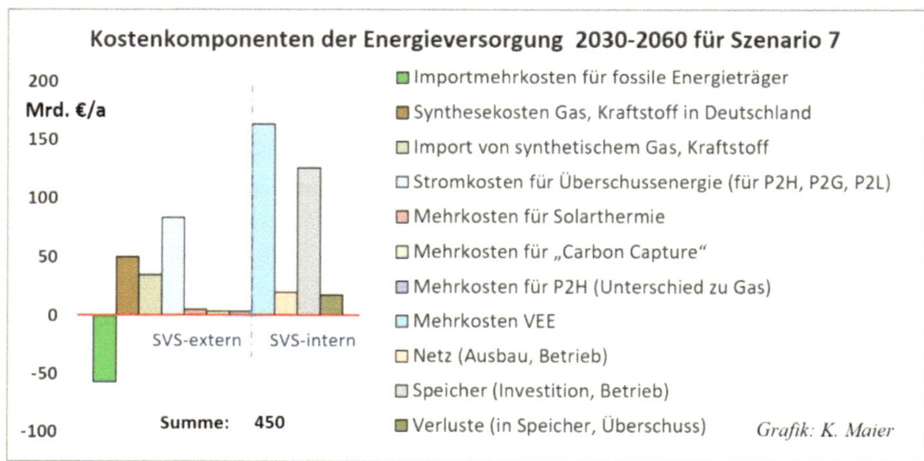

Abb. 38-8: Kostenanteile Szenario 7

In *Abb. 38-8* entsprechen die Balken von links nach rechts der Beschriftung von oben nach unten.

Allein die vermiedenen Importkosten für fossile Energieträger reduzieren die Kosten, sodass immer noch eine Summe von 450 Mrd. € pro Jahr verbleibt.

Bei den Kostenanteilen wird unterschieden, ob die Kosten im gesicherten, nachfrageorientierten Stromversorgungssystem (SVS) entstehen oder ob sie extern anfallen. →*S413*, *Abb. 40-4*

Als interne Kosten werden die Kosten verstanden, die unmittelbar der Stromversorgung zuzuordnen sind. Die externen Kosten beziehen sich auf den Import von Energieträgern und die Erzeugungskosten im Rahmen von P2X.

Kostenentwicklung

Abb. 38-9 zeigt grob den Verlauf der jährlichen volkswirtschaftlichen Mehrkosten. Sie enthalten die internen wie auch die externen Kosten der Energieversorgung.

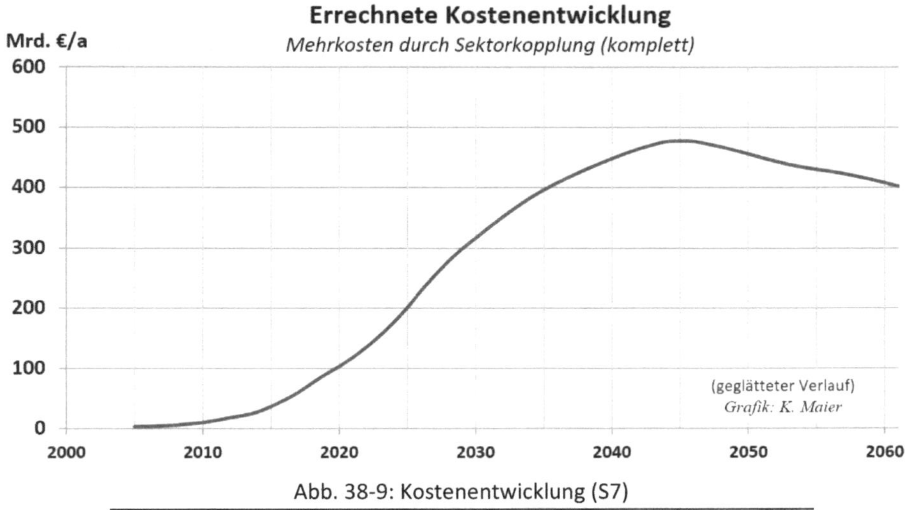

Abb. 38-9: Kostenentwicklung (S7)

In diesem Szenario (→*K40.2*) fällt zwar ab 2045 die Kostenkurve, sie wird aber aufgrund bleibender Kostenteile und der Erhaltung der teuren Komponenten vermutlich nie unter 300 Mrd. € fallen.

Diese Entwicklung basiert auf der Annahme, dass ab 2015 alle für das Konzept erforderlichen Komponenten schrittweise installiert werden. Dabei ist ein linearer Verlauf des Zubaus aller nötigen Komponenten bis 2050 angenommen. Außerdem wird ein linearer Rückgang der Subventionen bis 2050 für die VEE auf nur noch 2 ct/kWh unterstellt (2016 waren es z.B. im Durchschnitt noch 13,2 ct/kWh).[478] Diese Mindestsubvention bleibt dann für alle Folgejahre. Eine Reduktion der Subventionen bis 2050 auf 0 ct/kWh verringert die jährlichen Mehrkosten z.B. im Jahre 2050 von 455 Mrd. € auf 412 Mrd. €.

Energie

Zusätzlich zu den Energieverlusten, die *Abb. 38-5* zeigt, werden in *Abb. 38-10* der zugehörige Energiebedarf im Stromversorgungssystems des Szenarios 7 wie auch der nötige VEE-Ausbau dargestellt.

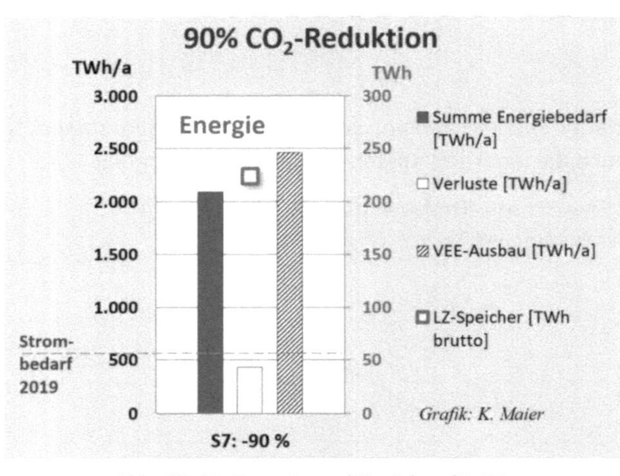

Abb. 38-10: Energie und Speicher für S7

Hinweis:

Die Summe aus Energiebedarf und Verlusten stimmt nicht mit der VEE-Energie überein. Das liegt daran, dass die Energieerzeugung nicht nur aus VEE, sondern auch aus den Resten konventioneller KWs und aus den Planbaren EE besteht.

Der VEE-Ausbau wird hier als typischer Jahresertrag angegeben, damit man die gleiche Skala verwenden kann. Er entspricht einer Summennennleistung von 1910 GW.

Der Langzeitspeicher (P2G2P) benötigt 224 TWh, was 50 TWh netto entspricht.[479]

38.4   Resultierende CO₂-Kosten

Der Gedanke CO_2 zu bepreisen, besteht darin, alte Energielösungen so zu verteuern, dass nach neuen Lösungen gesucht wird, die preisgünstiger oder höchstens gleich teuer sind. Im Umkehrschluss kann man, wenn man die Mehrkosten der neuen Energieversorgung kennt, die nötigen CO_2-Bepreisungskosten ermitteln.

Die *CO₂-Vermeidungskosten* beziehen sich auf zwei Situationen: erstens die Situation ohne CO_2-Preis, und zweitens eine Situation, die weniger CO_2 verursacht, aber mit zusätzlichen Kosten erkauft werden muss. Die Mehrkosten geteilt durch die CO_2-Einsparung sind dann die CO_2-Vermeidungskosten [€/t CO_2]. Mit dieser Kenngröße kann man unterschiedliche Maßnahmen nach ihrer Kosteneffizienz beurteilen. Diesen Ansatz verwendet man im Rahmen der Energiewende meist nur für einen Bereich der CO_2-Reduktion. Entsprechend gering fallen die Vermeidungskosten aus.

Wenn man aber ein Konzept wie die Energiewende beurteilen will, muss man es ganzheitlich (über alle Bereiche beziehungsweise Sektoren) und vollständig (bis zum Endzustand) betrachten.

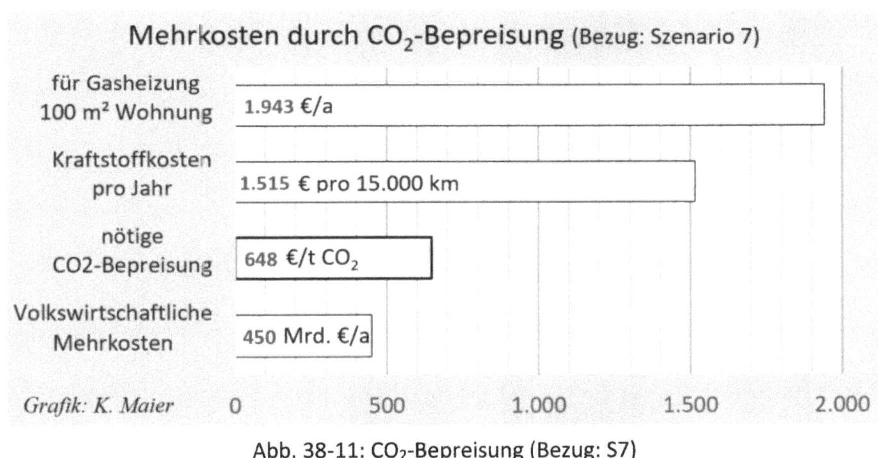

Abb. 38-11: CO_2-Bepreisung (Bezug: S7)

Unterstellt, dass das Szenario 7 die Lösung der künftigen Energieversorgung sein soll, ergeben sich die CO_2-Bepreisungskosten, wie dies *Abb. 38-11* zeigt. Der Berechnung liegen die CO_2-Einsparung gegenüber 2015 von 695 Mill. t CO_2 und die volkswirtschaftlichen Mehrkosten von 450 Mrd. €/a zugrunde. Das ergibt einen CO_2-Preis von 648 €/t CO_2. Daraus ergeben sich dann die gezeigten Balken in der Grafik.

Unter Klimaschutz sagt die Bundesregierung auf ihrer Internetseite:

> *„Bund und Länder einigten sich im Vermittlungsausschuss darauf, den CO_2-Preis ab Januar 2021 auf zunächst 25 Euro festzulegen. Danach steigt der Preis schrittweise bis zu 55 Euro im Jahr 2025 an. Für das Jahr 2026 soll ein Preiskorridor von mindestens 55 und höchstens 65 Euro gelten."* [480]

Sieht man in die Grafik (*Abb. 38-11*), so entnimmt man den 10-fachen CO_2-Preis (rund 650 €/t), verglichen mit dem, der ab 2026 höchstens gelten soll (65 €/t).

 Diese Energiewende wird für die normalen Bereiche des Lebens wie Mobilität und Wohnen unbezahlbar.

Die Schwächsten in der Gesellschaft wird es am schlimmsten treffen.

39 Andere Studien

Die Fülle an Studien, Artikeln und Internetseiten zu den Themen CO_2, Erneuerbare Energien und Energiewende ist übergroß. Die Auftraggeber von Studien haben durchaus Erwartungen an die Ergebnisse, die nicht allzu stark enttäuscht werden dürfen. Das Besondere daran ist, dass solche Arbeiten von Personen oder Instituten erstellt sind, die pro Energiewende sind. Sie leben gewissermaßen von der Fortführung des Transformationsprozesses. Oder anders ausgedrückt: Würde dieses Thema politisch sterben, müssten Sie sich um einen neuen Job kümmern.

Von daher sind Angaben und Ergebnisse aus solchen Quellen für Menschen, die kritisch und objektiv an diese Themen herangehen wollen, mit großer Vorsicht zu genießen. Hinzu kommt, dass die Ergebnisse und Ansätze trotz allem sehr weit auseinanderliegen können. Die Befürworter sind sich also nur darin einig, dass die Energiewende weiterlaufen muss, aber weniger, wie sie konkret ausgestaltet werden soll und wie die inhärenten Probleme zu lösen sind.

Natürlich ist es immer sinnvoll zu wissen, was andere sagen und berechnet haben. Ich habe aufgrund des Analyseaufwands und der großen Anzahl von Studien nur drei beispielhaft einer kurzen Analyse unterzogen:

- Prof. Quaschning als renommierter Energiewendevertreter einer Universität[A], „Volker Quaschning – Sektorkopplung durch die Energiewende"

- Die dena (Deutsche Energie-Agentur GmbH), die von sich sagt:

  „Die dena ist das Kompetenzzentrum für Energieeffizienz, erneuerbare Energien und intelligente Energiesysteme. Als Agentur für angewandte Energiewende tragen wir zum Erreichen der energie- und klimapolitischen Ziele der Bundesregierung bei."

- Die ESYS-Studie (November 2017)
  „Sektorkopplung – Untersuchungen und Überlegungen zur Entwicklung eines integrierten Energiesystems"

Ich möchte folgend aus Platzgründen nur die ESYS-Studie herausgreifen.

[A] Professor für das *Fachgebiet Regenerative Energiesysteme* an der Hochschule für Technik und Wirtschaft Berlin

Die ESYS-Studie

Diese Studie ist insofern interessant, als sie relativ neu ist (November 2017) und viele Autoren aus vielen Instituten daran gearbeitet haben. Die 166-seitige Studie[379] ist unter Federführung von *acatech* (Deutsche Akademie der Naturforscher Leopoldina e.V.) erstellt worden. Die 17 Autoren gehören unter anderem zu: DECHEMA, innogy, acatech, Wuppertal Institut, Fraunhofer ISE, EnBW, ifo Institut, TU Dortmund, KIT, RWI, Ruhr-Universität Bochum, TU München.

Grundmerkmale

Wie praktisch alle Studien, die veröffentlicht werden, geht auch diese kritiklos von der Notwendigkeit der konsequenten CO_2-Vermeidung und der Abschaltung aller KKWs aus. Um diese Zielsetzung zu erreichen, werden nicht nur technische Aspekte, Fragen und Lösungsvorschläge behandelt, sondern auch regulatorische Maßnahmen diskutiert und empfohlen, die das *Projekt der Dekarbonisierung* unterstützen sollen. So heißt es dort:

> *„Eine getrennte technologische oder regulatorische Betrachtung der Sektoren Strom, Wärme und Mobilität erweist sich dagegen als nicht zielführend."*[A]

Es wird nicht verkannt, dass die zwei Hauptprobleme in der **Akzeptanz der Bevölkerung** und in den zu erwartenden **Kosten** liegen.

Die selbstgestellten (und eigentlich selbstverständlichen) Ansprüche an die Ergebnisse sind: Versorgungssicherheit, Wirtschaftlichkeit, Umweltverträglichkeit und Akzeptanz der Bevölkerung.

Annahmen, Vereinfachungen, Randbedingungen

Der Studie ist Folgendes zugrunde gelegt:

- Die CCS-Technik wird nicht berücksichtigt. Das bedeutet, dass keine Abscheidungen aus Rauchgasen (Kraftwerke, Industrie) oder aus der Luft im Modell angewendet werden.

- Die Studie (S. 69) geht aber davon aus, dass eine <u>negative Emission</u> von CO_2 <u>bis ca. 2100</u> nötig sei. Damit wird letztendlich CCS-Technik doch nötig.

- Effizienzsteigerungen und die Einsparung von Energie spielen eine zentrale Rolle, weil damit die notwendige Stromerzeugung niedriger ausfallen kann.

[A] Alle folgenden als Zitate gekennzeichneten Texte wurden aus der ESYS-Studie entnommen.

- In den Szenarien werden als Kurzzeitspeicher (bis Tage) PSKW (wie heute) und Batterien (20-65 GWh) berücksichtigt. Zur Langzeitspeicherung wird auf P2X gesetzt, das zu speicherbaren Energieträgern führt, die auch verstromt werden können.

- Es wird der Vorschlag gemacht: *„Werden Batterien von stehenden Elektroautos als Stromspeicher genutzt, so können diese dazu beitragen, Erzeugungs- oder Lastspitzen abzufedern."* Es wird aber richtigerweise erkannt, dass dies stark von der Bereitschaft der Eigentümer abhängt.

Anmerkung zur Einordnung: Der Beitrag für das Problem des gesamten Speicherbedarfs ist mit einer Größenordnung von unter 1 % marginal.[481]

- Wie auch in anderen Studien wird der Lösungsansatz auf Deutschland begrenzt (Systemgrenze). Im Widerspruch dazu werden aber substanzielle Stromimporte ebenfalls unterstellt, um Energiedefizite auszugleichen.[482]

- Kostenannahmen für Energieträger sind für die Simulation bis 2050 als konstant angenommen (Stand 2016).[483]

- An verschiedenen Stellen sind realistische Annahmen gemacht worden, wie z.B. konstante Preise für Energieträger; Verkehr energetisch nicht reduzierbar; Basisstromlast konstant (wenn auch gering) …

- Das VEE-Ausbaupotenzial wird mit 500 GW (wie in meinen Berechnungen) angegeben; allerdings wird auch der Import von VEE aus dem EU-Stromverbund unterstellt, weil 500 GW VEE nicht ausreichen.

Ergebnisse, Aussagen

- Die Studie stellt fest, dass die meisten Einzelziele der Energiewende teilweise signifikant verfehlt werden, wenn keine substanziellen Veränderungen stattfinden. (Gemeint sind regulatorische Eingriffe und massiv gesteigerter Ausbau der VEE.)

Ausbau VEE, Volatilität

- *„Die installierte Leistung an Windkraft und Photovoltaik müsste in diesem Fall (bei gleichbleibendem Energieverbrauch) gegenüber heute **versiebenfacht** werden."*

- *„Lediglich eine drastische Senkung des Energieverbrauchs durch Erhöhung der Effizienz und durch Einsparungen, eine verstärkte Nutzung weiterer* erneuerbarer Energien wie Biomasse, Biogas, Solarthermie und Geothermie sowie der Import erneuerbarer, synthetischer Brenn- und Kraftstoffe kann den genannten Ausbaubedarf an Windkraft und Photovoltaik signifikant verringern helfen."

- Für P2X werden Leistungen von 15 bis 45 GW angegeben (vermutlich elektrische Eingangsleistung).

- **P2X:** *„Für alle Anlagen ist aus betriebswirtschaftlichen Gründen eine möglichst hohe Zahl an Volllaststunden anzustreben, was für eine Kombination von vorgeschalteten Batterien mit Elektrolyseverfahren spricht."*

Anmerkung aufgrund eigener Untersuchungen

Richtig ist: Hohe Volllaststunden sind wichtig zur Reduktion der Kosten und der Vermeidung von zusätzlichem Verschleiß.

Allerdings: Erst bei sehr großen Batteriekapazitäten können die Volllaststunden signifikant gesteigert werden. Die Mehrkosten für Batterien sind ungleich höher als der Gewinn durch weniger Abschaltungen.

Entwicklung im Verkehr

- *„Insgesamt ist zudem bis 2050 mit einer steigenden Verkehrsleistung zu rechnen. Eine besonders starke Zunahme auf mehr als das Doppelte ist dabei im Flugverkehr und der Seeschifffahrt zu erwarten."*

- *„Zwar führten technologische Verbesserungen zu Einspareffekten, diese wurden aber unter anderem durch die Zunahme des Verkehrsaufkommens und geändertes Verbraucherverhalten überkompensiert. [...] Nach Einschätzung der Expertenkommission zum Monitoring-Prozess Energie der Zukunft ist man vom gesteckten Ziel der Senkung des Endenergiebedarfs im Verkehrssektor weit entfernt".*

Stromerzeuger

- Trotz Kurzzeitspeicher und Backup-Kraftwerken steht in ESYS:

*„Dies bedeutet eine hohe **Flexibilität** einerseits in der residualen Stromerzeugung und andererseits auf der Verbrauchsseite, die kurzfristig durch Lastverschiebung (Demand-Side-Management) erreicht werden könnte."*

Anmerkung aufgrund eigener Untersuchungen:

Die Flexibilisierung auf der Verbraucherseite hat nur geringen Einfluss, insbesondere bei der notwendigen Kapazität des Gesamtspeichers.

- *„Auch in Zukunft sind **konventionelle thermische Kraftwerke** (Gas- sowie Gas-und-Dampf-Kraftwerke) mit **insgesamt vergleichbarer Kapazität** wie heute benötigt, um die Versorgungssicherheit auch in Zeiten sogenannter ‚kalter Dunkelflauten' zu gewährleisten."* (Hervorhebungen durch Autor)

Kosten

- Die CO_2-Vermeidungskosten werden aus den ermittelten Kosten und den Einsparungen ausgerechnet. Für die Methanisierung von Biogas werden in der Tabelle 7 der Studie **438 €/t CO_2-Vermeidungskosten** für 2050 angegeben.

Anmerkung: Die Methanisierung von Biogas ist ein günstiger Fall, der zudem nur einen marginalen Anteil zur CO_2-Vermeidung ausmachen kann, weil Biogas nur einen geringen Anteil an der Gesamtenergie hat.

- Die kumulierten Systemkosten bis 2050, bei 90 % CO_2-Einsparung, sind mit rund **7.000 Mrd. €** angegeben.

- Die Studie schlägt **einheitliche CO_2-Bepreisung** als entscheidende, steuernde, regulatorische Maßnahme vor (bei Reduktion der anderen Gesetze und Verordnungen), Seite 148 Nr. 9.

Kritik

Trotz der kritiklosen Übernahme der Energiewendeziele hat diese Studie, im Gegensatz zu den allermeisten anderen Studien, an verschiedenen Stellen eine ungewöhnliche Realitätsnähe gezeigt, was den ausgewählten, oben aufgelisteten Aussagen zu entnehmen ist.

Trotzdem müssen folgende Schwachpunkte genannt werden:

- Viele Aussagen beziehen sich auf das, was *„möglich wäre"*, was bei den Problemen *„helfen könnte"*. Hier vermisst man quantitative Angaben zum Umfang der „Hilfe" und zu den Kosten.

- Einerseits wird von einem nationalen Energiekonzept gesprochen, andererseits geht man von Energieflüssen in/aus dem EU-Verbundsystem aus. Damit verschiebt man die Probleme der wetterabhängigen Stromerzeugung auf das Ausland und unterstellt, dass dieses zu jedem notwendigen Zeitpunkt fähig und willens ist, Über- und Unterdeckung von Leistung zu normalen Preisen auszugleichen. Es ist seit langem bewiesen, dass sich VEE-Strom über eine große Fläche eben nicht ausgleicht. Das heißt, wenn in

Deutschland Strom fehlt (Flaute), kann dies auch europaweit so sein und das noch für mehrere Tage. Aus dem Ausland ist also kein übriger VEE-Strom zu bekommen, vielmehr wird das Ausland künftig in Zeiten von VEE-Mangel ebenso uns um Hilfe bitten. →*S321*

- Wenn man konsequent die Probleme innerhalb Deutschlands lösen will, bedeutet das, dass in der Dimensionierung des Energiesystems Sicherheiten vorgesehen werden müssen, die natürlich in der ESYS-Studie fehlen und so deren Kosten geringer ausfallen lassen.

Anmerkung: Hier unterscheiden sich die von mir dokumentierten Berechnungen deutlich von allen anderen Studien.

- Es wird auch davon ausgegangen, dass für Backup-KWs Erdgas eingesetzt wird. Die CO_2-Emission ist hier deutlich geringer als bei Kohle-KWs (weniger als die Hälfte). Was aber allgemein nicht berücksichtigt wird, sind die Emissionen der Vorkette, die vorwiegend in anderen Ländern anfallen. Werden diese berücksichtigt, sind die sogenannten *klimaschädlichen* Emissionen fast mit denen von Steinkohle zu vergleichen. →*K27.3* Hier wird mit falschen Werten schöngerechnet.

- Die Studie weist zu Recht auf die Notwendigkeit einer möglichst hohen Volllaststundenzahl für den Betrieb der P2X-Anlagen hin (s.o.). Die Überschussenergie, die für deren Betrieb verwendet werden soll, sind aber besonders volatil. Die „Glättung" über vorgeschaltete Batterien ist zwar technisch möglich, aber der Effekt bei hohen Kosten gering.

Anmerkung: Die Problematik wird →S300 ausführlich erläutert. Es werden dort durch Berechnungen und Kurven die Zusammenhänge aufgezeigt.

- **Die in der Studie angegebenen Mehrkosten** sind *„ökonomische systemische Mehrkosten, die keine externen Kosten enthalten."* bezogen auf die Referenzkosten, die entstehen würden, wenn bis 2030 weitergemacht würde wie bisher.
Bis 2030 wird die Energiewende aber rund 800 Mrd. € Mehrkosten verursacht haben, verglichen mit einer Energiepolitik ohne Energiewende. Damit sind die kumulierten Gesamtkosten ab dem Jahr 2000 fast um 1 Bill. € höher.[A]

[A] In meinen Berechnungen werden die volkswirtschaftlichen Mehrkosten auf die fiktive Situation bezogen, bei der seit dem Jahr 2000 keine Energiewende stattgefunden hat.

- Wenn man als Referenz im Anhang rund 220 Studien und Papiere zitiert, so ist das wenig glaubwürdig, weil diese schwerlich alle ernsthaft geprüft, bewertet und inhaltlich unterstützend einbezogen worden sein können.

- In einer Gegenüberstellung vieler Studien zur Energiewende wird deutlich: Die Unterschiede sind groß, d.h., die genannten Annahmen, die Lösungsansätze und die Quantitäten der Mittel weichen teilweise stark voneinander ab. Hier sind sich die Experten alles andere als einig.

In den wenigen, letzten Jahren zeigt die Bandbreite der ermittelten Kosten für die Energiewende die Unzuverlässigkeit solcher Studien: Sie liegen zwischen einem volkswirtschaftlichen Gewinn und 7.800 Mrd. € an Mehrkosten, kumuliert bis 2050.

Je mehr Zeit ins Land geht, umso höher steigen die publizierten Mehrkosten. Von daher ist zu erwarten, dass auch 8.000 Mrd. € nicht das Ende der Erkenntnis sein werden.

Was nicht gesagt wird, ist, dass ein komplexeres, teureres Energiesystem dauerhaft jährliche Mehrkosten, auch nach 2050, verursacht.

Zusammenfassende Bewertung

Neben der oben vorgenommenen Merkmalsbeschreibung der ESYS-Studie mit einer weitgehend qualitativen Kritik wurde auch eine Berechnung mit meinen Modellen vorgenommen. Dabei wurden die Angaben der ESYS-Studie, so weit als möglich, zunächst in mein Szenarienmodell überführt. Nicht alles war eins-zu-eins übertragbar – manche Parameter in meinem Modell mussten durch Interpretation gefüllt werden. Der reduzierte Stromverbrauch (Energieeinsparung) wurde übernommen und stellt eine wesentliche Kenngröße dar. Es war festzustellen, dass mein Szenarienmodell die 85 % CO_2-Einsparung der EYSY-Studie fast punktgenau getroffen hat. Wie schon oben gesagt, kann ich nicht alles als realistisch akzeptieren, und trotzdem war es interessant, damit eine Modellierung vorzunehmen.

Die nach meinem Szenarienmodell erfolgte Dimensionierung des Stromversorgungssystems, die den Zustand für 2050 beschreibt, lieferte folgende markante Kenngrößen:

Stromgestehungskosten: 20,4 ct/kWh. Daraus werden für den Stromkunden **1,27 €pro kWh** (ergänzt mit den heutigen Strompreiskomponenten).

Die volkswirtschaftlichen Mehrkosten belaufen sich auf rund **300 Mrd. € pro Jahr** (Durchschnitt im Bereich von 2030 bis 2060).

Dauerhaft (nach 2080) werden die Mehrkosten wohl nicht unter 200 Mrd. €/a fallen. Das heißt, die kumulierten Kosten sind dauerhaft ansteigend. 2050 wird die Marke von 8.400 Mrd. € erreicht, die bis 2060 bereits die 11.000 Mrd. € überschritten haben.

Der Ausbau der VEE ist etwas niedriger als für meine 90%-Szenarien. Das erklärt sich durch den reduzierten Strombedarf und die geringeren CO_2-Ziele der ESYS-Studie.

Nachrechnung des ESYS-Konzepts

Für eine ESYS-Variante, in der ich mich mit meinen Dimensionierungs- und Berechnungsgrundsätzen an die Konzeptvorschläge der ESYS, soweit möglich, angenähert habe, wurde ein **VEE-Ausbau vom 16,3-Fachen von 2019** errechnet.

Die Kombination von einem Langzeitspeicher mit Backup-KWs – worin sich ESYS von meinen Szenarien S1 bis S12 unterscheiden – stellt keinen erkennbaren Vorteil dar.

Zusammenfassend kann man sagen, dass die Größenordnungen meiner wesentlichen Kennzahlen auch für die ESYS-Variante gelten.

Damit wird letztlich auch über das ESYS-Konzept bestätigt, dass die Energiewende nicht umsetzbar ist.

3. Teil

Jetzt geht es in die Details
und in die Zahlen ...

Nachdem ich Ihnen meine Bewertung dargelegt habe, möchte ich Ihnen zeigen, wie ich zu den quantitativen Einschätzungen gekommen bin. Dazu wird nachfolgend an einem Szenario erläutert, wie die Berechnungen durchgeführt wurden. Sie erhalten so einen Einblick, mit welchen Methoden und Annahmen gearbeitet und welcher Aufwand betrieben wurde.

40 Grundlagen der Berechnung

Meinen Berechnungen liegen folgende Annahmen zugrunde:

- **Keine Kernkraftwerke**
  In den Szenarien wird der Vollzug des Ausstiegs aus der Kernkraft 2022 unterstellt.

- **Annähernd 100 % EE am originären Stromverbrauch**
  Für die heutigen, klassischen Stromverbraucher in Industrie, Handel, Gewerbe und Haushalte muss eine stabile, nachfrageorientierte Stromversorgung zur Verfügung stehen. Da die zu reduzierenden Treibhausgase nicht nur aus CO_2 bestehen und die Substituierfähigkeit der Sektoren *Mobilität* und *Wärme* begrenzt ist, muss bei hohem CO_2-Reduktionsanspruch zumindest der Sektor Strom zu annähernd 100 % aus Erneuerbaren bestehen. Dies bedeutet einen geringen Anteil von Resten fossiler KWs (die zum Teil auch Fernwärme liefern) und einen möglichst geringen Energiebeitrag durch Backup-Kraftwerke.

- **Die Stromversorgung ist nachfrageorientiert**
  Die Flexibilisierung (Smart Grid) wird wegen Bedeutungslosigkeit für den Langzeitausgleich nicht berücksichtigt. Selbst die Wärmeerzeugung über Wärmepumpen oder das Laden von E-Fahrzeugen können nur kurze Stromausfälle vertragen.[484] Daher werden alle heutigen Stromverbraucher, wie auch Wärmepumpen und Ladestationen, an dem gesicherten Stromversorgungssystem (SVS) angeschlossen und so modelliert.

- **Deutschland ist stromautark auszulegen**
  Das heißt, keine grenzüberschreitenden Energieflüsse (bilanziell). Das ist eine durchaus übliche (konservative) Betrachtungsweise, die auch in vielen anderen Studien gilt. Wenn die ganze EU unserem Vorbild folgen soll, was durch Klimaschutzziele der EU praktisch beschlossen ist, bedeutet das, dass im ungünstigsten Fall für fast ganz Europa eine VEE-Flaute herrscht. Woher soll dann der Strom von den jeweiligen Nachbarn kommen? Daher muss die Stromversorgung von jedem Land autark und nach dem Worst Case ausgelegt sein.[485]

- **Keinen grundsätzlichen Umbau der Gesellschaft**
  Die Zielsetzung der *Großen Transformation* steht im Raum und soll Realität werden. In meinen Szenarien wird davon ausgegangen, dass ein solcher <u>grundsätzlicher</u> Umbau der Gesellschaft nicht stattfinden wird. Sicherlich

sind evolutionär verlaufende Veränderungen in der Gesellschaft und in der Wirtschaft vernünftig und nicht aufhaltbar, aber einen von Eliten zentral gesteuerten Umbau in eine ökologistische Planwirtschaft auf der Grundlage eines *„neuen Menschen"* wird in meinen Szenarien ausgeschlossen.

Die Konsequenz aus dieser Annahme ist, dass es keine erzwungenen Energieeinsparungen bei den Bürgern gibt und damit die Energieeinsparpotenziale sehr begrenzt sind.

40.1 Energieversorgung mit Sektorkopplung

Abb. 40-1 verdeutlicht das konfigurierbare Konzept (Fernwärme und P2H sind nicht dargestellt).

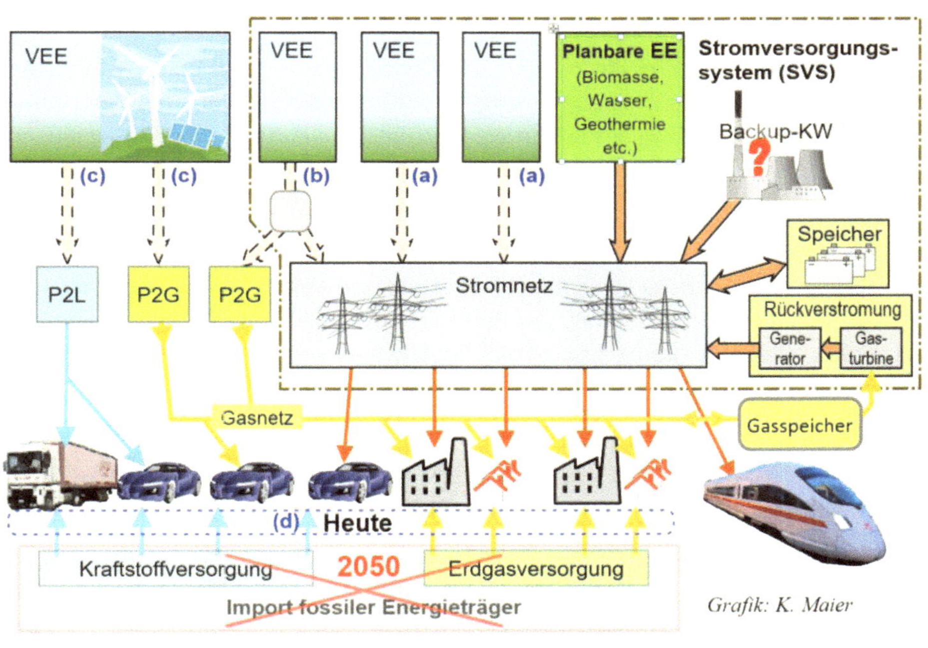

Abb. 40-1: Konzept Sektorkopplung

Prinzip

Oben in der Grafik sind die Stromerzeuger aufgetragen. Es handelt sich fast ausschließlich um VEE, also um Windenergie und Photovoltaik. Die VEE liefern einen nicht steuerbaren Beitrag in das Stromnetz (daher Pfeile gestrichelt). Falls das Szenario Backup-KWs erlaubt (Gas-KWs emittieren auch CO_2), liefern diese die nötige Restleistung, wenn bei den VEE Mangel herrscht. Sind keine Backup-KWs zugelassen, muss der ganze Ausgleich durch Speicher erfolgen, indem diese Überschussenergien (bei VEE-Überproduktion) aufnehmen und dann bei Mangel wieder abgeben.

In das Stromnetz speisen einige VEE-Erzeuger (a) direkt ein (sofern sie nicht zeitweise abgeregelt werden müssen). Andere VEE-Erzeuger (b) können wahlweise in das Stromnetz einspeisen oder ihre Energie wird in einer P2G-Anlage zur Erzeugung von Methan für das Gasnetz verwendet.

Wieder andere VEE-Erzeuger (c) sind fest mit P2G- oder P2L-Anlagen verbunden. Die so verwendete Elektroenergie kann als Gas oder als Kraftstoff in bekannter Weise gut gespeichert und transportiert werden. Die Verteilung von Gas erfolgt über das Erdgasnetz und die Verteilung von Treibstoffen (aus P2L-Prozess) über ein Tankstellenetz, wie wir es heute kennen.

Auf diese Weise können große Teile im Sektor Mobilität über Gas oder synthetische Treibstoffe, sogenannte **E-Fuels**, versorgt werden. Heute (d) erfolgt die Versorgung von Gas und Treibstoffen über importierte fossile Energieträger. Diese können dann (weitgehend) im Jahre 2050 entfallen, so das Ziel.

Alle dargestellten Nutzer des Stromversorgungssystems (SVS) erwarten zu jeder Zeit eine nachfrageorientierte, also uneingeschränkte, Versorgung mit Strom. Es wird davon ausgegangen, dass es keine angebotsgesteuerten Verbraucher gibt – jedenfalls nicht im nennenswerten Umfang. Das Potenzial der Flexibilisierung ist viel zu gering, um die Nachteile eines Konzepts auf Basis des Energieangebots aufzuwiegen. *→K41.4*

Quantitativ

In der Kalkulationstabelle *Abb. 41-1* *→S436* zur Beschreibung des Szenarios wird mit Endenergien gerechnet. Das ist für Energiebetrachtungen die geeignete Größe. Die Werte von 2015[A] werden als Ausgangsgrößen verwendet.

Der Endenergiebedarf schwankt naturgemäß und hängt unter anderem vom Heizbedarf (Wetter) und von der Auftragssituation der Wirtschaft (Konjunktur) ab. Hier „genau" arbeiten zu wollen ist weder nötig noch möglich. Das Jahr 2015 wird in dieser Hinsicht als durchschnittlich angenommen. Die Auswirkungen der genannten Einflussgrößen auf die Ergebnisse und die Aussagen, sind vernachlässigbar.

Über einen individuellen CO_2-Faktor wird bestimmt, wie viel CO_2 durch die Endenergie einer bestimmten technischen Energieerzeugungs- oder Nutzungsart freigesetzt wird.

[A] Weil bei Beginn der Berechnungen die Werte von 2015 verfügbar waren.

Damit ist ausreichend genau bestimmbar, wie viel CO_2 im betrachteten Szenario an welchen Stellen noch emittiert wird. Über den Vergleich des CO_2-Ausstoßes mit 1990 ist die CO_2-Einsparung bei dem so festgelegten Szenario ermittelbar. Vereinfachend werden Wind- und Solarenergie sowie klimaneutrale Techniken wie P2G und P2L als CO_2-frei berücksichtigt.

Die Modellierung ist für den beabsichtigten Zweck ausreichend genau.[486] Durch die mit dem Modell errechneten CO_2-Werte für 2015 (die bekannt sind) kann der Ansatz als ausreichend verifiziert bezeichnet werden.

Was nicht berücksichtigt wird

> Jedem Modell ist immanent, dass es ein vereinfachtes Abbild der Realität ist. Die Vereinfachungen sind so zu wählen, dass sie die Komplexität ausreichend reduzieren, aber das Ergebnis nur gering verfälschen.

Die nachfolgend aufgeführten Punkte würden, wenn man sie im Modell berücksichtigte, meist zu weiteren volkswirtschaftlichen Mehrkosten führen, also die Ergebnisse im Sinne der Energiewende weiter verschlechtern.

Es geht um konkrete Dinge in den Bereichen Technik und Kosten:

Gesicherte Stromversorgung

- Stark steigende Redispatch-Kosten sind nicht berücksichtigt (Korrekturmaßnahmen wegen Abweichungen zur Vorausplanung)

- Die Kosten für den Rückbau von Anlagen nach ihrem Nutzungszeitraum, der nicht durch die Betreiber gesichert ist, sind nicht berücksichtigt.

- Der wachsende Energiehunger der IT-Server, der mit 35-70 TWh bis 2050 grob abgeschätzt wurde, ist nicht berücksichtigt.

Wärme

- Energieaufwendungen für Lüftungssysteme in hochgedämmten Gebäuden als Bestandteil der Wärmerückgewinnung und damit der Energieeinsparung. Dieser Anteil kann den (wenn auch niedrigen) Energieverbrauch wieder um bis zu 27 % erhöhen.[487]

- Die Wärmedämmung verursacht Investitionskosten. Hinzu kommen Erneuerungszyklen und damit quasi Betriebskosten. Zur Energiebilanz: Es gibt nicht nur Energieeinsparung, sondern auch Energiemehrverbrauch bei der

Herstellung der Dämmmaterialien, den es ohne Wärmedämmung nicht gegeben hätte und der auf den Nutzungszeitraum umgelegt werden müsste.

- Kosten für den Ausbau von Wärmeversorgungsnetzen sind nicht berücksichtigt (es wird kein substanzieller Zuwachs angenommen).

- Der zu erwartende Anstieg von Klimaanlagen in Wohngebäuden bis 2050 kann zu erheblichen Leistungsspitzen an heißen Sommertagen führen.[488] Als nicht berücksichtigte Größenordnung kann man 15 GW bzw. 7 TWh/a nennen.

Verkehr

- Mögliche *biogene Technologien* für die Herstellung von Wasserstoff oder Kraftstoffen werden wegen unklarer Entwicklung nicht berücksichtigt.

- Wasserstoff(wirtschaft) mit Brennstoffzellen wird in den Szenarien wegen vieler Nachteile nicht berücksichtigt. *→K30.4*

- Kosten für Verkehrsinfrastruktur durch Oberleitungen sind nicht berücksichtigt.

- Die Infrastrukturkosten[A] für E-Mobilität (Netz der Ladestationen) werden nicht angerechnet. Durch Berücksichtigung (mehrere Mrd. €/Jahr) würden die ausgewiesenen Mehrkosten spürbar erhöht werden.

- Grundsätzliche Mehrkosten, die durch die zusätzlichen Batterien in den Pkws, Lkws und Bussen benötigt werden (sind volkswirtschaftliche Kosten, die es ohne EW nicht gäbe), sind nicht berücksichtigt.

Kosten- und Preisaspekte

- Durch die rein volkswirtschaftliche Betrachtung entfallen die Kostenzuordnungen, die sich aus Verordnungen und Gesetzen ergeben – d.h., es wird nicht gemutmaßt, welche Volks-/Gesellschaftsgruppe welchen Kostenanteil zahlt.

- Positive oder negative Auswirkungen auf den Arbeitsmarkt durch vermutete, neue (weltweite) innovative Märkte und Konkurrenzfähigkeit von CO_2-Vermeidungstechniken.

[A] Die Kosten sind abhängig vom Durchdringungsgrad.

- Kostenentwicklung hinsichtlich relevanter Ressourcen, z.B. seltene Erden, Kupfer für WEAs, Lithium und Kobalt für Autobatterien, Kosten für Recycling. Insbesondere unter dem Aspekt, dass sich Deutschland nicht alleine so verhält.

- Umstellungsinvestitionen z.B. in der Industrie: Mögliche Kostenreduktionen durch Einsparung des Energiebedarfs stehen den Betriebs- und Kapitalkosten (für die Finanzierung der Investition) gegenüber. Es wird nicht der Versuch gemacht, dies resultierend quantitativ aufzulösen und gegenzurechnen.

- Kosten zur Umstellung auf besonders energiesparende Verbraucher oder Fertigungsprozesse über den sonst sinnvollen *State of the Art* hinaus (diese übersteigen die Einsparungen an Energiekosten).

- Die Reduktion der anderen Klimagase wird auch volkswirtschaftliche Kosten verursachen, die nicht untersucht wurden und somit noch hinzuzurechnen sind.

- Volkswirtschaftliche Verluste, durch vorzeitige Stilllegungen von Kraftwerken und sonstige Anlagen vor Ende ihrer Nutzungsdauer[A] (weil technologisch als veraltet erklärt oder nicht gewollt), werden nicht berücksichtigt.

Sonstiges

- Extreme Wettereinflüsse (sehr kalte Winter) beim Wärmebedarf sind nicht berücksichtigt. Eine gewisse Sicherheit ist durch den Sicherheitsfaktor der VEE für die Stromversorgung gegeben, der auch zu mehr Gas aus P2G führt.

- Nicht berücksichtigt wird die Möglichkeit, dass es Dunkelflauten im Winter gibt, in Kombination mit Temperaturen, die so niedrig sind, dass die vorwiegend verbauten Luftwärmepumpen nicht mehr genügend heizen können, so dass der erhöhte Wärmebedarf durch direkte Heizung mit Strom ergänzt werden muss. Dies hätte unter Worst-Case-Gesichtspunkten sogar einen nicht unerheblichen Einfluss auf die Dimensionierung des Stromversorgungssystems.[489]

- Das Gleichzeitigkeitsproblem, wie <u>→S241</u> beschrieben.

- Die Kosten, die durch den Kernkraft- und Kohleausstieg entstehen. <u>→S252</u>

[A] Wie beim Kohle- und Atomausstieg

40.2 Untersuchte Szenarien

Natürlich kann man sich fast beliebig viele Szenarien mit den unterschiedlichsten Randbedingungen und Parametern vorstellen. Alle können unter gewissen Gesichtspunkten begründet oder auch kritisiert werden. Es bleibt also nichts anders übrig, als halbwegs vernünftige Szenarien auszuwählen.

Ich habe insgesamt zwölf Szenarien entworfen und berechnet, die verschiedene CO_2-Einsparungen und unterschiedliche Technikannahmen für das Zieljahr 2050 berücksichtigen.

Die Szenarien als Tabelle:

Szenario	CO_2	Technik	Bemerkungen
S1	-60 %	---	Ohne P2G ist kein Langzeitspeicher möglich, so dass das Stromversorgungssystem (SVS) über Backup-KWs (Gas-KW) abgesichert werden muss. Es war zu klären, inwieweit CO_2-Reduktion möglich ist und wodurch dies eventuell begrenzt wird.
S2	-80 %	---	
S3	-90 %	---	
S4	-90 %[*)]	---	
S5	-60 %	P2G	P2G ermöglicht den Verzicht auf Backup-KWs durch den Einsatz von Methanspeichertechnik; Prozess: P2G2P.
S6	-80 %	P2G	
S7	**-90 %**	**P2G**	Das synthetische Gas kann auch direkt zur Substitution von Erdgas verwendet werden, also für Heizung und Mobilität.
S8	-90 %[*)]	P2G	
S9	-60 %	P2G + P2L	Hier kommt die Möglichkeit der synthetischen Kraftstoffe hinzu. →*K30.2*
S10	-80 %	P2G + P2L	
S11	-90 %	P2G + P2L	
S12	95 %	P2G + P2L	

[*)] für dieses Szenario wurde ein niedrigerer Energiebedarf angesetzt.

Tabelle 40-1: 12 Szenarien

S7-Merkmale: 90 % CO_2-Einsparung gegenüber 1990; Einsatz von P2H-Technik; starker Einsatz von Solarthermie (Gebäude); P2G-Technik ist großtechnisch verfügbar und erzeugt synthetisches Methan, das verwendet wird für: Rückverstromung (Langzeitspeicher) und teilweise für Gas-Pkw, Heizungen; teilweise Import von synthetischem Methan; starker Einsatz von E-Mobilität; Einsatz von CCS.

Aus Platzgründen wird in →*K41* nur ein Szenario (S7) berechnet und dokumentiert. In →*K38.3* wird begründet, warum dieses Szenario als das naheliegendste ausgewählt wurde.

40.3 Verwendete Parameter

Die Erläuterung der Parameter und die Begründung der verwendeten Werte müssen ebenfalls aus Platzgründen entfallen. Bei Bedarf fragen Sie bitte bei mir nach.

Stromversorgung

	Parameter, für alle Szenarien gleich
1,08	Brutto/Nettostrom
90	TWh/a Planbare EE
0,003	Mrd.€/a/1TWh für zusätzliche Infrastruktur zur Nutzung der Überschussenergie

Parameter 40-1: Stromversorgung

Power-to-X

0,37	Wirkungsgrad P2L (Strom -> Kraftstoff(th))
0,48	Wirkungsgrad P2G (Strom -> Methan inkl. Kompression)
0,08	€/kWh Gestehungskosten VEE + Netzkosten für die Synthese P2x
0,116	€/kWh(EndEnergie) Synthesekosten P2G ohne Stromkosten
49%	Fixkostenanteil für Synthese P2G, P2L
0,05	€/kWh(EndEnergie) Synthesekostenaufschlag zu P2G für P2L; ohne Stromkosten
0,23	€/kWh Importkosten synthetisches Gas (P2G)
0,30	€/kWh Importkosten synthetischer Kraftstoff (P2L)

Parameter 40-2: Power-to-X

Verkehr

3%	Anteil Biokraftstoffe bei der Kraftstoffbereitstellung 2050 (THG-Einsparung von 70% angenommen)
0,285	Verbrennungsmotor: Wirkungsgrad Traktionsenergie/Endenergie
0,770	Wirkungsgrad Elektroantrieb über Oberleitungen (Traktionsenergie/Stromerzeugung)
0,698	Wirkungsgrad Elektromotor über Batterie (Traktionsenergie/Stromerzeugung)
50	kg/kWh CO2 bei der Batterieherstellung in 2050
72	kWh Batteriekapazität durchschnittlich pro PKW

Parameter 40-3: Verkehr

Wärme

3,0 ct/kWh	Industrie-Gaspreis für Fernwärme-KW oder Gas-KW (um 2025)
0,05	Verhältnis Heizöl/Gas (Heizung) in 2050
50 TWh/a	Implementierbare Obergrenze für Solarthermie WW (wirtschaftlich); max. nutzbare Energie
0,122 Mrd.€/TWh	Kosten für Solarthermie; Einsparung von Erdgas berücksichtigt
3,00	Leistungszahl Wärmepumpe eher etwas ungünstiger (kalte Winter)
7,5 ct/kWh	Mehrkosten für Fernwärme über Power-to-Heat (Unterschied zw. Gas- und Strombetrieb)
60 €/t	CO_2-Kosten für die Abtrennung von CO_2 aus Stahl- oder Kraftwerk (für CC, CCS, CCU)
30%	Zus. Energieaufwand für die Abscheidung von CO_2 aus Rauchgasen; Basis: Verbrennungsenergie

Parameter 40-4: Wärme

Import von synthetischen Energieträgern

Das Modell für die Szenarien erlaubt synthetische Energieträger über P2G oder P2L aus dem Ausland zu importieren, weil dort günstigere Wetterertragsbedingungen vorliegen (Berechnung _→S292_). Das sollte für Deutschland die Vorteile haben:

- günstigere Kosten für die Energieträger

- weniger VEE-Ausbau

Die verwendeten Werte sind in _Parameter 40-2_ angegeben.

CO_2-Kenngrößen

Mt CO_2/TWh	CO_2-Kenngrößen (Vorketten moderat berücksichtigt)
1150	**Mt CO_2/a** Treibhausgas-Referenzwert 1990 (CO2+Methan)
0,800	2015: Fossiler Kraftwerkmix
55%	2015: fossiler Anteil an Stromerzeugung
0,290	2015: Wärmeerzeugung; Mix aus fossilen Energieträgern [.../TWh(th)]
0,550	2050: Gas-Backup-KWs
0,750	2050: verbliebener fossiler KW-Mix
0,260	2050: Wärmeerzeugung; Mix aus fossilen Energieträgern [.../TWh(th)]
0,340	2050: Koks/Kohle für Stahlindustrie
0,035	2050: CO_2-Anteil an VEE-Strom (Wind + PV) für P2G, P2L

Parameter 40-5: CO_2-Kenngrößen

Für die Berechnung der resultierenden CO_2-Emissionen gibt es eine Tabelle (_Parameter 40-5_). Die Werte werden in den Szenarientabellen als Parameter verwendet. Aufgrund verschiedener Aspekte wurde entschieden, die Anteile der Vorketten „moderat" zu berücksichtigen.

Szenariospezifische Parameter

Einige Parameter ergeben sich erst durch die Merkmale des Szenarios.

Volllaststunden für P2X

1.218 ermittelte Volllaststunden (Strom-Input) für P2G und P2L; Kosten bezogen auf 3.500 h/a

Parameter 40-6: Volllaststunden (Beispiel)

Importeinsparung fossiler Energieträger

Für die Einsparung von fossilen Energieträgern für Verkehr und Heizen wird ein durchschnittlicher Einkaufspreis (für den nationalen Import von großen Mengen) ermittelt. Da sich je nach Szenario die zu importierenden Energieträger in ihren Anteilen ändern, ändert sich auch der durchschnittliche Einkaufspreis. Daher wird für jedes Szenario der Einkaufspreis konkret berechnet.

Fossile Anteile und Kosten für dieses Szenario

Anteil %	€/kWh(th)	Fossile Energie ohne KWs
1,9	0,035	Mineralöl (Heizung)
37,3	0,030	Erdgas (Heizung)
60,9	0,040	Kraftstoff Diesel/Benzin
100,0	0,0362	€/kWh (th) Mix-Preis

(Beispiel)

Parameter 40-7: Fossile Energie Mix-Preis 1

Kosten für fossile Energieträger

Für die gegebenenfalls verbliebenen fossil betriebenen Kraftwerke werden die Brennstoffkosten individuell je Szenario ermittelt.

%		Energieträger für verbliebene KWs (dieses Szenario)
55%	0,030	€/kWh Gas-Kraftwerke
42%	0,015	€/kWh Stein-, Braunkohle-KWs
3%	0,035	€/kWh Öl-KWs
100%	0,024	€/kWh (th) Mix-Preis

(Beispiel)

Parameter 40-8: Fossile Energie Mix-Preis 2

Dabei wird ein Mix von Gas, Steinkohle und Öl mit den angegebenen Anteilen unterstellt. Auch dieser Wert wird szenariospezifisch ermittelt.

Plausibilitätsregeln

Grundsätzlich könnten beliebige Werte für die Substitutionen in die Szenarientabellen eingetragen werden. Tatsächlich bestehen aber gewisse Abhängigkeiten und verschiedene Substitutionen haben gegebenenfalls untere und/oder obere Grenz-werte. Durch automatisch prüfende Plausibilitätsregeln wird sichergestellt, dass keine abwegigen Werte verwendet wurden. Eventuelle Verletzungen werden auffallend angezeigt.

40.4 Das Stromversorgungsmodell

Um ein besseres Verständnis für den Rechenprozess, die Parameter und die Ergebnisse zu bekommen, wird folgend das verwendete Modell, *Abb. 40-2*, beschrieben, das zur **Dimensionierung** (→*K40.6*) der nachfrageorientierten Stromversorgung verwendet wird.

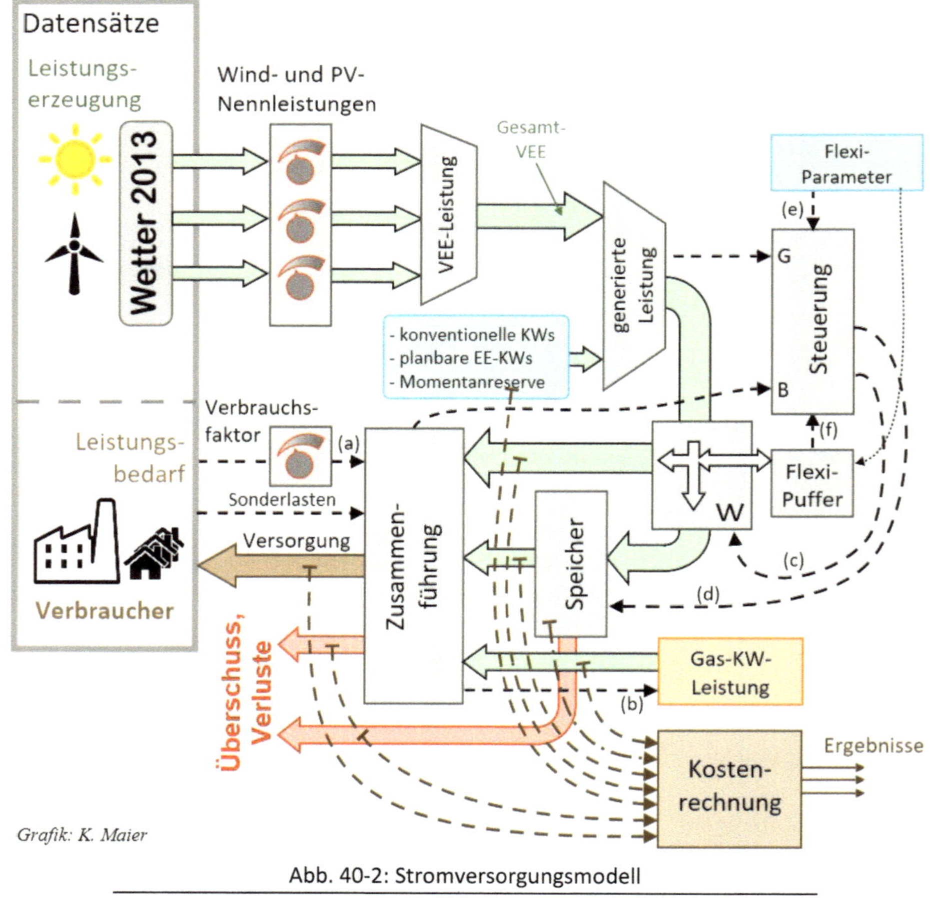

Abb. 40-2: Stromversorgungsmodell

Darstellungen, Hervorhebungen

Die breiten Pfeile stellen die Leistungsströme dar und die gestrichelten Linien mit Pfeilen verdeutlichen die Informationsflüsse, die für jeden Zeitschritt zur Anwendung kommen. Im folgenden Text sind die **Parameter** *fett, die beteiligten Objekte* <u>unterstrichen</u> *und zentrale Begriffe des Modells mit Schrifttyp* **Times New Roman** *gekennzeichnet.*

Ausgangspunkt ist die <u>Datenbank</u> mit 35.040 Datensätzen, die viertelstündlich Angaben macht, wie viel PV-Leistung und Windleistung erzeugt und wie viel *Leistungsbedarf* (Last) dazu vorliegt. Mit den Datensätzen der VEE-Leistung kann über die **Wind- und PV-Nennleistungen** eingestellt werden, wie groß der Anteil von Wind und PV an der <u>VEE-Leistung</u> ist. Dabei bleibt die Wetterstochastik der drei Energiequellen unverändert.[490] Diese drei Energieströme werden in der <u>VEE-Leistung</u> zusammengeführt. Mit den **Wind- und PV-Nennleistungen** können nicht nur die Anteile der drei Energiequellen, sondern auch die gesamte VEE (Jahresenergie) beliebig eingestellt werden, ohne dass die Wetterstochastik verändert wird.

Anmerkung: Der steigende Ausbau der VEE in Deutschland ändert an der typischen Leistungsstochastik (Verteilungsfunktion) nichts grundsätzlich.[491] Insofern ist die Modellierung eines hohen Ausbaugrads durch Multiplikation der VEE von 2013 gerechtfertigt und für die gemachten Aussagen hinreichend genau.

Mit den Parametern zur Beschreibung der konventionellen und Planbaren EE-Stromerzeuger erhält man die <u>generierte Leistung</u> *(G).*

Auf der Verbraucherseite beschreiben die Daten den Verlauf des *Leistungsbedarfs* über der Zeit. Diese Leistung kann über den **Verbrauchsfaktor** (a) eingestellt werden. Dabei bleibt die typische Dynamik erhalten. Zusätzlich können davon unabhängig **Sonderlasten** für E-Mobilität und Wärmepumpen (mit eigener zeitlicher Dynamik) eingestellt werden, die 2013 nicht vorhanden waren.

Um den *Leistungsbedarf* zu befriedigen, erhält die <u>Zusammenführung</u> die entsprechende, anfordernde Information (a). Die <u>Zusammenführung</u> führt die Summe aller eingehenden Leistungsströme an die Verbraucher ab (Versorgung), bis der Bedarf gedeckt ist. Alles, was darüber hinausgeht, wird als *Überschuss* (*Überschussenergie*) ausgewiesen. Alles, was fehlt, wird als *fehlende Energie* von den Gas-KWs angefordert (b). Eine wichtige Sache ist die <u>Steuerung</u> des Speichers. In <u>Abb. 40-2</u> ist zur Vereinfachung nur ein <u>Speicher</u> dargestellt (das Modell kann mit mehreren Speichertypen arbeiten[492]).

Die <u>Steuerung</u> erhält zwei Informationen: die aktuell <u>generierte Leistung</u> *(G)* und die Information, wie viel Leistung zur Deckung des *Leistungsbedarfs* (B) nötig ist. Damit entscheidet die *Steuerung*, wie viel der VEE in die *Zusammenführung* und wie viel in den *Speicher* fließt (c). Hierzu gibt es die *Weiche W*, mit der die Leistungsflüsse gesteuert werden. Schließlich erhält der *Speicher* die Information, wie viel Leistung er an die *Zusammenführung* abgeben soll (d), damit der *Leistungsbedarf* gedeckt wird.

Der *Speicher* kennt seine **Kapazität**, seine maximalen **Lade-** und **Entladeleistungen**, sowie seinen **Wirkungsgrad** und seine **Verfügbarkeit**. Mit dieser Kenntnis verarbeitet er den eingehenden und ausgehenden Leistungsfluss und ermittelt die **Überschussleistung** für jede Zeitperiode. Diese entsteht durch den **Wirkungsgrad**, die Kapazitätsgrenze (mehr als voll und weniger als leer geht nicht) sowie die maximale **Ladeleistung** (alles, was darüber hinausgeht, geht in den **Überschuss**).

Die *Kostenrechnung* ermittelt schließlich die auf das Jahr verteilten Investitions- und Betriebskosten der Speicher, die auf die Stromgestehungskosten umgelegt werden. Hinzu kommen die Stromgestehungskostenanteile, die durch die konventionellen KWs, die Planbaren EE, die **Überschussenergie**, die Energie, die aus dem Speicher bereitgestellt wurde, und die Kosten, die durch Gas-KWs entstanden (für den Ausgleich von fehlender VEE).

Eine Besonderheit stellten die *Flexi-Puffer* dar. Sie sind das Modellelement, das für die Flexibilisierungsoptionen zur Angleichung von Energieproduktion und Verbrauch angedacht wird. Der *Flexi-Puffer* wird vorrangig bedient. Erst wenn dieser leer oder voll ist, wird der *Speicher* gefüllt oder geleert. Um die *Flexi-Puffer* zu steuern (c), benötigt die *Steuerung* die Parameter dazu (e) und den aktuellen Füllstand der *Flexi-Puffer (f)*.

40.5 Modellierungsschritte

Folgend wird aufgelistet, welche Schritte zu durchlaufen sind, um zu den Ergebnissen zu kommen. Der Rechenprozess der Modellierung wird in seinen vier Schritten in *Abb.* 40-3 dargestellt:

- Szenario erstellen

- Stromversorgungssystem dimensionieren

- Kostenentwicklung bestimmen

- Ergebnisse entnehmen

Schritt 1: Szenario erstellen

Zunächst muss klar sein, welche CO_2-Einsparung erzielt werden soll und mit welchen Techniken (mit/ohne P2H, P2G, P2L …) dies erreicht werden darf. Die folgenden Erläuterungen beziehen sich auf die dokumentierte Berechnung zum Szenario S7. →*K41*

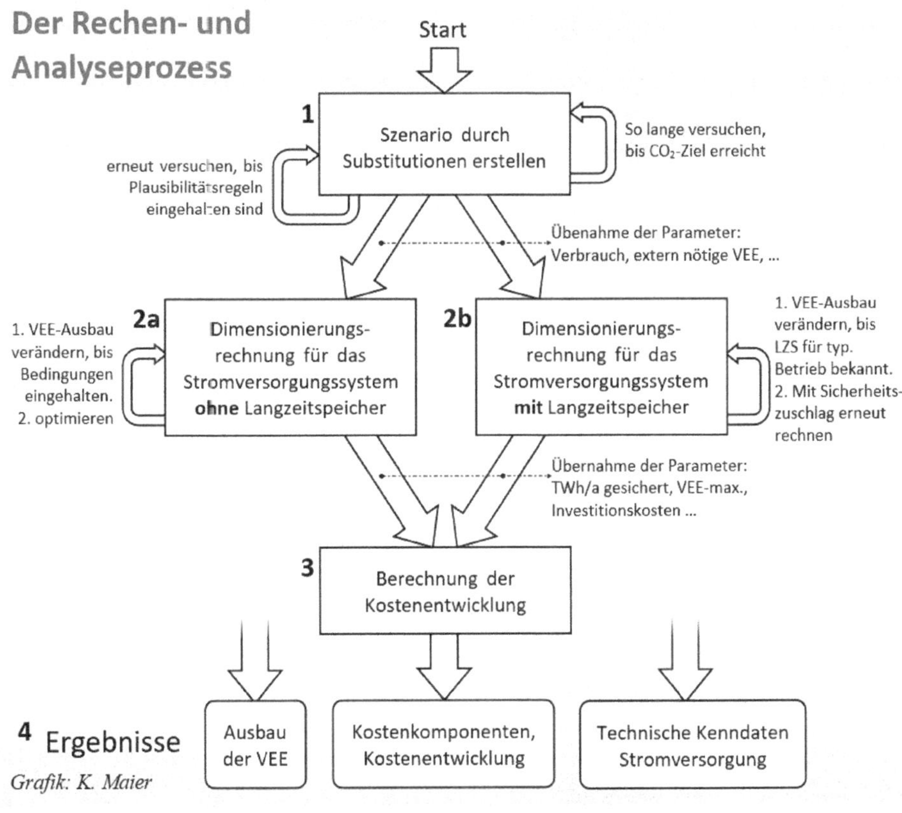

Abb. 40-3: Rechenprozess zur Stromversorgung

Die konzeptionellen Gedanken, die dem Szenario zugrunde liegen, werden in einer Kurzbeschreibung zum Szenario dargelegt.

Die beschriebene Szenariotabelle (→*K41.1*) wird nun in ihren Parametern (Spalte F) so verändert, dass nur die für dieses Szenariokonzept erlaubten Mittel verwendet werden. Für die nicht erlaubten Substitutionsmittel ist der Parameter auf null zu setzen.

- Prüfen der Einsparungsfaktoren (Spalte E)

- Grad der Substitution (Spalte F) so verändern, dass unten die gewünschte CO_2-Einsparung herauskommt (Feld G27)

- Prüfung, ob Plausibilitätsregeln verletzt wurden (bei Verletzung erscheinen Warnmeldungen)

Schritt 2: Dimensionierungsrechnung

Mit den errechneten Angaben in der Tabelle *Szenarienergebnisse* kann nun die Dimensionierung →*K40.6* der *gesicherten Stromversorgung* mit dem Stromversorgungsmodell erfolgen. →*K40.4*

Einstellungen

- Übertragen des *Verbrauchsfaktors* (Feld A31) in das Stromversorgungsmodell. Er beschreibt die Jahresenergie, die durch das SVS (Stromversorgungssystem) gesichert bereitzustellen ist (ESV1 „gesicherter Strom", *Abb. 40-4*, →*S413*).

- Einstellungen der Spitzenleistungen für *Wärmepumpen* und *E-Mobilität*, so dass die in dem Szenario errechneten Jahresenergien (A32, A33) auch im Stromversorgungsmodell erscheinen.

Übertragen der Parameter in das Stromversorgungsmodell:

- *max. Energiebeitrag* konventioneller KWs (A34)

- *min. Leistung* konventioneller KWs (A35)

- *max. Leistung* konventioneller KWs (A36)

- max. erlaubter Energiebeitrag durch *Backup-KWs* (A37)

- extern nötige *Überschussenergie* (für Anlagenbetrieb P2G, P2L, P2H), ESV2 (A38)

- Überprüfung, ob die Kennwerte der *Nicht-VEE-Erzeuger* (PEE, Momentanreserve) im Stromversorgungsmodell unverändert bleiben können.

- Überprüfung, ob die Kennwerte des *Kurzzeitspeichers* im Stromversorgungsmodell unverändert bleiben können. →*S423*

Rechnung, Modellierung

Der *Ausbaufaktor* ist so zu verändern, dass

1. die Energie der <u>Backup-KWs</u> den vorgegebenen Wert nicht überschreitet

2. die Energie für <u>konventionelle KW</u>s den vorgegebenen Wert nicht überschreitet

3. die extern nötige <u>Überschussenergie</u> sichergestellt ist

Es gibt zwei Fälle (*Abb. 40-3*, **2a** und **2b**):

2a ohne Langzeitspeicher, dafür Backup-KWs nötig

2b mit Langzeitspeicher, dafür <u>ohne</u> Backup-KWs

In Szenario 7, das in →*K41* dokumentiert ist, sind keine Backup-KWs vorgesehen. Dort wurde nach 2b (*Abb. 40-3*) so vorgegangen:

1. Einstellen der Werte aus dem Szenarioergebnis:

2. Zunächst einen übergroßen Speicher mit hohem Startwert und mit großen Leistungen einstellen (etwa 150.000 / 300.000 GWh; 999/-999 GW)

3. Ausbaufaktor (ABF) so verändern, dass Speicherendstand etwa Speicherstart ist

   Hinweis: Danach muss die Energie für Backup und Überschussenergie null sein.

4. Speicherkapazität auf den Wert des Speicherhubs reduzieren

5. Ladeleistung reduzieren, wie beschrieben →*S426*

6. Entladeleistung auf den Wert stellen, wie beschrieben →*S426*

Berechnet wurde bisher der typische VEE-Ertragsfall. Ermittelt werden muss aber nach Worst Case, so dass noch **Sicherheitsfaktoren** zu berücksichtigen sind:

7. Ausbaufaktor mit zugehörigem Sicherheitsfaktor multiplizieren

8. Speicherkapazität (LZS) mit zugehörigem Sicherheitsfaktor multiplizieren

Nach Berechnung: erneute Überprüfung der Forderungen:

9. Die Energie der konventionellen KWs darf nicht überschritten werden.

10. Die SVS-extern benötigte volatile Energie muss mindestens erreicht werden. Falls das nicht der Fall ist, muss der ABF weiter erhöht werden.

Schritt 3: Kostenentwicklung

Dazu werden Werte aus der gerade abgeschlossenen *Dimensionierungsrechnung* des gesicherten Stromversorgungssystems (SVS) benötigt und in das Modell zur Kostenentwicklung übertragen.

Hinweis: Die Kostenentwicklung berechnet den Kostenverlauf bis 2060.

Die Werte aus der Dimensionierung beschreiben den Zustand im Jahr 2050:

- TWh/a Bruttostrom

- TWh/a max. VEE

- GW Spitzenleistung im SVS (max. Last + max. Ladeleistung)

- Mrd. € Investitionskosten SVS inkl. Zinsen (normiert auf 20 Jahre)

- Mrd. €/a für Überschussenergie und sonstige Verluste

- Mrd. €/a reine Betriebskosten Speicher (ohne Zinsen)

- Mrd. €/a Mehrkosten (SVS-extern, nach Importeinsparung)

Berücksichtigt werden noch die Umlagen, Subventionen (kontinuierlicher Rückgang), Netzausbau- und Betriebskosten. Durch einen festgelegten Verlauf der Umstellung bis 2050 können die Kostendiagramme abgeleitet werden, die den berechneten Verlauf bis 2060 darstellen.

Schritt 4: Ergebnisse, technische Beurteilung

Die technischen Kennwerte können dem Stromversorgungsmodell entnommen werden.

So stehen z.B. folgende Diagramme zur Verfügung:

- Methanspeicher: Verteilung der Ladeleistung und Häufigkeit der Ladedauern

- Backup: Nutzungsgrad, Verteilung der Laufdauer und

- Überschussleistung für P2X: Nutzungsgrad, Verteilung der Laufdauer

40.6   Dimensionierungsrechnung

Ausgehend vom Szenario, das mit der CO_2-Vorgabe startet und diese durch Substitutionen erreicht, wird dafür der Bedarf an *gesichertem Strom ESV1* (nachfrageorientierte Versorgung) und an **volatilem Strom ESV2**, der für die Verbraucher P2H, P2G, P2L benötigt wird, quantifiziert (vergl. *Abb. 40-4)*.

Damit stehen zwei wichtige Werte fest:

- **E**nergiebedarf **S**trom**v**ersorgung **1** für gesicherten *Strom:* **ESV1**

- **E**nergiebedarf **S**trom**v**ersorgung **2** für *volatilen Strom:* **ESV2**

- *Abb. 40-4* stellt die prinzipiellen Energieflüsse dar, die möglich sind. Die tatsächlichen Anteile resultieren aus der Dimensionierung, die alle Vorgaben erfüllen müssen. Einzelne Energieflüsse können dann auch null sein (z.B. keine Backup-KWs vorhanden).

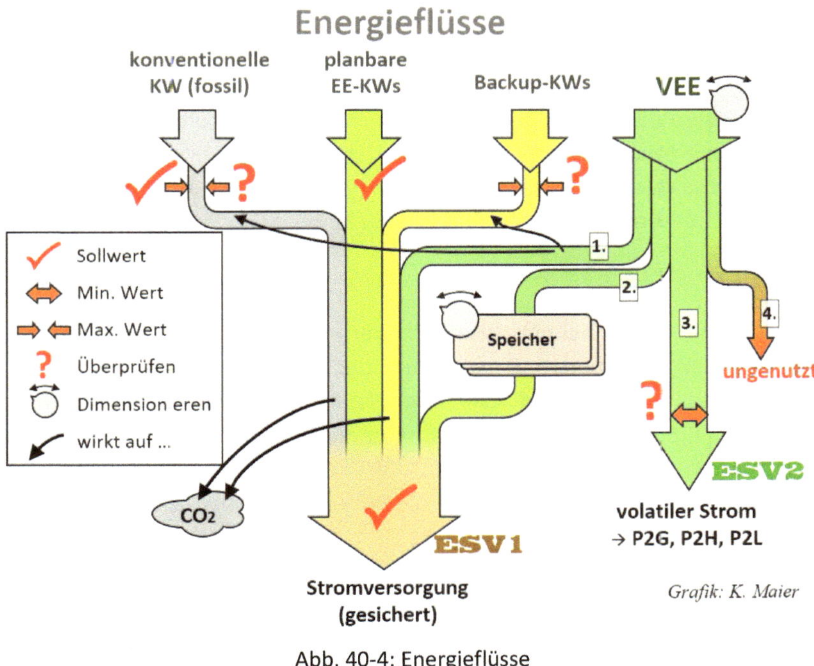

Abb. 40-4: Energieflüsse

Das Problem ist, dass die Vorgaben (Sollwerte) einzuhalten sind, diese aber bestimmten Abhängigkeiten unterworfen sind. Es gibt eine gewisse Bandbreite der Möglichkeiten, dies zu erreichen. Gleichzeitig sollen aber auch keine vermeidbaren Kosten oder Überschussenergie verursacht werden. So kann es zu einem iterativen Prozess der Optimierung zwischen dem Szenario und der Dimensionierungsrechnung kommen, auf den aber hier nicht weiter eingegangen wird.

Innerhalb der Dimensionierung gibt es Stellschrauben, die verändert werden müssen, bis die Soll-, die Minimal- und die Maximalwerte erfüllt sind.

Wie das Modell zeitgenau arbeitet

Viele Überlegungen und Berechnungen zu einem künftigen Stromversorgungssystem verwenden Jahresenergien. Dass das nicht ausreicht, wurde mehrfach angesprochen. Im verwendeten Stromversorgungsmodell werden Leistungen (Erzeugung und Last) zu jedem Zeitschritt (35.040-mal für 1 Jahr) zugeordnet. Es besteht für jeden Zeitpunkt eine nachgefragte Leistung, die in der *Abb. 40-5* als **Momentane Last** bezeichnet wird.

Abb. 40-5 zeigt schematisch vier Fälle, wie die Stromerzeuger zur Befriedigung der Nachfrage (Last) genutzt werden.

Es geht nun darum, unter welchen Umständen von welcher Energiequelle,
wie viel Leistung beigetragen wird.

Dazu gibt es eine Reihenfolge der zu berücksichtigenden Stromerzeuger. Auch sind untere und obere Leistungswerte, die Grenzen darstellen, zu berücksichtigen. Unterstellt wird, dass es zwei Stromversorgungen gibt (*Abb. 40-4*): eine gesicherte (SV1) und eine für Überschussenergie für P2X-Anlagen (SV2).

Fall 1

Alle Stromquellen tragen bei und zusätzlich werden noch *Backup-KWs* benötigt, um die Last vollständig zu bedienen. Nach Prüfung der zur Verfügung stehenden *VEE-Leistung* ist klar, dass *Planbare* und *konventionelle KWs* ihre volle Leistung einspeisen müssen. Da noch Energie im *Speicher* ist, wird auch von hier Leistung beigesteuert. Am Ende fehlt noch etwas, das die *Backup-KWs* liefern müssen. Sollte kein nennenswerter Speicher vorhanden sein, müssen die Backup-KWs auch das übernehmen.

Fall 2

Es ist viel VEE vorhanden, die bevorzugt einzuspeisen ist. Daher müssen die Stromquellen *Planbare* und *konventionelle KWs* auf die minimale Leistung reduziert werden. Aber immer noch ist mehr VEE-Leistung vorhanden, als für die *Last* nötig wäre. Daher wird mit dem *Überschuss* ein Speicher gefüllt, sofern er noch nicht voll ist. Im dargestellten Fall kann die gesamte *Überschussleistung* in den Speicher geschickt werden. Es ist zu beachten, dass ein realer Speicher Leistungsobergrenzen für das Ein- und Ausspeichern hat.

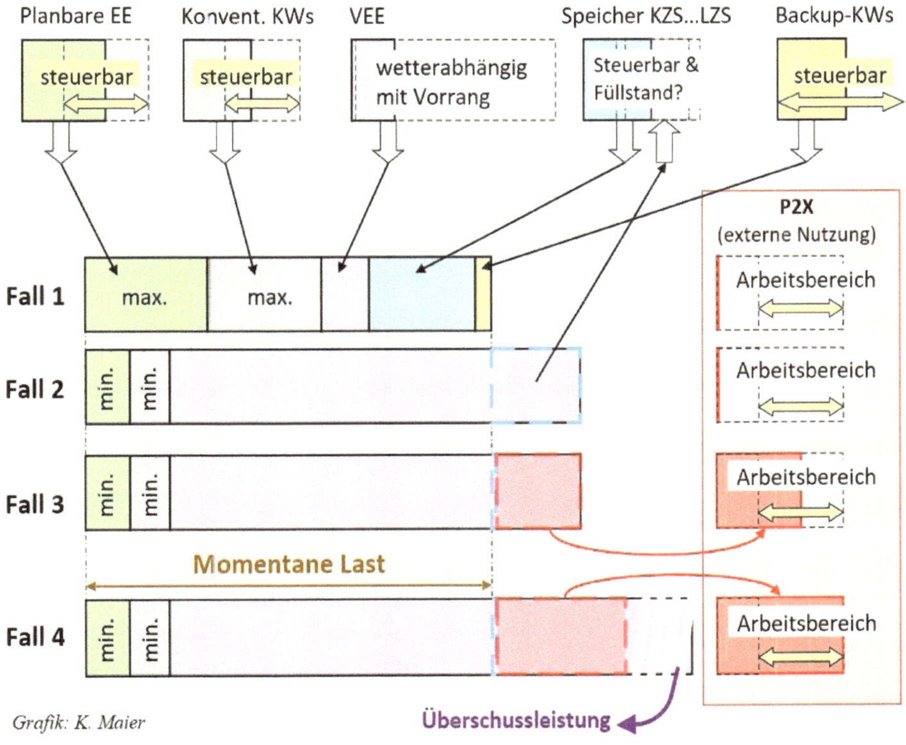

Abb. 40-5: Verwendung der Stromerzeuger

Fall 3

Es ist wie Fall 2, nur dass der Speicher nichts aufnehmen kann, weil er entweder nicht vorhanden oder bereits voll ist. Daher fließt die *Überschussleistung* in die *externe Nutzung* für P2X.

Fall 4

Es ist wie Fall 3, nur dass die maximal verarbeitbare Leistung für P2X überschritten wird. Diese Überschussleistung wird zur *verlorenen Überschussenergie*, die kostet, aber ungenutzt bleibt.

Mit diesen vier Fällen wurde versucht vereinfachend zu beschreiben, wie das Modell arbeitet, von was die Nutzung der verschiedenen Stromerzeuger abhängt, wann der Speicher gefüllt wird und wann Überschussenergie endgültig verloren ist.

Ausbaugrenzen, EE-Verhältnisse

Die Ausbaugrenze liegt bei 500 GW als Summe für Offshore, Onshore und PV.

Zur Bewertung des ermittelten VEE-Ausbaus wird von folgenden Ausbaupotenzialen ausgegangen:

Kontrollvorgaben (führen ggf. zu farbigen Parameterfeldern)		
0,25	Off-/Onshore-Leistungsverhältnis	
50	Offshore max. Leistung [GW]	Ausbaugrenze
200	Onshore max. Leistung	Ausbaugrenze
250	PV max. Leistung	Ausbaugrenze
90	TWh max. für planbare EE	Ausbaugrenze

Werte 40-1: Ausbaugrenze

Herleitung dieser Werte →*K32*

Biomasse, Biogas, Wasser, Geothermie etc. werden als Planbare EE (PEE) bezeichnet.

Aus diesen Werten ergeben sich die *Verhältnisse* der Nennleistungen, die bei der Veränderung der VEE zur Deckung des Strombedarfs immer beibehalten werden:

1	Wind/PV
0,25	Off-/Onshore

Parameter 40-9: VEE-Verhältnisse

$(200\ GW + 50\ GW) / 250\ GW = 1$

$50\ GW / 200\ GW = 0{,}25$

Die VEE-Erzeuger

Eingestellt wird der Umfang der VEE im SVS (Stromversorgungssystem) über den **Ausbaufaktor** und die eben genannten Verhältnisse zwischen den Komponenten Wind/PV und Offshore/Onshore.

Als Folge daraus werden die konkreten Werte der Nennleistungen errechnet und angezeigt (dunkel):

VEE-Erzeugung	ESV2: extern benötigte Überschussenergien [TWh/a]		100,00
	Ausbaufaktor	Ausbau Onshore [GW]	318,48
	gesamt **12,00**	Ausbau Offshore [GW]	79,62
	Basis: 2013	Ausbau PV [GW]	398,10

(Beispiel)

Parameter 40-10: VEE-Ausbau

Vorgegeben werden muss noch die benötigte Überschussenergie, die für P2H, P2G und P2L gegebenenfalls benötigt wird. Dieser Wert für ESV2 kommt aus der Tabelle *Szenarioergebnisse* (*Abb. 41-2* zeigt eine solche Tabelle für das Szenario 7).

Das Feld mit ESV2 kann in einer Warnfarbe angezeigt werden. Dann wäre das SVS unzureichend dimensioniert, d.h., die geforderte Mindestmenge an Überschussenergie wäre nicht verfügbar.

Die drei Felder in diesem Beispiel, die VEE-Nennleistungen anzeigen, sind dunkel hinterlegt, was eine Überschreitung der Ausbaugrenze kennzeichnet.

Strombedarf

Mit der tabellarischen Beschreibung und Berechnung des Szenarios steht ein wesentlicher Parameter für das Stromversorgungsmodell zur Verfügung: der **Verbrauchsfaktor**, der den Stromerzeugungsbedarf beschreibt, der gesichert und stabil zur Verfügung stehen muss. Er ist die Grundlage für die Dimensionierung des Stromversorgungssystems.

Energiebedarf ESV1

Parameter			
	Konfiguration		
Verbrauch	klassische Stromverbraucher	**Verbrauchsfaktor**	1,383

Parameter 40-11: Verbrauchsfaktor (Bsp.)

Mit dem **Verbrauchsfaktor** wird die nachgefragte und zu befriedigende Energie aller Verbraucherarten für die gesicherte Stromversorgung (originäre Stromverbraucher, ohne Sonderlasten) eingestellt.

Es geht um den zu erzeugenden Bruttostrom:

zu erzeugender Bruttostrom = Bruttostromerzeugung 2013 * *Verbrauchsfaktor*

Sonderlasten

Neben der Last durch die originären Stromverbraucher, die in der zeitlichen Verteilung (Tages-, Wochen, Jahresspitzen) wie 2013 angenommen werden, werden noch weitere Stromverbraucher für die Zukunft berücksichtigt, die unter „Sonderlasten" laufen. Hierunter fallen die Leistung für die Wärmepumpen und die Ladeleistung für die E-Mobilität.

Beide sind aus der gesicherten Stromversorgung bereitzustellen (ESV1). Für jede dieser Leistungsverläufe ist ein eigenes Lastprofil über die 8.760 Stunden des Jahres anzuwenden.

Zu beachten ist, dass die Lastverläufe (*Abb. 40-6*, *Abb. 40-7*) typische sind, wenn man einen längeren Zeitraum betrachtet. So ist die Last für Wärmepumpen im Januar zwar 7-fach größer als im Hochsommer, aber dies beinhaltet keine Worst-Case-Situation, wie sie an einzelnen Tagen bei extremer Kälte auftreten kann.

Auf einen bekannten Verlauf aus der Literatur konnte ich für beide Fälle nicht zurückgreifen. Daher wurde ein Verlauf konstruiert, wie er so etwa erwartet werden kann.

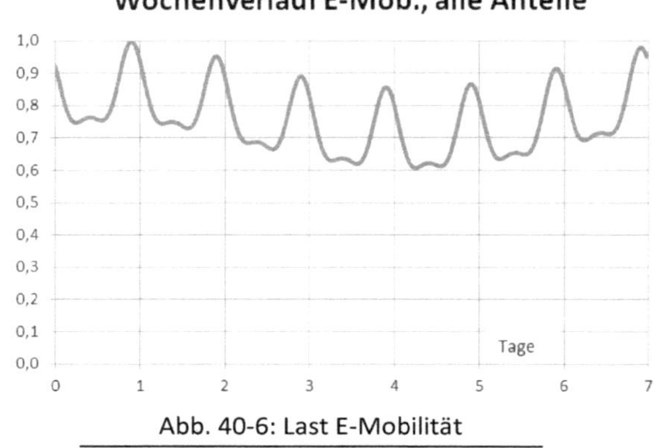

Abb. 40-6: Last E-Mobilität

Hierzu wurde ein spezieller Parametersatz entwickelt, der die Volatilität der Ladeleistung allgemein definierbar macht.

Die Leistungsspitze ist auf „1" normiert.

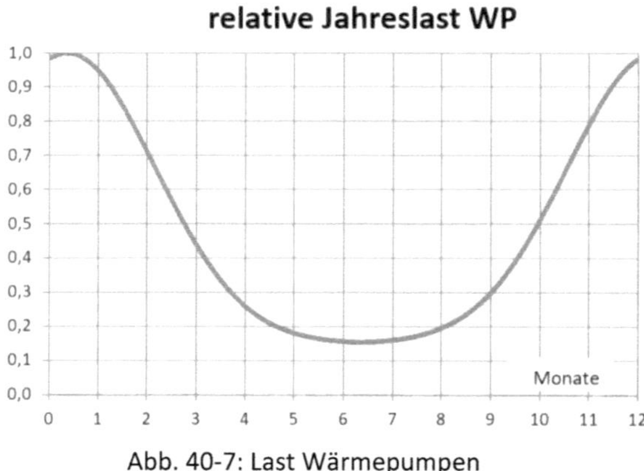

Abb. 40-7: Last Wärmepumpen

Ein anderer Parametersatz beschreibt den Leistungsbedarf für die Wärmepumpen. Hier sind Tages- und Wochenschwankungen vernachlässigt worden, da die Wärmeerzeugung auf das Tagesangebot flexibel angepasst werden kann.

Um diese beiden Lastverläufe in die Dimensionierung des SVS einzubeziehen, müssen die Spitzenleistungen für das Laden und für die Wärmepumpen eingestellt werden. Diese sind aber nicht bekannt. Bekannt sind die Jahresenergien, die aus der Tabelle *Szenarioergebnisse* entnommen werden können (*Abb. 41-2*, Felder A32, A33).

Die Spitzenleistungen sind nun durch Iteration so einzustellen, dass die Jahresenergie den gewünschten Wert hat. Also z.B. für die Werte von 16 TWh und 23 TWh:

Verbrauch	Konfiguration		
	klassische Stromverbraucher	Verbrauchsfaktor	1,000
	Sonderlast Wärmepumpe	Spitzenleistung [GW]	3,90
		resultierende Energie [TWh/a]	16,03
	Sonderlast E-Mobilität	Spitzenleistung [GW]	4,11
		resultierende Energie [TWh/a]	23,03

(Beispiel)

Parameter 40-12: Sonderlasten

Die Stromerzeuger (ohne VEE)

Das SVS besteht auf der Erzeugerseite aus den VEE-Erzeugern und den „Nicht-VEE-Erzeugern" (vergl. *Abb. 40-4*). Zu diesen zählen die gegebenenfalls verbliebenen **konventionellen Kraftwerke** (Kohle, Öl, Gas) und die **Planbaren EE** (Wasser, Biogas …) für die Grundlast und die **Backup-KWs**, die nur als Gaskraftwerke für die Residualleistung angenommen werden.

Um die Leistungsbilanz (→ *Abb. 40-5*) für jeden Moment im Stromversorgungsmodell berechnen zu können, müssen angegeben werden:

- **_Minimale_ Leistung konventioneller Grundlastkraftwerke**
  Diese ist die untere, technisch mögliche Betriebsleistung als Summe aller KWs. Es geht insbesondere um die Begrenztheit, die Leistung plötzlich zu reduzieren. Dieser Parameter, wie auch die maximale Leistung, ist eine statistische Größe, die sich auf den Kraftwerkspark bezieht, also nicht auf jedes einzelne KW. Im Laufe des Jahres werden verschiedene KWs abgeschaltet oder nur im Standby betrieben. Welcher Wert hier angesetzt wird und wie er abgeleitet wird, resultiert aus gewissen Annahmen und Überlegungen des Modellierers. Der Wert gilt für jeden Zeitpunkt des gesamten Jahres.

- **_Maximale_ Leistung konventioneller Grundlastkraftwerke**
  Dieser Parameter ist analog zur *minimalen Leistung* eine statistische Größe, die sich auf den Kraftwerkspark bezieht, also nicht auf jedes einzelne Kraftwerk. Der Wert gilt für jeden Zeitpunkt des gesamten Jahres.

- **_Jahresenergie der Planbaren EE_**
  Weiterhin ist der Energiebeitrag bekannt, den die sogenannten *Planbaren EE* (Wasser, Biogas etc.) beisteuern sollen.
  Die maximale Jahresenergie beträgt 90 TWh. Diese Planbaren EE werden im Modell wie regelbare Kraftwerke behandelt und reduzieren daher den Speicherbedarf. Es wird unterstellt, dass sie weitgehend zeitlich passend eingesetzt werden können. Ihr Einsatz ist aber unter Berücksichtigung des

saisonalen Bedarfs vorzunehmen, so dass sich die 90 TWh nicht gleichmäßig über das Jahr verteilen.[A]

Aus diesem Wert werden zwei Grenzwerte abgeleitet, die für die Berechnungen gebraucht werden: Als maximale Leistung verwendet das Modell das Doppelte des Jahresdurchschnittswerts und als Minimum null.

Auf Einhaltung der Vorgaben ist zu überprüfen:

- Maximale **Jahresenergie konventioneller Grundlastkraftwerke**
  Diese entlasten die EE-Erzeugung, gehen aber negativ in die CO_2-Bilanz ein. Wird der Wert in der berechneten Konfiguration verletzt, wird dies angezeigt. Dann muss der VEE-Ausbau erhöht werden.

- **Maximaler Energiebeitrag durch Backup-KWs**
  Er wird durch das Szenario vorgegeben, weil dieser auch den CO_2-Ausstoß beeinflusst. Im Stromversorgungsmodell werden die Backup-KWs mit beliebig hoher Leistung modelliert – gerade wie viel gebraucht wird. Die Jahresenergie wird nur zur Bewertung (Kontrollwert) der aktuell modellierten Dimensionierung benötigt. Wird mehr Backup-KWs-Energie gebraucht, als vorgegeben, muss an der Dimensionierung nachjustiert werden.

- *Minimal verfügbare Momentanreserve*
  Die Momentanreserve ist im Rahmen der Netzregelung und damit zur Stabilisierung des SVS unbedingt nötig. Derzeit wird sie durch die Turbosätze bereitgestellt, die eine große Rotationsenergie haben und so im Sekundenbereich positive oder negative Regelenergie bereitstellen. Die Momentanreserve ist im klassischen SVS eine inhärente Einrichtung.
  Dieser Parameter wird nicht für die Berechnung verwendet, sondern nur als Kontrollwert überprüft:
  Wenn das Maximum von der *„Minimalen Leistung konventioneller* Grundlastkraftwerke" plus der *Batterieleistung* kleiner ist als dieser Parameter, gilt diese Vorgabe als *nicht gesichert*.

- **Extern benötigte VEE-Energie**
  Für Power-to-X (d.h. P2G, P2L, P2H) wird VEE-Überschussenergie benötigt. Sie ist Ergebnis der Berechnung. Wird der Vorgabewert nicht erreicht, muss der VEE-Ausbau gesteigert werden.

Diese sieben Parameter werden hier eingestellt (*Parameter 40-13*, Beispielwerte):

[A] Der saisonal angepasste Einsatz aller Planbaren EE ist eine, für die Dimensionierung, günstige Annahme.

Max. Beitrag konventioneller Grundlast-KWs [TWh/a]	30,00
Min. Leistung konventioneller Grundlast-KWs [GW]	1,40
Max. Leistung konventioneller Grundlast-KWs [GW]	9,00
Min. verfügbare Momentanreserve (Turbosätze) [GW]	10,00
Max. Jahresenergie Planbare EE (Wasser, Biogas) [TWh/a]	90,00
Max. Energiebeitrag durch Backup-KWs [TWh/a]	0,00
ESV2: extern benötigte Überschussenergien [TWh/a]	1.045,00

Parameter 40-13: Leistung und Energie

Alle fett gedruckten Parameter stammen aus der Tabelle *Szenarioergebnisse* und sind damit szenariospezifisch. Die Werte der helleren Felder müssen eingehalten werden (und werden automatisch überprüft).

Stromgestehungskosten

Zur Kostenberechnung sind weitere Parameter nötig:

Stromgestehungskosten		
konventionelle Grundlast-KW-Mix Brennstoffkosten [ct/kWh]		3,00
Planbare EE-Kosten [ct/kWh]		9,00
für Energie/Überschussenergie der VEE [ct/kWh]		6,00
CO$_2$-Kosten [€/t]		150
Fehlende Energie aus Backup-KWs	Gaskosten [ct/kWh(th)]	3,50
Gas-KW (keine GuD)	Fixkosten Gas-KW ausgelastet [ct/kWh]	3,30

Parameter 40-14: Kostenkomponenten

Die ***konventionellen Grundlast-KW-Mix-Brennstoffkosten*** gelten für konventionelle KWs (Kohle, Öl, Gas). Es wird von 75 % Gas ausgegangen, der Rest sei im Wesentlichen Steinkohle. Das macht: 3,5 ct · 75 % + 1,5 ct · 25 % = 3,0 ct/kWh.

Die ***Planbaren EE-KWs*** (Wasser, Biomasse, Biogas, Deponiegas etc.)[493] liegen in ihren Gestehungskosten gut über ausgelasteten Kohle-KWs (ohne CO$_2$-Kosten). Durch den Mix und den volatilen Betrieb ist der Wert für die Stromgestehungskosten für 2050 noch immer relativ hoch angesetzt im Vergleich zu den VEE.[A]

Die ***Überschussenergie*** ist nicht kostenlos, sondern hat betriebswirtschaftlich die gleichen Kosten wie die ins Netz gespeiste Energie. Es ist zu beachten, dass der Wert für die VEE als Mittelwert aller VEE (Onshore, Offshore, PV) zu verstehen ist. Folgekosten

---

[A] Wind: Onshore wurden 2017 mit 6,5 und Offshore mit 16,1 ct/kWh subventioniert. Die Vergütungssätze für Onshore liegen seit vielen Jahre unverändert bei 9 ct/kWh.

für gegebenenfalls nötigen Speicher, eventuelle Restsubventionen und Netzverstärkung sind nicht enthalten und werden an anderer Stelle berücksichtigt.

Die CO_2-Kosten

Seit 2019 wird eine gesetzlich geregelte CO_2-Bepreisung diskutiert, die alle CO_2-Erzeuger treffen wird. Mittlerweile (2020) wurde für 2026 ein Preis von 55 bis 65 € pro Tonne festgelegt. Die Bundesumweltministerin Svenja Schulze (SPD) hat bereits Mitte 2019 ein Gutachten vorgestellt, das die schrittweise Anhebung eines CO_2-Preises von 35 € auf 180 € bis 2030 vorschlägt.[A] Der angesetzte Wert liegt damit mit Sicherheit niedriger als das, was bis 2050 zu erwarten ist. Allerdings muss man auch erwähnen, dass das Szenario 7 nur noch einen geringen Anteil fossile Energieträger zulässt, sodass der Anteil der CO_2-Kosten an den Stromgestehungskosten kaum mehr als 1 % ausmacht (S7).

Backup-KWs

Backup-KWs müssen die *fehlende Energie* aufbringen. Sie sind ausschließlich als betriebsbereite und schnell regelbare Gas-KWs angenommen. Angegeben werden Kosten für den Brennstoff, d.h. **Gaskosten**. Die Erdgas-Bezugskosten sind hier etwas höher angegeben als aktuell, weil es um 2050 geht.[494]

Da die KWs unterschiedlich stark ausgelastet werden (Anzahl Volllaststunden), müssen zu den flexiblen noch die **Fixkosten** angegeben werden.[495]

Je nach Szenario ist der Einsatz der Backup-KWs sehr unterschiedlich, d.h., die Volllaststunden können unter Umständen sehr niedrig sein. Wenn dann später die Kosten je kWh für die Backup-KWs berechnet werden, geht dieser Nutzungsgrad ein, der leicht zu einem Vielfachen der Brennstoffkosten führt.

Speicher im Stromversorgungssystem

Die Speicher im Netz werden unterschieden in Kurzzeitspeicher (KZS = Batterie), Mittelzeitspeicher (MZS = Pumpspeicher-KW, PSKW) und Langzeitspeicher (LZS = Methanisierung mit nachgelagerter Verstromung über Gas-KWs, P2G2P) und können unabhängig parametrisiert werden.

[A] Die Bepreisung ist eine politische Entscheidung und entspricht nicht zwingend dem volkswirtschaftlichen Schaden, der durch die Folgen des Klimagases verursacht wird (CO_2-externe Kosten).

Hinzu kommt die prinzipielle Möglichkeit, Energie in thermischen Speichern mit hohen Temperaturen eine Weile zu halten und dann über Dampfturbinen wieder zu Strom zu wandeln (P2H2P).[A]

Jeder Speicher ist natürlich als verteilte Speicheranordnung zu verstehen, da Speicher in der notwendigen Größe an einem Ort nicht vorstellbar sind und auch nicht sinnvoll wären. Wenn die Speicher über das Netzgebiet verteilt sind, können sie ihren Beitrag technisch besser leisten.

Für die Berechnung werden die Speicher jeweils nur als ein Block mit den entsprechenden Eigenschaften berücksichtigt. Das ergibt sich auch daraus, dass das Netz (die Energieübertragung) vereinfacht als „Sammelschiene" modelliert wird („Deutschland auf der Kupferplatte"), die keine ortsbedingten Verluste und Verteilengpässe hat.

Weiterhin werden bei Leistungsüberschüssen diese zuerst in den Kurzzeitspeicher, dann, wenn dieser voll ist, in den Mittelzeitspeicher, dann in den Wärmespeicher (sofern dieser implementiert ist) und schließlich in den Langzeitspeicher geleitet. Erst wenn alle voll sind, wird die Energie, die dann keinen Abnehmer mehr hat, als *Überschussenergie* der gesicherten Stromversorgung erfasst. Diese steht dann für externe P2X-Nutzung zur Verfügung. Entsprechendes gilt in rückwärtiger Richtung (KZS, MZS, LZS), wenn Energie aus den Speichern entnommen werden muss, weil die Energieerzeuger den aktuellen Bedarf nicht decken können.

Kurzzeitspeicher (KZS)

Als Kurzzeitspeicher, für schnelle Regelenergie und für den Ersatz der Momentanreserve, werden in allen Szenarien Lithium-Speicher, die immer gleich dimensioniert sind, eingesetzt (*Parameter 40-15*).

Die Kapazitätsangabe für die KZS schließen alle großen, stationären Batterien wie auch die verteilten Batteriespeicher an den PV-Anlagen mit ein. Dies setzt natürlich voraus (günstige Annahme), dass die PV-Speicher einen festen Teil ihrer Kapazität der vollen Kontrolle des *Smart Grid* übergeben haben.[496]

Aus den Batteriespeichern werden die Anforderungen für **Regelenergie** und **Momentanreserve** in 2050 befriedigt, da zu diesem Zeitpunkt keine oder nur noch sehr wenige bzw. nicht dauernd laufende konventionelle Kraftwerke mit Turbosätzen im System sind. Für die Regelenergie werden minimal 2 GWh und 8 GW benötigt.

[A] Findet in den Szenarien keine Anwendung

Speichertyp 1 (KZS)		
elektr. Daten	Startwert [GWh]	10
	Aufnahmekapazität, **brutto** [GWh]	20
	techn. max. Ladeleistung [GW]	20,0
	techn. max. Entladeleistung [GW]	-20,0
Effizienz		
	Reserve	
	Verfügbarkeit	0,95
	Wirkungsgrad (Strom -> Speicher -> Strom)	0,9
Kosten	Speichertyp:	Lithium
	Energie: Investitionskosten pro kWh [€]	255
	Leistung: Investitionskosten pro kW [€]	200
	Finanzierungs- und Abschreibungszeit (Jahre)	10
	Kapitalzinsen [%/a]	5
	Betriebskosten [% Energie-Invest.]	2
	Betriebskosten [% Leistungs-Invest.]	2
	Gewinne, Rücklagen, Versicherung [%]	9
	Speicher- und Stoffkosten [€/kWh(th)]	0

Parameter 40-15: Kurzzeitspeicher

Die Kostenreduktion, die in der Elektronik stattfand, kann nicht auf Batteriespeicher übertragen werden.[497]

Hinweis: Die Werte, die hier angesetzt wurden, sind das Ergebnis einer Mittelung und fachlichen Bewertung vieler Quellen.

Für die Momentanreserve sind eine Kapazität von rund 1 GWh und eine Leistung von 10 GW angenommen. Sind dauernd laufende Turbosätze vorhanden, kann die erforderliche Leistung für die Momentanreserve entsprechend reduziert werden. Die angesetzten 20 GW sind ausreichend für die Szenarien. Der Unterschied der Jahreskosten beträgt rund 1 Mrd. € je 10 GW (Lade-/Entladeleistung) und ist damit bei den hohen Gesamtkosten eher vernachlässigbar. Die oben angegebenen Werte zur Kapazität und zur Leistung bilden die Verhältnisse der Zukunft und die Anforderungen gut ab.

Mittelzeitspeicher (MZS)

Ein typischer Vertreter ist das Pumpspeicherkraftwerk (PSKW).

Die zum Teil in die Diskussion eingebrachten PSKWs im Ausland sind entweder noch nicht vorhanden (weil die vorhandenen schon ausgelastet sind) oder die denkbaren und noch nicht gebauten PSKWs würden natürlich auch für die anderen EU-Staaten gebraucht. *→S307* Hinzu kommt, dass die Kosten durch die enormen Leitungskosten und durch Verluste deutlich steigen würden. Kurzum: Für alle Speicher und Stromerzeuger hat jeder EU-Staat (trotz Verbund) bilanziell den eigenen Bedarf zu decken und für die Funktionsfähigkeit seiner Stromversorgung zu sorgen.

Speichertyp 2 (MZS)		
elektr. Daten	Startwert [GWh]:	20
	Aufnahmekapazität, **brutto** [GWh]	40
	techn. max. Ladeleistung [GW]	10,0
	techn. max. Entladeleistung [GW]	-10,0
Effizienz		
	Verfügbarkeit	0,9
	Wirkungsgrad (Strom -> Speicher -> Strom)	0,72
Kosten	Speichertyp:	PSKW+Ltg.
	Energie: Investitionskosten pro kWh [€]	45
	Leistung: Investitionskosten pro kW [€]	1742
	Finanzierungs- und Abschreibungszeit (Jahre)	20
	Kapitalzinsen [%/a]	5
	Betriebskosten [% Energie-Invest.]	2
	Betriebskosten [% Leistungs-Invest.]	3,1
	Gewinne, Rücklagen, Versicherung [%]	9
	Speicher- und Stoffkosten [€/kWh(th)]	0

Parameter 40-16: Mittelzeitspeicher

Es werden für die Berechnung nur die in Deutschland vorhandenen PSKWs eingesetzt.

Über alle 36 PSKWs: Aufnahmeleistung unbekannt; vermutlich ähnlich Abgabeleistung Kapazität: 38 GWh

Abgabeleistung: 9,9 GW (inkl. Aus-/Neubau)

Hinweis: Die Werte, die hier angesetzt wurden, sind das Ergebnis einer Mittelung und fachlichen Bewertung vieler Quellen.

Dieser Speicher bleibt für alle Szenarien unverändert, da neue PSKWs in Deutschland kaum vorstellbar sind, weil es Bauzeiten von rund 25 Jahren (wie Goldisthal) bedeuten würde, der Widerstand groß sein würde und weil selbst eine Verdopplung annähernd nichts an den Ergebnissen ändern würde.

Hinweis: Die Power-to-Heat-to-Power (P2H2P) Speichertechnik kann zwar modelliert werden, ist aber nicht verwendet worden. Der Einsatzbereich von P2H2P wird zwischen MZS und LZS gesehen.

Langzeitspeicher (LZS)

Der erforderliche Gesamtspeicher ist von den Szenarien abhängig. Der nötige Langzeitspeicher (LZS) wird über einen Methanspeicher gelöst. Als LZS wird die **Gesamtanordnung** von Methanisierungsanlagen, Erdgasnetz und Erdgasspeicher sowie die Gaskraftwerke zur Rückverstromung, parametrisiert und **als ein Block modelliert.**

Hierzu werden die *Parameter 40-17* verwendet, die für die Dimensionierung und die Kosten relevant sind. Auch die Verfügbarkeit ist von Bedeutung. Sie resultiert in einer höheren Speicherkapazität.

Speichertyp 3 (LZS)		
elektr. Daten	Startwert [GWh]:	112.700
	Aufnahmekapazität, **brutto** [GWh]	225.500
	techn. max. Ladeleistung [GW]	145,0
	techn. max. Entladeleistung [GW]	-145,0
Effizienz		
	Wirkungsgrad (Strom -> Speichermedium)	0,55
	Verfügbarkeit	0,9
	Wirkungsgrad (Strom -> Speicher -> Strom)	0,25
	Methanspeicherbedarf [TWh]	124,025
Kosten	Speichertyp:	Methan+Ltg.
	Energie: Investitionskosten pro kWh [€]	0,3
	Leistung: Investitionskosten pro kW [€]	1940
	Finanzierungs- und Abschreibungszeit (Jahre)	20
	Kapitalzinsen [%/a]	5
	Betriebskosten [% Energie-Invest.]	2
	Betriebskosten [% Leistungs-Invest.]	2,4
	Gewinne, Rücklagen, Versicherung [%]	9
	Speicher- und Stoffkosten [€/kWh(th)]	0,015

Parameter 40-17: Langzeitspeicher

Entscheidend ist der Wirkungsgrad Strom → Speicher → Strom. Hier wird von einem mittleren Wert von 0,25 ausgegangen. Wenn CO_2 überwiegend aus der Luft gewonnen werden muss, fällt der Wert niedriger aus. Einbezogen werden auch Leitungsverluste.

Hinweis: Die Werte, die hier angesetzt wurden, sind das Ergebnis einer Mittelung und fachlichen Bewertung vieler Quellen.

Der Wirkungsgrad *Strom → Speichermedium* wird für die Berechnung der Speicherkosten (nur bei Methanspeicher) mit dem Stoffkostenparameter benötigt.

Die Investitionskostenermittlung für den Methanspeicher ist von drei Kostengrößen abhängig: So muss der Speicher eine gewisse **Kapazität** [GWh] aufweisen und er muss eine maximale elektrische **Leistung** [GW] in Methan wandeln können. Die dritte Größe ist die **Leistung**, die die Rückverstromung erbringen muss [GW]. Diese drei technischen Größen sind für die Investitionskosten relevant. Wichtig ist zu wissen, dass beim Methanspeicher nicht die Kapazität, sondern die Leistung der entscheidende Kostentreiber ist.

Auch bei den Betriebskosten wird nach Energie und Leistung unterschieden. Die *Betriebskosten* stellen laufende Kosten dar. Zu den Betriebskosten gehören: Personalkosten, Erhaltungskosten (Gebäude, Technik), Wartung, Instandsetzungen, Steuern, Mieten, Erhaltung der Ersatzflächen, Ersatzleistungen ebenso wie die Finanzierungskosten, Rücklagen und Versicherungen.

Dimensionierung des LZS

Für eine funktionsfähige Stromversorgung, **die auf Backup-KWs verzichtet**, müssen die Speicher entsprechend dimensioniert werden. Da die beiden Speichertypen KZS und MZS eine fixe, aus bestimmten Gründen festgelegte Größe haben (s.o.), bleibt nur der LZS, der mit seiner notwendigen Kapazität und Leistung zu ermitteln ist.

Zunächst geht es um die Durchschnittsverhältnisse. Durch Probieren wird die nötige Kapazität ermittelt, die für die *typischen Wetterverhältnisse (2013)* erforderlich ist, damit keine *„fehlende Energie"* ausgewiesen wird, d.h., dass keine Backup-KWs anlaufen müssen (*Abb. 40-3*, 2b). Es fehlen noch die maximalen Lade- und Entladeleistungen.

Die aus dem Stromversorgungsmodell ermittelte maximale Ladeleistung ergibt sich durch die vollständige Nutzung der VEE zum Laden des LZS. Die maximale Entladeleistung (die durch Rückverstromung erbracht werden muss) muss so groß sein, dass nach dem **Worst Case** in jedem Moment die Leistungsnachfrage gedeckt ist.

Um die Worst-Case-Bedingungen einzuhalten, sind die Sicherheitszuschläge erforderlich. **→K33**

- Der Ausbaufaktor (ABF) muss mit 1,75 und

- die Speicherkapazität muss mit 1,35 multipliziert werden.

In vielen Fällen ist die maximal <u>nutzbare</u> Ladeleistung (nach VEE-Angebot) um ein Vielfaches höher als die zwingend erforderliche Entladeleistung.

Da bei einem großen LZS (nach Sicherheitszuschlag) und bei großem VEE-Angebot der Speicher nicht so schnell aufgeladen werden muss, wie es bei maximaler Nutzung des VEE-Angebots möglich wäre, und da hohe Leistungswerte die Kosten hochtreiben, wird folgender Modus im Zusammenhang mit den Sicherheitszuschlägen gewählt:

1. Die **Entladeleistung** wird auf den ermittelten typischen Wert **+20 %** gesetzt (damit wird sichergestellt, dass die Stromnachfrage sicher bedient werden kann)

2. Die **Ladeleistung** wird auf den gleichen Wert gesetzt, um leistungsbedingte Kosten zu reduzieren.[498]

Nutzungsstunden für LZS und P2G + P2L ermitteln

Die Nutzungs- bzw. Volllaststunden werden für die Synthesekosten benötigt. Es gibt zwei Nutzer für die Überschussenergie (VEE, die nicht direkt ins Netz geleitet werden kann):

1. die Anlagen für die Wasserstoff- und Methanerzeugung des LZS und

2. die Anlagen für P2X (z.B. für synthetische Kraftstoffe)

Die Volllaststunden für die Wasserstoff- und Methanerzeugung für den LZS werden bei der Dimensionierung berechnet und können dem Modell entnommen werden. Die Volllaststunden resultieren aus der zur Verfügung stehenden, stochastischen, verbliebenen VEE (Überschuss) und der eingestellten maximalen Ladeleistung.

Die VEE-Leistung, die darüber hinausgeht, also nicht in den LZS gehen kann, wird extern für P2X-Anlagen verwendet. Wurde der VEE-Ausbau so weit gesteigert, dass die erforderliche Energie für die P2X-Anlagen erreicht ist, liefert das Modell auch für diese Anlagen die Volllaststunden.

> *Anmerkung: Wenn die VEE z.B. Spitzenleistungen von 250 GW hat, kann man schlecht technische Anlagen bauen, die ökonomisch und technisch den vollen Bereich (von z.B. Min. = 1 GW bis Max. = 250 GW) abdecken. Es macht also eher Sinn, eine Anlage zu konzipieren und zu dimensionieren, die zwischen Min und Max einen Unterschied von z.B. einem Faktor 5 schafft. Da die Leistungsspitzen sehr selten sind, könnte man z.B. die Anlage nur dann einschalten, wenn das Leistungsangebot zwischen 10 % und 50 % der maximalen VEE-Leistung liegt. Daraus resultiert ein Dynamikbereich von 1 zu 5.*

40.7 Flexibilisierung durch Nachfragesteuerung

Zur Anpassung von Angebot und Nachfrage wird die „Flexibilisierung" propagiert. Sie soll zur Entlastung der nötigen Speicher führen. Über die Potenziale herrscht keine Einigkeit. Ich habe die Potenziale nachfolgend abgeschätzt.

Haushalt

Wenn man sich ansieht, zu was Strom im Haushalt verwendet wird, wird das Potenzial deutlich. *Abb. 40-8* liefert die nötigen Zahlen.

Die Haushalte haben nur einen Anteil von 27 % an dem Stromverbrauch. Also sind die Prozentsätze: 4,8 %, 3,8 % und 4,6 %.[A]

Lediglich 4,6 % ist das Potenzial für bis zu 12 Stunden (ohne Heizen mit Wärmepumpe) – und auch nur, wenn alle Haushalte ein *Smart Meter* haben und alle die Tarifvorteile nutzen. Um das gewohnte Nutzerverhalten zu ändern, sind erhebliche Tarifunterschiede nötig; man spricht zum Teil vom Faktor 4.

[A] Nicht enthalten sind Wärmepumpen für die Gebäudeheizung. In S7 sind 32 TWh (das 18-Fache von heute) bei 900 TWh gesichertem Stromverbrauch vorgesehen. Das sind 3,6 %. Mit den 4,6 % sind es 8,2 % bis 12 Stunden.

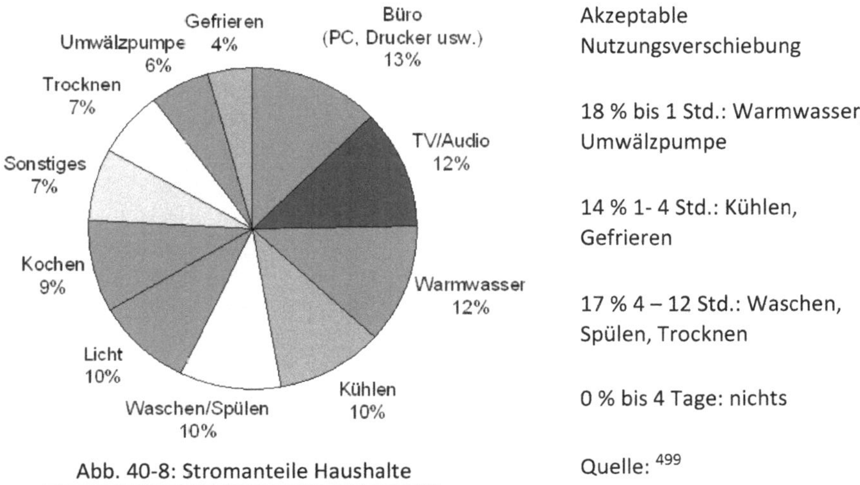

Abb. 40-8: Stromanteile Haushalte

Akzeptable Nutzungsverschiebung

18 % bis 1 Std.: Warmwasser, Umwälzpumpe

14 % 1- 4 Std.: Kühlen, Gefrieren

17 % 4 – 12 Std.: Waschen, Spülen, Trocknen

0 % bis 4 Tage: nichts

Quelle: [499]

Industrie, Gewerbe

Bei der Prozesswärme gibt es Bereiche, die Stromunterbrechungen von vielleicht 1 Stunde verkraften können, aber nicht viel mehr. Zeitliche Verschiebungen des Stromverbrauchs sind in der Industrie und im Gewerbe kaum möglich, da hier die Effizienz der Fertigungsprozesse von entscheidender Bedeutung ist. Sicher, planbare Prozessabläufe sind auch Teil einer Energieeinsparung. Sie werden auch heute schon genutzt.

Gewerbe, Handel, Dienstleistungen

Der Gesamtstromverbrauch dieser Kunden liegt bei 28 % (*Abb. 40-9*). Die akzeptablen Nutzungsverschiebungen sind:

- bis 1 Std. 11 % (Prozesskälte, 20 % der Prozesswärme)
- bis 4 Std. 1,9 % (20 % der Prozesskälte)
- bis 12 Std. nichts und bis 4 Tage nichts.

Industrie

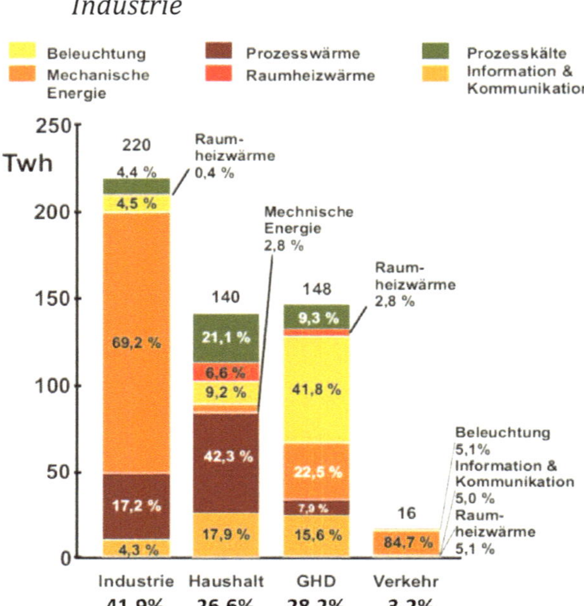

Akzeptable Nutzungsverschiebung der Indiustrie:
8 % bis 1 Std.: Prozesskälte, 20 % der Prozesswärme
0 % bis 4 Std.: nichts
0 % bis 12 Std.: nichts
0 % bis 4 Tage: nichts
Bei ca. 42 % Anteil am Gesamtstromverbrauch macht die mögliche Verschiebung von 1 Std. gerade mal 3,3 % aus.

Quelle: Forschungsstelle für Energiewirtschaft e.V. FfE „Strombedarf nach Sektoren und Anwendungsarten in Deutschland 2011"

Abb. 40-9: Strombedarf nach Sektoren

Potenzial der zeitlichen Verschiebbarkeit am Gesamtstromverbrauch:

Zeitverschiebung	Anteil am Gesamtstromverbrauch	Beteiligte Verbraucher
bis 1 Std.	**11,1 %** (4,8 % + 3,3 % +3 %)	Haushalt, Industrie, Gewerbe, Handel, Dienstleistung
bis 4 Std.	**4,3 %** (3,8 % + 0,5 %)	Haushalt, Gewerbe, Handel, Dienstleistung
bis 12 Std.	4,6 %	Haushalt
bis 4 Tage	0 %	keine

Tabelle 40-2: Flexibilitätspotenziale

Damit liegt selbst im Stundenbereich (2 bis 12 Std.) das Potenzial für die Verschiebung des Stromverbrauchs bei unter 10 %. Im Bereich von Tagen besteht kein Potenzial.

Durch Flexibilisierung des Stromversorgungssystems (Demand Side Management) kann man bestenfalls Spitzen innerhalb eines Tages etwas entschärfen.

Verwendete Parameter

Daraus ergeben sich die Parameter, die für die Flexibilisierungsrechnung angewendet wurden:

Flexibilisierung			
Haushalt,	1. für Std.:	1	12,0 GWh
Industrie ...	2. für Std.:	3	5,0 GWh
	3. für Std.:	8	4,0 GWh
	4. für Std.:	12	2,0 GWh

Parameter 40-18: Flexibilisierung

Für das Szenario S7 wurde der Effekt der Flexibilisierung ermittelt und dessen Marginalität bewiesen. →*K41.4*

40.8 Kostenentwicklung

Für diese Berechnung werden jahrweise die Kostenkomponenten er mittelt. So kann der Kostenverlauf unter verschiedenen Gesichtspunkten dargestellt werden. Folgende wichtige Parameter werden verwendet:

EE-Zubau	
20	Jahre EE-Anlagen-Nutzungsdauer
2	TWh/a Planbare-EE-Zubau
90	TWh/a max. Planbare EE
65,3	TWh/a VEE-Zubau
2.454	TWh/a max. VEE (bis 2050)
340	GW Spitzenleistung im SVS (max. Last + max.Ladeleistung)

Parameter 40-19: EE-Zubau (Beispiel)

Schwarze Zahlen bleiben für alle Szenarien unverändert. Der VEE-Zubau wird berechnet. Die grauen Parameter stammen aus der Stromversorgungs-modellierung.

Der Zubau der EE-Anlagen wird hiermit festgelegt. Unterschieden wird zwischen Planbaren EE (Biogas, Wasser ...) und den VEE. Die VEE-Zubaurate (65,3 TWh/a) wird aus der Zielgröße (2.454 TWh/a bis 2050) ermittelt. Der VEE-Zubau soll linear verlaufen und bis 2050 abgeschlossen sein. Die Spitzenleistung im SVS wird für die Kosten des Netzes benötigt.

Subvention für Zubau	
0,4	ct/kWh/a VEE-Reduktion
2	ct/kWh VEE unterstes Limit
0,4	ct/kWh/a Planbare-EE-Reduktion
5	ct/kWh Planbare EE unterstes Limit

Parameter 40-20: Subventionen für Zubau

Es wird davon ausgegangen, dass die Subventionen linear abnehmen. Hierzu können die Reduktionsrate und die Restsubvention festgelegt werden.

Neue, verstärkte Transport- und Verteilnetze

2016	Startjahr Trassen-/Netzumlage
10	Jahre für die Verteilung der Investition bzw. Ersatz
40	Mrd. € Basisbetrag f. Trassen, Netzverstärkung (o. Finanzierung)
0,5	Mrd. € Zusatz-Netzinvestitionskosten je GW VEE-Nennleistung
5	% Finanzierungszinsen
20	Jahre Finanzierungsdauer
40	Jahre Nutzungsdauer
10	% Betriebskosten, Gewinne etc.

Parameter 40-21: Stromnetz

Die Ausbaukosten für Stromtrassen und Netze werden in *Parameter 40-21* festgelegt. Die Investitionen werden auf 10 Jahre verteilt, starten in 2016 und betragen ohne Finanzierung 40 Mrd. € als Sockelbetrag,[500] der sich auf einen VEE-Ausbau von 100 GW bezieht. Mit dem zweiten und dritten Parameter wird bei einer Spitzenleistung von z.B. 300 GW nur eine Investitionssumme von 140 Mrd. € für den Netzausbau errechnet. Das ist wenig, verglichen mit 300 Mrd. €, die in der dena-Studie angegeben sind.

Da die Kosten mit der Volatilität steigen, wird mit Zusatzkosten von 0,5 Mrd. € pro zusätzlichem GW VEE gerechnet.[501]

Langzeitspeicher

2025	Startjahr Speicherbau
20	Jahre für die Verteilung der Investition bzw. Ersatz
1.104	Mrd.€ Investitionskosten inkl. Zinsen (normiert auf 20 Jahre)
5	% Finanzierungszinsen
20	Jahre Finanzierungsdauer
20	Jahre Nutzungsdauer
20	Mrd. €/a für Überschuss-, Verluste, Einspeisung (Speich.-Netz)
77,4	Mrd. €/a reine Betriebskosten (o. Zinsen)
30	% Mehrkosten für das Startjahr gegenüber 2050

Parameter 40-22: Kosten Langzeitspeicher

Die entscheidenden Zahlen, die aus der Dimensionierungsrechnung kommen, sind fett dargestellt. Die Investition in Speicher erfolgt linear über 20 Jahre und ist somit 2045 abgeschlossen. Nach einer Nutzungsdauer von 20 Jahren sind die Einrichtungen zu ersetzen. Das erfolgt fortlaufend. Je nach Parameter können dadurch eher kontinuierliche oder eher sprungbehaftete Kostenverläufe entstehen.

Sektorkopplung

124,0	Mrd. €/a Mehrkosten (nach Importeinsparung)

Parameter 40-23: Mehrkosten Sektorkopplung

Dieser Parameter wird der Tabelle *Szenarioergebnisse* (*Abb. 41-2*, Feld A51) entnommen.

Hiermit können die szenariospezifischen Kosten, die durch spezielle Substitutionen entstehen (z.B. P2X) und die bei den Stromversorgungskosten nicht anfallen, in die Gesamtkostenentwicklung einbezogen werden. Dazu wird dieser Wert, der für 2050 gilt, zwischen 2025 und 2045 linear auf den Endwert gesteigert. Es gibt noch einige weitere Parameter, die aber als Anteil an den Kosten kaum ins Gewicht fallen.

40.9 Einsparung, Energieeffizienz

Mit der Annahme über den Energiebedarf (je Sektor) kann man das Rechenergebnis stark beeinflussen.[A] Der Energiebedarf wird wesentlich durch vier Größen bestimmt:

- **Anzahl der Energiesenken**
  (gibt es künftig mehr oder weniger Verbraucher?)

- **Arten von Energieverbrauchern**
  (welche sind neu, welche werden weniger?)

- **Effizienz des Energieverbrauchs** je Energiesenke
  (Durchschnitt, wie ist die Tendenz?)

- **Nutzerverhalten**
  (wie viel Verzichtsbereitschaft auf Energie ist zu erwarten? Gibt es sinnvolles Verhalten ohne nennenswerten Verzicht?)

Das kombinierte Einschätzungsergebnis wird in der Spalte E *„Faktor Einsparung, Energieeffizienzgegen 2015"* der Szenariotabelle (*Abb. 41-1*) ausgedrückt. Energiebedarf im Jahre 2050 ergibt sich aus dem Produkt dieses Parameters mit dem Energieverbrauch aus dem Jahre 2015. Der Bezug ist also nicht 1990, sondern 2015.

Gerne werden von den Visionären starke Einsparungen angenommen (Effizienzziel von 20 % bis 2020 und Energieverbrauch bis 2050 halbiert[502]), damit die Energiewende leichter umgesetzt werden kann. Obwohl die Politik bisher vieles angeschoben hat, um die Energieeffizienz der Volkswirtschaft zu steigern – etwa zwischen 2015 und 2020 wurden rund 17 Mrd. € für Effizienzfortschritte[503] in zentralen Bereichen ausgegeben –, ist der Endenergieverbrauch zwischen 2008 und 2017 um 2 % *gestiegen*.

[A] Wie das auch in verschiedenen Studien gemacht und gefordert wird.

Der Verlauf der Energiekenngrößen in der Vergangenheit lässt die gewünschten Reduktionen als <u>völlig unrealistisch</u> erscheinen, wie in →*K13*, →*K31.5* verdeutlicht wird.

Hier wird daher der Ansatz verfolgt, die Tendenzen für die Zukunft auf Basis der letzten Entwicklungen und der absehbaren Zusammenhänge realistisch einzuschätzen. Der angenommene Gleichlauf, also keine weiteren Energiereduktionen, im Sektor Strom und Verkehr stellt daher einen eher günstigen Ansatz dar.

Zusätzlich verwende ich in einigen Szenarien mit 90 % CO_2-Einsparung einen aus meiner Sicht stark reduzierten Energieverbrauch, um zu prüfen, was bei großem Optimismus herauskommt. Diese Varianten sind mit *„sparsamer"* gekennzeichnet. →*K40.2*

Sektor	Faktor Standard	Faktor „sparsamer"	Bemerkungen
Strom	1	0,9	In →*K13* wird dargelegt, dass in den letzten Jahren der Stromverbrauch gestiegen ist. Ein konstanter Stromverbrauch bis 2050 ist also eher optimistisch und wird mit dem Standardfaktor 1 beschrieben.
Wärme	0,7	0,5	Fraunhofer ISE unterstellt eine Einsparung von 65 % bei Wärme ab 2010. Prof. Quaschning sagt, dass eine Einsparung von mehr als 25 bis 50 % bis 2040 unrealistisch sei. Jeweils bezogen auf 1990, nicht wie hier, bezogen auf 2015. Wenn vom Energiebedarf die Rede ist, ist natürlich der Durchschnittswert gemeint, also über alte wie neue Gebäude. Der Faktor inkludiert auch die Prozesswärme der Industrie, die wenig reduzierbar ist.
Mobilität	1	0,8	In den letzten 10 Jahren ist der Kraftstoffverbrauch nahezu konstant geblieben.[504] Die Verkehrsleistung steigt in den letzten Jahrzehnten ungebremst →*Abb. 42-2*. Der Standardfaktor 1 ist optimistisch. Eine Prognosestudie von BP bestätigt das.[505]

Tabelle 40-3: Einsparungen in den Sektoren

41 Szenario S7 mit 90 % CO$_2$-Einsparung

In diesem Szenario wird angenommen, dass die Zielsetzung auf -90 % CO$_2$ erreicht wird und der Prozess der Umstellung auf 2050 gleichmäßig verteilt ist. Der Fokus auf 90 % CO$_2$-Einsparung ist nötig, da noch andere Bereiche wie die Landwirtschaft[A] zusätzliche Treibhausgase beitragen. Die Quellen, die andere Treibhausgase als CO$_2$ ausstoßen, werden in den Szenarien nicht betrachtet.

Hinweis: Mittlerweile ist schon von der völligen Dekarbonisierung bis 2050 die Rede – das 80%-Ziel gibt es nicht mehr. Von daher ist 90 % CO$_2$-Einsparung eigentlich noch zu wenig.

Nach dem Umweltbundesamt setzten sich die Emissionen nach Kohlendioxid-Äquivalenten 2017 wie folgt zusammen: 88 % CO$_2$, 6,1 % Methan, 4,2 % Lachgas (Distickstoffmonoxid) und 1,7 % für alle anderen.[506]

Mit der P2G-Technik (→K30.1) kann man die Energie des erzeugten Methans über das vorhandene Gasleitungsnetz und die Gas-Kavernenspeicher gut speichern und transportieren. So kann Überschussenergie genutzt werden (aber nicht zwangsläufig kostengünstig).

Elektrolyse mit Methanisierung und Rückverstromung des Methangases über Gaskraftwerke stellen in ihrer Gesamtheit die Funktionalität eines Stromspeichers dar (P2G2P). Über die Möglichkeit der langen Speicherung großer Gasmengen wird auf diese Weise ein Langzeitspeicher (LZS) realisiert. Diese Ergänzung führt in diesem Szenario zum Verzicht auf Backup-KWs.

Keine Wasserstoffwirtschaft

In diesem wie auch allen anderen Szenarien ist das Konzept der Wasserstoffwirtschaft nicht berücksichtigt worden (→K30.4). Zu groß sind die Nachteile gegenüber Methan. So wäre unter anderem eine komplett neue Infrastruktur für den Wasserstofftransport nötig (zumindest übergangsweise <u>zusätzlich</u> zur Infrastruktur für Kraftstoffe, Erdgas, Ladepunkte für E-Mobilität).

„Ein bisschen Wasserstoffwirtschaft" geht aus Kostengründen nicht. Eine deutsche Lösung ist ohne ein EU-weites Versorgungsnetz zum Scheitern verurteilt.

[A] Etwa 7 % in CO$_2$-Äquivalenten

41.1   Das Szenario

S7: 90% CO2-Einsparung mit P2G ohne Backup-KWs, mit nötigem Langzeitspeicher

		2015			Endzustand der Energiewende (2050)					
A	B	C	D	E	F	G	H	I	J	K
	Endenergie 2015 TWh	Energieanteil 2015	CO2 2015 Mio. t	Faktor Einsparung, Energieeffizienz gegen 2015	Endenergie in 2050 nach Einsparung [TWh]	CO2 2050 Mio. t	Wirk.-Grad bzw. WP-Leist.Zahl bzw. Faktor	Strombedarf in 2050 TWh	Strom brutto (Summe: gesichert)	Informationen zum Zustand in 2050
Sektoren										
Strombedarf (originärer Stromanwendungen)	580	22,1%	255	1,00	580	0	1,00	580	626	-90% CO2 seit 2015
noch nötige Erdgas-Backup-KWs 2050					0	0,0				Anteil fossiler KWs
Rest fossile KWs-Mix, inkl. Fernwärme [A8]					30	24,3				3,6%
Strom aus fester Biomasse (Holz, etc.)	10				10	0,4			-10,0	25 Mill. t CO2
Wärme (Rest fossil)	1062	40,5%	308	0,70	5	1,2				-91% CO2 seit 2015
Fernwärme; KWK stromgeführt; aus foss. KWs [A5]	111	4,2%	20		25					
durch P2H z.B. im Fernheizkraftwerk	0				35		0,75	47		
über Solarthermie	7	0,3%			40					
feste Biomasse (Holz, etc.)	100	3,8%			80	3,2	0,01	0,8	0,9	EE-Anteil:
Gasheizungen mit Gas aus P2G					200		0,46	439		49%
über Wärmepumpe **Niedertemperatur**	5	0,2%	1		90	0,8	3,00	30	32	
Strom direkt **Prozesswärme**	36	1,4%	16		50	1,3	1,00	50	54	450 TWh PW
für Stahlindustrie mit Koks/Kohle	?				180	61,2				
sonstige Industriewärme fossil (Öl, Gas)	?				100	26,0				
CO2-Abtrennung in Industrie (CC-, CCS-, CCU-Mix)				für thermische Energie:	185	-62,9	0,30	56	60	
Gasfeuerungen mit Gas aus P2G	0				120		0,46	263		31 Mill. t CO2
Mobilität (fossil)	707	27,0%	205	1,00	189	48,2				-72% seit 2015
mit Batterie als Energiequelle **Stromlösungen**	0	0,0%	0,0		250	3,0	0,41	102,1	110	34 Mill. PKW
Strom mit Oberleitung für Bahn, Busse, LKWs	12	0,5%	5,3		50	0,7	0,49	24,7	27	
Gasmotor mit Gas aus P2G **P2X in DE**					100	7,7	0,46	219,3		EE-Anteil:
Verbrennungsmotor (Kraftstoff, Kerosin über P2L)					0	0,0	0,33	0,0		74%
Gasmotor (LNG-Import aus P2G) **P2X-Import**					150					
Verbrennungsmotor (Kraftstoff-Import aus P2L)					0					60 Mill. t CO2
Zusammen	2620	100%	810		2244	115			1811	**900 TWh gesichert**
Farbkodierung:				30%		seit 1990 Einsparung CO2:	90,0%	in Mt CO2:		**1045 TWh volatil, nicht gesichert**
Vorgabewert (Parameter) errechnet				Anteil gegen Einsparung: extern erzeugtes CO2		0,5%	4,96			97% EE-Anteil an gesicherter SV

(Spalte E, Zeilen 20–23: „Werte als Kraftstoff-Endenergie")

Abb. 41-1: S7-Szenariotabelle

Abb. 41-1 ist die Szenariotabelle. Sie zeigt, welche Substitutionen gemacht wurden.

Da die P2G-Technik verfügbar ist, macht es Sinn, dass auch die vorhandenen Erdgasheizungen über diesen Weg versorgt werden (entsprechend dem Anteil im Erdgasnetz). Auch kann ein Teil der Pkw mit Methangas betrieben werden. Für die 90%-Reduktion ist dieser Energieträger intensiv eingesetzt worden.

Neben den ambitionierten Substitutionen musste für 90 % CO_2-Reduktion das synthetische Methangas schon in erheblichem Umfange eingesetzt werden. Ohne CCx-Technik war das Ziel aber trotzdem nicht erreichbar. Es gelang Substitutionen zu finden, die gegen keine Plausibilitätsregel verstoßen haben.

Unter Berücksichtigung der Volllaststunden für externes P2G von ermittelten 1.218 Stunden ergibt sich:

	A	B	C	D
30	**Szenarioergebnisse (1 typisches EE-Ertrags- und Verbrauchsjahr um 2050)**			
31	1,496 **Verbrauchsfaktor (für originäre Stromanwendungen)**	--> Buttostrombedarf [TWh]:		900
32	32 TWh zusätzlich für Wärmepumpen			
33	110 TWh zusätzlich für E-Mobilität (Ladung der Batterien)			
34	30 TWh Max. Beitrag konventioneller Grundlast-KWs			
35	1,4 GW Minmale Leistung konventioneller Grundlast-KWs			
36	9 GW Maximale Leistung konventioneller Grundlast-KWs			
37	0 TWh max. Energiebeitrag durch Backup-KWs			
38	1045 TWh extern nötige Überschussenergien (für Speisung P2G, P2L, P2H), ESV2			*Mix-Einkaufspreis*
39	1179 TWh fossile Einsparung (Bereiche: Wärme, Mobilität) gegenüber 2015			*€/kWh(th)*
40	-46,81 Mrd. € Importmehrkosten für fossile Energieträger (neg. = Einsparung)			*0,040*
41	1,34 Mrd.€ für verbliebene fossile KWs (Gas,... Mix)			*0,016*
42	-11,64 Mrd.€ (Import-)Kosten für Energieträger konventioneller KWs (Mix)			*0,013*
43	49,90 Mrd.€ Synthesekosten P2G in Deutschland (ohne Stromkosten)			
44	0,00 Mrd.€ Synthesekosten P2L in Deutschland (ohne Stromkosten)			
45	35,11 Mrd.€ Import synthetisches Gas	*0,234 €/kWh*	*2,34 €/m³*	
46	0,00 Mrd.€ Import synthetischer Kraftstoff	*0,304 €/kWh*	*2,73 €/Ltr.*	Fossile Energieträger
47	83,61 Mrd. € Stromkosten für Überschussenergie (für P2H, P2G, P2L)			Import 2050-2015
48	4,88 Mrd. € Mehrkosten für Solarthermie			**-57,1 Mrd.€/a**
49	3,77 Mrd. € Mehrkosten für CC und CCS (CO2-Abtrennung, teilweise mit Storage)			
50	3,78 Mrd. € Mehrkosten für P2H (Unterschied zu Gas)			
51	**123,94 Mrd.€ Mehrkosten (nach Import-Einsparung, ohne Kosten für Strom, Speicher etc.)**			
52	**4,02** €/m³ P2G-Gestehungskosten (in DE)	0,30 €/m³ Gaspreis für Gas-KWs zum Vergleich um 2025		
53	--- €/Ltr. P2L-Gestehungskosten (in DE)	0,40 €/Ltr. Kraftstoffgestehungskosten z. Vergleich um 2025		

Abb. 41-2: S7 Szenarioergebnisse

41.2 Vorgehen, Entscheidungen

Das SVS wird über einen Langzeitspeicher stabilisiert. Letztlich sind die angesetzten Substitutionen bis zu einem gewissen Grad willkürlich.

Sektor Wärme

Die Einsparung des Wärmebedarfs (auf 0,7) leistet einen wesentlichen Anteil, der die Substitutionsanstrengungen entspannt. Da für die Reduktion von Prozesswärme kaum Spielraum angenommen wird und rund die Hälfte der Wärme Raumwärme (Niedertemperaturwärme) ist, stellen die angesetzten 0,7 etwa eine Reduktion durch Hausdämmung um 40 % gegenüber 2015 dar.[507] Würde man den Energiebedarf für Gebäude um 80 % (gegenüber 2015) reduzieren, so wäre das mit einem Energieeffizienzfaktor von etwa 0,5 zu berücksichtigen.

Die *Fernwärme*, die aus verbliebenen fossilen KWs kommt, wurde um rund die Hälfte reduziert (F8 + F9). Für die Fernwärme wurde auch P2H-Technik eingesetzt.

Die *Solarthermie* wurde auf das 6-Fache aufgestockt.

Biomasseheizungen, die CO_2-neutral arbeiten, wurden leicht reduziert (Kritik der Schadstoffe bei der Verbrennung).

Durch die unterstellte P2G-Technik kann auch ein großer Teil dieses Gases in das Erdgasnetz eingespeist werden. Damit können auch *Gasheizungen* (anteilig) CO_2-neutral betrieben werden (hier 200 TWh).

Auch die Erhöhung des Einsatzes von Wärmepumpen um den Faktor 18 könnte über die lange Zeit bis 2050 möglich sein.

Die knapp bemessene *Prozesswärme* von 450 TWh von 36 auf 50 TWh Strom umzustellen, dürfte machbar sein.

Die *CCx-Technik* in Industriefeuerungen musste eingesetzt werden, um das 90%-Ziel zu erreichen; Gewinn 63 Mill. t CO_2.

Sektor Mobilität

Batteriegestützte E-Mobilität: Im Sektor Mobilität wurden 250 TWh (Kraftstoff thermisch) für batteriegestützte Fahrzeuge substituiert. Das entspricht 34 Mill. E-Pkw. Hierfür müssen ca. 110 TWh an Strom erzeugt werden.

Fahrzeuge mit Oberleitungen: Die 12 TWh Endenergie in 2015 (Bahnen) wurden auf 50 TWh erhöht, was einen erheblichen Ausbau insbesondere der Oberleitungen auf Autobahnen für Busse und Lkws bedeutet.

Es wird in Deutschland hergestelltes **synthetisches Methan** für Verbrennungsmotoren (Pkw, Lkw) mit 100 TWh Endenergie eingesetzt, das rund ein Siebtel des Kraftstoffverbrauchs Deutschlands bedeutet. Weitere 150 TWh sollen in diesem Szenario Importiert werden.

Konventionelle KWs

Ein Rest von 30 TWh fossil betriebener KWs sind noch möglich und zur Erhaltung von 60 TWh Fernwärme nötig (die Hälfte ist geblieben).

VEE, Backup und Speicher

In diesem Szenario wurde vorgegeben, <u>keine Backup-KWs</u> zu verwenden, da dieses Szenario von einem verfügbaren Langzeitspeicher ausgeht.

Bewertung

Die Substitutionen bewegen sich im Grenzbereich der theoretischen Möglichkeiten. Plausibilitätsregeln mussten dazu nicht verletzt werden, weil ***CCx-Technik*** eingesetzt wurde.

41.3 Dimensionierung des SVS

Der Kurzzeitspeicher (KZS) wird, wie erläutert *(→S424)*, auf 20 GWh und 20 GW eingestellt. Der Mittelzeitspeicher (MZS) ist wie in allen Szenarien gleich und entspricht grob den heutigen Verhältnissen, die durch die PSKWs gegeben sind.

Im Stromversorgungsmodell wird aufgrund des *Szenarioergebnisses (Abb. 41-2)* eingestellt:

- der Verbrauchsfaktor (d.h. die zukünftige Last)

- Spitzenleistungen für Wärmepumpen (aus dem Energiebedarf)

- Spitzenleistungen für E-Mobilität (aus dem Energiebedarf)

- max. Energiebeitrag konventioneller KWs

- min. Leistung konventioneller KWs

- max. Leistung konventioneller KWs

- max. Energiebeitrag der Backup-KWs (hier also null)

- die extern nötige Überschussenergie

Nun beginnt der Iterationsprozess:

- Der LZS wird zur Ermittlung des theoretischen Optimums zunächst auf übergroße Werte gestellt (z.B. 150.000 / 300.000 GWh; 999 / -999 GW)

- Der <u>Ausbaufaktor</u> (ABF) wird so eingestellt, dass der Stand des LZS am Jahresende dem bei Jahresbeginn entspricht (siehe Pfeile in <u>*Abb. 41-3*</u>)

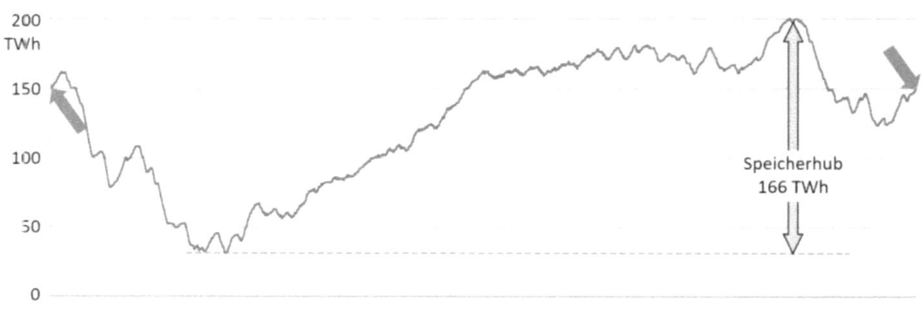

Abb. 41-3: Idealisierter Speicherverlauf

Die eingestellten Parameter und der dazu erforderliche Ausbaufaktor:

Parameter			
	Konfiguration		
Verbrauch	klassische Stromverbraucher	**Verbrauchsfaktor**	1,496
	Sonderlast Wärmepumpe	**Spitzenleistung [GW]**	7,79
		resultierende Energie [TWh/a]	32,02
	Sonderlast E-Mobilität	**Spitzenleistung [GW]**	19,65
		resultierende Energie [TWh/a]	110,09
Nicht-VEE-Erzeugung	**Max. Beitrag** konventioneller Grundlast-KWs [TWh/a]		30,00
	Min. Leistung konventioneller Grundlast-KWs [GW]		1,40
	Max. Leistung konventioneller Grundlast-KWs [GW]		9,00
	Min. verfügbare Momentanreserve (Turbosätze) [GW]		10,00
	Max. Jahresenergie Planbare EE (Wasser, Biogas) [TWh/a]		90,00
	Max. Energiebeitrag durch Backup-KWs [TWh/a]		0,00
VEE-Erzeugung	ESV2: extern benötigte Überschussenergien [TWh/a]		1.045,00
	Ausbaufaktor	**Ausbau Onshore [GW]**	418,54
	gesamt **15,77**	**Ausbau Offshore [GW]**	104,63
	Basis: 2013	**Ausbau PV [GW]**	523,17

Parameter 41-1: S7 Startparameter

Die theoretische Ausbaugrenze der VEE von 500 GW wird mit 1.898 GW (Summe Onshore, Offshore, PV) um ein Vielfaches überschritten.

Werte des theoretisch optimalen Speichers mit noch unbeschränkter Leistung:

Speichertyp 3 (LZS)				
elektr. Daten	Startwert [GWh]:	117.000		
	Aufnahmekapazität, **brutto** [GWh]	166.000	max.Werte	
	techn. max. Ladeleistung [GW]	999,0	465 GW	
	techn. max. Entladeleistung [GW]	-999,0	-121 GW	

Die maximalen Werte sind die, die in dieser Konstellation auftraten.

Werte 41-1: LZS vorläufig

Berücksichtigung der Worst-Case-Bedingung:

- Die LZS-Kapazität wird auf das 1,35-Fache (*→K33)* des durchlaufenen Speicherhubes eingestellt.

- Der Startwert wird auf ½ des Speicherhubes vorgegeben. Die max. technische Entladeleistung wird auf 120 % des erreichten max. Wertes eingestellt.

- Die max. technische Ladeleistung wird auf den Wert dieser Entladeleistung eingestellt (um Kosten am LZS zu sparen).

Die Einstellwerte für den LZS unter Worst-Case-Berücksichtigung und optimierten Leistungswerten zeigt *Werte 41-3*.

Speichertyp 3 (LZS)		
elektr. Daten	Startwert [GWh]:	112.000
	Aufnahmekapazität, **brutto** [GWh]	224.000
	techn. max. Ladeleistung [GW]	**145,0**
	techn. max. Entladeleistung [GW]	-145,0

Werte 41-2: LZS dimensioniert

- Einstellen des bisher ermittelten ABF mal 1,75 (Sicherheitsfaktor)

Nicht-VEE-Erzeugung	**Max. Beitrag** konventioneller Grundlast-KWs [TWh/a]	30,00
	Min. Leistung konventioneller Grundlast-KWs [GW]	1,40
	Max. Leistung konventioneller Grundlast-KWs [GW]	9,00
	Min. verfügbare Momentanreserve (Turbosätze) [GW]	10,00
	Max. Jahresenergie Planbare EE (Wasser, Biogas) [TWh/a]	90,00
	Max. Energiebeitrag durch Backup-KWs [TWh/a]	0,00
VEE-Erzeugung	ESV2: extern benötigte Überschussenergien [TWh/a]	1.045,00
	Ausbaufaktor **Ausbau Onshore [GW]**	759,04
	gesamt **28,60** **Ausbau Offshore [GW]**	189,76
	Basis: 2013 **Ausbau PV [GW]**	948,81

Parameter 41-2: S7 dimensioniert

Der ABF musste etwas erhöht werden, damit die geforderte, externe Überschussenergie bereitgestellt werden kann. Die Ausbaugrenze wird mit 1898 GW 5,1-fach überschritten (sonstige Parameter sind unverändert).

Damit ist die Dimensionierung des gesicherten Stromversorgungssystems (SVS1) abgeschlossen. Im durchschnittlichen Betrieb wird ein Anteil der EE von 97 % in der Stromversorgung erreicht (aber nicht über die gesamte Energieversorgung).

resultierende Werte (Energien und Leistung)		
Energiebilanz	Energiebedarf [TWh/a]	1.042,88
	- Arbeit konventioneller KWs [TWh/a]	24,84
	- Arbeit planbarer KWs [TWh/a]	36,16
	erforderl. Energie aus VEE, Speicher, Backup-KWs -> Netz [TWh/a]	981,88
	konventionelle Grundlast-KWs [TWh/a]	24,84
Backup-KW:	fehlende Energie (aus Gas-KWs bereitzustellen) [TWh/a]	0,00
	Anteil der EE am Netzstrom [%]	**97,62%**
	gesamte erzeugte Elektroenergie [TWh/a]	2.470,65
Leistung	maximaler Leistungsbedarf (Last) [GW]	165,16
	maximale Leistung der Backup-Gas-KWs [GW]	0,00
	maximaler Lastgradient [GW/h]	25,27
	Einspeiseereignisse/a (Gas-KWs) wg. leerer Speicher [Anzahl]	0
Residual-	maximale Leistung (bei VEE-Mangel) [GW]	0,00
Leistung	maximaler positiver Leistungsgradient [GW/h]	0,00
	maximaler negativer Leistungsgradient [GW/h]	0,00
	Gesamtverluste (Speicher + Überschussenergien) [TWh/a]	1.463,48

Werte 41-1: S7 Energie und Leistung

Durch den erhöhten ABF wird etwas weniger Grundlastenergie benötigt. Wie gefordert, gibt es keine Backup-KWs (fehlende Energie = 0). Gelistet werden in *Werte 41-1* die errechneten Werte zu Leistung und Energie bezüglich der Energiebilanz, der Residualleistung und der Gesamtverluste.

Diese Überschussenergie steht bei typischer Ertragssituation für externe Verwendung für P2X zur Verfügung:

Arbeit (Energie)		
Arbeit (Energie)	erzeugte/erzeugbare VEE-Arbeit/a [TWh/a]	2.445,81
	genutzte VEE-Arbeit im SVS [TWh/a]	982,31
	Überschussenergie im SVS [TWh/a]	**1.179,97**
	extern für P2X nutzbare Energie [TWh/a]	**1.045,75**

Werte 41-2: S7 VEE-Arbeit

Von der *erzeugten VEE-Arbeit* geht die *genutzte VEE-Arbeit* ab. Der Rest setzt sich aus den *Speicherverlusten* (siehe *Werte 41-4*) und der dann noch verbleibenden *Überschussenergie* zusammen. Von der im SVS entstandenen Überschussenergie kann der übergroße Anteil *extern für P2X genutzt* werden.

Für die *Volatilen Erneuerbaren Energien* gibt es eine Reihe von Leistungswerten (*Werte 41-3*). Als größter Leistungsgradient wurden 196 GW/h ermittelt. Diese beziehen sich aber auf die Wetterstochastik von 2013. Ungünstigere Wetterverhältnisse können zu noch höheren Werten führen.

Volatile Energien		
Leistung	VEE-Nennleistung [GW]	1.897,61
	mittlere VEE-Leistung [GW]	279,20
	max. VEE-Leistung [GW]	1.087,68
	min. VEE-Leistung [GW]	3,46
	max. positiver Leistungsgradient [GW/h]	196,46
	max. negativer Leistungsgradient [GW/h]	184,00
	max. VEE-Leistung über Bedarf [GW]	953,32
Wind/PV	VEE Nennleistungsanteil Wind [%]	50,00
1,000	VEE Nennleistungsanteil PV [%]	50,00
	VEE Nennleistung Wind (Onshore + Offshore) [GW]	948,81
	VEE Nennleistung Onshore [GW]	759,04
	VEE Nennleistung Offshore [GW]	189,76
	VEE Nennleistung PV [GW]	948,81

Werte 41-3: S7 VEE

Speicherdaten	
In alle Speicher eingespeiste Energie (brutto) [TWh/a]	338,67
Aus allen Speichern ins Netz eingespeiste Energie [TWh/a]	55,14
Energieverluste in den Speichern [TWh/a]	**283,53**
Gesamtverluste im SVS (Speicher + ungenutzte Übersch.) [TWh/a]	**418,50**

Werte 41-4: S7 Speicherdaten

Die Gesamtverluste sind bei typischer Wettverertragslage mit 418 TWh sehr hoch.

Die Investitionskosten für alle Speicher[508] zeigt *Werte 41-5*.

Gesamte Investitionskosten (verzinst; normiert auf 20 Jahre)	**1.103,5**	Mrd. €
Kosten für Überschussenergie und Energieverluste	19,73	Mrd. €/a
Speicher: reine Betriebskosten ohne Zinsen	77,4	Mrd. €/a

Werte 41-5: S7 Speicherkosten

Werte 41-6 zeigt die jährlichen Kostenkomponenten der eingesetzten Speicher. Der P2H2P-Speicher ist Bestandteil der Modelle, wird aber in dem Szenario nicht genutzt.

Mehrkosten durch Speicher [Mrd.€/a]

Speicher 1 (KZS)		Lithium		
a)	Kosten/a		3,138	Mrd.€/a
b)	Energieverlustkosten/a		0,020	Mrd.€/a
Speicher 2 (MZS)		PSKW+Ltg.		
c)	Kosten/a		7,354	Mrd.€/a
d)	Energieverlustkosten/a		0,074	Mrd.€/a
Speicher 3 (LZS mit P2G)		Methan+Ltg.		
e)	Kosten/a		122,065	Mrd.€/a
f)	Energieverlustkosten/a		8,809	Mrd.€/a
g)	Speicher- und Stoffkosten		2,726	Mrd.€/a
h)	result. Kosten Rückverstromung		0,000	Mrd.€/a
Speicher 4 (MZS-Ergänzung)		P2H2P		
i)	Kosten/a		0,000	Mrd.€/a
j)	Energieverlustkosten/a		0,000	Mrd.€/a
gemeinsam				
k)	ungenutzte Überschussenergie/a		8,098	Mrd.€/a
l)	Kosten fehlende Energie/a		0,000	Mrd.€/a
Mehrkosten Speicherlösung pro Jahr			**152,284**	Mrd.€/a
(ohne VEE-Stromkosten)				

Werte 41-6: S7 Mehrkosten durch Speicher

Da keine Backup-KWs im Szenario enthalten sind, fallen keine „Kosten für *fehlende Energie*" an. Die Kosten für die „ungenutzte Überschussenergie" fallen an, weil VEE-Energie erzeugt wird, die weder in das Stromversorgungssystem geleitet, noch extern genutzt werden kann. Jede kWh aus VEE ist mit einheitlichen Kosten angesetzt.

Stromgestehungskosten (Anteile)

Speicher 1 (KZS)	0,301	ct/kWh	KZS = Batteriespeicher
Speicher 2 (MZS)	0,705	ct/kWh	MZS = PSKW
Speicher 3 (LZS)	11,966	ct/kWh	LZS auf Basis P2G2P
Speicher 4 (P2H2P)	0,000	ct/kWh	P2H2P nicht genutzt
Verluste in Speichern	0,854	ct/kWh	Der LZS verursacht den größten
Überschussenergie	0,777	ct/kWh	Teil der Kosten.
fehlende Energie (Backup-KW)	0,000	ct/kWh	
Planbare EE	0,312	ct/kWh	
konventionelle Grundlast-KW	0,586	ct/kWh	
genutzte VEE	5,652	ct/kWh	
Summe (ohne MwSt)	**21,152**	ct/kWh	

Werte 41-7: S7 Stromgestehungskosten

Entsprechend der erzeugten Energie kann man die Kostenanteile auf die kWh umlegen. Die Summe aller Kostenkomponenten führt zu den Stromgestehungskosten.

41.4 Flexibilisierung

Für dieses Szenario wurde beispielhaft durchgerechnet, wie sich eine Flexibilisierung des Verbrauchs auswirken würde. Verwendet wurden die Parameter, wie in →S431 beschrieben.

Mit der Flexibilisierung des Stromverbrauchs wird gewissermaßen ein Teil des Speichers des SVS nach außen auf die Kunden verlagert. Deren Nutzerverhalten wirkt wie eine Speicherfunktion. Man kann das daher als „Flexibilisierungspuffer" modellieren.

Als Ergebnis kann festgehalten werden:

- Die Verluste in den Speichern konnten um 0,82 % reduziert werden, weil weniger Ausgleichsenergie durch die Speicher, vorwiegend LZS, geht.

- Auf der Kostenseite im Stromversorgungssystem hat sich praktisch nichts geändert.

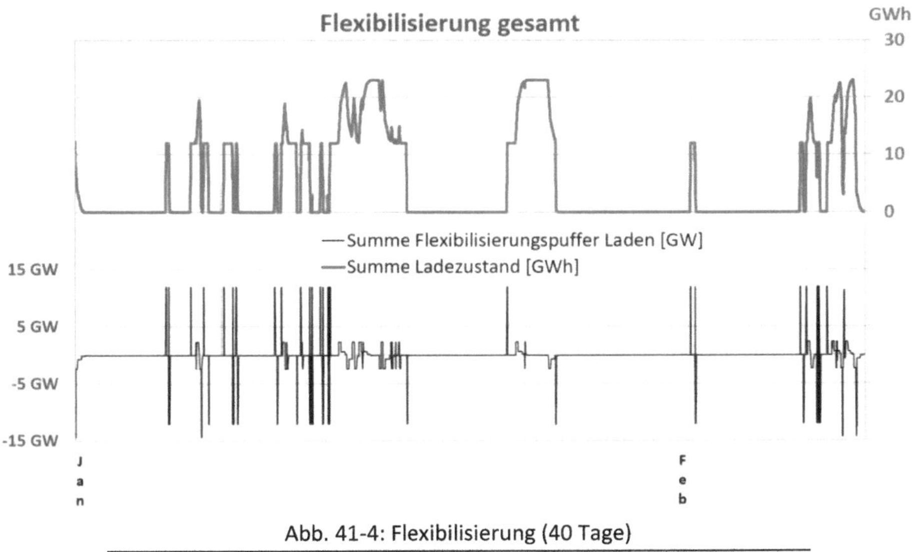

Abb. 41-4: Flexibilisierung (40 Tage)

Abb. 41-4 ist ein Ausschnitt vom Anfang des Jahres zu sehen. In der meisten Zeit befindet sich der Flexibilisierungspuffer entweder im Vollzustand oder im Leerzustand. Es gibt also nur kurze Momente, wo eine dynamische Nutzung stattfindet.

Angesichts des LZS mit 50.000 GWh sind die 23 GWh, die wie eine Ergänzung zu allen Speichern zu sehen sind, vernachlässigbar.

Fazit

Der Vorteil für die Speicher durch Flexibilisierungsmaßnahmen ist völlig vernachlässigbar und rechtfertigt nicht im Geringsten die Einschränkungen für die Stromkunden.

41.5 Übernommene Parameter für die Kostenentwicklung

Aus der Dimensionierungsrechnung können folgende Werte (Kostenkenngrößen) entnommen werden, die für die Kostenentwicklung benötigt werden:

Wert	Bezeichnung
1.043 TWh/a	Bruttostrom 2050 inklusive Wärmepumpen und E-Mobilität
2.446 TWh	Typischer VEE-Ertrag in 2050
340 GW	Spitzenleistung für das Netz
1.103 Mrd. €	Investitionskosten inklusive Zinsen (normiert auf 20 Jahre)
20 Mrd. €/a	Kosten für ungenutzte Überschussenergie, Energieverluste, Einspeisung (Speicher → Netz)
77,4 Mrd. €/a	reine Betriebskosten Speicher (ohne Zinsen)
124 Mrd. €/a	Mehrkosten (nach Importeinsparung, ohne Kosten für Strom, Speicher etc.); aus Szenarioergebnis Feld A51

Tabelle 41-1: S7 Kostenkenngrößen

41.6 Kostenentwicklung

In der Kostenrechnung werden aufbauend auf den Kostenkenngrößen aus der Dimensionierung noch die übrigen Kostenelemente berücksichtigt und ein zeitlicher Verlauf der Mehrkosten berechnet.

Umlagen

Es wird angenommen, dass der VEE-Ausbau ab 2015 linear verläuft und bis 2050 abgeschlossen ist. Der Speicherausbau beginnt ab 2025. Er wächst ebenso linear bis 2050 und ist dann vollständig installiert.

Der jährliche Zubau ergibt sich aus dem Zielwert für 2050. Er liegt deutlich über dem, was in der Vergangenheit schon als *besondere Leistung* bezeichnet wurde. Mit künftigen Änderungen in der regulierenden Gesetzgebung sind gewisse Veränderungen im Kurvenverlauf möglich. Es wird aber die sukzessive Reduktion der Subventionen unterstellt. Die Entwicklung der anderen Umlagen wird abgeschätzt. Es gibt also an mehreren Stellen Annahmen für die Zukunft, die naturgemäß mit Unsicherheiten behaftet sind.

Es wird unter anderem angenommen und verwendet:

Wert	Bezeichnung	Erläuterungen
65,3 TWh/a	VEE-Zubau pro Jahr	Nötiger Zubau, damit 2050 der erforderliche VEE-Bestand erreicht wird. Zum Vergleich: Der gute Zubau der letzten Jahre lag bei durchschnittlich 10 TWh/a.[509]
0,4 ct/kWh/a	Subventionsabbau VEE	Es geht um die Subventionen der VEE, also Wind und PV. Während Onshore die letzten 10 Jahre weitgehend konstant blieb (6 ct/kWh), sackte die Subvention bei PV auf 25 ct/kWh (2014, bdew). Bis 2050 wird der Anteil Offshore steigen, der bisher mit 15 ct/kWh subventioniert wurde.
2 ct/kWh	Minimale Subvention der VEE	
0,4 ct/kWh/a	Subventionsabbau PEE	Zu den Planbaren EE (PEE) werden subventioniert (Stand 2016, bdew): Wasser: 5,6 ct/kWh; Biogas: 14,9 ct/kWh; Geothermie: 20,0 ct/kWh; Onshore: 6,4 ct/kWh; Offshore: 15,7; PV: 25,7 ct/kWh; Das führt zu einem Durchschnittswert von 13,1 ct/kWh. 10 Jahre davor waren es 7,3 ct/kWh. Entsprechend sind die angenommenen 5 ct/kWh zu bewerten.
5 ct/kWh	Minimale Subvention der PEE	

Tabelle 41-2: Umlagenentwicklung

Auf dieser Basis wurde die mögliche Umlageentwicklung berechnet. Die anfallenden Kosten werden nicht gleichmäßig auf die Stromverbraucher umgelegt (z.B. zahlt die Industrie weniger), so dass der normale Stromkunde, wie heute, einen überproportionalen Anteil trägt. *Abb. 41-5* stellt die auf alle gleich verteilten Kosten dar.

Die Kurven nach 2015 stellen nicht im Ansatz eine Fortführung der Ist-Kurve dar. Das liegt daran, dass die Berechnung ab 2015 unterstellt, dass der Ausbau der VEE so stark vorgenommen wird, wie es für das Szenario nötig wäre.

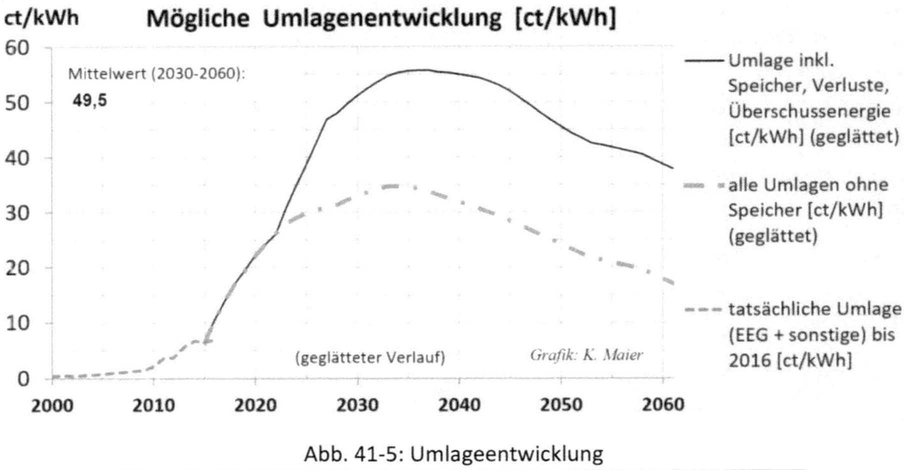

Abb. 41-5: Umlageentwicklung

Die Kurven haben gewisse leichte Knicke. Diese resultieren aus Zeitbereichen, in denen bestimmte Anteile hinzukommen oder entfallen. Auch sind über einen so langen Zeitraum Erneuerungen von Anlagen nötig, wenn deren Nutzungsdauer erreicht ist. Der Start des Speicherausbaus wurde mit 2025[A] angesetzt. Durch die fallenden Subventionen der EE, die im Modell eingebaut sind, fällt auch die Umlage (EEG-Umlage + sonstige Umlagen) nach einem Maximum um 2040 wieder ab. Durch die ständige Erneuerung der EE-Anlagen und die nicht ganz auf null fallenden Subventionen, sowie die bleibenden erhöhten Netzkosten, werden diese Umlagen nie völlig verschwinden. Die dunkle Kurve fällt vielleicht weit nach 2060 auf schätzungsweise 30 ct/kWh.

Volkswirtschaftliche Kosten

Interessant ist die Aufschlüsselung der volkswirtschaftlichen Kosten von rund 450 Mrd. €/a. Es geht um die gesamten Mehrkosten für die Energieversorgung und nicht nur um den Sektor Strom. Die wesentlichen Kostenkomponenten sind SVS-intern (326 Mrd. €/a), aber die Kosten für P2X bzw. für den Import sind nicht zu vernachlässigen (nach Importeinsparung noch 124 Mrd. €/a), wie *Abb. 41-6* zeigt.

In der Summe von 450 Mrd. € sind die Einsparungen beim Import fossiler Energieträger berücksichtigt.

[A] Durch die Glättungsfunktion scheint der Speicherausbau bereits 2022 zu beginnen

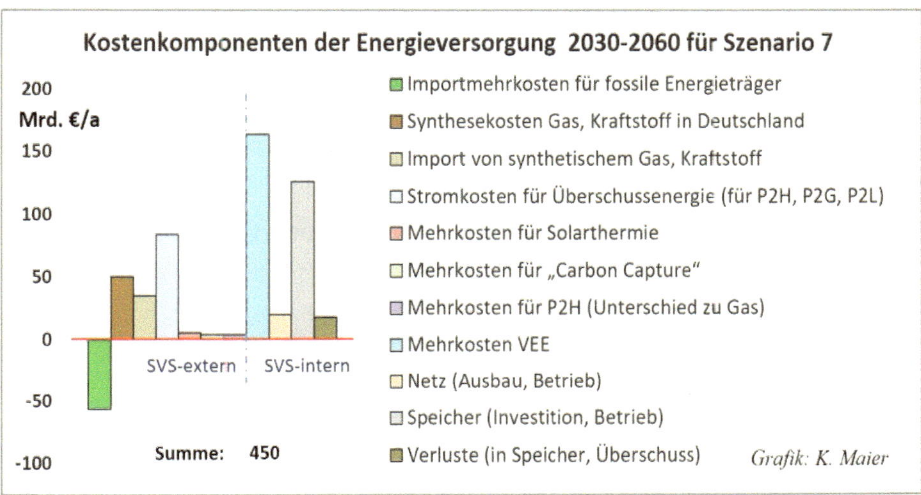

Abb. 41-6: Kostenkomponenten der Energieversorgung

SVS-interne Kostenentwicklung

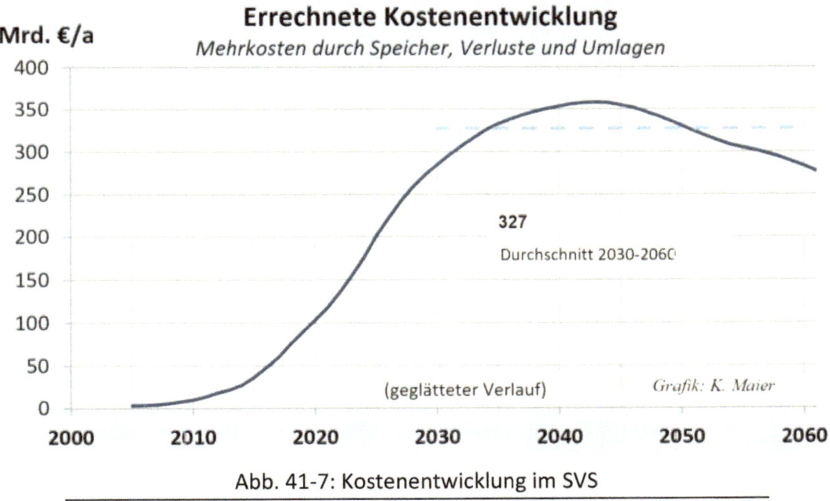

Abb. 41-7: Kostenentwicklung im SVS

Diese Kosten resultieren nur aus dem SVS und stellen somit lediglich eine Komponente der Gesamtmehrkosten dar. Sie enthalten nicht die jährlichen Mehrkosten für Sektorkopplung, sind also nur für gesicherten Strom aufzuwenden.

Kosten Sektorkopplung

Abb. 41-8 zeigt die umgelegten Kosten der Sektorkopplung für einen 4-Personen-Haushalt (inklusive MwSt.). In zwei Generationen kommt so fast 1 Mill. € zusammen. Nach Abschluss der Energiewendeumstellung wachsen die kumulierten Kosten weiter, wenn auch etwas langsamer, weil die Mehrkosten nie auf null gehen.

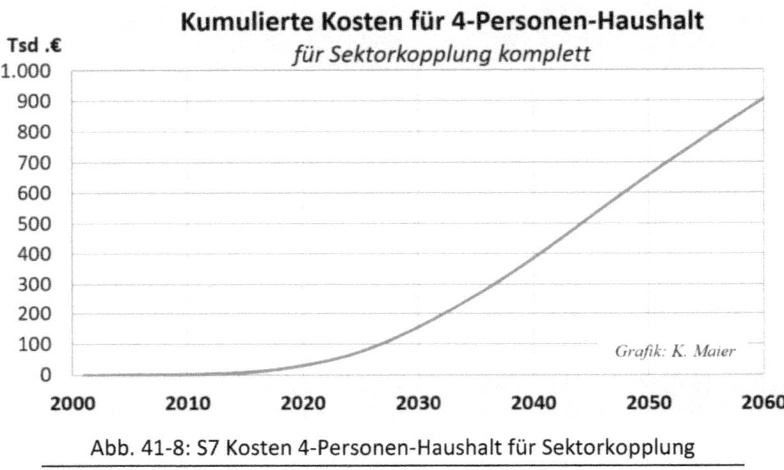

Abb. 41-8: S7 Kosten 4-Personen-Haushalt für Sektorkopplung

Strompreis

Der Strompreis setzt sich (heute) im Wesentlichen zusammen aus: den Stromgestehungskosten, den Gewinnen der Stromerzeuger, den Netz- und Vermarktungskosten, den Umlagen, der Stromsteuer und der Mehrwertsteuer.

€/kWh	Preisanteil
0,212	Stromgestehungskosten, wie oben berechnet
0,011	Gewinne der Stromerzeuger: 5 % angenommen
0,223	Kosten für Stromerzeugung
0,495	Mögliche Umlageentwicklung inklusive Netzausbau und Speicher; aus Grafik (Durchschnitt 2030 -2060)
0,104	Netz- und Vermarktungskosten, wie 2018, 46,7 %.
0,035	Stromsteuer (2018, 15,7 %)
0,027	Konzessionsabgabe (2018, 12,2 %)
0,027	Grundbetrag (2018 ca. 12,1 %)
1,134	Summe

€/kWh	Preisanteil
0,215	MwSt. 19 %
1,35	Strompreis in €/kWh

Tabelle 41-3: S7 Strompreis

Für 2050 könnte man daher mit den berechneten Werten und nach heutigen Verhältnissen den Strompreis für Privatpersonen abschätzen, wie in *Tabelle 41-3* zusammengestellt.

Die fett gedruckten Zahlen stammen aus der Modellierung. Der Rest wurde daraus anteilig wie heute berechnet. Dieser Strompreis stellt über diesen großen Zeitbereich natürlich nur eine Größenordnung dar, die auf den genannten Annahmen beruht.

41.7 Kennwerte der Dimensionierung

Wert	Bezeichnung	Erläuterung
18,2	Ausbaufaktor zu 2019	Der Ausbaufaktor beschreibt das Vielfache, mit dem die VEE von 2019 ausgebaut werden müssen. Zu bedenken ist, dass das maximale Ausbaupotenzial bei rund dem 4,7-Fachen des Stands von 2019 liegt.
190.400	Anzahl WEA Onshore	Bei durchschnittlich 4 MW Nennleistung. Die Obergrenze nach dem Ausbaupotenzial wäre 50.000. Zum Vergleich: Durchschnitt 2013: 1,5 MW/WEA
450 Mrd. €/a	Jährliche Mehrkosten gesamt	… durch Speicher, Verluste und Umlagen inklusive SVS-externe Kosten und Importeinsparungen (Durchschnitt im Zeitbereich 2030 bis 2060)
22.000 €/a	Mehrkosten pro Familie gesamt	Durchschnitt im Zeitbereich 2030 bis 2060, jährlich für eine vierköpfige Familie (ohne MwSt)

Tabelle 41-4: S7 Kennwerte

41.8 Technische Werte

Tabelle 41-5 zeigt die wichtigsten technischen Kennwerte.

Wert	Bezeichnung	Erläuterung
1.043 TWh/a	Energiebedarf im SVS	Durchschnittlich zu erzeugende Jahresenergie in dem „gesicherten" Stromversorgungssystem (brutto).

Wert	Bezeichnung	Erläuterung
57 Mrd. €/a	Einsparung beim Import fossiler Energieträger	Es handelt sich hier um die Differenz des Importzustands zwischen 2050 und 2015. Szenarioergebnistabelle: -(A40 + A41 + A42).
1.045 TWh/a	Verwendbar aus Überschussenergie	Dieser VEE-Überschuss muss SVS-extern für P2X-Anlagen zur Verfügung gestellt werden. Die Dimensionierung des SVS stellt diese Anforderung für durchschnittliche Ertragsjahre sicher.
2.446 TWh/a	VEE-Ausbau	Mittlere erzeugte Jahresenergie, die 2050 durchschnittlich zur Verfügung stehen muss.
224/50 TWh	LZS-Speicherbedarf (Methan) brutto/netto	Es wird ein Batteriespeicher von 20 GWh, der auch als Momentanreserve genutzt wird, angesetzt. Die vorhandenen PSKWs werden als MZS einbezogen. Der Rest wird als Methanspeicher (LZS) realisiert. Brutto bedeutet die Energie, die er eingangsseitig aufnehmen kann. Netto bedeutet die Energie, die er nach Verlusten noch ausgangsseitig abgeben kann.
145 GW	Maximale Leistung bei Methanspeicher	Der Methanspeicher muss so ausgelegt werden, dass er diese Eingangsleistung verarbeiten kann. Es handelt sich um die Ladeleistung, die aus Kostengründen auf den Wert der nötigen Entladeleistung reduziert ist.
419 TWh/a	Gesamtverluste im SVS	Sie bestehen aus der <u>ungenutzten</u> Überschussenergie plus den Speicherverlusten. Es ist Energie, die in einem Durchschnittsjahr produziert wurde (oder werden konnte), die nicht beim Verbraucher ankommt, aber Kosten verursacht und daher bezahlt werden muss. Zum Vergleich: Stromverbrauch heute ca. 560 TWh.

Tabelle 41-5: S7 Technische Werte

41.9 Backup-Kraftwerke

Es gibt in diesem Szenario keine Backup-KWs.

41.10 Verteilung der Ladeleistung des Methanspeichers

Durch die starke Begrenzung der Ladeleistung, auf den Wert der Entladeleistung, konnten die Volllaststunden erhöht und die Kosten vermindert werden. Trotzdem ist die Betriebssituation nicht besonders gut.

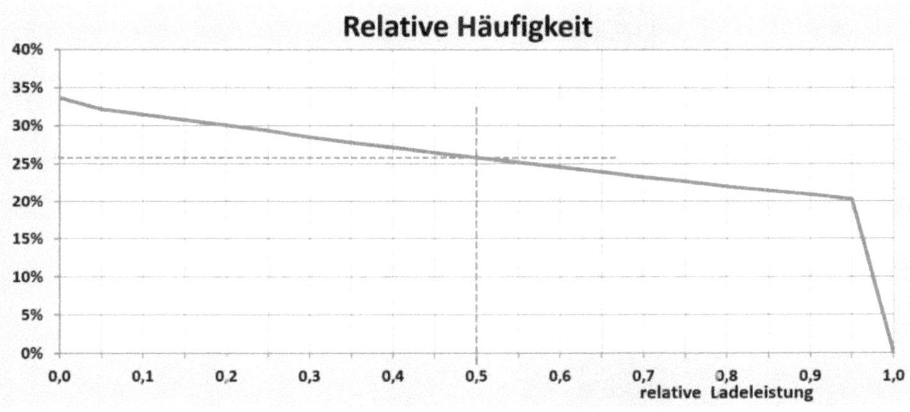

Abb. 41-9: S7 Relative Häufigkeit beim Laden des LZS

Ermittelt wurde, dass nur in 26 % der Zeit die Ladeleistung von 50 % der Anlagenleistung überschritten wird (*Abb. 41-9*). Oder: dass nur in 44 % des Jahres (3.868 Stunden) die Elektrolyse bzw. die Methanisierung läuft. Der Knick am Ende resultiert daraus, dass die installierte Ladeleistung begrenzt wurde. Diese Anlagen werden nur mit 2.279 Volllaststunden betrieben.

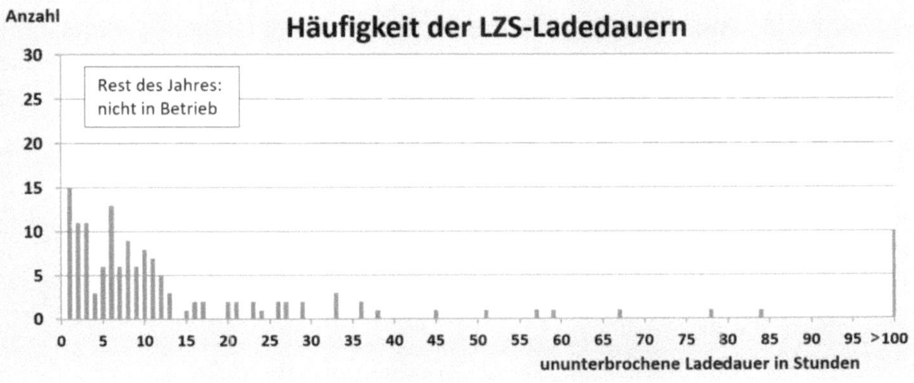

Abb. 41-10: S7 Ladedauer LZS

Der Ladefall im LZS tritt 144-mal im Jahr auf. Zu 79 % dauert er weniger als 24 Stunden, wie *Abb. 41-10* zeigt.

Ein entsprechendes Bild ergibt sich für den diskontinuierlichen Betrieb der Elektrolyse und Methanisierung, der den gleichen Sachverhalt anders visualisiert. Dabei entspricht der relative Wert 1 dem dimensionierten Wert von 145 GW für die maximale Ladeleistung. Durch diese Begrenzung erreichen die meisten Spitzen diesen Wert.

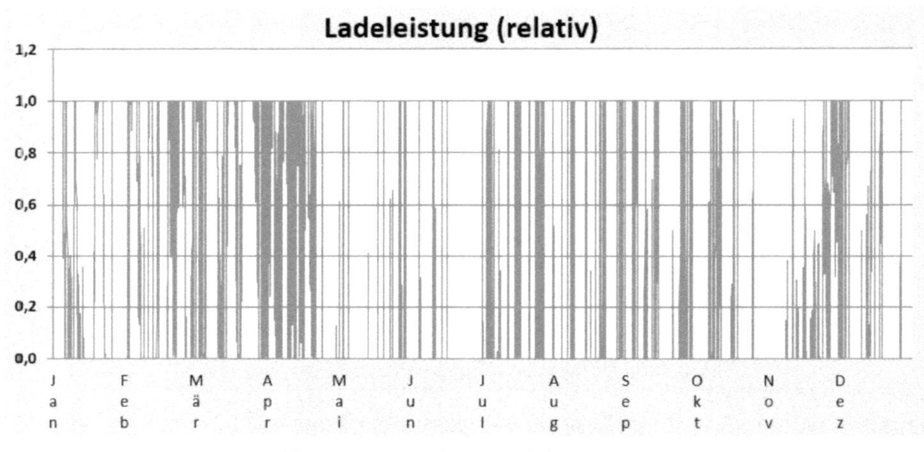

Abb. 41-11: S7 Relative Ladeleistung LZS

41.11 Überschussenergie für externe Nutzung

Das Modell geht rechnerisch davon aus, dass zunächst die Energie, die nicht direkt in der gesicherten Stromversorgung verwendet werden kann, in den P2G-Prozess für den LZS geht. Was dann durch die Begrenzung auf den maximalen Ladestrom und die Speicherkapazität übrigbleibt, steht für **externe Nutzung** zur Verfügung.

Um die Anlagen keinem beliebigen Spiel der Leistungsschwankungen auszusetzen, werden zwei Schwellen im Modell eingestellt:

eine **untere**, unterhalb der die Anlage nicht anspringt, und

in GW	Schwelle	in GW	Begrenzung
75,7	**10%**	378,5	**50%**

eine **obere**, die die maximale Betriebsleistung ist.

Die absoluten GW-Werte sind nur Beispiele. Es geht hier um die verwendeten Prozentsätze.

Mit diesen Werten muss die Anlage immer noch in einem Dynamikbereich von 1 zu 5 arbeiten können. Es würde keinen Sinn machen, die Anlage auf den Spitzenwert der

Leistung, die vorkommen kann, auszulegen, weil das erhebliche zusätzliche Kosten bedeuten würde, aber kaum Nutzen hätte. Konkret zeigt _Abb. 41-12_ die Situation für dieses Szenario.[A] _→S301_

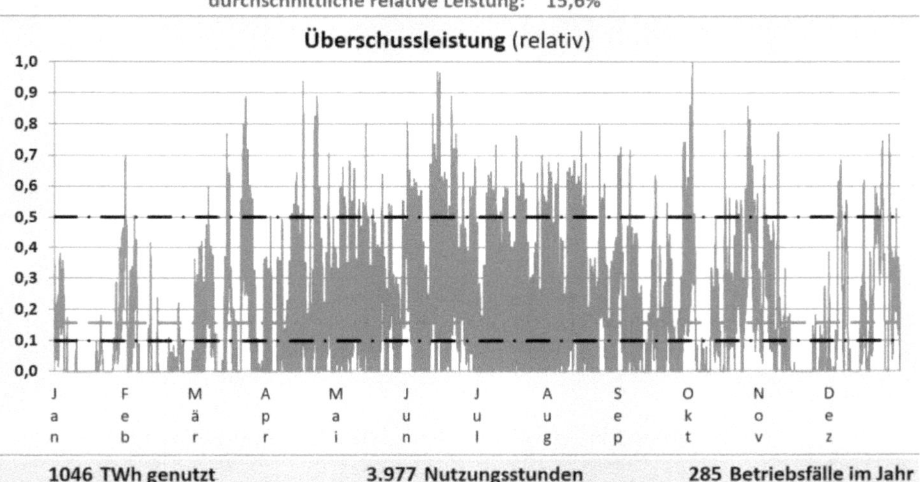

Abb. 41-12: S7 Extern nutzbare Überschussleistung

Der hier verwendete Dynamikbereich wurde als technisch noch machbar und ökonomisch sinnvoll angenommen. Nimmt man die Arbeitsgrenzen ganz weg (Anlage arbeitet von 0 % bis 100 %), so werden aus 1.214 dann 1.370 Volllaststunden, also gerade mal 11 % mehr. Dafür muss ein erheblicher technischer Mehraufwand (Kosten!) betrieben werden. Hinzu kommt, dass sich diese Zahlen auf eine durchschnittliche Wetterstochastik beziehen, d.h., dass die Leistungsspitzen auch deutlich höher wie auch niedriger sein können. Bei extremen VEE-Ertragssituationen schwanken die Volllaststunden etwa zwischen 300 und 1.500.

Um die Dynamik und die zeitliche Verteilung besser erkennen zu können, zeigt _Abb. 41-13_ einen Zeitbereich von zwei Monaten.

Abb. 41-14 zeigt die relative Häufigkeit der auftretenden Leistungswerte unter durchschnittlichen Wetterverhältnissen. So ist in 37 % der Zeit des Jahres keine extern nutzbare Leistung für P2X verfügbar (hellgrauer Balken). 9,8 % der Zeit liegt die Leistung im Bereich von 0 bis 5 % der maximalen Jahresüberschussleistung.

[A] Darstellung für „typisches Wetter", d.h. der Wetterstochastik von 2013. Andere Wetter- und Ertragssituationen führen zu einem veränderten, aber ähnlichen Ergebnis.

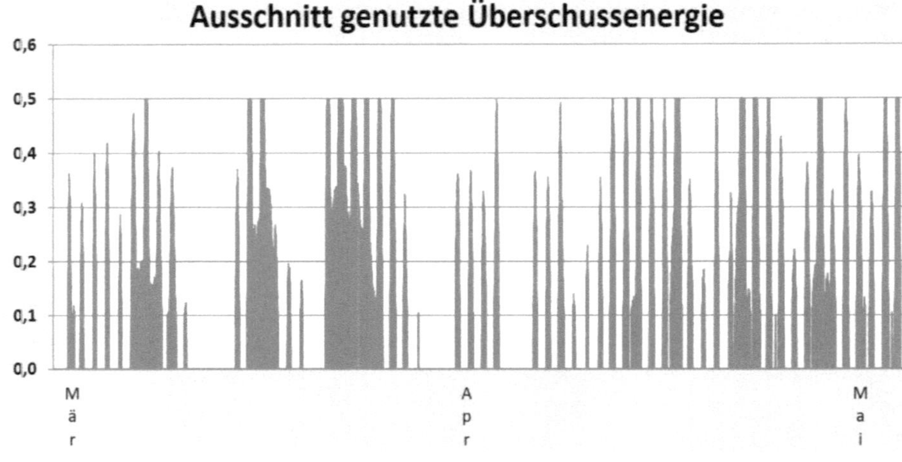

Abb. 41-13: S7 Extern nutzbare Überschussenergie

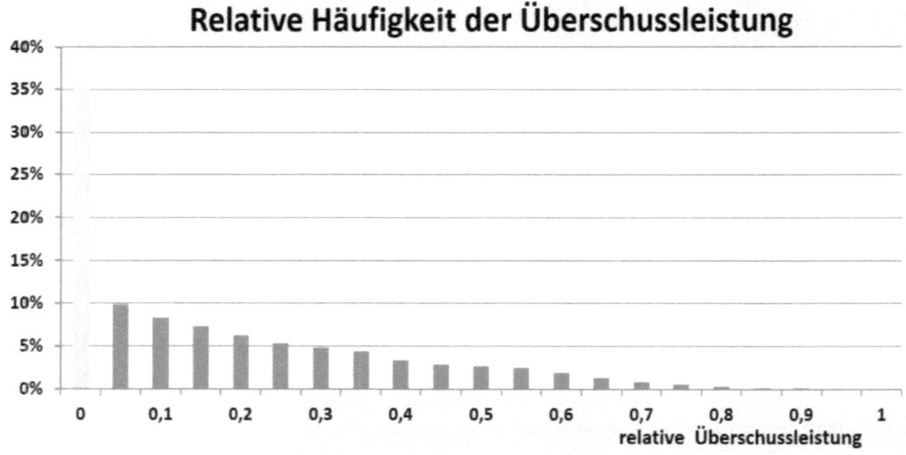

Abb. 41-14: S7 Häufigkeit externe Überschussleistung

Während _Abb. 41-14_ die Häufigkeit bestimmter Leistungsbereiche darstellt, geht es in _Abb. 41-15_ darum, wie lange der durch die verfügbare Leistung gestartete Produktionsprozess jeweils dauert. Als Ergebnis wurden für eine durchschnittliche Wettersituation 285 Fälle im Jahr ermittelt, in der die Anlage durch vorhandene Überschussenergie läuft. Dabei dauert der Betrieb nur in 31 Fällen über 24 Stunden. So kurze Betriebszeiten erhöhen den Verschleiß der Anlage deutlich. Damit werden neben den geringen Volllaststunden auch durch den Verschleiß die Kosten erhöht.

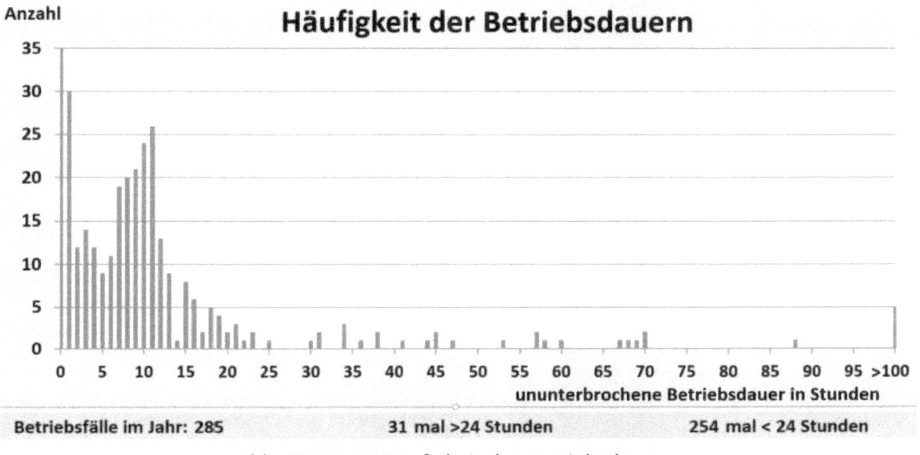

Abb. 41-15: S7 Häufigkeit der Betriebsdauern

 Die Verwendung der VEE-Überschussenergie für P2X-Anlagen ist technisch problematisch, verschleißend und ökonomisch unsinnig.

 Die Glättung der volatilen Betriebsleistungen durch Batteriespeicher ist, wie auf **→S301** gezeigt wurde, illusorisch.

41.12 Kostenwerte

Tabelle 41-6 listet die wesentlichen Kostenwerte des Szenarios S7 auf.

Wert	Bezeichnung	Erläuterung
1.103 Mrd. €	Investitionskosten	Für die Speicher inklusive Zinsen (normiert auf 20 Jahre)
152 Mrd. €/a	Zusatzkosten wegen Speicherlösung	Enthält Kosten für: Speicher, Energieverluste, Überschussenergie und *fehlende Energie*
20 Mrd. €/a	Reine Verlustkosten	Kosten für ungenutzte Überschussenergie, Energieverluste in Speichern und Einspeisung (Speicher → Netz), die auf die Stromkunden abgewälzt werden müssen.

Wert	Bezeichnung	Erläuterung
77 Mrd. €/a	Betriebskosten Speicher	reine Betriebskosten (ohne Zinsen), Teil der Mehrkosten
21,2 ct/kWh	Stromgestehungskosten	Kosten für den Strom, der ins Netz eingespeist wird. Diese Kosten decken alle Kosten der VEE- und Speicherbetreiber (ohne Gewinne, aber mit Finanzierungszinsen). Bis zum Strompreis beim Verbraucher kommen noch viele Kostenkomponenten dazu.
1,6 ct/kWh	Verlustkostenanteil an Stromgestehungskosten	Besteht aus: Kostenanteile für Überschussenergie, *fehlende Energie* (Backup hier = 0) und Speicherverluste
1,35 €/kWh	Strompreis	Durchschnitt beim Endkunden.

Tabelle 41-6: S7 Kostenwerte

42 Anhang

42.1 Glossar

Zusätze zur Energie: th = thermisch, el = elektrisch, me = mechanisch; Beispiel: kWh(th)

Begriff, Abkürzung	Erläuterung
ABF, Ausbaufaktor	Der Ausbaufaktor von 1 entspricht dem Umfang von WEA und PVA in 2013 bzw. 2019 (wird angegeben). Der Ausbaufaktor von z.B. 2 heißt doppelt so viel →*Nennleistung* von WEA und PVA. Das SVS-Modell weist auch die Nennleistungen aller VEE (Onshore, Offshore, PV) aus. Der berechnete Ausbaufaktor für 2013 kann umgerechnet werden für den Bezug auf 2019 mit dem Faktor 0,637. Der Ausbaufaktor ist eine relative Größe ähnlich den verwendeten Begriffen *Lastfaktor* und *Verbrauchsfaktor*. Aus den maximalen Nennleistungen für Onshore, Offshore und PV ergeben sich Verhältniswerte, die beibehalten werden, wenn der Ausbaufaktor verändert wird.
Abregelung	Maßnahme, die bewirkt, dass ein bestimmter Teil der VEE-Leistung nicht eingespeist, abgeschaltet oder gedrosselt wird.
Abregelungsverluste, Ausfallarbeit	Die Erneuerbare Energie, die wegen Abregelung nicht eingespeist werden kann. Damit sind Kosten verbunden.
AGW	Anthropogenic Global Warming = menschengemachte globale Erwärmung
Ausbaugrenze, Ausbaupotenzial	Es ist der Umfang an VEE-Anlagen, die unter halbwegs realistischen Annahmen maximal auf deutschem Boden, bzw. in Nord- und Ostsee, errichtet werden können. Ist der →*Ausbaufaktor* bzw. die entsprechende →*Nennleistung* größer als die *Ausbaugrenze*, so ist der Ausbau nicht realisierbar.
Backup-KW	Auch *Schattenkraftwerk* oder *Reserve-KW* genannt. Sie müssen einspringen, wenn →*fehlende Energie* auftritt und durch Speicher nicht gedeckt werden kann. So kann die Stromversorgung bei VEE-Erzeugungsmangel sichergestellt werden. Solche KWs müssen weit unterhalb ihrer normalen Rentabilitätsgrenze betrieben werden und liefern daher teuren Strom.

Begriff, Abkürzung	**Erläuterung**

BHKW — Blockheizkraftwerk; ein BHKW nutzt die bei der Stromerzeugung anfallende Wärme und hat damit einen deutlich höheren Wirkungsgrad als Kraftwerke, die nur Wärme oder nur Strom abgeben. Das Problem ist, dass Wärme- und Stromerzeugung nicht unabhängig gesteuert werden können (→*KWK*). Wird die Anlage „stromgeführt", ist Wärme das nicht steuerbare Abfallprodukt; wird sie „wärmegeführt", ist Strom das nicht steuerbare Abfallprodukt.

Biomasse — Biomasse sind Energiepflanzen, Holz oder Reststoffe wie z.B. Stroh, Biomüll oder Gülle. Holz wird meist als CO_2-neutral bezeichnet, ist es aber nicht, da es unter Energieaufwand geerntet, transportiert und gegebenenfalls getrocknet und gepresst wird.

Blackout — Als Blackout bezeichnet man den großflächigen, ungeplanten Ausfall der Stromversorgung. Für länger anhaltende Blackouts gibt es Notfallpläne (Katastrophenfall). Um einen Blackout zu vermeiden können Großverbraucher (bis zu Stadtteilen) abgeschaltet werden, was auch mit dem Begriff →*Brownout* bezeichnet wird.

Brownout — Der kontrollierte Brownout ist eine gezielte Lastreduktion im Stromnetz. Die Übertragungsnetzbetreiber nehmen große Stromverbraucher oder ganze Stadtviertel vom Netz und verhindern so einen weitreichenden Systemzusammenbruch.

Carbon Leakage — Der Begriff *Carbon Leakage* bezeichnet eine Situation, die eintreten kann, wenn Unternehmen aufgrund der mit Klimamaßnahmen verbundenen Kosten ihre Produktion in andere Länder mit weniger strengen Emissionsauflagen verlagern.

CCS — *Carbon Capture and Storage.* Es geht um das Auffangen von CO_2 (z.B. aus großen Verbrennungsanlagen) und die Speicherung im Untergrund. Die Verpressung im Boden wird kritisch gesehen. Es ist fraglich, ob globale Klimaschutzziele international langfristig ohne CCS erreicht werden können.

CNG — *Compressed Natural Gas*; auf ca. 200 bis 250 bar verdichtetes Erdgas. Durch seine hohe Energiedichte und seine geringen Emissionswerte eignet es sich gut zum Betrieb von Fahrzeugen, die dafür mit einem entsprechenden Hochdrucktank ausgestattet sein müssen. Siehe auch →*LNG*.

Begriff, Abkürzung	**Erläuterung**
Dekarbonisierung	Bezeichnet die Umstellung der Wirtschaftsweise, speziell der Energiewirtschaft, in Richtung eines niedrigeren Umsatzes von Kohlenstoff. Der Klimaschutzplan 2050 ist dazu das politische Umsetzungsinstrument.
Differenzkosten	Die Differenzkosten des →*EEG* ergeben sich aus den gezahlten Vergütungen der Übertragungsnetzbetreiber an die EE-Stromerzeuger abzüglich ihrer durch den Verkauf des EEG-Stroms erzielten Einnahmen.
EE	Erneuerbare Energien. Sie bestehen aus den →*Planbaren EE (PEE)* und den →*Volatilen EE (VEE)*.
EEG	Erneuerbare-Energien-Gesetz. Das deutsche Erneuerbare-Energien-Gesetz regelt die bevorzugte Einspeisung von Strom aus erneuerbaren Quellen ins Stromnetz und garantiert deren Erzeugern feste Einspeisevergütungen. Darüber hinaus gibt es weitere Regelungen.
E-Fuels	→*synthetische Kraftstoffe*
Endenergie	Ist der nach Energiewandlungs- und Transportverlusten übrig gebliebene Teil der Primärenergie, der beim Verbraucher ankommt.
Entladeleistung	Leistung, die zum betrachteten Zeitpunkt aus dem als zentral modellierten Speicher in das Stromnetz fließt. Der Maximalwert ist der höchste, der jemals in einer Viertelstunde im simulierten Jahr auftrat. Siehe auch →*Ladeleistung*.
ESV1	Energiebedarf an *gesichertem Strom* aus dem →*SVS*
ESV2	Energiebedarf an *volatilem Strom* von den →*VEE-Erzeugern* für →*P2X-Anlagen*
EU-ETS	EU Emissions Trading System. Der EU-Emissionshandel ist ein Instrument der EU-Klimapolitik mit dem Ziel, die Treibhausgasemissionen (hauptsächlich CO_2) unter möglichst geringen volkswirtschaftlichen Kosten zu senken.
EW	Energiewende
fehlende Energie, fehlende Leistung	Die Energie/Leistung, die bei VEE-Flaute und leerem Speicher fehlt, um den Strombedarf zu decken.

Begriff, Abkürzung	Erläuterung
Flexibilisierung	Konzept für die Annäherung von Angebot (VEE) und Stromnachfrage, indem Stromverbrauch (z.B. Waschmaschine, Kühlschrank) zeitlich verschoben wird, wenn der Strom günstig ist und im Überfluss zur Verfügung steht. Ziel ist unter anderem die Speicherproblematik zu entschärfen.
Genutzte VEE	Der Teil der VEE, der nach eventueller Abregelung Teil der gesicherten Stromversorgung ist. Sie ist eine Kostenkomponente der Stromgestehungskosten.
Gesicherte Leistung	Leistung aller Stromerzeuger, auf die man sich statistisch mit hoher Wahrscheinlichkeit zu jedem Zeitpunkt verlassen kann.
Grenzkosten	Diejenigen Kosten, die zur Erzeugung einer weiteren Stromeinheit benötigt werden.
Große Transformation	Mit dem Paper „Welt im Wandel – Gesellschaftsvertrag für eine Große Transformation"[510] begründet der WBGU (Wissenschaftlicher Beirat der Bundesregierung Globale Umweltveränderungen) diesen und führt im Einzelnen aus, wie der Umbau der gesamten Gesellschaft inklusive Wirtschaft für eine ökologische und CO_2-freie neue Welt aussieht. Daraus – auch beschrieben in „Eine Einführung in die Kunst gesellschaftlichen Wandels" vom Wuppertal Institut – wird der Umbau durch die Bundesregierung über den Klimaschutzplan 2050 vorangetrieben. Es bedeutet auch eine grundlegende Umstellung der Verhaltensweisen der Menschen, letztlich einen „neuen Menschen".
HGÜ	Hochspannung-Gleichstrom-Übertragung; verlustarme Stromübertragung, die erst ab mehreren Hundert Kilometern Anwendung findet und die Problematik von Blindleistung und Spannungshaltung bei Drehstromübertragung umgeht.

Begriff, Abkürzung	**Erläuterung**
Internalisierung von Kosten	Sogenannte *externe Kosten* sind Kosten, die nicht in der betriebswirtschaftlichen Kostenkalkulation des Verursachers auftauchen, sondern von der Allgemeinheit getragen werden müssen (Umweltbundesamt). Mit der Internalisierung werden diese *externen* Kosten für eine Bewertung den Produktkosten hinzugerechnet. Die so bezeichneten Kosten werden den Mehrkosten der EW gegenübergestellt und müssen größer ausfallen, damit die EW als Gewinn dargestellt werden kann. Die Internalisierungskosten basieren auf Annahmen zu dem Umfang der Folgen und der Verhinderungskosten, die durch den ungebremsten Klimawandel auftreten werden. So werden z.B. die Folgekosten, die jede CO_2-Tonne verursacht, vom Umweltbundesamt mit 80 € bis 2030 und 100 € bis 2050 angegeben.
IPCC	Das IPCC (Intergovernmental Panel on Climate Change) wurde im November 1988 vom Umweltprogramm der Vereinten Nationen (UNEP) und der Weltorganisation für Meteorologie (WMO) als zwischenstaatliche Institution ins Leben gerufen und ist damit keine wissenschaftliche, sondern eine politische Institution.
Iterationsmethode	Hier: Kurzbeschreibung der Art und Weise, wie die Tabellenkalkulation anzuwenden ist, um zum Ergebnis zu kommen. Dies ist wichtig, um später die Ergebnisse reproduzieren bzw. mit anderen Parametern neue Berechnungen durchführen zu können.
Kapazität (des Speichers)	Ist der maximale Energieinhalt → *Speicherkapazität*
KKW	Kernkraftwerk
Klimaschutzplan	Der Klimaschutzplan gibt für den Prozess zum Erreichen der nationalen Klimaschutzziele im Einklang mit dem Pariser Abkommen inhaltliche Orientierung für alle Handlungsfelder: In der Energieversorgung, im Gebäude- und Verkehrsbereich, in Industrie und Wirtschaft sowie in der Land- und Forstwirtschaft. (BMU)
Konventionelles Kraftwerk	Kraftwerk, das fossil befeuert wird oder ein Wasserkraftwerk ist.
Kurzzeitausgleich	Fähigkeit des Speichers über Stunden die →*fehlende Energie* für das Stromnetz bereitzustellen (wenn Flaute herrscht). →*KZS* Siehe auch →*Langzeitausgleich*
KW	Kraftwerk

Begriff, Abkürzung	**Erläuterung**
KWK	Kraft-Wärme-Kopplung. In einem thermischen Kraftwerk wird die Wärme nach der Turbine noch für z.B. Fernheizung genutzt. →*BHKW*
KZS	Kurzzeitspeicher. Speicher für den →*Kurzzeitausgleich*. Siehe auch →*MZS*, →*LZS*
Ladeleistung	Die Leistung, die zum betrachteten Zeitpunkt in den als zentral modellierten Speicher fließt. Der Maximalwert ist der größte, der jemals in einer Viertelstunde im Jahr auftrat. Siehe auch →*Entladeleistung*
Langzeitausgleich	Fähigkeit des Speichers über wenigstens 1 Jahr die →*fehlende Energie* für das Stromnetz bereitzustellen. Siehe auch →*Kurzzeitausgleich*
Lastfaktor	→*Verbrauchsfaktor*
Leistungsgradient	Änderung der Leistung in einer Zeiteinheit. Die schwankende Last hat Leistungsgradienten, wie auch die VEE-Einspeisung.
LNG	*Liquefied natural gas*. Als Flüssigerdgas wird durch Abkühlung auf −161 bis −164 °C verflüssigtes, aufbereitetes Erdgas bezeichnet. Dabei wird das Volumen auf etwa ein Sechshundertstel reduziert. Besonders zu Transport- und Lagerungszwecken hat LNG große Vorteile.
LZS	Langzeitspeicher. Speicher für den →*Langzeitausgleich*. Siehe auch →*MZS*, →*KZS*
MA	Methanisierungsanlage; erzeugt aus VEE-Strom das Gas Methan, das als Ersatzgas in das Erdgasnetz geleitet und dort in den Gasspeichern gespeichert werden kann. Über Gaskraftwerke ist dieses Methan dann wieder verstrombar.
Mehrkosten	Kosten der Energieversorgungslösung, verglichen mit der Situation ohne Energiewende. Siehe auch →*Zusatzkosten*
Momentanreserve	Die rotierende Masse von Turbine und Generator eines konventionellen Kraftwerks bilden die sogenannte Momentanreserve. Findet ein plötzlicher Lastwechsel statt, so kann diese M. die nötige Energie im Millisekundenbereich liefern. Sie ist Teil des Regelsystems. EE-Anlagen haben diese Eigenschaft normal nicht.
MZS	Mittelzeitspeicher. Speicher für den →*Energieausgleich* im mittleren Zeitbereich. Siehe auch →*KZS*, →*LZS*

Begriff, Abkürzung	**Erläuterung**
n+1 Redundanz	Es bedeutet, dass eine Komponente mehr vorhanden ist, als für den Betrieb nötig ist. Wenn eine Komponente ausfällt, ist der Betrieb weiterhin gesichert. Es entsteht dadurch die →*n-1 Sicherheit*.
n-1 Sicherheit	Ein →*SVS* muss eine hohe Verfügbarkeit aufweisen. In Deutschland beträgt diese ca. 99,998 %. Damit dies erreicht werden kann, wurde schon in der Vergangenheit das System so ausgelegt, dass auch bei Komponentenausfall die Verfügbarkeit gesichert ist (Redundanz). In einem System mit **n** Komponenten darf **1** ausfallen, ohne dass die Funktion des Systems gestört ist.
Nennleistung	Ist die vom Hersteller angegebene Leistung, die unter zulässigen Betriebsbedingungen maximal erzeugt oder aufgenommen werden kann.
Nutzenergie	Ist der verbleibende Anteil der →*Endenergie*, die tatsächlich beim Endverbraucher zur Nutzung kommt. Bsp.: Kraftstoff = Endenergie, Traktion = Nutzenergie.
Nutzungsgrad	→*Volllaststunden*
Offshore-Nennleistungsanteil	Ist ein Parameter im Stromversorgungsmodell, der festlegt, wie viel von der gesamten Wind-Nennleistung durch Offshore gedeckt wird.
Ökostrom	Auch als Grünstrom bezeichnet. Es ist der gebräuchliche Begriff für Strom aus EE. Umweltschützer halten nichts vom „Öko"-Prädikat.
Planbare EE PEE	Als *Planbare EE* werden EE bezeichnet, die nicht vom Wetter abhängig sind, wie Windenergie und Photovoltaik. Hierzu gehören: Biomasse, Biogas, Wasser, Geothermie etc.
Power-to-Gas (P2G)	Power-to-Gas wird ein chemischer Prozess bezeichnet, in dem mittels Wasserelektrolyse Wasserstoff (H_2) hergestellt wird. Es wird oft auch eine Methanisierung nachgeschaltet, sodass unter Einsatz von EE-Strom Methangas (CH_4) hergestellt wird.
Power-to-Gas-to Power (P2G2P)	Power-to-Gas-to Power bezeichnet das Prinzip des Langzeitspeichers, der durch die Methanspeicherung (hergestellt durch →*P2G*) und die Rückverstromung gekennzeichnet ist.
Power-to-Heat (P2H)	Power-to-Heat bezeichnet den Ansatz, mit →*Überschussstrom* Wärme zu erzeugen und zu speichern. Diese Wärme kann dann z.B. zeitweise eine gasbetriebene Fernheizung ergänzen und so Gas einsparen helfen. Für die Zeit der Wärmeerzeugung mit Strom entfällt die CO_2-Emission durch den Gasbetrieb.

Begriff, Abkürzung	Erläuterung
Power-to-Heat-to-Power (P2H2P)	P2H2P Bezeichnet das Speicherkonzept, in dem ein Speichermedium mit →*Überschussstrom* auf hohe Temperaturen erhitzt wird. Diese gespeicherte Wärmeenergie kann dann in einer Dampfturbine wieder zu Strom gewandelt werden.
Power-to-Liquid (P2L)	Power-to-Liquid wird ein chemischer Prozess bezeichnet, der auf der Erzeugung von Methan (CH_4) mittels EE-Stroms beruht *(→P2G)*. Durch nachgeschaltete Syntheseprozesse werden die langkettigen, flüssigen und festen Kohlenwasserstoffe (z.B. Benzin, Kerosin, Diesel und Wachse) hergestellt.
P2X	Power-to-X steht alternativ für: P2G, P2L, P2H.
Primärenergie	Der Begriff Primärenergie bezeichnet die Energieart und -menge, die natürlichen Quellen entnommen wird. Beispiele sind: Energieträger als Bodenschätze (z.B. Kohle oder Erdgas), aber auch Sonne, Wind oder Uran. Von der Primärenergie über die →*Endenergie* bis zur →*Nutzenergie* treten bis zu 60 % Energieverluste durch die Wandlungskette auf.
Prosumer	Ist ein Kunstwort aus Produzent und Konsument (Consumer). Das trifft z.B. für PV-Betreiber zu, die zeitweise Strom aus dem Netz nehmen und zeitweise Strom mit Vergütung einspeisen.
PSKW	Pumpspeicherkraftwerk
PV, PVA	Photovoltaik, PV-Anlage
Regelleistung	Die Regelleistung wird von geeigneten KWs bereitgestellt. Dazu können diese die Einspeiseleistung in das Netz kurzfristig so ändern, dass das Netz stabil gehalten und die Toleranzen (Spannung, Frequenz) eingehalten werden.
Repowering	Ist der Ersatz vorhandener, veralteter →*WEAs* durch neue, leistungsfähigere WEA-Typen.
Reserve-KW	→*Backup-KW*
Residualleistung	Leistung aus konventionellen Kraftwerken, die zusätzlich zu der VEE-Leistung erforderlich ist, um den Strombedarf zu decken, wenn die EE aktuell zu wenig Leistung liefern.
Schattenkraftwerk	→*Backup-KW*

Begriff, Abkürzung	**Erläuterung**
schwarzstartfähig	Ist die Eigenschaft eines Kraftwerkes ohne externe Energie zu starten. Konventionelle KWs (z.B. Kohle) benötigen große Energiemengen, um zu starten (Eigenverbrauch: 5 bis 10 %). Nicht schwarzstartfähige KWs benötigen das Stromnetz zum Hochfahren.
Sicherheitszuschlag	Der Sicherheitszuschlag ist ein Faktor, mit dem der unter typischen Bedingungen ermittelte →*Ausbaufaktor* und die →*Speicherkapazität* zu vergrößern sind, um damit zu einer →*Worst-Case-Dimensionierung* zu kommen.
Smart Grid	Ist die Bezeichnung für ein intelligentes Stromnetz. Unter Verwendung von →*Smart Metern* sollen alle am Stromnetz angeschalteten Stromerzeuger und Verbraucher mit Hilfe kommunikativer Vernetzung und Steuerung der Komponenten so aufeinander abgestimmt werden, dass Nachfrage und Angebot besser zusammenpassen.
Smart Meter	Ein Smart Meter ist ein Zähler für Energie, der den tatsächlichen Energieverbrauch und die Nutzungszeit anzeigt und Daten mit dem Energieversorgungsunternehmen austauschen kann. Damit soll eine intelligente Netz- und Ressourcensteuerung ermöglicht werden.
Speicher, idealer	Ist ein Speicher mit einem Wirkungsgrad von 1 bzw. 100 % und der nötigen Kapazität, damit keine →*Überschussenergie* bzw. →*fehlende Energie* auftritt (idealisierte Betrachtung).
Speicherkapazität brutto / netto	Die Kapazität des Stromspeichers, so wie er von der Ladeseite gesehen wird (brutto). Auf der Entladeseite ist dann nur noch diese Kapazität mal →*Wirkungsgrad* zu entnehmen (netto).
Startwert	Ist die Energie, die der Speicher am 1. Januar hat, um von hieraus den Verlauf des Energiegehalts zu errechnen.
Stochastik	Bedeutet hier den zufälligen Charakter des Wetters und damit der →*VEE*, auch wenn sich dahinter eine gewisse Bandbreite einer Verteilungsfunktion verbirgt. Die VEE-Stromerzeugung von 2013 ist verschieden von der eines anderen Jahres, im Charakter aber ähnlich.
Stromgestehungskosten	Kosten für die reine Erzeugung des Stroms aus VEE und KWs inklusive umgelegter Speicherkosten, Verlustkosten (→*Überschussenergie*), Kosten für die nötigen konventionellen KWs (→*fehlende Energie*), aber ohne Gewinne, Netz- und Vertriebskosten, Umlagen, Konzessionsabgabe, Stromteuer und MwSt.

Begriff, Abkürzung	Erläuterung
Stromversorgungs-modell	Die Gesamtheit der Tabellenkalkulation mit den Formeln, die aus der Stochastik der VEE, dem Strombedarf aus 2013 und den Parametern der Szenarien die abgeleiteten Werte errechnet. Dies sind insbesondere der Stand des Speicherinhalts sowie die →*Überschussenergie* bzw. die →*fehlende Energie*.
SVS	Stromversorgungssystem, bestehend aus allen energetisch relevanten Komponenten, wie alle Arten von Stromerzeugern, Speichern und Backup-KWs.
Synthetische Kraftstoffe	Darunter werden i.d.R. Kraftstoffe verstanden, die aus dem →*P2L*-Prozess stammen und auch →*E-Fuels* genannt werden.
Überschussenergie, Überschussleistung, Überschussstrom	Die Energie bzw. Leistung, die die VEE mehr produzieren, als für den Stromverbrauch nötig ist, und die im gesicherten Stromversorgungssystem nicht genutzt wird.
VEE, volatile EE	<u>V</u>olatile <u>E</u>rneuerbare <u>E</u>nergien (nur aus Wind und Photovoltaik; im Gegensatz zu →*EE*)
Verbrauchsfaktor	Legt im Stromversorgungsmodell als Faktor fest, wie groß die Last im Stromnetz sein soll. Energiebedarf 2050 = Verbrauchsfaktor x Energiebedarf 2013.
Virtuelles Kraftwerk VK	Ein Virtuelles Kraftwerk ist ein Zusammenschluss von dezentralen Einheiten im Stromnetz, die über Kommunikationskanäle Informationen an eine Steuerzentrale leiten und von dort gesteuert werden. Es handelt sich um Einheiten wie: PV-Anlagen, Wasser-KWs, Biogas-KWs, WEAs, P2X-Anlagen und Mini- bzw. Mikro-Blockheizkraftwerken. Ziel ist eine gemeinsame Vermarktung und ein Ausgleich zwischen Angebot und Nachfrage.
Volllaststunden	Ist ein Maß für den →*Nutzungsgrad* der →*Nennleistung* einer Erzeugungseinheit über das Jahr gesehen. Beispiel: Wenn die mittlere Leistung über das Jahr nur 10 % der Nennleistung beträgt (wie PV-Anlagen), so ergibt das: 8760 h · 10 % = 876 Volllaststunden. Der Nutzungsgrad beträgt dann 10 %.
Wärmepumpe, WP	Die WP kann mit wenig elektrischer Energie Umweltwärme (aus Luft oder Grundwasser) in eine höhere Temperatur „pumpen". Über die Leistungszahl kann die gelieferte Wärmeenergie berechnet werden, wenn die genutzte elektrische Energie bekannt ist.
Wind/PV-Parameter	Ist eine Kenngröße, die die Anteile von Wind und PV an der VEE festlegt. Mit = 1 liegt etwa das Verhältnis von 2013 vor; mit > 1 wächst der Windanteil.

Begriff, Abkürzung	Erläuterung
Wirkungsgrad	Der Wirkungsgrad einer energetischen Wandlung ist das Verhältnis zwischen erhaltener nutzbarer Energie zur aufgewendeten Energie.
WKA, WEA	Windkraftanlage bzw. Windenergieanlage
Worst-Case-Dimensionierung	Das ist die konzeptionelle und quantitative Zusammenstellung der Komponenten mit ihren Eigenschaften, damit für den ungünstigsten Betriebsfall alle Anforderungen erfüllt werden. Sofern dies in der Dimensionierung des SVS berücksichtigt werden kann, spricht man von der Worst-Case-Dimensionierung.
Zusatzkosten	Kosten, die durch einen bestimmten Umstand zusätzlich anfallen. Siehe auch →*Mehrkosten*

42.2 Diagramme

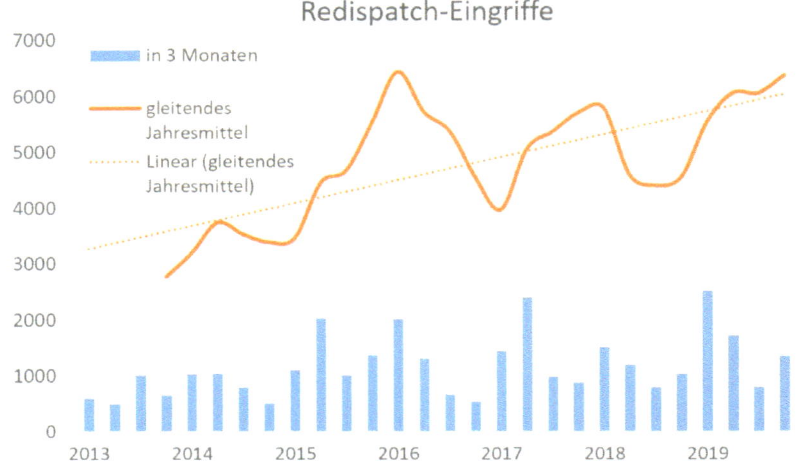

Grafik: K. Maier; Quelle: https://www.netztransparenz.de/EnWG/Redispatch

Abb. 42-1: Anzahl Redispatch-Eingriffe

1.2 Rahmendaten der Energieversorgung im Bereich Verkehrsleistung

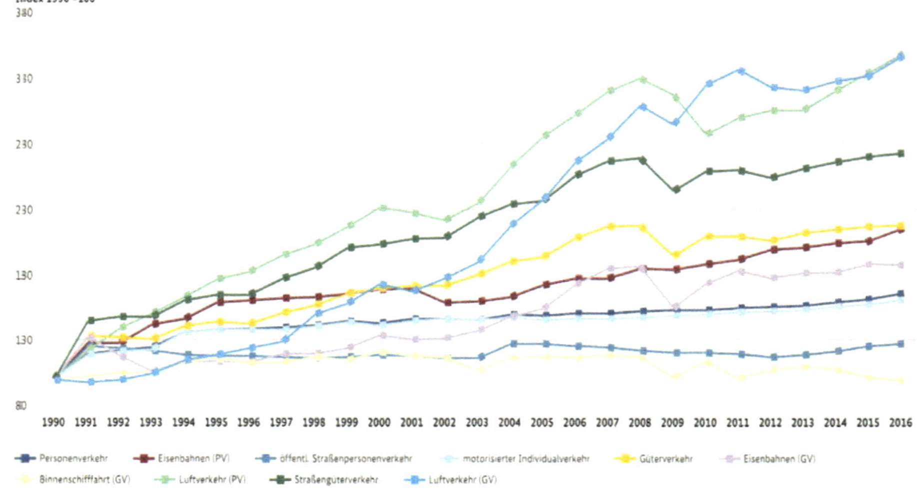

Abb. 42-2: Energie Verkehrsleistung

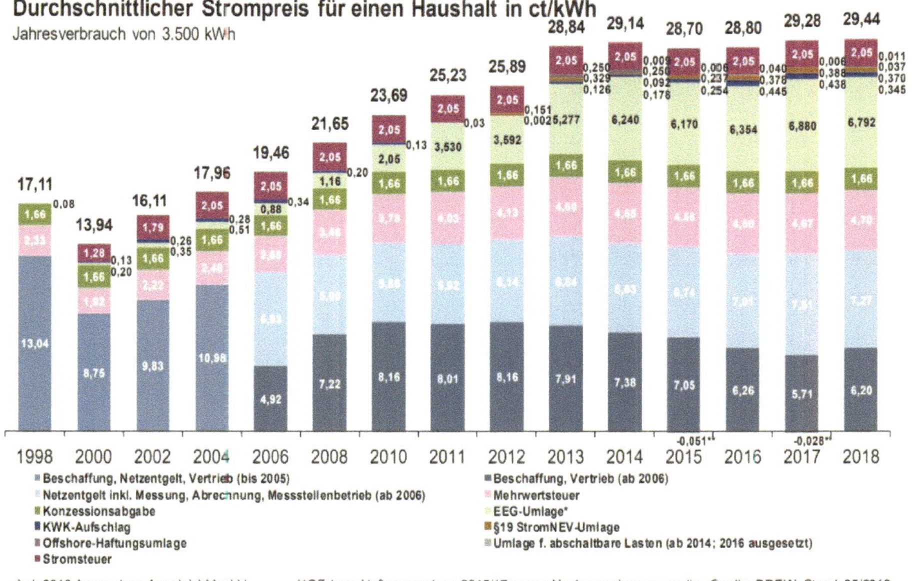

Abb. 42-3: Strompreis Haushalte

42.3 Abbildungs- und andere Verzeichnisse

Abbildungen

Parameter

Tabellen

Werte

42.4 Quellen und Hinweise

1 https://klimaohnegrenzen.de/klimawissen/okologischer-fussabdruck

2 Rosling, Hans, „Factfulness", Ullstein (2018), ISBN 978-3-550-08182-8, Seite 393.

3 https://tinyurl.com/y2cj5bpr, Auftrag des IPCC: „The IPCC does not conduct any research nor does it monitor climate related data or parameters. Its role is to assess on a comprehensive, objective, open and transparent basis the latest scientific, technical and socio-economic literature produced worldwide **relevant to the understanding of the risk of <u>human-induced</u> climate change**, its observed and projected impacts and options for adaptation and mitigation." *(Hervorhebung durch den Autor)*

4 https://www.mcc-berlin.net/fileadmin/data/pdf/Publikationen/Edenhofer_Flachsland_Globale_Energiewende_Jahrbuch_OEkologie_2014.pdf

5 „Asperger-Syndrom (Asperger-Autismus) ist eine autistische Entwicklungsstörung. Sie geht unter anderem mit einem eingeschränkten Einfühlungsvermögen, mangelhafter sozialer Kompetenz und oft ungewöhnlichen Sonderinteressen einher. Hinsichtlich Sprachentwicklung und Intelligenz sind Menschen mit Asperger-Syndrom aber im Allgemeinen *normal*." https://www.netdoktor.de/krankheiten/asperger-syndrom/. Dass Greta an Asperger leidet, wird offen kommuniziert, auch von der Familie.

6 https://www.tichyseinblick.de/meinungen/gretas-milliardaere-millionen-fuer-den-klimaaufstand/

7 https://www.welt.de/gesundheit/psychologie/article8016395/So-gefaehrlich-ist-unser-Alltagsleben.html

8 https://tinyurl.com/y8gfusxv

9 Krämer, Walter, „Die Angst der Woche - Warum wir uns vor den falschen Dingen fürchten", PIPER, 2013 und
Krämer, Walter & Mackenthun, Gerald, „Die Panik-Macher", PIPER, 2001.

10 https://www.bfr.bund.de/de/presseinformation/2010/04/_risiko__oder__gefahr___experten_trennen_nicht_einheitlich-48560.html

11 https://www.welt.de/wirtschaft/article171551323/Nichts-ist-gefaehrlicher-als-eine-Fahrt-im-Auto.html

12 Natürlich kann keine Energie verloren gehen (Exergie + Anergie = konstant). Gemeint ist hier der Verlust an der zu nutzenden Energie. Es gibt Energiewandlungen, die wenig Verluste (z.B. Elektroenergie in mechanische Energie) und welche die viel Verluste aufweisen (z.B. Wärmeenergie in mechanische Energie).

13 https://blog.wienenergie.at/2017/03/22/der-mensch-in-watt/ gibt 100 kWh/Jahr als durchschnittliche Leistungsfähigkeit eines Menschen an; für diese Anstrengung sind rund 3500 kcal (= 4 kWh) pro Tag anzusetzen, was über das Jahr (mit Wochenenden) rund 1400 kWh entspricht.

14 https://www.freiewelt.net/blog/energie-und-wohlstand-10051437/

[15] http://docplayer.org/112456338-Energie-und-wohlstand.html

[16] Energieträger sind physikalisch gesehen endlich, aber zwischen einer Verfügbarkeit über 100 Jahre und der Verfügbarkeit *unendlich* gibt es ökonomisch und technisch gesehen praktisch keinen Unterschied, denn in einem Zeitraum von 100 Jahren hat sich die Technik so weit verändert, dass sich längst andere Möglichkeiten ergeben haben werden. Dafür gibt es zahlreiche Beispiele.

[17] http://oilproduction.net/files/especial-BP/bp-statistical-review-of-world-energy-2016-full-report.pdf, Seite 7.

[18] https://www.bgr.bund.de/DE/Themen/Energie/Downloads/energiestudie _2018.pdf?__blob=publicationFile&v=10

[19] Man unterscheidet: **Reserven** sind die Mengen, die noch aus bekannten Lagerstätten gefördert werden können; **Ressourcen** sind weitere, vermutete oder bekannte Lagerstätten, die aber noch nicht technisch erschlossen sind.

[20] http://www.sozialpolitik-aktuell.de/einkommen-datensammlung.html

[21] Hier ist aus heutiger Sicht die Kernenergie als die vielversprechendste Lösung anzunehmen.

[22] https://www.erneuerbare-energien.de/EE/Redaktion/DE/Downloads/Studien/auswirkungen-arbeits-platz-erneuerbare-energien.pdf?__blob=publicationFile&v=3

[23] https://www.welt.de/wirtschaft/article198299117/Windindustrie-In-einem-Jahr-26-000-Arbeits-plaetze-abgebaut.html

[24] Was *direkt* Beschäftigte sind, ist klar. Mit den *indirekt* Beschäftigten werden indirekte Wirkungen und Effekte berücksichtigt, die nur aus groben Abschätzungen gewonnen werden können. Effekte, um die es geht, sind: Nachfrage von mehr Gütern und Dienstleistungen; mehr Staatseinnahmen (kommt allen zugute); ständig strengere Vorschriften verursachen Aufträge an Firmen (z.B. Wärmedämmmaßnah-men); die extrem komplexen Gesetze und Verordnungen erfordern mehr Bearbeiter; viele Untersuchungen müssen in Auftrag gegeben werden (Beschäftigung von Instituten) etc. Das, was auf diese Weise (Arbeitsplätze) Einzelnen oder der Gemeinschaft zugutekommt, müssen alle vorher bezahlt haben.

[25] https://www.umweltbundesamt.de/sites/default/files/medien/1410/publikatio-nen/171207_uba_hg_braunsteinkohle_bf.pdf

[26] https://www.erneuerbare-energien.de/EE/Redaktion/DE/Downloads/eeg-in-zahlen-pdf.pdf%3F__blob%3DpublicationFile, Seite 5, letzte Zeile.

[27] https://www.welt.de/wirtschaft/article122930122/Hoehere-Oekostrom-Umlage-kostet-86-000-Jobs.html

[28] Es existiert eine umfangreiche und verwirrende Gesetzgebung, die immer weiter verschärft wird: Erneuerbare-Energien-Gesetz (EEG); Energieeinsparverordnung (EnEV); Erneuerbare-Energien-Wärme-Gesetz (EEWärmeG); Energiewirtschaftsgesetz (EnWG); Energieeinsparungsgesetz (EnEG); Kraft-Wärme-Kopplungsgesetz (KWKG); Energieverbrauchsrelevante-Produkte-Gesetz (EVPG); Verordnung zur Durchführung des Gesetzes über die umweltgerechte Gestaltung energieverbrauchsrelevanter

Produkte (EVPGV); Energieverbrauchskennzeichnungsgesetz (EnVKG); Energieverbrauchskennzeichnungsverordnung (EnVKV); Biomasseverordnung (BiomasseV). Hinzu kommen Landesgesetze, Verordnungen und Merkblätter zum Vollzug sowie verursachte Gesetzesänderungen (z.B. Strommarktgesetz). http://www.energieland.hessen.de/rechtliche-grundlagen
Allein die „EEG-Vergütungskategorientabelle" besteht aus mehr als 6000 Zeilen:
(https://www.netztransparenz.de/portals/1/EEG-Verguetungskategorien_EEG_2020_20200430.xls)

[29] Nicht-KMU (kleine und mittlere Unternehmen) sind verpflichtet, bis zum 5. Dezember 2015 Energieaudits einzuführen und diese mindestens alle vier Jahre zu erneuern. Wenn Unternehmen ein Energiemanagementsystem (EMS) oder ein Umweltmanagementsystem eingeführt haben, waren sie von dieser Verpflichtung befreit.

[30] Grafik CC0: https://de.wikipedia.org/wiki/Windkraftanlage

[31] Gute Einstiegspunkte sind die Seiten der Bürgerinitiativen, wie: https://www.windwahn.com/karte-der-buergerinitiativen/; https://www.sturmimwald-hocheifel.de/karte-buergerinitiativen/; http://www.windkraftgegner.de; https://www.vernunftkraft.de

[32] TÜV Rheinland, https://tinyurl.com/yalluer5

[33] https://www.erneuerbareenergien.de/massenhafter-rueckbau-von-windkraftanlagen-droht

[34] https://www.agrarheute.com/energie/windraeder-rueckbau-bringt-riesenprobleme-563197

[35] „Der Abriss alter Windräder wird zum Problem"; FAZ vom 2.11.2019;
(Windkraft-Rückbau Recycling FAZ 2.11.19.pdf)

[36] http://bi-berken.de/resources/Dimensionen+Windkraftanlagen_.pdf

[37] http://bi-berken.de/resources/Dimensionen+Windkraftanlagen_.pdf

[38] Aus https://elib.dlr.de/98018/1/Materialbedarf%20von%20Energieerzeugungssystemen.pdf (Materialbedarf von Energieerzeugungssystemen.pdf) kann man für Kohlekraftwerke entnehmen (gemittelt): 135 t Beton/MW, 54 t Stahl/MW; bei 40 Jahre Nutzungsdauer und Nutzungsgrad von 0,8: Pro GWh sind das bei 1000 MW-KW: 0,48 t Beton und 0,19 t Stahl.
Aus http://bi-berken.de/resources/Dimensionen+Windkraftanlagen_.pdf: Für die E126 Beton/Stahl [t]: Turm: 2800/280; Maschinenhaus + Generator: 0/330; Fundament: 1300/180; für 7,6 MW; Summe: 4100/790. Bei 20 Jahren Nutzungsdauer und Nutzungsgrad von 0,2; pro GWh: 15,4 t Beton und 3,0 t Stahl. Damit benötigt die Windenergie 32-fach mehr Beton und 15,4-fach mehr Stahl. Bei der E-82: 75,4-fach mehr Beton und 31,3-fach mehr Stahl. Für die Vergleichbarkeit mit einem KW wäre noch der zur WEA zugehörige Speicher einzubeziehen, was in den Zahlen nicht enthalten ist.

[39] „Behörde warnt vor Problemen beim Abriss alter Windräder"; Hannoversche Allgemeine Zeitung; 2. Nov. 2019 (Rückbauprobleme WEAs.pdf)

[40] Der nötige Gesamtspeicher für VEE muss mit mindesten 5 % der Jahresenergie angesetzt werden. Das würde bedeuten, dass wenigstens alle 2 solcher WEAs je ein durchschnittliches Pumpspeicherkraftwerk zum Langzeitausgleich nötig wäre.

41 Bei der Fläche für die Windenergie kann natürlich nicht nur der Betonsockel und auch nicht nur der Durchmesser des Rotors berücksichtigt werden. Bei „Windparks", die hier zugrunde gelegt sind, sind die Mindestabstände zwischen den Anlagen zu berücksichtigen und ist alles als eine Fläche anzusehen.
Bei Braunkohle ist die Betriebssituation (Tagebaufläche) dargestellt. Nach der Renaturierung von Abbauflächen verkleinern diese den Flächenanteil wieder.

42 Exzessive Landwirtschaft zur Nahrungsmittelproduktion auf reduzierter Anbaufläche schafft neue Probleme.

43 https://www.lifepr.de/inaktiv/ufop-union-zur-foerderung-von-oel-und-proteinpflanzen-ev/Frankreich-verbannt-Palmoel-aus-Biokraftstoffen/boxid/760723

44 UBA 2017 (lokale Quelle: BGR-Energiestudie_2017.pdf); bezogen auf den Energieanteil lag der Anteil biogener Kraftstoffe 2018 bei 5 %: https://biokraftstoffe.fnr.de/kraftstoffe/aktuelle-marktsituation/

45 https://bioenergie.fnr.de/bioenergie/biokraftstoffe/: „Nachhaltigkeit [...] Zudem müssen Biokraftstoffe über die gesamte Wertschöpfungskette ab 2011 mindestens 35 % Treibhausgase (ab 2017: 50 % und ab 2018: 60 %) gegenüber fossilen Kraftstoffen einsparen – eine positive Umweltwirkung ist somit gesetzlich vorgeschrieben."

46 https://www.bmwi.de/Redaktion/DE/Pressemitteilungen/2017/20170621-wirtschaftsfaktor-tourismus-traegt-ueber-3-mrd-zur-wertschoepfung-deutschlands-bei.html

47 https://www.tichyseinblick.de/daili-es-sentials/baden-wuerttemberg-genehmigungen-fuer-windraeder-sind-rechtswidrig/; https://www.stimme.de/suedwesten/nachrichten/pl/Windkraftausbau-Genehmigungspraxis-war-rechtswidrig;art19070,4305416

48 https://de.statista.com/statistik/daten/studie/185/umfrage/todesfaelle-im-strassenverkehr/

49 Wikipedia; Foto Gemeinfrei

50 Foto: https://pxhere.com/tr/photo/781767; CC0

51 Dieser Gedanke ist für ein Szenario von Bedeutung, in dem Deutschland zu annähernd 100 % aus Erneuerbaren Energien versorgt wird und eine Dunkelflaute eintritt. In diesem Falle wäre, sofern keine ausreichenden Stromspeicher vorhanden sind, annähernd die gesamte, benötigte Leistung aus dem Ausland zu importieren. Die heutigen Koppelleistungen reichen dazu nicht annähernd aus. Abgesehen davon hätten unsere Nachbarn ein eigenes Versorgungsproblem, wenn sie ebenfalls unser Energiewendekonzept verwerden.

52 https://www.bmwi-energiewende.de/EWD/Redaktion/Newsletter/2017/01/Meldung/direkt-erklaert.html; Anmerkung: Fremdsprachliche und euphemistische Bezeichnungen helfen die Konsequenzen zu kaschieren.

53 Ein **Nutzungsgrad** von 10 % bedeutet, dass im Jahr so viel Energie erzeugt wird, als würde die Anlage nur 10 % der Jahresstunden (10 % von 8.760 Stunden), dafür aber mit der vollen Nennleistung laufen. 10 % bedeuten also 876 **Volllaststunden**.

54 Nach Ablauf der Subventionsabschöpfung (zurzeit 20 Jahre) müssen die an sich meist noch betriebsfähigen Anlagen stillgelegt und abgerissen werden, da sie ohne Subventionen nicht kostendeckend arbeiten können.

55 Bei Windenergieanlagen steigt die erzeugte Leistung mit der 3. Potenz der Windgeschwindigkeit, schwankt also viel heftiger als die Windstärke selbst. Beispiel: Geht die Windgeschwindigkeit auf die Hälfte zurück, bleibt von der erzeugten Leistung nur noch ein Achtel übrig (also schon fast null). Bei Sturmstärke müssen die Windenergieanlagen aus Sicherheitsgründen abgeschaltet werden.

56 Quelle BDEW. (BDEW 20170710_Erneuerbare-Energien-EEG_2017.pdf)

57 https://www.welt.de/wirtschaft/energie/article110067621/Die-krassen-Fehlprognosen-beim-Oekostrom.html

58 Basis: 90 % CO_2-Reduktion mit Sektorkopplung.

59 Ein Brennwertkessel ist ein Heizkessel für Warmwasserheizungen, der den Energieinhalt (Brennwert) des eingesetzten Brennstoffes fast vollständig nutzt. Dem Abgas, das noch Wasserdampf enthält, wird seine Kondensationswärme zusätzlich entzogen, so dass dadurch der Wirkungsgrad deutlich steigt.

60 https://tinyurl.com/yaug9zb2

61 Foto: https://pixabay.com/de/photos/bern-altstadt-gerechtigkeitsgasse-3108226/; CC0

62 https://tinyurl.com/yyw72vee

63 Laut UBA verursachte die Stromproduktion 2018: 474 g/kWh; bei 30 % Verlusten zwischen Stromerzeugung und Traktion: 474/0,7 = 677 g/kWh im Auto.

64 Die Mobilität benötigt rund 300 TWh/a (Endenergie als Strom, inklusive Verluste). 2018 haben die VEE rund 150 TWh/a Energie erzeugt. Da 2018 38 % EE im Stromsektor vorlagen, wären noch 62 %, also rund 370 TWh/a, durch VEE zu ersetzen, um die originären Stromverbraucher CO_2-frei zu machen. Insgesamt (Strom + Mobilität) bräuchte man an VEE 670 TWh. Die VEE wäre auf mehr als das 4-Fache von 2018 auszubauen, um die Stromverbraucher und die Mobilität aus EE zu versorgen. Das ist nur ein grober Überschlag.

65 Die Vervielfachung der Ladepunkte gegenüber den Zapfstellen errechnet sich: Ladezeit/E-Reichweite / (Tankzeit/Reichweite); mit Beispielwerten: 90 min / 150 km /(5 min / 750 km) = 90. Sie können natürlich auch andere Annahmen machen. Auch die zur Verfügung stehende Leistung begrenzt die Ladedauer.

66 https://www.heise.de/autos/artikel/Auf-Wiedersehen-Wasserstoff-793140.html

67 https://www.bmbf.de/de/nationale-wasserstoffstrategie-9916.html

68 https://www.finanzen100.de/finanznachrichten/boerse/mythen-der-verkehrswende-wenn-das-saubere-vom-himmel-versprochen-wird_H2095057959_11166082/

69 https://www.i-share-economy.org/glossar/ridesharing

70 https://www.chip.de/news/E-Scooter-massiv-in-der-Kritik-Fuer-die-Umwelt-ein-kleines-Desaster_171626743.html; https://www.heise.de/newsticker/meldung/Elektrorollern-statt-zu-gehen-oder-radeln-Umweltbundesamt-kritisiert-E-Scooter-4512295.html

71 https://www.nvv.de/fahrplan-netz/verkehrsmittel/anrufsammeltaxi-ast/

72 https://www.trendsderzukunft.de/ab-2020-schiffe-duerfen-zukuenftig-kein-umweltschaedliches-schweroel-mehr-verfeuern/

73 Gemeint sind Personenkilometer; https://tinyurl.com/rcjf3mc, Seite 7, Grafik.

74 https://edition.faz.net/faz-edition/unternehmen/2019-12-11/d49beca0d4f9154045de2a33f01176c2/?GEPC=s5

75 Der Regulierungswahn ist auch bei der EnEV (Energieeinsparverordnung: „Verordnung über energiesparenden Wärmeschutz und energiesparende Anlagentechnik bei Gebäuden"), als Teil des bestehenden Gesetzes- und Verordnungsdschungels, zu erkennen. Die EnEV hat allein 49 Seiten: https://www.gesetze-im-internet.de/enev_2007/EnEV.pdf

76 https://option.news/wohnraum-im-wandel/

77 In der ESYS-Studie (Endnote 379), Seite 49, geht man von einem positiven Energieeinsparungseffekt aus, differenziert aber: Auf der einen Seite bedeutet mehr Recycling in der Regel eine Energieeinsparung gegenüber der Neuherstellung der Materialien, auf der anderen Seite werden die Erneuerungszyklen immer kürzer und wird somit der Materialumlauf beschleunigt. Der resultierende Effekt auf den Energiebedarf dürfte daher deutlich geringer ausfallen als erhofft. Hinzu kommt, dass der Energieverbrauch ein Stück weit verlagert wird: vom Ausland (der Rohstoffgewinnung) auf Deutschland mit Recycling. Für Deutschland bedeutet es definitiv ein Mehr an Energie.

78 https://www.bmwi.de/Redaktion/DE/Artikel/Energie/nationaler-energie-und-klimaplan-necp.html

79 https://www.welt.de/wirtschaft/article186805596/Energiewende-Deutschland-ist-nicht-so-effizient-wie-geplant.html

80 https://www.faz.net/aktuell/wirtschaft/bundesregierung-will-erste-kohlekraftwerke-abschalten-16371404.html

81 https://www.iwr.de/news.php?id=35927

82 https://www.handelsblatt.com/unternehmen/energie/global-energy-monitor-chinas-kohleplaene-bringen-die-weltweiten-klimaziele-in-gefahr/25250284.html

83 https://www.umweltbundesamt.de/themen/abfall-ressourcen/entsorgung/thermische-behandlung#textpart-3

84 https://www1.wdr.de/nachrichten/abfaelle-kohlekraftwerke-100.html

85 Mit einer Beispielrechnung habe ich nachgewiesen, dass der Versuch, sich komplett autark zu machen (Trennung vom Stromnetz), zu einem Kilowattstundenpreis von mehreren Euro führt. https://www.eike-klima-energie.eu/2017/12/26/der-selbstversorger-und-die-energiewende/

85 http://greenakku.de/Batterien/Lithium-Batterien/Pylontech-LiFePO4-Speicherpaket-48V-14-4kWh-US2000-Plus::1390.html; gewählt 14,4 kWh für rund 8.000 € inklusive Montage und 100 €/a Wartung; 15 Jahre Nutzungsdauer. Bei einem Jahresstromverbrauch von 4.500 kWh führt das zu Zusatzkosten von 14 ct/kWh.

87 Realistischerweise muss ein Energiekonzept von einer länderautarken Lösung ausgehen, die keine nennenswerten Leistungsflüsse von den Nachbarn benötigt und das Worst-Case-Prinzip anwendet.

88 https://www.welt.de/wirtschaft/energie/article110067621/Die-krassen-Fehlprognosen-beim-Oekostrom.html

89 Das sind Ergebnisse aus Szenarien, die aus 20 Substitutionsparametern definiert wurden. Grundsätzlich gibt es Spielräume, wie man ein Szenario definiert, so dass man die Werte nicht als exakt annehmen darf. Allein die Projektion über 30 Jahre in die Zukunft ist schon mit entsprechenden Unsicherheiten behaftet.

90 Diese 520 Mrd. € bis 2025 wurden auch in der Studie von DICE-consult (https://www.insm.de/fileadmin/insm-dms/text/soziale-marktwirtschaft/eeg/INSM_Gutachten_Energiewende.pdf) berechnet. Sie setzen sich zusammen aus: 407,5 Mrd. € EEG-Gesamtumlage +32,3 Mrd. € Übertragungsnetzausbau +23 Mrd. € Verteilnetzausbau +18 Mrd. € KWK-Gesamtumlage +12,2 Mrd. € Forschungsausgaben Bund/Länder +27,6 Sonstige (Redispatch, Einspeisemanagement …). Dabei muss man bedenken, dass der Bereich 2016 bis 2025 prognostiziert wurde, also tatsächlich höher ausfallen dürfte.

91 https://www.welt.de/wirtschaft/energie/article110067621/Die-krassen-Fehlprognosen-beim-Oekostrom.html

92 Klimaleugner soll bewusst an Holocaustleugner erinnern und so die Person diffamieren, um nicht auf einer Sachebene diskutieren zu müssen. Vergleich mit Hitler oder Nazis: http://lv-twk.oekosys.tu-berlin.de/project/lv-twk/02-intro-3-1-twk.htm#1-1

93 https://www.tichyseinblick.de/daili-es-sentials/annalena-baerbock-bbc-medien-klimaskeptiker/

94 https://www.spiegel.de/lebenundlernen/uni/radikaler-professor-todesstrafe-fuer-leugner-des-klimawandels-a-875802.html : Der Grazer Musikprofessor *Richard Parncutt* meinte im Jahre 2012, dass die Todesstrafe für die Leugnung des „menschengemachten Klimawandels" eingeführt werden sollte.

95 https://www.dailymail.co.uk/news/article-3485864/Attorney-General-Loretta-Lynch-considered-taking-legal-action-against-climate-change-deniers.html

96 http://www.sfv.de/artikel/verharmlosung_des_klimawandels_-_ein_menschheitsverbrechen.htm; aktualisiert am 24.1.2020: https://www.sfv.de/artikel/verharmlosung_der_klimakrise_eine_straftat.htm

97 http://frblog.de/klimaleugner/

98 https://www.eea.europa.eu/themes/climate/links/climate-change-impacts-adaptations-and-vulnerabilities/Link135: „The IPCC was established to provide the decision-makers and others interested in climate change with an objective source of information about climate change. The IPCC does not conduct any research nor does it monitor climate related data or parameters. Its role is to assess on a comprehensive, objective, open and transparent basis the latest scientific, technical and socio-

economic literature produced worldwide relevant to the understanding of the risk of *human-induced* climate change, its observed and projected impacts and options for adaptation and mitigation." Oder: http://www.coolplanet2009.org/ipcc.html

99   https://www.bmu.de/themen/nachhaltigkeit-internationales/nachhaltige-entwicklung/2030-agenda/

100   https://www.solidaritaet.com/neuesol/2019/30/greta.htm;
SPD und Grüne: https://www.merkur.de/politik/fleischsteuer-debatte-tierschutzbund-lehnt-sie-ab-voellig-neuer-vorschlag-zr-12894980.html

101   https://www.bundesfinanzministerium.de/Content/DE/Pressemitteilungen/Finanzpoli-tik/2019/06/2019-06-06-Sustainable-Finance.html

102   https://www.tichyseinblick.de/feuilleton/zweierlei-demokratie/; 2 Sorten Demokratie.docx

103   https://www.spektrum.de/news/wie-maechtig-framing-wirklich-ist/1627094

104   Studie Wuppertal Institut: https://www.youtube.com/watch?v=aS_xTJmzdgA ab 29:30.

105   Grundsätzlich entstehen die Kosten für eine nachfrageorientierte Stromerzeugung aus der Bereitstel-lung bzw. dem Zugang zu der Primärenergie (die ist bei VEE einfacher) und der Stromerzeugung (die ist bei VEE relativ aufwendig und erfordert zusätzlich kostenträchtige Speicher).

106   https://www.welt.de/wirtschaft/article181690102/Bundesrechnungshof-wirft-Regierung-Versagen-bei-Energiewende-vor.html

107   https://www.fraunhofer.de/content/dam/zv/de/forschungsthemen/energie/Studie_Energie-wende_Fraunhofer-IWES_20140-01-21.pdf

108   Aus: „Eckpunkte für das Klimaschutzprogramm 2030"; https://tinyurl.com/y6yvuwzv

109   https://www.bdew.de. Der BDEW ist der Spitzenverband der Energie- und Wasserwirtschaft mit über 1.900 Unternehmen unterschiedlicher Größenklassen und Organisationsformen. 2009 hat sich der BDEW geschlossen für eine CO_2-neutrale Energieversorgung im Jahr 2050 ausgesprochen. Die Exper-ten aus den Mitgliedsunternehmen erstellen in Zusammenarbeit mit der Hauptgeschäftsstelle Stel-lungnahmen, Richtlinien, Empfehlungen und Anwendungshilfen zu allen Themen, die die Branche be-wegen.

110   https://www.epochtimes.de/politik/deutschland/oekostrom-hat-kohlestrom-2019-von-spitzenplatz-abgeloest-bundesverband-warnt-vor-einer-stromluecke-fuer-deutschland-a3047328.html;
https://www.rtl.de/cms/bayerische-wirtschaft-warnt-vor-stromluecke-4322085.html;

111   Einige Beispiele:
2019: https://www.heise.de/tp/features/Alle-Jahre-wieder-Frankreich-am-grossen-Blackout-vorbei-geschrammt-4273544.html;
2018: https://www.iwr.de/news.php?id=35069;
2012: https://www.manager-magazin.de/unternehmen/energie/a-814075.html

112   Zudem muss man feststellen, dass eine eigene, weitgehend gesicherte Energieversorgung Kern einer nationalen Souveränität ist. Die Abhängigkeit von Importen und damit die politischen Druckmittel werden damit reduziert.

[113] 2018: 52 GW Nennleistung.

[114] https://www.achgut.com/artikel/gau_im_illusionsreaktor_die_10_punkte_disaster;
Manfred Haferburg studierte in Dresden Kernenergetik und arbeitete im Kernkraftwerk Greifswald als Oberschichtleiter.

[115] https://www.youtube.com/watch?v=ZqH4_Fos6GA; ab Minute 40:10.

[116] Tatsächlich sind es 1.400; https://www.erneuerbareenergien.de/400-von-746-kohleunternehmen-planen-eine-erweiterung-ihrer-aktivitaeten

[117] Die Verhältnisse sind folgende: Bis 2040 werden sich die Fahrzeuge weltweit von 1.000 Mill. auf rund 2.000 Mill. verdoppeln, wie eine BP-Studie prognostiziert. Wenn wir vielleicht bis 2030 (mit viel Optimismus) 10 Mill. E-Pkw haben, ist die Welt um rund 500 Mill. Verbrennungsmotoren weiter.

[118] Mitglieder: USA, Argentinien, Brasilien, Kanada, Frankreich, Großbritannien, Japan, Südkorea, Südafrika, Schweiz, EURATOM (Europäische Atomgemeinschaft – 1957), China und die Russische Föderation.

[119] Krämer, Walter & Mackenthun, Gerald, „Die Panik-Macher", PIPER (2001); ISBN 3-492-04355-0, 2. (Walter Krämer, geboren 1948, ist Professor für Wirtschafts- und Sozialstatistik an der Universität Dortmund.)

[120] Zum Beispiel https://www.gegenfrage.com/brutkastenluege/.

[121] Rechnen wir nach (ohne Reaktor): Die Todesrate im relevanten Alter von militärischem Personal (18 bis 50 Jahre) an Krebs zu sterben beträgt ca. 0,06 % /Jahr. Bei 5.680 Mann Besatzung ist also eine jährliche Anzahl von an Krebs gestorbenen von rund 3,4 Männern zu erwarten.

[122] https://www.welt.de/vermischtes/weltgeschehen/article123455255/Chinesen-retten-alle-52-Passagiere-von-Polarschiff.html; https://www.faz.net/aktuell/politik/chris-turney-der-eisbrecher-12736104.html

[123] https://www.tagesschau.de/ausland/fukushima-jahrestag-105.html

[124] https://www.tichyseinblick.de/gastbeitrag/der-neue-tugendterror/

[125] Von Glauben spricht man, wenn jemand etwas für wahr hält und es für ihn keine weiteren objektiven Beweise mehr braucht. Es ist eine subjektive Wahrheit. Glaubende verweigern auch oft eine objektive wissenschaftliche Auseinandersetzung, sofern der Glaubensgegenstand überhaupt eine wissenschaftlichen Behandlung erlaubt. Der Wissende verlangt nach ausreichenden, objektiven Belegen, die sich widerspruchsfrei in bestehendes Wissen eingliedert. Er verweigert keinen Diskurs mit Zweiflern.

[125] Es gibt viele Beispiele für Scheinkorrelationen, etwa: https://scheinkorrelation.jimdo.com oder http://www.tylervigen.com/spurious-correlations

[127] Krämer, Walter, „Die Angst der Woche – Warum wir uns vor den falschen Dingen fürchten", PIPER (2011), ISBN 978-3-492-30184-8

128 EU: Artikel 174 (2) des Vertrags über die Europäische Gemeinschaft legt der Umweltpolitik der Gemeinschaft das Vorsorgeprinzip zugrunde. Mit der Annahme der Deklaration von Nizza über die Zukunft der Europäischer Union im Dezember 2000 wurde der Anwendungsbereich des Vorsorgeprinzips auf den Bereich der Gesundheits- und Lebensmittelsicherheitspolitik ausgedehnt.

129 http://www.precautionaryprinciple.eu, übersetzt ins Deutsche.

130 https://www.dw.com/de/studie-feinstaub-führt-zu-zahlreichen-vorzeitigen-todesfällen/a-50855047

131 Finnischer Fernsehbericht gegen die Hockeystick-Lüge:
https://www.youtube.com/watch?v=7vaFZ9EDjro&feature=youtu.be

132 https://www.achgut.com/artikel/beweise_bitte_ein_star_der_klimaforschung_vor_gericht;
https://www.tichyseinblick.de/kolumnen/neue-wege/michael-mann-gegen-tim-ball-bizarrer-streit-ums-klima-beendet/

133 https://www.youtube.com/watch?v=rlUPLQZ_yoc

134 Zum Beispiel https://www.focus.de/wissen/klima/klimapolitik/tid-16566/klimagate-skandal-um-manipulierte-daten_aid_462308.html; https://www.spiegel.de/wissenschaft/natur/skandal-um-gehackte-mails-deutsche-klimaforscher-verlangen-reformen-a-665394.html

135 Time Magazine „The Big Freeze":
am 3. Dez. 1973 http://content.time.com/time/covers/0,16641,19731203,00.html und
am 31. Jan. 1977 http://content.time.com/time/magazine/0,9263,7601770131,00.html
https://www.welt.de/wissenschaft/umwelt/article5489379/Als-uns-vor-30-Jahren-eine-neue-Eiszeit-drohte.html

136 https://www.news.de/panorama/855681941/forscher-warnen-vor-klimawandel-droht-uns-eine-neue-eiszeit/1/

137 https://www.achgut.com/artikel/missbrauchte_wissenschaft_und_stille_post

138 https://iopscience.iop.org/article/10.1088/1748-9326/8/2/024024/pdf

139 https://www.anti-spiegel.ru/2020/klimawandel-die-97-einigkeit-unter-wissenschaftlern-die-es-nie-gegeben-hat/: „Lediglich 0,54 % aller Veröffentlichungen behaupten einen überwiegenden Anteil des Menschen am Klimageschehen."

140 1992: Im „Heidelberger Appell" äußerten sich über 3.000 Wissenschaftler (74 Nobelpreisträger); 1999: „Oregon-Petition" von 31.478 US-Naturwissenschaftlern an US-Präsident; im Jahre 2016 erschienen in Fachzeitschriften 500 begutachtete Studien, welche die „Konsens"-Klimawissenschaft infrage stellen. Es sind über 900 Studien in weniger als 2 Jahren (https://wattsupwiththat.com/2017/10/25/so-far-this-year-400-scientific-papers-debunk-climate-change-alarm/).

141 Datenquelle der Grafik https://tinyurl.com/y9w73ml2, Seite 21.

142 *Forscher Bjorn Stevens am Hamburger Max-Planck-Institut für Meteorologie: „Schon in den Siebzigerjahren wurde die Klimasensitivität mithilfe primitiver Computermodelle ermittelt. Die Forscher kamen zu dem Schluss, dass ihr Wert vermutlich irgendwo zwischen 1,5 und 4,5 Grad liegen dürfte. An*

diesem Ergebnis hat sich bis heute, rund 40 Jahre später, nichts geändert. Und genau darin liegt das Problem. Die Rechenleistung der Computer ist auf das Vielmillionenfache gestiegen, aber die Vorhersage der globalen Erwärmung ist so unpräzise wie eh und je. [...] Es ist nicht leicht, dieses Versagen der Öffentlichkeit zu vermitteln. [...] Die Temperaturen in der Arktis zum Beispiel klaffen in den verschiedenen Modellen um teilweise mehr als zehn Grad auseinander. Das lässt jede Prognose der Eisbedeckung wie bloße Kaffeesatzleserei erscheinen."

143 http://joannenova.com.au/2018/11/climate-models-are-a-joke/

144 Diesen Klimamodellen muss man allen vorwerfen, dass sie die bisherige Entwicklung des Klimas, die gut bekannt ist, nicht darstellen können. Wenn die errechneten Werte für die Vergangenheit nicht stimmen, wie will man daraus dann Aussagen für die Zukunft machen?

145 „Egal, wie bedeutend der Mensch ist, der eine Theorie vorstellt, egal, wie elegant sie ist, egal wie plausibel sie klingt, egal wer sie unterstützt, wenn sie nicht durch Beobachtungen und Messungen bestätigt wird, dann ist sie falsch" (Richard Feynman, Physiker).

146 http://www.math.uni-leipzig.de/~wuschke/uploads/Prop/VL04_luecken.pdf

147 https://www.mathematik.de/algebra/91-erste-hilfe/verzeichnis/beweise-und-beweismethoden/709-was-ist-ein-beweis

148 https://www.eea.europa.eu/themes/climate/links/climate-change-impacts-adaptations-and-vulnerabilities/Link135. 2008 hieß es noch: „The IPCC was established to provide the decision-makers and others interested in climate change with an objective source of information about climate change. The IPCC does not conduct any research nor does it monitor climate related data or parameters. Its role is to assess on a comprehensive, objective, open and transparent basis the latest scientific, technical and socio-economic literature produced worldwide relevant to the understanding of the risk **of human-induced climate change**, its observed and projected impacts and options for adaptation and mitigation." *(Hervorhebung durch den Autor)*

149 https://www.scinexx.de/news/geowissen/hitzesommer-2018-brach-rekorde/

150 http://www.spiegel.de/wissenschaft/natur/hitze-und-duerre-1540-katastrophe-in-europa-im-mittel-alter-a-978654.html

151 https://wetterkanal.kachelmannwetter.com/niederschlagsentwicklung-in-deutschland-seit-1881/

152 Daten aus: https://de.wikipedia.org/wiki/Hochwasser_in_Würzburg#1306

153 https://www.eike-klima-energie.eu/2019/07/03/wozu-gegenteilige-messwerte-betrachten-den-kli-mawandel-fuehlt-doch-jeder/

154 https://www.ipcc.ch/site/assets/uploads/2018/02/WG1AR5_SPM_FINAL.pdf

155 Die Prozentwerte beziehen sich auf den Durchschnitt der Jahre 2000 bis 2019.

156 https://www.munichre.com/de/unternehmen/media-relations/medieninformationen-und-unterneh-mensnachrichten/medieninformationen/2020/milliardenschaeden-praegen-bilanz-naturkatastro-phen-2019.html

157 Da ging es um die Euro-Politik: https://www.youtube.com/watch?v=wFCxw09l-S2w. Aber es geht dort wie hier darum, die Stimme der Vernunft und des Sachverstandes gegen den Mainstream zu erheben.

158 Man stelle sich vor, bei einer IPCC-Konferenz würde die Frage gestellt werden: „Wer glaubt, dass die Treibhausgase keine nennenswerte Auswirkung auf unser Klima haben und wir deshalb alle einen neuen Job brauchen?" Wie würde wohl die Antwort der Forscher lauten?

159 https://www.evangelisch.de/inhalte/155887/13-04-2019/bischof-koch-vergleicht-greta-mit-jesus; „NO JOKE: Kirche von Schweden erklärt Greta zur Jesus-Nachfolgerin", https://www.kath.net/news/69384

160 https://www.faz.net/aktuell/gesellschaft/menschen/klimaaktivistin-greta-vorabdruck-aus-dem-buch-der-thunbergs-16160815-p3.html ; Leseseite 3.

161 Fast wörtlich aus: https://www.youtube.com/watch?v=6MJmd6nnMbI

162 https://www.bmlfuw.gv.at/umwelt/energiewende/Energieunion.html; http://ecologic.eu/de/14526

163 https://www.publicomag.com/2019/09/im-naechsten-sozialismus-wird-alles-besser-und-andere-sys-temfehler/verbietet-uns-endlich-etwas/

164 Fokus, 2019: „Die Grünen betonen stets, wie wichtig der Klimaschutz für sie ist. Beim Reisen mit dem Flieger sind ihre Bundestagsabgeordneten aber ganz vorne mit dabei." Aus: https://tinyurl.com/y2qtelbz

165 So wollte die DDR den Sozialismus, Mao Zedong wollte in China den Kommunismus einführen, so wie Lenin und Stalin. Hitler wollte seinen Rassenwahn umsetzen. Das wurde jeweils mit positiven Argumenten verkauft und mit *wissenschaftlichen Erkenntnissen* begründet. Wer sich dagegen stellte, war Feind der guten Sache und hatte Schlimmes zu befürchten.

166 https://www.forschung-und-lehre.de/zeitfragen/immer-mehr-tabuthemen-1802/

167 „Die Verleugnung der Apokalypse – der Umgang mit der Klimakrise aus der Perspektive der Existenziellen Psychotherapie"; Ausgabe 3/2019; https://www.psychotherapeutenjournal.de/blaetterkata-log/PTJ-3-2019/23/index.html

168 https://ec.europa.eu/clima/policies/international/negotiations/paris_de

169 „Gewisse Instrumente haben keinen vertraglichen Charakter, da sie bei Nichterfüllung keine völkerrechtliche Verantwortlichkeit der Vertragsparteien zur Folge haben. Sie beruhen auf einer gemeinsamen Absichtserklärung der Parteien, deren Gehalt ausschließlich politischer Natur ist." https://www.eda.admin.ch/dam/eda/de/documents/publications/Voelkerrecht/Praxisleitfaden-Voel-kerrechtliche-Vertraege_de.pdf, Seite 6.

170 Der Partialdruck steuert den CO_2-Ausgleich zwischen Luft und Meer. Nimmt die CO_2-Konzentration in der Luft zu, wird mehr CO_2 in den Ozeanen gelöst. Zudem führt mehr CO_2 zu erhöhtem Pflanzenwachstum und damit zu mehr gebundenem CO_2.

171 $\Delta T = ECS \cdot 3{,}32 \cdot \log(CO_2\text{-Faktor})$. Der CO_2-Faktor beträgt 400 ppm / 280 ppm = 1,43. Damit ist bei ECS = 4,5° C: $\Delta T = 2{,}3$ °C und somit über dem 2-Grad-Ziel.

[172] S.Ramstorf; H.J. Schellnhuber, „Der Klimawandel", Verlag C.H.Beck oHG (2012), ISBN 978 3 406 63385 0, S.119: Verbleibender Rest für die Einhaltung des 2-Grad -Ziels sind 750 Mrd. t anthropogenes CO_2 zwischen 2010 und 2050.

[173] https://www.mcc-berlin.net/en/research/co2-budget.html

[174] „Remaining budgets applicable to 2100 would be approximately 100 GtCO2 lower than this to account for permafrost thawing and potential methane release from wetlands in the future, and more thereafter. These estimates come with an additional geophysical uncertainty of at least ±400 GtCO2, related to non-CO2 response and TCRE distribution. Uncertainties in the level of historic warming contribute ±250 GtCO2. In addition, these estimates can vary by ±250 GtCO2 depending on non-CO2 mitigation strategies as found in available pathways."

[175] https://www.youtube.com/watch?v=DKc7vwt-5Ho&feature=youtu.be

[176] https://www.cleanthinking.de/norwegen-ist-schluessel-zur-energiewende/

[177] https://de.statista.com/statistik/daten/studie/40265/umfrage/norwegen---erdoelproduktion-in-millionen-tonnen/; in den letzten 10 Jahren rund: 100 Mill. t/a Erdöl und rund 100 Mrd. m³/a (steigend) gefördert; macht bei Erdöl: rund 300 Mill. t CO_2/a und bei Erdgas rund 200 Mill. t CO_2/a.

[178] https://ec.europa.eu/info/strategy/priorities-201 9-2024/european-green-deal_de

[179] Klimaneutral bedeutet die Umsetzung des Dekarbonisierungsziels. Die Industrie und die Wirtschaft werden in einem solchen Umfeld erhöhten Kosten ausgesetzt sein. Damit wird die sowieso schon angeschlagene Konkurrenzfähigkeit, mit Ländern ohne entsprechende Gesetze und Auflagen, endgültig zerstört. Die Abwanderung in Länder ohne Dekarbonisierungsideale und damit die Verarmung der Gesellschaft ist die Folge.

[180] https://www.nzz.ch/wissenschaft/der-co2-ausstoss-erreicht-einen-neuen-rekord-ld.1328074

[181] https://ec.europa.eu/commission/presscorner/detail/de/fs_20_40

[182] https://www.iwr-institut.de/de/presse/presseinfos-energiewende/erneuerbare-energien-werden-subventioniert-staat-zahlt-keinen-cent

[183] Um zu ermitteln, wie sich eine Verringerung dieses Beitrags um 90 % auf die globale Mitteltemperatur bis zum Jahre 2050 auswirkt, sei von vereinfachten Annahmen ausgegangen: Die derzeitige CO_2-Erhöhung der Luft beträgt 2 ppm/Jahr, das sind in den 30 Jahren bis 2050 30 x 2 ppm = 60 ppm mehr auf 474 ppm (ppm = parts per million = 0,000.001). 90 % Einsparungen durch Deutschland bedeuten 60 ppm x 2,4 % · 90 % = 1,3 ppm weniger. $\Delta T = ECS \cdot 3{,}32 \cdot \log(CO_2\text{-Faktor})$.
Das führt mit ECS = 3 zu: $3 \cdot 3{,}32 \cdot \log((474\text{-}1{,}3)/474) = 0{,}004°C$. Geht man davon aus, dass der ECS eher bei 1 statt bei 3 liegt, reduziert sich die Temperatur entsprechend.

[184] *„The Copenhagen Consensus Center focuses on cost-effective solutions to the world's biggest challenges. We create a framework to prioritize solutions, with the goal of achieving the most good for people and the planet. "*

[185] Quelle: FAZ v. 8.5.2015, Artikel von Björn Lomborg;
und aus 2015: https://onlinelibrary.wiley.com/doi/full/10.1111/1758-5899.12295

186 https://www.youtube.com/watch?v=47bNzLj5E_Q

187 Viele nennen 1850 als Start der Industrialisierung. Da aber für den Vergleich nur ab 1880 die CO_2- und Temperaturdaten vorlagen, wird hier 1880 verwendet. Außerdem ist im Bereich 1850 bis 1880 kein signifikanter Unterschied, der zu berücksichtigen wäre.

188 *19. Februar 1859 auf Gut Wik bei Uppsala; †2. Oktober 1927 in Stockholm.

189 Eine stark gemittelte Temperaturkurve hat keine große Welligkeit mehr. Die Welligkeit, im Jahrestakt, der CO_2-Kurve ist bereits auch nicht mehr enthalten.

190 Wäre die Zeitverzögerung nicht deutlich kleiner als der betrachtete Zeitraum, in dem die Korrelation vorgenommen wird, würde es den Korrelationswert reduzieren.

191 Das heißt, bei einem Wirkfaktor von 0,01 °C/ppm CO_2 würde jedes ppm CO_2, was dazukommt, zu einem Temperaturzuwachs von 0,01 °C führen.

192 Die Voraussetzung 2 ist notwendig, <u>aber nicht hinreichend</u> für einen determinierten Wirkmechanismus.

193 Dem liegt zugrunde, dass ein einigermaßen linearer Zusammenhang zwischen Ursache und Wirkung besteht.

194 Verwendet man kürzere Zeitabschnitte, so wird der *Wirkfaktor 1 noch größer als 0,076 °C/ppm*.

195 Bei diesem Verfahren wird, wie erwähnt, ein weitgehend linearer Wirkmechanismus unterstellt. Nach der Treibhausgastheorie ist das aber nicht so: Die Temperatur steigt bei steigendem CO_2 weniger als linear; jede Verdopplung der CO_2-Konzentration erhöht die Temperatur um den gleichen Betrag. Da der CO_2-Anstieg in den letzten 150 Jahren aber nur um den Faktor 1,7 gestiegen ist und sich nicht verdoppelt hat, kann dies den gravierenden Unterschied vom 13-Fachen nicht annähernd erklären.

196 Auf http://t1p.de/mwp findet man eine Sammlung von über 1.000 Studien zu den Klimaverhältnissen zur mittelalterlichen Warmzeit auf der gesamten Erde.

197 https://www.ysec.de/Lupe/0988_20.htm; https://www.naturalnews.com/2019-08-26-climate-change-hoax-collapses-as-michael-mann-bogus-hockey-stick-graph.html

198 https://epic.awi.de/id/eprint/29987/1/KIHZ_pdf_de.pdf

199 https://web.archive.org/web/20080117040036/http://www.gfz-potsdam.de/pb3/pb33/kihz-home/kihz01/fig2_deu.html; wobei der zweite Teil beginnend mit **https://** der ursprüngliche Link war, der bis 2008 gültig war.

200 https://scilogs.spektrum.de/klimalounge/das-klima-hat-sich-schon-immer-geaendert-folgern-sie/

201 Abgesehen davon streitet die Wissenschaft darüber, ob mehr Wasserdampf eine positive Rückkopplung (mehr Erwärmung) oder einen negativen Effekt hat (Albedo, https://www.weltderphysik.de/gebiet/erde/atmosphaere/klimaforschung/wolken/).

202 Die Daten des Weltenergieverbrauchs stammen aus: https://www.eia.gov/outlooks/ieo/pdf/ieo2019.pdf; die Weltbevölkerung wurde aus Abb. 2-1 entnommen; die

Afrikabevölkerung: https://www.welt.de/wissenschaft/article132395632/Bis-2100-wird-es-eine-Be-voelkerungsexplosion-geben.html

[203] https://www.welt.de/wissenschaft/article132395632/Bis-2100-wird-es-eine-Bevoelkerungsexplosion-geben.html; BIP Deutschland 1980 bis 2018: 3,53-fach gesteigert.

[204] https://de.statista.com/statistik/daten/studie/161454/umfrage/vergleich-des-energieverbrauchs-der-usa-und-china-2005-und-2009/

[205] https://www.achgut.com/artikel/weltweit_mehr_atomkraft_einsames_deutschland

[205] China 2018 rund 6.600 TWh/a; Deutschland in 2018: 557 TWh/a.

[207] Müssten künftig etwa 2 Mrd. Menschen ihr Wasser durch Entsalzung erhalten, so würde sich der Stromverbrauch der Welt um 3 % erhöhen. Bei 4 kWh/m^3 und 100 m^3/a/Person (inklusive Wirtschaft) würden für 2 Mrd. Menschen rund 800 TWh/a nötig.

[203] https://www.en-former.com/bilanz-des-weltweiten-ausbaus-der-erneuerbaren-energien/

[209] So gibt das Umweltbundesamt den CO_2-Preis mit 80 Euro/t CO2 an und meint damit die Kosten, die eine Tonne CO_2 an Schäden verursachen würde.

[210] https://www.bmu.de/faqs/nationaler-zertifikatehandel-fuer-brennstoffemissionen/

[211] Mittlerweile ist ein Ausstiegsbeschluss gefasst, in dem das letzte Kohlekraftwerk spätestens 2038 abgeschaltet werden muss. Stefan Kapferer, Vorsitzender der BDEW-Hauptgeschäftsführung: *„In der Kohlekommission gab es eine sehr hohe Übereinstimmung darin, dass die Abschaltung von Kohlekraftwerken nicht an der Frage scheitern darf, ob es gelingt, die nötigen Mengen an gesicherter Erzeugungskapazität vorzuhalten."*

[212] https://de.wikipedia.org/wiki/Energiesteuergesetz_(Deutschland)#Vergleich_der_Energiesteuers-ätze_ab_2007_in_Deutschland

[213] Wurden separat detailliert berechnet.

[214] https://www.umweltbundesamt.de/sites/default/files/medien/378/publikationen/uba_methoden-konvention_2.0_-_2012_gesamt.pdf (UBA_Methodenkonvention_2.0_-_2012_gesamt.pdf).

[215] Wenn man 1 TWh/a Überschuss als „kein Überschuss" wertet, erreicht man gerade 57 % EE; mit folgenden Parametern: 722 TWh/a mit 90 TWh Planbare; Wind/PV = 1; Off-/Onshore = 0,25; heutige PSKWs; KZS: 1 GWh mit 0,5 GW; LZS: 50 TWh (brutto) mit 20 GW. Selbst mit LZS: 100 TWh mit 50 GW sind keine 70 % EE zu erreichen.

[215] Aus: www.agora-energiewende.de/service/agorameter/

[217] https://pixabay.com/de/photos/strom-stromtrasse-stromleitung-2277401/

[213] Quelle: https://upload.wikimedia.org/wikipedia/commons/9/92/Karte_Höchstspannungs-netz_Deutschland.png (CC)

[213] Quelle: https://upload.wikimedia.org/wikipedia/commons/e/ed/Stromversorgung.png (CC)

220 https://www.clearingstelle-eeg-kwkg.de/sites/default/files/2020-01/EEG_2017.pdf; dazu gehört eine Übersicht zu den EEG-Vergütungskategorien, die aus über 6200 Positionen besteht: https://www.netztransparenz.de/EEG/Verguetungs-und-Umlagekategorien

221 Die WEA werden in der Regel auf eine technische Nutzungsdauer von 20 Jahren ausgelegt. Die Betriebsgenehmigung läuft auch über 20 Jahre. Danach muss nachgewiesen werden, ob der Weiterbetrieb genehmigungsfähig ist. https://www.tuv.com/germany/de/weiterbetrieb-von-windenergieanlagen.html

222 https://www.erneuerbare-energien.de/EE/Redaktion/DE/Downloads/eeg-in-zahlen-pdf.pdf%3F__blob%3DpublicationFile

223 Unbundling = Herstellung der Unabhängigkeit zwischen verschiedenen Geschäftsfeldern eines Unternehmens aufgrund entsprechender gesetzlicher und/oder regulierungsbehördlicher Vorgaben. Ziel ist die Auflösung gewisser monopolistischer Verhältnisse.

224 Als Stromanbieter wird jede natürliche oder juristische Person bezeichnet, die elektrischen Strom an Letztverbraucher liefert.

225 https://www.epexspot.com/de/

226 3.6.2020, Handelsblatt „… Ohne Entlastungsmaßnahmen würde die Umlage laut EWI 2021 sogar auf 9,99 Cent pro Kilowattstunde ansteigen. …", https://tinyurl.com/y9bp6qsn

227 Für Anlagen der Direktvermarktung gilt das nicht.

228 https://de.wikipedia.org/wiki/Renewable_Energy_Certificate_System und https://www.tarife.de/themen/recs/

229 https://www.udo-leuschner.de/energie-chronik/131205d1.htm

230 https://www.nzz.ch/wirtschaft/island-verkauft-erneuerbare-energien-und-importiert-dreckigen-strom-ld.1542975

231 An den großen stillgelegten Kraftwerken gibt es in der Regel große Schaltanlagen/Leitungen, die jetzt nicht mehr oder an anderer Stelle benötigt werden. Auch die Sicherheit des europäischen Verbundnetzes muss erhalten bleiben.

232 Karte der Netzplanung (CC, Urheber: alexrk2@yahoo.de): https://de.wikipedia.org/wiki/Suedlink#/media/Datei:Karte_BBPlG-Vorhaben.png

233 Kosten des Spannungsverlusts, Investitions- und Betriebskosten

234 http://www.fvee.de/fileadmin/publikationen/Politische_Papiere_FVEE/10.06. Energiekonzept-7er/Vision.pdf

235 Spannungsregler im NS-Strang rund 15.000 €, im MS-Strang etwa 300.000 €.

236 https://gridradar.net/ee_stabilisierung_stromnetz.html. Die in der Quelle behauptete stabilisierende Wirkung der EE ist irreführend, da die EE durch ihren wachsenden Anteil die Handelsmengen, die im Zeitraster wechseln, verringern. Die EE stabilisieren nicht, sie reduzieren die Störer. Das könnte man

auch erreichen, wenn man die Stundenkontingente im Viertelstundenraster und die Tageskontingente im Stundenraster zulassen würde.

237 Für eine lange Dunkelflaute ist sie auch mit Speicher null, weil kein realer Speicher für 2 bis 3 Wochen den PV-Ausfall überbrücken kann.

238 Man unterscheidet die Nichtverfügbarkeit (Ausfall) während des planmäßigen Betriebs (für KWs kleiner 1 %) und die geplante Nichtverfügbarkeit wegen der Revision, die mehrere Tage oder Wochen dauern kann.

239 Mit der Abschaltung der Kohle- und Kernkraftwerke werden auch deren Anteile an der Momentanreserve entfernt, die verteilt über das Netz für eine gute Regelbarkeit sorgten.

240 https://www.en-former.com/bdew-wegfall-von-mehr-als-50-gigawatt-gesicherte-leistung-bis-2038/

241 Mit meinem Modell berechnet für den typischen VEE-Ertragsfall. Randbedingungen: ohne E-Mobilität, ohne WPs, ohne Grundlast-KWs; Bedarf brutto: 600 TWh inkl. 80TWh PEE; KZS: 1GW/1GWh; Pumpspeicher wie heute. Ergebnis: ABF = 4,3, max. Backup-Leistung = 85 GW (typ.).

242 Modelliert bei typischem VEE-Ertrag für 600 TWh/a Stromversorgung ohne E-Mobilität, ohne WPs, ohne konventionelle Grundlast-KWs, 80 TWh/a PEE und Backup-KWs < 30 GW. Ergebnisse: 589 GW VEE (ABF = 8,88), 28,5 GW/3,9 GWh Backup, 85 TWh(brutto) 250/-40GW LZS, Anteil der EE: 99,4 %.

243 Die Frequenz ist so genau, dass darauf basierende Uhren gebaut worden sind, die eine sehr geringe Abweichung über ein Jahr oder länger haben. https://dewiki.de/Lexikon/Synchronuhr

244 https://www.netzfrequenzmessung.de/frequ_info.php

245 https://www.tennet.eu/de/strommarkt/strommarkt-in-deutschland/bilanzkreise/

246 Aus: https://www.next-kraftwerke.de/wissen/bilanzkreis

247 https://www.next-kraftwerke.de/wissen/netzreserve-kapazitatsreserve-sicherheitsbereitschaft: „Die Kraftwerke in der Sicherheitsbereitschaft dürfen nicht mehr am Markt aktiv sein (Vermarktungsverbot), also nicht mehr regulär laufen. Sie werden aber für den Fall vorgehalten, dass die Stromproduktion einschließlich aller regulären Sicherheitsmaßnahmen (wie Redispatch, Regelenergie, Abschaltbare Lasten, Netzreserve und Kapazitätsreserve) einmal nicht ausreichen könnte, um den Verbrauch zu decken. Bei einer Anforderung durch die ÜNB müssen die Anlagen innerhalb von 10 Tagen betriebsbereit sein. Nach Herstellung der Betriebsbereitschaft müssen sie innerhalb von 11 Stunden auf Mindestteilleistung und innerhalb von weiteren 13 Stunden auf Nettonennleistung angefahren werden können."

248 https://www.sma.de/partner/expertenwissen/sma-verschiebt-die-phase.html

249 Technische Gründe liegen oft darin, dass die betroffenen Leitungsabschnitte oder andere Komponenten die höheren Leistungen nicht aufnehmen können. Es kann auch kostengünstiger sein, eingeplante Kraftwerke weiterlaufen zu lassen, weil die Kosten der Abregelung für wenige Stunden niedriger sind als das Herunterfahren und Herauffahren der Kraftwerke.

250 Die mit Wind und Sonne erzeugten 7,06 TWh kosteten 1,084 Mrd. € (Vergütung + Negativpreis). Zieht man davon die Kosten mit einem durchschnittlichen Marktpreis von 30€/MWh ab, verbleiben 872

Mill.€ Mehrkosten. https://www.tichyseinblick.de/kolumnen/lichtblicke-kolumnen/die-regenerative-geldverschwendung/

[251] https://www.dena.de/themen-projekte/energiesysteme/flexibilitaet-und-speicher/demand-side-management/

[252] Früher waren die Funktionen P, I und D in analoger Schaltungstechnik realisiert. Heute kann man das natürlich auch digital, also als programmierte Funktion, in die Steuerungskomponenten implementieren.

[253] Man geht von rund 1000 km/sec aus. Größere Verzögerungen, insbesondere als Totzeiten, sind in einem Regelkreis sehr problematisch. Hinzu kommt, dass wir es mit über das Netz verbundenen Regelleistungseingriffen zu tun haben. Die vorhandenen Schwungmassen bilden die nötige dämpfende Wirkung.

[254] https://www.energie-klimaschutz.de/wp-content/uploads/2016/11/Einfluss-erneuerbarer-Energien-auf-das-Uebertragungsnetz_Florian-Gutekunst02.pdf

[255] https://www.ifk.uni-stuttgart.de/forschung/publikationen/dissertation-lehner/

[256] Die Sekundärregelung hat zwei Ziele. Zum einen soll sie die Frequenz wieder auf den Nennwert zurückführen und zum andern soll sie die Primärregelung ablösen. Insbesondere die Leistungen, die im Rahmen der Primärregelung von anderen ÜNB bereitgestellt werden, sollen durch die Sekundärregelleistung abgelöst werden, damit diese wieder zur Verfügung stehen.

[257] https://www.netzfrequenzmessung.de/frequ_info.php

[258] https://www.smard.de/home/wiki-article/446/384

[259] Es handelt sich um Verluste durch die Energieübertragung durch das Netz. Mit wachsender Leistung steigen die Verluste auf der Leitung. Das muss durch erhöhte Leistungseinspeisung ausgeglichen werden.

[260] https://www.next-kraftwerke.de/wissen/systemdienstleistungen

[261] Die Leistung, die einem Batteriespeicher entnommen wird, muss von der Batterie bereitgestellt und von der Leistungselektronik im Wechselrichter durchgeleitet werden. Eine hohe Kurzschlussleistung, die nur selten benötigt wird, bedingt eine deutlich teurere Leistungselektronik.

[262] http://www.eike-klima-energie.eu/news-cache/deutschland-auf-dem-weg-in-die-dritte-welt/

[263] https://www.bbk.bund.de/DE/Ratgeber/VorsorgefuerdenKat-fall/VorsorgefuerdenKat-fall_node.html

[264] https://www.bundesnetzagentur.de/DE ...: „Die ÜNB zahlten den abschaltbaren Lasten einen festen Leistungspreis für die Bereithaltung in Höhe von 2.500 €/ MW und einen Arbeitspreis, wenn die Lasten tatsächlich abgeschaltet wurden. Der Arbeitspreis wurde durch Ausschreibungen ermittelt und konnte zwischen 100 und 400 €/ MWh liegen." Zum Vergleich: Typische Marktpreise am Spotmarkt liegen zwischen 20 und 60 €/MW.

[265] Für 2019 geht es um 31,5 Mill. €.

266 Dauert die Stromabschaltung 4 Stunden, hat die Anlage nur noch Schrottwert.

267 https://www.vde.com/resource/blob/1570112/7a985f73c48cd3abacdba8974dec9bc7/vde-fnn-kas-kade-vde-ar-n-4140--infoblatt-data.pdf (Kaskadenverordnung.docx).

268 Vorher war die Reaktionszeit 1 Stunde (Stromabschaltung in 12 Minuten.pdf).

269 https://kreisfeuerwehrverband.net/menukfvaktuelles/10333-zwölf-minuten-bleiben-bis-zum-strom-ausfall.html

270 Aus: „Energiepolitik im Konzeptnebel" von KE Research;
http://www.ke-research.de/downloads/Konzeptnebel.pdf

271 Bei einer totalen Sonnenfinsternis kann die Strahlung und damit die elektrische Einspeisung innerhalb von 15 Minuten um 90 % fallen und ebenso schnell wieder steigen. Damit wäre der PV-Leistungsgradient mehr als 10-fach stärker als im normalen Einspeisebetrieb.

272 https://tinyurl.com/ycf5peeb

273 http://dipbt.bundestag.de/dip21/btd/17/056/1705672.pdf

274 Normalerweise lassen alle ihre Stromverbraucher eingeschaltet, so dass das Netz anfangs mit einer hohen Last konfrontiert ist.

275 https://tinyurl.com/y92rpswg

275 https://www.youtube.com/watch?v=Hvyi6I2bhCI

277 Das erfordert eine Worst-Case-Dimensionierung von Leitungen und Netzkomponenten wie Schaltanlagen und Umspannwerken. Bei Wind ist die Spitzenleistung etwa 5-fach und bei PV etwa 7-fach höher als die Durchschnittswerte.

273 Die Berechnung des Szenarios (→S435) ergab für PV eine Nennleistung von fast 1.000 GW. Wie soll dieser Wert noch gesteigert werden, wenn die PV-Ausbaugrenze bei 250 GW liegt.

279 Unterstellt man 10 kWh-Batteriespeicher pro dezentraler PV-Anlage, so wären 4.000 Millionen davon nötig. Dabei reden wir von einer Investitionssumme im zweistelligen Billionenbereich.

280 https://www.tagesschau.de/wirtschaft/altmaier-windenergie-101.html

281 Dass es keine echten Strom-Selbstversorger geben kann, habe ich vorgerechnet:
https://tinyurl.com/yaud7qcu

282 https://tinyurl.com/uptmaz8

283 https://www.klimareporter.de/deutschland/das-sind-die-mitglieder-der-kohlekommission

284 https://www.focus.de/immobilien/energiesparen/nicht-in-die-erdgas-falle-tappen-kurz-nach-dem-beschlossenen-kohleausstieg-fordern-die-gruenen-die-gaswende_id_11565857.html

285 https://tinyurl.com/tmkwv35: „Die 120 größten Kohlekonzerne haben aktuell knapp 1.400 neue Kraftwerke in 59 Ländern in Planung oder sogar schon im Bau. Damit kämen neue Kapazitäten von gut 670 Gigawatt dazu."

286 https://de.nucleopedia.org/wiki/Liste_der_geplanten_Kernkraftwerke

287 https://www.welt.de/wirtschaft/article205229923/Braunkohle-Ausstieg-Stadtwerke-muessen-hochmoderne-Anlagen-schliessen.html

288 Zum Beispiel am 20.11.2019, 18 Uhr: https://www.energy-charts.de/power_de.htm?source=uranium&year=2019&week=47

289 https://www.energy-charts.de/power_de.htm?source=all-sources&year=2020&month=1

290 https://www.welt.de/wirtschaft/article206425873/Uniper-Chef-Die-Gefahr-eines-Blackouts-ist-da.html

291 https://www.pro-lausitz.de/index.php/News-leser_o/items/wir-muessen-die-energiewende-vom-grundsatz-her-neu-denken.html

292 https://www.deutschlandfunk.de/forscher-warnen-erdgas-ist-ein-klimaschaedling-genau-wie.697.de.html?dram:article_id=469672

293 https://www.focus.de/finanzen/boerse/klimaziele-erreichen-deutscher-oekonom-widerspricht-wirtschaftsforschern-kohleausstieg-bringt-nichts_id_11676560.html

294 https://www.welt.de/wirtschaft/article205229923/Braunkohle-Ausstieg-Stadtwerke-muessen-hochmoderne-Anlagen-schliessen.html

295 https://tinyurl.com/rhdpar7, 5.3.2020, Handelsblatt:
„Kalte Enteignung": Steinkohlekraftwerksbetreiber klagen über Ungleichbehandlung.

296 https://www.24vest.ce/waltrop/waltrop-hoch-trianels-schaden-durch-vorzeitigen-kohle-ausstieg-13755922.html

297 http://www.nukeklaus.net/2020/01/18/kosten-des-atomausstiegs/

298 https://www.focus.de/finanzen/news/kohleausstieg-mehr-als-80-milliarden-kosten_id_10266031.html: „Wenn, wie beschlossen, spätestens im Jahr 2038 das letzte Kohlekraftwerk vom Netz geht, werden Deutschlands Steuerzahler rund 80 Milliarden Euro zusätzlich aufgebracht haben."

299 Für die Jahre 2011 bis 2017 sagt die Studie 12 Mrd./a. Hinzu kommen die Kosten aus dem KKW-Ausstieg mit rund 3 Mrd. €/a nach 2022. Bis 2040 sind das dann 96 + 54 Mrd. € = 150 Mrd. €.

300 Lüdecke, Horst Joachim & Ruprecht, Götz, „Kernkraft – der Weg in die Zukunft", TvR Medianverlag Jena (2018), ISBN 978-3-940431-65-3

301 https://www.forbes.com/sites/jamesconca/2012/06/10/energys-deathprint-a-price-always-paid/

302 Die Grafik bezieht sich auf die jeweils gleiche Menge an erzeugter Elektroenergie.

303 Natürlich ist es ein Unterschied, ob ein Tourist für kurze Zeit eine ausgemessene Zone betritt oder ob ein Mensch dort dauernd lebt und nicht nur der Direktstrahlung ausgesetzt ist, sondern langfristig radioaktive Stoffe mit Nahrung, Trinkwasser und Atemluft aufnimmt.

304 „Die äußere Zone (Radius 30 km) wird wieder bewohnt (wenn auch in Grenzen überwacht). Nur die innere Zone (10 km) war damals für den Neubau von Wohnungen noch gesperrt. Darüber wird im Westen nicht berichtet." Peter Würdig, war 2014 vor Ort.

305 https://www.grs.de/sites/default/files/pdf/GRS-S-40_0.pdf; ab Seite 24.

306 http://www.unscear.org/unscear/en/chernobyl.html

307 Darüber hinaus kann man natürlich beliebige Zahlen zu „vorzeitigen Todesfällen" durch nach Jahren auftretende Krebserkrankungen (auf angreifbare Weise) errechnen, deren kausaler Zusammenhang nicht beweisbar ist. *→K28.6*

303 https://www.achgut.com/artikel/weltweit_mehr_atomkraft_einsames_deutschland: „Der Gipfel war das Reaktorunglück von Fukushima. Dort gab es gleich in drei Reaktoren nebeneinander eine Kernschmelze, und das Kraftwerk wurde überdies durch eine Wasserstoffexplosion zerstört. Auch dort alles andere als eine Katastrophe. Heute kann das Werksgelände (nicht die Reaktoren) bereits wieder ohne Schutzkleidung betreten werden. Folgerichtig steigt Japan – anders als Deutschland – nicht aus der Kernenergie aus."

309 https://www.bfs.de/DE/themen/ion/notfallschutz/notfall/fukushima/umweltfolgen.html; https://tinyurl.com/wm4wvz3: *„The characteristic thyroid doses in the most exposed locations of Fukushima prefecture were estimated to be within a dose band of 10 to 100 mSv. In one particular location the assessment indicated that the characteristic thyroid dose to one-year-old infants would be within a dose band between 100 and 200 mSv, with the inhalation pathway being the main contributor to the dose. Thyroid doses in the rest of Japan were within a dose band of 1 to 10 mSv and in the rest of the world doses are estimated to be below 0.01 mSv and usually far below this level. "*

310 Die in Notfällen maximal zumutbare Strahlenbelastung von 100 mSv pro Jahr ist auch in § 93 des deutschen Strahlenschutzgesetzes festgelegt.

311 Die Genehmigungsbehörden überwachen alle Schritte der Planung und der Produktion der Komponenten. Für die Prüfungen müssen umfangreiche Unterlagen und Nachweise bereitgestellt werden. Es finden laufende Zwischenabnahmen (nach vorheriger Genehmigung) statt. Dabei werden im Rahmen der Kraftwerksplanung und des Baus gewissermaßen „Lkw-Mengen" an Papier produziert.

312 „Nach menschlichem Ermessen" bezeichnet den Fall, der zwar theoretisch auftreten könnte, aber dessen Wahrscheinlichkeit so gering ist, dass man im realen Leben von „unmöglich" sprechen würde. Beispiel: Sie und Ihr Nachbar spielen unabhängig voneinander Lotto. Kann es passieren, dass Sie beide in der gleichen Ziehung 6 Richtige haben? Antwort: Das ist (theoretisch) möglich, praktisch ist es aber „unmöglich". Statistisch passiert das nur alle 3.700 Milliarden Jahre.

313 „Bei der Kerntechnik in Deutschland wurde die weitestgehende Ausschaltung von Risiken von Anfang an als grundlegender Bestandteil in die technische Entwicklung mit einbezogen." A. Birkhofer, W. Braun, E. H. Koch, O. Kellermann, K. H. Lindackers, D. Smidt, „Reaktorsicherheit in der Bundesrepublik". Atomwirtschaft, Sept./Okt. 1970, Seite 441-448.

[314] https://nuklearia.de/2016/03/27/terroralarm-im-kernkraftwerk/; https://staatsunrecht.wordpress.com/2017/04/03/die-sicherheit-von-atomkraftwerken-gefahr-durch-terror-und-technisches-versagen/

[315] https://www.youtube.com/watch?v=DYb8Ynyx5Rc; ein Passagierflugzeug ist zwar schwerer, dafür verteilt sich das Gewicht auf eine größere Fläche, so dass der Aufprall weniger Wirkung hat

[316] Laufende Reaktoren haben einen weltweiten GAU-Abstand von 60 bis 150 Jahren (Ausmaß von Fukushima oder größer; FÖS-Studie); https://nuklearia.de/2017/05/13/nachgerechnet-ist-der-super-gau-bezahlbar-2/#more-4829; Basierend auf realen Zahlen: https://rehab-republic.de/gau-statistik/ : „Gesamtlaufzeit aller Atomreaktoren weltweit seit der Inbetriebnahme des ersten Kraftwerks beträgt 14.500 Jahre." Bei zwei schweren Unfällen (GAUs) entspricht das rund 7.000 Reaktorjahren. Darin sind auch Reaktoren enthalten, die vor 30 Jahren in Europa keine Zulassung bekommen hätten. https://de.nucleopedia.org/wiki/Generation_III : Die meisten laufenden Reaktoren (Gen III) haben $< 10^{-6}$ pro Reaktorjahr erreicht.

[317] Zukunft: 100.000 TWh/a (ca. 5-fach von heute) bedeuten rund 10.000 Reaktorblöcke weltweit; bei nur 1 Mill. Reaktorjahren GAU-Abstand wären das alle 100 Jahre ein Unfall weltweit; bei jeweils Kosten von 500 Mrd. €/GAU sind das Versicherungskosten von 5 Mrd. €/Jahr oder 0,005 ct/kWh für jeden Stromkunden.

[318] In Deutschland wurden von der Firma *Kraftwerk Union* 3 weitgehend standardisierte Kraftwerke gebaut (Typ Konvoi, 1981-1989). Davor wurden Kraftwerke immer individuell geplant und gebaut.

[319] https://www.bmu.de/fileadmin/Daten_BMU/Download_PDF/Nukleare_Sicherheit/atomkonsens.pdf

[320] https://www.bgr.bund.de/DE/Themen/Endlagerung/Downloads/Lanzeitsicherheit/2_Langzeitprognosen_Szenarienanalysen/2011-07-00_BGR_Geowiss_Langzeitprognose_VSG_GRS_275.pdf?__blob=publicationFile&v=9, Seite 126 ff.

[321] Dazu ein grober Überschlag: 1000 WEA · 5MW · 1700 Volllaststunden = 8,5 TWh; 1 KKW · 1,1 GW · 8000 Volllaststunden = 3,8 TWh. Dabei ist das nur der Vergleich der Jahresenergie. Die nötigen Speicher zu den WEAs für eine gesicherte Leistung sind unberücksichtigt.

[322] https://www.forbes.com/sites/jamesconca/2015/02/11/eroi-a-tool-to-predict-the-best-energy-mix/#6c94889fa027

[323] https://festkoerper-kernphysik.de/Weissbach_EROI_preprint.pdf

[324] http://festkoerper-kernphysik.de/nukleare_ressourcen

[325] Angaben von: Institut für Festkörper-Kernphysik, Berlin, https://dual-fluid-reaktor.de

[326] Ionisierende Strahlung ist eine Bezeichnung für jede Teilchen- oder elektromagnetische Strahlung, die in der Lage ist, Elektronen aus Atomen oder Molekülen zu entfernen, sodass positiv geladene Ionen oder Molekülreste zurückbleiben.

327 Im Iran und in Brasilien gibt es Gebiete, in denen die Menschen wegen des Gesteinsuntergrundes pro Jahr einer natürlichen Strahlendosis zwischen 200 und 450 mSv ausgesetzt sind. Kurort Ramsar am Kaspischen Meer im Iran weist örtlich zum Teil > 200 mSv/a auf.

328 https://www.gasteiner-heilstollen.com/de/radon-strahlenrisiko-dosis/

329 https://www.umwelt.nrw.de/umwelt/umwelt-und-gesundheit/radioaktivitaet

330 Gesundheitsfördernd: https://www.bazonline.ch/wissen/natur/laenger-leben-dank-radioaktivitaet/story/22689973

331 http://tinyurl.com/yzzdu9p (2006).

332 Friebe, Richard, „Hormesis – Das Prinzip der Widerstandskraft", Hanser-Verlag (2016), ISBN: 978-3446443112; https://www.deutschlandfunk.de/das-prinzip-hormesis-wie-uns-stress-und-gift-staerker-machen.740.de.html?dram:article_id=360858

333 https://www.verbraucherzentrale.de/wissen/lebensmittel/gesund-ernaehren/fragen-und-antworten-zu-salz-11384

334 http://german.china.org.cn/txt/2020-06/19/content_76180854.htm

335 http://www.nukeklaus.net/2019/12/21/wohin-die-reise-geht/adminklaus/

336 https://de.nucleopedia.org/wiki/Generation_IV

337 https://dual-fluid-reaktor.de

338 https://dual-fluid-reaktor.de/applications/emobil/

339 https://en.wikipedia.org/wiki/List_of_small_modular_reactor_designs

340 https://www.ipp.mpg.de/42193/weltweit

341 https://nuklearia.de/2016/12/09/strom-aus-atommuell-schneller-reaktor-bn-800-im-kommerziellen-leistungsbetrieb/

342 https://de.nucleopedia.org/wiki/Hauptseite

343 Bei einem Wirkungsgrad des Speichers von z.B. 50 % wird der Strom aus dem Speicher doppelt so teuer, da für den gelieferten Strom aus dem Speicher doppelt so viel VEE-Strom erzeugt werden muss. Die Kosten des Speichers sind darin nicht enthalten.

344 http://www.youtube.com/watch?v=JdeuGMVUHZs bzw. https://www.youtube.com/watch?v=ZzwDg9KtX2k

345 https://de.wikipedia.org/wiki/Liste_von_Stauanlagenunfällen

346 Konventionelle Kraftwerke haben einen Eigenstrombedarf von ca. 5 bis 10 %.

347 Angesetzt werden rund 20 % der maximalen Last; auch zur Bereitstellung von Kurzschlussleistung; der Wert kann um die Leistung der immer laufenden Gas-KWs (Langzeitspeicher) reduziert werden.

348 Zum Beispiel https://www.kopernikus-projekte.de

349 Zum Beispiel http://forschung-energiespeicher.info/

350 Für einen idealisierten Rotationskörper, dessen gesamte Masse auf dem Radius r liegt, gilt: $E = 0,5 \; m \cdot r^2 \cdot \omega^2$. Die technisch nutzbare Energie kann abgeschätzt werden mit: $En \approx m \cdot r^2 \cdot f^2 \cdot 0,005 \; Wh \cdot [s^2/(m^2 \cdot kg)]$. So hat ein Schwungrad mit 2 Meter Durchmesser, einer Masse m = 1000 kg und f = 100 /sec eine praktisch nutzbare Energie von etwa 50 kWh. Damit liegt man um mehr als 4 Zehnerpotenzen niedriger als die Zielgröße von 1 GWh.

351 Zudem wird für die Herstellung der Kaverne genügend Wasser benötigt, um die Hohlräume auszusolen. Das Salzwasser muss geeignet entsorgt werden können (über Unterläufe von Flüssen in Meernähe).

352 https://www.linde-gas.de/de/innovations/energy_storage/liquid_air_energy_storage/index.html

353 Thermodynamisch ist „Kälte freisetzen" keine korrekte Beschreibung. Kälte ist kein Energiezustand, sondern die Abwesenheit von Wärme.

354 Gewählte Grundlage ist Szenario 7: Batteriespeicher: 20GWh(brutto)/20GW→3,14 Mrd. €/a; PSKW: 40GWh(brutto)/10GW → 7,35 Mrd. €/a; LZS: 230.000GWh(brutto)/146GW →123 Mrd. €/a.

355 Dabei ist für mich ungeklärt, ob diese Kraftstoffe ohne jegliche Modifikation der bestehenden Motoren verwendet werden können, ohne dass Nachteile damit verbunden sind, z.B. Lebensdauer des Motors. Allein die 10 % Beimischung von Biokraftstoffen (E10) wurde technisch kontrovers diskutiert. Auch könnten Motoren, die die heutigen und die synthetischen Kraftstoffe vertragen, einen reduzierten Wirkungsgrad haben (keine Recherchen gemacht).

356 https://www.deutschlandfunk.de/hohe-methankonzentration-messungen-aus-dem-flugzeug.676.de.html?dram:article_id=363248; https://www.klimareporter.de/erdsystem/der-unheimliche-anstieg-der-methan-konzentration

357 https://de.statista.com/statistik/daten/studie/163036/umfrage/entwicklung-des-industrie-preises-fuer-erdgas-seit-1975/

358 Reaktionsgleichung: $CO_2 + 4\,H_2 \rightarrow CH_4 + 2\,H_2O$. Diese Reaktion ist exotherm, d.h., sie setzt Wärme frei.

359 „Wenn ein Elektrolyseur nur für die Verwendung von Stromüberschüssen verwendet würde, also mit wenigen Volllaststunden pro Jahr, dann würde die Abwägung von Effizienz und Kosten zu einer niedrigeren Energieeffizienz führen, z. B. bei ca. 60 bis 65 %." https://www.energie-lexikon.info/elektrolyse.html

360 In meinen Berechnungen: 48 % Wirkungsgrad für Strom → Methan (inklusive Kompression).

361 Aussage von Ulf Bosse (vom Wasserstoff-Fan zum vehementen Kritiker der Wasserstoffwirtschaft gewandelt) in: https://www.solarify.eu/2017/10/22/422-kritik-an-der-vision-e-fuels/

362 Strombedarf zur Gewinnung von CO_2 aus der Luft: 1 MWh pro Tonne CO_2;
Quelle: dena-Studie, Seite 45.

363 Quaschning, Volker, „Erneuerbare Energien und Klimaschutz", München 2013, Seite 329.

364 https://www.energie-lexikon.info/gaskraftwerk.html

365 In meinen Berechnungen wurde der eher optimistische Wert von 25 % verwendet.

366 Gegenüber Lithiumbatterien haben Kraftstoffe bezogen auf die nutzbare Traktion etwa die 20-Fache Energiedichte (Gewicht).

367 https://www.kit.edu/kit/pi_2019_107_kohlendioxidneutrale-kraftstoffe-aus-luft-und-strom.php

368 Basis Agora-Wert: $0,469 \cdot 0,87$ (CO_2 auch aus Luft) $\cdot 0,95$ (Stromnetzverluste) $\cdot 0,95$ (Treibstofftransportverluste), macht zusammen: 0,368.

369 https://www.handelsblatt.com/unternehmen/energie/e-fuels-synthetische-kraftstoffe-wann-kommt-die-rettung-fuer-verbrennungsmotoren-/24402814.html?ticket=ST-39176316-cDodzJPy6yXAqFTy4a6v-ap1; https://www.vda.de/de/presse/Pressemeldungen/20171108-e-fuels-sind-notwendig-um-eu-klimaschutzziele-des-verkehrssektors-zu-erreichen.html

370 https://www.bmbf.de/de/nationale-wasserstoffstrategie-9916.html

371 https://www.watson.de/nachhaltigkeit/nachhaltig/188247292-energiewissenschaftler-kritisiert-wasserstoffstrategie-ablenkungsmanoever. Er ist Professor für das *Fachgebiet Regenerative Energiesysteme* an der Hochschule für Technik und Wirtschaft Berlin.

372 Metallhydridspeicher kommen, unter anderem wegen des hohen Gewichts, für diesen Anwendungszweck nicht infrage.

373 https://www.heise.de/autos/artikel/Auf-Wiedersehen-Wasserstoff-793121.html?seite=4 :
„Schon die Komprimierung von gasförmigem Wasserstoff auf 800 bar verschlingt nach den Berechnungen von Konvertit Bossel 13 % der in ihm enthaltenen Energie – und selbst unter diesem hohen Druck hat er nur etwa ein Drittel der Energiedichte von Benzin. Alles in allem landet im Drucktank nur gut die Hälfte der elektrischen Energie, die zur Erzeugung des Wasserstoffs eingesetzt wurde. Noch schlimmer sieht es bei der Verflüssigung aus. Die frisst zwischen 30 und 50 % der Energie im Wasserstoff. Der Transport ist bei diesen Zahlen noch gar nicht mitgerechnet: Ein 40-Tonner kann gerade mal 350 Kilogramm gasförmigen Wasserstoff transportieren, sagt Bossel [...] Insgesamt kommen bei einem mit Wasserstoff betriebenen Brennstoffzellen-Auto an den Rädern nicht mehr als 20 bis 25 % der ursprünglich eingesetzten Energie an; beim Wasserstoffverbrennungsmotor ist es wegen seines schlechteren Wirkungsgrades noch wesentlich weniger."

374 https://www.tatup-journal.de/tatup061_boss06a.php;
mein Überschlag: Ffm verbraucht 15 Mill. Liter/Tag $\cdot$ 365 Tage/a $\cdot$ 8,8 kWh/Liter(Kerosin) = 48 TWh/a macht ca. 6 GW; mit Wirkungsgradverlusten rund 10 Großkraftwerke (statt 24).

375 40 Mrd. € für 48.000 km Transportnetz in Deutschland (http://juser.fz-juelich.de/record/136392/files/Energie%26Umwelt_144.pdf); um 25 % der Haushalte an das Verteilnetz anzuschließen, sind für weitere geschätzte 250.000 km (mit ½ Kostensatz) 104 Mrd. € zu investieren. 10 % Betriebskosten/a

von der Investition macht 14,4 Mrd. €/a. H_2-Herstellung aus VEE: 0,15 €/kWh. 6 Mio. t = 200 TWh$_{th}$. Das macht 30 Mrd. €/a für Herstellung; mit Betriebskosten: 44,4 Mrd. €/a für 200 TWh Heizenergie. Damit kostet die kWh = 22 ct/kWh ohne Dienstleistungen und Gewinne der Versorger. Der Erdgaspreis wird angeboten (o. MwSt.) mit rund 4,5 ct/kWh.

376 Bei einem Einkaufspreis für Kraftstoffe von rund 0,37 €/Liter und rund 10 kWh$_{th}$/Liter ergibt sich ein Einkaufspreis von etwa 3,7 ct/kWh. Unterstellt man beim Verbrennungsmotor einen Wirkungsgrad von 35 %, beim Wasserstoffmotor von 28 % und über Brennstoffzelle 44 %, so ist der Wasserstoffmotor energetisch um den Faktor 0,8 schlechter und ein Pkw-Antrieb über Brennstoffzelle um etwa 1,25 besser als ein Verbrennungsmotor. Unterstellt man H_2-Einkaufkosten von 0,22 €/kWh (s.o.), sind diese 5,9-fach teurer als Kraftstoff. Damit sind die Kosten für Fahrzeuge auf H_2-Basis 4,8- bis 7,4-fach teurer (ohne Steuer).

377 https://www.heise.de/newsticker/meldung/Brennstoffzelle-im-Auto-Zukunftstechnik-oder-Notloesung-3600930.html; eigene Abschätzung (s. Endnote 375).

378 Diese Aussage resultiert aus dem nötigen Ansatz, dass die Stromversorgung ohne nennenswerte Beiträge aus dem EU-weiten Verbundnetz dimensioniert werden muss.

379 Ausfelder et al., „Sektorkopplung – Untersuchungen und Überlegungen zur Entwicklung eines integrierten Energiesystems", (Schriftenreihe Energiesysteme der Zukunft), München (2017). ISBN: 978-3-9817048-9-1; https://www.akademienunion.de/fileadmin/redaktion/user_upload/Publikationen/Stellungnahmen/ESYS_Analyse_Sektorkopplung.pdf

380 EU ESTORAGE (2015) „A new era of smarter energy management"; darin: maximale PSKW-Potenziale für Westeuropa sind 2,618 TWh; oder Prof. Sinn, https://www.youtube.com/watch?v=rV_0uHP3BDY, Minute 12.

381 https://www.faz.net/aktuell/technik-motor/technik/speicher-versuchsanlage-forscher-geben-dem-bodensee-die-kugel-14526014.html

382 Eigene Abschätzung: 2.200 Mrd. € <u>nur für die Herstellung</u> von 1 Mill. Kugeln. Erhebliche weitere Kosten für die Installation mit Kabelanschluss kommen hinzu.

383 https://www.faz.net/aktuell/technik-motor/technik/wind-und-solarstrom-bau-einer-wasserbatterie-im-hambacher-loch-15328424.html

384 Eigene Kostenabschätzung

385 Dies ergibt sich aus den Jahreskosten / Ausgespeicherte Energie: 3,7e12 €/70e9 kWh. 70 GWh ist die grob geschätzt Energiemenge, die aus dem Speicher über ein Jahr entnommen wird.

386 Es wurde angenommen, dass bei künftigen Pkws eine Batterie 60 kWh im Durchschnitt haben wird. Weiter wurde unterstellt, dass der E-Pkw-Besitzer ein Drittel von 60 kWh komplett an eine zentrale Verwaltung (Smart Grid) abtritt. Aber niemals werden alle Besitzer ihre Batteriekapazität dem Netz zur Verfügung stellen.

387 https://www.geo.de/natur/nachhaltigkeit/2814-rtkl-elektromobilitaet-was-elektroautos-so-teuer-macht

[388] https://www.leag.de/de/bigbattery/

[389] Berechnet in der KZS-Tabelle für die Dimensionierungsrechnung: 40.000 GWh(netto) / 200 GW
→Investition verzinst: 15.500 Mrd. €; 39 Mill.€/Speicher.

[390] https://www.businesswire.com/news/home/20181119005937/de/; Video: https://energyvault.ch

[391] Nicht enthalten sind Finanzierungskosten und Betriebskosten.

[392] Da bei einem Langzeitspeicher über das Jahr über alle Lade- und Entladevorgänge ca. 1,5- bis 2-mal
die Speicherkapazität (sofern nicht überdimensioniert) entnommen wird, ergeben sich Ausspeicher-
kosten von etwa 1,8 Bill.€ / 70 TWh = 26 €/kWh. Stromkosten mit Wirkungsgradverlusten sind darin
nicht enthalten.

[393] https://heindl-energy.com (Link aus 2019); dort heißt es:
„Heindl Energy GmbH is part of Gravity Storage Group, led by U.S. based Gravity Storage Inc."

[394] Keiner kann heute wissen, welche Kosten tatsächlich entstehen werden.

[395] Sollten sich Schichten durch die Zylinderwand auch nur um 5 cm in 100 Jahren verschieben, wäre der
Kolben unbrauchbar und das System unwiederbringlich zerstört.

[396] Ausgenommen, wo konkret berechnet wurde; 10 % ist in der Regel geringer.

[397] Der Preis für die bereitgestellte kWh ergibt sich aus den Jahreskosten des Speichers [Mrd. €/a] geteilt
durch die bereitgestellte Speicherkapazität. Als Alternative könnte man auch die Jahreskosten auf das
typischen Ausspeichervolumen [TWh/a] beziehen. Dieses entspricht für den LZS grob der Speicherkapazität (wie aus den berechneten Szenarien ermittelt wurde; inklusive Sicherheitsfaktor). Hinweis:
KZS und MZS haben deutlich höhere Ausspeichervolumina. Die Mehrkosten, die durch die unterschiedlichen Wirkungsgrade und den damit verbundenen VEE-Verlusten entstehen, sind nicht enthalten.

[398] Die Kosten bei PSKWs werden vorwiegend durch die Leistung und weniger durch die Kapazität bestimmt. Daher ist in diesem Beispiel der Kostenanteil der PSKWs relativ gering.

[399] 20 PSKW mit je 4 GWh/0,3 GW; Investitionskosten: für 20 PSKWs = 39 Mrd. €; 3 HGÜ = 6 Mrd. €;
(NordLink.xlsx).

[400] Beispiel: ca. 5.200€ für 7,2 kWh, von Juni 2020;
https://greenakku.de/Batterien/Lithium-Batterien/Lithium-Hochvolt:::7_56_312.html

[401] Siehe auch: http://euanmearns.com/wind-blowing-nowhere/

[402] „Tuning fürs Netz"; Bild der Wissenschaft Mai 2020, Seite 14 ff. Alle diskutierten Netzoptimierungen
stammen aus diesem Artikel.

[403] BMWI: https://tinyurl.com/y7v7t7ye

[404] Aus den Untersuchungen zur Reduktion der Volatilität für P2X-Anlagen ist bekannt, dass der Puffer
wenigstens 15 Minuten auffangen können muss, um eine gewisse Wirkung zu haben. Im Szenario 7
wurde als Summenwert über 900 GW VEE-Überschuss im „Normaljahr" ermittelt. Wollte man mit

dieser Technik eine nennenswerte Wirkung erzielen, wären grob 200 GWh an Batteriesummenkapazität nötig. Das wären 1000 solcher Booster mit je 200 MWh / 800 MW. Investitionskosten rund 480 Mrd. €.

405 Der Temperaturkoeffizient für den Widerstand beträgt 0,004. Damit wird der Widerstand relativ höher um: (1+(80°C-20°C)·0,004/°C) / (1+(200°C-20°C)·0,004/°C) = 1,39; also +39 %.

406 https://deacademic.com/dic.nsf/dewiki/2543324

407 https://www.welt.de/print/die_welt/hamburg/article108791211/Pellworm-auf-dem-Weg-zur-Selbstversorgung.html

408 https://www.achgut.com/artikel/energiewende_auf_pellworm_ausser_spesen_nichts_gewesen ; http://ruhrkultour.de/pellworm-das-ziel-der-autarkie-wurde-verfehlt/

409 http://ruhrkultour.de/el-hierro-das-bittere-ende-eines-energiewende-maerchens/

410 Wenn man mit Realismus an die Projektidee gegangen wäre, hätte man das leicht im Vorfeld ausrechnen können.

411 Der Speicher (hier Pumpspeicherkraftwerk) konnte nicht auf das 20-Fache vergrößert werden. Auch eine andere Speichervariante hätte den Strompreis inakzeptabel verteuert.

412 https://www.deutschlandfunk.de/energiewende-im-nirgendwo-utsira-ist-norwegens-vorzeigeinsel.922.de.html?dram:article_id=400160

413 https://www.maz-online.de/Brandenburg/Wie-das-Dorf-Feldheim-in-Treuenbrietzen-durch-EU-Gelder-zum-Energievorbild-wurde

414 https://nef-feldheim.info/energieautarkes-dorf/

415 https://www.deutschlandfunkkultur.de/autarke-energieversorgung-in-feldheim-ein-brandenburger.1001.de.html?dram:article_id=437322

416 https://www.ndr.de/nachrichten/niedersachsen/braunschweig_harz_goettingen/Bioenergiedorf-Juehnde-EAM-kauft-Anlage,juehnde132.html

417 https://www.magentacloud.de/lnk/mOvBMZWM

418 https://tinyurl.com/ycg9a8w6; https://www.zeit.de/mobilitaet/2019-12/flugreisen-zunahme-flugpassagiere-flugverkeh-klimawandel-dlr; https://www.faz.net/aktuell/wirtschaft/wirtschaftspolitik/fernverkehr-der-gueterverkehr-wird-sich-bis-2050-verdoppeln-1434702.html

419 Dass E-Mobile CO_2-frei sind, ist völlig falsch. →*K12.1*

420 https://www.wissenschaft.de/technik-digitales/windparks-behindern-sich-gegenseitig/

421 [a] https://www.fraunhofer.de/content/dam/zv/de/forschungsthemen/energie/Energiewirtschaftliche-Bedeutung-von-Offshore-Windenergie.pdf
[b] https://www.umweltbundesamt.de/sites/default/files/medien/378/publikationen/potenzial_der_windenergie.pdf

[c] https://www.fraunhofer.de/content/dam/zv/de/forschungsthemen/energie/Studie_Energie-wende_Fraunhofer-IWES_20140-01-21.pdf
[d] http://www.ise.fraunhofer.de/de/veroeffentlichungen/veroeffentlichungen-pdf-dateien/studien-und-konzeptpapiere/studie-energiesystem-deutschland-2050.pdf
[e] https://www.umweltbundesamt.de/sites/default/files/medien/378/publikationen/ climate_change_27_2014_vollstaendig_auf_erneuerbare_energien_basierende _stromversorgung_deutschlands.pdf
[f] http://www.ise.fraunhofer.de/de/veroeffentlichungen/veroeffentlichungen-pdf-dateien/studien-und-konzeptpapiere/studie-energiesystem-deutschland-2050.pdf
[g] https://www.wind-energie.de/fileadmin/redaktion/dokumente/publikationen-oeffentlich/themen/01-mensch-und-umwelt/03-naturschutz/bwe_potenzialstudie_kurzfassung_2012-03.pdf

[422] Der Umfang der Bebauung, zu der der Abstand einzuhalten ist, ist nicht einheitlich festgelegt.

[423] Artikel „Enges Deutschland" in *Bild der Wissenschaft, Dez. 2019.* Für 99 % des Gebäudebestandes gilt, dass das nächste Haus in weniger als 1,5 km Abstand steht. Entsprechende Karten zeigen die ganz wenigen Flächen, in denen ein Objekt einen Abstand von mehr als 2 km zum nächsten Gebäude hat (Freiflächen Deutschland 2019.pdf).

[424] https://www.umweltbundesamt.de/sites/default/files/medien/1410/publikationen/2019-03-20_pp_mindestabstaende-windenergieanlagen.pdf

[425] Dabei bezieht sich die Worst-Case-Anforderung nur auf die Leistungsbilanz über ganz Deutschland, also ohne Berücksichtigung des verzweigten Stromnetzes, der örtlich unterschiedlich starken Einspeisungen und Lasten und der daraus resultierenden Möglichkeit einzelner Leitungsüberlastungen.

[426] Die PV-Energie ist nur die Hälfte der Windenergie. Daher: 2/3 · 55 % + 1/3 · 65 % = 58,3 %.

[427] Weitere Einflüsse sind nicht berücksichtigt (z.B. Atlantische Multidekaden-Oszillation). Der Einfluss der Atlantischen Multidekaden-Oszillation (Abkürzung AMO), die eine Periodendauer von 50-70 Jahren hat, ist nicht quantifizierbar (jedenfalls habe ich dazu nichts gefunden). Dieser Effekt kann sowohl den durchschnittlichen Energieertrag der VEE wie auch die Energieverhältnisse von Wind- und PV-Strom und deren Verteilung über das Jahr beeinflussen.

[428] https://cordis.europa.eu/project/rcn/201175/factsheet/en und
https://en.wikipedia.org/wiki/Global_terrestrial_stilling

[429] *„Diese Verlangsamung der oberflächennahen Bodenwinde hat vor allem die mittleren Breitenbereiche beider Hemisphären betroffen, mit einer globalen durchschnittlichen Abnahme von -0,140 m s-1 dez-1 (Meter pro Sekunde pro Jahrzehnt) oder zwischen 5 % und 15 % in den letzten 50 Jahren."*
(Aus dem Englischen) https://en.wikipedia.org/wiki/Global_terrestrial_stilling bezieht sich auf:
„Global review and synthesis of trends in observed terrestrial near-surface wind speeds: Implications for evaporation", https://www.sciencedirect.com/science/article/pii/S0022169411007487?via%3Dihub

[430] Auswahl aus: http://wind-data.ch/messdaten/monate.php?wmo=66720

[431] Grundlage: Datensatz 2013; idealer KZS; nur Windenergie.

[432] Grundlage: Datensatz 2013; idealer KZS; nur PV-Energie.

433 Was sich noch in der Standardisierungsphase befindet, ist die Kommunikation zwischen den beteiligten Einheiten. Auch sind etliche Kommunikationskanäle (z.B. Internet, GSM-Funk) in der Diskussion und im Einsatz (Pilotprojekte). In diesem Bereich sind keine grundsätzlichen Probleme zu erwarten.

434 (Studie_Energiewende2050_Schweiz.pdf, Seite 166)

435 https://tinyurl.com/syfqsdv: „*Auch sollten moderne Messsysteme den Anforderungen eines intelligenten Energieversorgungssystems genügen und damit nicht nur Verbräuche visualisieren, sondern vor dem Hintergrund der Energiewende auch in der Lage sein, Steuerungen von Lasten und Erzeugungsanlagen zu ermöglichen sowie netzrelevante Informationen zu übertragen.*"

436 Mittlerweile ist der Einbau nach dem EnWG Pflicht (in verschiedenen Fällen).
https://discovergy.com/blog/smart-meter-gesetzliche-grundlage

437 https://strom.preisvergleich.de/info/14906/smart-metering-vorteile-nachteile/

438 https://tinyurl.com/syfqsdv, Seite 217 unten; https://www.finanztip.de/stromzaehler/

439 Ein heutiges Smartphone ist um ein Vielfaches leistungsfähiger als alle Computer bei der Mondlandung zusammen.

440 https://politik-digital.de/news/smart-meter-datenschutz-147749/; https://www.datenschutzbeauftragter-info.de/smart-metering-stromzaehler-als-datenschutzrisiko/

441 https://journals.aps.org/pre/abstract/10.1103/PhysRevE.92.012815

442 http://www.scinexx.de/wissen-aktuell-19124-2015-07-27.html

443 https://www.next-kraftwerke.de/wissen/virtuelles-kraftwerk

444 https://www.welt.de/wirtschaft/article188708751/Drohende-Engpaesse-In-Deutschland-wird-der-Sand-knapp.html; https://www.spiegel.de/wissenschaft/natur/warnung-der-uno-der-sand-wird-knapp-a-1266104.html; https://www.br.de/themen/wissen/sand-rohstoff-abbau-straende-100.html

445 https://www.baustoffwissen.de/baustoffe/baustoffknowhow/grundstoffe-des-bauens/beton-aus-wuestensand-multicon-pellets-granulat-revolution-in-der-betonindustrie/

446 Sehen Sie dazu mein kurzes Video: https://www.youtube.com/watch?v=yLbYyr_iBik

447 Man rechnet weltweit vor 2050 mit 2 Mrd. Pkw. Würden diese alle E-Pkw sein und durchschnittlich 10 Jahre halten, wären 200 Mill. Pkw und deren Batterie pro Jahr neu zu bauen.

448 https://www.foundry-planet.com/de/d/der-sinnlose-traum-von-der-elektrischen-zukunft/

449 https://www.thi.de/fileadmin/daten/Working_Papers/thi_workingpaper_39_clostermann.pdf

450 https://www.spiegel.de/politik/ausland/tuerkei-und-zypern-streiten-um-gas-monopoly-im-mittelmeer-a-1277135.html; https://www.heise.de/tp/features/Drohgebaerdemanoever-chinesischer-und-vietnamesischer-Schiffe-4483555.html

451 https://www.bgr.bund.de/DE/Themen/Energie/Downloads/energiestudie_2018.pdf?__blob=publicationFile&v=10

452 https://www.chemie.de/lexikon/Methanhydrat.html

453 https://www.manager-magazin.de/politik/weltwirtschaft/methanhydrat-china-meldet-abbau-von-brennbarem-eis-a-1148888.html

454 *„… 80 billion barrels of shale oil, equivalent to Russia's entire reserve …"*: https://www.the-times.co.uk/article/bahrain-hits-black-gold-with-biggest-shale-discovery-in-world-js7098ksv; https://www.thegwpf.com/shale-revolution-3-0-bahrain-hits-black-gold-with-biggest-shale-discovery-in-world/; *„Riesiges Ölvorkommen in Alaska entdeckt"*, melden am 10.3.2017 die deutschen Wirtschaftsnachrichten.

455 http://lv-twk.oekosys.tu-berlin.de/project/lv-twk/02-intro-3-7-twk.htm#CC

456 2016 wurden 38 Mill. t Diesel getankt; d.h. 32 Mrd. Liter; bei 1.411 l/ha macht das: 226.000 km^2 = 126 % der Agrarfläche Deutschlands; Biokraftstoffanteil: 5 %; https://mediathek.fnr.de/biokraftstoffe-in-deutschland.html

457 https://www.nzz.ch/in_der_eu_wachsen_die_zweifel_am_nutzen_von_biotreibstoff-1.654613; https://www.spiegel.de/spiegelspecial/a-474490.html

458 https://www.jungewelt.de/loginFailed.php?ref=/artikel/80914.der-tortilla-aufstand.html

459 http://www.faszination-regenwald.de/info-center/zerstoerung/palmoel.htm : *„Palmöl – das grüne Erdöl"*.

460 Die Herkunft ist unklar. Man nennt unter anderem Karl Valentin, den Schriftsteller Mark Twain oder den Naturwissenschaftler Niels Bohr.

461 https://www.adac.de/-/media/pdf/vek/fachinformationen/urbane-mobilitaet-und-laendlicher-verkehr/evolution-der-mobilitaet-adac-studie.pdf

462 Der Wirkungsgrad, also die Energie für den Antrieb, die man aus Diesel herausholen kann, ist ausgereizt. Kein Fahrzeug, das man als Allzweckfahrzeug bezeichnen kann, kommt mit weniger als 3 Litern Kraftstoff aus.

463 Der Wert enthält nicht: Speicher- und Überschussverluste im Stromversorgungssystem, Sonderverbraucher wie Heizung und Klimaanlage. Bezieht man dies ein, liegt der Wert bei 0,61.

464 Die verwendeten Teilwirkungsgrade waren mittlere Werte, die zwischen den publizierten Minimum und Maximumwerten lagen. Von daher sind die daraus errechneten Gesamtwirkungsgrade mit anderen Annahmen und Werten in gewissen Grenzen veränderbar.

465 http://juser.fz-juelich.de/record/136392/files/Energie%26Umwelt_144.pdf (aus dem Jahr 2012).

466 http://hd.welt.de/Wirtschaft-edition/article165794355/Die-Illusion-des-umweltfreundlichen-E-Autos.html; http://www.ivl.se/english/startpage/top-menu/pressroom/press-releases/press-releases---

arkiv/2017-06-21-new-report-highlights-climate-footprint-of-electric-car-battery-production.html ;
https://www.ivl.se/down-
load/18.5922281715bdaebede9559/1496046218976/C243+The+life+cycle+energy+consump-
tion+and+CO2+emiss ons+from+lithium+ion+batteries+.pdf

[467] http://www.energimyndigheten.se/globalassets/forskning--innovation/transporter/c243-the-life-
cycle-energy-consumption-and-co2-emissions-from-lithium-ion-batteries-.pdf

[468] https://www.adac.de/_ext/itr/tests/Autotest/AT5022_Tesla_Model_S_Performance/Tesla_Mo-
del_S_Performance.pdf

[469] Ansatz: Zu erzeugen für E-Mobilität: 185 TWh + 60 TWh für Oberleitungen – 12 TWh für heutige Bahnen. Aufgrund der Verluste: 185 TWh/0,7 + 48/0,8 = 324 TWh.

[470] Ich bin da angesichts der Rohstoffverknappung allerdings nicht so sicher.

[471] https://www.baunetzwissen.de/elektro/fachwissen/planungsgrundlagen/leistungsbedarf-und-an-
schlusswert-152962

[472] Es werden 45 Mrd. Liter/a an Tankstellen verkauft. Wenn man 25 % davon für die Autobahntankstellen unterstellt und 360 BAB-Tankstellen das gleichmäßig absetzen, so sind das rund 3.500 Liter/h. Ist
der Umsatz in der Rushhour um das 2-Fache höher, so ist von Spitzenwerten um 7.000 Liter/h an z.B.
10 Tanksäulen auszugehen.

[473] Der Mehrbedarf an Ladepunkten gegenüber Tankpunkten errechnet sich aus: Ladezeit/E-Reichweite /
(Tankzeit/Reichweite). Mit beispielhaften Werten (60 kW): 60 min / 300 km / (5 min / 750 km) =
30-fach.

[474] https://www.udo-leuschner.de/energie/SB102-08.htm

[475] Auf diese Weise Methangas konkurrenzfähig herzustellen, insbesondere mit VEE-Strom, ist heute und
in überschaubarer Zukunft kaum vorstellbar.

[476] 53.300 MW gesamte Nennleistung geteilt durch 29.500 Anlagen.

[477] https://tinyurl.com/uotgawh; Ausfallarbeit ist der Verlust elektrischer Energie durch Maßnahmen des
Einspeisemanagements (Abregelung der VEE-Anlagen). Dabei wird erzeugbare, aber nicht ins Netz
eingespeiste VEE vergütet.

[478] Diese 2 ct/kWh beziehen sich auf heutige Marktpreise von rund 2-4 ct/kWh; d.h. dass EE im Jahr 2050
im Durchschnitt 4-6 ct/kWh Stromgestehungskosten haben.

[479] Was zur Einspeisung davon noch zur Verfügung steht:
Bruttokapazität · Verfügbarkeit · Wirkungsgrad (Strom-Methan-Strom).

[480] https://www.bundesregierung.de/breg-de/themen/klimaschutz/co2-bepreisung-1673008;
(abgerufen: 3/2020).

[481] Unterstellt man 40 Mill. E-Pkw mit einer durchschnittlichen 50 kWh Batterie (künftig mehr als heute)
und unterstellt man weiterhin, dass 50 % der Besitzer bereit wären 20 % ihrer Batterie (gegen Entgelt)

total unter die Kontrolle des Smart Grids zu stellen, so sprechen wir von 200 GWh, die gemessen an ca. 40.000 GWh nur 0,5 % bedeuten.

[482] Es heißt dort: *„In fast allen Szenarien ist die Analyseregion (Systemgrenze) Deutschland. Die Interaktionen mit dem europäischen Ausland erfolgt nur teilweise, primär über die Energieimporten von Strom oder regenerativen Kraftstoffen in den Szenarien.“*

[483] Erdgas 33,1 €/MWh, Erdöl 52,0 €/MWh, Steinkohle 16,0 €/MWh, Braunkohle 1,5 €/MWh, Biomasse (Holz) 50,0 €/MWh, Biomasse (Anbau) 50,0 €/MWh, Biomasse (feucht) 10,0 €/MWh.

[484] https://www.energate-messenger.de/news/190842/auer-waermepumpen-sind-keine-schluesseltechnik-

[485] https://www.energie.de/fileadmin/dokumente/et/News/_Beitrag/et_00016_ZF_M_F_Nachbar_Stromversorgung/et_000016_ZF_M_F_Nachbar_Stromversorgung.pdf

[486] Der erwartete Fehler über alles dürfte bei < 20 % liegen. Das ist ausreichend, um die Kosten und die Durchführbarkeit der Energiewende beurteilen zu können.

[487] https://bbu.de/sites/default/files/press-releases/bbu-studie-fin-web.pdf, Seite 17.

[488] Überschlag: Je Person 45 m² Wohnfläche mal 83 Mio. macht $3,74 \cdot 10^9$ m². Pro m² kann man 70 Watt für nötige Kühlleistung ansetzen, was rund 20 Watt elektrisch bedeutet. Wenn man an heißen Tagen in der Zukunft 20 % der Wohnflächen kühlen will, so ergibt das eine maximale Leistung von: $3,74 \cdot 10^9$ m² $\cdot$ 20 W/m² $\cdot$ 20 % = 15 GW. Unterstellt man, dass im Jahresmittel an 60 Tagen davon 30 % durchschnittlich benötigt werden, so wären das 6,5 TWh.

[489] Überschlag: Wenn 400 TWh für Niedertemperatur (heute) benötigt wird und über Wärmepumpen und Dämmung dann noch 110 TWh, wäre das im Durchschnitt pro Tag: 0,3 TWh; bei 60 % in 3 Wintermonaten: 0,7 TWh/Tag. Bei einer Leistungszahl von 3,5 sind das 0,2 TWh/Tag. Für sehr kalte Winter könnten 1,5-mal mehr Wärme nötig sein. Die Leistungszahl fällt z.B. von 3,5 auf 2. Damit wird 2,6-fach mehr Strom benötigt, also 0,53 TWh / 24 h = 22 GW!

[490] Bei zunehmendem Ausbau der VEE wird sich entgegen vielfach geäußerten Behauptungen die Stromerzeugung nicht glätten. Die Charakteristik der Leistungsverläufe bleibt erhalten, was Dr. Ing. Detlef Ahlborn, Rolf Schuster (und andere) nachgewiesen haben. Damit ist der charakteristische Leistungsverlauf nach einem Ausbau auf das X-Fache durch die Multiplikation der 2013-Werte mit X zulässig und eine gute Näherung.

[491] World of Mining – Surface & Underground 67 (2015) No. 4, *„Statistische Verteilungsfunktion der Leistung aus Windkraftanlagen“*, Detlef Ahlborn.

[492] Es sind bis zu vier Speichertypen modellierbar, von Kurzzeitspeicher (KZS) bis Langzeitspeicher (LZS). Das Füllen und Leeren der Speicher erfolgt in der Reihenfolge KZS, MZS, LZS. Zusätzlich hat das Modell noch einen P2H2P-Speicher, der aber nicht genutzt wird (gehört zu MZS).

[493] Biomasse, Biogas wurde nach bdew 2013 mit 13,7 ct/kWh subventioniert. Weiterhin ist zu berücksichtigen, dass der vorgesehene ausgleichende Betrieb als Lastwechselbetrieb kostenträchtiger ist.

494 Bezugskosten der Gas-KW in 2016: 2,42 ct/kWh(th)
(aus: 2016 Buffering Volatility CESifo WP 5950, revised Nov. 2016.pdf).

495 https://de.wikipedia.org/wiki/Stromgestehungskosten, zu beachten: In Deutschland sind die Fixkosten höher als in den USA; bei den Fixkosten je kWh ist ein gut ausgelastetes Gas-KW unterstellt. Auf dieser Internetseite ist eine Grafik enthalten, die aus der Fraunhofer Studie März 2018 (https://tinyurl.com/y8rugwc3) stammt. Hierin sind für die VEE viel zu hohe Volllaststunden und für die konventionellen KWs zu niedrige angegeben. Das beeinflusst natürlich die Gestehungskosten.

496 Wenn man für 2050 4 Mill. PV-Anlagen mit je einem 10 kWh Speicher, von dem 2 kWh / 2 kW an das Smart Grid zur vollen Kontrolle übergeben wird, so ergibt das 8 GWh mit 8 GW. In Verbindung mit anderen, stationären Speichern werden daraus 20 GWh die mit 20 GW angenommen wurden.

497 Die Kostenreduktion der Zellen entspricht nicht der möglichen Kostenreduktion von großen stationären Batteriespeichern (z.B. steigende Rohstoffpreise). Es sind hier auch nicht reduzierbare Kostenanteile für Grundstück, Gebäude, Betrieb etc. zu berücksichtigen.

498 Mit der Begrenzung der Ladeleistung auf einen Wert deutlich unter den Leistungsspitzen werden die Kosten für den LZS reduziert. Gleichzeitig steigen die ungenutzten Überschussenergien, deren Kosten aber deutlich geringer sind.

499 https://commons.wikimedia.org/wiki/File:Verteilung_stromverbrauch_privateHH.png, Copyright: CC

500 https://edition.faz.net/faz-edition/wirtschaft/2019-07-04/24dfa69ae2c5235249967283af4dd771?GEPC=s9 dort heißt es: *„Der Rechnungshof erinnert daran, dass von den vor zehn Jahren im Energie-Leitungsausbau-Gesetz genannten 1800 Kilometern kaum die Hälfte fertig sei. Bis 2050 müssten Netze über 36.500 Kilometer ausgebaut oder verstärkt werden. Die Kosten dafür summierten sich bis 2035 auf bis zu 85 Milliarden Euro."*

501 In der dena-Studie (S. 32) werden die Gesamtinvestitionskosten mit 225 bis 360 Mrd. € angegeben. Daher die Annahme von 250 Mrd. € für 500 GW. Daraus ergibt sich eine Steigung von ca. 0,5 Mrd. €/GW.

502 https://www.welt.de/wirtschaft/article186805596/Energiewende-Deutschland-ist-nicht-so-effizient-wie-geplant.html (Welt 190110 Deutschland scheitert.docx)

503 https://www.welt.de/wirtschaft/article186805596/Energiewende-Deutschland-ist-nicht-so-effizient-wie-geplant.html

504 https://www.umweltbundesamt.de/daten/verkehr/kraftstoffe

505 In seiner Prognose-Studie geht BP davon aus, dass sich die Transportnachfrage global bis 2040 verdoppeln wird. „Da jedoch die Fahrzeuge zugleich immer sparsamer werden, *steigt* die Energienachfrage im Verkehr ‚nur' um 25 %." https://www.welt.de/wirtschaft/article173779138/BP-Energy-Outlook-2018-Oeko-Energen-verlieren-den-Wettlauf-gegen-das-Oel.html#Comments.
Mein Kommentar dazu: Eine Verdopplung der Antriebsenergie mit nur 1,25-fach mehr Treibstoff würde bedeuten, dass man den Motorwirkungsgrad um das 1,6-Fache gesteigert hätte. Technisch unmöglich. Solche Effizienzsteigerungen müssten vorwiegend durch Logistikoptimierungen passieren.

[506] https://www.umweltbundesamt.de/daten/klima/treibhausgas-emissionen-in-deutschland#emissionsentwicklung-1990-bis-2017

[507] In den 60 % sind auch die Altgebäude enthalten, die aufgrund von Denkmalschutz keine Fassadenänderungen erlauben.

[508] Da im Modell die PSKW beliebig konfigurierbar sind, werden ihre Kosten immer in die Gesamtkosten einbezogen. Tatsächlich sind aber die eingesetzten PSKWs schon vorhanden. Sie machen an der Gesamtsumme weniger als 6% aus.

[509] Wind + PV: von 36 GW auf 106 GW = 70 GW in 9 Jahren = 7,8 GW/a; mit mittlerem Nutzungsgrad: 7,8 GW $\cdot$ 0,15 $\cdot$ 8760h = 10 TWh/a.

[510] https://www.wbgu.de/de/publikationen/publikation/welt-im-wandel-gesellschaftsvertrag-fuer-eine-grosse-transformation

42.5 Stichwortverzeichnis